U0825257

科学出版社“十四五”普通高等教育本科规划教材
河南省“十四五”普通高等教育规划教材
河南省本科高校新工科新形态教材
生命科学核心课程系列教材

细胞生物学

（第三版）

主　　编　梁卫红

副 主 编　杨保胜　高红云　黄俊骏　刘肖飞

编写人员（按姓氏汉语拼音排序）

高红云　黄俊骏　李永海　梁卫红　刘肖飞
陶　娟　王改平　王华华　王俊杰　吴秋芳
杨保胜　张禹舜

科 学 出 版 社

北　京

内 容 简 介

本书分为 11 章，分别为概述，细胞生物学研究方法，细胞膜与细胞表面，小分子物质的跨膜运输，细胞核，细胞质及内膜系统，半自主性细胞器，细胞骨架，细胞增殖，细胞的分化、衰老和死亡，细胞通信与信号转导。本书系统介绍了细胞生物学的基本理论、概念和方法（基础性），体系新颖、结构简洁、重点突出（实用性），结合各章节的内容以知识框形式穿插相关最新进展（前瞻性）、经典事件、人物故事等内容（趣味性），并将思政元素有机融入教材（思想性）。每章的复习题筛选自近年国内重点院校和科研院所的考研题，方便读者检测和巩固知识。扫描每章的二维码可以获取学习目标、知识结构图、彩图、视频、知识点小测试等，扫描文前二维码可以阅读近 60 年来与细胞生物学相关的诺贝尔奖获奖情况、参考答案及延伸阅读文献。书后提供细胞生物学主要术语索引，供读者参考。

本书图文并茂、易教易学，适合作为高等院校师范类、医学、农学、林学等相关专业本科生教材，也可作为研究生、相关科研人员和技术人员的参考书。

图书在版编目（CIP）数据

细胞生物学 / 梁卫红主编. -- 3 版. -- 北京 : 科学出版社, 2025. 6. -- (科学出版社“十四五”普通高等教育本科规划教材)(河南省“十四五”普通高等教育规划教材)(河南省本科高校新工科新形态教材)等. -- ISBN 978-7-03-082094-5

Ⅰ. Q2

中国国家版本馆 CIP 数据核字第 2025RG2994 号

责任编辑：王玉时　赵萌萌 / 责任校对：严　娜

责任印制：赵　博 / 封面设计：金舵手世纪

科学出版社 出版

北京东黄城根北街 16 号

邮政编码: 100717

http://www.sciencep.com

北京天宇星印刷厂印刷

科学出版社发行　各地新华书店经销

*

2012 年 8 月第　一　版　开本：787×1092　1/16

2025 年 6 月第　三　版　印张：25 3/4

2025 年 9 月第十七次印刷　字数：693 000

定价：98.00 元

（如有印装质量问题，我社负责调换）

第三版前言

细胞生物学是现代生物学的前沿分支学科之一，也是生命科学的基础学科。伴随着显微镜的发明和改进，细胞的发现揭开了人类对生物体微观世界研究的序幕。纵观 300 多年来的研究历史，从细胞的发现、细胞生物学的诞生与发展，以及研究层次从显微水平、亚显微水平到分子乃至原子水平的不断深入，细胞生物学已经深入到研究细胞生命活动的本质问题，并与人类生产、生活实践密切相关。

我们编写这本书是基于课程改革的现状和学生的实际需求，希望达到简明清晰、易教易学的目的，因此本书既注重基本理论、概念和方法的介绍，又突出了本书整体的实用性和前瞻性，重视引导学生建立完整的学科知识体系，注重科学素养和能力的培养，落实立德树人的根本任务。本书的第一版于 2012 年 8 月由科学出版社出版，由来自河南省多所高校多年从事细胞生物学一线教学的教师合作完成，2017 年本书第一版获批河南省“十二五”普通高等教育规划教材重点立项建设。经过近 7 年的教学实践，我们广泛收集了任课教师和学生对本书的反馈意见，对教材进行了较大的修订，并于 2019 年 12 月出版了《细胞生物学》（第二版），同时完成了传统纸质教材向立体化教材的转换，对线上和线下资源的整合进行了一些尝试，受到了师生的普遍好评。《细胞生物学》（第二版）是国家级一流本科专业建设点优势特色课程配套教材，2020 年获批河南省“十四五”普通高等教育规划教材重点立项建设，2021 年获得河南省首届教材建设奖（高等教育类）二等奖，2023 年获批河南省本科高校新工科新形态教材建设。

《细胞生物学》（第三版）在第二版的基础上完成约 40%的更新，包括补充了相关章节的最新进展并更新了图片，增加了细胞生物学重要发现的科学史介绍、中国细胞生物学家成就介绍、细胞生物学研究成果的延伸，以及一些人类重大疾病的细胞生物学基础，补充完善了重点内容的总结性、对比性表格。同时，对课后复习题、参考答案及近 60 年与细胞生物学相关诺贝尔奖等内容进行了更新、补充和完善，还应学生的要求，增加了细胞生物学主要术语索引、知识点小测试、相关视频、延伸阅读等资源。此外，更新了配套课件，方便任课教师使用。

本书由河南师范大学、河南医药大学、豫北医学院、安阳工学院、郑州师范学院等长期承担细胞生物学教学任务的一线老师执笔，并由主编对全书进行统筹规划和审校。

感谢科学出版社王玉时编辑一直以来的帮助、支持和鼓励。

由于编者水平有限和学科发展迅速，书中难免有疏漏之处，敬请读者批评指正。

编 者

2025 年 6 月

扫描二维码阅读相关拓展资料

1962 年起至今与细胞生物学相关的诺贝尔奖获奖情况	各章知识点小测试参考答案	各章复习题参考答案	各章延伸阅读	全书知识结构图

教学课件索取单

凡使用本书作为授课教材的高校主讲教师，可获赠教学课件一份。欢迎通过以下两种方式之一与我们联系。

1. 关注微信公众号“科学 EDU”索取教学课件

扫码关注 →“样书课件”

科学 EDU

2. 填写以下表格，扫描或拍照后发送至联系人邮箱

<table>
<tr><td>姓名：</td><td>职称：</td><td>职务：</td></tr>
<tr><td>学校：</td><td colspan="2">院系：</td></tr>
<tr><td>手机：</td><td colspan="2">QQ：</td></tr>
<tr><td colspan="3">电子邮箱（重要）：</td></tr>
<tr><td colspan="2">所授课程 1：</td><td>学生数：</td></tr>
<tr><td colspan="2">课程对象：□研究生 □本科（____年级） □其他________</td><td>授课专业：</td></tr>
<tr><td colspan="2">所授课程 2：</td><td>学生数：</td></tr>
<tr><td colspan="2">课程对象：□研究生 □本科（____年级） □其他________</td><td>授课专业：</td></tr>
<tr><td colspan="3">使用教材名称 / 作者 / 出版社：</td></tr>
<tr><td colspan="3">您对本教材的评价及下一版的修改建议：</td></tr>
</table>

联系人：王玉时编辑　　电话：010-64034871　　回执邮箱：wangyushi@mail.sciencep.com

目　录

第1章 概　　述

细胞生物学（cell biology 或 cytobiology）是从细胞整体水平、亚细胞水平和分子水平上研究细胞结构和生命活动规律的学科，这一学科的诞生和发展过程经历了细胞的发现、细胞学说的提出、细胞学及细胞生物学的形成、现代分子细胞生物学的崛起等主要阶段。细胞生物学的产生和发展以实验工具的改进和技术进步为前提，在发展过程中与分子生物学、遗传学、发育生物学、生理学等学科的关系越来越紧密，细胞生物学既是生命科学的基础学科，也是现代生命科学前沿学科之一。

学习目标　　知识结构图　　彩图　　视频

1.1　细胞生物学的产生和发展

细胞发现迄今已有 300 多年的历史了，伴随着实验技术和手段的进步，细胞生物学得以形成发展，并且逐步占据了生命科学的核心地位。

1.1.1　细胞的发现和细胞学说的建立

由于大多数细胞的直径都在 30μm 以下，远远超出了肉眼的分辨能力，因此细胞的发现与显微镜的发明是分不开的。

1.1.1.1　*细胞的发现*

世界上第一架对科学研究有价值的显微镜是英国物理学家胡克（Hooke）于 17 世纪创制的，他在显微镜中加入粗动和微动调焦机构、照明系统及承载标本片的工作台。这些部件经过不断改进，成为现代显微镜的基本组成部分。胡克将采用自制显微镜观察的许多结果，汇集成了 *Micrographia*《显微图谱》一书，于 1665 年出版，在书中他将观察到的木塞中的小孔洞称为**细胞（cell）**，虽然实际上他观察到的是死细胞的细胞壁（图 1-1A），但是这却标志着人类对物质世界的认识进入了显微时代。

荷兰科学家列文虎克（Antonie van Leeuwenhoek）是活细胞的发现者，1674 年他用自制的显微镜（图 1-1B）观察了池塘水中的原生动物。在他 50 年的科学生涯中，不仅观察了大量动植物的活细胞，对细胞的大小进行了测量，而且将观察结果做了详细的记录，并以通信的方式提交英国皇家学会，这些数据和现代测量的数值接近，说明列文虎克自制显微镜的分辨率可能达到了 1μm，这一水平即使到 18 世纪末仍无人超越。

随后陆续有学者在不同生物体中观察到了细胞。尽管对细胞观察的资料在不断积累，但是在长达 170 多年的历史中，并未对这些资料进行科学概括，也没有上升到理论高度。

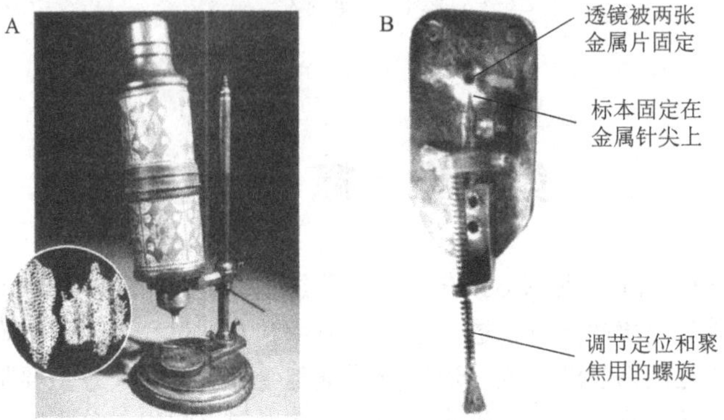

图 1-1 显微镜及细胞的发现

A. 胡克研制的显微镜和对木塞的观察结果；B. 博物馆收藏的列文虎克自制的单镜片显微镜

光学显微镜之父——列文虎克

列文虎克（Antonie van Leeuwenhoek，1632～1723 年），荷兰人，小时候只接受到一些基础教育，仅通晓荷兰语。由于幼年丧父，他 16 岁就开始在布店当学徒，数年后自己开了一家裁缝店，但是生意并不景气。直到 40 岁，人到中年的列文虎克找到一份稳定且清闲的工作，成了代尔夫特市政厅看门人。一个偶然的机会，他得知镜片可以磨制成放大镜，观察很微小的东西。但是当时放大镜价格太贵，在强烈的好奇心驱使下，加上看门的工作有充裕的时间，列文虎克便默默地磨制起放大镜来，还发明了由金属片固定的单镜片显微镜（图 1-1B）。列文虎克自制的显微镜放大倍数比同时代的其他显微镜高出一个数量级，其中现藏于乌得勒支大学博物馆的一台列文虎克显微镜，能将物体放大 266 倍。采用自制的显微镜，他陆续观察了一些当时人们无法理解的稀奇古怪的东西，如雨水、皮肤、肉、牙垢、鸡毛、羊毛、跳蚤、蚂蚁、蜜蜂、蚊子、精液、血液等，并追踪观察了许多低等动物和昆虫的生活史。他不仅是第一个看到细菌和原生生物的人，也是第一个看到并描述红细胞的人。后来，在朋友格拉夫（医生兼解剖学家）的鼓励下，列文虎克将自己的观察记录整理出来，于 1673 年用荷兰语撰写了《列文虎克用自制的显微镜观察皮肤、肉类及蜜蜂和其他虫类的若干记录》，并将其寄送到英国皇家学会。该报告中对微观世界的前所未有的描述引起了学会专家的重视，学会秘书——物理学家胡克（细胞发现和命名人）和植物学家格鲁（气孔发现者）被委派用当时质量最好的显微镜对列文虎克的报告进行验证。经过几番周折，列文虎克的观察结果终于得到了英国皇家学会的公认。列文虎克的这份记录也被译成英文，发表在英国皇家学会的刊物上，一时间轰动了英国学术界。列文虎克不久被接纳为英国皇家学会的正式会员，从默默无闻的荷兰平民成为享誉欧洲的科学家。尽管列文虎克缺少正规的科学训练，无法从当时以拉丁文为主的科学著作中获得信息，但是他通过自学和不断探索，获得了广博的知识。列文虎克一生制作了 400 多架单镜片显微镜，他对生命微观世界的细致观察、精确描述和发现，对 18 世纪和 19 世纪初期细菌学和原生动物学研究的发展起到了奠基作用。1723 年，91 岁的列文虎克精选了 26 台自制的显微镜和几百个放大镜赠送给英国皇家学会，不久后在家中逝世。列文虎克被誉为“光学显微镜之父”“微生物学之父”，在 2004 年荷兰全民票选“最伟大的 100 个荷兰人”中排名第 4。

1.1.1.2 细胞学说的建立

直到 19 世纪 30 年代，随着显微镜制作技术的长足进步，其分辨率提高到了 1μm 以内。同时切片机的发明，也促进了显微解剖学的发展和大量资料的积累，人类对细胞的认识也得以深入。在该时期，人们认识到细胞中存在细胞核，还有黏稠的内容物。基于对大量动植物细胞的观察，人们逐步认识到形态上差别较大的动植物两类细胞存在共性。最具有里程碑意义的是 1838 年德国植物学家施莱登（Mattias J. Schleiden）提出的“所有植物体都是由细胞组合而成的”，1839 年德国动物学家施万（Theodore Schwann）提出“动物体也是由细胞构成的”，施万认为动植物细胞具有相似的结构，并提出了**“细胞学说”（cell theory）**，其中包含两个要点：①所有生物体是由一个或多个细胞构成的；②细胞是生物体的结构单位。在此之后的十几年中，细胞学说对当时的生物学发展起到了巨大的促进和指导作用，学说内容也不断充实和完善，其中最为重要的是 1855 年德国病理学家菲尔绍（Rudolf Virchow）提出的“细胞只能通过分裂产生细胞”的观点，明确了细胞的起源问题，也成为补充完善后的细胞学说的第三个要点，即细胞来自细胞，这一观点明确了细胞作为一个相对独立的生命活动基本单位的性质。

细胞学说论证了整个生物界在结构上的统一性，科学地解释了有机体的发育和形成过程，即细胞既是有机体结构和生命活动的基本单位，又是生物个体发育和系统发育的基础。正如恩格斯所指出的：“机体产生、成长和构造的秘密被揭开了，从前不可理解的奇迹，现在已经表现为一个过程，这个过程是依据一切多细胞机体本质上所共有的规律进行的”。细胞学说、生物进化论和能量守恒与转化定律并列为 19 世纪自然科学三大发现。细胞学说在生物学发展中占有举足轻重的地位，人们通常将 1838～1839 年施莱登和施万提出、1858 年菲尔绍完善后的细胞学说，1859 年达尔文提出的生物进化论及 1866 年孟德尔确立的经典遗传学并称为现代生物学的三大基石。

1840 年和 1846 年，普金耶（Jan E. Pukinje）和莫尔（Hugo von Mohl）分别在动物细胞和植物细胞中观察到内容物，并提出**原生质（protoplasm）**概念，认为原生质在各种有机体中是相似的。随着原生质理论和原生质体概念相继被提出，人们对细胞的认识更为深入，细胞的概念从最初显微镜下观察到的木塞中的“小室”，演变为细胞膜包围的具有生命活性的原生质。原生质中所包含的细胞核、细胞质等重要结构都具有生物活性。

1.1.2　细胞生物学的发展历程

细胞生物学经历了三个主要的发展阶段，即细胞发现的经典时期、显微水平的实验细胞学时期和亚显微水平的分子细胞生物学时期。

1.1.2.1　经典时期

一般指 19 世纪的最后 25 年（1875～1900 年），对多种细胞的广泛观察和描述是这一时期的主要特点，研究方法主要是在光学显微镜水平上对细胞形态及结构进行描述，由此，细胞学（cytology）作为一门新的学科诞生了。随着实验技术的革新，包括固定、染色技术及石蜡切片技术的建立和不断改进，人们对细胞的研究进入了繁荣的时期，相继发现了一些重要的细胞结构和生命活动现象。代表性成果包括无丝分裂、有丝分裂、减数分裂、受精现象的发现，细胞核、高尔基体、线粒体、中心体、染色体等亚细胞结构的发现等（表 1-1）。

表 1-1　细胞生物学产生和发展早期标志性事件

	年份	事件	发现者
细胞的发现和初步观察	1665	细胞的观察命名	胡克
	1675	观察活细胞，发现红细胞、细菌，对细胞核进行描述	列文虎克
	1833	发现细胞核	布朗

续表

	年份	事件	发现者
细胞的发现和初步观察	1835	发现细胞中的内含物	迪雅尔丹
	1836	发现核仁	瓦朗丁
细胞学说的提出和完善	1838	植物体由细胞构成	施莱登
	1839	动物体由细胞构成，“细胞学说”的提出	施万
	1840	动物细胞内含物的观察	普金耶
	1841	鸡胚血细胞直接分裂的观察	瑞马克
	1846	植物细胞内含物的观察	莫尔
	1855	提出“细胞只能通过分裂产生细胞”的观点	菲尔绍
	1857	描述了肌肉细胞中的线粒体	科勒
	1858	提出病理表现基于细胞的损伤，完善“细胞学说”	菲尔绍
细胞内部结构和细胞分裂的发现	1861	原生质理论的提出	舒尔茨
	1879	原生质体概念的提出	汉斯坦
	1880	动物细胞有丝分裂的发现	弗莱明
	1880	植物细胞有丝分裂的发现	施特拉斯伯格
	1883	动物细胞减数分裂的发现，中心体的发现	贝内登
	1886	植物细胞减数分裂的发现	施特拉斯伯格
	1888	中心体的命名	博费里
	1888	染色体的命名	沃尔德耶
	1894	线粒体的染色鉴别	阿尔特曼
	1898	线粒体的命名	本达
	1898	高尔基体的染色发现和命名	高尔基

1.1.2.2 实验细胞学时期

1900～1953 年，采用实验手段和方法研究细胞的基本问题成为这一时期的显著特点，实验细胞学得以形成。人们对细胞的研究重点从形态结构的观察深入到对细胞的生理功能、生化、遗传和发育机制的研究，形成了诸如细胞遗传学、细胞生理学、细胞化学等重要的分支学科。主要的代表性成果包括电镜技术、染色体学说和基因学说的提出，细胞培养、组织培养技术的建立，采用离心技术分离细胞器，采用细胞化学方法定性定量分析核酸、蛋白质等大分子，采用放射自显影术追踪大分子代谢过程及动态变化等。在该时期，人们可以采用超速离心技术从活细胞中分离细胞核、线粒体、叶绿体等细胞器并研究其生理功能，采用电镜技术观察内质网、高尔基体、线粒体、溶酶体等的结构，采用染色和分光光度法研究 DNA 与 RNA 等。

1.1.2.3 分子细胞生物学时期

1931 年第一台电子显微镜的诞生，推动人类对物质世界的认识进入了纳米尺度。自 20 世纪 50 年代以来，随着电子显微镜超薄切片技术的不断发展，人们对细胞的研究进入第三个快速发展时期。在这一时期，人们采用电子显微镜相继观察了细胞膜、细胞核、线粒体、高尔基体等的超微结构，而且发现了一些新的结构，包括内质网、溶酶体、核糖体、细胞骨架等，大大拓展了对细胞的认识。对生物大分子结构的认识取得了突破，利用 X 射线晶体学方法解析了肌红蛋白等分子的空间结构。1953年，DNA双螺旋结构模型的提出，标志着分子生物学的诞生，同时也标志着分子细胞生物学时代的到来。20世纪60年代之后，细胞学被细胞生物学这一概念所取代。细胞生物学这一学科被定义为在细胞多个层次上（整体结构、显微结构、超微结构、分子结构）研究其生命活动基本规律的学科。随着物理、化学尤其是分子生物学技术的迅猛发展，一些新技术、新工具在细胞生物学研究中被采用，细胞生物学已从注重形态结构描述的阶段发展成为研究细胞生命活动本质的分子细胞生物学，人们逐步认识到细胞的各种生命活动与大分子的结构变化、分子之间的相互作用存在密切的联系。例如，采用高分辨率X射线晶体分析技术、冷冻电镜技术、纳米技术等研究细胞生命活动过程中分子结构的细微变化；采用活体荧光蛋白标记、超分辨率荧光显微术等实现对单个细胞、细胞内单个分子的观察和操作，使传统化学固定后难以观察的结构得以揭示，极大地促进了细胞生物学更多地从活细胞、动态和三维形态方面开展研究，推动了细胞生物学新的飞跃。20世纪70年代以来，转基因技术的建立、基因功能鉴定技术的不断发展、多种模式生物在细胞生物学研究中的广泛使用，以及组学等高通量技术的兴起，极大地拓展了在分子水平上对细胞生命活动规律的研究。

细胞生物学是现代生物学的基础学科，经历了从细胞显微水平到亚显微、分子水平的发展阶段，现代细胞生物学已经成为主要从分子水平研究细胞结构和生命活动规律的科学，研究微观世界一切生命活动的现象、规律及其本质，如生长、发育、繁殖、遗传、分化、代谢等重要的生物学过程，因此20世纪80年代以来，细胞生物学也被称为“分子细胞生物学”（molecular cell biology）。正如20世纪20年代著名生物学家威尔逊（E. B. Wilson）的一句名言“一切生物学关键问题必须在细胞中找寻”。由于细胞是生命现象的物质结构基础，因而细胞生物学处于生命科学的核心地位。生物学中的许多分支学科，如遗传学、生理学、胚胎学、发育生物学等都要求从细胞层面上阐明各自研究领域中的机制，所以现代生物学各个分支学科的交叉汇合是当今生命科学的发展趋势，细胞生物学的研究呈现出多学科交叉、高新技术运用的特点，对细胞结构与功能、细胞生命活动规律和机制的研究更为深入。

中国细胞生物学先驱——郑国锠

郑国锠（1914～2012年），中国科学院资深院士，植物细胞生物学家，中国细胞生物学主要奠基人之一。

郑国锠出生于江苏常熟县（现常熟市），家境贫寒，他幸得亲戚帮助得以完成学业。1943年，毕业于重庆国立中央大学（现重庆大学）博物系，获得学士学位；1947年获得该校的硕士学位，同年底获得奖学金到美国威斯康星大学攻读博士学位。1948～1951年，在美国经过几年艰苦学习，他取得可喜的成绩，以《洋葱低温处理及体细胞染色体减数的数量分析》论文获得博士学位。1949年新中国成立，更加激励了他学成报国的信念，在完成博士答辩后，郑国锠谢绝了美国导师的挽留，决然放弃了在美国工作的优厚待遇，迫不及待地同妻子回到了祖国的怀抱。1951年回国后，面对国内多所高校的邀请，他毫不犹豫地选择了位于荒凉大西北的兰州大学任教。郑国锠说：“如果只是为了优越的条件，完全可以留在美国。既然选择回来，就应该到最需要的地方去。”当时的兰州被称为“无风三尺土，下雨满街泥”。但郑先生并不在乎，一头扎进教育教学和科学研究中，为兰州大学教育教学和科学研究、甘肃地方经济建设、祖国的科学教育事业贡献了自己的全部力量。

郑国锠是我国提出细胞生物学概念的第一人，他始终如一地坚守在教学第一线，为本科生和研究生系统讲授“植物细胞及胚胎学”“细胞学”“细胞学大实验”等专业基础课程。1980 年，在国内高校首创细胞生物学专业，并主编出版了我国第一本《细胞生物学》教材，该教材和由他编写的《生物显微技术》获得国家教育委员会颁发的优秀教材一等奖，他也是中国细胞生物学学会筹备人之一。他一生培养博士和硕士研究生百余人，许多才华横溢的毕业生已成为社会各界的杰出人才，他为我国生命科学的人才培养做出了巨大的贡献。

郑先生长期从事植物细胞融合和细胞工程的研究，早年他提出的体细胞同源染色体在前期分离，后期形成双纺锤体，最后形成 4 个单倍体核的论点，被国际细胞学界公认为是体细胞出现的染色体减数的机制之一。1955 年之后，他首先肯定了花粉母细胞间染色质穿壁运动是自发的正常生理现象，并发现核液的运动和收缩蛋白与染色质穿壁运动有密切关系，而染色质穿壁运动后出现的染色体畸形又与核型的进化、多倍体的发生和 B 染色体的起源有关。1998 年，他又解答了国际上长期悬而未决的问题，即阐明了形成胞间连丝和胞质通道所需酶出现的时间和部位，随后又提出了胞间连丝和胞质通道生物发生的模式图。郑国锠院士成果辉煌，于 1985 年和 1986 年连续两次获得国家教育委员会科技进步二等奖。1999 年荣获"全国归侨、侨眷先进个人""全国先进科普工作者"称号。2003 年获"何梁何利基金科学与技术进步奖"，2011 年获中国细胞生物学学会-CST 杰出贡献奖。

郑国锠先生为人谦和，生活俭朴，处事公正，关爱他人。在兰州大学 60 余年的教学和科研工作中，他始终一身正气，处处以身作则，为人师表。他教导学生做学问要先学做人，"为学先为人；业精于勤，勤能补拙；行成于思，思可创新。"2003 年郑先生将"何梁何利基金科学与技术进步奖"奖金 20 万元港币全部捐赠，设立了"郑国锠生命科学奖学金"，用于奖励学校生命科学学院品学兼优的本科生，他的治学精神与学术品格深得学界的敬仰与爱戴。

1.2　细胞的基本概念和共性

细胞是构成生物体的基本结构和功能单位，按照构成生物体细胞的数量和复杂程度划分，地球上的生物可以分为单细胞生物和多细胞生物。构成多细胞生物的细胞少则数个，多则数亿。例如，人大约含有 10^{14} 个细胞，分化成为 200 多种不同的细胞类型（图 1-2），具有不同的形态、结构和功能。尽管如此，生物体的生命活动却都是以细胞为基本单位进行的。

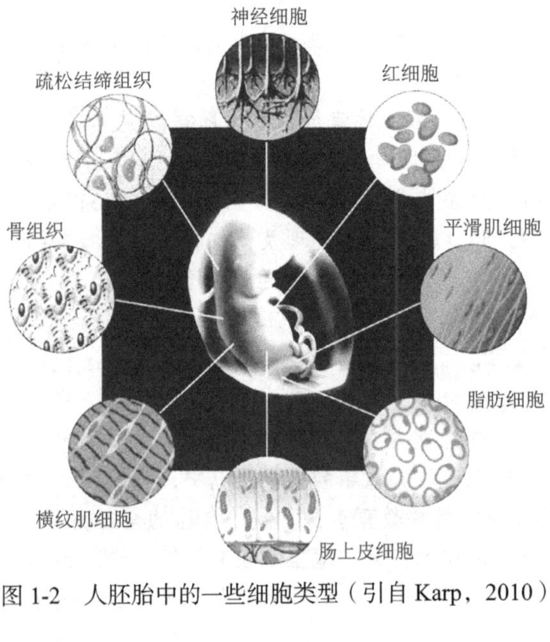

图 1-2　人胚胎中的一些细胞类型（引自 Karp，2010）

1.2.1　细胞的基本特征

在合适的条件下，从生物体分离的完整细胞可以生存、生长和增殖，体现出各种生命现象。但是细胞中的一部分组分在体外是无法体现生命现象的，所以细胞是生命活动的基本单位。

1.2.1.1 细胞是高度复杂、有序和动态的

活细胞中包含着数量庞大、结构功能迥异的分子，它们以灵活、多样化、可调控的方式组装或组合，以高度有序的形式构建细胞的不同结构，承担特定的生物学功能。作为一个形态整体，在生长、发育、分化、分裂、衰老、死亡等不同阶段，细胞的形态、结构、功能、成分和活性等也在不断地变化当中，以适应细胞特定生命活动的要求，因此细胞不仅是高度复杂、有序的，而且是高度动态的。迄今人们在对细胞这个精密结构的认识方面仍有许多空白。

1.2.1.2 细胞能够进行新陈代谢

生物与非生物最显著的差别就是新陈代谢。从物质代谢的角度讲，通过一系列的酶促反应，催化细胞中有机分子的合成和分解，以满足细胞各种生理活动的要求，如吸收、分泌、信号传递、细胞增殖等；从能量代谢的角度讲，有机分子分解释放的能量被贮存在更容易被利用的分子 ATP 中，进而通过 ATP 水解[有时是鸟苷三磷酸（GTP）水解]将能量释放出来，用于自身有机分子的合成，以确保细胞结构和组分的持续更新，驱动各种细胞生命活动的过程，而这些过程大多无法自发进行。同时，与细胞生命活动相适应的细胞中大分子复合物的组装和去组装、细胞器的定位等动态过程，以及细胞的运动同样需要能量驱动。

1.2.1.3 细胞能够增殖和遗传

细胞通过分裂达到增殖的目的。在细胞分裂之前，遗传物质首先进行忠实的复制，经过细胞分裂，遗传物质平均分配到两个子细胞中，保证了子代与亲代具有相同的遗传信息，这也是生命繁衍的基础和保证。一般来说，同一个体的每个细胞中都包含全套的、相同的遗传信息。

1.2.1.4 细胞具有应激性

细胞对外界的刺激可以发生反应，并因细胞类型的差异在表现上有所不同。例如，肌细胞的收缩舒张、腺细胞的分泌都是对刺激响应的结果。但有些细胞对刺激的应答则需要借助一定的方法才能检测到。例如，多细胞生物应答刺激常常通过细胞表面受体以高度特异的方式感受，然后将信号传递到细胞内，最终引起细胞的应答，通过改变细胞的代谢、功能、运动等特征来适应环境的变化。细胞对刺激的应答甚至关乎其生死。

1.2.1.5 细胞能够自我调控

细胞生命活动有序高效的进行离不开严密精准的调控。细胞从生存、生长、增殖、分化到衰老、死亡，都处于精密的调控之下。例如，通过修复机制，细胞可以矫正 DNA 复制中出现的差错，维持自身基因组的稳定，对于无法修复的损伤，则可以控制细胞走向死亡，从而维持机体的稳定。相反，如果自我调控机制发生障碍，不仅对于细胞，甚至对于整个生物体都可能是灾难性的。例如，DNA 复制中的错误未被纠正，导致细胞对信号的感受及应答，以及细胞增殖、死亡等多种过程的调控出现异常，正常细胞可能转化为癌细胞。

1.2.1.6 细胞具有运动性

所有的细胞都具有运动性。运动性不仅包括细胞自身的位移，如胚胎发育、器官形成、创伤愈合、肿瘤转移等过程中的细胞迁移等，而且包括活细胞内部持续进行的运动，如生物分子在细胞中位置的改变、大分子复合物的组装及解聚、细胞器随着生理状态的变化改变在细胞中的定位等。

1.2.2 细胞的结构共性

尽管地球上现存的生物种类繁多，但是在细胞这个生命活动基本单位的层面上，是具有一些结构共性的。

1.2.2.1 细胞都具有细胞膜

所有细胞都具有细胞膜。细胞膜由磷脂和蛋白质按照一定方式组织而成，以此将细胞内部和环境分开，为细胞的生命活动提供相对稳定的内部环境；细胞膜具有选择透过性，能够控制物质进出细胞，包括营养物质的输入和代谢废物的排出，同时伴随能量的转换和传递；细胞膜还与细胞识别、信号传递密切相关；一些细胞表面特化结构的形成离不开细胞膜；细胞膜还能介导细胞与细胞、细胞与胞外基质之间的连接；细胞膜也为酶提供了附着位点，有助于生化反应高效进行，因此细胞膜的功能是多样化的。

1.2.2.2 细胞都具有遗传物质

所有细胞都含有遗传物质——核酸，包括脱氧核糖核酸（DNA）和核糖核酸（RNA）。所有细胞都以 DNA 作为遗传信息的储存分子，DNA 通过指导 RNA 分子和蛋白质的合成，体现生命的特质；RNA 分子主要参与蛋白质的合成、转录加工及基因表达调控。

在不同的细胞类型中，DNA 存在方式不同。例如，细菌细胞中的 DNA 是环状的，仅有少量的蛋白质与其结合；而在动植物细胞中，DNA 主要以相对分子质量巨大的线性分子形式存在，线性 DNA 和特定的蛋白质有序组装形成染色质，储存在细胞核中。与 DNA 不同的是，RNA 的相对分子质量比 DNA 小得多，RNA 在结构和功能上更加多样化，除了具有遗传信息传递中介分子的功能，还可以作为结构支架组装更为复杂的结构，有些 RNA 分子还具有催化功能（被称为核酶），有些 RNA 分子涉及调控遗传信息的表达。常见 RNA 的类型包括**信使 RNA（messenger RNA，mRNA）**、**转运 RNA（transfer RNA，tRNA）**和**核糖体 RNA（ribosomal RNA，rRNA）**，功能均涉及蛋白质的合成。后来人们还发现，细胞中还存在大量的被称为**非编码 RNA（non-coding RNA，ncRNA）**的分子，ncRNA 自身不被翻译成蛋白质，也不参与蛋白质的合成过程，主要的功能涉及调控基因表达、进行 RNA 的加工修饰等。

1.2.2.3 细胞都具有核糖体

所有细胞都具有核糖体。作为蛋白质的翻译机器，核糖体是细胞不可缺少的基本结构。核糖体是由大、小两个亚基组成的，其主要成分是 rRNA 和蛋白质。蛋白质的合成首先需要核糖体的大小亚基与 mRNA 结合，组装成为有功能的核糖体，然后启动翻译过程。每个 mRNA 分子上可以同时组装多个核糖体，这一特点有助于提高翻译的效率。当翻译结束后，核糖体的大小亚基解离释放。

1.2.3 细胞中的生物分子

细胞具有非常复杂的化学成分，组成的基本元素包括碳、氢、氧、氮、磷、硫、钙、钾、铁、钠、氯、镁等，由这些元素构成了无机小分子（水、无机离子等）和有机小分子（氨基酸、核苷酸、脂肪酸、单糖等）。一些特定的有机小分子，通过单一类型的共价键连接起来形成多聚体，常被称为生物大分子。所有细胞的化学组成具有非常相似的特征，都具备三种类型的生物大分子：蛋白质、核酸和多糖。

蛋白质是构成细胞的基本物质，几乎与细胞所有的生命活动有关。构成蛋白质的单体是 20

种氨基酸。氨基酸按照特定顺序线性排列，进而折叠形成蛋白质特定的三维结构。不同蛋白质具有的特定空间结构，决定了蛋白质能够选择性地与其他分子发生相互作用，从而体现蛋白质功能的特异性。细胞中的蛋白质含量丰富、种类繁多、功能多样，蛋白质不仅是细胞的主要结构成分，而且许多蛋白质是具有生物催化活性的酶。

核酸是细胞遗传信息的承载分子，构成核酸的单体是核苷酸。DNA 是由 4 种脱氧核苷酸 dATP、dGTP、dCTP 和 dTTP 聚合而成的双链分子，RNA 是由 4 种核糖核苷酸 ATP、GTP、CTP 和 UTP 聚合而成的单链分子。

糖类在细胞中的存在形式有单糖和多糖。其中单糖作为能源，也可作为与糖有关化合物的原料存在。例如，核糖主要参与核酸的构成，葡萄糖不仅是能量代谢的关键单糖，也是构成多糖的主要单体。在细胞结构成分中，多糖占有重要地位。例如，由葡萄糖聚合成的纤维素，是植物细胞壁的主要成分；由葡萄糖聚合形成的糖原，是动物肝和肌肉中糖的储存形式。此外，糖还可以和其他的生物分子共价结合形成复合物，如糖蛋白、糖脂。糖对这些分子的特性和功能有很大的影响。例如，糖基化可以提高蛋白质的溶解度，增强其稳定性；一些蛋白质经糖基化修饰后，才具有生物学功能。

脂类与蛋白质、核酸、糖类统称为生物分子（图 1-3），但是细胞中的脂类分子种类繁多，结构多样，相对分子质量相差悬殊，而且并不是由固定的单体聚合而成的，因此脂类不属于生物大分子范畴。脂类是非极性生物分子，最为突出的共同特征是疏水性。在所有细胞中普遍存在的脂类分子——磷脂是生物膜的主要结构成分，磷脂也是许多代谢途径的参与者。脂类中的类固醇类化合物（也叫作甾类化合物）不仅包括参与膜结构维持的胆固醇，而且包括一些激素，如性激素、肾上腺激素等。甘油酯则是动植物细胞中脂肪的主要储存形式。

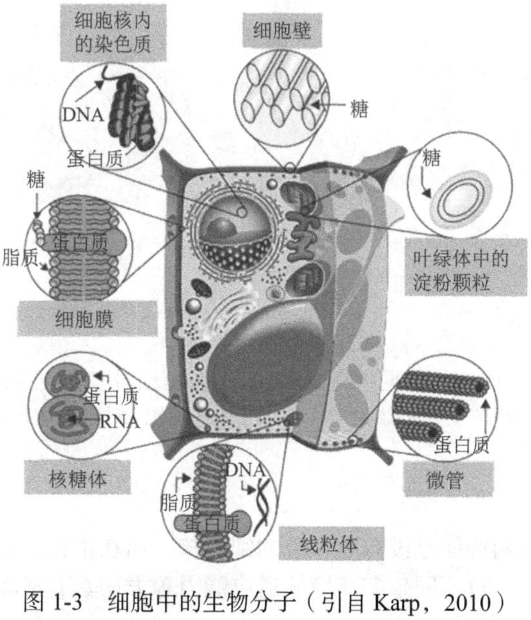

图 1-3　细胞中的生物分子（引自 Karp，2010）

1.3　细胞的主要类型

随着电镜技术的发展，人们对细胞大小、内部结构的认识不断深入。20 世纪 60 年代，Ris 首先提出将细胞分成原核细胞（prokaryotic cell）和真核细胞（eukaryotic cell）两大类，这一分类对于细胞生物学和生命科学的发展都具有划时代的意义。随着 DNA 测序技术的进步和越来越多生物基因组测序的完成，生物的进化关系得以在 DNA 水平进行更加直接和精确的确定。1977 年，乌斯（C.R. Woese）和福克斯（G.E. Fox）根据对 13 个原核生物和真核生物不同物种的核糖体小亚基 16S rRNA 序列的比较，提出应将生命划分为三界（图 1-4），即**原核生物（prokaryote）**、**真核生物（eukaryote）**和**古核生物（archaea）**。目前普遍接受的观点是，现有细胞分为原核细胞、真核细胞和古核细胞三种类型。所有细胞在进化上具有原始的共同祖先，可能源于 30 亿～35 亿年前同一个祖先细胞。

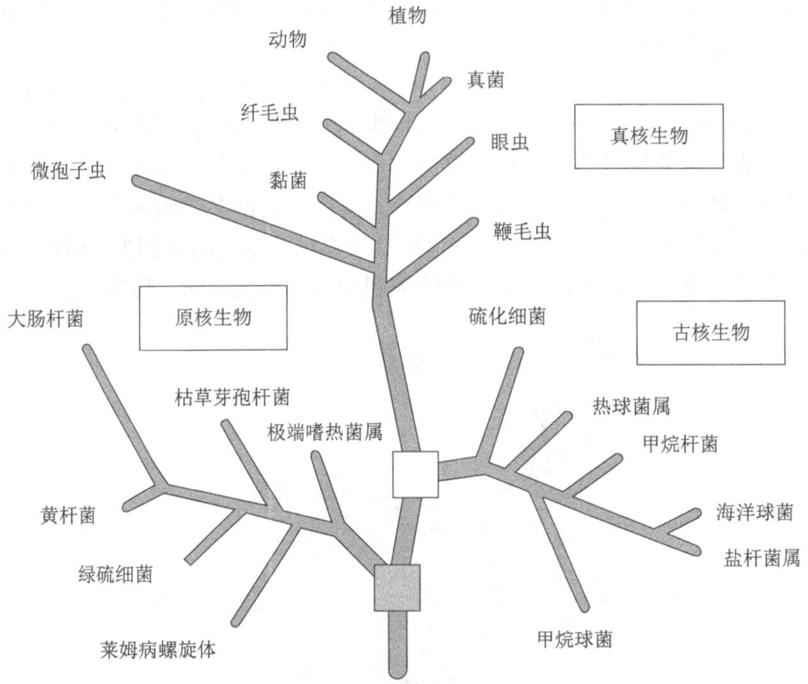

图 1-4　基于不同生物 16S rRNA 序列比较构建的进化树

▢ 现存所有生物的原始共同祖先；▢ 古核生物和真核生物的共同祖先

1.3.1　原核细胞

原核细胞最典型的结构特征是没有膜包被的细胞核，而在生化上则是具有最高多样性的生物，在地球上的分布广度、对不同生态环境的适应能力等方面具有显著优势。原核细胞遗传信息量小（10^5～10^7bp），编码基因数量少（一般为 500～6000 个）；遗传信息储存在环状的 DNA 分子中；细胞体积一般较小，直径 0.2～10μm；进化地位原始，在 30 亿～35 亿年前就在地球上出现了。原核细胞主要包括支原体、细菌、蓝藻等多种类型。

1.3.1.1 支原体

支原体（mycoplasma）是已知的最小最简单的细胞，大小介于细菌和病毒之间，直径一般是 0.2～0.3μm，因此可通过细菌过滤器。支原体也是唯一没有细胞壁的原核细胞，因而形态可以发生变化（图 1-5A，B）。支原体具有典型的细胞膜结构，细胞质中分布着核糖体，其遗传物质为环状的 DNA 分子，较为均匀地分散于细胞质中（图 1-5C，D）。支原体具有目前已知的最小基因组。例如，生殖支原体（*Mycoplasma genitalium*）的 DNA 仅有 580kb，包含 525 个基因，能编码 482 种蛋白质。支原体的增殖方式是二分裂。支原体种类繁多，但是由于缺少编码相关酶的基因，自身不能合成氨基酸等分子，营寄生生活，能感染动植物。很多支原体有致病性，可导致呼吸道、泌尿生殖道、关节腔等的感染。对支原体基因组的研究有助于了解细胞生存所需的最小基因组的特征。根据全基因组突变分析的提示，一般认为 256 个基因就足以维持支原体细胞的基本生命活动。

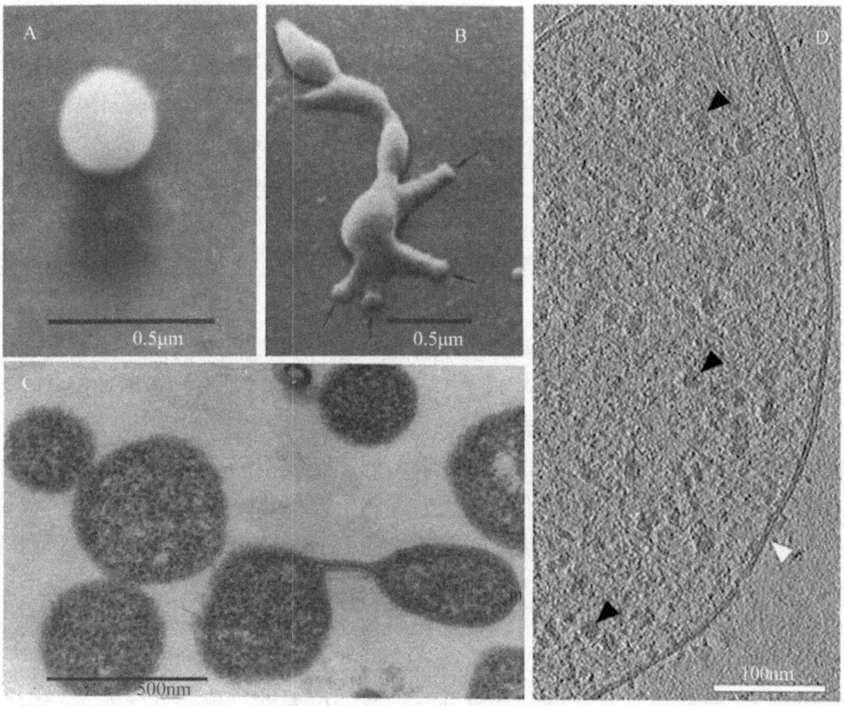

图 1-5 支原体的形态和结构

A、B. 扫描电镜显示培养 2h 和 6d 的支原体（引自 Biberfeld G and Biberfeld P，1970）；C. 透射电镜显示支原体细胞内部结构和将要完成分裂的细胞（引自 Green and Hanson，1973）；D. 冷冻电镜技术显示支原体细胞结构，黑色箭头示核糖体，白色箭头示细胞膜（引自 O'Reilly et al.，2020）

1.3.1.2 细菌

细菌是在自然界分布最广、个体数量最多的细胞类型，多数细菌的直径为 0.5～5μm，按照形态特点，可以将细菌分成球菌、杆菌和螺旋菌。细菌在结构上具有细胞壁、细胞膜、**拟核（nucleoid）**等，一些细菌还具有荚膜（capsule）、鞭毛（flagella）、间体（mesosome）等特化结构（图 1-6）。

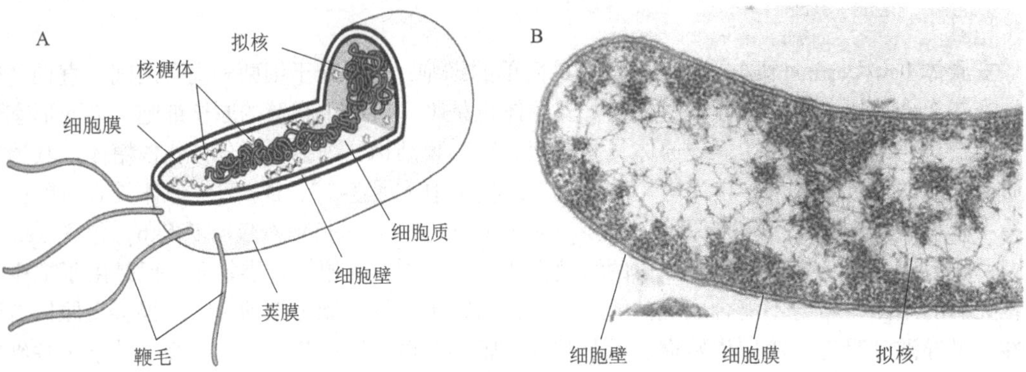

图 1-6　细菌结构的展示

A. 三维结构示意图；B. 细菌电镜照片的局部

细菌的遗传物质是环状 DNA 分子，能编码数千种基因。例如，大肠杆菌的基因组为 4.2×10^6 bp，可编码大约 4000 种蛋白质。细菌 DNA 与少量碱性蛋白质结合，以不规则形态分布在胞质当中，所形成的结构称为核区或拟核。由于细菌的 DNA 复制和细胞分裂是相对独立的，因此有时候一个细菌中可能观察到多个核区。细菌以二分裂的方式进行增殖。细菌 DNA 的复制、转录和翻译在同一空间同时进行，即遗传信息的表达是连续进行的。一些细菌还存在核区之外的环状 DNA 分子——**质粒（plasmid）**，质粒能够自我复制，常赋予细菌对抗生素的抗性，但是细菌丢失质粒也不影响正常代谢活动。天然的质粒经人工改造后所制备的质粒载体，常用于 DNA 重组和转移等分子生物学操作当中。

细菌蛋白质的合成是在位于细胞质中和细胞膜内侧的核糖体上进行的，每个细菌中有 5000～50 000 个核糖体，其数量与细菌的生理状态密切相关。细菌的核糖体沉降系数为 70S，由大亚基（50S）和小亚基（30S）组成。

多功能性是细菌细胞膜最为显著的特征。细菌的细胞膜由脂质双分子层及蛋白质构成，其中的蛋白质种类多样。例如，细菌细胞膜外侧的受体蛋白参与细胞识别；膜内侧含有氧化磷酸化和电子传递相关的酶，可以执行真核细胞线粒体的部分功能；膜内侧含有与蛋白质合成和分泌有关的酶，可以部分执行真核细胞内质网、高尔基体的功能。有时候细菌质膜内陷形成的特化结构间体，不仅可以作为 DNA 复制的支点，而且还与蛋白质的分泌有关。有些细菌表面具有与运动相关的鞭毛。

细菌细胞壁的主要成分是肽聚糖，其成分与细菌的抗原性、致病性等有关，主要起保护和调节部分物质交换的作用。特定环境条件下，一些细菌表面可形成荚膜，具有保护、黏附、营养等作用。

1.3.1.3　蓝藻

蓝藻也称为蓝细菌（cyanobacteria），能进行光合作用，是自养型的原核生物，种类繁多，在地球上的分布非常广泛。蓝藻细胞的直径一般为 1～10μm，比其他的原核细胞大得多。在蓝藻细胞内除了拟核，还分布着大量的光合片层和光合色素，光合片层呈同心圆样排列（图 1-7）。

与细菌细胞壁成分不同的是，蓝藻的细胞壁含有纤维素成分，在细胞壁外面还有胶质层。蓝藻具有光合色素、电子传递链，能进行类似植物的光合作用，以水为电子供体，合成糖类，并释放氧气。蓝藻大约在 30 亿年前出现，其释放出的氧气，改变了地球大气圈的组成，将还原型大气转变成为氧化型大气，为真核生物的起源与演化创造了条件。蓝藻也是研究植物光合作用及碳氮固定机制的模式生物。

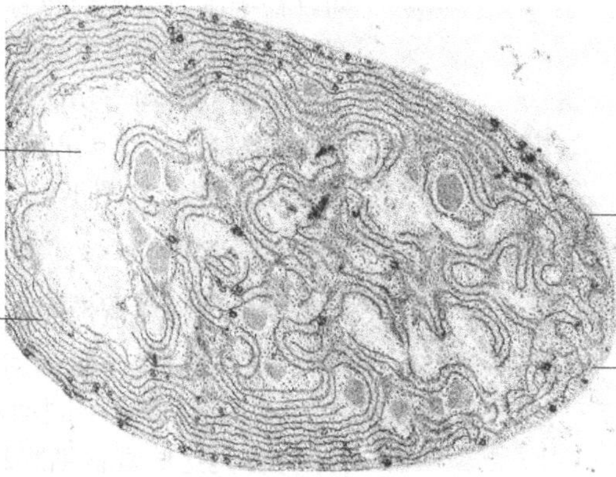

图 1-7　蓝藻的电镜照片（引自 Karp，2010）

1.3.2　古核细胞

古核细胞也叫作**古细菌（archaebacteria）**。与**真细菌（eubacteria）**不同的是，古细菌生活在一些极端环境中，有些是生活在温泉或者海洋热泉中的嗜热菌，有些是生活在盐湖或者海洋中的嗜盐菌，而有些古细菌是嗜中性的，分布在沼泽、废水和土壤中。古细菌通常对其他生物无害，与人类生活的关系不密切。

古细菌的概念是在 1977 年提出的，通过对 rRNA、核糖体蛋白等基因序列相似性的研究比较，发现原本被归入原核生物的一些类群，如产甲烷菌在亲缘关系上更加接近真核生物，而与典型的细菌亲缘关系更远些，因此推测在很早之前，原始的原核生物就已经演化成两大类，分别进化形成现有的古细菌和真细菌，古细菌可能代表的是适应原始地球环境的细胞类型。例如，嗜热嗜酸菌（thermoacidophile）生长在 80℃、pH 通常低于 2 的硫磺泉中。

在显微镜下，古细菌在外观上与真细菌难以区分，其细胞结构、代谢和能量转换的装置也与真细菌类似。但是古细菌的遗传结构装置和遗传信息传递方式却类似真核细胞。例如，古细菌 DNA 中存在重复序列，DNA 组装成类似核小体的结构；多数古细菌的核糖体为 70S，但是其中的 rRNA 和蛋白质更接近真核细胞；翻译过程需要真核生物中的 TATA 框结合蛋白和转录因子 TFⅡB 等。此外，古细菌还具有既不同于原核细胞也不同于真核细胞的特征。例如，绝大多数细菌和真核生物细胞膜中的脂类主要由甘油酯组成，而古细菌的膜脂由甘油醚构成，古细菌还含有特殊的中性脂质——鲨烯衍生物，这也许是古细菌对超高温环境适应的原因之一。从遗传进化关系上讲，古核细胞既不同于原核细胞，也不同于真核细胞，是研究生命起源和进化的良好材料。此外，古核细胞在生物修复中具有重要的应用前景。例如，许多工业废水具有高盐、高温、金属离子或者过酸、过碱的 pH，而古核细胞能够耐受这样的极端环境，并通过特定的代谢过程去除污染。

1.3.3　真核细胞

真核细胞种类繁多，既包括大量的单细胞生物和原生生物，也包括构成多细胞生物体的所有细胞。真核细胞的直径一般为 10～100μm，细胞体积远远大于原核细胞和古核细胞。真核细

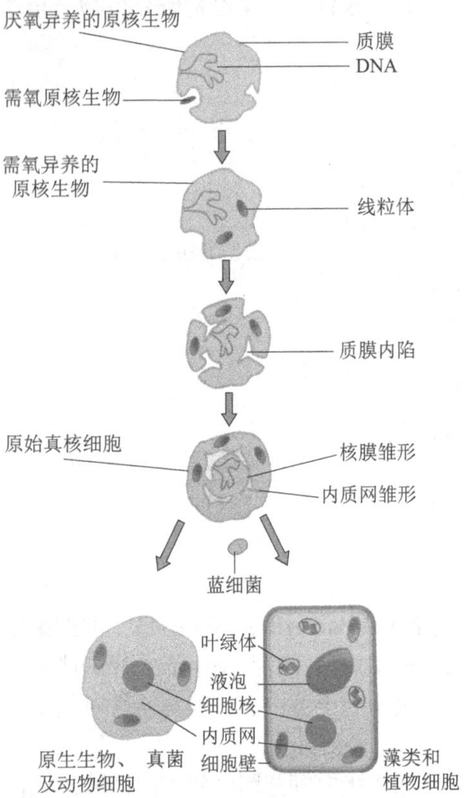

图 1-8　真核细胞的起源（引自 Karp，2010）

胞的结构也更加复杂，不仅具有典型的细胞核结构，细胞核中的线性 DNA 储存的遗传信息量大，而且在细胞质中还分布着多种多样由膜包被的、具有特定形态、结构和功能的细胞器，以及维持细胞形态及内部结构与功能动态变化的细胞骨架系统。真核细胞在地球上出现的时间较晚，推测在 12 亿～16 亿年前（图 1-8）。

1.3.3.1　真核细胞的主要类型

动物细胞和植物细胞是真核细胞中最重要、最具代表性的主要类型，具有基本相同的结构体系和功能体系。尽管在不同动植物体中，细胞类型千差万别，但是这些真核细胞却都具有很多重要的细胞器和细胞结构，不仅形态、结构、成分相同，而且功能也相同。

动物细胞和植物细胞共有的结构主要包括细胞膜、细胞核、线粒体、高尔基体、内质网、过氧化物酶体、核糖体、细胞骨架等。动物细胞和植物细胞主要的结构差别在于植物细胞具有一些独特的结构，如细胞壁、液泡、叶绿体、胞间连丝等，而动物细胞也有一些植物细胞所没有的结构，如中心体、溶酶体等（图 1-9）。

1.3.3.2　真核细胞的基本结构体系

真核细胞在亚显微结构水平上可以划分为三个基本的结构体系，即生物膜系统、遗传信息表达系统和细胞骨架系统。

生物膜系统不仅包括细胞膜，而且还包括多种细胞器的膜，这些细胞器以膜的分化为基础，结构功能上既相对独立，又相互联系。生物膜系统不仅具有保护和产生细胞内部区室化的作用，而且在物质跨膜运输、信息能量的传递、生物大分子的合成加工转运、酶的空间排布中发挥重要作用。

真核细胞的遗传信息表达系统比较复杂，体现为在整个的遗传信息表达过程中，是以核酸和蛋白质组装的复合体形式进行的。遗传信息主要储存在细胞核内的线性 DNA 分子中，还有一小部分储存在线粒体和叶绿体的环状 DNA 分子中。线性的核内 DNA 与蛋白质以特定的方式结合形成复合物——染色质，呈现纤维状，并进一步压缩折叠；而在线粒体和叶绿体中的环状 DNA 分子类似原核细胞的 DNA，并没有包装成染色质。真核生物遗传信息表达系统还包括 RNA 与蛋白质形成的核糖核蛋白复合物——核糖体，该结构作为蛋白质的合成机器，主要功能是根据 mRNA 的指令忠实地合成蛋白质。与原核细胞核糖体不同的是，其沉降系数为 80S，构成核糖体大小亚基的蛋白质种类更多，结构更为复杂。

细胞骨架系统是由不同的蛋白质单体构建的网络结构，广义上说，包括细胞质骨架、细胞核骨架及细胞膜骨架，这些骨架共同形成贯穿于整个真核细胞的动态网架，参与细胞形态的维持、胞内大分子的运输、细胞运动、细胞器空间排布、信息传递、细胞分裂分化等重要活动。

A

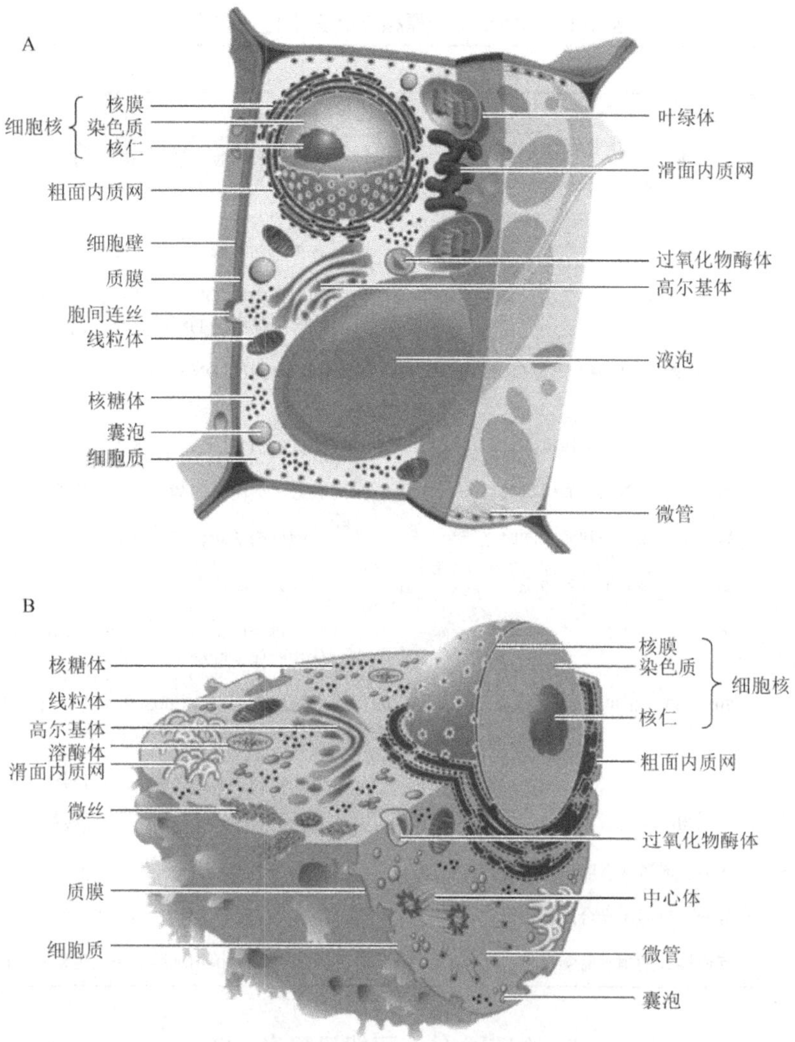

图 1-9　植物细胞（A）和动物细胞（B）的模式图（引自 Karp，2010）

1.3.3.3　真核细胞与原核细胞的比较

真核细胞和原核细胞在结构和功能上存在一些共性，这些相似性表明它们不可能彼此独立进化，应该存在着原始的共同祖先细胞。由于真核细胞在结构和功能上的复杂化，真核细胞和原核细胞又存在着明显的差异。

原核细胞与真核细胞的共同特点主要有：①质膜的结构相似；②遗传信息储存在 DNA 中，采用同一套遗传密码；③具有相似的遗传信息转录和翻译机制，具有相似的核糖体；④具有一些共有的代谢途径，如糖酵解、三羧酸循环等；⑤以 ATP 的形式储存化学能；⑥具有相似的光合机制（蓝藻和植物相比）；⑦膜蛋白的合成和插入机制相似；⑧蛋白酶体的构成相似（古细菌和真核生物相比）。

真核细胞与原核细胞基本特征的比较如表 1-2 所示，可以看到从细胞的大小、结构、功能到调控，真核细胞都更加复杂。

表 1-2　真核细胞与原核细胞基本特征的比较

基本特征	原核细胞	真核细胞
细胞直径	1～10μm	10～100μm
细胞壁	肽聚糖	纤维素和果胶（植物细胞），几丁质（真菌）
细胞膜	有	有
细胞核	无，仅有拟核	有（包括核膜、核仁、核孔、染色质等结构）
DNA 形态	环状，相对分子质量小；有些还有质粒	细胞核内的 DNA 为线状，相对分子质量大；线粒体和叶绿体中的 DNA 为环状，相对分子质量较小
DNA 包装	DNA 裸露，几乎不与蛋白质结合	细胞核内的 DNA 与特定蛋白质有序结合，包装为染色质
基因组	拷贝数不恒定，单拷贝或者多拷贝	拷贝数恒定，多为二倍体
基因数	数千（最简单的支原体有数百个）	数万（最简单的酵母细胞有数千个）
基因表达	转录和翻译在细胞质中同时进行	细胞核内转录，细胞质中翻译
基因表达调控	简单，以操纵子方式为主	复杂，多层次性
细胞器	无	有（包括内质网、高尔基体、溶酶体、线粒体、过氧化物酶体、叶绿体、液泡等）
核糖体	70S（50S 和 30S 亚基组成）	细胞质中为 80S（60S 和 40S 亚基组成）；线粒体和叶绿体内的为 70S
细胞骨架	无	有（包括细胞膜骨架、细胞核骨架、细胞质骨架）
分裂方式	二分裂	有丝分裂（产生体细胞），减数分裂（产生生殖细胞）
对氧气的需求	厌氧、需氧或者兼性	一般需氧
营养方式	异养、自养（光合细菌等）	异养、自养（植物、藻类等）
代表细胞	支原体、细菌、蓝藻	动物细胞、植物细胞、原生生物、真菌

细胞为什么不能无限生长？

不同生物的细胞大小差别很大，最小的细胞支原体直径仅 0.1μm，细菌细胞直径大多为 1～5μm，真核细胞的直径则大多在 10～30μm。对多细胞生物而言，器官的大小主要取决于细胞数量，而与细胞的大小无关。

细胞的大小影响着细胞的生理活动、信号传递及组织力学等诸多特征。细胞的大小取决于细胞生长和分裂之间的平衡。现有研究发现，细胞生长和分裂这两个过程之间存在反馈调控。细胞大小的反馈调控方式在生物界普遍存在，决定了不同生物的细胞具有相对恒定和均匀的大小，但是迄今这一反馈调控的分子机制尚不清楚。目前的观点认为限制细胞体积的因素主要有三个。

（1）核质比：由于在一定时间内细胞核转录生成的 mRNA 量是有限的，因此如果细胞体积增大，将意味着 mRNA 送达到细胞质中合适位置的时间更长。

（2）表面积/体积：当细胞体积增大时，细胞的表面积/体积下降。由于细胞与环境物质交换的能力与表面积成正比，如果细胞体积增大超过一定的限度，细胞表面将无法满足代谢要求的物质交换。

（3）物质扩散的能力：由于物质在胞内扩散的时间与扩散距离的平方成比例，因此细胞体积增大时，物质从细胞表面向内部扩散的距离增大，所耗费的时间就长，同时一些特定分子的浓度由于过低，无法体现其生物学功能，从而使细胞生命活动难以灵敏地调控和缓冲。

所以，细胞作为生命活动的基本单位，其体积必须要适应代谢活动的要求，是有限度的。

1.4 非细胞的有机体及其与细胞的关系

病毒、类病毒（viroid）和**朊病毒（prion）**都没有细胞结构，属于非细胞但可以复制的感染体，然而病毒的某些属性与细胞有一定的共性，如具有相同的遗传基础。所有的病毒只有寄生于宿主（寄主）细胞中，才能表现出其基本生命活动，所以，在生物进化中，病毒的出现要比细胞晚。

1.4.1 病毒

病毒的结构简单，是由核酸和蛋白质外壳构成的。在结构上，病毒一般只含有DNA或RNA中的一种，据此可以将病毒分成DNA病毒和RNA病毒两大类。根据寄主的不同，也可以将病毒划分为动物病毒、植物病毒和细菌病毒（也叫作噬菌体）三类。

病毒的基因组很小，编码基因从几个到数百个不等。病毒不能在人工培养基上繁殖，必须进入活细胞中，依靠寄主细胞供给能量、养料、酶类等才能增殖，以病毒核酸为模板进行核酸复制、转录和翻译，装配成子代病毒后，最终从宿主细胞中释放。

病毒在宿主细胞中的复制扰乱了细胞调控系统，改变了宿主细胞的结构和功能，会导致细胞死亡，有些病毒基因组也可以整合到宿主细胞核基因组中。这种整合不稳定，容易使宿主细胞发生转化，演变为癌细胞。

病毒经改造后，可以作为将外源基因导入真核细胞的载体，广泛用于基因功能研究和基因治疗。

1.4.2 类病毒

类病毒是具有侵染能力的RNA分子，1971年由瑞士学者迪纳（T.O. Diener）在马铃薯纺锤块茎病中发现。与病毒不同的是，类病毒完全没有蛋白质，仅有一个裸露的闭合环状RNA分子，相对分子质量小，仅有数百个核苷酸，是最小RNA病毒的1/10。类病毒能感染寄主细胞并在其中进行自我复制，使寄主产生病症。类病毒为严格寄生物，专一性很强，通常感染高等植物，并整合到宿主细胞核内进行复制，感染和复制机制尚不清楚。

1.4.3 朊病毒

1982年，美国生物学家普鲁西纳（S.B. Prusiner）在研究羊瘙痒病时，确认了其致病因子是一种蛋白质，命名为朊病毒。朊病毒已经超出了经典病毒学的生物学概念，是具有感染性的蛋白质，是蛋白质的构象异常产生了致病性。朊病毒是人和动物正常细胞*PRNP*基因的编码产物（人的该基因位于第20号染色体短臂），表达的蛋白质是一种分布于神经元、神经胶质细胞和淋巴细胞表面的膜糖蛋白，当异常折叠后聚集，引起神经细胞死亡，才具有致病性。朊病毒的致病机制不太清楚，一般认为在朊病毒感染寄主后，能使正常的*PRNP*基因产物转变为致病蛋白质。1997 年，普鲁西纳因发现朊病毒和提出作用机制模型，获得诺贝尔生理学或医学奖。

哺乳动物和人类中的多种疾病都与朊病毒有关。例如，牛海绵状脑病、羊瘙痒病、人类克-雅脑病（Creutzfeldt-Jakob disease，CJD）等均是朊病毒攻击动物或者人的中枢神经系统造成的，临床变化表现为脑组织海绵状病变。

1.4.4 病毒与细胞在进化中的关系

病毒是非细胞形态的有机体，是彻底的寄生物，必须在细胞内才能增殖。目前普遍接受的观点是地球上最先出现的是生物大分子，在此基础上逐步演化出膜包被的细胞，而病毒极有可能是由细胞或者细胞组分演化而来的。病毒只有重回其宿主细胞中，才能完成复制、转录、翻译等过程，表现出其生命的基本属性，推测病毒的核酸来自细胞。例如，病毒携带的病毒癌基因与细胞中的原癌基因极为相似，一般认为病毒癌基因起源于细胞癌基因。

人造细胞

2010 年，文特尔（J.C. Venter）及其团队在《科学》（*Science*）杂志上发表文章，报道了首例“完全由人造基因控制的单细胞生物”，并命名为“辛西娅”（Synthia）。他们根据基因组测序的信息，人工合成和组装了 1.08Mb 长的丝状支原体（*Mycoplasma mycoides*）JCVI-syn1.0 基因组，并将其转移到一个去除 DNA 的山羊支原体（*Mycoplasma capricolum*）内。在山羊支原体细胞中的唯一 DNA 就是这一人工合成的 DNA 序列，序列中含有构建该分子时引入的突变、缺失和多态性特征，这一新的完全由人造基因控制的单细胞——实验室支原体（*Mycoplasma laboratorium*）表现出了预期的表型。辛西娅的诞生并不容易，它的基因组有 901 个基因，长度超过 1000kb，是分段分步构建而成的。

随后，文特尔团队继续对辛西娅开展了“版本升级”研究，目的是探索维持支原体细胞生存的最小基因组。2016 年，成功得到了一个仅仅含有 473 个基因，基因组大小为 531kb 的 JCVI-syn3.0。在辛西娅 3.0 中，保留了几乎全部的 DNA 复制和蛋白质合成等相对关键的基因，而与代谢、运输等相关的基因被大幅删减。由于缺乏与生长相关的基因，syn3.0 增殖速度显著减慢，分裂一次耗时 3h，在显微镜下观察到的辛西娅 3.0 细胞的大小不一（图 1-10）。在 syn3.0 基因组中，48%的基因和基因组信息的维持与表达有关；与细胞代谢有关的基因占 17%；与细胞膜功能相关的基因占 18%，归属尚不明确的基因还有 17%。如果从功能角度看，其中难以说清的基因则多达 149 个（约占基因组的 31%）。

随后以 JCVI-syn3.0 为材料，对最小基因组生物的研究不断深入。例如，采用反向遗传学方法，2021 年确定了 7 个与细胞分裂相关的基因，包括 2 个已知的细胞分裂基因 *ftsZ* 和 *sepF*、1 个底物未知的水解酶、4 种功能未知的质膜相关蛋白质。在向 JCVI-syn3.0 细胞中添加 19 个基因后（包含上述 7 个调控生长增殖的基因），合成的新细胞 JCVI-syn3A 可以实现正常的分裂增殖。从功能角度对合成细胞的研究也取得了重要进展，2021 年，科学家使用人工合成材料，成功创建了一种具有主动运输能力的细胞模拟物；2022 年，英国布里斯托大学与上海交通大学合作，共同开发了一种活体材料组装工艺，基于原核细胞结构功能特征，建立了具有综合生命特性的细胞仿生系统，为采用合成生物学方法，从头构建活细胞提供了重要的依据。

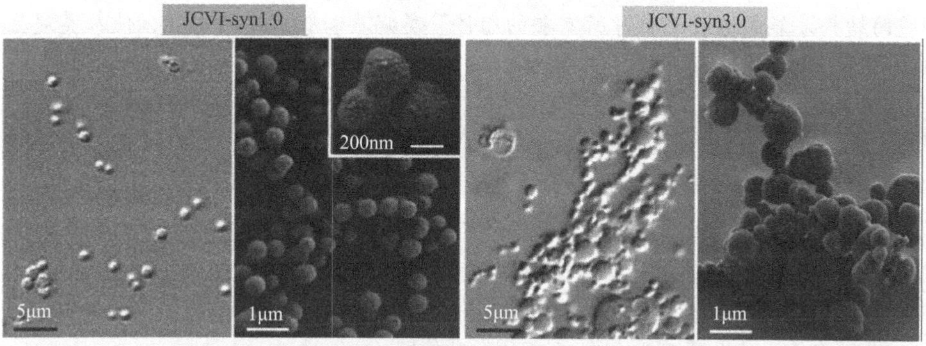

图 1-10 光学显微镜和扫描电子显微镜观察液体培养的人造细胞辛西娅 1.0 和辛西娅 3.0 的细胞形态和生长状态（引自 Pelletier et al.，2021）

在以原核细胞开展人造细胞研究的同时，对真核细胞的研究也受到了关注。2018 年，中国科学家成功构建首例人造单染色体真核细胞——单条染色体的酿酒酵母 SY14。这一研究历经 4 年，通过 15 轮染色体融合才得以完成。由于酿酒酵母 1/3 基因与人类基因同源，因此单染色体酵母细胞为研究人类端粒功能及细胞衰老提供了很好的模型，并且对于人类疾病的防治具有重要意义。

本章小结

知识点小测试

细胞是生物体结构和功能的基本单位，几乎所有的细胞只有在显微镜下才能观察到。纵观细胞生物学的发展史，从细胞的发现到分子细胞生物学的兴起发展，都是以研究工具的改进和技术进步为前提的。从 1665 年胡克利用自制的显微镜首次发现命名细胞，到 19 世纪细胞学说的提出和细胞学的形成，借助实验技术的不断改进，人们对细胞形态结构的认识基于 200 多年对自然界多种多样生物显微结构观察数据的积累、整理和提炼，对细胞结构和生命活动特征的认识也随之不断深入和扩展。进入 20 世纪，细胞生物学的研究重点也逐步转向对细胞生理功能、生化、遗传和发育的关注，伴随电子显微镜的发明和实验手段的进步，以及 20 世纪 50 年代之后分子生物学的产生发展，人们对细胞的研究进入了超微水平，同时实验研究手段也更加多样化和精密化。当今的细胞生物学研究已将细胞的生理活动与细胞中分子的变化相联系，标志着细胞生物学研究进入一个新的阶段，因此分子细胞生物学这一提法更为准确地描述了现代细胞生物学的特征。

细胞所表现出的生命特征是十分复杂的，其结构是高度有序和可预测的，构建细胞的信息由基因编码，细胞通过分裂而增殖，细胞的活动靠化学能提供动力，细胞内复杂的化学反应由酶催化，细胞的生命活动可以进行自我调节。

生物界的细胞分为真核细胞、原核细胞和古核细胞三种基本类型，这些细胞具有一些结构共性，也具有类似的生命活动特征，如细胞膜、遗传信息储存和传递方式、基本的代谢途径等。真核细胞是结构和功能最为复杂的细胞类型，除具有细胞膜、遗传物质、核糖体这些所有细胞都具备的基本结构外，还具有细胞核结构、多种高度特化的膜包被的细胞器、细胞骨架等。真核细胞是细胞生物学研究的主要类型。在生物界，涉及的类群包括动物、植物、真菌、原生生物等，其中动物细胞和植物细胞是细胞生物学研究中最为常用的实验材料。

病毒是没有细胞结构的有机体，形状和大小多种多样，不能独立繁殖，只有进入细胞后，依赖细胞的结构才能制造装配自身所需要的组件。类病毒和朊病毒的发现，使人类对生命形式的认识得到进一步扩展。

复习题

一、基础检测题

1. 细胞学说的主要内容是什么？为什么细胞学说被列为19世纪自然科学三大发现之一？

2. 目前将地球上的细胞划分成哪些基本类型？试比较不同类型细胞在结构上的异同点。

3. 植物细胞与动物细胞在结构上有哪些异同？真核细胞三个基本的结构体系是什么？

4. 构成细胞的生物分子有哪些？各有什么功能？

5. 简述病毒与细胞的关系。

二、归纳拓展题

1. 如何理解“细胞是生命活动的基本单位”？

2. 什么是人造细胞？简述主要研究进展及其生物学意义。

3. 如何理解“一切生物学关键问题必须在细胞中找寻”？

4. 支原体是目前已知的最小最简单的细胞，以支原体为材料开展研究有什么优势？对于理解细胞作为生命活动基本单位有什么重要意义？

5. 如何从细胞的角度理解生命的同一性、物质性、组织性与多样性？

（本章作者　梁卫红）

第 2 章　细胞生物学研究方法

纵观整个科学史，任何一门学科的发展都不是孤立的。在细胞生物学的诞生及发展历程当中，如果没有光学显微镜的发明，就不会有细胞的发现；同样，如果没有电子显微镜技术的建立，细胞超微结构及其功能揭示就无从谈起；如果没有物理学、化学等学科的技术手段对细胞生物学研究的支持，对细胞生命活动规律的物质基础的认识也难以不断深入。伴随分子生物学技术的快速发展，对细胞生命活动的研究进入了崭新的阶段。当今的细胞生物学毫无争议地成为现代生物学的核心学科和前沿学科，这很大程度上得益于多学科交叉及相关技术方法的推动。随着从聚焦单个生物分子的研究转向对复杂生物学问题的研究，科学研究比以往任何时候都更加需要完善的技术体系来支撑。本章将从显微及亚显微结构的观察、细胞及亚细胞组分的分离、细胞内特定大分子的显示和鉴定、现代细胞生物学技术及模式生物五个部分介绍细胞生物学的基本研究方法及研究内容。

学习目标　　知识结构图　　彩图

2.1　显微及亚显微结构的观察

显微镜是观察微观世界的重要工具。显微镜有两个基本功能，一是使样品产生放大的图像，二是使样品产生反差，便于观察。根据观察层次的不同，细胞生物学研究常用的显微镜主要有光学显微镜、电子显微镜及近年出现的扫描探针显微镜三大类，这三类显微镜在仪器构造、成像原理和操作方法上具有显著的差异。

2.1.1　光学显微镜

2.1.1.1　普通光学显微镜

光学显微镜是细胞生物学研究最常用的仪器，在结构上主要由三部分组成：光学放大系统、照明系统和机械支撑系统。

显微镜的主要性能参数是**分辨率（resolution）**，而不是放大倍数。分辨率指的是能区分两个质点最小距离的能力，分辨距离越小，分辨率越高。分辨距离的计算公式为

$$D = \frac{0.61\lambda}{N \cdot \sin(\alpha / 2)}$$

式中，D 为分辨距离；λ 为光源的波长；N 为介质折射率；α 为物镜的孔径角。

为了提高分辨率，即减小 D 值，可以采用降低波长和使用折射率较大的介质的方法。对一台特定的光学显微镜来说，采用可见光（400～700nm）中最短波长的紫色光，以空气为折射介质（N=1）时，分辨率可以达到 0.3μm；如果将介质改为香柏油（N=1.5），分辨率可提高到 0.2μm。

上述公式的分母 $N \cdot \sin(\alpha/2)$ 也叫作数值孔径（numerical aperture），或者镜口率，是衡量显微镜物镜和聚光镜的主要技术参数，也是判断显微镜性能优劣的重要标志。在以空气为介质的

条件下，数值孔径最大值接近 1，在油浸物镜时最大可达 1.45。由于光学显微镜的最大放大倍数是数值孔径的 1000 倍，因此在介质为空气时，一般光学显微镜的最大放大倍数为 1000 倍。放大倍数是指被检样品最终成像大小和原始样品大小的比值，等于物镜与目镜放大倍数的乘积。借助光学显微镜，可以将人眼无法分辨的微小物体放大成像，入射光线形成的明亮背景与样品的图像之间形成反差。在光学显微镜下所能观察到的结构称为显微结构，主要包括细胞壁、细胞膜、细胞核、液泡、叶绿体、中心体、核仁等，所能分辨的最小结构是染色后的线粒体和细菌。

2.1.1.2 光学显微镜样品的制备

光学显微镜观察样品的方式分成两大类，即整体观察和切片观察。

整体观察的样品是采用分离、涂布、压碎等方法使细胞彼此分离，观察完整的、活的或者死亡的细胞或组织，如原生生物、血细胞、根尖等。因此只要样品足够透明，就可以采用整体观察法。该方法的优点是操作比较简单，但是有时无法反映细胞之间的正常联系。

对于绝大多数取自多细胞生物体的样品来说，由于组织透明程度差，更常用的是切片观察法，也就是将组织切成 1～10μm 的薄层再进行观察。切片观察的优点是能够较好和较长时间地保留细胞的原貌，但是操作步骤较多，需要经过固定、包埋、切片和染色等一系列处理后才能在镜下观察。固定能够使细胞及其成分被锁定在原有的位置上，而且有助于样品内部结构产生反差，方便被染色剂着色，常用的固定剂包括乙醇、甲醛、冰醋酸等。包埋是利用包埋剂将生物材料包裹起来，为其提供性能支撑或化学保护的过程，光学显微镜制样常用的包埋剂为石蜡。切片是使用显微切片机将石蜡块切成微米级的薄片，并且能够对组织块进行连续切片。染色的目的在于使细胞的不同结构呈现不同的颜色。例如，苏木精-伊红染色（又称 HE 染色）是石蜡切片技术中常用的染色法之一，碱性染料苏木精能将细胞核染成蓝紫色，而酸性染料伊红能将细胞质染成红色。还有些染料则适合对活细胞染色，不影响细胞的生命活动。例如，詹纳斯绿 B（Janus green B）是活体染色剂，可专一性地使线粒体内部的细胞色素氧化酶系呈蓝绿色反应，而线粒体周围的细胞质呈无色反应，因此可以显示活细胞中线粒体的分布及其动态变化。

2.1.1.3 几种特殊的光学显微镜

（1）**相差显微镜（phase contrast microscope）** 相差显微镜是荷兰物理学家 Fritz Zernike 于 1935 年发明的，相差显微镜和普通显微镜的区别是：用环状光阑代替可变光阑，用带相差板的物镜代替普通物镜。相差显微镜利用了光的干涉原理，将相位差转换成振幅差（即肉眼可识别的明暗差），所以在最终的图像中，致密的结构颜色深，与周围形成反差，细胞呈现立体感。相差显微镜的最大优势在于能以较高的分辨率观察未经染色的标本和活细胞结构，如线粒体、染色体的动态，适用于染色困难或者不能染色的新鲜标本，但是只适合观察单细胞或者薄的细胞层。

（2）**倒置显微镜（inverted microscope）** 倒置显微镜的组成与普通的光学显微镜基本一致，主要区别在于物镜和照明系统的位置颠倒，即光源来自载物台的上方，主要用于观察培养中的活细胞、组织和原生质体。最常见的是将倒置装置和相差装置结合而成的倒置显微镜，更加方便观察培养中的细胞，以及不同处理对细胞的影响（图 2-1）。

（3）微分干涉相差显微镜（differential interference contrast microscope，DICM） 微分干涉相差显微镜是 1952 年法国物理学家 Georges Nomarski 在相差显微镜原理的基础上发明的，因而又称 Nomarski 相差显微镜（Nomarski contrast microscope）。DICM 利用的是偏光干涉原理，图像产生的反差主要取决于光线穿过样品时折射率变化的速率。样品中密度高的部分看起来隆突，密度小的部分显得低凹，呈现浮雕般的三维效果，适合观察无色透明的活体标本。与相差显微镜相比，微分干涉相差显微镜允许标本可略厚一点，由于折射率差别更大，更适于研究活细胞，图像的立体感更强（图 2-2）。

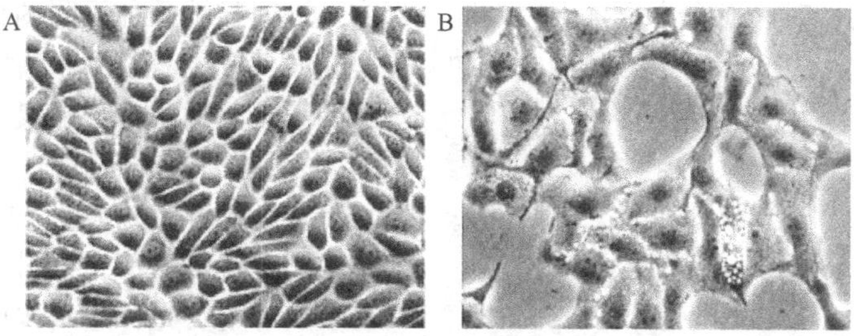

图 2-1　倒置显微镜观察莪术醇对培养中细胞的影响（引自 Hamdi et al.，2014）

A. 处理前的细胞，生长状态良好；B. 处理后的细胞收缩，丧失与相邻细胞接触的能力，细胞数目减少

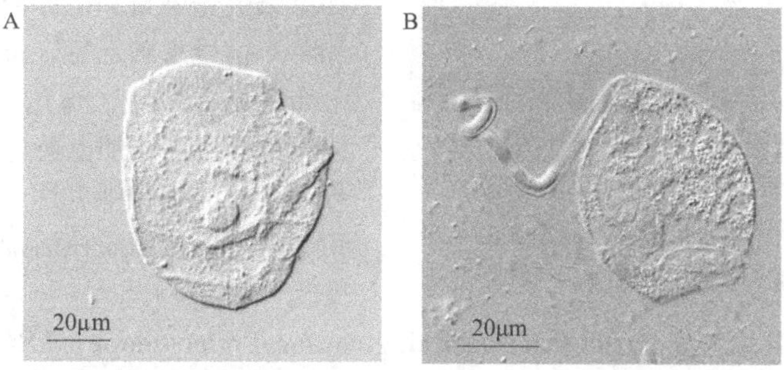

图 2-2　微分干涉相差显微镜观察人类鳞状上皮细胞（A）和原生动物钟虫（B）（引自 Shribak et al.，2008）

真核细胞中一些较大的细胞器如细胞核等，在微分干涉相差显微镜下立体感特别强，所以诸如细胞核移植、转基因等显微操作常使用这种显微镜。将计算机辅助系统应用于 DICM 形成的录像增差光学显微镜（video-enhance microscope），可以得到更强的反差，分辨率比普通光学显微镜提高一个数量级，不仅观察结果更加清晰，而且方便记录。例如，可在高分辨率下研究活细胞中颗粒及细胞器的运动。

（4）**暗视野显微镜（dark-field microscope）**　暗视野显微镜利用了丁达尔效应（Tyndall effect），使观察样品与背景之间产生反差。暗视野显微镜与普通光学显微镜的区别在于聚光镜中央有挡光片，使照明光线不直接进入物镜，光线以一定的角度斜射于样品，只观察到样品反射或者衍射的光线。暗视野显微镜常用来观察未染色的透明样品，观察时背景是暗的，样品呈现明亮的轮廓，但是无法分辨细胞或者组织内的微细结构，适合观察 4～200nm 微小样品的存在和运动轨迹，分辨率可比普通光学显微镜高 50 倍。

（5）**荧光显微镜（fluorescence microscope）**　荧光显微镜以紫外线等作为光源，通过激发标本产生荧光而成像。由于紫外线比可见光的波长短，因此荧光显微镜的分辨率高于普通光学显微镜。荧光显微镜的核心部件是滤光片系统及专用的物镜。滤光片系统由激发光滤片（安装在光源和样品之间，只允许特定波长的激发光通过）和阻断滤片（安装在目镜和物镜之间，只允许特定波长的荧光通过）组成（图 2-3）。

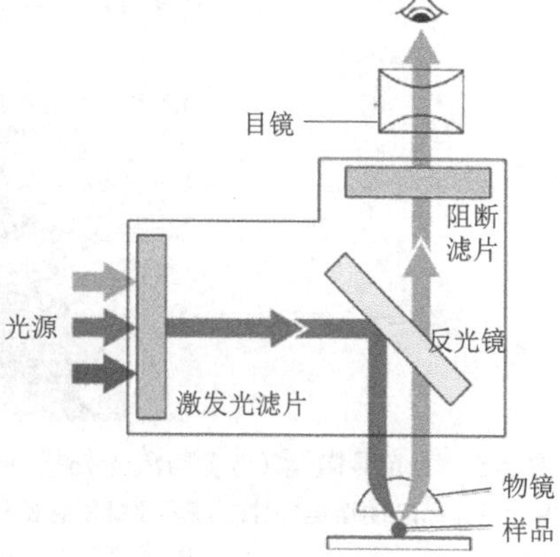

图 2-3　荧光显微镜原理图

由于荧光显微镜观察的图像背景是黑色的，特定的

细胞结构中呈现出不同强度和不同颜色的荧光，因此为荧光信号提供了强反差背景。荧光显微镜的图像色彩鲜明，对比强烈，而且可以在同一标本上同时显示几种不同的物质。

经紫外线激发产生的荧光分为两种，其中一种是自发荧光，是细胞中特定成分被激发后发出的荧光。例如，叶绿素经紫外线照射会发出火红的荧光。但是有些成分在紫外线激发下不发光或者荧光很弱，难以收集荧光信号，一般是经特定的荧光染料染色后，再进一步被激发产生荧光，这叫作诱发荧光。例如，联脒基苯吲哚（DAPI）和碘化丙啶可以染DNA，呈现蓝色荧光。在蛋白质的研究中，如果将荧光染料和抗体偶联，就可以通过检测荧光信号来确定特定抗原分子在细胞中的分布（见 2.3.2）。通过 DNA 重组技术，可以给待测蛋白质加上荧光标签（见 2.3.5），导入合适的细胞中表达，就可以在荧光显微镜下观察该蛋白质在活细胞中的分布和动态变化（图 2-4）。

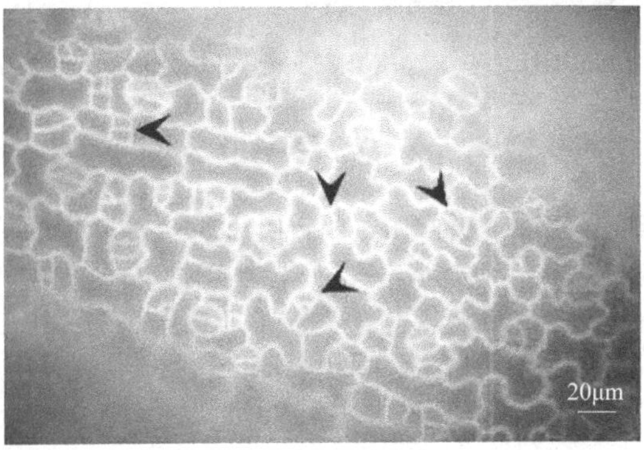

图 2-4　荧光显微术鉴定 AtRAC8 在转基因拟南芥子叶表皮细胞中的分布（引自 Lavy et al.，2002）

图示为与荧光蛋白标签 GFP 融合的 AtRAC8 在细胞膜上的分布，箭头示细胞在进行不均等的分裂

（6）**激光扫描共聚焦显微镜（laser scanning confocal microscope，LSCM）**　激光扫描共聚焦显微镜是 1955 年美国人 Malwin Minsky 发明的，在荧光显微镜成像的基础上加装激光共聚焦成像装置，使用激光作为光源，可以对样品进行不同深度的扫描和荧光强度测量，显著提高了分辨率。由于扫描的激光与荧光收集共用一个物镜，物镜的焦点即扫描激光的焦点（即共焦点），而样本中其他部位发射的光不能在此聚焦，不参与最终的成像，避免了位于焦点平面上下部分的光线和焦点平面中的光线发生干涉，所以成像更清晰（图 2-5）。由于激光扫描共聚焦显微镜能够对样品进行精细地分层扫描，即“光学切片”，所获得的不同焦平面的图像经电脑三维重构后，可获得样品的立体结构。

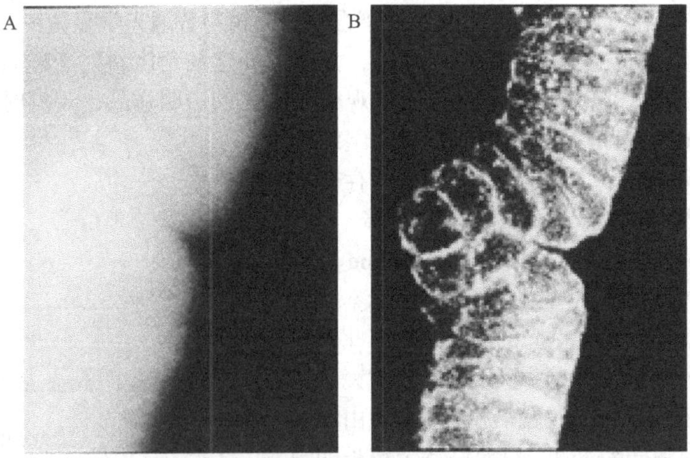

图 2-5　荧光显微镜（A）与激光扫描共聚焦显微镜（B）观察果蝇胚胎的比较（引自 Albert et al.，2014）

采用荧光标记的肌动蛋白抗体显示果蝇原肠胚表层细胞中微丝的分布，A. 由于焦点平面之外的荧光一起被收集，成像模糊；B. 焦点平面之外的信号被去除，获得清晰、富有立体感的图像

由于激光的波长较短，因此理论上，激光扫描共聚焦显微镜的分辨率大约是普通光学显微镜的 3 倍，比荧光显微镜提高 1.4 倍，分辨率可达 0.1～0.2μm。随着技术的不断发展和完善，激光扫描共聚焦显微镜的性能也在不断改进和更新，应用的范围也越来越广泛，既可以用于观察细胞形态，也可以用于亚细胞结构和组分的定位及动态变化分析、细胞内生化成分的定量分析，配合焦点稳定系统可以实现长时间活细胞动态观察。

自胡克用放大倍数 40～140 倍的显微镜首次发现和命名细胞以来，随着光学显微镜制作技术的不断提高，从最初简单的明场观察方式已经发展出包括明场、暗场、荧光、相差、微分干涉相差等多种观察方式（表 2-1）。光学显微镜也从最初简单的手动目视观察仪器，演变为整合了观察、拍照、摄像等多种功能的强大光学系统。20 世纪 80 年代以来，随着数码摄影技术、信息技术和自动化技术的飞速进步，光学显微镜的设计和制作更加注重易用性和多功能性，在装配设计上，集普通光学显微镜与相差、荧光、暗视野、DICM、摄影装置于一体的功能高度整合的一体化显微镜成为趋势，人体工学和自动化的理念越来越多地应用到显微镜设计上，显微镜的性能也得到大幅度提高。

表 2-1　几种常用光学显微镜的比较

类型	原理	观察要求	适用的细胞
普通光学显微镜	基于样品的颜色和透射率	样品的厚度（1～10μm）和反差	大多用于石蜡切片的观察，可以观察单层活细胞
荧光显微镜	特定分子被紫外线激发产生荧光	细胞中特定成分能够产生自发荧光或诱发荧光	活细胞或者固定细胞，可以做定量分析
相差显微镜	样品厚度和折射率的变化差异	相对扁平的细胞或者组织	活细胞的观察
微分干涉相差显微镜	样品中不同成分折射率的差异	用于未染色、略厚的样品	活细胞的观察
暗视野显微镜	检测样品衍射和反射的光	相对薄的、简单的样品	多用于细菌等微小标本运动规律的观察
倒置显微镜	基于样品中成分透射率的差异	离体培养的细胞或者组织	常用于活细胞等的观察
激光扫描共聚焦显微镜	物镜和扫描激光有共同的聚焦点	允许样品有一定的厚度	活细胞或者固定细胞

超分辨率荧光显微术

早在 1873 年，德国物理学家 Ernst Abbe 就提出了“衍射极限”的概念，他认为由于光的基本衍射性质，光学显微镜无法突破 200nm 的分辨率。尽管借助于电子显微镜可以观察到小于 200nm 的结构，但是电镜样品制备过程复杂、严苛，而且电镜观察到的图像是静态的，无法获得活细胞的实时成像。一个多世纪以后，超分辨率荧光显微镜的问世，终于打破了“衍射极限”这一瓶颈。

20 世纪 90 年代晚期，一些科学家提出了一种打破“衍射极限”的成像策略，有三个实验室分别采用了相似的策略避开了“衍射极限”问题，他们使用可自主开关的荧光探针，每次选择性地打开一些探针进行拍摄，将获得的一系列图片叠加重建，最终得到所有探针的图像是分辨率 20nm、单分子层面的荧光图像（图 2-6）。

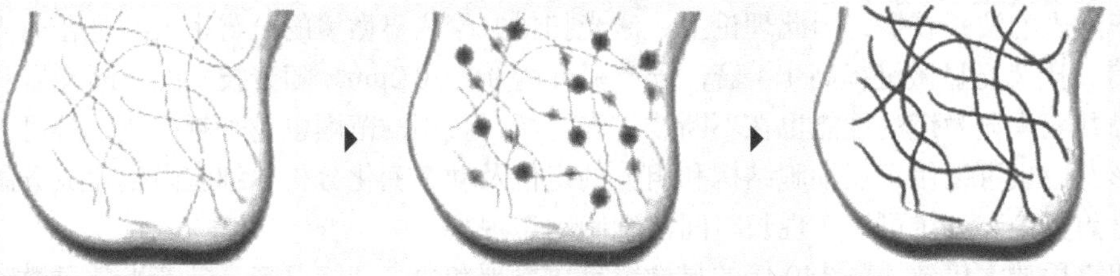

图中所示灰色线条是待研究目标，这些结构已被荧光探针标记，这些探针只有在被照射的时候才会发光

低强度激光重复随机激活各个探针，使这些探针发出红色荧光（圆点显示）

把多幅图片叠加重建，最后得到该分子的精细结构

图 2-6　超分辨率荧光显微镜的成像原理示意图

借助荧光分子，利用超分辨率荧光显微镜能够观察到纳米尺度的结构，有助于从分子层面解析细胞结构及生命活动过程，该技术被称为超分辨率荧光显微术，涉及研发的显微镜分别是光激活定位显微镜（photo-activated localization microscope，PALM）、荧光激活定位显微镜（fluorescence PALM，FPALM）和随机光学重建显微镜（stochastic optical reconstruction microscope，STORM）。

由于超分辨率荧光显微术能够实时追踪细胞内分子的行为和反应，因此也引发了该领域研究技术和方法的创新浪潮，包括研发亮度更高、对活细胞干扰更小的荧光探针；改善照明策略，更好地降低背景荧光的干扰；研发与成像结合的算法等。超分辨率荧光显微术使人们认识到生物基础研究有无限可能，科学家有望在分子水平上对活细胞开展研究。例如，观察活细胞内生物大分子与细胞器结构，进一步挖掘这些结构运行和相互反应的机制。

2014 年，美国科学家 Eric Betzig、William Esco Moerner 和德国科学家 Stefan Hell 因研制超分辨率荧光显微镜共同获得了诺贝尔化学奖。尽管 STORM 超分辨率荧光显微术的发明创始人——华人科学家庄小威与诺贝尔奖失之交臂，但她创造性地将荧光光谱和显微分析技术应用于单分子研究，使实时揭示复杂生物过程中的分子个体及其运动步骤成为可能，在单分子动力学、核酸与蛋白质的相互作用、基因表达机制、细胞核病毒的相互作用等领域做出了杰出的贡献。

2.1.2　电子显微镜

1933 年，Etnst Ruska 发明了第一台电子显微镜，并获得 1986 年的诺贝尔物理学奖。电子显微镜在生物学研究中的应用，不仅打开了从亚显微结构（超微结构）层次认识细胞的大门，而且为生物学带来了一场革命。

与光学显微镜相比，电子显微镜基于电子光学原理，用电子束和电子透镜代替光束和光学透镜，极大地提高了显微镜的分辨率，光学显微镜的分辨率为 0.2μm，电子显微镜的分辨率可达 0.2nm。电子显微镜与光学显微镜在构成、制样、观察方法等方面也存在显著的差别（表 2-2）。根据结构和用途，电子显微镜主要分为透射电子显微镜（transmission electron microscope，TEM）和**扫描电子显微镜（scanning electron microscope，SEM）**。

表 2-2　光学显微镜和电子显微镜的比较

内容	光学显微镜	电子显微镜
光源	可见光（荧光显微镜使用紫外线）	电子束
透镜	玻璃透镜	电磁透镜

续表

内容	光学显微镜	电子显微镜
介质	空气或者香柏油（使用油镜时）	真空
样品厚度	石蜡切片（1～10μm）	超薄切片（50～100nm）
样品染色剂	有机染料	重金属盐（柠檬酸铅、乙酸双氧铀等）
样品固定	甲醛等	戊二醛和四氧化锇（双固定法）
样品包埋	石蜡	环氧树脂
图像颜色	黑白或彩色	黑白
分辨率	0.2μm（荧光显微镜可达 0.1μm）	0.2nm
放大倍数	数倍～1000 倍	1000 倍～250 万倍（透射电镜），几十倍～150 万倍（扫描电镜）
成像方式	直接成像	荧光屏成像
观察层次	显微结构，适合整体细胞成像	亚显微结构（超微结构），适合大分子组装和细胞器成像

（1）透射电子显微镜　透射电子显微镜主要用于细胞内部超微结构的观察，也可以用于病毒、蛋白质、核酸等大分子结构的研究。透射电子显微镜要求的观察样品极薄，厚度约 70nm。当电子束打在样品上时，透过样品后的电子束携带有样品内部的结构信息，样品致密处透过的电子量少，稀疏处透过的电子量多，经过物镜的汇聚调焦和初级放大后，电子束经综合放大成像，最终被放大了的电子影像投射在荧光屏上，可供观察、摄像和打印。

与光学显微镜类似的是，透射电子显微镜样品的制备也要经过固定、包埋和切片等过程，常用的技术有超薄切片、负染色技术、冷冻蚀刻技术等。

超薄切片（ultrathin section）的制作流程一般是在取材（样品块直径一般小于 1mm，以便固定剂迅速渗透）后，首先采用戊二醛、四氧化锇（OsO_4，常称为锇酸）等按顺序固定，再经乙醇脱水和环氧丙烷树脂包埋，进行超薄切片（厚度 50～100nm），最后在铜制载网上经重金属盐溶液（主要是乙酸双氧铀和柠檬酸铅）染色后，在电镜下观察（图 2-7）。

由于电镜图像的形成依赖样品各部分对电子的不同散射，而生物材料几乎不具有对电子的散射能力，因此电镜制样中需要通过重金属盐染色的方法，为生物材料提供散射电子束所需要的原子密度。重金属离子与细胞结构中的不同部分选择性地结合，形成电镜下观察到的明暗反差，从而获得反映细胞超微结构的黑白图像。常规超薄切片技术中的固定、脱水和包埋等操作均可使生物样品受到物理和化学性损伤，引起组织和细胞内蛋白质分子变性，大部分可溶性生物高分子物质被抽提或发生移位，在一定程度上导致生物结构发生变化和破坏，同时使一些物质丧失原有的生物活性，如酶的活力、蛋白质的抗原性等。20 世纪 60 年代出现的冷冻超薄切片技术，将低温冷冻和超薄切片技术有机结合起来，与常规超薄切片法相比，具有步骤少、速度快的优点。由于制样中不经剧烈的化学试剂处理，无须脱水、包埋等操作，因此可以较好地保存细胞中的一些水溶性物质和生物大分子的活性，在电镜下所观察到的细胞结构更接近于自然状态，适合于细胞形态学、电镜细胞化学、免疫电镜研究，有助于在分子水平上研究新鲜生物样品的超微结构、各种生物大分子和某些元素在细胞内的分布状态。

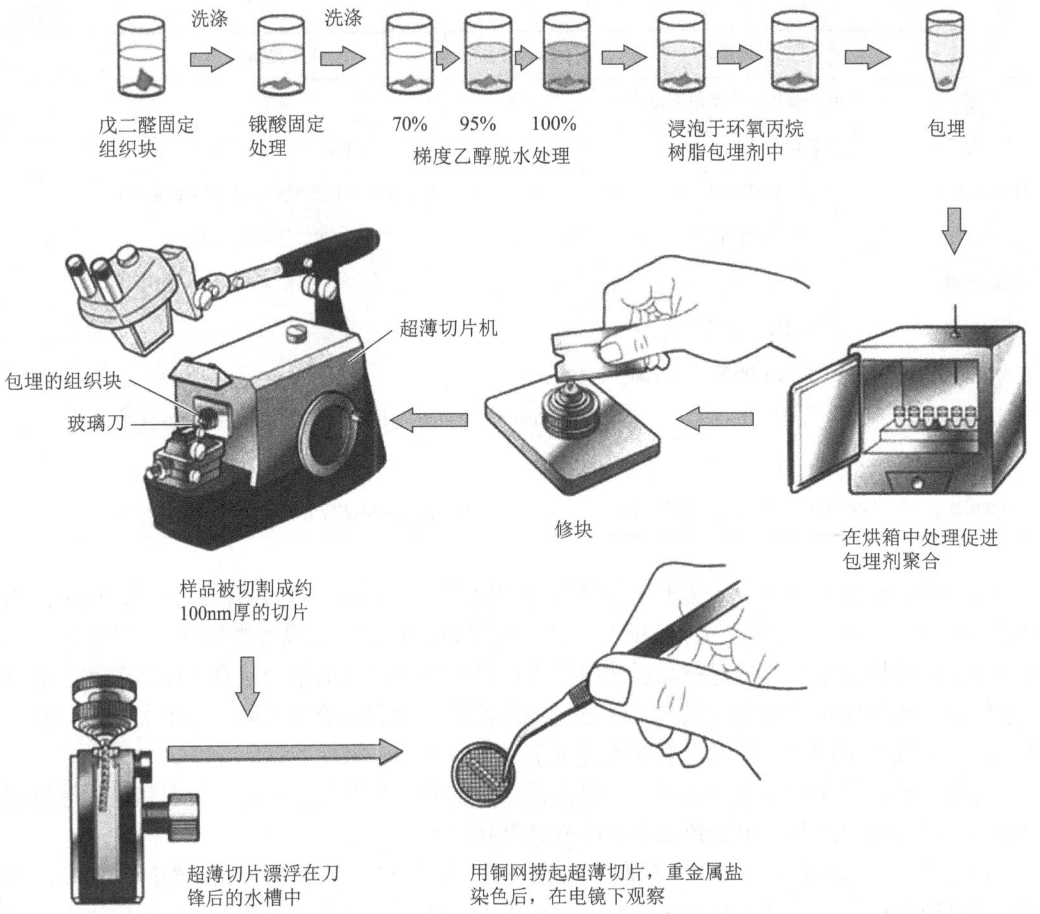

图 2-7　电镜超薄切片样品制备的流程（引自 Karp，2010）

负染色（negative staining）技术常用于观察小的颗粒物质，分辨率可达 1.5nm 左右，适合显示颗粒内部的组成，如病毒、核糖体、细胞骨架等复合物等。该技术将重金属盐染液（磷钨酸钾或乙酸双氧铀）直接滴在含有观察颗粒的载网上，在表面张力的作用下，染料趋向于积累在颗粒的边缘、进入颗粒的缝隙中，所以凸出的地方没有染料沉积，因此增大了反差。在观察图像中，背景颜色深，而样品颜色浅或者发亮（图 2-8）。

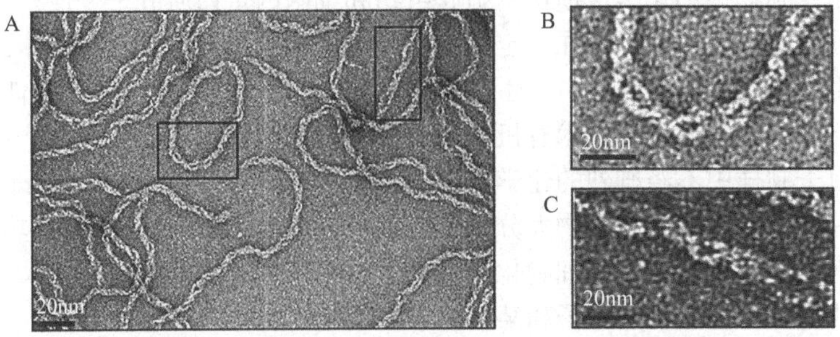

图 2-8　负染色技术显示 CdvA 蛋白形成的双螺旋纤维（引自 Moriscot et al.，2011）

B 和 C 分别是 A 图方框标注的放大

冷冻蚀刻（freeze-etching）技术是 20 世纪 50 年代发展起来的一种将断裂和复型相结合的透射电镜样品制备技术，有时也叫冷冻断裂蚀刻复型（freeze fracture etching replication）技术，主要用来观察膜断裂面上的蛋白质颗粒和膜表面的形貌特征。其原理是首先将标本快速低温冷冻，然后用冷刀骤然将标本断开，暴露出断面结构，这一操作称为蚀刻，然后在断裂面上分别进行蒸汽铂和碳的喷涂，获得断裂面的复型膜。去除标本后，将该复型膜置于载网，通过电镜观察标本蚀刻面的形态，获得标本断裂面处的结构特征（图 2-9）。

图 2-9　冷冻蚀刻技术显示大鼠肝细胞的核孔复合体（引自 Nicolini et al.，1984）

冷冻蚀刻技术的应用，扩大了生物标本电镜观察的领域，使不同断裂面的微细结构也能够被观察到。由于标本在结构上脆弱的区域更易断裂，因此冷冻蚀刻技术可呈现浮雕式的三维图像，经碳铂喷镀后获得的复型膜立体感强，同时该技术无须化学固定、脱水和重金属染色等复杂步骤，因而能更好地保持和反映样品的真实结构。在此基础上建立的快速冷冻深度蚀刻（quick freeze deep etching）技术可对细胞质中的细胞骨架纤维及其结合蛋白进行观察。

（2）*扫描电子显微镜*　扫描电子显微镜主要用于样品的表面形貌、割裂面结构、管腔内表面结构的观察和分析。与透射电子显微镜不同的是，扫描电子显微镜采用的是极细的电子束依序逐点扫描样品表面，在样品表面激发出次级电子，通过对次级电子的收集和信号转换，经放大处理后，在荧光屏上成像。由于次级电子激发量与样品材质及表面凹凸特征相关，因此能显示样品表面的完整形态。扫描电镜图像立体感强、观察区域较宽，分辨率可达 1nm，所反映的是标本表面 5～10nm 深度的结构信息（图 2-10）。

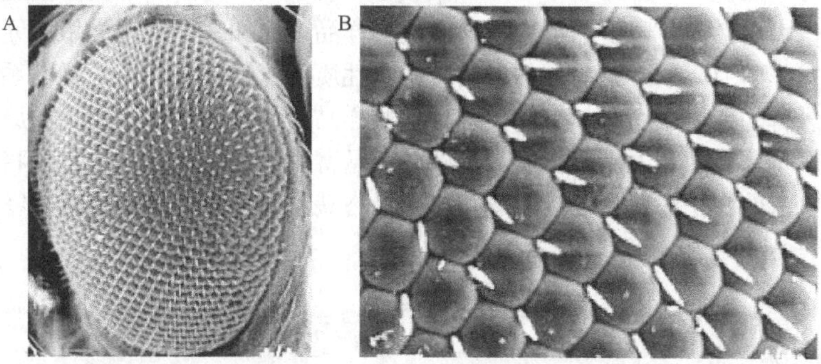

图 2-10　果蝇复眼全貌（A）和局部放大（B）的扫描电镜照片（引自 Wahlström et al.，2001）

与透射电镜样品制备不同的是，扫描电子显微镜样品制备比较简单，常规的操作流程包括取材、固定、脱水干燥、重金属喷镀，对样品的大小要求不严格，无须进行包埋和切片。扫描电镜制样最重要的要求是保持样品原有的表面形貌，样品要干燥且导电。对含水量高的样品来说，常采用二氧化碳临界点干燥法使样品脱水并防止变形，然后采用重金属进行表面喷镀，形成连续的导电膜，使样品具有良好的导电性。

2.1.3 扫描探针显微镜

扫描探针显微镜（scanning probe microscope，SPM）是近年发展起来的一大类表面分析仪器，目前有几十种不同类型，如扫描隧道显微镜（scanning tunneling microscope，STM）、原子力显微镜（atomic force microscope，AFM）等。扫描探针显微镜的工作原理是将样品本身作为一个电极，另一个电极是一根非常尖锐的探针，利用这一极细的探针在样品表面扫描，通过检测探针和样品两者之间的相互作用，获得样品表面特性的数据。不同类型扫描探针显微镜的区别主要在于它们的针尖特性及针尖与样品相互作用方式的差别。作为新型的显微工具，扫描探针显微镜的优势主要体现在其具有极高的分辨率，可以观察到原子；得到的是实时的、真实的样品表面的高分辨率图像；使用环境宽松，既可以在真空中工作，又可以在大气、低温、常温、高温甚至溶液中使用。这类显微镜不仅应用于纳米尺度的生物学研究中，而且在纳米科学各领域研究中发挥着越来越重要的作用。

（1）*扫描隧道显微镜*　1981 年，Gerd Binning 和 Heinrich Rohrer 发明了扫描隧道显微镜，并于 1986 年与透射电子显微镜的发明人 Ernst Ruska 一同获得了诺贝尔物理学奖。扫描隧道显微镜的研制成功是显微学上的一场革命，引发了一系列扫描探针显微镜的诞生。

扫描隧道显微镜是具有原子级分辨率的显微镜，是一种探测微观世界物质表面形貌的仪器。该显微镜基于量子力学的隧道效应原理，能够实时地观测到原子在物质表面的排列状态、与表面电子行为有关的理化性质，在生物学、表面科学、材料科学等领域有重要价值。扫描隧道显微镜的横向和纵向分辨率分别可以达到 0.1nm 和 0.01nm，可以分辨单个原子。最大的优点是无论对固态、液态还是气态物质均可进行观察，而普通电镜只能观察制作好的固体标本。

扫描隧道显微镜对样品表面的测量是非破坏性的，采用的是金属探针在距样品表面 1nm 处扫描，通过检测探针与样品间隧道电流的变化来获取样品表面形貌特性。利用扫描隧道显微镜可以直接观察生物大分子，如 DNA、RNA 和蛋白质等分子的原子排列（图 2-11），以及生物膜、病毒等的结构，但是同样要求观察样品必须导电。

（2）*原子力显微镜*　1986 年，G.Binnig、C.F. Quate 和 C. Gerber 在扫描隧道显微镜的基础上发明了原子力显微镜。原子力显微镜通过检测样品表面和一个微型力敏感元件之间的极微弱的原子间相互作用力，来研究物质的表面结构及性质。探针被置于一个弹性系数很小的微悬臂的一端，微悬臂的另一端固定。探针尖和被检测样品表面轻轻接触，针尖的原子和样品表面原子之间的微弱排斥力使对力的变化非常敏感的微悬臂游离端发生弯曲，最终将这种微弱的曲度变化转变成电流的变化，通过逐点快速扫描，最终获得样品表面的微细结构特征、微观力学性质等信息。

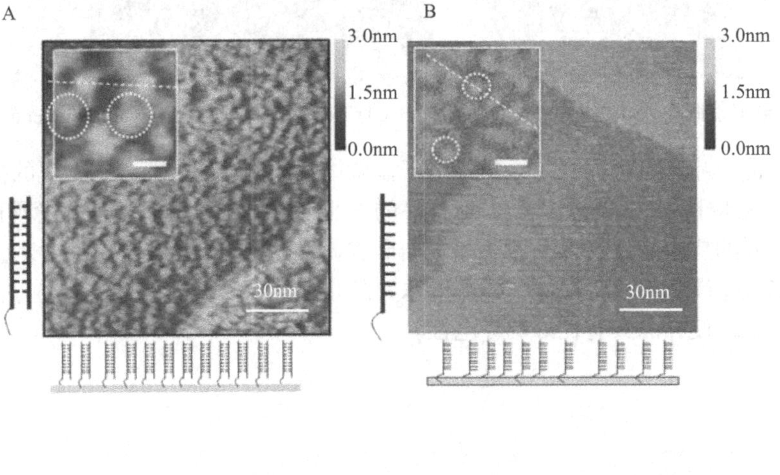

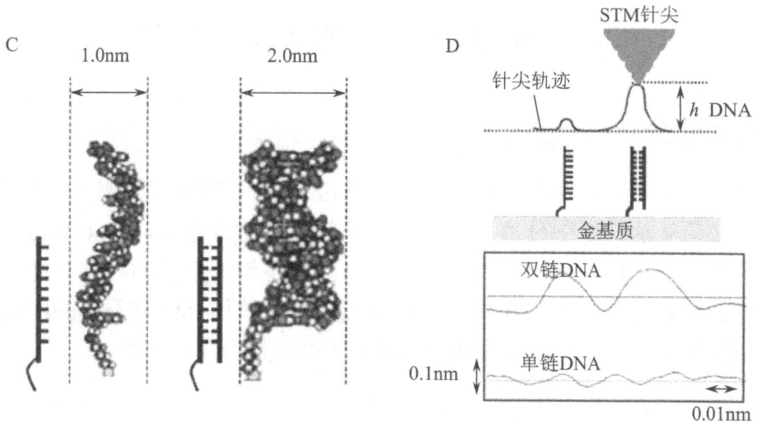

图 2-11 扫描隧道显微镜观察单链 DNA 探针与溶液中 DNA 分子的杂交(引自 Ohshiro and Maeda, 2010)

A. 杂交形成双链 DNA，内置的小图是局部的放大，亮点显示的是杂交形成的直径为 2nm 的双链 DNA；B.杂交前探针的直径为 1nm；C. 单链和双链 DNA 分子的模型；D. STM 的针尖和检测表面之间的距离与检测结果的关系，探针固定在金基底上，与溶液中 DNA 杂交。

原子力显微镜对样品没有导电性的要求，这是其突出的优点。对于研究通常不导电的生物材料来说是一项非常有意义的革新。由于弥补了扫描隧道显微镜只能观察导电样品的不足，原子力显微镜应用范围更为广泛，能在多种环境（包括空气、液体和真空）中运行，不仅用于生物分子在生理条件下的直接成像，而且可对活细胞进行实时动态观察，获得生物分子和生物表面的三维图像，以纳米尺度的分辨率观察局部的电荷密度和物理特性，测量分子间的相互作用力。然而与扫描电子显微镜相比，原子力显微镜也有成像范围小、速度慢等缺点。

对于刚性的样品，原子力显微镜通常可以达到原子级分辨率，但对于柔软的生物材料，目前可达到的横向分辨率为 1～50nm，放大倍数高达 10 亿倍，比电子显微镜分辨率高 1000 倍，可以直接观察生物材料的分子和原子（图 2-12）。除成像外，原子力显微镜还具有对所观察生物样品的分子或原子加工的能力，如切割染色体、在细胞膜上打孔等，因此原子力显微镜具有高分辨率、观察活的生物样品和加工样品三个典型的特征。

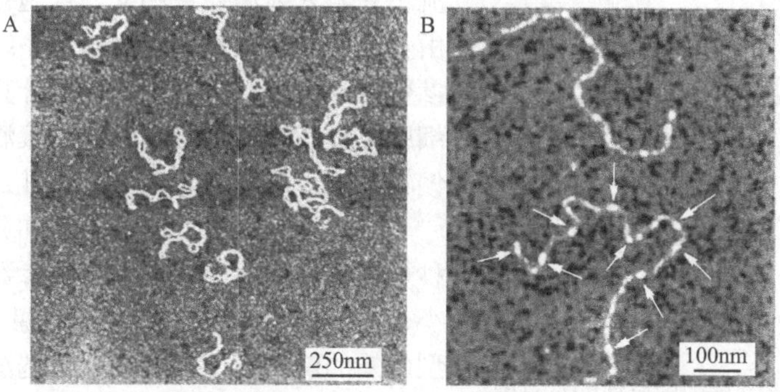

图 2-12 原子力显微镜下的质粒分子 pSA509（引自 Lyubchenko et al., 1997）

A. 超螺旋形式的质粒分子； B. 线性化后的质粒 DNA 上结合有蛋白质（箭头所示）

2.2 细胞及亚细胞组分的分离

2.2.1 细胞的分选

对于高等真核生物而言，生物体的组织中通常包含多种类型的细胞，因此要对某种特定的细胞开展研究，必须从活组织中分离并纯化这种细胞。**细胞分选（cell sorting）**是将一种细胞从含多种细胞的样品中分离出来的技术，分离策略一般是依据细胞的物理特性、细胞表面蛋白及遗传表达特性，如基于细胞大小和密度的差异或者基于抗体标记将不同的细胞分离开来。无论哪种方法，细胞分选的基本原则是尽最大可能保持细胞应有的活性。

2.2.1.1 流式细胞分选法

流式细胞分选(fluorescence activated cell sorting, FACS)是通过流式细胞仪(flow cytometer, FCM)对细胞进行分选的方法。流式细胞仪是集激光技术、电子生物技术、光电测量技术、电子计算机技术及荧光化学技术等为一体的检测仪器，在组成上包括液流系统、光学系统、电子系统和分析系统4部分。

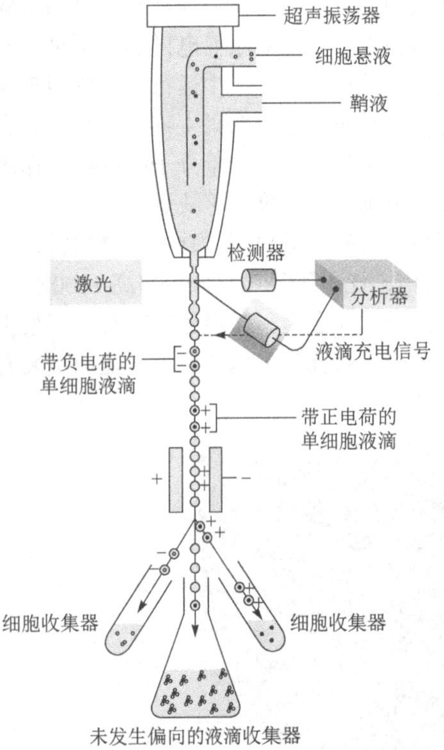

图 2-13 流式细胞仪分选细胞原理的示意图（引自 Alberts et al.，2014）

流式细胞分选应用的是免疫细胞化学原理，以荧光标记的抗体对细胞染色或者使用荧光染料与DNA结合，将细胞群体中待分离的细胞进行标记，当然也可以采用负选法使待分离的细胞不被染色。流式细胞分选只能检测悬浮的单细胞或微粒的信号，因此一般先要通过蛋白质水解酶消化组织，使细胞分散开，制备单细胞悬液，然后采用荧光染料偶联的抗体标记样品悬液，对待测样品（如细胞、细胞器、染色体、精子或细菌等）进行标记，在一定压力下通过鞘液包围的样品管而进入流动室，排成单列的细胞由流动室的喷嘴喷出而成为细胞液流，并与入射激光束相交。细胞被激发产生的荧光由荧光检测器收集，荧光检测系统通过预设的荧光参数对细胞进行检测，数据经计算机处理后，分辨细胞类型。含有待分离细胞的液滴，通过一个静电偏转系统，最终进入收集管（图2-13）。

流式细胞分选法的特异性和分选效率很高，每秒可以测量数万个细胞的多项参数，包括细胞的大小、密度及DNA和蛋白质的含量。在待分离细胞表型已知的前提下，流式细胞分选法获得的细胞纯度和活性可达 99%。该技术的优势是即使待分离细胞表达极低水平的标记蛋白，或者细胞群体的分离是基于标记蛋白的差异表达水平，都可以获得纯度较高的特定细胞。当分选是基于细胞内部染色或者细胞内蛋白质的表达时，如细胞中表达的遗传上修饰的荧光蛋白融合蛋白，荧光激活细胞分选法是唯一的选择。随着数据收集和分析软件及硬件的改进、抗体种类及用于细胞表面和内部标记分子染料的扩展，流式细胞分选法日趋成熟，广泛应用于生物大分子DNA、RNA和蛋白质的定量，细胞群体中处于细胞周期不同时相细胞的区分和测定，细胞活力和死亡分析，细胞表面抗原、受体及染色体的研究中。

流式细胞仪分选的操作环境全封闭，污染机会较小，虽然细胞分选的纯度和回收率高，但设备昂贵、技术复杂、操作费时，适合对细胞纯度和回收率要求较高的研究。如果染色过程不影响细胞活性，那么分离出来的细胞还可以继续培养。

2.2.1.2　密度梯度离心法

密度梯度离心（density gradient centrifugation）是采用一定的介质在离心管内形成密度梯度，以维持重力的稳定性来抑制对流，通过离心力场的作用使细胞分层而分离的方法。因此当从细胞悬液、血液分离某种特定细胞时，要依据细胞的密度制备相应的密度梯度，通过离心使一定相对密度的细胞群按照相应的密度梯度分布。

将抗体的特异性与密度梯度离心的简便性相结合，建立的免疫密度梯度离心法在分选细胞上则更加有效。免疫密度梯度离心法是将偶联有特定抗体的密度粒子与细胞悬液孵育标记后，再进一步通过密度梯度离心，就可以富集特定类型的细胞（图 2-14）。

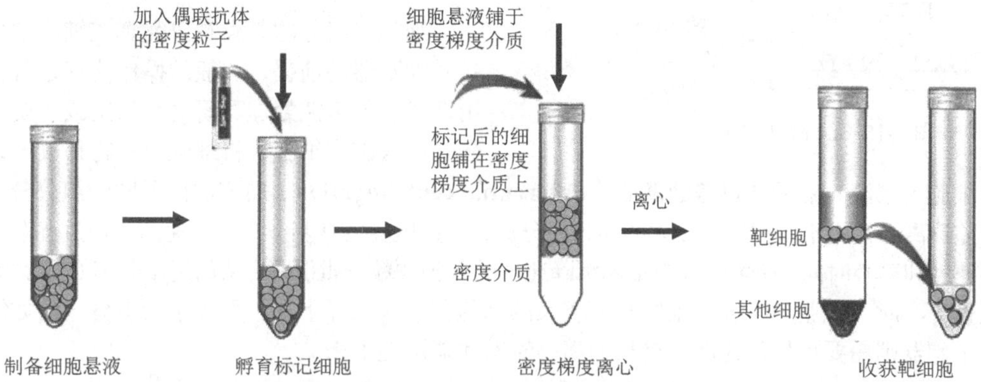

图 2-14　免疫密度梯度离心法原理示意图

2.2.1.3　显微切割术

显微切割术（microdissection）是通过显微操作系统对需要选取的材料（组织、细胞群、细胞、细胞内组分或染色体区带等）进行切割、分离并收集，用于后续研究的技术。由于是在显微状态并采用特殊的分离收集手段，显微切割的对象可以达到微米级，显微切割的精度可以达到纳米级，因此利用显微切割术可以分离收集核仁、染色体特异区带这样细微的对象。由于是在组织细胞或染色体的原位取材，因此定位清楚，可以保证所取材料在一定层次上的同质性，即可从构成复杂的组织中获得某一特定的同类细胞或单个细胞。切割获取的样本可以用于分子生物学、免疫学及病理学等相关的研究。

显微切割术在 20 世纪 90 年代初发展起来，最有代表性的进展是**激光捕获显微切割（laser capture microdissection，LCM）**技术的广泛应用，借助该技术可以快速精确地识别和特异分离单个或群体细胞，用于后续细胞及分子生物学研究，从而开创了细胞分离技术的新纪元。激光捕获显微切割系统由倒置显微镜、红外激光发射器、载物台控制系统、电耦合相机及计算机组成。LCM 的原理是将制备好的常规组织切片（不加盖玻片）置于显微镜下，通过机械臂调整转运膜，使其覆盖于组织表面，通过显微镜观察选择待切割部分，然后利用激光器发出的激光脉冲，穿透收集盖上的转运膜，使其瞬间融解并包裹住靶细胞，然后调节机械臂移走收集盖，直接将切下的靶细胞移除，从而达到收集样品、避免污染的目的（图 2-15）。

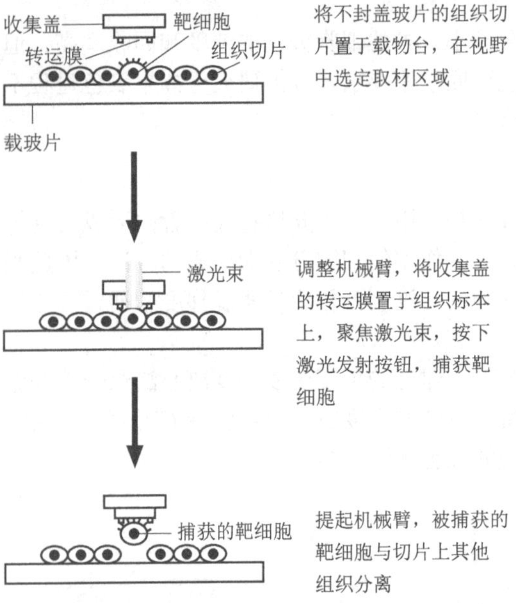

图 2-15　LCM 工作原理模式图

LCM 的优点是快速、操作简单、精确无污染。所有的细胞分离过程，无论是转移操作还是保存样品，都不涉及手工操作，能较好地控制捕获细胞的准确性和特异性；可从大量的研究材料中迅速捕获较多的目的组分，自动化程度高，可以实现无污染的细胞分离。该方法适用于任何玻片类型，尤其是采用能量较低的近红外光，不直接接触样品，激光发出的大部分能量都被热塑膜吸收，对样品影响较小。虽然操作简便，耗时少，取材准确，但需特殊的设备，激光器造价高。

2.2.2　细胞器及其亚组分的分离

细胞亚组分的分离是研究真核细胞中各种各样细胞器的前提，一般的操作流程是首先采用低渗、超声波处理、研磨、匀浆或者反复冻融等方法破裂细胞，将细胞内容物释放出来，制备细胞匀浆液，然后通过**差速离心（differential centrifugation）**的方法使不同的组分分开。

差速离心常用于体积差异较大的颗粒的分离，如细胞器的初步分离。差速离心通过逐渐递增离心速度和离心时间，使匀浆液中不同沉降速度的各种颗粒分批沉降，从而逐步分离（图 2-16）。当低速离心时，细胞匀浆液中细胞核等较大的细胞器很快沉降下来，而较小的组分，诸如线粒体等细胞器则需要更快的速度、更长的离心时间才能沉淀下来。

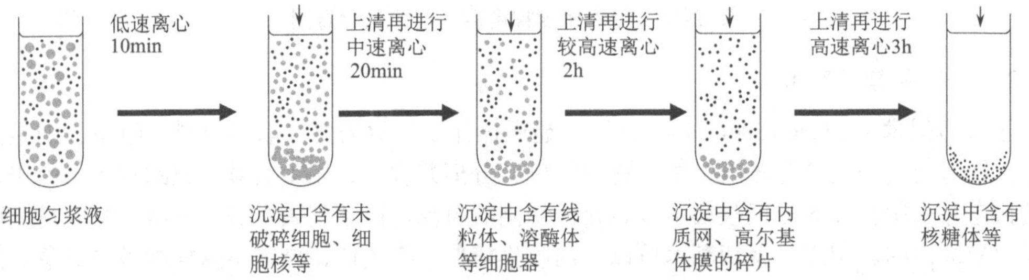

图 2-16　差速离心使细胞器分步分离示意图

差速离心是最常用的离心方法，操作简便快速，但是却难以获得高纯度的特定细胞器，那些沉降系数较接近的颗粒，如线粒体、溶酶体、过氧化物酶体常出现在差速离心的同一沉淀组分中，因此研究这些细胞器的时候，还需要进一步通过密度梯度离心进行纯化。经过密度梯度离心，形态、大小甚至沉降系数存在较小差异的颗粒停留在与自身密度一致的区域，形成不同的区带，从不同的区带中就可以收获相应的亚细胞组分（图 2-17）。密度梯度离心不仅可以分离细胞器，而且可用来分离纯化核酸、蛋白质等生物大分子。

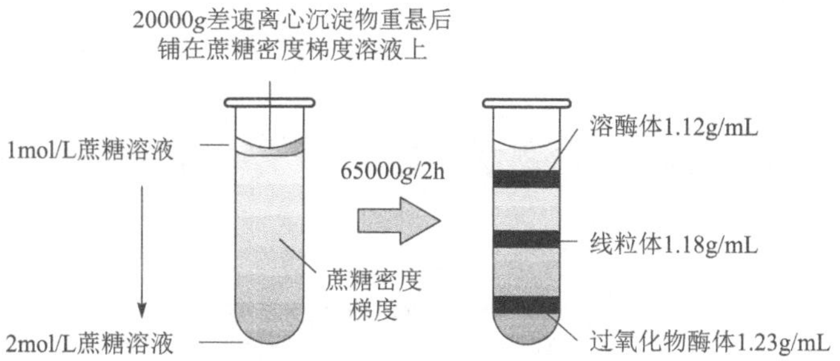

图 2-17　密度梯度离心法纯化细胞器的示意图（引自 Karp，2010）

2.3　细胞内特定大分子的显示和鉴定

2.3.1　细胞化学技术

细胞化学（cytochemistry）是指在保持细胞结构完整的基础上，利用细胞中的某些成分可以和特定的化学试剂发生反应，在细胞内部或者表面形成有色沉淀物或者结合物的原理，对细胞的化学成分进行定性、定位和定量研究的技术。细胞化学技术包括光镜水平和电镜水平两个层次，目的是研究细胞内活性分子的分布、数量及动态。

酶细胞化学（enzyme cytochemistry）是通过酶的特异性化学反应，显示酶在组织、细胞中的分布及活性水平的技术。基本原理是首先将新鲜标本快速冷冻切片，然后与特定的底物孵育，生成特定的能够显色的产物，进而通过显微镜进行观察。光镜水平的酶细胞化学最终产物一般为有色物质，电镜水平的最终产物一般是高电子密度的物质。

核酸的细胞化学分为定性分析和定量分析。其中福尔根反应（Feulgen reaction）是最常用的 DNA 定性分析方法，其原理是酸性条件下，DNA 发生脱嘌呤，暴露出脱氧核糖的醛基与希夫试剂反应呈现紫红色。在 DNA 定量分析中，一般利用 DNA 在 260nm 处有吸收峰的特性，也可以利用经福尔根反应后的 DNA 吸收 546nm 的可见光的特性，采用显微分光光度仪测定其在细胞中的含量。糖类的细胞化学主要用于显示细胞中的多糖类，如黏蛋白和糖脂等，采用过碘酸希夫反应（periodic acid-Schiff reaction，PAS）可以显示糖原，检测淀粉、纤维素、果胶、黏蛋白、透明质酸等，其原理是过碘酸的氧化作用使含乙二醇的多糖类物质氧化，进而与碱性品红形成紫红色化合物。对蛋白质的检测则可以采用米伦反应（Millon reaction），脂类显示的常用试剂有四氧化锇、苏丹Ⅲ等。

2.3.2　免疫细胞化学技术

免疫细胞化学（immunocytochemistry）是将抗原、抗体专一性反应的检测系统与细胞显微、亚显微结构观察相结合的一种研究方法，用于蛋白质的定位和定性研究，具有特异性强、灵敏度高等优点。当抗原与第一抗体结合后，第一抗体上又可以结合更多的第二抗体，使抗原和第一抗体结合的原初信号进一步放大（图 2-18）。为方便后续检测，常常在第二抗体上偶联特定的标记，如荧光基团、酶标、金颗粒等。

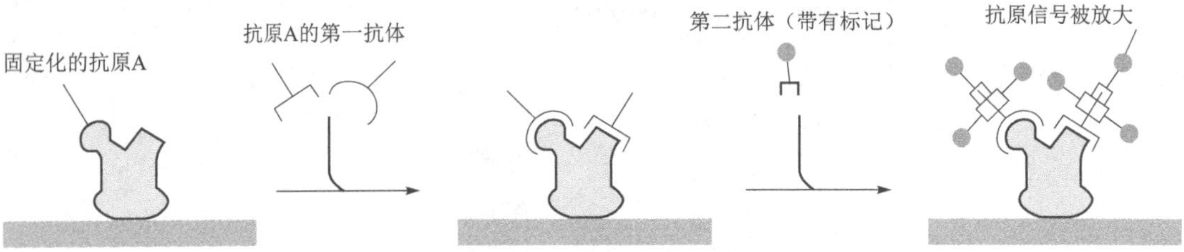

图 2-18　免疫细胞化学的原理

（1）**免疫荧光技术（immunofluorescence technique）**　是将免疫学方法与荧光标记技术结合起来研究特异蛋白在细胞内分布的方法，原理是将抗体与荧光染料连接，当抗原和抗体特异性结合时，可以通过荧光显微镜或者激光扫描共聚焦显微镜检测特定波长的荧光信号，从而对抗原进行细胞定位（图 2-19）。其主要实验步骤包括荧光抗体的制备、标本的处理、免疫染色和观察记录等过程，标本处理时要尽量完好地保持被检测蛋白质的抗原性。免疫荧光技术快速、灵敏、特异性强，但其分辨率有限。

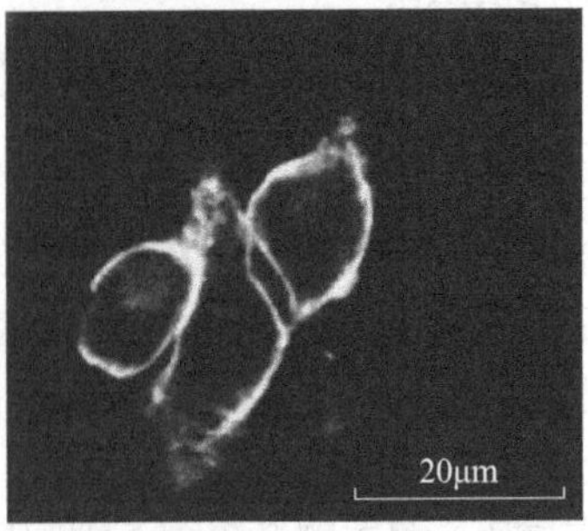

图 2-19　免疫荧光技术显示 *ABCB1* 基因在 HEK293 细胞中的表达

在稳定表达的转基因细胞株中加入绿色荧光标记的 ABCB1 抗体，DAPI 染细胞核，荧光显微镜下观察，发现绿色荧光主要分布在细胞膜上，提示 ABCB1 定位于细胞膜上，可能与细胞膜的功能相关

（2）**免疫电镜术（immunoelectron microscopy）**　将免疫学方法和电镜技术结合，可以对细胞器等超微结构中的抗原组分进行定位和定性，其中最具代表性的是免疫胶体金技术，该技术以胶体金作为示踪标志物包裹抗体，在弱碱环境下胶体金带负电荷，可与蛋白质分子的正电荷基团形成牢固结合。由于这种结合是静电结合，因此并不影响蛋白质的生物学特性。胶体金具有在电镜下容易识别、可以制成不同直径的金颗粒、可以双重或多重标记等优点。在透射电子显微镜下，根据金颗粒的信号就可以确定特定抗原在细胞中的分布特征（图 2-20）。免疫电镜术不仅能有效地提高样品的分辨率，而且能在超微结构水平上研究抗原的定位。

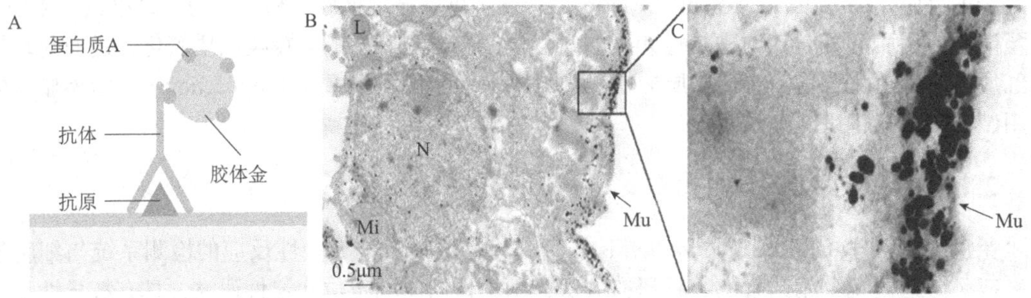

图 2-20　免疫胶体金电镜术（引自 Huang et al.，2014）

A. 免疫胶体金标记技术原理的示意图：蛋白质 A 既可与胶体金结合，也可以与抗体结合；B、C. 免疫胶体金标记电镜技术显示文昌鱼肝盲囊细胞中 bjALP1 蛋白的分布。L. 溶酶体；Mi. 线粒体；Mu. 黏液；N. 细胞核

2.3.3　原位杂交技术

原位杂交（*in situ* hybridization，ISH）是核酸的定位和定性检测方法，原理是采用标记的

核酸探针，依据碱基互补配对的原则，确定与探针互补的特定核苷酸序列（DNA 或者 RNA）在组织、细胞、染色体上的分布。该技术具有特异性强、灵敏度高的特点，同时还具有组织细胞化学染色的可见性。常用的有染色体原位杂交和 RNA 原位杂交两种类型。

（1）染色体原位杂交　1969 年，Mary Lou Pardue 和 Joseph Gall 首先利用放射性同位素标记的爪蟾 *rRNA* 基因探针与卵母细胞杂交，对该基因进行了定位（图 2-21A，B），标志着原位杂交技术的建立。后来非放射性的 DNA 原位杂交技术——**荧光原位杂交（fluorescence *in situ* hybridization，FISH）**建立，该技术利用荧光标记的探针检测目的 DNA 序列，借助荧光显微镜检测杂交信号，主要用于染色体鉴定、基因在染色体上定位、异常染色体的检测等（图 2-21C），目前已经被广泛应用于遗传病诊断、病毒感染分析、产前诊断、肿瘤遗传学和基因组研究等许多领域。在荧光原位杂交基础上发展起来的多色荧光原位杂交（multicolorfluorescence *in situ* hybridization，multicolor FISH）和 DNA 纤维荧光原位杂交技术（DNA fiber-FISH），不但可用于已知基因或序列的染色体定位，而且也可用于未克隆基因、遗传标记及染色体畸变的研究，在基因定性及定量等方面的研究中颇具优势。

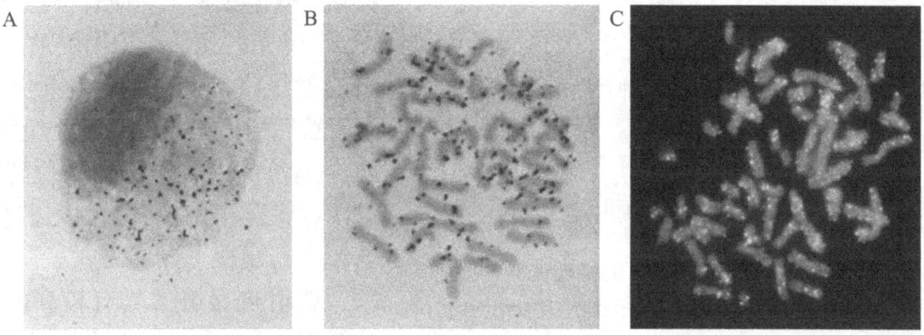

图 2-21　两种不同探针标记方式的染色体原位杂交（引自 Ferreira et al.，2011）

A、B.放射性同位素标记的 *rRNA* 基因探针与不同时期卵母细胞杂交的结果；C. 荧光原位杂交显示鲶鱼一种转座子 HLBam 在染色体广泛分布的特征

（2）RNA 原位杂交　RNA 原位杂交是指运用体外转录制备的 RNA 探针或寡核苷酸探针，检测细胞和组织内特定 RNA 分子（mRNA、rRNA、tRNA 等）的一种技术。其基本原理是在细胞或组织结构保持不变的条件下，用标记后的特定探针与待测细胞或组织中特定基因的转录产物结合，通过对杂交信号的检测，确定与探针互补的 RNA 分子在细胞或组织中的分布特征。RNA 原位杂交技术主要应用于定性、定量分析基因的表达（图 2-22）。

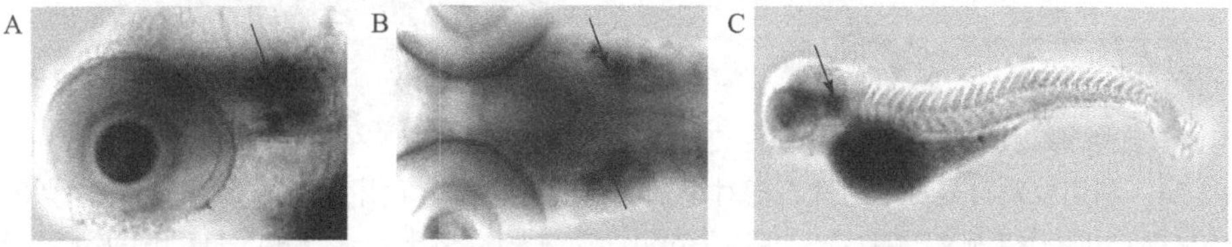

图 2-22　原位杂交技术显示 *β-tectorin* 在斑马鱼胚胎内耳特异性表达（引自 Yang et al.，2011）

A～C. 受精后 120h 的斑马鱼侧面观、腹面观和整体侧面观，箭头示阳性杂交信号

2.3.4　放射自显影术

放射自显影术（autoradiography）是利用放射性同位素的电离辐射对乳胶（含 AgBr 或

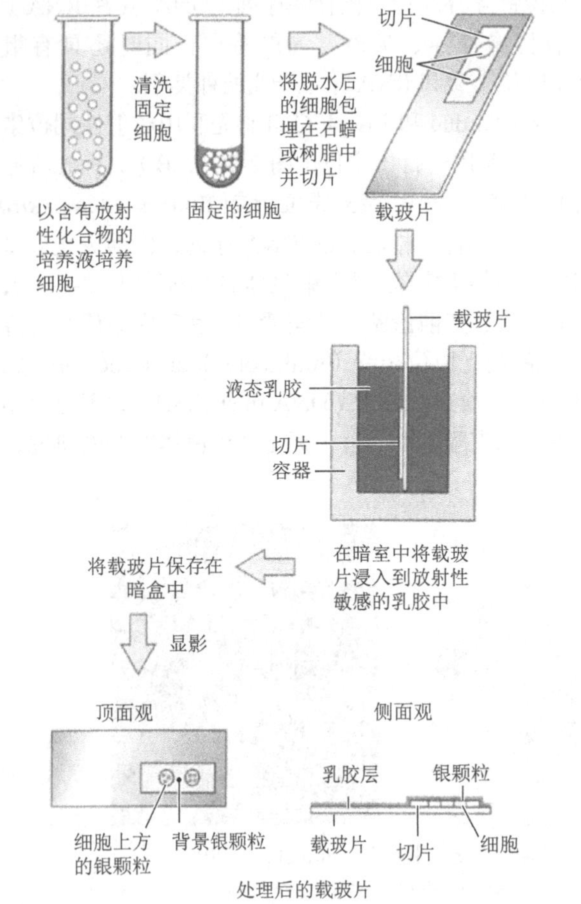

图 2-23 放射自显影术的操作流程（引自 Karp，2010）

AgCl）的感光作用，对细胞内生物大分子进行定性、定位与半定量研究的一种细胞化学技术，主要用于追踪和分析被标记的生物大分子在机体、组织和细胞中的分布、合成、更新的动态过程。

放射自显影术的原理是采用不同的方法（注射、掺入或者脉冲标记），使同位素标记的物质（如生物大分子的前体）进入生物体或细胞中，参与机体和细胞的代谢过程，这样被标记的前体分子会掺入到特定类型的大分子中。然后在不同时间取样，制备组织切片或者涂片，于暗室中在标本表面涂布薄层乳胶，再将装片置于黑暗、低温条件下，使乳胶层感光（自显影）。感光过程使组织内的放射性物质发出的射线将乳胶中的卤化银还原为银原子，然后通过显影、定影处理后，组织细胞中黑色的银颗粒所在的位置即为被标记生物大分子的位置，可以通过光镜或者电镜进行观察（图 2-23）。

放射自显影术具有较高的灵敏度和分辨率，可以在保持生物材料固有结构的情况下，追踪被标记物质在细胞中的分布、数量及对外界信号的应答情况，常用于观察分析体内大分子的摄取、合成、吸收、转运、储存和排出等动态过程（图 2-24）。

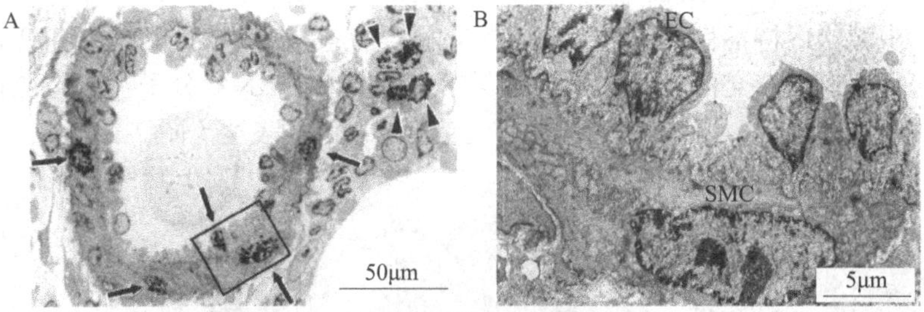

图 2-24 利用放射自显影术研究石棉对小鼠细胞增殖的影响（引自 McGavran et al.，1990）

A. 暴露于石棉 48h 后的与终末细支气管毗邻的小鼠血管横断面的光镜照片，箭头示一些细胞已经被 ^{3}H-TdR 标记；B. 透射电镜观察的 A 中矩形标注部分，被标记的细胞分别是内皮细胞（EC）和血管平滑肌细胞（SMC）

在研究 DNA 合成时，通常用氚（^{3}H）标记胸腺嘧啶脱氧核苷（^{3}H-TdR）；研究 RNA 合成时，用氚标记尿嘧啶核苷（^{3}H-U）；研究蛋白质时，可以用 ^{35}S 标记含硫氨基酸——甲硫氨酸和半胱氨酸，也可以用 ^{3}H 或 ^{14}C 标记甲硫氨酸、亮氨酸等。放射自显影的装片在观察前，还可进行简单的背景染色来增大反差。放射自显影术在揭示细胞生命活动的分子本质、阐明生命活动的物质基础中发挥了重要作用，如 DNA 复制机制的研究、DNA 作为遗传物质的验证、蛋白质合成和分泌过程等。该技术在生物学研究中的应用和发展，不仅促进了生物学研究从静态进入动态，而且使研究层次从细胞水平进入分子水平。

2.3.5 绿色荧光蛋白与活细胞的研究

绿色荧光蛋白（green fluorescent protein，GFP）是 1962 年 Osamu Shimomura（下村修）从水母中分离的、能产生荧光的蛋白质，自 Marin Chalfie 于 1994 年率先将 *GFP* 作为报告基因引入对线虫的研究中以来，*GFP* 逐步成为生物学研究中常用的活体报告基因，应用于细胞生理过程、细胞动力学的实时观测，细胞显微和亚显微结构研究，以及蛋白质的亚细胞定位研究等。

通过 DNA 重组技术，可以将 *GFP* 与目的基因融合，构建为带有 GFP 标签的融合表达载体，转入活细胞后，通过检测 GFP 的荧光信号，就可以了解融合基因表达的蛋白质在细胞中的分布和动态变化。由于 GFP 蛋白具有相对分子质量较小、对细胞无毒性和稳定性较强等特点，最突出的是其表达不受生物类型、基因型或细胞组织类型的限制，因此被广泛应用于生命科学研究中。目前生物学研究中使用的报告基因有很多种，但其编码产物大多是酶，如 β-半乳糖苷酶基因（*LACZ*）、氯霉素乙酰转移酶基因（*CAT*）、萤光素酶基因（*LUC*）和 β-葡萄糖苷酶（*GUS*）等，对这些报告基因的检测一般需要细胞固定、组织切片或者蛋白质提取等操作，难以用于活体观察和检测，而 GFP 由于无须样品固定和制备，无须底物，只需要紫外线或蓝光激发即可发出绿色荧光，通过荧光显微镜或者肉眼就可以观察到，因此检测更加方便。由于在实验之前不需要对细胞进行固定或破坏，研究活细胞内蛋白质的准确定位变得简单易行，能在几乎不影响细胞的正常生理作用下进行即时的观察及分析，对单细胞水平的表达也可以识别，还可以进行定量检测。

钱永健（Roger Yonchien Tsien）进一步通过对 *GFP* 基因的改造，获得了青色荧光蛋白（cyan fluorescent protein，CFP）、蓝色荧光蛋白（blue fluorescent protein，BFP）、黄色荧光蛋白（yellow fluorescent protein，YFP）。2016 年又有学者对珊瑚荧光蛋白进行改造后，获得了红色荧光蛋白（red fluorescent protein，RFP）。这些呈现不同颜色的荧光蛋白，拓宽了荧光蛋白的应用领域，大大推进了活细胞内分子探针技术的发展，这些活体报告基因被广泛用于包括基因表达、蛋白质定位和动力学、蛋白质相互作用、细胞内转运途径、染色体复制和调控、细胞分化、细胞器的发生和遗传等研究中。2008 年，Osamu Shimomura、Marin Chalfie 和 Roger Yonchien Tsien 由于在发现和发展绿色荧光蛋白方面的贡献，共同分享了诺贝尔化学奖。

活体成像应用

活体成像指应用影像学方法，在不损伤动物的前提下，对活体状态下的生物过程进行组织、细胞和分子水平的定性和定量研究的技术。目前活体成像技术主要采用生物发光（bioluminescence）与荧光（fluorescence）两种技术，生物发光技术是用萤光素酶（luciferase）基因标记细胞或者 DNA，而荧光技术则是应用荧光蛋白（如 GFP、RFP、Mcherry 等）标记细胞或是蛋白质等研究对象。通过这项技术可以非侵入式、直观地观测活体动物体内肿瘤的生长及转移、感染性疾病的发展过程、特定基因的表达等生物学过程。

活体成像技术的优势明显（表 2-3），首先该技术可将基因表达、生物信号传递等复杂的过程直观地以图像方式展示，使人们能更好地在分子细胞水平上了解疾病的发生机制及特征；其次，能够发现疾病早期的分子细胞变异及病理改变过程。此外，可在活体上连续观察药物或基因治疗的机制和效果。由于将体外研究转移到动物体内，通过建立各种可视肿瘤模型，可实时评价各种治疗手段的效果，可以动态观察肿瘤细胞治疗后的变化，如肿瘤细胞是否死亡、肿瘤体积是否变小，因此，该技术正在越来越广泛地应用于医学及生物学研究领域，不仅有助于揭示病变的早期分子生物学特征，而且推动了疾病的早期诊断和治疗，为临床诊断引入了新的概念。

表 2-3　不同成像技术的比较

	生物发光	荧光	同位素成像
优点	高度灵敏； 成像速度快，图像清晰； 在体内可检测到 10^{-2} 个细胞	有多种蛋白质和染料可用； 可进行多重标记，标记相对简单； 可同时用于 FACS 分类	灵敏； 不影响被标记物体内的行为； 无背景噪声
缺点	信号较弱，需要灵敏电荷耦合器件（charge coupled device，CCD）镜头； 对仪器的精密度要求高； 目标细胞或者基因需要标记	非特异性荧光对其灵敏度产生限制； 体内检测最低约 10^{-5} 个细胞； 需不同波长激发光，难精确体内定量	相对低的空间分辨率； 易产生放射损伤； 设备价格较为昂贵

2.3.6　纳米粒子标记技术

标记分析是检测生物大分子常用的方法，传统上常用的有发光标记物、酶标记物等。近年来采用纳米粒子作为标记物对生物大分子进行检测的技术发展迅速。与传统的标记物不同的是，纳米粒子的尺寸在纳米量级（1～100nm），其光学性质随着粒子直径大小的变化而变化，同时纳米粒子不破坏与其结合的生物分子的构象及活性。将纳米粒子标记在生物分子（抗体或者 DNA 序列）上，可以制备识别结合特定生物分子的荧光探针，这样的探针具有灵敏度高、专一性好的特点。根据材质的不同，纳米粒子分为半导体纳米粒子、金属纳米粒子和复合型纳米粒子等类型，表现出的性质也不同。

纳米粒子不仅应用于蛋白质、DNA 等生物大分子的检测中，而且在基础研究及临床应用上也有较好的前景。例如，在药物的靶向运输研究中，利用纳米粒子的特殊表面效应，将天冬氨酸修饰到纳米金的表面，构建纳米金-胰岛素探针，探针表面的胰岛素在进入血液后自动释放，使血糖浓度降低，从而实现了胰岛素的靶向运送。与传统的皮下注射相比，利用纳米粒子的运送专一性和特异性更强。

2.4　现代细胞生物学技术

2.4.1　细胞培养

细胞培养（cell culture）是指模拟体内环境，在无菌、适当条件下使细胞在体外生长增殖的技术，是细胞生物学、生物工程乃至整个生命科学研究中最基本的实验技术之一。根据培养细胞的类型，分为动物细胞培养、植物细胞培养和微生物细胞培养。鉴于本书特点，在此概括介绍动植物细胞培养及相关技术。

细胞培养的优势首先主要体现在研究对象是活细胞，在研究细胞与细胞、细胞与环境相互作用，以及细胞内生命活动过程（如能量代谢、蛋白质合成）中具有其他方法无法替代的优点；其次，研究条件可以人为控制，研究样本可以比较均一；此外，研究内容便于观察和检测。该技术的缺点在于体外细胞培养得到的研究结果并不能完全等同于体内的状况。

细胞培养的应用非常广泛，不仅可以直接用于提取有价值的生物制品和药物，而且在细胞生物学基础研究中也是一项重要的支撑技术，包括细胞融合、转基因、新品种的培育、药理研究模型建立等都离不开细胞培养。

2.4.1.1　*动物细胞培养*

（1）*培养动物细胞的特性*　体外培养的动物细胞，一般不能保持体内原有细胞的形态，按其生长方式分为贴附型和悬浮型两大类。贴附型细胞是附着在支持物表面生长的细胞，取自活体的细胞在体外培养时，大多是以该方式生长（图 2-25），而取自血液的白细胞、淋巴细胞等则是悬浮型生长。

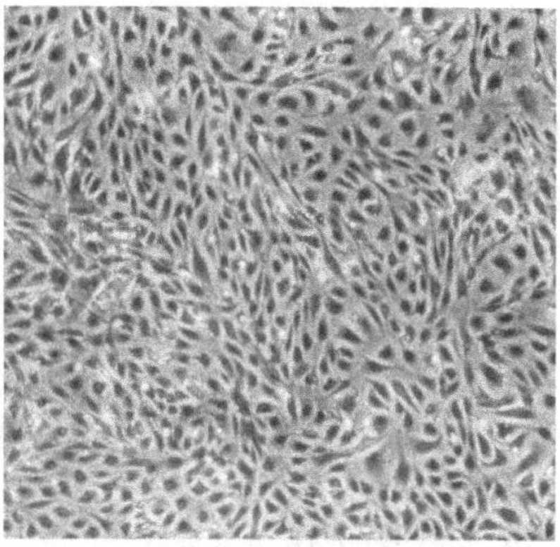

图 2-25　相差显微镜观察体外培养的牛视网膜小血管内皮细胞（引自 Lou et al.，1997）

贴附型细胞在生长中具有**接触抑制**（**contact inhibition**）的特性，即细胞在培养中生长、分裂，在支持物表面呈单层生长，不会出现相互重叠生长的现象，但是癌细胞体外培养时接触抑制特性丧失。

（2）*培养动物细胞的生长条件*　体外培养的细胞首先需要生存必需的营养条件，包括基本营养物质及促生长因子等。基本营养物质包括氨基酸、维生素、碳水化合物及一些无机离子，促生长因子则是细胞生长、增殖必需的，如胰岛素样生长因子、表皮生长因子等。血清中含有细胞生长所需的多种上述物质，有利于培养细胞的存活和生长，所以一般在培养细胞时需要添加 5%～15%的小牛或者胎牛血清。

体外培养细胞的生存和增殖还需要合适的环境条件，哺乳动物细胞理想的培养温度是 36～37℃，pH 为 7.1～7.3，理想的气体环境是 95%的空气混合 5%的二氧化碳，此外还需要依据不同细胞对渗透压耐受能力的差别配制合适的培养液。

（3）*原代培养和传代培养*　动物细胞的培养包括**原代培养**（**primary culture**）和**传代培养**（**secondary culture**），原代培养也叫初代培养，是从供体获得细胞、组织、器官后，在体外进行的首次培养，这样的细胞称为**原代细胞**（**primary culture cell**）。细胞经原代培养后，细胞数量增加，对于贴附型细胞来说，逐渐形成致密的单层细胞，铺满整个培养器皿的底部，细胞之间相互接触而发生接触抑制，生长速度减慢甚至停止，同时营养物消耗和代谢物积累都已不利于细胞的生长，此时就需要进行分离培养。

将细胞从原培养器皿中分离稀释后，转入多个新的培养器皿继续培养的过程，叫作传代。贴附型细胞可以采用含有胰蛋白酶、胶原酶、EDTA 等成分的消化液进行细胞分散，悬浮型细胞可以采用离心法分离传代。在适宜的体外条件下持续传代培养的细胞叫作**传代细胞**（**subculture cell**）。

（4）*细胞系和细胞株*　原代培养是建立各种细胞系的第一步，原代培养物中含有多种细胞类型，原代细胞经首次传代成功后获得的细胞群体叫作**细胞系**（**cell line**），有些细胞系传代次数有限，称为**有限细胞系（finite cell line）**，一般最多传 50 代，大多数二倍体细胞为有限细胞系；而带有癌细胞特性的传代细胞可以无限制连续体外培养，称为**无限细胞系（infinite cell line）**或永生细胞系，常见于来自恶性肿瘤组织的细胞系，如 HeLa 细胞系（来自宫颈癌上皮组织，以供体患者姓名命名）、CHO（Chinese hamster ovary）细胞系等。细胞系是形态比较均一、生长增殖比较稳定、生物性状清楚的细胞群体。

细胞系的传代不仅仅是为了维持细胞的生长、增殖，而且也可以从培养物中逐步获得具有特定性质或标记的细胞，即**细胞株（cell strain）**。所谓细胞株是指采用单细胞克隆培养或者药物筛选的方法，从某个细胞系中分离的单个细胞增殖而成的、具备了稳定的特殊性质或者遗传标记的细胞群体。例如，特殊的染色体标志、一定的生化特性等，这些标志或者特性必须在整个培养期间始终保持。

动物细胞培养不仅可以用于从细胞中提取或制备某些成分，而且还可以将其作为宿主细胞生产蛋白质药物、疫苗等，尤其对于相对分子质量较大、结构复杂或糖基化的蛋白质来说，动物细胞培养是首选的方式。动物细胞培养不仅可以为细胞结构功能研究、细胞重组及融合提供细胞材料，而且还可以作为新药筛选的细胞模型，在细胞工程、胚胎工程、组织工程研究中具有重要价值。

2.4.1.2 植物组织培养和植物细胞培养

植物组织培养（plant tissue culture）是将植物器官、组织、细胞或原生质体等材料在无菌条件下培养在人工培养基上，在适当条件下诱导生成完整植株的一种技术。其理论基础是植物细胞具有**全能性（totipotency）**，即每个细胞都包含植物生长发育所必需的全部基因，都具有再生成一个完整个体的潜力。

植物细胞培养（plant cell culture）是指在离体条件下，对单个植物细胞或小的细胞团进行培养，使其增殖的技术。根据培养对象，植物细胞培养主要有单细胞培养、单倍体培养和原生质体培养。单细胞培养是从植物器官或者组织中分离单细胞进行培养；单倍体培养主要利用花药或者花粉进行培养，不仅可获得单倍体植株，而且经人为加倍后可得到纯合的植株；**原生质体（protoplast）**培养是对去除细胞壁的植物细胞进行培养，优点是便于后续的细胞融合或者遗传转化操作，同时仍可产生细胞壁，经诱导分化后形成完整的植株。

植物细胞培养中很少以单一细胞形式悬浮生长，通常以一定细胞数量的非均相细胞团的方式存在，一般在培养中需要光照。植物细胞培养主要用于植物种质保存、植物快速繁育、作为生物反应器生产药物和食品添加剂等次生代谢产物，如利用植物细胞培养生产抗癌药紫杉醇是一种公认的有效途径。

单细胞测序技术

单细胞测序（single cell sequencing）是对分离的单个细胞进行基因组、转录组、蛋白质组、表观组等多组学水平的测序分析技术。单细胞测序有助于理解单个细胞的功能和特性，包括分析实体组织或体液中存在的细胞类型，鉴定细胞的状态，研究细胞的异质性等，从而深入研究生物系统的复杂性，从更高分辨率和时空结构上解码生命。

自 2009 年中国科学家汤富酬建立首个单细胞痕量 RNA 建库测序方法以来，单细胞测序技术逐渐兴起并迅猛发展。2013 年，单细胞测序位居 *Science* 年度最值得关注的六大领域榜首，2015 年，该技术登上 *Science Translation Medicine* 封面，2018 年又跻身 *Science*

年度十大科技突破技术。2019 年，单细胞多组学被列为 *Nature Methods* 年度技术，2020 年，被 *Nature* 列为重点关注技术，2021 年，又被评选为十大创新生物科技之一。

目前单细胞测序技术已广泛应用于生物学各个基础研究领域，在肿瘤、发育生物学、微生物学、神经科学及植物学等领域发挥重要作用，正成为生命科学研究的焦点，具有广阔的应用前景。以肿瘤学研究和转化为例，通过对肿瘤组织和外周血的数千个单细胞进行测序，不仅可揭示实体瘤内及其免疫微环境的细胞群类型、异质性和克隆演变，还有助于辅助指导临床上的病理诊断、治疗方案的选择，以及疗效评估、耐药评估和转移复发监测等。例如，对肿瘤组织中心细胞、周边细胞及远端转移的细胞进行单细胞测序，获取的基因组和转录组等差异信息，有助于在临床上确定治疗方法是否有效，对于癌症早期的诊断、追踪及个体化治疗具有重要意义。

2.4.2　细胞工程

细胞工程（cell engineering）是指在细胞水平上，应用细胞及分子生物学的方法，借助工程学的技术手段，有目的地改造生物的遗传性状，获得特定的细胞、组织或新物种的技术。细胞工程是生物工程的重要领域之一，其基础和核心技术是细胞培养和繁殖。一般意义上讲，细胞工程的研究对象是动植物，既可以是完整的细胞、组织、器官、胚胎，也可以是原生质体、细胞核、细胞器、染色体等，因此广义上讲，动植物细胞（组织）培养、细胞融合、细胞核移植、染色体工程、胚胎工程、干细胞与组织工程、转基因生物等内容都属于细胞工程的研究范畴。

2.4.2.1　细胞融合与单克隆抗体技术

（1）细胞融合　**细胞融合（cell fusion）**也叫作**细胞杂交（cell hybridization）**，是指采用人工方法使两个或两个以上的细胞合并成一个细胞的技术，是不经有性生殖过程得到杂种细胞的方法（图 2-26）。基因型相同的细胞形成的融合细胞称为同核体（homokaryon），基因型不同的细胞形成的融合细胞称为**异核体（heterokaryon）**。杂交细胞在培养中会发生染色体丢失的现象。细胞融合技术在创制新细胞、培育新品种方面有重要价值。动物细胞可以直接用于细胞融合，而植物、微生物细胞则需要以除去细胞壁制备的原生质体作为融合材料。

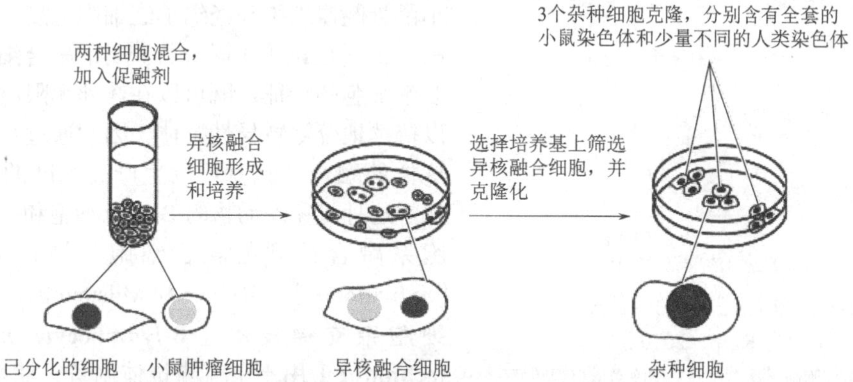

图 2-26　细胞融合的过程（引自 Alberts et al.，2014）

但是自发的细胞融合发生频率很低，一般采用人工诱导的方法促进细胞融合，常用的方法有生物法、化学法和物理法。生物法是于 1962 年最早建立的细胞融合方法，其原理是利用灭活的仙台病毒颗粒在细胞膜上附着的搭桥作用，使细胞聚集在一起，并引发两个细胞之间的胞质交流，形成融合细胞；化学法是采用化学诱导剂，如聚乙二醇（PEG）促进细胞融合的方法；最常用的物理法是电融合技术（electrofusion technology），即利用电脉冲作用促进细胞融合。融合细胞的筛选原理是在选择培养基上，只允许异核融合细胞增殖，而将其他类型的细胞杀死，常用的筛选系统有 HAT 选择系统、抗药性筛选系统等。

（2）单克隆抗体技术

1）抗体的类型。抗体是动物免疫系统分泌的、存在于血清中的能够中和或者消除抗原影响的糖蛋白。高等动物的脾能产生多种淋巴细胞，其中 B 淋巴细胞是能产生抗体的细胞。由于一种抗原通常具有多个不同的抗原决定簇，能刺激多个 B 淋巴细胞产生相应的抗体，因此血清中的某一抗原的抗体是针对不同抗原决定簇的多种抗体的混合物，称为**多克隆抗体**（**polyclonal antibody**），常规免疫方法制备的免疫血清多属于多克隆抗体。如果免疫的是单一的 B 淋巴细胞，就可以收获单一性的抗体，这种具有特异性、同质性的抗体叫作**单克隆抗体**（**monoclonal antibody**），由于只识别结合特定的抗原决定簇，因此单克隆抗体对抗原的反应具有高度特异性。

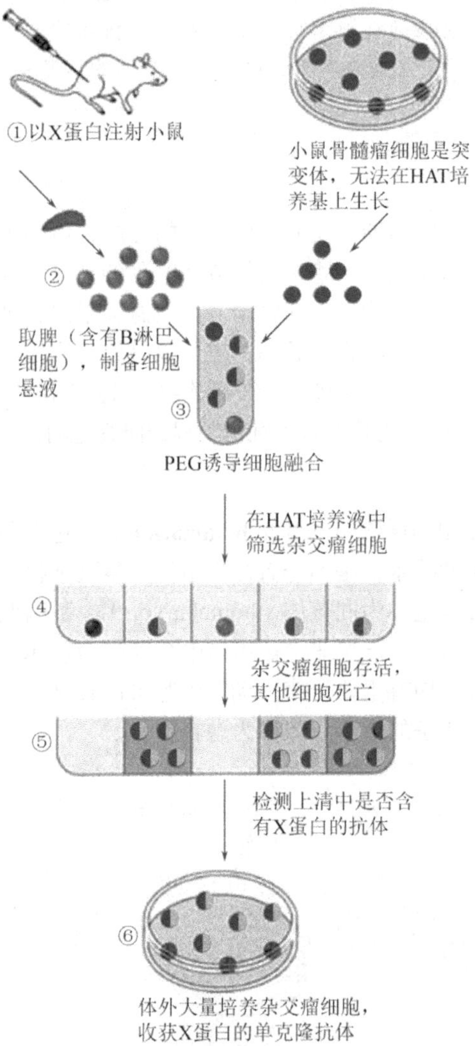

图 2-27　单克隆抗体的制备过程

（引自 Karp，2010）

小鼠骨髓瘤细胞缺乏次黄嘌呤鸟嘌呤磷酸核糖转移酶，不能在含有次黄嘌呤、氨基蝶呤和胸腺嘧啶的 HAT 培养基上生长，只有杂交瘤细胞能在 HAT 培养基上生长，其中一部分能分泌预期的抗体，经培养液上清检测、杂交瘤细胞克隆化（单细胞培养）和扩大培养，最终从杂交瘤细胞培养液中收获单克隆抗体

由于很难从多克隆抗体中分离纯化得到单克隆抗体，也难以将已经受抗原刺激的不同的 B 淋巴细胞分开并在体外培养维持其增殖和抗体分泌，因此，通过改变 B 淋巴细胞的遗传特征，建立能长久分泌单克隆抗体的永生细胞系成为关键。B 淋巴细胞杂交瘤技术的建立解决了这一问题。

2）B 淋巴细胞杂交瘤和单克隆抗体技术。1975 年，Georges Kohler 和 Cesar Milstein 合作将小鼠骨髓瘤细胞与经绵羊红细胞免疫的小鼠脾细胞（B 淋巴细胞）融合，获得的融合细胞具有了双亲细胞的特征，既可以在体外无限增殖，又可以持续地分泌特异性抗体，因此通过克隆化培养这样的融合细胞就可以生产高纯度的单克隆抗体。这种将免疫动物的 B 淋巴细胞和一个永生细胞系融合得到的融合细胞，被称为**杂交瘤**（**hybridoma**）。Kohler 和 Milstein 因建立 **B 淋巴细胞杂交瘤技术**（**B-lymphocyte hybridoma technique**）用于单克隆抗体制备，获得了 1984 年诺贝尔生理学或医学奖。单克隆抗体的制备过程包括动物免疫、细胞融合、杂交细胞筛选、抗体检测、杂交瘤细胞克隆化和单克隆抗体的大量生产等步骤（图 2-27）。

B 淋巴细胞杂交瘤技术最大优势在于可以用混合性的异质抗原（不纯的抗原）制备出针对某一抗原分子上特异决定簇的同质性抗体（单克隆抗体）。一旦获得杂交瘤细胞，就可以将其永久冷冻保存，大量生产单克隆抗体，容易标准化。由于特异性非常强，单克隆抗体可以作为高度特异性的探针，检测细胞内特定的抗原分子，是研究生物大分子、细胞结构、疾病诊断和诊疗的有力工具。例如，医学诊断中，对病原微生物抗原、肿瘤抗原的检测等。目前单克隆抗体药物已经成为生物制药中最为重要的一类，用于肿瘤、自身免疫性疾病、感染性疾病等多种疾病的治疗，有些单克隆抗体药物通过与靶细胞表面疾病相关抗原结合，抑制抗原的功能，达到治疗的目的，还有些是将单克隆抗体与药物偶联，利用单克隆抗体的导向作用，将药物携带至靶器官，发挥治疗作用。此外，单克隆抗体还可以作为亲和层析的配体，用于蛋白质的纯化。

2.4.2.2　细胞核移植和克隆动物

细胞核移植离不开显微操作技术，所谓**显微操作技术（micromanipulation technique）**是指在高倍倒置显微镜下，利用显微操作仪进行细胞或早期胚胎操作的一种方法，是利用玻璃毛细管在一定压力控制下，将转移的物质直接注入特定的细胞或者从细胞中转移出来的技术。被转移的物质通常有细胞核、DNA、寡核苷酸、蛋白质、抗体、细胞器等，被注入部位是细胞质或者细胞核。显微操作技术包括细胞核移植、显微注射、胚胎移植及显微切割等。

细胞核移植（nuclear transplantation）是采用显微操作技术，将一种动物的细胞核移入同种或异种动物去核的卵母细胞内的技术。选择去核的卵母细胞作为受体细胞，是因为卵母细胞的细胞质成分特殊，其由于含有一些特定因子，可以使已经分化了的细胞重新退回到发育的原点，如同受精卵一样开始个体发育。供体细胞核可以来自体细胞，也可以来自多细胞阶段的胚胎细胞。

通过细胞核移植发育而成的动物个体称为克隆动物，根据供体细胞来源的差异，分别称为体细胞克隆和胚胎细胞克隆。体细胞克隆过程是将动物的体细胞经抑制培养，使其处于休眠状态，再利用细胞核移植技术将其导入去核的卵母细胞中，培育成早期胚胎，再将胚胎移植到受体，获得与核供体一样的个体（图 2-28）。胚胎细胞克隆与体细胞克隆不同之处在于核供体的差异，常

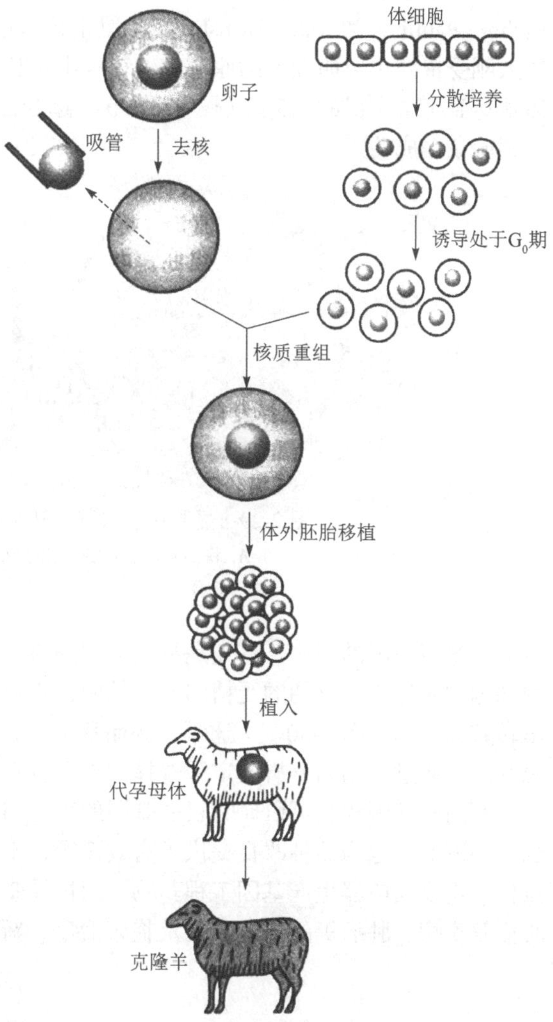

图 2-28　体细胞克隆羊的培育过程
（引自李志勇，2008）

用的是早期胚胎发育的 16～32 细胞期的细胞核。

细胞核移植技术主要用于研究胚胎发育过程中细胞核和细胞质功能及其相互关系，阐明遗传、发育、分化等生物学的基本问题。由于体细胞数量丰富且易于获得，因此体细胞克隆技术在加快优良动物改良和育种进程、保护濒危动物等领域具有重要应用价值。但是体细胞克隆技术也存在一些目前尚不清楚的问题，一是核移植总体效率低，克隆个体成活率低，成功率仅 1%～3%；二是体细胞克隆动物中存在一些异常的生理表型，如心肺功能不全、早衰等。

2.4.2.3　转基因技术

（1）转基因动物　所谓转基因动物（transgenic animal）指采用人工的方法，将已知外源基因导入受体动物中，使其整合到染色体上，并稳定遗传给后代的动物。转基因是定向改变生物遗传特性的最根本途径和有效手段。最经典和最常用的基因转移方法是**显微注射法（microinjection method）**（图 2-29A），此外还有逆转录病毒感染法和胚胎干细胞法等。

第一个通过显微注射制备的转基因小鼠诞生于 1980 年。随后，最有代表性的是 1982 年 Richard Palmiter 和 Ralph Brinster 将大鼠生长激素基因与小鼠金属硫蛋白基因的启动子重组后，导入刚受精的小鼠卵细胞的原核中，培育出生长快、生长激素水平高的“超级小鼠”，其平均体重达到正常小鼠的 1.5 倍（图 2-29B）。迄今已先后有牛、羊、猪、兔、鱼等多种动物的转基因试验获得成功。

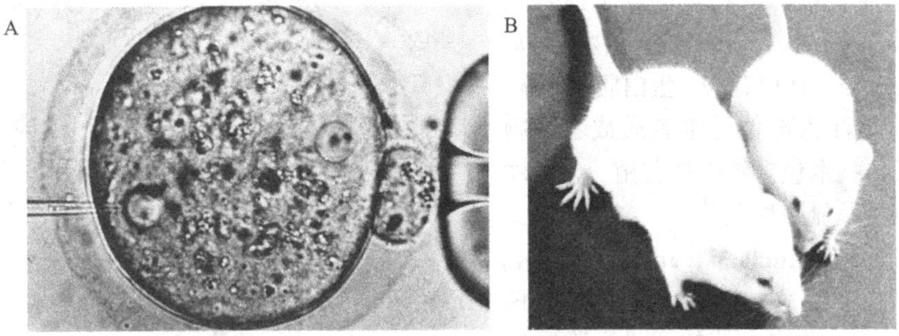

图 2-29　显微注射法制备转基因小鼠（引自 Karp，2010）

A. 将 DNA 显微注射到刚受精的小鼠卵细胞的原核中；

B. 转基因小鼠（左侧）与正常小鼠（右侧）

转基因小鼠的制作，首先是从已交配的供体动物中取出受精卵，通过显微注射的方法将目的基因注入处于原核期的受精卵的雄核中，再将这样的受精卵移植到代孕母体，使其发育繁殖出转基因个体（图 2-30）。通常，胚胎移植生育出的全部仔鼠中，有 10%～30%具有导入的外源基因，通过一系列分析鉴定和选择饲养繁育，才能获得纯合的转基因小鼠。

利用转基因动物可以研究目的基因的表达与个体生长发育的关系。该技术打破了物种之间的生殖隔离，也为品种改良提供了有效途径，不仅能提高动物的生产性能，而且转基因动物可以作为生物反应器生产基因工程药物。通过转基因技术建立的转基因动物模型对于多种疾病如心血管疾病、肿瘤等的研究，以及临床治疗、新药筛选等具有很高的参考价值。

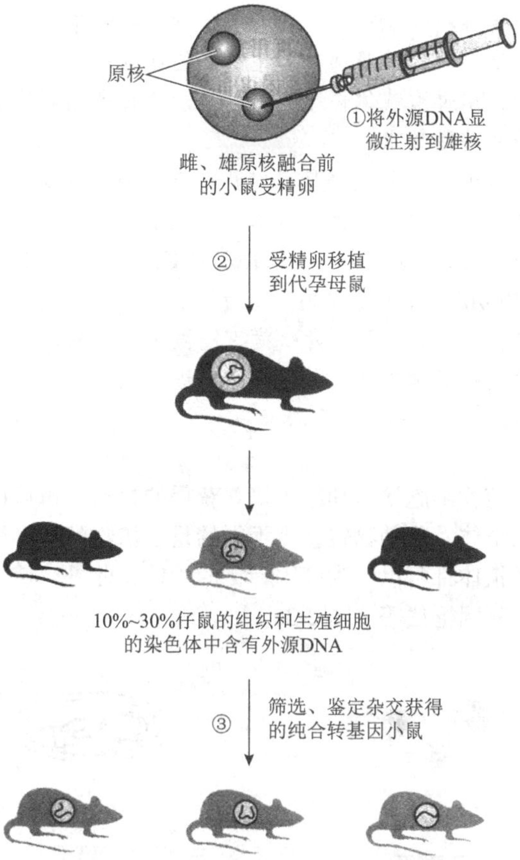

图 2-30　转基因小鼠制作过程示意图（引自韩贻仁，2012）

体细胞克隆猴

自从 1997 年首个体细胞克隆动物“多莉”羊诞生以来，多种哺乳动物的体细胞克隆也相继成功，不仅包括马、牛、猪等大型家畜，而且还有小鼠、大鼠、兔、猫、狗等多种实验动物，但与人类最相近的非人灵长类动物的体细胞克隆一直是尚未攻克的难题。

近 20 年来，美国、中国、德国、日本、新加坡和韩国等多家科研机构在体细胞克隆猴的研究中进行着不断探索和尝试，实验难点主要有三个方面：供体细胞核在受体卵母细胞中的不完全重编程导致胚胎发育率低；用作受体的卵母细胞数量有限；非人灵长类动物胚胎操作技术尚不完善。2017 年，中国科学家蒲慕明院士所在团队率先攻克了这一世界性难题，成功研制出体细胞克隆猴“中中”和“华华”，宣告了体细胞克隆猴实验取得成功，这一成果登上了国际权威学术期刊 *Cell* 的封面，标志着中国率先开启了非人灵长类克隆的时代，实现了我国在非人灵长类研究领域由国际“并跑”到“领跑”的转变。

那么，科学家为什么要花费这么长的时间去突破体细胞克隆猴技术呢？在药物研发中，用小鼠作实验模型是国际通用做法，但是由于小鼠模型和人类相差甚远，研发出的药物在人体检测时大都无效或有副作用，还有一些人类疾病，包括生物钟紊乱、抑郁症等精神疾病及脑疾病等，很难在夜行性动物小鼠身上反映出来。非人灵长类动物不仅在大脑结构与功能，而且在各种认知及生理功能上与人非常相近，因此从理论上讲，用与人类相近的非人灵长类动物模型做实验，药物研发的成功率会更高。

体细胞克隆猴的重要性在于能在一年内产生大批遗传背景相同的模型猴。使用体细胞在体外有效地做基因编辑，准确地筛选基因型相同的体细胞，然后用核移植方法产生基因型完全相同的大批胚胎，用母猴载体怀孕生出一批遗传背景相同的猴群，是制作脑科学研究和人类疾病动物模型的关键技术。

“10 年攻关+10 亿美元投入”几乎是目前新药出炉的“标配”，然而，即便投入如此之巨，失败概率仍超 90%。科学界认为，根本原因在于缺乏遗传背景一致的实验用疾病模型猴。2018 年，中国科学工作者首次利用 CRISPR/Cas9 方法，敲除了生物节律核心基因 *BMAL1*，产生了一批 *BMAL1* 缺失的猕猴，成功创建了世界首批生物节律紊乱体细胞克隆猴模型，率先开启了批量化、标准化创建疾病克隆猴模型的新时代，标志着中国体细胞克隆技术走向成熟，实验用疾病模型猴批量克隆“照进现实”，未来全球实验动物使用数量有望大幅降低，药物研发驶入“快车道”。

（2）转基因植物　植物细胞培养和组织培养获得的材料，也可以用于制备转基因植物，即整合有外源基因的植物个体。与动物转基因不同的是，植物的愈伤组织、原生质体、悬浮培养细胞、叶盘等植物的外植体都可以作为基因转化的受体，此外，植物转基因的方法也很多，常用的有农杆菌介导法、基因枪法等（图 2-31）。

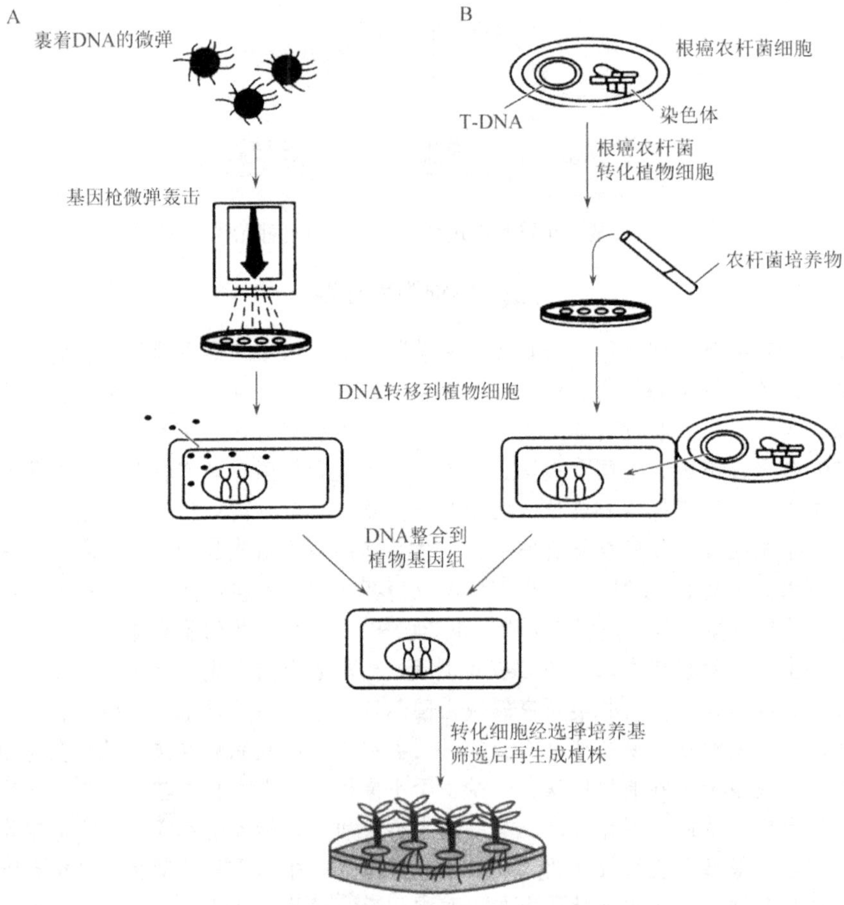

图 2-31　外源基因转化植物细胞（引自吴乃虎，2001）

A. 基因枪法；B. 农杆菌介导法

自 1983 年首个转基因植物——转基因烟草问世以来，植物转基因研究受到了广泛的关注，至今已有数百种植物的转基因研究获得成功。植物转基因技术的优势在于可将病毒、细菌、远缘植物、动物的基因，甚至人工合成的基因导入植物细胞，使其在受体植物中表达，从而创造新品种，打破了传统杂交育种基因交流范围的限制，提高了育种效率。利用植物转基因技术，可以从细胞和分子水平改良现有品种或者创制新品种，获得外源基因稳定遗传并具有诸如抗虫、抗病、抗逆、高产、优质等新农艺性状的植物。1994 年，第一个转基因植物产品——延熟保鲜转基因番茄获批进入市场，标志着转基因植物进入商业化阶段。

2.4.2.4　基因敲除技术

基因敲除（gene knockout）也叫作**基因打靶（gene targeting）**，是通过一定的途径使机体特定的基因被去除或者失去活性的技术。通常意义的基因敲除指应用 DNA 同源重组原理，用设计的同源片段替代靶基因片段，从而达到靶基因被敲除的目的。基因敲除使细胞中的目的基因失去活性，通过观察其表型的变化，可以推测目的基因的功能，是研究基因功能直接、有效的方法。20 世纪 90 年代以来，一些新的基因敲除技术不断涌现。目前除了同源重组介导的基因敲除技术，还发展了多种利用新型高效核酸酶的基因敲除技术。

（1）基于同源重组的基因敲除技术　**干细胞（stem cell）**是一类具有自我更新和分化潜能的细胞，根据细胞来源分为胚胎干细胞和成体干细胞两大类。其中**胚胎干细胞（embryonic stem cell，ESC）**是来源于囊胚内细胞团的一种全能性细胞，是胚胎发育的细胞来源，可以分化形成不同胚层各种功能的细胞，成体干细胞则是组织更新和修复的细胞基础。

利用同源重组进行基因敲除技术的流程是首先在体外分离和培养胚胎干细胞，同时构建目的基因的重组敲除载体，然后将重组敲除载体通过一定的方式（如电穿孔、显微注射、脂质体法等）导入到同源的胚胎干细胞中，使载体中的外源 DNA 与胚胎干细胞基因组中相应部分发生同源重组，从而将目的基因替换破坏掉。经过筛选和分子鉴定，获得目的基因被敲除的胚胎干细胞。然后将这种经过遗传修饰的胚胎干细胞注射到囊胚的内细胞团中，再植入代孕母体，使其发育成目的基因缺陷的杂合种系嵌合体（由两类不同基因型胚胎干细胞合并发育成的个体）。将这样的嵌合体杂交，只有生殖细胞含有目的基因缺陷时，才能传递给后代，从这样的后代中就可以筛选出目的基因缺陷的纯合子，即基因敲除动物（图 2-32）。

目前运用同源重组进行基因敲除是构建基因敲除动物模型最为普遍的方法，基因敲除的精准程度也在提高，能够在特定发育阶段和特定组织细胞对目的基因进行敲除。对基因敲除动物表型变化的研究，为了解目的基因的功能提供了重要线索。迄今通过该技术已经建立数百种基因敲除的动物疾病模型，这对疾病的分子机制研究和疾病的基因治疗来说具有重大意义，也为改造生物、培育新品种提供了可能性。此外，对引起强烈免疫排斥反应的异源分子基因的敲除，将有助于提供廉价的异种移植器官，用于人类的疾病治疗。但基于同源重组的基因敲除技术操作复杂，实验周期长，费用偏高；在敲除过程中，被破坏的常常只是靶基因的部分外显子而并不是整个编码区，残留的编码序列有可能组合出新的未知的功能，存在一定风险性。

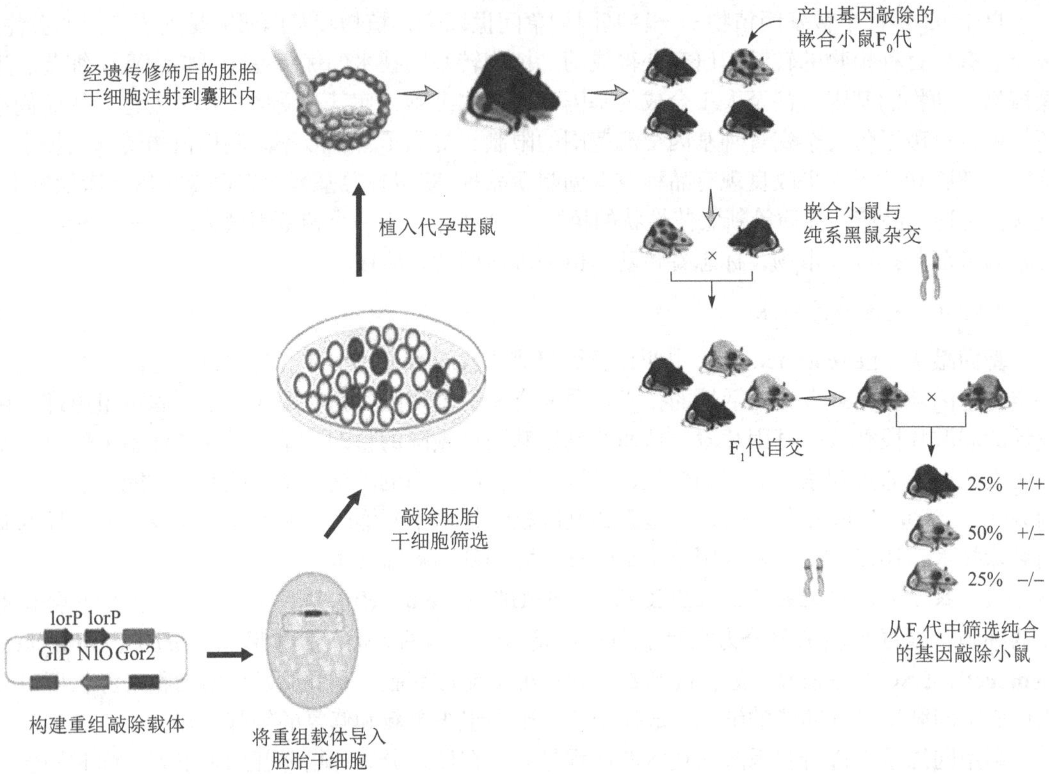

图 2-32 基因敲除小鼠的制作流程（引自 Allison，2008）

基因敲除的研究历史

传统“基因敲除”技术的萌芽形成于 20 世纪 80 年代初，美国科学家 Mario Capecchi 设想将小鼠的一个结构已知而功能未知的基因敲除，然后通过观察实验动物的表型变化，推测这一基因的功能。与此同时，美国科学家 Oliver Smithies 则在探索对突变基因进行修饰，使其恢复原来的功能，他认为通过修复骨髓干细胞中的致病变异，可以使某些遗传血液病得到治疗。此外，他还发现不论内源基因的活性如何，都能作为基因敲除的靶标。这表明，或许所有的突变基因都能通过同源重组进行修正。但是 Capecchi 和 Smithies 最初研究的细胞类型都是体细胞，都无法进一步获得基因修饰的个体，因为对 DNA 的修饰要稳定遗传只能通过生殖细胞才能传递下去。1981 年，英国科学家 Martin Evans 证实胚胎干细胞可以产生生殖细胞系。20 世纪 80 年代，胚胎干细胞分离和体外培养技术已经成熟，为基因敲除技术的建立奠定了基础。

1989 年，Capecchi 发表了一篇里程碑式的论文，第一只基于胚胎干细胞同源重组获得的基因敲除小鼠诞生了。基因敲除技术的诞生是继转基因技术后的又一次革命，常用于研究特定基因的功能，尤其是条件性、诱导性基因敲除系统的建立，使对目的基因在特定时间和空间上的敲除更加精准和可靠，解决了一些必需基因敲除后导致细胞死亡，无法获得相应基因敲除个体的问题。利用基因敲除技术，不仅可以培育新品种，而且还可以用于基因治疗的研究，通过去除突变基因或者修饰改造异常基因，达到治疗遗传病的目的。

2007 年，Mario Capecchi、Oliver Smithies 和 Martin Evans 因利用胚胎干细胞进行小鼠特定基因修饰方面的研究，共同分享了诺贝尔生理学或医学奖。

（2）基于随机插入突变的基因敲除技术　该技术利用某些能随机插入基因序列的载体，将其导入细胞，在目标细胞基因组中引入随机插入突变，构建一个携带随机插入突变的细胞群体库，然后利用载体上的标记进行筛选，获得特定基因被敲除的细胞（图 2-33）。细胞类型不同，选择的载体也有所不同。例如，采用逆转录病毒载体可以对动植物细胞基因组中特定基因进行敲除；采用农杆菌介导的 T-DNA 转化和转座子插入在植物基因敲除中较为常用；利用噬菌体载体可以敲除细菌的基因。

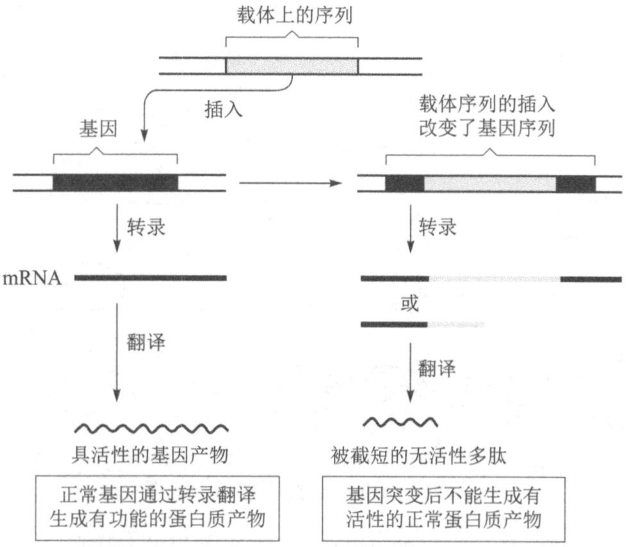

图 2-33　基于随机插入突变的基因敲除原理示意图

（3）RNA 干扰技术　**RNA 干扰（RNA interference，RNAi）**是一种基因表达阻断技术，基于真核细胞中普遍存在的 RNAi 现象。RNAi 是正常生物体内抑制特定基因表达的一种现象，是指当细胞中出现与某内源 mRNA 序列互补的双链 RNA（double-stranded RNA，dsRNA）时，这一内源 mRNA 被降解，从而导致相应基因的表达被抑制。由于 RNAi 发生在转录后水平，因此又称为转录后基因沉默（post-transcriptional gene silencing，PTGS）。

dsRNA 是启动 RNAi 的先决条件。dsRNA 有两个来源，一种是外源 dsRNA，是通过病毒感染、转基因或者转座等方式，将外源基因整合到宿主细胞基因组后，转录生成的；还有一种是内源 dsRNA，是基因组中**微 RNA（microRNA，miRNA）**基因转录生成的。这些转录产物生成后，经过核酸酶 Dicer 的切割而成熟，分别成为**干扰小 RNA（small interfering RNA，siRNA）**和小分子核糖核酸（microRNA，miRNA），长度为 21～23 个碱基对的核苷酸，也称为小 RNA。小 RNA 分子进而和多种核酸酶结合，组装形成 RNA 诱导沉默复合物（RNA-induced silencing complex，RISC）。随后，RISC 以依赖 ATP 的方式激活，将小 RNA 分子解链形成单链，与靶基因的转录产物 mRNA 互补配对，进而诱发 mRNA 的降解，导致靶基因的 mRNA 数量减少，靶基因的表达水平下调；同时，小 RNA 还可以与正在翻译中的互补 mRNA 结合，阻止翻译的进行，因此 RNAi 可以在转录和翻译水平上抑制靶基因的表达（图 2-34）。

在进化中，由 siRNA 引发的 RNAi 一般被看作自然界中生物体长期进化形成的、抵御外源遗传物质（病毒、转座子或转基因）的机制，而 miRNA 的存在具有广泛性和多样性，数量庞大，miRNA 基因的表达在不同组织、不同发育阶段中有显著差异，由 miRNA 引发的 RNAi 则被看作一种真核细胞调节自身基因表达的方式。

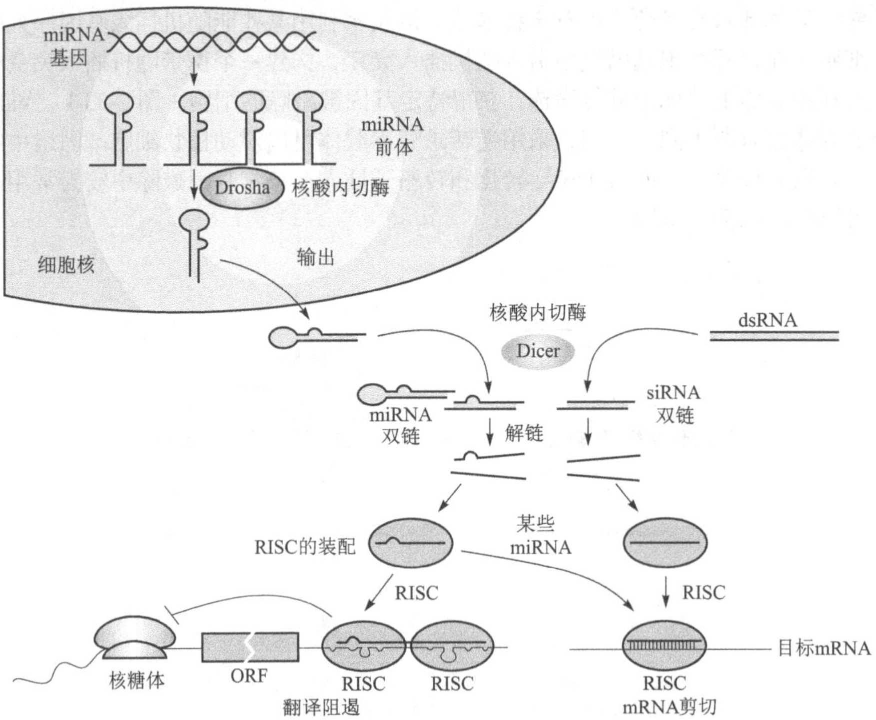

图 2-34　RNA 干扰原理的示意图

RNAi 具有特异性和高效性，少量的 dsRNA 就能阻断目的基因的表达，并且这种效应可以传递到子代细胞中。RNAi 技术不仅普遍用于基因功能的研究，而且可能成为潜力巨大的治疗手段。例如，利用 RNAi 下调单个基因的表达，逆转因某些基因过表达造成的病理效应，达到治疗的效果。

RNA 干扰现象的发现

世界上许多伟大科学成果的灵感或发现来自意外得到的实验结果，RNAi 的发现也是如此。1990 年，Jorgensen 研究组将一个强启动子控制的色素合成相关基因——查耳酮合成酶基因（*chs*）转入牵牛花中，试图用转基因技术手段使紫色矮牵牛花的花朵更加艳丽，但是结果并未获得预期的深紫色花朵，反而得到了斑驳状花朵及白色的花。深入的研究证明，被转入的 *chs* 基因及牵牛花中与该基因同源的色素基因的表达均受到了抑制。1994 年，在真菌转基因研究中，也发现存在类似的现象，但机制不明。1995 年，Su Guo 和 Kenneth Kemphues 等发现正义 RNA 和反义 RNA 形成的 dsRNA 均能有效并特异性导致基因沉默，这一发现有力地冲击了只有反义 RNA 形成的 dsRNA 才能有效地干扰具有同源序列的内源基因的表达这一传统观念。然而，由于当时理论水平和实验的限制，这一现象并没有得到合理的解释。

直到 1998 年，Andrew Fire 和 Craig Mello 首次证实了 Guo 等发现的由正义 RNA 抑制同源基因表达的现象是由于在体外转录制备的 RNA 中污染了 dsRNA，并将这种现象命名为 RNA 干扰（RNAi）。由于 RNAi 的作用，功能基因无法表达，而相对应的表型不能显现。RNAi 的发现不仅解释了许多在转基因实验中出乎意料甚至自相矛盾的结果，而且首次揭示了一种由 dsRNA 介导的全新的基因表达调控机制。2006 年，在 RNAi 现象发现仅仅 8 年之后，Andrew Fire 和 Craig Mello 就获得了诺贝尔生理学或医学奖，这在诺贝尔生理学或医学奖的历史上还是比较罕见的。

（4）CRISPR/Cas9 基因组编辑技术　CRISPR/Cas 系统是广泛存在于细菌中的一种防御系统，保护细菌免受病毒等外来 DNA 的侵害。其中成簇规律间隔短回文重复（clustered regulatory interspaced short palindromic repeat，CRISPR），是细菌把外来入侵病毒的小片段基因序列存储在自己的基因库中的形式。CRISPR 序列由众多短而保守的重复序列区和间隔区组成，重复序列区含有回文序列，可以形成发夹结构；间隔区则是被细菌捕获的外源 DNA 序列（图 2-35）。上游的前导区一般被认为是 CRISPR 序列的启动子，在前导区的上游还有一个多态性的家族基因，被称为 CRISPR 关联基因（CRISPR associated，Cas），Cas 是一类核酸酶。*Cas* 基因和 CRISPR 序列共同进化，形成了细菌中高度保守的 CRISPR/Cas 系统。

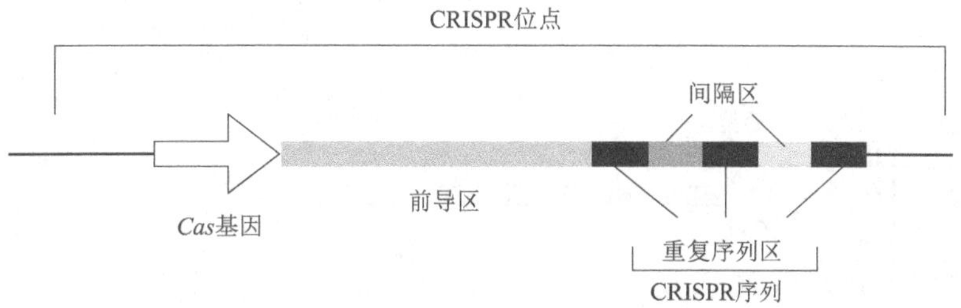

图 2-35　CRISPR 位点结构示意图

目前常用的 CRISPR/Cas9 技术就是基于细菌的这种获得性免疫系统改造而成的，是一种新的精确关闭特定基因表达的研究方法。在外源质粒 DNA 进入细胞后，CRISPR 序列在前导区的调控下转录出两种 RNA，一种是重复序列区转录生成的具有发夹结构的反式激活 crRNA（trans-activating crRNA，tracrRNA），另一种是整个 CRISPR 序列转录产生的前体非编码 RNA（pre-CRISPR-derived RNA，pre-crRNA）。随后，Cas9 和 dsRNA 特异性核酸酶 RNaseⅢ对 pre-crRNA 进行加工，成熟的 crRNA、tracrRNA 和 Cas9 形成复合体，识别、结合并解开与 crRNA 互补的特定 DNA 序列，形成 R-loop 结构。对特定 DNA 序列的剪切是由 Cas9 执行的，其中 Cas9 的 HNH 核酸酶结构域剪切特定 DNA 序列，RuvC 核酸酶结构域剪切非互补链，最终引起 DNA 双链断裂（图 2-36）。在该过程中，由于 tracrRNA 参与并且起到精确导向的作用，因此 CRISPR/Cas9 系统也被称为 RNA 导向的基因打靶系统。

CRISPR/Cas9 技术的操作一般是在目标基因的上下游各设计一条向导 RNA（guide RNA，gRNA），将含有 Cas9 蛋白编码基因的质粒一同转入细胞中，利用 gRNA 引导 Cas9 对目标序列进行切割，引起 DNA 双链断裂。生物体自身存在 DNA 损伤修复机制，会将断裂的 DNA 连接起来，但大多发生 DNA 序列的变化，包括插入、缺失或者点突变等。如果在该系统中引入一个修复的供体 DNA 分子，细胞就会按照供体 DNA 的序列，对断裂 DNA 进行修复，这样就可以对目标基因进行定向改造或者替换。此外，CRISPR/Cas9 技术还可以用于基因激活、疾病模型构建、多基因同时敲除的研究中，在基因治疗等领域有良好的应用前景。2020 年诺贝尔化学奖授予了法国科学家 Emmanuelle Charpentier 和美国科学家 Jennifer Doudna，以表彰她们在新一代基因编辑技术 CRISPR/Cas9 研究领域做出的开创性贡献。

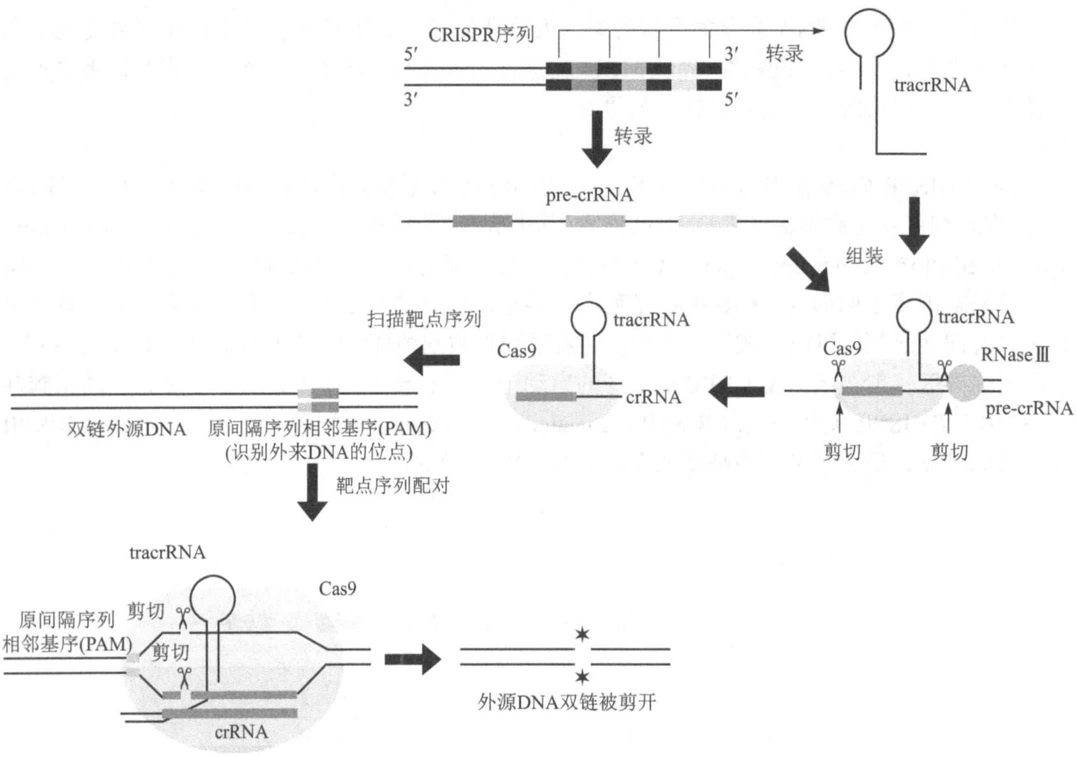

图 2-36　CRISPR/Cas9 系统原理示意图

2.5　模式生物

模式生物（model organism）最显著的特征是具有代表性，能够代表生物界的某一大类群，常用于研究生物学最基本的问题，从中获得的信息和结果有助于对更复杂的生物开展研究。模式生物具有结构简单、基因组小、生活周期短且子代多、便于培养和实验操作等优点。早在 20 世纪初，科学家就发现，如果把关注的焦点集中在相对简单的生物上，一些生物学难题就可以得到部分的解答。由于现存生物是从共同祖先演化而来的，尽管不同的生物有各自特定的形态结构和功能，但生命活动的基本过程和规律是相对一致的。因此从模式生物入手开展研究，将获得的信息用于对更复杂生物的相关研究，成为生物学研究中普遍采用的策略。

目前公认的用于生命科学研究的常用模式生物如图 2-37 所示。这些常用模式生物都有自身的优势，用于不同科学问题的研究，在揭示生命现象、探索人类疾病治疗等研究中发挥着重要作用。

大肠杆菌（*Escherichia coli*）结构简单、基因组小、遗传操作简单且成熟，是研究细胞基本生命活动的经典材料，人们对 DNA 复制、转录和翻译等过程的认识大多基于对大肠杆菌的研究，同时它也是细胞生物学中最重要的原核细胞代表。目前对大肠杆菌的研究主要集中于揭示其新的功能基因，查明 DNA 序列和基因结构的特点，以及基因间的调控关系等。

酵母是单细胞真核生物，常用的有酿酒酵母（*Saccharomyces cerevisiae*）和裂殖酵母（*Schizosaccharomyces pombe*）。酵母有 31%的蛋白质编码基因与哺乳动物的基因高度同源，在实验条件下，控制酵母在单倍体和二倍体之间的相互转换，构建、筛选酵母突变体较简便，因此是研究真核基因功能的理想细胞，如有关真核生物细胞周期调控分子机制的研究最初是从酵母获得突破的。

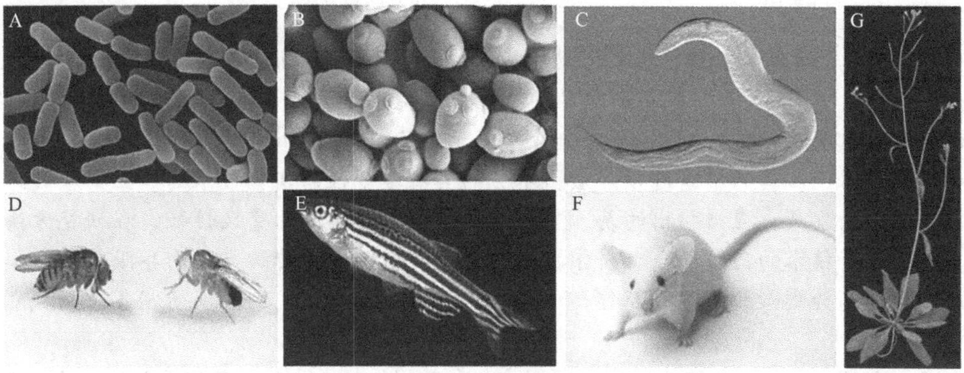

图 2-37　一些常用模式生物

A. 大肠杆菌；B. 出芽酵母；C. 秀丽隐杆线虫；D. 果蝇；E. 斑马鱼；F. 小鼠；G. 拟南芥

秀丽隐杆线虫（*Caenorhabditis elegans*）体长仅 1.5mm，通体透明，生命周期仅 3d，其中 12%的细胞在固定的发育时间和固定位置消失，特别适合研究细胞凋亡。对线虫的转基因操作非常容易，方便了对线虫基因功能的研究。线虫是分子生物学、发育生物学、神经生物学、遗传学等研究的重要材料，有关 RNA 干扰分子机制的研究最早也是在线虫中取得成果的。

果蝇（*Drosophila melanogaster*）具有个体小、饲养管理简单、生活史短、繁殖力强、胚胎发育速度快等优点，是其他实验动物所无可比拟的，常用于遗传和进化的研究。由于果蝇仅有 4 对染色体，而且染色体巨大，易于进行基因定位，因此其不仅是遗传学研究的经典模式生物，也是细胞生物学、发育生物学常用的模式生物，在胚胎发育调控和细胞分化等研究中常常被采用。由于果蝇的许多基因在进化上非常保守，与人类基因同源性高，因此果蝇还可以作为神经退行性疾病、肿瘤、心血管疾病、线粒体病等人类疾病的研究模型。

斑马鱼（*Danio rerio*）体长 4～6cm，发育周期短，容易饲养，繁殖迅速，常用作研究脊椎动物发育的模式生物，广泛应用于基础生物学、疾病模型构建和药物筛选、环境毒理学评估等研究。斑马鱼由于具有胚胎通体透明、体外发育等特点，易于观察操作、筛选突变体，更是活体水平研究早期胚胎发育的理想模型。斑马鱼生长发育过程、组织系统结构及基因组等特征与人有很高的相似性，所以是研究人类疾病发生机制和药物筛选的模式生物。

小鼠（*Mus musculus*）体型小，易于实验室饲养和控制，繁殖速度快，已拥有大量的近交系、突变系和封闭群，并已形成多种国际公认的标准品系，是生物医学研究中广泛使用的模式生物，也是研究最为详尽的哺乳类实验动物。小鼠由于与人类基因组有较高的相似性，不仅在遗传学、胚胎学中广泛使用，而且是高等动物功能基因研究、复杂性状调控、人类疾病发病机制研究的理想材料。

拟南芥（*Arabidopsis thaliana*）植株小、世代时间短、种子产率高、天然自花授粉、基因高度纯合，是目前已知的高等植物中基因组最小的生物（120Mb），是第一个完成全基因组测序的植物。拟南芥基因组简单、遗传操作简便，经理化因素处理后，拟南芥的突变率很高，容易获得各种类型的突变体，因此被广泛地应用于植物遗传学、细胞生物学、分子生物学及群体进化学等方面的研究中，是高等植物中迄今使用最广泛的模式生物，被誉为“植物中的果蝇”。

知识点小测试

本章小结

伴随显微镜的发明和改进，生命活动的基本单位——细胞得以发现，同时也揭开了人类对生物体微观世界研究的序幕。纵观细胞发现以来300多年的历史，从细胞生物学的诞生、发展，以及研究层次从显微水平、亚显微水平到分子乃至原子水平的不断深入，支撑该学科发展的关键首推研究技术、工具的不断进步。层出不穷的具有革命性的实验技术的建立，极大地促进了细胞生物学的发展。应当指出的是，当今生物学各学科之间的交叉性强，在研究方法上更需要多学科各种技术的巧妙结合。科学技术的快速发展，使得传统学科的界限越来越模糊。以解决科学问题为中心的多学科合作，成为目前推动从基础研究到应用研究各个领域发展的主要模式。

本章分5部分介绍了细胞生物学的研究方法和常用的模式生物，其中2.1显微及亚显微结构的观察是细胞生物学最为经典的技术，与现代物理学的成果和应用关系密切。2.2～2.4的细胞及亚细胞组分的分离、细胞内特定大分子的显示和鉴定及现代细胞生物学技术则体现了分子生物学、生物化学、免疫学、遗传学等多学科研究方法与细胞生物学的融合，是细胞生物学研究从早期的细胞形态和结构观察进入到细胞生命活动本质研究这一层面的技术保证，从中也能反映出现代细胞生物学不仅研究技术和方法在发展更新，而且研究内容和层次也在不断拓展和深入，是多学科交叉融汇、相互促进的重要体现。2.5简要介绍了常用模式生物的特点和应用领域。在运用某一项技术进行细胞生物学研究时，由于研究对象和实验条件不同，不仅对实验技术要精确掌握，还要在原有的基础上进行必要的改进，这本身就是一项具有创新性的研究工作。

复习题

一、基础检测题

1. 电子显微镜的分辨率为什么比光学显微镜提高10^3？尽管如此，为什么在生物学研究中，电子显微镜还不能完全取代光学显微镜？

2. 举例简述GFP在生物学研究中的应用。与传统的报告基因相比，GFP有哪些优势？

3. 检测生物大分子在细胞组织中分布的常用方法有哪些？

4. 外源基因在真核生物中表达有什么意义？

5. 如何鉴定基因的染色体定位及所表达蛋白质的细胞内定位？

6. 列举3种研究某特定蛋白质在细胞中分布的技术方法，并简述其原理。

7. 简述单克隆抗体技术的基本原理。

8. 差速离心与密度梯度离心有什么区别？

9. 相差显微镜在细胞生物学研究中有什么作用？

10. 超薄切片的样品制片过程包括哪些步骤？

二、归纳拓展题

1. 细胞生物学作为实验科学，其研究方法的创新对推动细胞生物学的发展具有至关重要的作用。根据对细胞生物学的了解，请列举3种不同的细胞生物学研究方法对细胞生物学的影响。

2. 哺乳动物的肝是由多种类型细胞构成的，如果想从中分离某一特定类型的细胞进行后续的研究，如何设计实验？怎样检测细胞分选效果的优劣？

3. 请任举一例说明实验材料的选择对细胞生物学发展的推动作用。

4. 在细胞生物学研究中，实验设计是十分重要的，好的实验设计的关键因素之一是先提出合理的科学问题（假设或假说），再设计实验证明。请结合细胞生物学知识，举例说明。

5. 体细胞克隆技术的原理和方法有哪些？有何用途？

6. 列表比较目前常用的基因功能研究技术的特点。

（本章作者 黄俊骏，张禹舜）

第3章　细胞膜与细胞表面

细胞膜（**cell membrane**）又称**质膜**（plasma membrane），是将细胞内部与环境隔开的界膜。细胞膜不仅使细胞具有一个相对稳定的内环境，同时在细胞与环境之间进行物质、能量的交换及信息传递过程中也起着决定性的作用。通常将真核细胞所有的膜结构统称为**生物膜**（**biomembrane**）。生物膜在形态、结构和功能上有一定共性和联系，不仅包括细胞膜，而且还包括各种细胞器等结构的膜。生物膜是细胞进行生命活动的重要结构基础，对生物膜的研究是生命科学中十分活跃的领域。本章将以细胞膜为代表介绍生物膜的成分、特征及其功能。

任何细胞都需要与其他细胞或者胞外环境建立密切的联系，尤其对于多细胞生物来说，机体的构建一般首先要通过形态、结构和功能相同或者相似的细胞形成组织，组织的构建涉及细胞识别、细胞黏附及细胞连接，这些过程都需要通过细胞表面才能完成，需要细胞膜上特定蛋白质的参与。组织的构建还需要细胞外基质的参与，细胞外基质是细胞合成并分泌到细胞外的、分布于细胞表面或者细胞之间的生物大分子，是蛋白质及多糖等分子组成的复杂的、连成网状的复合物，不仅保护细胞，而且影响着细胞的迁移、增殖、分化等活动。多细胞生物体中，细胞与细胞、细胞与胞外环境相互作用、相互依存、相互制约的关系称为细胞的社会性。细胞的社会性是组织构建、维持与修复的最重要保障。

学习目标　　知识结构图　　彩图　　视频

3.1　细胞膜的组成和结构

细胞膜是所有细胞与外界环境之间的界膜，细胞膜是由脂质（脂类）和蛋白质通过非共价相互作用组成的疏水性薄层结构（图3-1）。

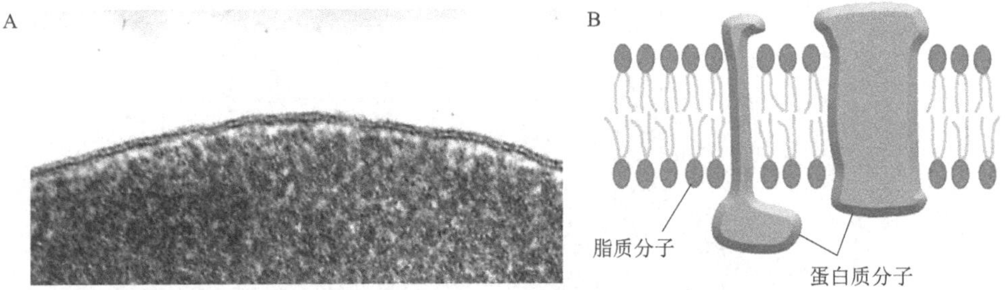

图3-1　细胞膜主要由脂质和蛋白质组成（引自 Alberts et al.，2012）

A. 透射电镜下观察到的细胞膜；B. 细胞膜的基本成分

3.1.1　细胞膜的化学组成

细胞膜的主要化学成分是脂类和蛋白质，此外，还含有少量的糖类。一般脂类约占膜总含量的50%，蛋白质占40%，糖类占2%～10%，蛋白质和脂类的比例因细胞膜的种类不同而有很大差异。膜脂是构成膜的基本骨架，膜蛋白是膜功能的体现者，而糖类主要以糖蛋白和糖脂的形式存在。一般情况下，膜的功能越复杂，膜中蛋白质的含量和种类就越多；相反，膜的功能越简单，所含蛋白质的种类和数量就越少。

3.1.1.1　膜脂

构成细胞膜的脂质统称为膜脂（membrane lipid），膜脂主要包括磷脂、糖脂和胆固醇，其中以磷脂含量最高、分布最广。不同类型细胞的细胞膜上所分布的膜脂成分不同，含量也有较大的差异。

（1）磷脂　磷脂是膜脂的基本成分，占膜脂的 55%～75%。磷脂是两亲性分子（amphipathic molecule），既有亲水的极性头部，又有疏水的非极性尾部（图 3-2）。它的非极性尾部通常还有两条含 14～24 个偶数碳原子的脂肪酸链，其中一条是饱和脂肪酸链（如软脂酸），另一条是不饱和脂肪酸链（如油酸），其中含有的顺式双键在烃链中产生 30°的弯曲。磷脂烃链的长度、不饱和程度与生物膜的流动性存在着密切的关系。

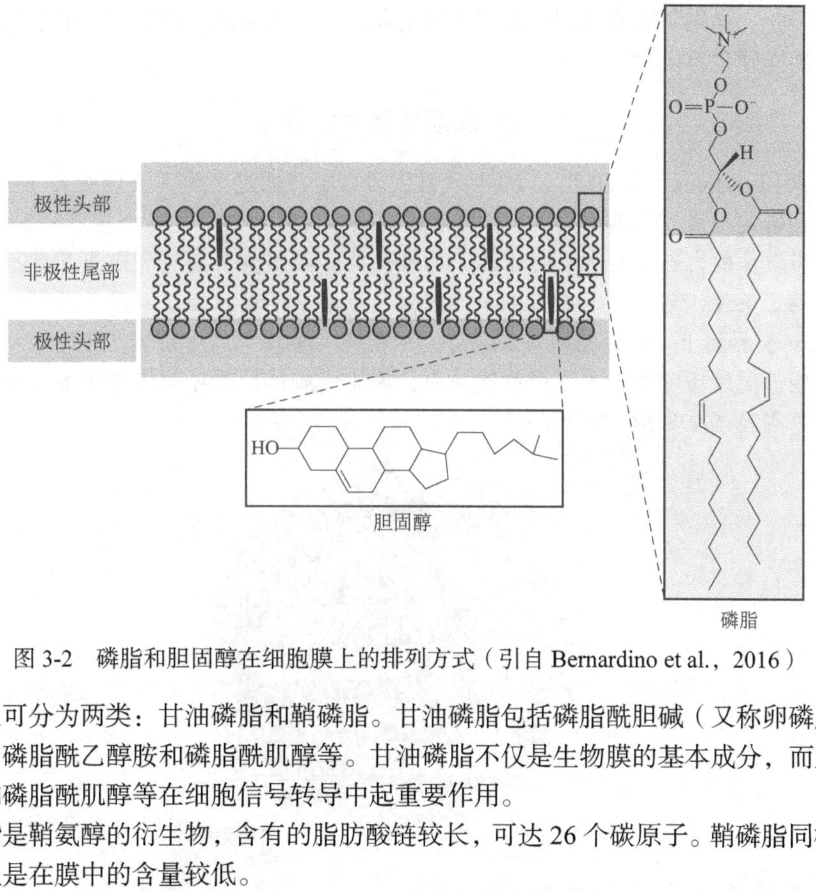

图 3-2　磷脂和胆固醇在细胞膜上的排列方式（引自 Bernardino et al.，2016）

磷脂又可分为两类：甘油磷脂和鞘磷脂。甘油磷脂包括磷脂酰胆碱（又称卵磷脂）、磷脂酰丝氨酸、磷脂酰乙醇胺和磷脂酰肌醇等。甘油磷脂不仅是生物膜的基本成分，而且其中的某些成分，如磷脂酰肌醇等在细胞信号转导中起重要作用。

鞘磷脂是鞘氨醇的衍生物，含有的脂肪酸链较长，可达 26 个碳原子。鞘磷脂同样属于两亲性分子，但是在膜中的含量较低。

（2）糖脂　糖脂是含有糖基的脂质，由糖的半缩醛羟基通过糖苷键与脂质相连而成，其非脂部分为糖基，脂部分则为鞘氨醇或甘油。糖脂可根据脂部分的构成分为鞘糖脂与甘油糖脂。

糖脂也是两亲性分子，普遍存在于原核和真核细胞的细胞膜上，其含量占膜脂总量的 5%以下，在神经细胞膜上糖脂含量较高，占 5%～10%。目前已发现 40 余种糖脂。不同的细胞中所含糖脂的种类不同，在动物细胞中，最简单的糖脂是脑苷脂，只有 1 个葡萄糖或半乳糖残基与鞘氨醇连接，而神经细胞膜上富含的神经节苷脂结构复杂，可含多达 7 个糖残基，其中含有不同数目的唾液酸。

红细胞质膜上的鞘糖脂是 ABO 血型系统的基本血型抗原，寡糖部分决定抗原特异性，血型的差异仅仅是糖链末端的糖基有所不同。例如，A 型血的糖链末端为 *N*-乙酰半乳糖胺，B 型血为半乳糖，AB 型血两种糖基都有，O 型血则缺少这两种糖基。

（3）胆固醇　胆固醇是中性脂，由 4 个环状结构组成，疏水性强，自身不能形成脂双层，只能插入磷脂分子之间（图 3-2）。胆固醇存在于动物细胞和极少数的原核细胞中，在哺乳动物的细胞膜中尤为丰富，其含量一般不超过膜脂的 1/3。在多数的细胞中，50%～90%的胆固醇存在于细胞膜和相关的囊泡膜上。在植物细胞和真菌细胞的质膜上，虽然没有胆固醇，但是分别含有豆固醇和麦角固醇。多数细菌的膜脂中不含胆固醇。

胆固醇多数来自食物，在调节膜的流动性、增加膜的稳定性、降低水溶性物质的通透性等方面起着重要作用。缺乏胆固醇可能导致细胞分裂受抑制。此外，胆固醇还是很多重要生物活性分子的前体化合物，如固醇类激素、维生素 D 等。由于细胞很难将胆固醇作为碳源代谢为 CO_2 和水，因此，如果胆固醇代谢异常或者运输异常，会引起血液中胆固醇水平的异常升高，会导致动脉粥样硬化等疾病。

脂质体及其应用

脂质体（liposome）在 20 世纪 60 年代被发现，起初被定义为两亲性脂质分子。例如，磷脂通过自组装形成球形囊泡结构，脂质体膜类似生物膜结构，极性的脂质分子排成双层，头部朝向脂质体的内部水相和外部水相。脂质体的这种结构为装载和递送具有不同溶解度的分子提供了条件，亲水分子在内部水性核心，疏水分子进入脂质双层，两亲性分子则处于水/脂质双层界面上。通过控制形成条件，可获得大小均一的脂质体。脂质体可用不同的膜脂来制备，同时还可以嵌入不同的膜蛋白，因此脂质体是研究膜脂与膜蛋白及其生物学性质的理想实验体系（图 3-3）。

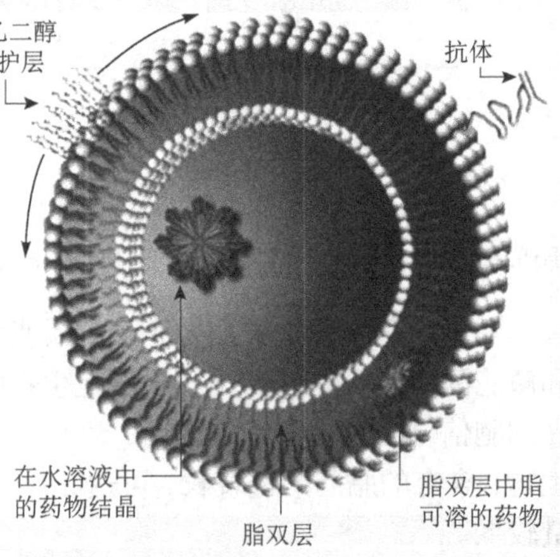

图 3-3　脂质体（引自 Karp，2010）

1971 年起，科学家开启了将脂质体作为药物载体的研究。脂质体具有结构多样性、生物相容性、生物降解性、无毒性和非免疫原性等优点，允许在脂质层中包封亲脂性药物、在核心中包封亲水性药物。由于装载到脂质体中的药物得到了保护，避免了被酶降解、免疫和化学失活及快速血浆清除，有助于药效的发挥，因此与游离药物相比，减少了副作用。将脂质体技术与单抗等技术结合，能够使药物更有效精准地作用于靶细胞，减少对健康组织的毒副作用。利用脂质体的膜模仿天然的细胞膜，可以使脂质体与哺乳动物细胞之间具有良好的相互作用，促进细胞有效摄取脂质体携带的药物。此外，还可以通过对脂质体成分的理化修饰，如利用糖脂或聚乙二醇等修饰，提高脂质体的稳定性，在一定程度上可避免被巨噬细胞吞噬，延长脂质体在血液中的半衰期，促进其在病灶部位的积累。

目前临床上采用的脂质体粒径为 20～1000nm，在稳定性、吸收和体内分布等方面具有纳米粒子的特殊效应。纳米脂质体载体技术具有独特的优势，可以携载亲水性、疏水性及两亲性的药物，直接输送至靶组织发挥药效。迄今已有十几种脂质体药物获批上市，用于癌症治疗、感染治疗和麻醉镇痛。例如，Doxil 是一种 PEG 修饰地包裹阿霉素的脂质体，与普通制剂相比，疗效高而副作用小，已用于治疗卵巢癌、转移性乳腺癌、转移性上皮膀胱癌及人类免疫缺陷病毒相关的卡波西肉瘤。

更为复杂的纳米技术也在研发当中。例如，采用聚合的脂质体载体——用叶酸包裹的 PEG 化的脂质外壳实现肿瘤靶向，同时装载了一种纳米粒子 SPION（superparamagnetic iron oxide nano particles）用于示踪，还携带了可控制释放的阿霉素，用于杀死肿瘤细胞。在现代医学领域，将多种治疗剂装载在同一个脂质体中，可最大限度地提高治疗效率，减少副作用。例如，运用薄膜水合技术，生产出共载姜黄素和紫杉醇的 PEG 化脂质体，可持续释放两种药物，提高对癌症的治疗效果，有效诱导癌细胞凋亡。

3.1.1.2　膜蛋白

膜蛋白（membrane protein）是位于脂双层之中和表面的蛋白质总称，是细胞膜的重要组成部分，与细胞膜特定的功能息息相关。在不同类型的细胞中及细胞不同部位的生物膜上，膜蛋白的种类及含量有很大的差异，如线粒体内膜的膜蛋白含量达 76%，而在神经髓鞘质膜中，仅占 18%。此外，不同膜蛋白的分子量也存在很大的差别。

（1）类型　根据膜蛋白在膜脂双分子层中所处的位置，以及与膜脂的结合方式，可将其分为以下 3 类。

1）**外在膜蛋白（extrinsic membrane protein）**又称为周边膜蛋白（peripheral membrane protein），是分布在膜的内外表面的蛋白质（图 3-4A）。外在膜蛋白的功能是提高膜的强度，外在膜蛋白一般占膜蛋白的 20%～30%，但在红细胞中可达 50%。

外在膜蛋白为水溶性蛋白质，通过离子键或其他较弱的非共价键与膜表面的其他蛋白质或脂质分子结合。改变溶液的离子强度或提高温度，即可将外在膜蛋白从膜上分离下来，且膜结构不会被破坏。例如，磷脂酶属于外在膜蛋白，以较高的亲和力结合到磷脂头部极性基团上，功能是降解需要更新的膜结构组分，采用盐析的方法可将磷脂酶从质膜中分离出来。

2）**内在膜蛋白（internal membrane protein）**又称为**整合膜蛋白**（integral membrane protein），是部分或全部镶嵌在细胞膜中的蛋白质（图 3-4B）。内在膜蛋白占膜蛋白的 70%～80%，不溶于水。有些内在膜蛋白贯穿整个脂双层，两端暴露于膜的内外表面，称为**跨膜蛋白**（transmembrane protein）。跨膜蛋白都含有跨膜区，根据跨膜的次数，跨膜蛋白可以分为单次跨膜蛋白和多次跨膜蛋白。跨膜蛋白的亲水部分暴露在膜的一侧或两侧的表面，疏水区同脂双层中磷脂分子的疏水尾部相互作用。有些内在膜蛋白的跨膜区形成 α 螺旋，有些则形成 β 折叠。内在膜蛋白与膜脂结合紧密，不易分离，需要使用**去垢剂（detergent）**才能将其从膜上分离下来。

3）**脂锚定蛋白（lipid-anchored protein）**又称为脂连接蛋白（lipid-linked protein），通过共价键与脂分子结合，位于膜的内侧或者外侧。脂锚定膜蛋白同脂质的结合有两种方式（图 3-4C）：一种是蛋白质与脂肪酸链共价结合，另一种是通过糖脂锚定在膜上。例如，一些蛋白质通过糖脂上的磷脂酰肌醇（PI）基团锚定在膜上的，称为糖磷脂酰肌醇（glycolphosphatidyl inositol，GPI）锚定方式，这类 GPI 脂锚定膜蛋白都分布在质膜的外侧。

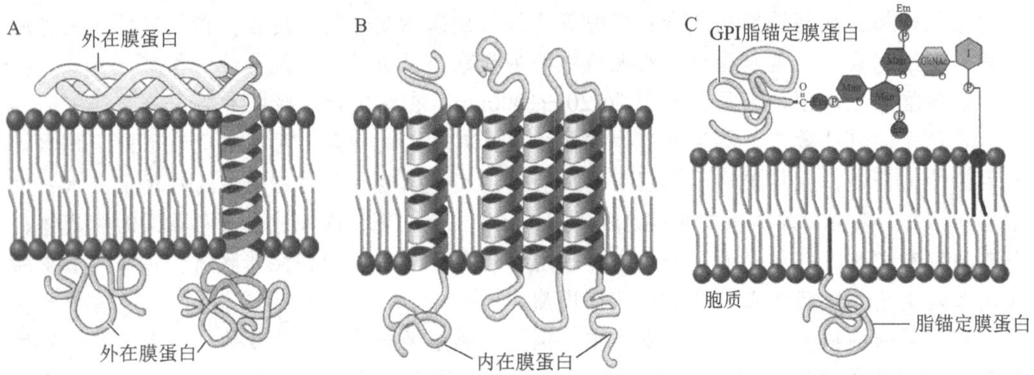

图 3-4　膜蛋白的基本类型（引自 Karp，2010）

A. 外在膜蛋白；B. 内在膜蛋白；C. 脂锚定膜蛋白

（2）去垢剂与膜蛋白的研究　对膜蛋白功能的研究是建立在膜蛋白分离基础上的。由于不同类型的膜蛋白与脂双层的结合方式不同，因此分离的难度也有很大差别，外在膜蛋白的分离比较容易，内在膜蛋白则比较困难。

去垢剂是分离膜蛋白常用的试剂，是一端亲水、一端疏水的两性小分子，比脂质更易溶于水，因此去垢剂可以与膜脂或者膜蛋白的跨膜结构域等疏水部位结合，破坏脂双层，形成水溶性的去垢剂—膜蛋白复合物微囊，从而将膜蛋白从膜中剥离下来。

去垢剂可分离子型去垢剂和非离子型去垢剂两类。常用的离子型去垢剂，如十二烷基硫酸钠（SDS）不仅可与膜蛋白疏水部分结合使其分离，使细胞膜崩解，而且还可以破坏蛋白质内部的非共价键，甚至改变亲水部分的构象。由于 SDS 对蛋白质的作用较为剧烈，会引起蛋白质的变性，因此在纯化膜蛋白时，特别是为获得有生物活性的膜蛋白时，常采用温和的非离子型去垢剂，如 Triton X-100、n-辛基-β-D-吡喃葡萄糖苷等。使用非离子型去垢剂既可使细胞膜崩解，又不会使蛋白质变性，因此不仅用于膜蛋白的分离与纯化（图 3-5），而且也用于除去真核细胞内部的膜系统，以便对细胞核、细胞骨架等开展研究。

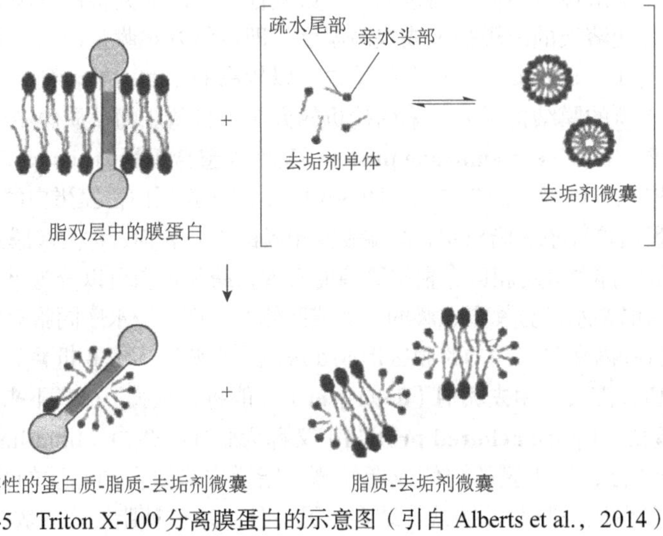

图 3-5　Triton X-100 分离膜蛋白的示意图（引自 Alberts et al.，2014）

3.1.1.3　膜糖

细胞膜中含有 2%～10%的糖类物质，这些糖类物质不是单独存在的成分，而是通过共价键与膜蛋白或膜脂相连，形成糖蛋白或者糖脂。如果糖蛋白和糖脂上的糖链较短，常被称为寡糖；而有些膜蛋白上连接有一个或多个糖链，形成的复合物中糖类物质反而占优势，这样的复合物被称为蛋白聚糖。无论是糖蛋白、糖脂还是蛋白聚糖，糖链都位于质膜的外表面，而在真核细胞的细胞器膜上，包括溶酶体膜、内质网膜、高尔基体膜，膜糖的方向一般是朝向细胞器的内部。

膜糖可以提高膜的稳定性，有助于膜蛋白的正确折叠和构象的维持，保护膜蛋白免于蛋白酶的降解。此外，一般认为多糖在细胞接受外界刺激、细胞黏附等过程中有重要作用，暴露于细胞表面的糖基决定了细胞的某些特性，如细胞免疫、细胞识别及信息传递等，它犹如细胞伸向胞外环境的化学天线。动物细胞膜上的膜糖主要有 D-葡萄糖、D-半乳糖、D-甘露糖、D-岩藻糖、*N*-乙酰-D-半乳糖胺、*N*-乙酰葡萄糖胺和唾液酸等 7 种。

3.1.2　细胞膜的结构模型

尽管在 17 世纪利用光学显微镜发现了细胞，但是对细胞膜结构的研究却是在 19 世纪末才开始的。20 世纪 50 年代，随着电镜技术的发展，对细胞膜超微结构及细胞膜功能的认识不断深入。在细胞膜研究的历程中，相继提出了一些结构模型。

（1）片层结构模型　19 世纪 90 年代，E. Overton 利用植物细胞首次研究了细胞膜的通透性。他将植物的根毛在数百种溶液中进行处理，通过检测溶质进入细胞的难易程度，了解细胞膜的通透性，发现脂溶性越好的化合物越容易进入根毛细胞，因此推测细胞膜由连续的脂类物质组成。1897 年，Crijins 和 Hedin 用红细胞做了类似的实验，也证明了分子通过细胞膜的通透性与其在脂类中的溶解度有关。

1925 年，E. Gorter 和 F. Grendel 用有机溶剂提取了人类红细胞质膜的膜脂成分，将其铺展在水面，并测定膜脂单层分子在水面的铺展面积，发现它是细胞表面积的二倍，因而推测细胞膜由双层脂分子构成。

1935 年，H. Danielli 和 J. F. Davson 发现质膜的表面张力比油—水界面的张力低得多，当时已知脂滴表面如果吸附有蛋白质成分，则表面张力降低，所以他们推测质膜中应含有蛋白质成分，从而提出了**片层结构模型（lamella structure model）**，也叫作三明治式模型。该模型认为质膜是由双层脂类分子及其内外表面附着的蛋白质构成的。1959 年该模型修正后认为，脂双分子层上还有蛋白质构成的孔道，蛋白质通过静电作用与脂类的极性端结合，孔壁的内表面有亲水基团。水和极性溶质分子通过小孔穿过细胞膜，而非极性溶质可直接穿过脂双层（图 3-6）。

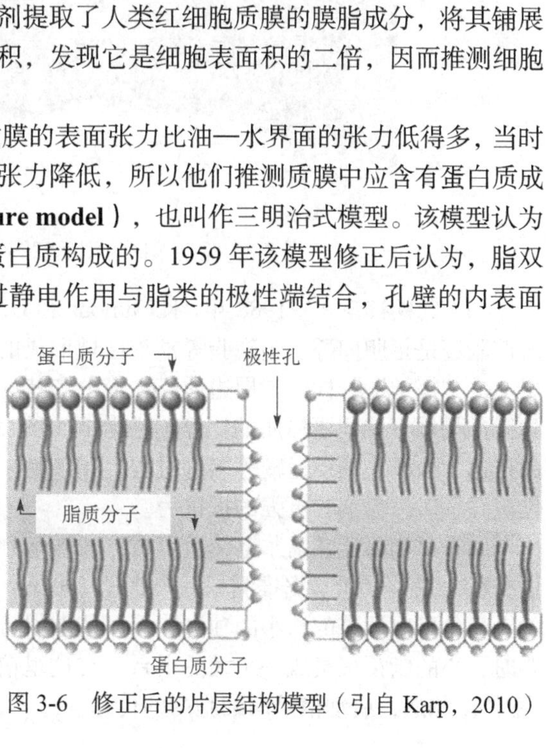

图 3-6　修正后的片层结构模型（引自 Karp，2010）

（2）单位膜模型　随着电子显微镜和生化技术的发展，不仅观察到质膜的存在，而且发现真核细胞内部还具有复杂的内膜系统，并进一步对细胞器膜进行了分离和化学组分分析。1959 年，J. D. Robertson 采用透射电镜观察超薄切片，获得了清晰的细胞膜超微结构照片，发现质膜为暗—明—暗三

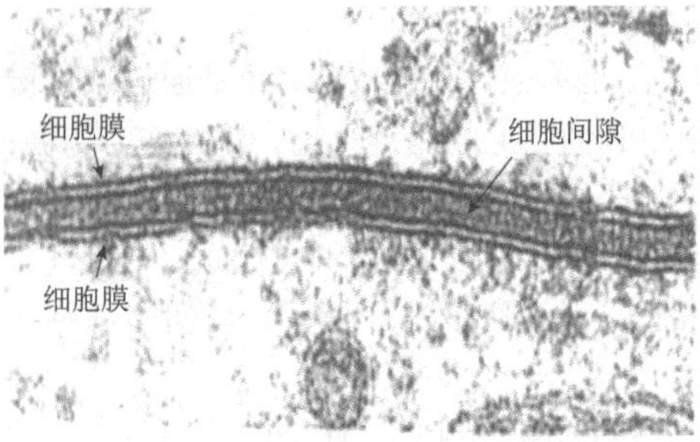

图 3-7　透射电镜技术显示质膜的超微结构（引自翟中和等，2004）

层结构（图 3-7），厚度约 7.5nm，提出了**单位膜模型（unit membrane model）**，该模型认为质膜由厚约 3.5nm 的双层脂分子和内外表面各厚约 2nm 的蛋白质构成，并推测暗层是蛋白质，透明层是脂质。这一模型得到 X 射线衍射分析及电镜观察结果的支持。单位膜模型是在片层结构模型的基础上发展而来的，最重要的观点是认为在脂双层内外两侧的蛋白质存在方式不同，分布是不对称的，能够解释细胞膜的一些基本特性。该模型的不足之处在于把质膜刻画为静止的、不变的结构。

（3）流动镶嵌模型　1972 年，S. J. Singer 和 G. L. Nicolson 根据免疫荧光技术、冷冻蚀刻技术的研究结果，在单位膜模型的基础上提出**流动镶嵌模型（fluid mosaic model）**，保留了单位膜模型中脂双分子层的概念，对蛋白质的存在状态进行了更为细致的描述，这是一个迄今被广泛认可的生物膜模型。该模型认为脂质分子排成双层，构成生物膜的骨架，蛋白质分子以镶嵌、覆盖或者贯穿等不同方式结合于脂双层；膜两侧的结构是不对称的，膜脂和膜蛋白具有一定的流动性（图 3-8）。流动镶嵌模型的要点有两个：①膜具有流动性，即膜蛋白和膜脂均可侧向运动；②膜蛋白的分布具有不对称性，有的结合在膜表面，有的嵌入或横跨脂双分子层。

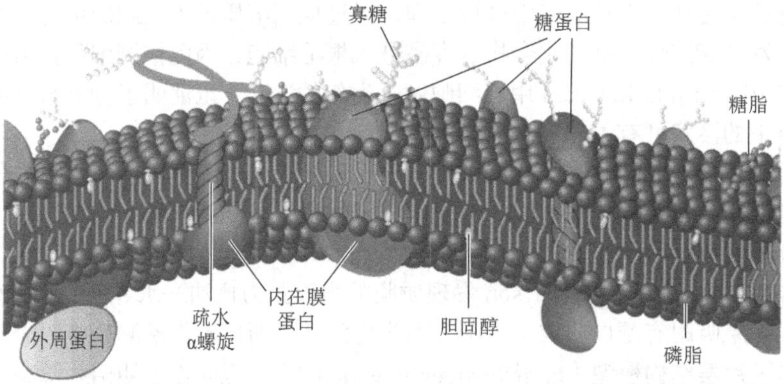

图 3-8　流动镶嵌模型示意图（引自 Darnell et al.，1986）

（4）脂筏模型　1988 年，K. Simons 和 G. van Meer 提出了**脂筏模型（lipid raft model）**。所谓脂筏是指胆固醇、鞘磷脂等富集区域形成的相对有序的脂相，如同漂浮在甘油磷脂双分子层上的“筏子”一样，与周边质膜在成分和特性上存在差异。脂筏是质膜外小叶上的纳米尺度的微结构域，如同蛋白质的“停泊平台”（图 3-9），承载某些特定的膜蛋白，涉及细胞信号的传递、内吞、物质运输等多种过程。脂筏是一种动态结构，比质膜其他部分的更厚，且有序性更强，对去垢剂有更强的抵抗力。

脂筏最初可能在高尔基体上形成，再转运到细胞膜上，有些脂筏与质膜之下的细胞骨架蛋白交联（图 3-10）。据推测，一个直径 100 nm 大小的脂筏可能载有 600 个蛋白质分子。脂筏的大小是可以调节的，小的独立脂筏可能在保持信号蛋白呈关闭状态方面具有重要作用。在必要时，小的脂筏聚集成一个大的平台，在这里信号感受分子（受体）将和来自胞外的信号分子（配体）相遇，启动信号向细胞内的传递。

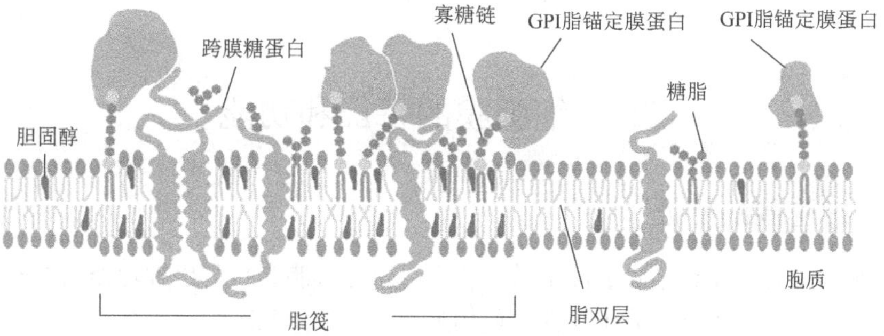

图 3-9　脂筏结构示意图（引自 Alberts et al.，2014）

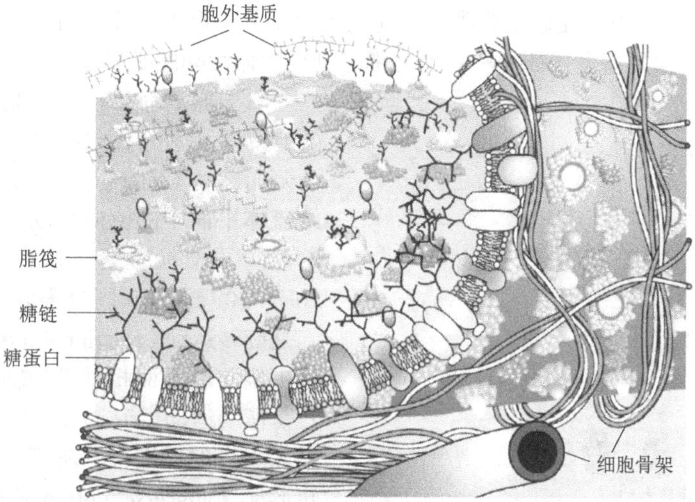

图 3-10　更新后的流动镶嵌模型示意图（引自 Nicolson，2014）

随着实验技术的不断创新和改进，人们对膜组分的动态及膜组分之间的关系，如脂类与蛋白质、蛋白质与蛋白质、脂类与脂类的相互关系与作用，以及膜脂与膜蛋白在脂双层中分布的不对称性开展了大量的深入研究。流动镶嵌模型历经 50 多年的发展和完善，是描述所有类型细胞的质膜结构与分子动力学最为经典的模型。对生物膜的新认识，包括脂筏、蛋白质-糖蛋白复合体、细胞骨架等内容不断被补充到该结构模型中（图 3-10），体现了人们对生物膜的认识是一个螺旋式上升的过程。目前对生物膜结构的认识可归纳如下。

1）具有极性头部和非极性尾部的磷脂分子在水相中具有自发形成封闭膜系统的性质。疏水尾部相对、极性头部朝向水相的磷脂双分子层是组成生物膜的基本结构成分，尚未发现在生物膜结构中起组织作用的蛋白质。

2）蛋白质以不同的方式镶嵌在脂双层中或结合在其表面。蛋白质的类型、分布的不对称性及其与脂类分子的协同作用，赋予不同生物膜各自的特性与功能。

3）生物膜可看成是蛋白质在脂双层中的二维溶液。然而膜蛋白与膜脂之间，膜蛋白与膜蛋白之间，以及其与膜两侧其他生物大分子，包括胞外基质、细胞骨架的复杂的相互作用，在不同程度上限制了膜蛋白和膜脂的流动性，同时也形成了赖以完成多种膜功能的脂筏、纤毛和微绒毛等结构。

4）在细胞生命活动中，生物膜在三维空间上可出现弯曲、折叠、延伸及非脂双层状态等改变。生物膜不断地动态变化，确保了细胞运动、细胞增殖、物质跨膜运输、细胞信号调控等各种生命活动的进行。

3.2　细胞膜的特征和功能

3.2.1　细胞膜的特征

流动性和不对称性是细胞膜的两个基本特征，也是细胞膜执行生理功能的重要保证。膜的流动性和不对称性与膜组分的分子属性密切相关。

3.2.1.1　细胞膜的流动性

在质膜的结构成分中，无论是脂类分子还是蛋白质分子都不是静止的，而是处在运动之中。膜的流动性是生物膜的基本特征之一，也是细胞进行生命活动的必要条件。

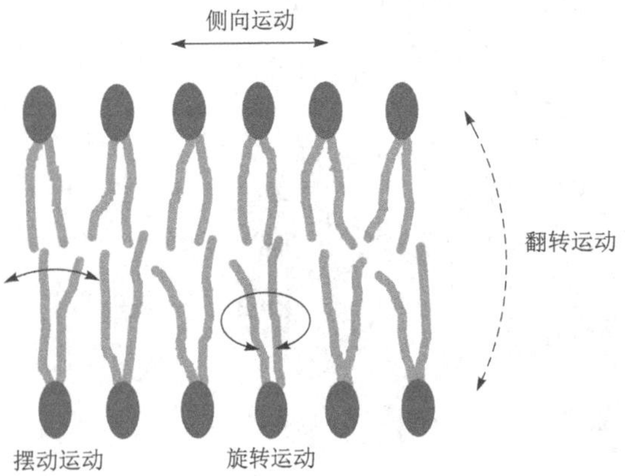

图 3-11　膜脂分子的四种运动方式
（引自 Alberts et al.，2012）

（1）膜脂的运动　膜脂的运动方式主要有以下 4 种（图 3-11）：一是沿着膜平面的侧向运动（lateral shift），即膜脂分子在二维流体平面中的侧向移动，使同一层中邻近的脂分子交换位置，这种运动发生频率为 10^{-7}～10^{-6}s，是膜脂分子最基本的运动方式；二是旋转运动（rotational motion），即膜脂分子围绕与膜平面相垂直的轴进行快速旋转；三是摆动运动（flex），即膜脂分子围绕与膜平面垂直的轴进行的尾部左右摆动；四是翻转运动（transverse motion 或 flip-flop motion），指膜脂分子从脂双层的一层翻转到另一层的运动，翻转运动需要消耗能量，是在翻转酶（flippase）的催化下完成的。翻转运动对于维持膜脂分子的不对称性非常重要。一般情况下，这种运动极少发生，发生频率约为 10^5s。但是在某些膜结构中，翻转运动的发生频率却很高。例如，在内质网膜上新合成的磷脂分子，只需几分钟就有半数通过翻转运动转向内质网膜的另一侧。

影响膜脂运动的因素有很多，主要来自膜脂的组分及环境因素。包括：①胆固醇，在动物细胞的细胞膜上，胆固醇的含量较为丰富。胆固醇分子借助其四环结构填充在磷脂分子的空隙中（图 3-2），赋予质膜刚性，稳定膜结构并调节膜的流动性。②脂肪酸链的饱和度，脂肪酸链所含双键越多越不饱和，使膜流动性增加。③脂肪酸链的链长，长链脂肪酸相变温度高，膜流动性降低。④卵磷脂/鞘磷脂，该比例高则膜流动性增加，这是因为鞘磷脂黏度高于卵磷脂。⑤其他因素，膜蛋白和膜脂的结合方式、温度、酸碱度、离子强度等。

（2）膜蛋白的运动　膜蛋白的运动性是通过一些经典实验发现和验证的。1970 年，L.D.Frye 和 M.Edidin 采用免疫荧光技术，利用细胞融合实验证明了膜蛋白能在脂双层平面上侧向运动。他们采用荧光标记的抗体，分别与小鼠细胞、人细胞的特异膜蛋白结合，在荧光显微镜下观察，小鼠细胞和人细胞分别呈现绿色和红色的荧光。经细胞融合产生的杂种细胞在刚形成时，一半呈绿色，一半呈红色，说明小鼠和人细胞的膜抗原在杂种细胞的质膜中是独立存在的，但在 37℃下保温 40min 后，两种颜色的荧光点呈均匀分布（图 3-12），说明所检测的两种膜蛋白在质膜中都可以移动。但如果在低温下（15℃以下），抗原蛋白的移动基本停止，说明温度影响膜蛋白的运动。

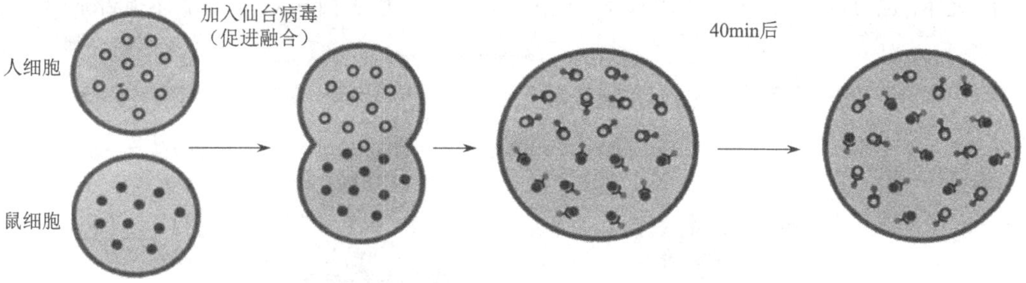

图 3-12　通过细胞融合实验证明膜蛋白的运动（引自 Karp，2010）

膜蛋白的运动性也可以利用荧光标记的多价抗体进行鉴定，通过抗体标记特定的膜蛋白，随着时间的延长，最初均匀分布在细胞表面的标记荧光会重新排布，聚集在细胞表面的某些部位，称为**成斑（patching）**现象，最后荧光集中在细胞的一端，形成帽状结构，称为**加帽（capping）**现象（图 3-13）。成斑现象和成帽现象进一步证明了膜蛋白的流动性。

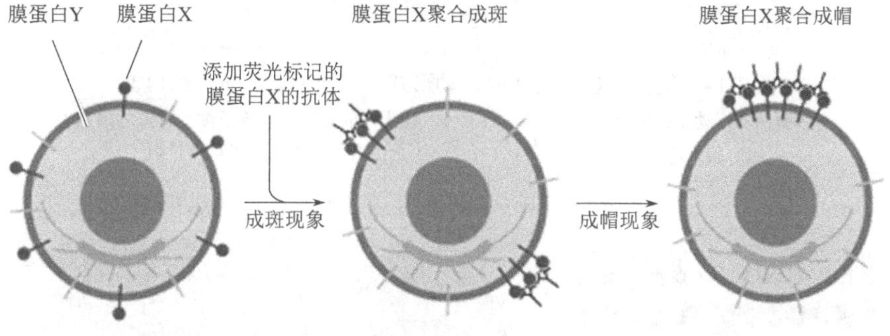

图 3-13　成斑现象、成帽现象证明膜蛋白的侧向运动（引自 Alberts et al.，1994）

实验表明，膜蛋白在脂双层二维溶液中的运动是自发热运动，无须提供能量，因为膜蛋白的运动并不因为缺乏 ATP 而受到抑制。但如果降低温度，膜蛋白的扩散速率可降低到原来的 1/20～1/10。在多数研究中，大部分种类的蛋白质在膜中以自由扩散的速率随机运动，移动距离仅十分之几微米。

实际上，膜蛋白因结构和类型的不同，在整个膜中的运动特性也有所不同，有些细胞 90% 的膜蛋白是自由运动的，有些细胞只有 30%的膜蛋白处于流动状态。原因之一是某些膜蛋白，尤其是整合膜蛋白与质膜之下的细胞骨架结合，运动受限制（图 3-14）。细胞骨架不但影响膜蛋白的运动，也影响其周围的膜脂的流动。此外，膜蛋白与膜脂分子的相互作用也是影响膜流动性的重要因素。

（3）*膜脂和膜蛋白运动性的研究方法*　　生物膜的流动性对于膜结构和功能至关重要。**荧光漂白恢复（fluorescence photobleaching recovery，FPR）**是一种研究膜蛋白和膜脂运动特性的重要技术，不仅可以验证膜的流动性，而且还能获得膜蛋白和膜脂运动的相关参数。

FPR 的原理是首先用荧光物质标记某种膜蛋白或者膜脂，然后用激光束照射细胞表面某一区域（通常是一个边长 1μm 的正方形区域），使被照射区域的荧光淬灭形成一个漂白斑。由于膜的流动性，漂白斑周围的荧光物质随着膜蛋白或膜脂的流动，逐渐向漂白区移动，使淬灭区域的亮度逐渐增加，最后恢复到与周围的荧光强度相等的状态（图 3-15）。因此，根据荧光恢复的速率可以推算出这种被标记的膜蛋白或者膜脂的扩散速率。对膜蛋白的标记可以采用荧光标记的抗体，也可以通过 DNA 重组技术，将待检测的某种膜蛋白和 GFP 等活体报告基因融合。

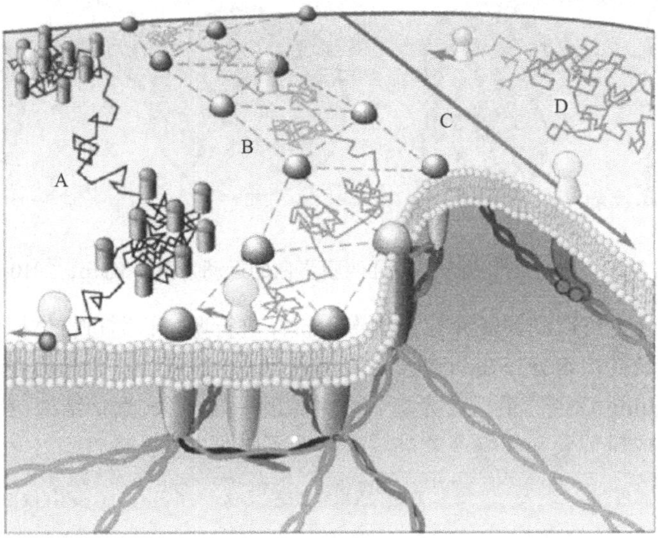

图 3-14　整合膜蛋白的侧向运动形式（引自 Nicolson，2014）

A. 膜蛋白的运动受到膜上其他成分的限制；B. 膜蛋白的运动受到膜下细胞骨架的限制；C. 膜蛋白结合于细胞骨架移动；D. 膜蛋白沿着膜平面随机自由扩散

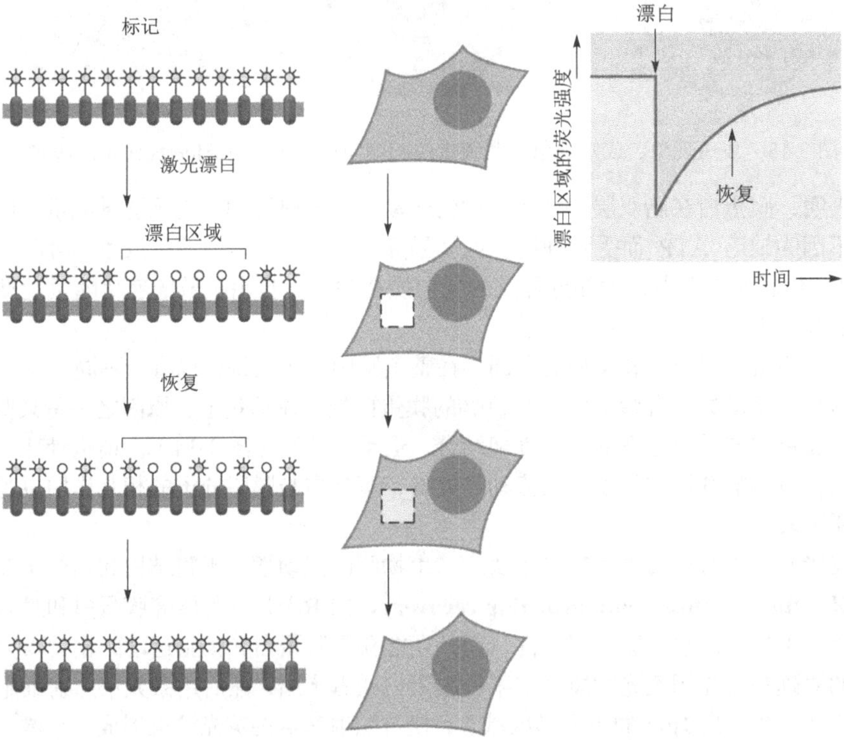

图 3-15　荧光漂白恢复技术的原理（引自 Alberts et al.，2014）

FPR 技术适合测量大的蛋白质群体在膜相当大的区域内的运动，反映的是在一定时间内整体的平均水平，但是无法检测单个分子的运动。一种称为单颗粒示踪（single-particle tracking，SPT）的技术解决了这一问题。SPT 是在纳米尺度上精确定位每个单独的颗粒，测量的是单个分子的动力学特征，经过对特定分子的标记、定位，以及对信号点连接后的数据统计、信号处理，测量出单个分子的动态变化。该技术能够实时监控活细胞内复杂、高度动态的组织结构变化，并提供结构与功能之间的动力学关系，不仅用于细胞膜动态变化研究，而且可用于细胞信号通路、分子转运机制、遗传信息表达、病毒感染机制等研究。

3.2.1.2　细胞膜的不对称性

生物膜的组成成分在膜中或两侧的分布及其功能存在明显的差异，这称为膜的不对称性。膜脂、膜蛋白和膜糖在生物膜上的不对称分布，导致膜功能的方向性，是体现生物膜特定生理功能的结构基础。

细胞膜与胞外环境接触的一侧称为细胞外表面（extrocytoplasmic surface，ES），与细胞质接触的一侧称为原生质表面（protoplasmic surface，PS）。当采用冷冻蚀刻技术处理细胞膜后，膜结构常常从脂双层的疏水端发生断裂，产生两个断裂面：近细胞膜外侧的断裂面称为质膜的细胞外小叶断裂面（extrocytoplasmic face，EF），而近细胞原生质体的断裂面称为原生质小叶断裂面（protoplasmic face，PF）（图 3-16）。

（1）膜脂的不对称性　膜脂的不对称性是指同一种膜脂分子在膜的脂双层中呈不均匀分布（图 3-17）。以含量最为丰富的磷脂为例，不同的磷脂分子在质膜的内外两侧的含量不同。例如，磷脂酰胆碱（phosphatidylcholine，PC）和鞘磷脂（sphingomyelin，SM）主要分布在外小叶，而磷脂酰乙醇胺（phosphatidyl ethanolamine，PE）和磷脂酰丝氨酸（phosphatidyl-serine，PS）主要分布在质膜内小叶。用磷脂酶处理完整的人类红细胞，80%的 PC 被降解，而 PE 和 PS 分别只有 20%和 10%被降解。

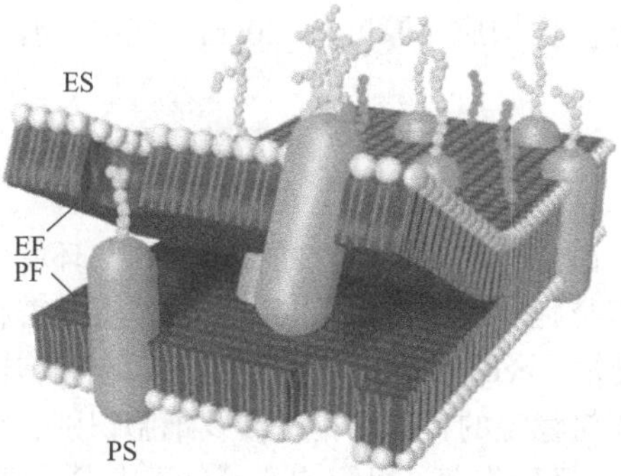

图 3-16　冷冻蚀刻技术显示质膜各个膜面（引自 Karp，2010）

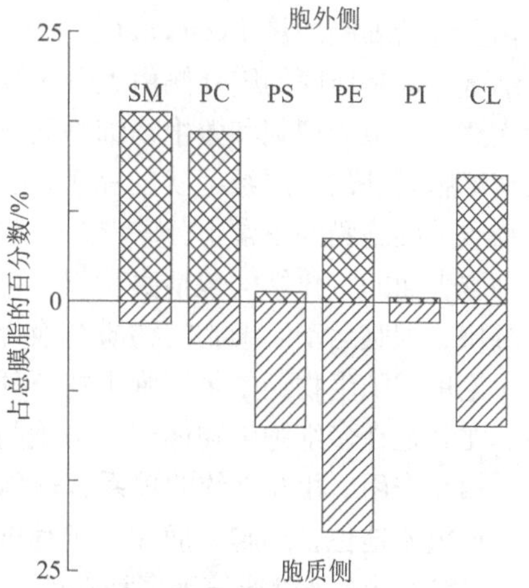

图 3-17　磷脂和胆固醇在人类红细胞膜上分布的不对称性（引自 Karp，2010）

SM. 鞘磷脂；PC. 磷脂酰胆碱；PS. 磷脂酰丝氨酸；PE. 磷脂酰乙醇胺；PI. 磷脂酰肌醇；CL. 胆固醇

（2）膜蛋白的不对称性　膜蛋白的不对称性是指每种膜蛋白分子在细胞膜上都具有明确的方向和分布的区域。例如，细胞表面的受体向细胞内传递信号，膜上载体蛋白按一定的方向转运物质，与细胞膜相关的酶促反应仅发生在膜的某一侧面。某些膜蛋白只有在特定膜脂存在时才能发挥作用，如蛋白激酶C结合于质膜的内侧，需要在磷脂酰丝氨酸的存在下才体现激酶活性；线粒体内膜的细胞色素氧化酶，需要心磷脂存在才具活性。

（3）膜糖的不对称性　糖脂和糖蛋白均表现为完全的不对称性，糖链全部位于细胞膜的外表面，如人红细胞的糖脂和血型糖蛋白等。

3.2.2　细胞膜的功能

从结构上看，细胞膜将细胞与外界环境隔开，细胞和周围环境发生的一切联系和反应，都必须通过细胞膜来完成。从成分上看，细胞膜组分的复杂性决定了细胞膜功能的多样性，细胞膜的功能主要包括以下几方面。

1）保护和屏障作用：作为活细胞的边界，为细胞的生命活动提供相对稳定的内环境。

2）物质交换：质膜对物质进出细胞有高度选择性，能够调节细胞膜两侧物质的浓度，维持渗透的平衡。

3）调控信息传递与代谢：细胞膜上的受体与来自细胞外的激素、神经递质等信号分子结合，对细胞生长发育、增殖分化、衰老死亡及代谢等多种生物学过程进行调节。

4）在多细胞生物体中，通过细胞膜介导细胞与细胞，以及细胞与胞外基质之间的识别、黏着、连接和通信。

5）为多种酶提供结合位点，使酶促反应高效而有序地进行。

6）参与形成具有不同功能的细胞表面特化结构。

3.3　细胞表面与细胞的社会性

细胞表面（cell surface）是细胞与细胞外环境的边界，是一个具有复杂结构的多功能体系。在结构上包括**细胞外被（cell coat）**、细胞膜和表面特化结构。

细胞外被是质膜的胞外侧由大分子物质组成的网络结构，通常参与细胞识别，为细胞提供结构支撑。对植物细胞和微生物细胞而言，细胞外被即细胞壁；对动物细胞而言，细胞外被是伸展在细胞膜外的一层绒毛状的黏多糖，由糖脂和糖蛋白构成，厚度约 20nm，现在一般认为这些物质是细胞膜的正常组分。

细胞表面的特化结构包括膜骨架、鞭毛、纤毛、微绒毛及细胞的变形足等，分别与细胞形态的维持、细胞运动、细胞的物质交换等功能有关。

无论单细胞生物还是多细胞生物，任何细胞的生命活动都不是孤立的，都需要与环境建立联系。尤其是在多细胞生物体中，细胞与细胞、细胞与胞外环境，乃至与整个机体存在着相互依存、相互作用、相互制约的关系，这称为**细胞社会性（cell sociality）**。细胞表面在细胞社会性中占据重要地位，细胞表面在一定程度上分化为相对稳定的特殊结构，涉及细胞识别、细胞黏附、细胞连接、细胞通信等多种功能。细胞社会性在胚胎发育、组织构建等过程中尤为重要。神经细胞、免疫细胞及内分泌细胞通过社会性联系，共同参与并维持机体的稳态平衡。细胞社会性的破坏往往导致细胞病变甚至死亡。

3.3.1　细胞连接

细胞连接（cell junction）是在多细胞生物体细胞之间，以及细胞与胞外基质之间的连接结构，由质膜外的细胞间部分、质膜特化部分和质膜内的胞内部分共同组成。通过细胞连接在相邻细胞之间、细胞与胞外基质之间形成了特定的"连接装置"，对于维持组织的完整性、加强组织的牢固性，并进一步构建器官至关重要。有些细胞连接还具有细胞通信的作用。

动植物细胞的细胞连接方式存在明显的差异，植物细胞的细胞连接相对简单，主要通过细胞壁相互结合。动物细胞的细胞连接方式多样，根据功能的差异，可分为封闭连接（occluding junction）、**锚定连接（anchoring junction）**和通信连接（communicating junction）。

3.3.1.1　封闭连接

封闭连接的主要类型是**紧密连接（tight junction）**，主要起密封作用，在动物上皮细胞之间广泛分布。在电镜下显示，在紧密连接处的相邻细胞，形成细胞膜外叶的连续性融合，质膜紧密地连接在一起，没有间隙，阻断了细胞间溶质沿细胞间隙从细胞一侧扩散到另一侧（图 3-18A）。电镜下可见小肠上皮细胞紧密连接中形成了围绕在细胞四周的嵴线（图 3-18B）。

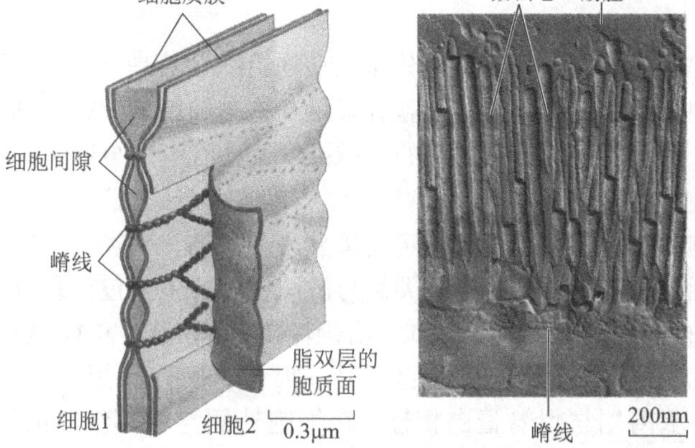

图 3-18　紧密连接的结构

A. 紧密连接示意图（引自 Karp，2010）；B. 冷冻断裂复型技术显示小肠上皮细胞紧密连接中的嵴线

紧密连接是多种蛋白质构成的复杂结构，其中构成嵴线的跨膜蛋白是闭合蛋白（occludin）、封闭蛋白（claudin），它们都属于整合膜蛋白。这些整合膜蛋白与胞质中的其他蛋白质如质膜的外周蛋白 ZO（zonula occluden）相互结合，形成了紧密连接的基本结构。ZO 蛋白类型多样，与胞内细胞骨架微丝形成广泛的联系（图 3-19）。

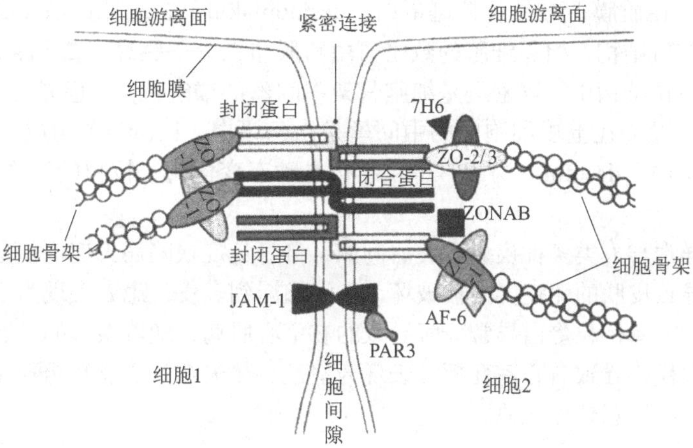

图 3-19　紧密连接的结构示意图（引自李瑶，2011）

紧密连接不仅将相邻细胞连接起来，而且是控制细胞间溶质通透的屏障。紧密连接的封闭作用使上皮细胞顶面与基底面质膜上的膜蛋白相互隔离，将膜蛋白限定于特定的细胞表面区域，行使各自不同的功能，有助于维持上皮细胞的极性。例如，小肠上皮细胞肠腔的顶面（或称游离面）与基底面质膜担负着不同的功能，游离面含有大量的与营养物质吸收相关的载体，而基底面质膜上的膜蛋白与游离面的不同，尽管也含有特定的载体，但是功能与游离面的不同。

在血管内皮细胞之间的紧密连接在血脑屏障（阻止物质从血液进入脑组织）的维持中有重要作用，阻止离子或水分子等通过血管内皮组织进入脑组织，在很大程度上维持了脑组织内环境的基本稳定，是中枢神经系统发挥正常生理功能的保证。有研究证明，紧密连接结构和功能的异常影响血脑屏障的功能，导致神经退行性疾病。例如，闭合蛋白的磷酸化修饰涉及血脑屏障的通透性改变，与脑卒中有关。

3.3.1.2　锚定连接

锚定连接（anchoring junction）广泛分布在动物组织尤其是上皮、心肌和宫颈等需要承受较大机械力的组织中。锚定连接是通过细胞骨架将细胞与细胞、细胞与细胞外基质连接起来的一种细胞连接方式，不仅使组织具有一定的机械强度，而且有效分散了局部的作用力，有助于维持组织结构的完整性和稳定性。

根据参与的细胞骨架的差异，可将锚定连接分为两大类，一类是与中间丝（也称为中间纤维）相关，主要包括桥粒和半桥粒；另一类是与微丝相关，主要包括黏着带和黏着斑。

构成锚定连接的蛋白质有两类：一类是细胞内附着蛋白，功能是将特定的细胞骨架成分（中间丝或微丝）在连接处结合在一起；另一类是跨膜连接蛋白（transmembrane linker protein），它们在细胞内侧与附着蛋白相连，在细胞外侧与相邻细胞的跨膜连接蛋白或胞外基质成分结合。

（1）与中间丝相关的锚定连接

1）桥粒（desmosome）：桥粒是在细胞间形成的“纽扣状”的连接结构，广泛分布在上皮细胞间，尤其多见于皮肤、口腔、食管等复层鳞状上皮细胞间。桥粒的主要功能是将上皮细胞联系在一起，维持上皮组织的整体性，通过桥粒将相邻细胞中的中间丝网络连接成一体，赋予上皮组织抵抗较强压力和张力的能力。

在电镜下可见桥粒处相邻细胞的质膜相互平行，细胞间隙约为 30nm，其中充满纤维性物质（图 3-20A）。在质膜下方是桥粒斑蛋白（desmoplakin）、斑珠蛋白（plakoglobin）等构成的呈盘状的致密斑结构。相邻细胞的致密斑由跨膜蛋白——**钙黏蛋白（cadherin）**连接起来（图 3-20B）。在桥粒结构中，致密斑是细胞骨架中间丝的锚定位点，但是在不同类型细胞中，中间丝种类存在差异，在上皮细胞中的中间丝是由角蛋白（keratin）构成，在心肌细胞中的中间丝则是由结蛋白（desmin）构成。桥粒结构是动态变化的，桥粒的形成受胞间 Ca^{2+}浓度的调节。

桥粒结构的异常与人类多种疾病有关。例如，自身免疫缺陷病天疱疮就是由于上皮细胞的桥粒连接丧失，导致皮肤的免疫屏障被破坏，体液渗漏到表皮，患者表现为严重的皮肤水疱；桥粒蛋白基因突变或者桥粒蛋白异常降解导致的右室心肌病，随着疾病的发展，患者的心肌被纤维或脂肪组织取代，导致右心室变薄，表现为室性心律失常、心衰甚至猝死，是年轻人和运动员最为常见的心源性意外猝死原因。

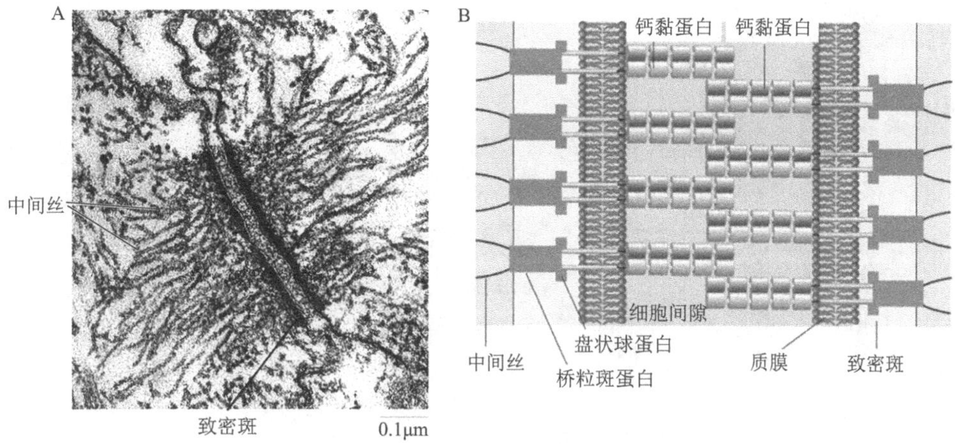

图 3-20　桥粒的结构（引自 Karp，2010）

A. 蝾螈上皮细胞之间的桥粒电镜图；B. 桥粒结构示意图

2）**半桥粒（hemidesmosome）**：半桥粒主要位于上皮细胞的基底面，作用是将上皮细胞与基底膜连接在一起，增强上皮组织与细胞外基质之间的结合强度。半桥粒在形态上类似桥粒的一半，所以称为半桥粒。但是半桥粒在成分上与桥粒并不相同，首先构成致密斑的蛋白质不同，其次半桥粒中参与连接的跨膜蛋白是整联蛋白（integrin）。整联蛋白的胞外结构域与细胞外基质相连，胞内通过盘状致密斑与中间丝连接（图 3-21）。

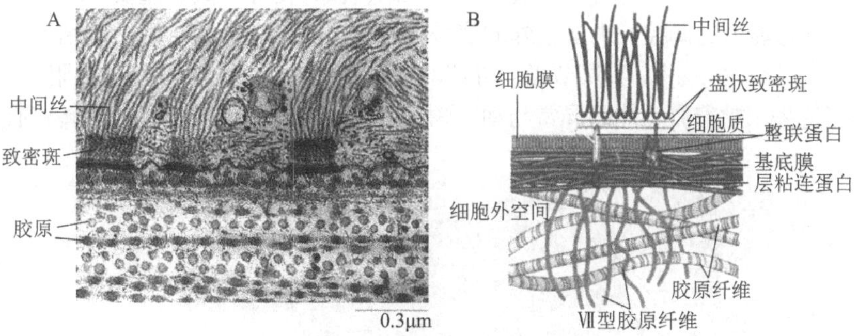

图 3-21　半桥粒的结构（引自 Karp，2010）

A. 半桥粒电镜图；B. 半桥粒结构示意图

（2）与肌动蛋白纤维相关的锚定连接

1）**黏着带（adhesion belt）**　黏着带一般位于上皮细胞紧密连接的下方，在 α 辅肌动蛋白的介导下，肌动蛋白纤维交联成束排列，在上皮细胞内形成一个连续的带状结构，环绕整个细胞，形成平行于细胞膜的可收缩的纤维束。相邻上皮细胞通过质膜上的跨膜蛋白钙黏蛋白将肌动蛋白纤维联系起来，从而将相邻细胞连接成整体。钙黏蛋白的胞质侧通过一些黏着蛋白，包括胞内的多种联蛋白（catenin）、肌动蛋白结合蛋白等与肌动蛋白纤维建立联系（图 3-22）。在黏着带处，相邻细胞的细胞间隙为 15～20nm。黏着带有提高上皮组织抗机械张力的能力。在小肠上皮细胞中，支撑微绒毛的肌动蛋白纤维束就结合在黏着带中的肌动蛋白纤维网络上。

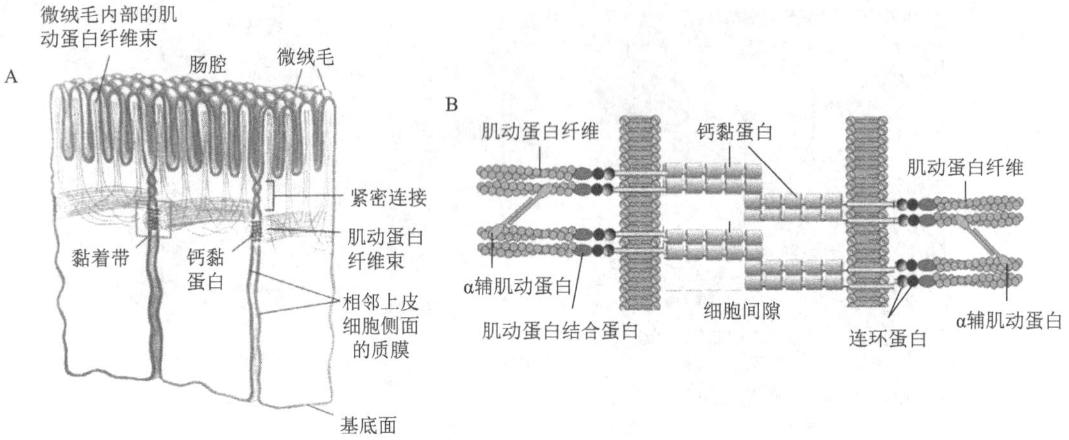

图 3-22　黏着带的结构

A. 小肠上皮细胞之间的黏着带示意图（引自 Alberts et al.，2014）；B. 黏着带结构模式图（引自 Karp，2010）

2）**黏着斑（focal adhesion）**　黏着斑是细胞与胞外基质之间的连接方式，具有细胞附着和支持的功能。黏着斑是胞外到胞内或者胞内到胞外力传导的重要位点，可将机械力转化为生化信息，调节细胞的形态、伸展和迁移。例如，体外培养的成纤维细胞通过黏着斑贴附在瓶壁上。黏着斑是动态结构，当细胞发生迁移或者进入细胞分裂时，黏着斑又会快速解体。

构成黏着斑的蛋白质种类繁多（图 3-23）。参与黏着斑构建的跨膜蛋白是整联蛋白，整联蛋白不仅将胞内微丝骨架和胞外环境联系起来，在双向机械力传导中具有重要作用，而且还参与了对细胞形态、迁移能力的调控。来自胞外的信号可通过整联蛋白传递给胞内的黏着斑激酶（focal adhesion kinase，FAK），进一步调节微丝骨架的动态变化，从而影响细胞的黏附、迁移、扩散、分化和凋亡等过程。黏着斑功能的异常与动脉粥样硬化、肿瘤的形成、生长和转移有关。

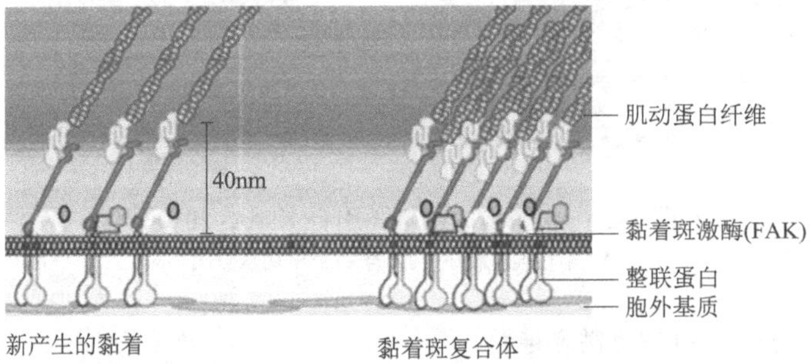

图 3-23　黏着斑的形成组装及结构示意图（引自 Finney et al.，2017）

3.3.1.3　通信连接

通信连接不仅将相邻的细胞连接起来，而且能介导相邻细胞之间的物质运输和信号传递，从而在细胞间形成电偶联或代谢偶联。通信连接的主要类型有动物细胞之间的间隙连接、植物细胞之间的胞间连丝，以及可兴奋细胞之间的化学突触。

（1）间隙连接　**间隙连接（gap junction）**在动物细胞间广泛分布，除骨骼肌细胞及血细胞外，几乎所有的动物组织都利用间隙连接在细胞之间交换小分子，实现通信联系。

1）组成　间隙连接的基本单位称为**连接子（connexon）**。每个连接子由 6 个跨膜蛋白亚单位——黏着蛋白环绕，中心形成一个直径约 1.5nm 的亲水性孔道（图 3-24A）。相邻细胞膜上的两个连接子对接便形成一个间隙连接单位，间隙连接处相邻细胞膜间的间隙为 2～4nm，因此间隙连接也称缝隙连接或缝管连接。间隙连接并非均匀分布，电镜下可以观察到许多间隙连接单位往往集结在一起（图 3-24B），形成片状结构，区域大小不一，最大直径可达 0.3μm，这种间隙连接的膜片是动态的，可以快速地组装、解聚或者重塑。

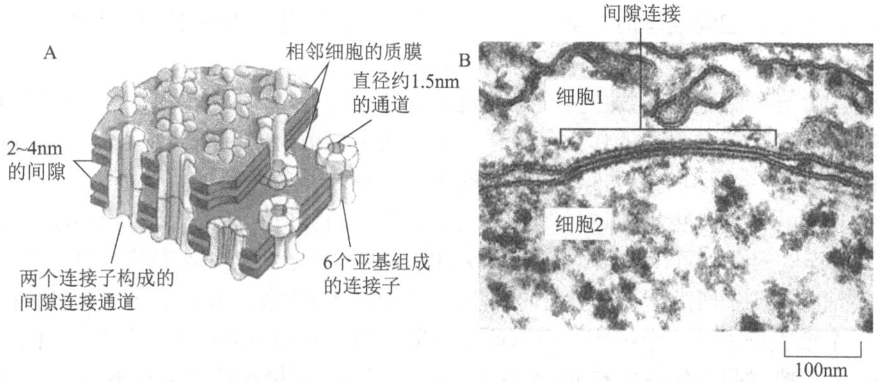

图 3-24　间隙连接的结构及分布（引自 Alberts et al.，2014）

A. 间隙连接结构示意图；B. 电镜显示间隙连接在质膜上的不均匀分布

间隙连接只允许分子质量小于 1×10^3 Da 的小分子物质通过，因此相邻的动物细胞通过间隙连接可以共享无机离子、葡萄糖、氨基酸、核苷酸、维生素及细胞内的信号分子**环腺苷酸（cyclic adenylic acid，cAMP）**、**三磷酸肌醇（inositol trisphosphate，IP_3）**等，但是无法交流生物大分子。间隙连接的通透速度很快，一般在几秒内完成。间隙连接对小分子物质通透的选择性与不同的连接子蛋白有关。间隙连接的通透性是可以调节的，受到膜电位、蛋白质磷酸化、细胞质 Ca^{2+}浓度和 pH 等多种因素的影响，在开闭两种状态间切换。降低胞质中的 pH、提高胞质 Ca^{2+}的浓度都会导致间隙连接关闭，小分子物质的通透性降低。

2）功能　通过间隙连接在相邻细胞之间建立通信偶联关系，在细胞生长、增殖与分化、组织稳态、肿瘤发生、伤口愈合等生理和病理过程中具有重要作用。

A. 参与代谢偶联。使细胞内小分子直接在细胞之间流通。间隙连接允许小分子代谢物和信号分子通过，是细胞间代谢偶联的基础。例如，胰高血糖素能刺激肝细胞分解糖原，然后将葡萄糖释放到血液中。这是当胰高血糖素作用于肝细胞时，肝细胞内 cAMP 浓度增加，cAMP 激活了依赖于 cAMP 的蛋白激酶，蛋白激酶磷酸化黏着蛋白，导致其构象发生改变，从而使间隙连接通透性增加，这样 cAMP 就可以迅速从一个细胞扩散到周围的肝细胞，最终使肝细胞共同对胰高血糖素的刺激做出反应。

B. 参与神经冲动信息传递。可兴奋细胞之间通过突触完成神经冲动的传导。突触可分为电突触和化学突触两种基本类型。电突触实际上是间隙连接，在神经细胞之间通过建立电偶联，使动作电位（离子流）从一个细胞直接通过间隙连接迅速传递到另一个细胞。

C. 参与早期胚胎发育和细胞分化。在胚胎发育过程中，间隙连接介导的细胞通信非常重要。作为信号物质交流的通路，通过间隙连接沟通信号分子，可以为某一特定细胞提供它的“位置信息”，影响其分化。而在肿瘤细胞之间，间隙连接明显减少或消失，细胞通信存在缺陷。

（2）胞间连丝　高等植物细胞之间特有的通信连接方式为**胞间连丝（plasmodesma）**，其承担了很多类似动物细胞间隙连接的功能。在电镜下可以观察到由穿过细胞壁的质膜围成的直径为 20～40nm 的管状细胞质通道，在多数情况下，该通道中央有光面内质网延伸形成的连丝小管（desmotubule）（图 3-25），质膜和连丝小管之间的空间（环孔）决定了其运输能力，环孔两端狭窄，可能与调节细胞间物质交换有关。

通常情况下，胞间连丝是在细胞分裂时形成的，也有些是在分裂后形成的。受发育信号、胁迫等因素的调控，胞间连丝的数量和形状会发生显著的变化，在一般细胞中约为 1 个/μm^2，在分泌旺盛的细胞中，胞间连丝的数目可达 140 个/μm^2。

胞间连丝介导的细胞间的物质运输是有选择性的，并且是可以调节的，在植物细胞的物质运输和信号传递中起非常重要的作用。以往的研究认为，植物的胞间连丝可以允许分子质量为 1×10^3Da 的物质、半径 0.7～0.8nm 及以下的离子和小分子自由通过。但是，在有些组织的细胞之间，即使很小的分子也无法通过胞间连丝，这种限制物质交流的机制尚不清楚。近来的研究发现，胞间连丝的孔径可以扩张，甚至 5.0×10^4Da 的大分子也可以在特定条件下通过。例如，病毒在植物细胞间传播时，通过自身编码的蛋白质与胞间连丝相互作用，导致通道的孔径增加，使病毒从一个细胞进入另一个细胞。还有研究表明，植物细胞也可以产生某些蛋白质，调控胞间连丝的开放，控制调节蛋白质和 RNA 在细胞间的运送。大量实验结果指出，Ca^{2+}是胞间连丝孔径的重要调节者。通过显微技术向细胞内注入 Ca^{2+}偶联荧光染料，结果显示，在细胞含有高浓度 Ca^{2+}的条件下，荧光染料经过胞间连丝在细胞间的扩散被抑制。

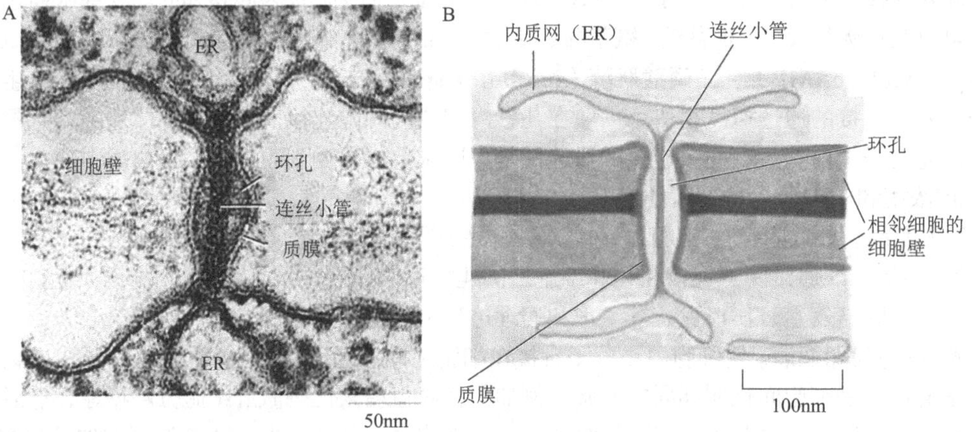

图 3-25　胞间连丝的结构（引自 Karp，2010）

A. 蕨类配子体胞间连丝的电镜照片；B. 胞间连丝结构示意图

（3）化学突触　**化学突触（chemical synapse）**是存在于可兴奋细胞间的一种通信连接方式（图 3-26），结构上由突触前膜（presynaptic membrane）、突触后膜（postsynaptic membrane）和突触间隙（synaptic cleft）三部分组成。在信息传递过程中，当神经冲动传到突触前膜细胞时，Ca^{2+}的内流使胞内突触小泡将神经递质释放到突触间隙，与突触后膜上的受体（配体门通道）结合，引起突触后膜离子通透性改变，产生突触后膜的去极化或超极化。因此在化学突触完成了将一个电信号转化为化学信号，再将化学信号转化为电信号的过程。

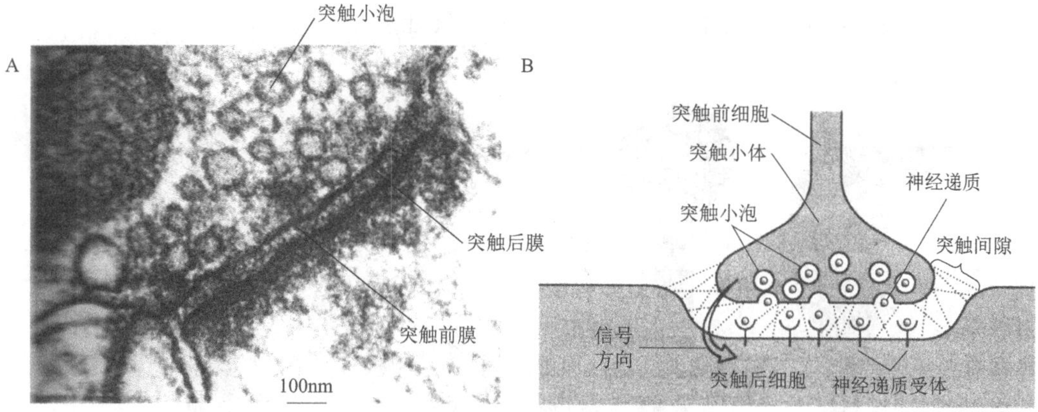

图 3-26　化学突触的结构

A. 化学突触的电镜照片；B. 化学突触的结构示意图

细胞连接在结构和功能上的特征见表 3-1。

表 3-1　细胞连接一览表

类别	主要代表	连接方式	跨膜蛋白	胞内细胞骨架	分布	功能
封闭连接	紧密连接	细胞-细胞	闭合蛋白、封闭蛋白等	/	上皮	维系组织结构，封闭细胞间隙，维持上皮细胞的极性
锚定连接	桥粒	细胞-细胞	钙黏蛋白	中间丝	上皮、心肌	维持组织结构的完整性，提高对机械力的耐受性
	半桥粒	细胞-胞外基质	整联蛋白	中间丝	上皮基部	维系细胞与胞外基质结合，提高对机械力的耐受性
	黏着带	细胞-细胞	钙黏蛋白	肌动蛋白纤维	上皮	维持组织结构的完整性，提高对机械力的耐受性
	黏着斑	细胞-胞外基质	整联蛋白	肌动蛋白纤维	上皮等	维系细胞与胞外基质结合，提高对机械力的耐受性
通信连接	间隙连接	细胞-细胞	黏着蛋白	/	多数动物细胞	维系组织结构，介导动物细胞间物质运输和信号传递
	胞间连丝	细胞-细胞	未知	/	植物细胞	维系组织结构，介导植物细胞间物质运输和信号传递
	化学突触	细胞-细胞	/	/	可兴奋细胞	维系组织结构，介导神经冲动的传递

注：/表示不涉及

3.3.2　细胞表面的黏附分子

同种类型细胞间的彼此粘连是构建组织的基础。采用实验手段将胚胎组织分散，然后使其重新混合，经过一段时间，发现同种组织来源的细胞总是毫不例外地黏附在一起。同种组织类型细胞的粘连甚至超越了物种的差异。例如，鼠肝细胞倾向于与鸡肝细胞粘连，而不与鼠肾细胞粘连。这种在细胞识别的基础上，同类细胞聚集形成细胞团或组织的过程叫**细胞黏附（cell adhesion）**。参与细胞黏附的分子称为**细胞黏附分子（cell adhesion molecule，CAM）**。细胞黏附分子都是跨膜蛋白（图 3-27），多数要依赖 Ca^{2+}或 Mg^{2+}才起作用，其中一些在细胞骨架的参与下，还涉及锚定连接的构建，如整联蛋白、钙黏蛋白等。

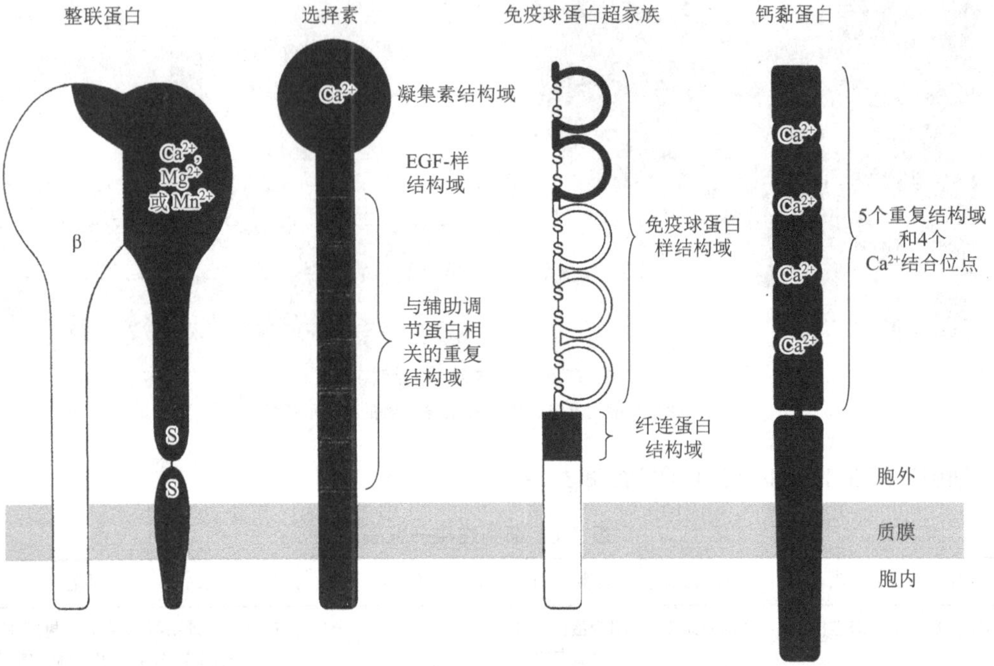

图 3-27　细胞黏附分子及其作用部位（深色部分）（引自翟中和等，2004）

目前在高等动物中，已经发现上百种细胞黏附分子，主要分成四大类（表 3-2）。

（1）整联蛋白　**整联蛋白（integrin）**广泛分布于脊椎动物细胞表面，大多为异亲性细胞黏附分子，作用依赖于 Ca^{2+}或者 Mg^{2+}，主要介导细胞与胞外基质的黏着。整联蛋白是一类由 α 和 β 两个亚基形成的异源二聚体，在哺乳动物细胞中已发现 18 种 α 亚基和 8 种 β 亚基，可以组合形成 24 种不同的整联蛋白二聚体，这些整联蛋白具有不同的配体识别和组织分布特征。例如，整联蛋白 αvβ6 仅在上皮细胞中表达，可以作为纤连蛋白的受体，如果该蛋白质功能丧失，则导致人体肺部和皮肤的免疫反应发生改变。

整联蛋白在胞外可以与多种胞外基质结合，包括胶原、纤连蛋白、层粘连蛋白等，在胞内侧，可以作为细胞骨架的锚定位点，如半桥粒和黏着斑等。因此整联蛋白通过将胞外基质与胞内骨架联系起来，参与了细胞黏附。同时，整联蛋白在细胞信号转导中也起着十分重要的作用，既可以介导胞外环境信号向细胞内的传递，也参与胞内信号活化后介导的细胞黏附，在细胞与胞外环境之间发挥双向信号传递作用，参与调节广泛的细胞行为，包括细胞增殖、迁移、存活、组织侵袭（tissue invasion）和先天免疫等。

（2）选择素　选择素（selectin）属异亲性依赖 Ca^{2+}、能识别特异糖基并与其相结合的糖蛋白，其分子的胞外部分具有一凝集素（lectin）结构域，所以又称选择蛋白或选择凝集素。选择素主要参与白细胞与血管内皮细胞之间的识别与黏着。由于选择素与细胞表面糖脂或糖蛋白的特异糖侧链亲和力较小，加上血流速度的影响，白细胞在血管中黏着—分离，再黏着—再分离，呈现滚动方式运动，同时活化其他的黏着因子如整联蛋白，最终与其较强地结合在一起；白细胞就是以这种机制集中到炎症发生的部位。

现已发现至少有三种选择素的胞外区有较高的同源性，结构类似，但跨膜区和胞质区没有同源性。研究者发现 P-选择素可以促进血栓的形成，为此科研工作者设计了多种 P-选择素抑制剂，发现这些抑制剂可以抑制血小板聚集，阻止血栓形成，同时加速血栓的溶解。

（3）免疫球蛋白超家族　免疫球蛋白超家族（immunoglobulin superfamily，IgSF）是分子结构中含有免疫球蛋白（Ig）样结构域的细胞黏着因子，一般不依赖于 Ca^{2+}。该家族有些成员介导同亲性细胞黏附，如各种神经细胞黏附分子（NCAM）及血小板内皮细胞黏附分子（PECAM），有些成员则介导异亲性细胞黏附，如细胞间黏附分子（ICAM）及血管细胞黏附分子（VCAM）等。

免疫球蛋白超家族大多数成员是整合膜蛋白，存在于淋巴细胞的表面，参与各种免疫活动，介导淋巴细胞与免疫反应相关细胞如巨噬细胞、淋巴细胞、靶细胞的黏附；还有些成员并不涉及免疫反应，主要功能是参与不依赖 Ca^{2+}的细胞黏附，涉及神经系统的发育，如突触的形成等。

目前了解最多的免疫球蛋白超家族成员是神经细胞黏附分子，是一类在神经组织的细胞黏附中起主要作用的跨膜糖蛋白。不同的 NCAM 由单一基因编码，但由于其 mRNA 剪接不同、糖基化各异，从而产生 20 余种不同的 NCAM。

（4）钙黏蛋白　**钙黏蛋白（cadherin）**是属同亲性依赖 Ca^{2+}的细胞粘连糖蛋白，对胚胎发育中的细胞识别、迁移和组织分化及成体组织器官构成具有重要作用。不同细胞及其发育不同阶段，细胞表面钙黏蛋白的种类与数量均有所不同。至今已鉴定 30 种以上、分布于不同组织的钙黏蛋白。

钙黏蛋白分子结构同源性很高，不同的分子中有 50%～60%的一级序列相同。其分子的胞外 N 端的 5 个结构域中，有 4 个同源性高且均含 Ca^{2+}结合部位。决定钙黏蛋白结合特异性的部位在靠 N 端的一个结构域中，只要变更其中 2 个氨基酸残基，即可使结合特异性由 E-钙黏蛋白转变为 P-钙黏蛋白。钙黏蛋白分子的胞质部分是最高度保守的区域，参与信号转导。

钙黏蛋白通过不同的黏着蛋白与不同的细胞骨架成分相连，如 E-钙黏蛋白通过连环蛋白、黏着斑蛋白、锚蛋白、α 辅肌动蛋白等与肌动蛋白纤维相连。

常见的细胞黏附分子类型及特征见表 3-2。

表 3-2　细胞中主要的黏附分子家族（引自翟中和等，2004）

类型	主要成员	Ca^{2+}或 Mg^{2+}依赖性	胞内骨架成分	参与的细胞连接
整联蛋白	24 种类型	+	肌动蛋白纤维	黏着斑
	$\alpha_6\beta_4$	+	中间丝	半桥粒
血细胞整联蛋白	$\alpha_L\beta_2$	+	肌动蛋白纤维	/
选择素	P-选择素	+	肌动蛋白纤维	/
免疫球蛋白类	N-细胞黏附分子	/	/	/
钙黏蛋白	E、N、P-钙黏蛋白	+	肌动蛋白纤维	黏着带
	桥粒-钙黏蛋白	+	中间丝	桥粒

注：+表示依赖；/表示不涉及

3.3.3　细胞外被与细胞外基质

细胞外被（cell coat）也叫**糖萼**（glycocalyx），分布于细胞外空间，是由构成质膜的糖蛋白和糖脂伸出的寡糖链组成的，实质上是质膜结构的一部分。使用重金属染料钌红染色后，在电镜下可显示厚 10～20nm 的结构，边界不甚明确（图 3-28）。细胞外被对膜蛋白起保护作用，如消化道、呼吸道、生殖腺等上皮细胞的外被可以润滑细胞，防止机械损伤，保护上皮组织不

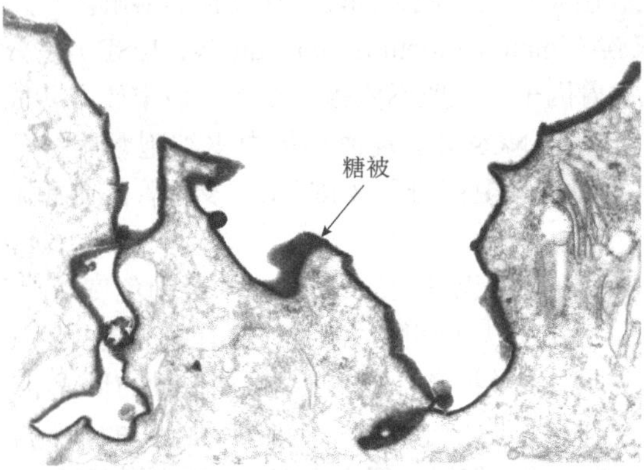

图 3-28 钌红染色电镜超薄切片显示膀胱上皮细胞表面的糖被（引自翟中和等，2011）

受消化道酶的作用和细菌的侵袭；而且细胞外被在细胞识别、细胞增殖的接触抑制、细胞和环境的物质交换等方面起重要作用。

细胞外基质（extracellular matrix，ECM）是指分布于细胞外空间，由细胞分泌的蛋白质和多糖所构成的动态的多功能网络结构（图 3-29），对动物细胞而言，主要包括纤维性成分（胶原蛋白、弹性蛋白和网织蛋白）、黏着蛋白（纤连蛋白、层粘连蛋白）和空间充填分子（主要为糖胺聚糖）等。

按照功能，将构成动物细胞胞外基质的分子分为三大类：①糖胺聚糖和蛋白聚糖，能够形成水性的胶状物，在这种胶状物中包埋有许多其他的基质成分；②结构蛋白，如胶原和弹性蛋白，它们赋予细胞外基质一定的强度和韧性；③黏着蛋白质（adhesion protein），如纤连蛋白、层粘连蛋白等能促使细胞同胞外基质结合。与脊椎动物的细胞外基质主要由糖蛋白构成不同的是，植物的细胞外基质主要指纤维素（cellulose）等成分构成的细胞壁，节肢动物和真菌的细胞外基质成分主要是几丁质（chitin）。

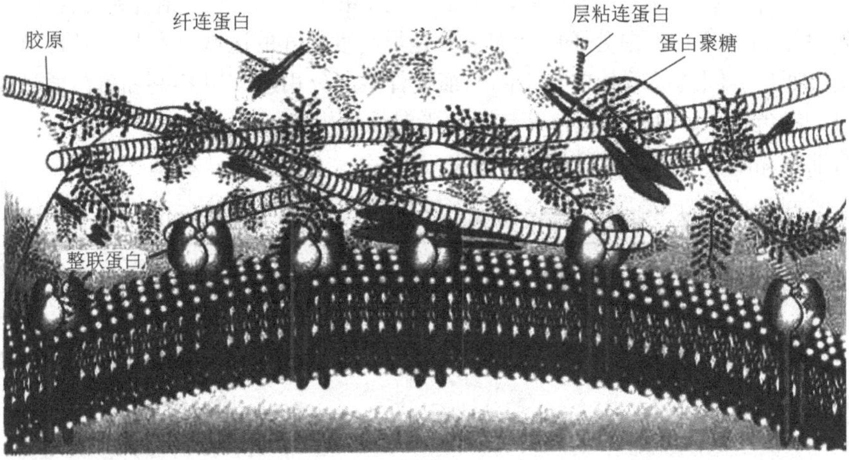

图 3-29 细胞外基质主要成分与结构示意图（引自 Karp，2010）

细胞外基质与细胞行为

在过去的几十年中，人们已经认识到细胞精密的机制并不足以解释细胞的行为，细胞所处的微环境在细胞的多种功能中发挥着关键作用。组织是由细胞和细胞外基质（ECM）构成的，ECM 作为支架为细胞提供了机械支撑，并驱动了组织细胞中的信号传递，ECM 已经被公认为是微环境调节细胞行为和表型的重要因素。

ECM 是细胞分泌到细胞外的蛋白质和多糖构成的网络结构，组成是多元的，其物理特性取决于构成细胞外基质的分子，包括胶原蛋白、弹性蛋白、糖胺聚糖和蛋白聚糖等分子的刚度、孔隙率、不溶性、空间排布和取向（拓扑结构）等，这些特性共同维持着组织结构的完整性，不仅具有连接、支持、保水、抗压及保护等物理学作用，而且能直接影响细胞的生物学行为。

ECM 的组成成分、物理性质及功能会随着所在组织类型、位置、生理状态和组成成分的化学修饰而发生改变，并受到精准调控。例如，在健康动物肝中，ECM 的含量占肝总体积的 10%，其中主要的 ECM 蛋白是胶原蛋白。基质的钙化形成骨组织，基质中大量的胶原纤维使肌腱、韧带具有强大的张力，上皮组织和结缔组织之间的细胞外基质特化为基膜，对控制细胞的行为具有重要的作用。

ECM 是一个动态的多功能网络结构，是细胞和组织赖以生存的外环境，不仅是细胞生长、黏附及组织重构等各种生理功能的调节器，而且是营养物质逐级转运的生理屏障，对氨基酸、碳水化合物和脂质代谢起着调控作用。例如，肌肉、肝和脂肪组织中 ECM 沉积和重塑的增加，导致胰岛素和葡萄糖转运的物理障碍增加，机体代谢异常。ECM 通过调节糖酵解反应的信号通路和糖酵解相关酶，影响葡萄糖代谢，其中胶原蛋白的动态变化可以直接调控糖酵解反应从而改善机体代谢。很多编码细胞外基质成分或其受体基因的突变可导致多种疾病甚至肿瘤的发生，因此对细胞外基质的信号功能及其与疾病关系的研究日益成为人们关注的焦点。例如，ECM 网络的刚度可以激活一些转录调控因子，促进肿瘤细胞对葡萄糖的摄取和糖酵解速率。ECM 与组织细胞的生存、再生、修复、免疫都有着极其密切的关系，这些发现为再生医学及抗老化研究奠定了基础。

3.3.3.1　糖胺聚糖和蛋白聚糖

（1）糖胺聚糖　糖胺聚糖（glycosaminoglycan，GAG）是由重复的二糖单位构成的无分支长链多糖。其二糖单位通常由氨基己糖（氨基葡萄糖或氨基半乳糖）和糖醛酸组成，所以又称为氨基聚糖。但硫酸角质素中糖醛酸由半乳糖代替。糖胺聚糖的多糖链不能弯曲，呈充分展开构象，具有高度亲水性，而且带有硫酸基团或羧基，所以糖胺聚糖带有大量的负电荷，可以吸引大量的阳离子如 Na^+，这些阳离子再结合大量水分子，结果糖胺聚糖像海绵一样吸水产生膨胀压，赋予细胞外基质抗压的能力。糖氨聚糖依组成糖基、连接方式、硫酸化程度及位置的不同可分为 6 种，即透明质酸（hyaluronic acid，HA）、硫酸软骨素（chondroitin sulfate）、硫酸皮肤素（dermatan sulfate）、肝素（heparin）、硫酸乙酰肝素（heparan sulfate）和硫酸角质素（keratan sulfate）。人类一种严重的硫酸皮肤素合成缺陷遗传病显示，患者身材矮小，外貌早熟，其皮肤、关节、肌肉和骨等都不正常。

透明质酸（hyaluronic acid，HA）是糖氨聚糖中最重要的一部分，其合成与降解可调节 ECM 的化学和物理特性。它是唯一不被硫酸化的糖氨聚糖，而且通常不与任何核心蛋白质共结合，HA 由葡萄糖醛酸及乙酰氨基葡萄糖二糖单位重复排列构成，HA 分子表面有大量带负电荷的亲水性基团吸引阳离子，结合大量水分子，因而即使浓度很低，也能形成黏稠的胶体，如果没有空间制约的因素，可以占据比其自身体积大 1×10^3～1×10^4 倍的空间。因此在细胞外基质中，透明质酸倾向于向外膨胀，产生压力，使结缔组织具有抗压的能力。

透明质酸是增殖细胞和迁移细胞细胞外基质的主要成分，尤其在早期胚胎组织中有利于细胞增殖和迁移细胞并阻止细胞分化，胚胎发生中，生骨节（sclerotome）细胞的迁移和分化及肌节（myotome）的分化是两个典型的例子。同时透明质酸也是蛋白聚糖的主要结构组分，在结缔组织中起强化、弹性和润滑作用。透明质酸是关节的重要成分，起润滑关节的作用。在伤口处有大量透明质酸合成，促进伤口愈合。

（2）蛋白聚糖　蛋白聚糖（proteoglycan，PG）是糖胺聚糖（除透明质酸外）与核心蛋白质丝氨酸残基的共价结合物，见于所有结缔组织和细胞外基质及许多细胞表面。核心蛋白质的丝氨酸残基（常有 Ser-Gly-X-Gly 序列）可在高尔基体中装配上 GAG 链。一个核心蛋白质分子上可以连接 1～100 个及以上 GAG 链。与一个核心蛋白质分子相连的 GAG 链可以是同种或不同种的。许多蛋白聚糖单体常以非共价键与透明质酸形成多聚体。核心蛋白质的 N 端序列与 CD44 分子结合透明质酸的结构域具有同源性。蛋白聚糖的一个显著特点是其具多态性，可以含有不同的核心蛋白及长度和成分不同的多糖链。

软骨中的蛋白聚糖是已知的巨大分子之一，单个分子长达 4μm，体积比细菌大，这些蛋白聚糖赋予软骨以凝胶样特性和抗变形能力。并非所有蛋白聚糖都形成巨大的聚合物，如基膜中的蛋白聚糖，由一个分子量为 2×10^4～4.5×10^6 的核心蛋白和附着的几个硫酸肝素链构成。软骨蛋白聚糖中心组分是透明质酸，许多硫酸软骨素蛋白聚糖的核心蛋白通过非共价键紧密结合于透明质酸上，这种结合被黏着蛋白所稳定。每个核心蛋白上附着有多条硫酸软骨素和硫酸角质素糖胺聚糖链（图 3-30）。

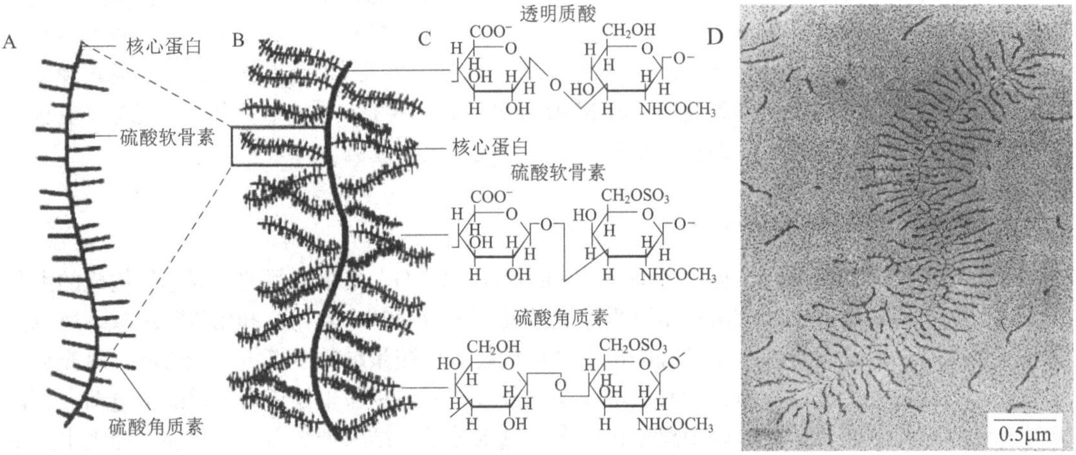

图 3-30　蛋白聚糖的结构（引自 Karp，2010）

A，B. 蛋白聚糖构成的模式图；C. 蛋白聚糖构成的模式图；
D. 软骨中的蛋白聚糖电镜照片

蛋白聚糖可与成纤维细胞生长因子（fibroblast growth factor，FGF）、转化生长因子 β（TGF-β）等多种生长因子结合，因而可视为细胞外的激素富集与储存库，有利于激素分子进一步与细胞表面受体结合，有效完成信号的转导。

3.3.3.2　结构蛋白

细胞外基质中的结构蛋白主要是胶原（collagen）和弹性蛋白（elastin），它们赋予细胞外基质一定的强度和韧性。

（1）胶原　胶原是细胞外基质最基本的成分之一，也是动物体内含量最丰富的蛋白质，占人体蛋白质总量的 30%以上。已发现的胶原类型多达 20 种，由不同的结构基因编码，具有不同的化学结构及免疫学特性。几种常见的胶原类型及其分布见表 3-3。

表 3-3　几种常见的胶原类型及其分布（引自翟中和等，2011）

类型	多聚体形式	组织分布	突变表型
Ⅰ	纤维	皮肤、肌腱、骨、韧带、角膜等	严重的骨缺陷和断裂
Ⅱ	纤维	软骨、脊索、人眼玻璃体	软骨缺陷、矮小症状
Ⅲ	纤维	皮肤、血管、体内器官	皮肤易损、关节松软、血管易破
Ⅴ	纤维（结合Ⅰ型蛋白）	与Ⅰ型胶原共分布	皮肤易损、关节松软、血管易破
Ⅺ	纤维（结合Ⅱ型蛋白）	与Ⅱ型胶原共分布	近视、失明
Ⅸ	与Ⅱ型胶原侧面结合	软骨	骨关节炎
Ⅳ	片层状（形成二维网格）	基膜	血管球性肾炎、耳聋
Ⅶ	锚定纤维	复层鳞状上皮下	皮肤起疱
XⅦ	非纤维状	半桥状	皮肤起疱
XⅦ	非纤维状	基膜	近视、视网膜脱离、脑积水

胶原是细胞外基质中最主要的水不溶性纤维蛋白。Ⅰ～Ⅲ型胶原含量最丰富，形成类似的纤维结构。Ⅰ型胶原常形成较粗的纤维束，分布广泛，主要存在于皮肤、肌腱、韧带及骨中，具有很强的抗张强度；Ⅱ型胶原主要存在于软骨中；Ⅲ型胶原形成微细的原纤维网，广泛分布于伸展性的组织，如疏松结缔组织中；Ⅳ型胶原形成二维网格样结构，是基膜的主要成分及支架；Ⅶ型胶原形成锚定纤维，将复层上皮的基膜与下方的结缔组织连接起来，在皮肤中含量特别丰富。

胶原纤维的基本结构单位是原胶原。原胶原是由三条肽链盘绕成的三股螺旋结构，长300nm，直径 1.5nm。原胶原肽链的一级结构具有 Gly-X-Y 重复序列，X 常为脯氨酸，Y 常为羟脯氨酸或羟赖氨酸，因此在此肽链的氨基酸组成中，甘氨酸含量占 1/3，脯氨酸和羟脯氨酸的含量约占 1/4。胶原分子以交替平行的排列方式，装配成束，排列成胶原原纤维，胶原原纤维进一步聚合形成胶原纤维。胶原对 1/4 氨基酸突变尤其是羟赖氨酸残基的突变很敏感，突变会导致三股螺旋形成障碍。

胶原在细胞外基质中含量最高，刚性及抗张力强度最大，是构成细胞外基质骨架结构的主要成分，细胞外基质中的其他组分通过与胶原结合形成结构与功能的复合体。同一组织中常含有几种不同类型的胶原，但常以某一种为主。在不同组织中，胶原装配成不同的纤维形式，以适应特定功能的需要，最显著的是在骨和角膜中，胶原纤维分层排布，同一层的胶原彼此平行，而相邻两层的纤维彼此垂直，形成二合板样的结构，使组织具有牢固、不易变形的特性。胶原可被胶原酶特异降解进而渗入细胞外基质信号传递的调控网络中。胚胎及新生儿的胶原因缺乏分子间的交联而易于抽提，随年龄增长，交联日益增多，皮肤、血管及各种组织变得僵硬，成为老化的一个重要特征。

（2）弹性蛋白　弹性蛋白是弹性纤维的主要成分，具有随机卷曲和交联性能，是高度疏水的非糖基蛋白。弹性纤维主要存在于脉管壁及肺，也少量存在于皮肤、肌腱及疏松结缔组织中。弹性纤维与胶原纤维共同存在，分别赋予组织以弹性及抗张性，有些器官和组织（如皮肤、大动脉血管、肺、韧带）需要很强的弹性，在受到外力牵拉后随即可以恢复到原来状态，这些结缔组织中的弹性纤维特别丰富，所以称为弹性结缔组织。

弹性蛋白由两种类型短肽段交替排列构成。一种是疏水短肽，赋予分子以弹性；另一种短肽为富丙氨酸及赖氨酸残基的α螺旋，负责在相邻分子间形成交联。弹性蛋白的氨基酸组成似胶原，也富有甘氨酸及脯氨酸，但很少含羟脯氨酸，不含羟赖氨酸，没有胶原特有的 Gly-X-Y 序列，故不形成规则的三股螺旋结构。弹性蛋白分子间的交联比胶原更复杂。通过赖氨酸残基参与的交联，形成富有弹性的网状结构。

3.3.3.3　黏着蛋白质

细胞外基质存在多种非胶原糖蛋白，对其结构与功能了解最多的黏着蛋白质是层粘连蛋白（laminin，LN）和纤连蛋白（fibronectin，FN），它们都是高分子糖蛋白，主要作用是促使细胞和基质的结合。

（1）层粘连蛋白　层粘连蛋白是各种动物胚胎及成体组织基膜的主要结构组分之一。层粘连蛋白有 3 个亚单位，即重链α链及两条轻链 β_1、β_2。结构上呈现不对称的十字形，由 1 条长臂和 3 条相似的短臂构成。这 4 条臂均有棒状节段和球状的末端域。β_1 和 β_2 短臂上有两个球形结构域，α链上的短臂有 3 个球形结构域，其中有一个结构域同Ⅳ型胶原结合，第二个结构域同肝素结合，还有同细胞表面受体结合的结构域。正是这些独立的结合位点使 LN 作为一个桥梁分子，介导细胞同基膜结合（图 3-31）。

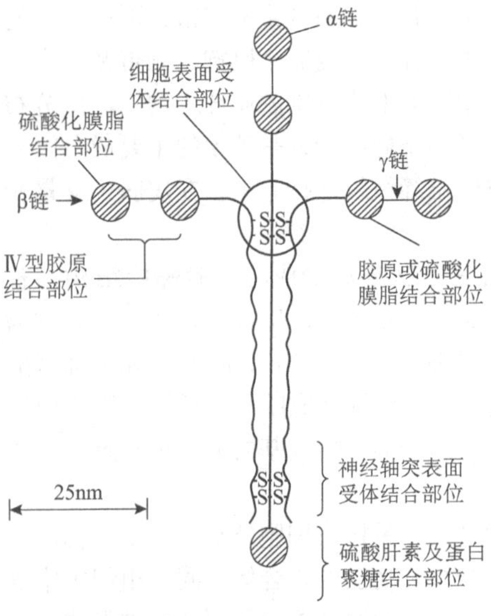

图 3-31　层粘连蛋白分子示意图
（引自翟中和等，2004）

通常细胞不直接与Ⅳ型胶原或蛋白聚糖结合，而是通过层粘连蛋白将细胞锚定于基膜上。层粘连蛋白对基膜的组装起关键作用，在细胞表面形成网络结构并将细胞固定在基膜上。个体发生中出现最早的细胞外基质蛋白是层粘连蛋白。层粘连蛋白出现于早期胚中，对于保持细胞间粘连、细胞的极性及细胞的分化都有重要意义。

（2）纤连蛋白　纤连蛋白在动物体内广泛分布，并有多种异构型，以可溶性分子形式存在于血浆和各种体液中的称为血浆纤连蛋白；以不溶性的纤维存在于细胞外基质、细胞之间及某些细胞表面的称为细胞纤连蛋白。

纤连蛋白是高相对分子质量糖蛋白，含糖 4.5%～9.5%。目前至少已鉴定了 20 种纤连蛋白。血浆纤连蛋白分子是由两个亚单位组成的二聚体，分子量为 2.2×10^5～2.5×10^5。亚单位在靠近羧基的一端有一对二硫键将其连在一起，整个分子呈“V”形。纤连蛋白的每个亚单位由数个结构域构成，具有与细胞表面受体、胶原、纤维蛋白和硫酸蛋白多糖高亲和性的结合部位，用蛋白酶进一步消化与细胞膜蛋白结合区，发现这一结构域中精氨酸 R-甘氨酸 G-天冬氨酸 D（RGD）三肽序列是细胞识别的最小结构单位（图 3-32）。

纤连蛋白不同的亚单位为同一基因的表达产物，只是在转录后前体 RNA 的剪接上有所差异，因而产生不同的 mRNA。

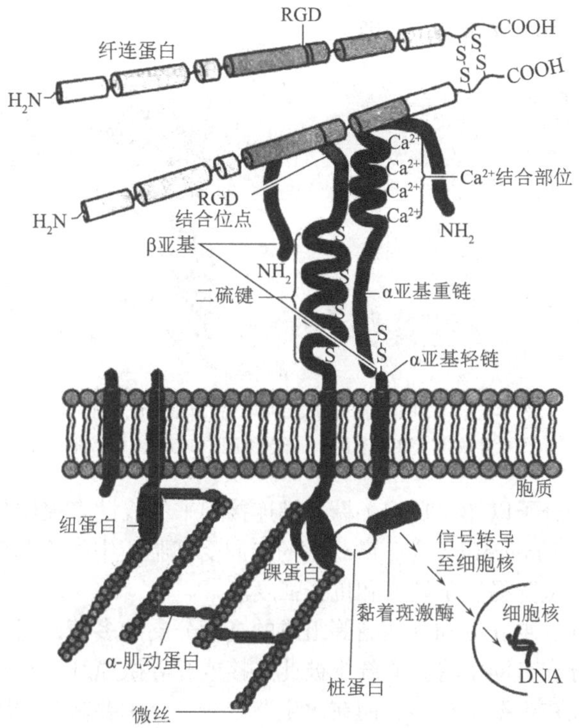

图 3-32　纤连蛋白分子及其通过整联蛋白与细胞内骨架系统结合的示意图（引自翟中和等，2004）

纤连蛋白的主要功能是介导细胞黏着，可与细胞外基质其他成分、纤维蛋白及整联蛋白家族细胞表面受体结合，影响细胞活动。通过黏着，纤连蛋白可以通过细胞信号转导途径调节细胞的形状和细胞骨架的组织，从而促进细胞铺展。在创伤修复中，血浆纤连蛋白可促进巨噬细胞和其他免疫细胞迁移到受损部位，具有增强血凝、参与伤口愈合和吞噬的作用。

研究发现，某些癌基因可以合成一种蛋白质来激活纤连蛋白水解酶的活性，从而切断纤连蛋白形成的网络，使得癌细胞可自由自在地在血液和淋巴系统中迁移。正常细胞尽管也合成这种没有活性的水解酶，但只有被外来物质激活，水解酶才能起作用。

3.3.3.4　植物细胞壁

植物细胞壁是区别于动物细胞最显著的特征之一。植物细胞壁是细胞膜外的、厚而坚硬的结构，相当于动物细胞的细胞外基质。

（1）结构　植物细胞壁由外向内分为三层，即中胶层（middle lamella）、初生细胞壁（primary cell wall）和次生细胞壁（secondary cell wall）。胞间层又称为中胶层，主要成分为果胶，它把相邻细胞黏在一起形成组织，还可以缓冲组织间的挤压。初生壁通常较薄，具有较大的可塑性，能使细胞保持一定的形状，也能使细胞生长并延展。初生壁位于胞间层内侧，是细胞在生长时期形成的，许多细胞终身只有初生壁，如薄壁组织细胞。但有些类型的细胞在停止生长后会在初生壁的内方继续积累形成次生壁。次生壁位于初生壁的内侧，靠近质膜，主要成分是纤维素和木质素，次生壁通常较厚且坚硬，为 5～10μm，具有很大的机械强度。大部分次生壁在成熟时，原生质体死亡，纤维和石细胞是典型的具次生壁的细胞。

（2）组成和功能　植物细胞壁由纤维素、半纤维素、果胶质及蛋白质等几种大分子构成（图 3-33）。可为细胞提供一个细胞外网架，对细胞起支持作用，影响着植物细胞的生长、发育、分化、物质代谢和信息传递等生命活动。

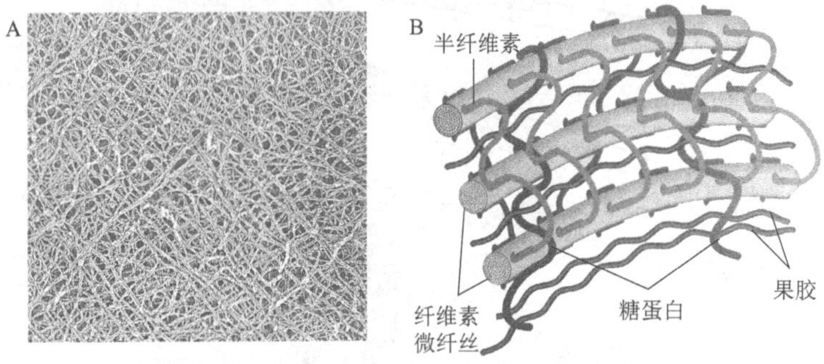

图 3-33 植物细胞壁的结构（引自 Karp，2010）

A. 抽提果胶成分后，电镜下显示纤维素微纤丝和半纤维素在洋葱细胞的细胞壁中的交联关系；B. 植物细胞壁构成的示意图

纤维素是由葡萄糖分子以 β（1→4）糖苷键连接起来的线性多聚体分子。纤维素分子聚集成束，形成长的微纤丝（microfibril），微纤丝的走向受细胞质中微管网架的影响。纤维素是细胞壁的重要成分，为细胞壁提供了硬度和抗张强度。

半纤维素是由木糖、半乳糖和葡萄糖等组成的高度分支的多糖，通过氢键与纤维素微原纤维连接。半纤维素的分支有助于将微原纤维彼此连接或介导微原纤维与其他基质成分（如果胶质）连接。半纤维素在初生壁中较多，而在次生壁中较少，主要参与细胞壁结构的构建和调节细胞的生长过程。

果胶质是由半乳糖醛酸和它的衍生物组成的多聚体。可以结合诸如 Ca^{2+}等阳离子，被高度水化，可形成凝胶。果胶质是中胶层的主要成分，可与半纤维素横向连接，参与细胞壁复杂网架的形成。

植物细胞壁对细胞间物质的运输具有调节作用，允许多糖和低分子量的蛋白质通过，水和离子可以在细胞壁中自由扩散。一般植物激素分子量为 500 以下的水溶性小分子，也可自由扩散。而直径大于 4 nm 的颗粒，包括分子量 2×10^4 以上的蛋白质，扩散能力明显下降。植物细胞壁参与降低植物蒸腾作用、防止水分损失、调节植物水势等生理活动。细胞壁中某些寡糖成分可作为信号物质，当外界病原体入侵时，真菌或植物细胞壁中的多糖水解产生特定寡糖成分，可诱导编码植物抗毒素合成酶的基因表达，产生植物抗毒素（phytoalexin）杀死病原体。有证据显示，细胞壁多糖中的某些寡糖片段可以作为细胞生长和发育的信号物质。在植物细胞壁中，也发现类似动物细胞的蛋白聚糖，如阿拉伯半乳聚糖蛋白，与植物组织发育、细胞增殖、胚胎发生中所涉及的细胞间信号转导、细胞与胞外基质的相互作用有关。

知识点小测试

本章小结

细胞膜是细胞的基本结构，不仅使细胞具有一个相对稳定的内环境，而且在细胞与环境之间的物质、信息和能量的交流中发挥决定性作用。细胞膜主要由膜脂、膜蛋白和膜糖组成。膜脂是构成细胞膜的基本骨架，主要成分包括磷脂、糖脂和胆固醇三类。膜蛋白根据与膜结合方式及位置的不同，分为外在膜蛋白、内在膜蛋白和脂锚定膜蛋白三种类型，膜蛋白是膜功能的体现者。膜糖主要以糖蛋白和糖脂的形式存在，分布在质膜的胞外侧。

目前普遍接受的细胞膜结构模型为流动镶嵌模型，该模型强调了膜的流动性和不对称性。膜的流动性是指种类繁多的膜脂和膜蛋白具有不同程度的流动性，其中侧向运动是其主要的运动方式，膜的流动性受到多种因素的影响；膜的不对称性是指膜脂、膜蛋白及膜糖在生物膜上均呈不对称分布。细胞膜的流动性和不对称性是执行功能的基础，细胞膜具有多种生物学功能。

在多细胞生物体的构建中，细胞社会性的建立依赖细胞与细胞之间、细胞与细胞外基质之间的相互作用，不仅涉及细胞的识别、黏附，而且常常形成一些特定的细胞连接。依据功能不同，细胞连接可分为封闭连接、锚定连接和通信连接。其中紧密连接是封闭连接的主要形式，主要存在于脊椎动物上皮细胞间，将相邻细胞的质膜紧密联系在一起，与上皮细胞极性的维持相关。锚定连接通过细胞骨架系统将细胞与细胞，或细胞与细胞外基质连接起来，赋予组织抗机械应力的作用。锚定连接包括与肌动蛋白纤维相连的黏着带和黏着斑，与中间丝相连的桥粒和半桥粒。通信连接不仅将相邻细胞连接起来，而且在细胞间小分子物质交流、信号传递等方面具有重要意义。通信连接的主要代表是动物细胞之间的间隙连接、植物细胞之间的胞间连丝及可兴奋细胞之间的化学突触。

细胞外被位于许多动物细胞质膜外侧，由丰富的寡糖链构成，具有保护、识别、信号传递等多种生物学功能。细胞外基质是位于细胞外空间，由细胞分泌的蛋白质和多糖所构成的网络结构。动物细胞的细胞外基质主要有蛋白聚糖、结构蛋白和黏着蛋白质三大类，主要成分有糖胺聚糖、蛋白聚糖、胶原、弹性蛋白、层粘连蛋白和纤连蛋白。植物细胞壁也属于细胞外基质，为细胞提供一个支持网架。细胞外基质不仅为细胞的生存及生命活动提供适宜的微环境，而且影响细胞的增殖、分化、迁移等生物学过程，与组织细胞的生存、再生、修复、免疫有重要联系。

复习题

一、基础检测题

1. 细胞膜的基本特征是什么？如何通过实验证明这些特征？
2. 简述脂筏的定义及其在细胞中的作用。
3. 生物膜主要由哪些分子组成？它们在膜结构中各起什么作用？
4. 为什么红细胞是研究膜结构的理想材料？
5. 简述膜流动性的生理意义及影响因素。
6. 简述细胞连接的主要类型及其功能。

二、归纳拓展题

1. 有人说“细胞质膜仅仅起着界膜的作用”，请从细胞生命活动的整体角度，谈谈对这一说法的看法。
2. 动物细胞的细胞膜中为何需要相当数量的胆固醇？从中能悟出什么哲理？
3. 简述细胞质膜结构的流动镶嵌模型，并就目前的进展对细胞膜结构模型的发展予以阐述，从结构和功能的角度分别评价新模型的合理性。
4. 如何区分 4 种不同的锚定连接？
5. 谈谈对细胞外基质的结构组成及其在细胞生命活动中作用的理解。
6. 运用所学知识，设计实验，将某种药物运送到机体的特定细胞中。

（本章作者　吴秋芳）

第 4 章　小分子物质的跨膜运输

细胞膜也称质膜，是所有细胞必备的基本结构之一，也是细胞作为生命活动基本单位的标志之一。细胞膜及真核细胞内部各种膜结构，是由磷脂分子和蛋白质组装而成的大分子复合结构，具有疏水性的特点，是细胞与胞外环境、真核细胞细胞器和细胞质之间的选择性通透屏障，它既能保障细胞对基本营养物质的摄取、代谢产物与废物的排出，又能调节细胞内或细胞器内的离子浓度，使细胞及细胞器维持相对稳定的内部环境。因此，物质的跨膜运输对细胞的生存和生长至关重要。

总体来看，物质的跨膜运输有两大类型：一类是小分子物质的跨膜运输，诸如水分、气体、离子及营养物质的基本单位如氨基酸、葡萄糖等的运输，这种方式广泛存在于所有细胞中；另一类是大分子或颗粒性物质以膜泡运输的方式完成跨膜，按照运输的方向可以分为胞吞与胞吐，这种方式为真核细胞所特有（详见第 6 章）。本章将从细胞生命活动共性的角度，以细胞膜为例，介绍小分子物质跨越包括细胞膜、细胞器膜等所有生物膜的方式及特征。

学习目标　　知识结构图　　彩图　　视频

4.1　脂双层的不透性与膜转运蛋白

细胞膜对细胞的生命活动起保护作用，为细胞提供相对稳定的内部环境。从某种意义上说，细胞膜具有双重功能，一方面，必须留住细胞内溶解的物质，不让它们渗透到外部环境中；另一方面，又必须允许细胞与外界进行必要的物质交换。细胞内外的无机离子、小分子等物质的浓度差主要由两种机制调控：一是质膜本身脂双层所具有的疏水性，二是质膜上一套特殊的**膜转运蛋白（membrane transport protein）**的活性。

4.1.1　脂双层的不透性与细胞内环境的稳定

细胞膜是细胞与细胞外环境之间的选择性通透屏障，既能保障细胞对基本营养物质的摄取、代谢产物或废物的排出，又能调节细胞内离子浓度，使细胞维持相对稳定的内环境。脂双层的不透性是细胞膜保证其正常功能的必要条件，脂双层能够完美地阻止细胞中带电荷的和极性的分子流失，包括离子、糖和氨基酸等。细胞内外的离子浓度明显不同。例如，Na^+是细胞外最丰富的阳离子，而K^+是细胞内最丰富的阳离子（表 4-1）。

表 4-1　典型哺乳类细胞内外离子浓度的比较（引自 Alberts et al.，2019）

离子	细胞内浓度/（mmol/L）	细胞外浓度/（mmol/L）
Na^+	5～15	145
K^+	140	5
Mg^{2+}	0.5	1～2
Ca^{2+}	10^{-4}	1～2

续表

离子	细胞内浓度/（mmol/L）	细胞外浓度/（mmol/L）
H^+	7×10^{-5}（pH 7.2）	4×10^{-5}（pH 7.4）
Cl^-	5～15	110

注：表中给出的 Ca^{2+}和 Mg^{2+}浓度是胞质中游离离子浓度。细胞内总的 Ca^{2+}浓度为 1～2mmol/L，而 Mg^{2+}浓度约为 20mmol/L，但它们绝大多数与蛋白质或其他物质结合，Ca^{2+}则存储在多种细胞器中。细胞必须含有等量的正负电荷，即维持电中性。因此细胞内除含有 Cl^-外，还含有许多其他未列在表中的阴离子（如 HCO_3^-、PO_4^{3-}、蛋白质、核酸和荷载磷酸及羧基基团的代谢物等），固定的阴离子是带负电荷的大小不同的有机分子，它们被捕获在细胞内，不能透过质膜。

细胞内外这种离子差异对于细胞的存活和功能至关重要。物质的跨膜运输与诸多生物过程密切相关，是细胞许多重要生理生化过程的基础，如细胞对营养物质的摄取、细胞信号转导、细胞渗透压维持、细胞能量转换中 ATP 的产生及神经元产生可兴奋性等。

4.1.2　膜转运蛋白

除脂溶性小分子及小的不带电荷的分子能直接通过脂双层屏障以外，几乎所有小的有机分子和带电荷的无机离子的跨膜转运，都需要特殊的膜转运蛋白协助。

膜转运蛋白种类繁多，占质膜蛋白的 15%～30%，绝大多数的膜转运蛋白是多次跨膜的膜整合蛋白。在大肠杆菌已经鉴定的基因中，大约 20%编码膜转运蛋白。酵母基因组中有 1/3 的基因用于编码膜结合蛋白，其中大部分是膜转运蛋白。

根据识别和转运方式的特点，常将膜转运蛋白分为两类：一类是**载体蛋白（carrier protein）**或转运蛋白，另一类是**通道蛋白（channel protein）**。载体蛋白与通道蛋白以不同的方式辨别所转运的溶质，载体蛋白要求被转运的溶质与其特定的位点结合，进而通过溶质-载体蛋白复合物构象的改变，将溶质分子运至膜的一侧，完成跨膜运输（图 4-1A）；通道蛋白主要识别溶质的大小和电荷，当通道处于开放状态时，只有合适大小和带有适当电荷的分子或离子才能通过，这是通过形成亲水性通道实现的特异溶质的跨膜转运，被转运的溶质和通道蛋白并不结合（图 4-1B）。

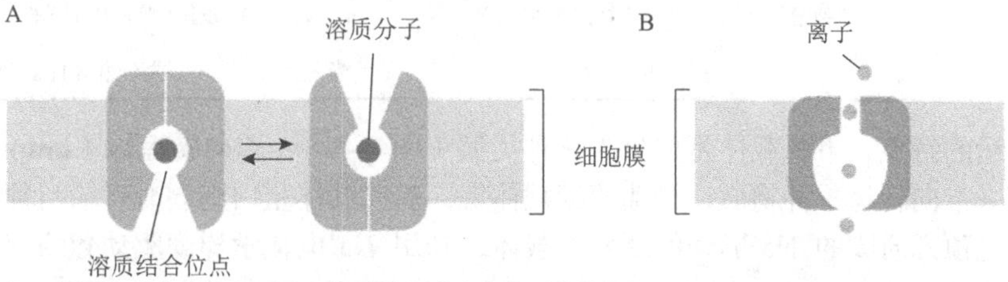

图 4-1　载体蛋白（A）和通道蛋白（B）转运特征的比较（引自 Alberts et al.，2019）

4.1.2.1　载体蛋白

载体蛋白存在于几乎所有类型的生物膜上，属于多次跨膜蛋白。载体蛋白具有特异的溶质结合位点，能与特定的溶质分子结合，每种载体蛋白都具有高度选择性，通过一系列构象的改变介导一种类型的溶质分子进行跨膜转运（图 4-2）。载体蛋白编码基因的突变往往导致遗传病。例如，胱氨酸尿症（一种常见的遗传病）患者的尿液中含有大量的胱氨酸，由于胱氨酸的溶解度较低，因此患者容易形成尿路结石，主要是由于患者的肾小管胱氨酸转运缺陷所致。

不同的生物膜含有一套与该膜功能相关的特定的载体蛋白（表 4-2）。例如，质膜具有输入葡萄糖、氨基酸和核苷酸的载体蛋白，线粒体内膜上具有分别输入丙酮酸和 ADP，以及输出

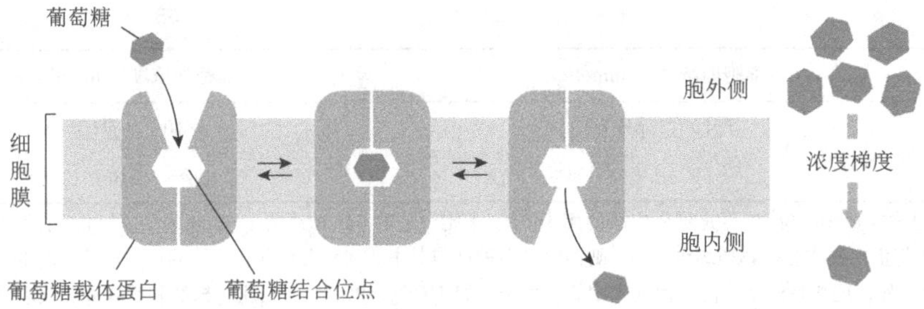

图 4-2 载体蛋白通过构象的改变介导溶质（葡萄糖）跨膜运输模型（引自 Alberts et al.，2019）

载体蛋白以三种构象状态存在：向外开放状态（左），溶质结合位点暴露在胞外侧；向内开放状态（右），结合位点暴露于脂双层内部；处于封闭状态（中）时，溶质结合位点不能从膜两侧进入。载体构象的转变随机发生，并且完全可逆，对于载体蛋白的功能而言并不依赖于是否有溶质结合。若膜外侧溶质浓度较高，处于向外开放构象时，溶质将比向内开放构象中更频繁地与载体蛋白结合，净效果表现为溶质顺浓度梯度进入细胞

ATP 的载体蛋白等。载体蛋白转运过程具有类似酶与底物作用的饱和动力学特征，既可被底物类似物竞争性地抑制，又可被某种抑制剂非竞争性抑制，同时对 pH 有依赖性，因此有人将载体蛋白称为通透酶（permease）或运输酶（transport enzyme）。与酶不同的是，载体蛋白对转运的溶质分子不做任何共价修饰。有些载体蛋白进行跨膜运输是顺电化学梯度进行的（主动运输），有些则是逆电化学梯度进行跨膜运输（被动运输）。

表 4-2 常见载体蛋白的特征和功能

载体蛋白	典型定位	能源	功能
葡萄糖载体	大多数动物细胞的质膜	无	被动输入葡萄糖
Na^+驱动的葡萄糖泵	肾和肠细胞的顶部质膜	Na^+梯度	主动输入葡萄糖
Na^+-H^+交换器	动物细胞的质膜	Na^+梯度	主动输出 H^+，调节 pH
Na^+ -K^+泵	大多数动物细胞的质膜	ATP 水解	主动输出 Na^+和输入 K^+
Ca^{2+}泵	真核细胞的质膜	ATP 水解	主动输出 Ca^{2+}
H^+泵（H^+-ATPase）	植物细胞、真菌和一些细菌细胞的质膜 动物细胞溶酶体膜、植物和真菌细胞的液泡膜	ATP 水解 ATP 水解	从细胞主动输出 H^+ 主动输出胞质内 H^+进入溶酶体或液泡
菌紫红质	一些细菌的质膜	光	主动输出 H^+到细胞外

根据转运的特点，可将载体蛋白分为三种类型（图 4-3）：**单向转运体（uniporter）**，其特点是仅单一方向转运一种物质，如葡萄糖载体等；有些载体蛋白则同时运输两种物质，如位于肾和肠细胞顶部质膜的 Na^+驱动的葡萄糖载体，利用 Na^+电化学梯度驱动葡萄糖的吸收，属于**同向转运体（symporter）**；而细胞膜上的 Na^+-H^+交换器可调节 Na^+和 H^+两种离子的对向交换，属于**反向转运体（antiporter）**。

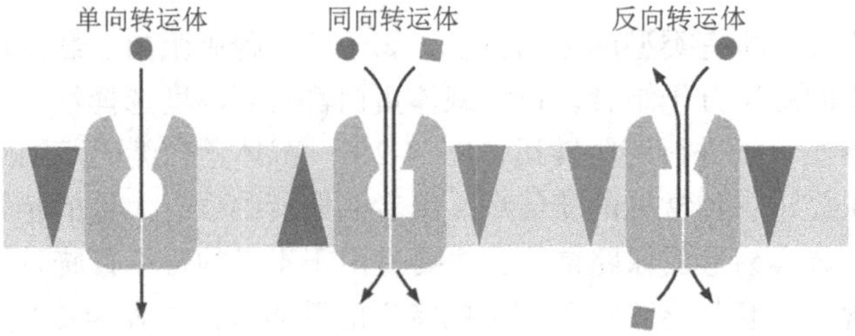

图 4-3 载体蛋白的三种类型（引自 Alberts et al.，2019）

4.1.2.2　通道蛋白

通道蛋白也属于跨膜蛋白，有些是单体蛋白，有些是多亚基组成的蛋白复合物，在介导溶质跨膜运输时，通过疏水氨基酸链的重排形成通道或孔道，使溶质迅速完成跨膜转运。通道蛋白是选择性门控跨膜通道，对转运物质的选择性依赖于离子通道的直径和形状，以及通道内带电荷氨基酸的分布。通道蛋白介导的被动运输不需要与溶质分子结合，只有大小和电荷适宜的物质才能通过。

目前发现的通道蛋白已有 100 余种，普遍存在于各种类型细胞的质膜及真核细胞各种细胞器膜上。根据其转运的分子不同，通道蛋白可分为三种类型：**离子通道（ion channel）**、**孔蛋白（porin）**及**水孔蛋白（aquaporin，AQP）**。

孔蛋白主要存在于某些细菌质膜、真核细胞线粒体和叶绿体的外膜上，与离子通道相比，孔蛋白的选择性很低，而且能通过较大的分子，如线粒体外膜上的孔蛋白可允许分子质量为 5×10^3Da 以下的分子通过。水通道蛋白也叫作水孔蛋白，主要与水分子的快速跨膜转运有关。

离子通道最早在神经细胞中发现，目前发现的大多数通道蛋白都属于离子通道（表 4-3）。

表 4-3　常见离子通道的分布和功能

离子通道	典型定位	功能
K^+渗透通道	大多数动物细胞的质膜	维持静息膜电位
电压门 Na^+通道	神经元轴突的质膜	介导产生动作电位
电压门 K^+通道	神经元轴突的质膜	起始动作电位后使膜恢复静息电位
电压门 Ca^{2+}通道	神经终末的质膜	刺激神经递质释放，将电信号转化为化学信号
乙酰胆碱受体（乙酰胆碱门 Na^+和 Ca^{2+}通道）	肌细胞的质膜（神经-肌肉接头处）	兴奋性突触信号传递（在靶细胞将化学信号转换为电信号）
γ-氨基丁酸受体（GABA 门 Cl^-通道）	许多神经元的质膜（突触处）	抑制性突触信号传递
应力激活的阳离子通道	内耳听觉毛细胞	检测声音振动

离子通道决定了生物膜对于特定离子的通透性，对调节细胞内的离子浓度和跨膜电位起重要作用。与载体蛋白相比，离子通道具有三个显著特征。一是具有极高的转运速率，每个通道每秒钟可通过 10^7～10^8 个离子，接近自由扩散的理论值，是载体转运速率的 1000 倍以上。驱动离子跨膜转运的动力来自其跨膜**电化学梯度**（electrochemical gradient），运输的方向顺电化学梯度进行。二是离子通道的转运没有饱和值。三是离子通道并非连续性开放，而是门控的（gating），通道的开闭受信号调控。多数情况下，通道呈关闭状态，只有在应答膜电位变化、化学信号或压力等刺激后，才能开启通道。

根据调控方式的差异，离子通道可分为三种类型。

（1）**电压门控通道（voltage-gated channel）**　当跨膜电位发生变化时，电压门控通道发生构象的变化，通道开启或关闭（图 4-4A）。在很多情况下，电压门控通道能快速地自发关闭，而开放的时间仅有几毫秒，在这极短的时间内，一些离子、代谢物顺着电化学梯度，完成跨膜运输。动物体的电压门控通道主要存在于神经细胞和肌细胞，在神经细胞和肌细胞的信号传递中起着重要的作用，如神经-肌肉接头处膜电位的改变，可使相邻肌细胞膜中存在的电压门 Na^+

通道和 K^+通道开放，使膜两侧 Na^+和 K^+浓度变化，进而引起肌肉细胞内质网（肌质网）膜上的 Ca^{2+}通道迅速开启，使 Ca^{2+}释放到细胞质，从而引发肌肉的收缩。电压门控通道也存在于植物中，如含羞草的叶片闭合反应就是通过电压门控通道传递信号的。

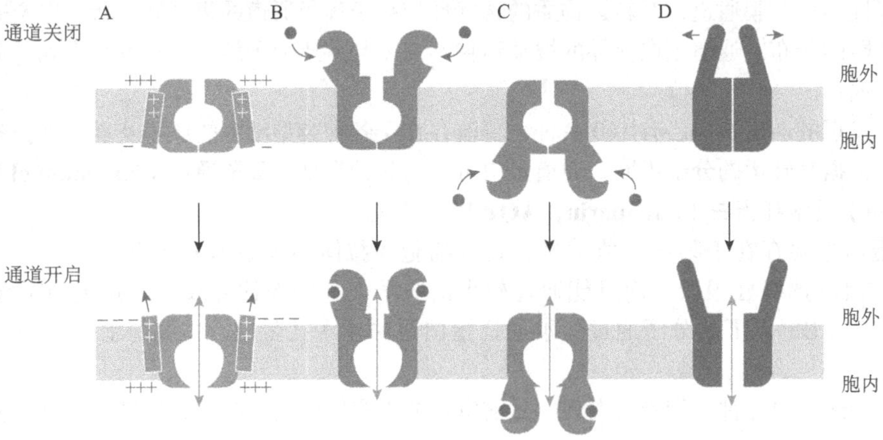

图 4-4　离子通道的三种类型（引自 Alberts et al.，2019）

A. 电压门控通道；B、C. 配体门控通道（B 为胞外配体，C 为胞内配体）；D. 应力激活通道

（2）**配体门控通道（ligand-gated channel）**　某些小分子配体与配体门控通道结合后，引起通道蛋白构象改变，通道开启或关闭。配体可来自胞内，也可以来自胞外（图 4-4B，C）。根据与配体相结合的通道蛋白的电荷差异，配体门控通道可分为阳离子通道[如乙酰胆碱（ACh）、谷氨酸和五羟色胺的通道蛋白]和阴离子通道（如甘氨酸和 γ-氨基丁酸的通道蛋白）。

ACh 通道蛋白是由 4 种不同的亚基组成的五聚体 $\alpha_2\beta\gamma\delta$，各亚基间通过氢键等非共价键形成一个梅花状通道样结构，ACh 与 α 亚基结合。当 ACh 与通道结合时，引起通道构象的改变，使其瞬间开放，导致胞外高浓度的 Na^+向胞内流动，同时也能使胞内高浓度 K^+向胞外转运，从而使该处膜内外电位差接近于零，完成 ACh 化学信号的跨膜传递。此外，广泛分布于化学感受器和光感受器中的环核苷酸门控通道（cyclic nucleotide-gated ion channel）是非选择性的阳离子通道，可以直接被细胞内信使小分子——环核苷酸[cAMP 和环鸟苷酸（cyclic guanylic acid，cGMP）]和**环鸟苷酸（cyclic guanylic acid，cGMP）**活化，与胞外信号的跨膜转换有关。例如，气味分子与化学感受器中的 G 蛋白偶联受体结合，可激活腺苷酸环化酶，生成环腺苷酸（cAMP）（详见第 11 章），进而开启 cAMP 门控阳离子通道（cAMP-gated cation channel），引起 Na^+内流，膜去极化，产生神经冲动，最终形成味觉或嗅觉。

（3）**应力激活通道（stress-activated channel）**　有些离子通道感受的是诸如摩擦力、压力、重力、牵引力、剪切力等信号，通过改变构象，开启通道形成离子流，产生电信号，最终引起细胞反应（图 4-4D）。内耳听觉毛细胞是依赖这类通道的一个重要例子。在内耳分布有许多听觉毛细胞，每个听觉毛细胞上表面都有一簇静纤毛，彼此通过连接丝相连。声音传导导致基膜振动，静纤毛倾斜，连接丝被拉伸，由此打开静纤毛质膜上的应力激活通道，允许带正电荷的离子从胞外进入听觉毛细胞，导致听觉毛细胞膜电位变化，进一步刺激听觉神经纤维，将电信号传递到大脑的听觉中枢，产生听觉（图 4-5）。

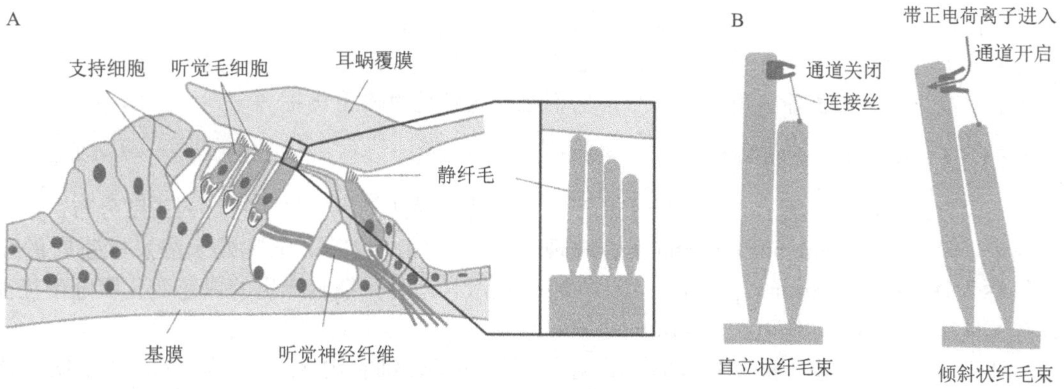

图 4-5　内耳听觉毛细胞上的应力激活通道（引自 Alberts et al.，2019）

A. 柯蒂氏器（内耳听觉部分）截面图；B. 声音振动导致纤毛束摆动，改变通道开闭状态

离子通道与含羞草叶片闭合的机制

含羞草（*Mimosa pudica*）是一种敏感型植物，虽然缺乏类似动物的神经元和肌肉组织，但受到外力触碰，能在几秒钟内叶柄下垂、叶片闭合，过一段时间又会慢慢复原，因而得名。含羞草原产于美洲，清朝年间由传教士带到中国，在中国为入侵物种。含羞草既没有眼睛也没有耳朵，也不能动，它们也有感觉吗？答案是肯定的。事实上，植物拥有高度敏感的感觉能力。研究发现，作用于含羞草叶片的非伤害性刺激，会诱导膜电位的快速去极化，形成动作电位，并向小叶、小穗轴和叶柄基部的运动器官或叶枕传播，从而产生快速的反应。

含羞草不仅演化出极为敏感的触觉，而且能分辨不同类型的触觉刺激。有研究组创建了 Ca^{2+}指示剂 GCaMP6f16 的转基因含羞草，以实时监测细胞质中 Ca^{2+}浓度（$[Ca^{2+}]_{cyt}$）的动态变化。结果显示，机械接触会快速增加各种器官（如花芽和根）中的$[Ca^{2+}]_{cyt}$，但其空间定位不变，这并不会影响叶片运动。与此不同的是，伤害性刺激在小叶底部诱导$[Ca^{2+}]_{cyt}$升高，并沿小叶轴依次触发叶片运动（图 4-6）。通过 Ca^{2+}成像显示，伤口诱导的$[Ca^{2+}]_{cyt}$增加要早于叶片运动约 0.15s。

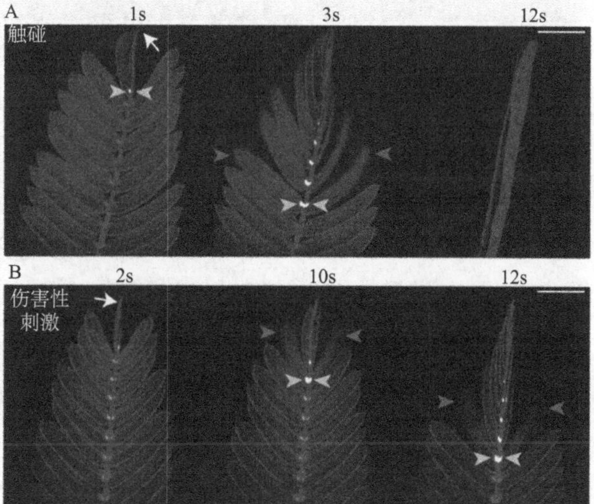

图 4-6　叶枕中$[Ca^{2+}]_{cyt}$的增加可诱导叶片的快速运动（引自 Hagihara et al.，2022）

A. 触碰；B. 受伤。白色箭头指示触摸或受伤位置，黄色箭头指示第三级枕叶处$[Ca^{2+}]_{cyt}$，红色箭头指示叶片运动

除此之外，含羞草还能够调节细胞内 Cl^-和 K^+的流动，影响细胞的电位和水分分布，进一步促进叶片闭合。含羞草利用离子通道进行叶片闭合的现象是一种适应性机制，具有保温和减少水分蒸发等作用，能够帮助它们在恶劣环境中避免伤害。

4.1.2.3 离子跨膜转运与膜电位

不同方式的物质跨膜运动，其结果是产生并维持了膜两侧不同物质特定的浓度分布，同时也稳定了膜电位（membrane potential），表现为膜两侧的电位差。细胞处于静息状态时的膜电位称为静息电位（resting potential），在感受刺激状态时，细胞产生的快速变化膜电位往往具有通信功能，称为动作电位（action potential）。

处于静息电位状态下的动物细胞，相对于胞外环境，细胞内 K^+浓度高，Na^+浓度低。这是由于静息状态下，质膜上 Na^+通道是关闭的，因此很少有 Na^+通过离子通道进入细胞。细胞膜上 K^+渗漏通道对 K^+比其他离子更具通透性，造成 K^+外流，使细胞膜两侧处于外正内负的静息电位状态，这种现象又称极化（polarization）。当细胞接收刺激信号（电信号或化学信号）超过一定阈值时，电压门 Na^+通道将介导细胞产生动作电位。细胞接收阈值刺激，Na^+通道打开，引起 Na^+通透性大大增加，瞬间大量 Na^+流入细胞内，致使静息膜电位减小乃至消失，此即质膜的去极化（depolarization）过程。当细胞内 Na^+进一步增加达到 Na^+平衡电位，形成瞬间的内正外负的动作电位，称质膜的反极化，动作电位随即达到最大值。只有达到一定的刺激阈，动作电位才会出现，这是一种"全或无"的正反馈阈值。在 Na^+大量进入细胞时，K^+通透性也逐渐增加，随着动作电位出现，Na^+通道从失活到关闭，电压门 K^+通道完全打开，K^+流出细胞从而使质膜再度极化，以至于超过原来的静息电位，此时称超极化（hyperpolarization）。超极化时膜电位使 K^+通道关闭，膜电位又恢复至静息状态（图 4-7）。

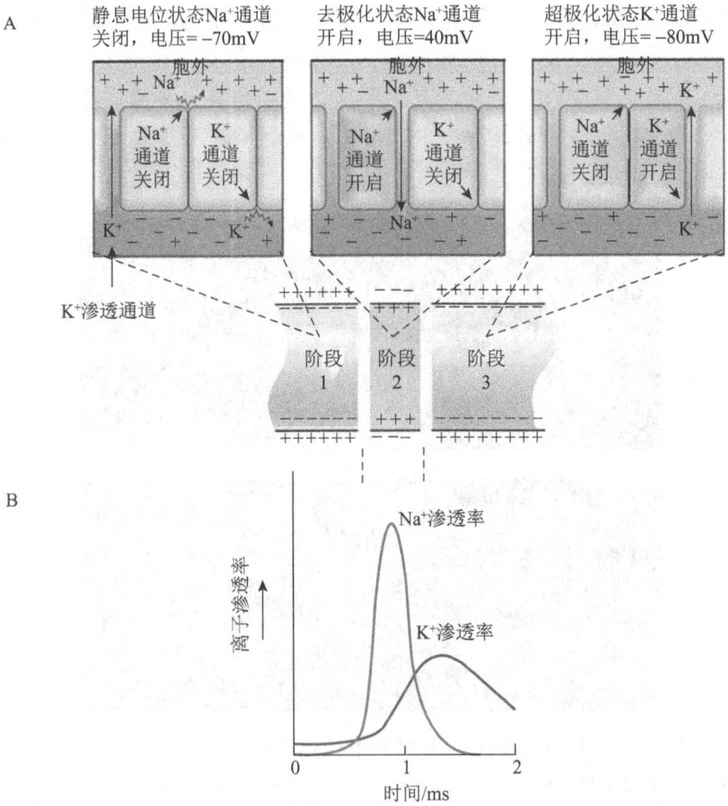

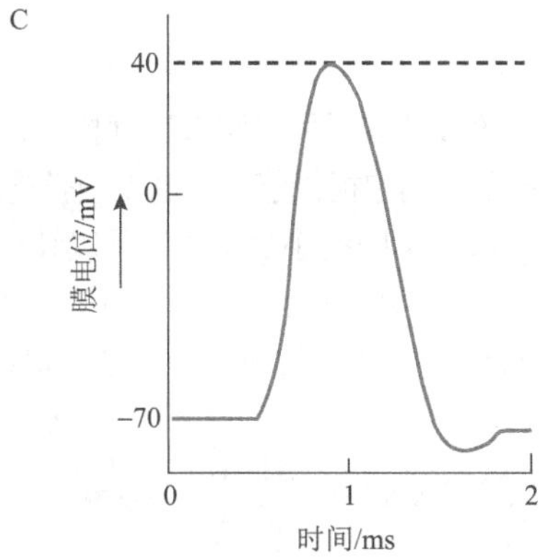

图 4-7　离子流与动作电位的示意图（引自 Karp et al.，2010）

A. 动作电位产生过程中，离子通道开启与关闭示意图；B. 动作电位产生过程中，膜通透性改变；C. 动作电位的产生中膜电位的改变

膜电位不仅与质膜对 K^+和 Na^+不同的通透性有关，而且质膜上的 Na^+、K^+通道蛋白及 Na^+-K^+泵等膜蛋白随膜电位变化有规律地关闭和开启。质膜膜电位具有重要的生物学意义，特别是在神经、肌肉等可兴奋细胞中，是化学信号或电信号引起的兴奋传递的重要方式。

4.2　被 动 运 输

许多生命活动过程都直接或间接与物质跨膜运输密切相关，如细胞渗透维持、细胞对营养物质的摄取、神经冲动传递等。物质的跨膜运输对细胞的生长、发育、分化、代谢、增殖等至关重要。根据物质运输过程中自由能的变化情况及是否需要膜转运蛋白参与，将诸如气体、离子、营养物质、代谢废物等小分子的跨膜运输分为**被动运输（passive transport）**和**主动运输（active transport）**两大类（图 4-8）。

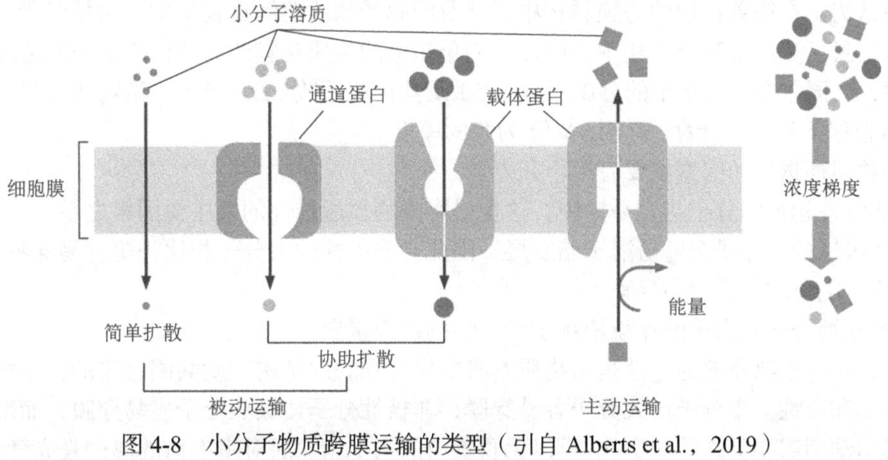

图 4-8　小分子物质跨膜运输的类型（引自 Alberts et al.，2019）

被动运输是指物质由高浓度向低浓度方向的跨膜转运，转运的动力来自物质的跨膜浓度梯度，不需要细胞提供代谢能量。被动运输分为简单扩散和协助扩散，其中简单扩散不需要膜转运蛋白的参与，而协助扩散需要特定的膜转运蛋白参与。

4.2.1　简单扩散

疏水的小分子或小的不带电荷的极性分子可以顺着浓度梯度，通过热运动方式从膜的一侧到另一侧，这些分子进行跨膜转运时不需要细胞提供能量，也无须膜转运蛋白的协助，因此称为**简单扩散（simple diffusion）**或者自由扩散。不同的小分子物质跨膜转运的速率差异极大（图 4-9），也就是说，不同分子的通透系数有很大的区别。转运速率不仅与浓度梯度有关，还与分子的大小与极性有关，如 O_2、N_2 和苯等极易通过质膜，水分子也比较容易通过，而尿素的通透性仅有水分子的 1/100。

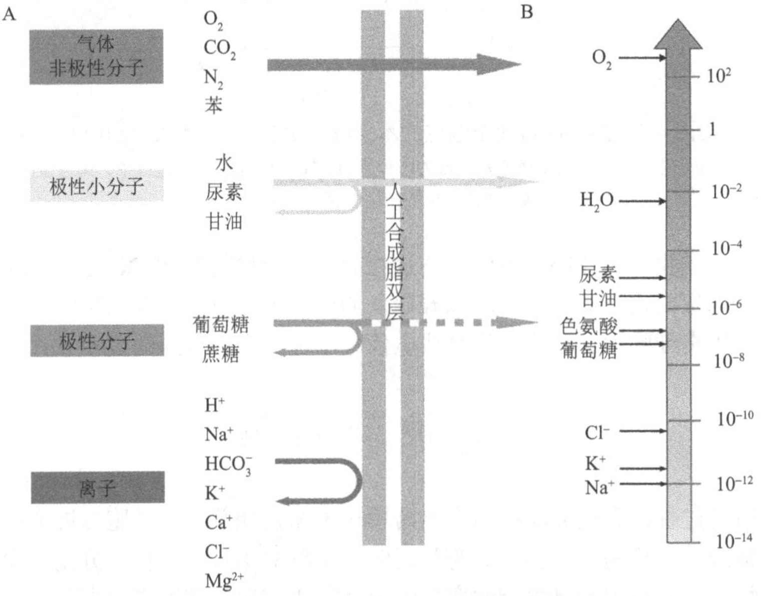

图 4-9　不同性质的分子通过无膜蛋白的人工脂双层的差异（引自 Alberts et al.，2019）

A. 人工脂双层膜对不同分子的相对通透性；B. 不同分子通过人工脂双层膜的扩散系数

箭头粗细表示通透性的高低

一般认为，在简单扩散的跨膜转运中，涉及跨膜的物质溶解在膜脂中，再从膜脂一侧扩散到另一侧，最后进入细胞质水相中。因此，简单扩散的物质对膜的通透性除了与其浓度梯度的大小有关，还同它在油和水中的分配系数（K）及其扩散系数（D）有关。该物质对膜的通透性（P）可以根据下列公式计算：$P=KD/t$（t 为膜的厚度）。

影响物质通透性的因素主要有以下几点。

1）脂溶性越强的分子越容易穿膜，这也是影响物质通透性的最主要因素之一。

2）非极性的小分子更容易溶于脂双层，因此与非极性的大分子相比，更容易穿膜。

3）不带电荷的分子容易穿膜。

4）亲水性分子和离子的穿膜依赖于专一性的跨膜蛋白。

因此，小分子物质的通透性是由物质本身的属性和膜的结构性质共同决定的，主要取决于分子的大小和极性。小分子比大分子容易穿膜，非极性分子比极性分子容易穿膜，而带电荷的离子跨膜运动则需要更高的自由能，所以无膜蛋白的人工脂双层对带电荷的离子是高度不透的。另外，小分子物质的通透性还受细胞生理状态和环境条件的影响，如麻醉剂、辐射、热、pH 变化和盐不平衡等均可改变膜的透性。例如，肌细胞处于活动状态时，营养物质更容易通过质膜。水分子尽管有极性，但可能由于分子较小，可以通过膜脂运动产生的间隙，此外，水的快速转运还与水孔蛋白密切相关。

4.2.2　协助扩散

脂溶性和小分子物质较易进入细胞，但一些大的和带电荷的物质进入细胞是受限的，而这些物质通常是细胞生命活动所必需的。理论上来说，大分子、非脂溶性和带电荷的物质在足够长的时间内均可以通过扩散进入细胞，但由于它们的扩散系数低，通过扩散进入细胞的速率低，所需时间过长，这就影响了细胞的正常生命活动，为此细胞需要更为有效的转运方式，以加速这些物质从高浓度向低浓度的运输，在质膜上一些特异的膜转运蛋白承担了这一功能。

协助扩散（facilitated diffusion）又称促进扩散、易化扩散，是多种极性分子和无机离子如葡萄糖、氨基酸、核苷酸及细胞代谢物等小分子顺其浓度梯度或电化学梯度的跨膜转运，该过程不需要细胞提供能量。但在协助扩散中，物质跨膜转运需要特异性的膜转运蛋白“协助”，从而使其转运速率增加，转运特异性增强。

4.2.2.1　*葡萄糖转运蛋白与葡萄糖的协助扩散*

绝大多数哺乳动物细胞都是以葡萄糖作为细胞的主要能源。人类基因组编码 12 种与葡萄糖转运相关的载体蛋白，即 GLUT1～GLUT12，组成了高度保守的葡萄糖转运载体（glucose transporter，GLUT）蛋白家族。其中 GLUT1 是目前已知的体内分布最为广泛的葡萄糖转运载体，不仅参与葡萄糖跨膜转运的正常生理过程，还与糖尿病、恶性肿瘤直接相关。

对 GLUT1 的结构研究发现，该蛋白质含有 12 个跨膜区，进一步折叠形成 N 端结构域和 C 端结构域，连接这两个结构域的部分称为胞内螺旋束（intracellular helical bundle，ICH），是一段包含 4 个短 α 螺旋的序列。跨膜区主要由疏水性氨基酸组成，它们的侧链可以同葡萄糖羟基形成氢键。因此，这些氨基酸残基被认为可形成载体蛋白内部朝内和朝外的葡萄糖结合位点，从而通过构象改变，完成葡萄糖的跨膜转运（图 4-10）。GLUT1 缺陷会导致葡萄糖不能有效地

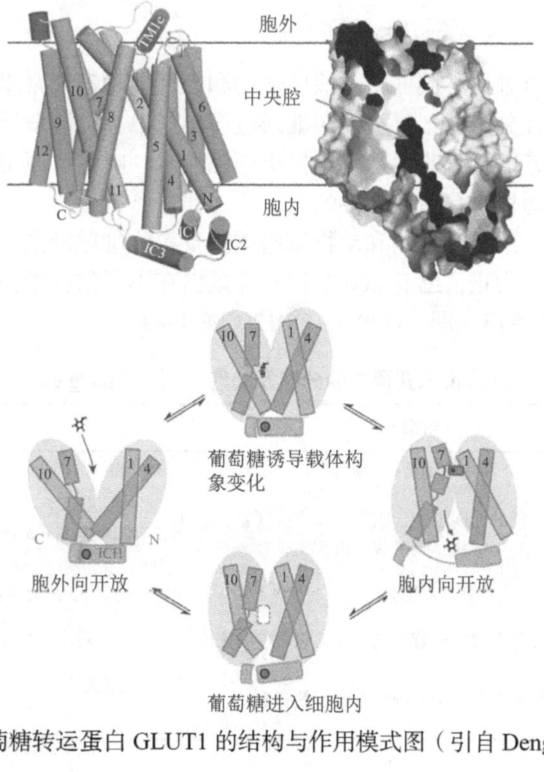

图 4-10　人葡萄糖转运蛋白 GLUT1 的结构与作用模式图（引自 Deng et al.，2014）

通过血脑屏障，使脑组织细胞长期缺乏能量供给，脑发育出现障碍，但是 GLUT1 过量表达则是癌症的预后指标。

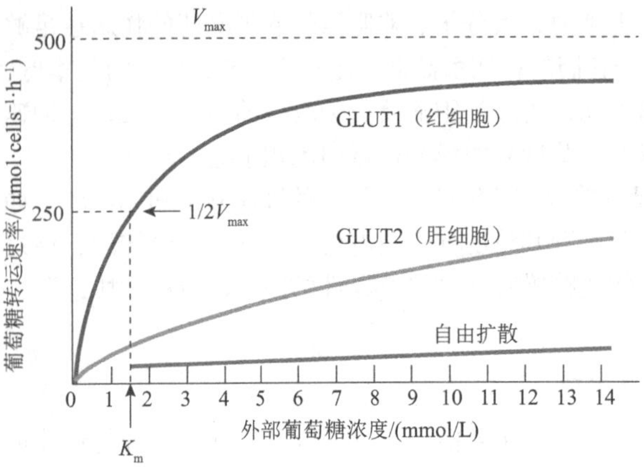

图 4-11　GLUT 蛋白所介导的细胞对葡萄糖的摄取（引自 Lodish et al.，2016）

K_m是达到最大转运速率一半时的被转运物质浓度，用于衡量物质的转运速率

用红细胞和肝细胞设计葡萄糖摄取实验，发现由 GLUT 蛋白所介导的细胞对葡萄糖的摄取表现出酶动力学的基本特征，与简单扩散相比，极大地提高了葡萄糖的摄入速率（图 4-11）。

如果以转运速率为纵坐标，以外部葡萄糖浓度为横坐标，将跨膜转运方式的曲线进行比较就会发现，协助扩散具有以下特征。

1）葡萄糖载体蛋白介导的协助扩散比简单扩散转运速率高得多。

2）与酶催化反应相似，由 GLUT 蛋白所介导的细胞对葡萄糖的摄取表现出酶动力学特征，存在最大转运速率（V_{max}）。因此可用达到最大转运速率一半时葡萄糖的浓度作为其 K_m 值，用以衡量某种物质的转运速率。GLUT2 的 $K_m \approx 20$mmol/L（未显示），GLUT1 的 $K_m \approx 1.5$mmol/L。

3）比较不同分子的 K_m 值，可以发现不同的载体蛋白对溶质的亲和性不同，GLUT2 对葡萄糖的亲和性比 GLUT1 低。实验还发现，不同的载体蛋白具有转运特异性溶质的偏好性，GLUTI～GLUT4 在血糖生理浓度下转运葡萄糖，而 GLUT5 却偏好转运果糖。

4.2.2.2　水孔蛋白与水分子的快速跨膜转运

水分子的跨膜转运对维持不同区域的液体平衡和内环境稳态非常重要。水分子作为一种不带电荷且半径极小的极性分子，很早被证实能通过简单扩散穿透脂双层。但是，对于某些组织及其特殊功能（如肾小管的重吸收、从脑中排出额外的水、唾液和眼泪的形成等）来说，所需的水分快速跨膜转运是通过水孔蛋白介导的。

水孔蛋白普遍存在于细菌、植物和动物细胞质膜及植物细胞液泡膜上，是高效选择性转运水分子的特异孔道。迄今为止，已有 200 余种水孔蛋白在不同物种中被发现，其中在哺乳动物体内至少发现 13 种水孔蛋白，即 AQP0～AQP12（表 4-4）。

表 4-4　哺乳动物水孔蛋白的分布及功能（引自 Zhang et al.，2022）

水孔蛋白	组织分布	功能
AQP0（MIP）	晶状体囊内纤维细胞膜	较弱的水通透性，细胞黏着
AQP1（CHIP28）	红细胞膜、肾的近端小管、胆管、肺泡、气管、脑脉络丛、眼等多种组织	水通透性（如肾中的反向水运输），细胞迁移
AQP2	肾集合管	受激素调控，增加质膜水通透性
AQP3	红细胞、肾集合管、气管上皮、分泌腺和皮肤表皮等	对水、尿素和甘油都有较高通透性
AQP4	肾集合管、中枢神经系统、气管等	水通透性，与神经胶质的迁移及神经元的兴奋性有关

续表

水孔蛋白	组织分布	功能
AQP5	胰腺、泪腺和唾液腺的外分泌部及眼和肺	对水和甘油具通透性，对一些外分泌腺的分泌起作用
AQP6	肾α间质细胞的胞内囊泡	对水具有较低通透性，可以转运氯离子、尿素和甘油
AQP7	脂肪组织、肾、睾丸、心脏	对水和甘油具有通透性
AQP8	胰腺腺泡、肝及消化道的其他器官	水通透性，也能转运尿素和氨
AQP9	肝、脑部	水、甘油通透性，也转运嘌呤、嘧啶等小分子
AQP10	小肠的十二指肠及空肠	对水、甘油和尿素具有通透性
AQP11	睾丸、肾和肝	水通透性
AQP12	胰腺腺泡	水通透性（目前的功能研究很少）

根据结构和功能，将哺乳动物水通道蛋白划分为 3 个亚家族：经典水通道蛋白（classical aquaporin），包括 AQP0、AQP1、AQP2、AQP4、AQP5、AQP6 和 AQP8，主要运输水分子，其中 AQP6 和 AQP8 也被证明能够分别运输阴离子和氨；甘油水通道蛋白（aquaglyceroporin），包括 AQP3、AQP7、AQP9 和 AQP10，能够运输水及甘油、尿素等其他小分子；超水通道蛋白（super-aquaporin），包括 AQP11 和 AQP12，与经典水通道蛋白序列同源性较低，主要定位在细胞器膜上。目前的研究发现，水通道蛋白与呼吸系统疾病、多种癌症及神经系统疾病密切相关，如人类的先天性肾性尿崩症就是由于水孔蛋白基因突变造成的。

植物水通道蛋白与动物水通道蛋白同属于一个跨膜通道蛋白超家族，根据氨基酸序列同源性和亚细胞定位，可将其划分为 6 个家族：质膜内在蛋白（PIP）、液泡膜内在蛋白（TIP）、类 Nodulin26 膜内在蛋白（NIP）、小分子碱性膜内在蛋白（SIP）、类 GlpF 膜内在蛋白（GIP）和未明确分类的膜内在蛋白（如 XIP 和 HIP）。植物水通道蛋白基因的表达有些受环境因子或激素诱导，有些在植物组织或器官特异表达。植物水通道蛋白不仅可以高效转运水分子，还可有效介导其他小分子物质、营养元素及金属离子的运输，包括尿素、亚砷酸盐、硼、NH_4^+等，参与植物细胞的渗透调节、细胞的伸长与分化、气孔运动、光合作用等生长发育过程，有些水通道蛋白还与植物抗逆性有关。

水通道蛋白是一类高度保守的膜整合蛋白。目前，被人们广为接受的水通道蛋白三维结构是“沙漏模型”（hourglass model），模型指出：AQP1 由 269 个氨基酸残基组成，形成三对同源跨膜α螺旋（A 和 A’、B 和 B’、C 和 C’），肽链中两个亲水环均含有高度保守的天冬酰胺-脯氨酸-丙氨酸（Asn-Pro-Ala，NPA）特征性序列，两个环盘绕在 6 个跨膜螺旋形成的空腔中央，作为水分子选择通道，AQP1 的羧基端和氨基端均位于细胞质（图 4-12），所形成的亲水通道的直径约为 0.28nm，刚好能容纳单个水分子通过。在体内，AQP1 主要以同源四聚体的形式存在，但是水分子的跨膜渗透是通过水通道蛋白单体的中心通道完成的，而无法通过四聚体的中央孔洞（4 个单体衔接处的中心缝隙）。水通道蛋白形成对水分子高度特异的亲水通道，只容许水而不容许离子或其他小分子溶质通过。这种严格的选择性首先是由于通道内高度保守的氨基酸残基（Arg、His 及 Asp）侧链与通过的水分子之间形成了瞬时氢键，其次是由于水通道的孔径非常狭窄。

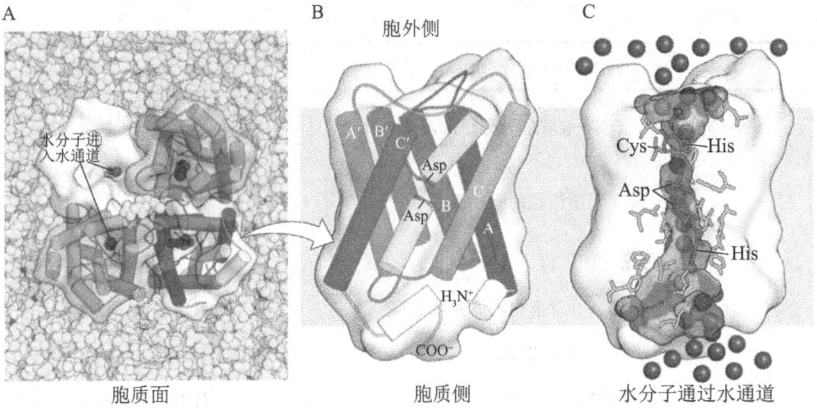

图 4-12　水通道蛋白结构示意图（引自 Lodish et al.，2016）

A. 四聚体水通道蛋白模型；B. 单个水通道蛋白亚基；C. 水通道蛋白亚基侧视图

水分子的跨膜转运对维持不同区域的液体平衡和内环境稳态非常重要。一般认为，水通道是处于持续开放状态的膜蛋白，水分子转运不需要消耗能量，也不受门控机制影响。水分子通过水通道的移动方向完全由膜两侧的渗透压差决定，水分子从渗透压低的一侧向渗透压高的一侧移动，直到两侧渗透压达到平衡。

总之，被动运输是小分子物质、离子等顺浓度梯度或电化学梯度的跨膜运输方式，该过程不消耗能量，有些能自发完成跨膜运输，有些则需要特异的载体蛋白或者通道蛋白等膜转运蛋白的参与。在跨膜转运过程中，这些膜转运蛋白发生可逆的构象变化。

水通道蛋白的发现之路

阿格雷（Peter Agre，1949～）出生于美国明尼苏达州小城诺斯菲尔德，1974 年在约翰斯·霍普金斯大学医学院获博士学位。起初他从事血液病的研究，关注的是妊娠期 Rh 抗原的不相容性。1988 年，在与同事一起从红细胞质膜上纯化 Rh 血型抗原时，他发现并纯化了一种“污染物”——存在于红细胞上的另一种蛋白质，这是一个 28kDa 的疏水性跨膜蛋白，被称为形成通道的整合膜蛋白 28（CHIP28）。针对这个“污染物”，阿格雷博士这样说：“按照常理，最明智的做法就是扔掉这个蛋白质，去做更重要的工作。”幸亏他没有按照常理出牌，否则，他就会与一个重大发现失之交臂。接下来的研究中，他与助手发现，这种“神秘”的膜蛋白在吸水能力很强的肾和红细胞中含量特别高。这引起了他的好奇，进一步的研究成就了阿格雷博士的一个重大发现。

1991 年，阿格雷完成了 CHIP28 蛋白 *N* 端肽链及完整 cDNA 序列的测序，获得了这一蛋白质的氨基酸序列，此时的他敏锐地意识到，这很可能就是大家一直在寻找的“水通道”。接着，他通过爪蟾卵母细胞实验证明了这一推测，他将 CHIP28 的 mRNA 注入爪蟾卵母细胞中，在卵母细胞中表达这种蛋白质，然后将细胞放入低渗介质，发现卵母细胞迅速膨胀，并于 5min 内破裂（图 4-13）。将纯化的 CHIP28 置入脂质体，也得到同样结果，说明 CHIP28 可以促进水分子快速、大量进入卵母细胞或者脂质体中，导致细胞或者脂质体胀破。采用抑制剂（Hg^{2+}）处理，这种吸水膨胀现象会被抑制，而 Hg^{2+} 抑制水通透性的作用在此之前已经明确，一系列实验证明了这种蛋白质是与水分快速跨膜转运相关的“水通道”。2000 年，阿格雷公布了世界上第一张水通道蛋白的高清立体结构照片，揭示了这种蛋白质执行水通道功能的结构基础。2003 年，阿格雷因发现水通道的重要贡献获得诺贝尔化学奖。

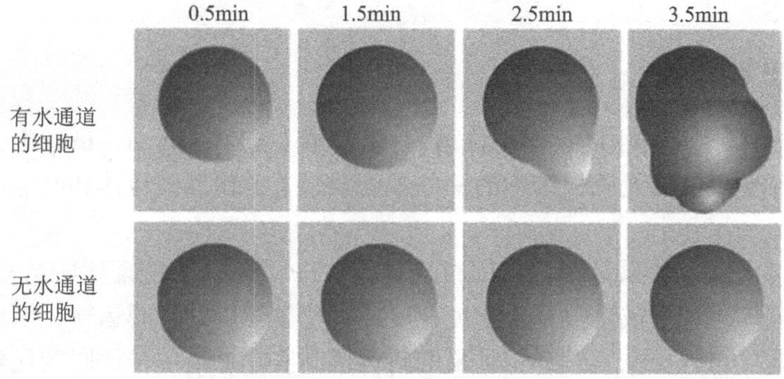

图 4-13　CHIP28 在爪蟾卵母细胞中表达的效应（引自 Preston et al.，1992）

4.3　主 动 运 输

在被动运输中，物质从高浓度向低浓度方向跨膜运输，最终达到膜两侧物质浓度的平衡。但是实际上，活细胞内外的物质浓度差别较大（表 4-1），即使在真核细胞内不同的细胞器中，其成分也与细胞质中的浓度存在显著的差别，细胞所需的营养物质不可能完全依赖被动运输的方式吸收。主动运输在维持细胞内外、细胞质和细胞器内部离子等物质的浓度差，以及物质的吸收中具有至关重要的作用。

主动运输是由载体蛋白所介导的、物质逆浓度梯度或电化学梯度由低浓度一侧向高浓度一侧跨膜转运的方式。转运的溶质分子其自由能变化为正值，需要与某种释放能量的过程相偶联。因此，主动运输具有 4 个基本特点，即逆浓度梯度或电化学梯度运输、依赖膜转运蛋白的参与、需要消耗能量、具有选择性和特异性。

主动运输普遍存在于原核细胞和真核细胞中，根据主动运输过程所需能量来源的不同，可将主动运输归纳为 3 种基本类型：ATP 直接供能的主动运输（ATP 驱动泵）、ATP 间接供能的主动运输（协同转运蛋白）及光能驱动的主动运输（光驱动泵）（图 4-14）。ATP 直接供能的主动运输在物质跨膜转运中直接伴随 ATP 的水解，利用释放出的能量驱动离子或者小分子的逆浓度梯度转运。ATP 间接供能的主动运输通过特定的协同转运蛋白介导离子和小分子的跨膜运

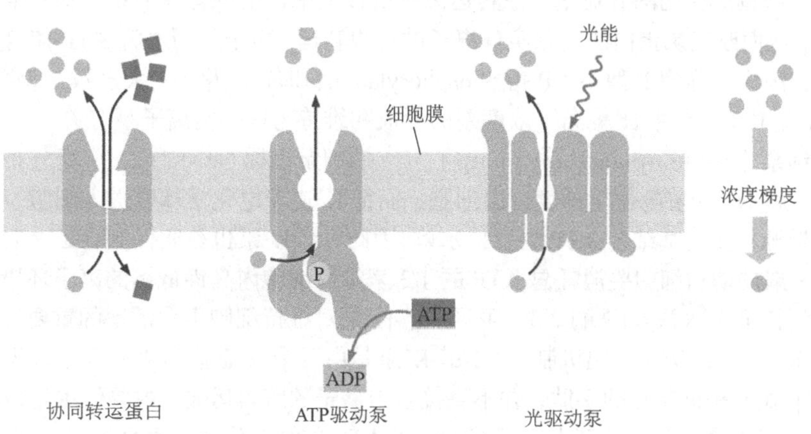

图 4-14　主动运输的 3 种类型（引自 Alberts et al.，2019）

输，消耗的能量来自某种离子的电化学梯度。光驱动泵主要发现于细菌中，物质的跨膜运输是与光能的驱动相关。

4.3.1 ATP 驱动泵

由 ATP 直接提供能量的主动运输也称 **ATP 驱动泵（ATP-driven pump）**，广泛存在于细菌、真核生物的细胞膜，以及真核细胞的一些细胞器膜上，包括线粒体和叶绿体内膜、溶酶体膜、液泡膜等。

ATP 驱动泵本身是一类载体蛋白，同时也具有 ATP 酶活性，能催化所结合的 ATP 水解，利用释放出的能量实现离子或小分子逆浓度梯度或电化学梯度的跨膜运输，因此也被称为转运 ATPase（transport ATPase）。ATP 驱动泵的转运机制实际上是一种偶联的化学反应，离子或小分子逆电化学梯度的转运（需要能量）与 ATP 水解（释放能量）相偶联。由于这种主动运输直接利用水解 ATP 提供的能量，因此又称初始主动运输（primary active transport），每秒转运的分子数为 1～1000。

根据泵蛋白的结构和功能特性，ATP 驱动泵可分为 4 类：P 型泵、V 型质子泵、F 型质子泵和 ABC 超家族等，其中前三种转运离子，ABC 超家族主要转运小分子物质（图 4-15）。

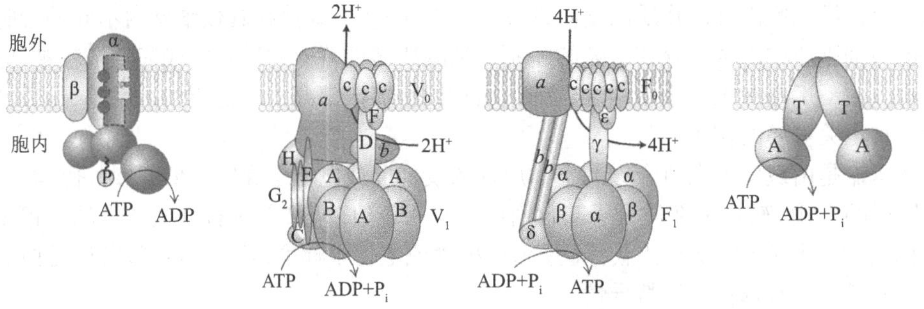

图 4-15 ATP 驱动泵的主要类型（引自 Lodish et al.，2016）

4.3.1.1 P 型泵

P 型泵（P-type pump）含有两个独立的 α 催化亚基，具有 ATP 结合位点；绝大多数 P 型泵还具有两个起调节作用的 β 亚基。在转运离子的过程中，至少有一个 α 亚基发生磷酸化和去磷酸化反应，从而改变泵蛋白的构象实现离子的跨膜转运。由于经历水解 ATP 使自身形成磷酸化的中间体，因而被称为 **P 型泵**（P 指 phosphorylation，即磷酸化）。大多数 P 型泵是离子泵，细胞内外 Na^+、K^+、Ca^{2+}、H^+等离子浓度差的形成和维持与这一类离子泵有关。

（1）**钠钾泵（sodium-potassium pump）** 钠钾泵也称 Na^+-K^+泵，广泛分布在动物细胞的细胞膜上，将 Na^+逆着电化学梯度运出细胞，而把 K^+逆着电化学梯度送入细胞。由于驱动这一过程的能量源自 α 亚基结合 ATP 的直接水解，因此 Na^+-K^+泵也被叫作 Na^+-K^+ ATP 酶（Na^+-K^+ ATPase）。一般的动物细胞要消耗总 ATP 的 1/3 来维持细胞内高钾低钠的离子环境。在神经细胞中，能量消耗可高达总 ATP 的 2/3，可见 Na^+-K^+泵对维持细胞生命活动的重要性。

1）Na^+-K^+ 泵的结构与作用机制 Na^+-K^+泵是由两个 α 亚基和两个 β 亚基组成的四聚体（图 4-16），β 亚基是糖基化的多肽，并不直接参与离子的跨膜运输，主要作用是帮助在内质网新合成的 α 亚基折叠。在 α 亚基上不仅有 Na^+和 ATP 的结合位点，而且有 K^+或乌苯苷的结合位点，由于乌苯苷与 K^+竞争结合至 α 亚基，因此能抑制 Na^+-K^+泵的活性。

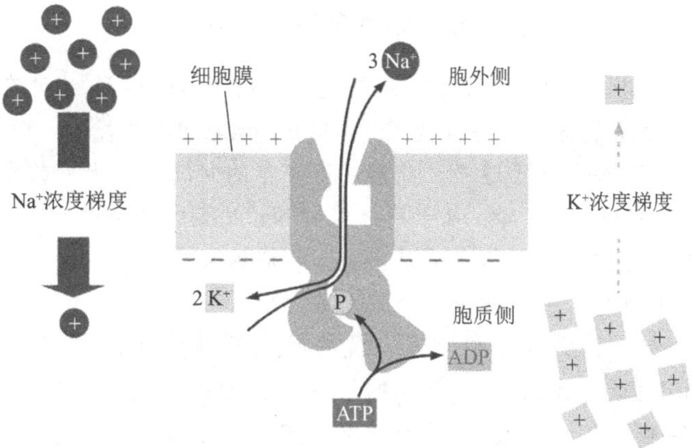

图 4-16　Na^+-K^+泵的结构模式图（引自 Alberts et al.，2019）

Na^+-K^+泵运行机制的本质是通过可逆磷酸化改变构象，介导 Na^+和 K^+逆电化学梯度的跨膜运输（图 4-17）。

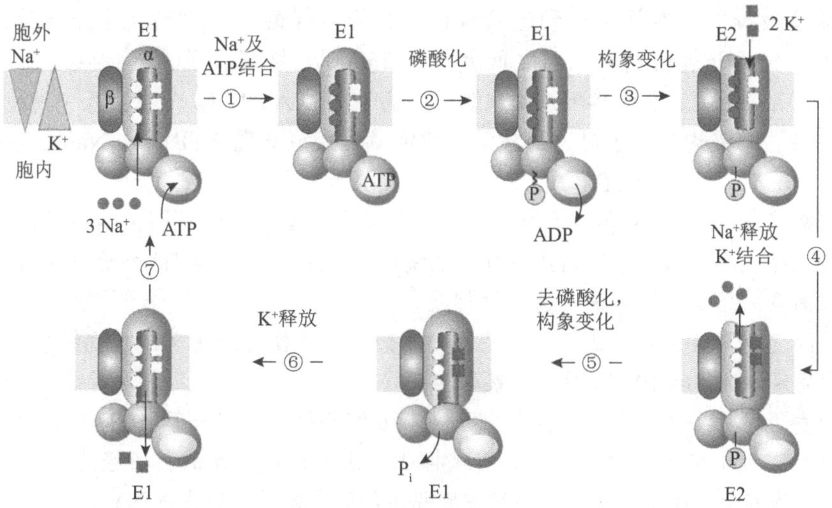

图 4-17　Na^+-K^+泵的运行机制（引自 Lodish et al.，2016）

在胞质侧 α 亚基与 3 个 Na^+结合，促进 α 亚基结合的 ATP 水解，α 亚基上一个天冬氨酸残基磷酸化引起 α 亚基构象发生变化，将 Na^+泵出细胞；在胞外侧，2 个 K^+与 α 亚基结合，使其去磷酸化，α 亚基构象再次发生变化，将 K^+泵进细胞，完成一次循环。从整个过程可以看出，Na^+-K^+泵的运行机制是 Na^+依赖的磷酸化和 K^+依赖的去磷酸化，通过引起 Na^+-K^+ 泵构象的周期性变化，泵出 3 个 Na^+和泵进 2 个 K^+，每轮循环消耗 1 个 ATP。Na^+-K^+泵的这种周期性循环发生频率极高，每秒钟约 1000 次。

研究 Na^+-K^+ 泵常用的抑制剂有洋地黄、乌苯苷、地高辛等，其作用机制是抑制 Na^+-K^+ 泵活性，从而降低细胞膜内外离子浓度差，导致细胞内 Na^+增高；而 Mg^{2+}和少量的膜脂则有助于 Na^+-K^+泵活性的提高；氰化物可中断 ATP 供应，使 Na^+-K^+泵失去能源而停止工作。

钠钾泵的发现历程

人类对钠钾泵的认识过程，可以追溯到发现细胞内外Na^+和K^+浓度存在差异这一现象时。早在1846年，著名德国化学家李比希（Justus von Liebig）发现，肌肉组织比血液中的K^+浓度高得多，而Na^+则低得多。此后一百多年的时间里，人们都在找寻细胞内外离子分布差异的机制，直到1941年，基于用放射性Na^+对肌肉细胞进行实验，提出了在细胞膜上存在着“钠泵”的推测，能将Na^+泵出去，相应地将K^+泵进来。不过，就当时而言，“钠泵”还只是一个猜想，并不知道这个泵是如何发挥作用的。

斯科是第一个发现钠钾泵的科学家，他的研究是以霍奇金（Alan Lioyd Hodkin）和凯恩斯（Richard Darwin Keynes）等的研究工作为基础的，此前二人一直在研究受刺激之后的神经细胞中Na^+和K^+的运动情况。1956年，霍奇金和凯恩斯发现，将ATP注射到氰化钾中毒的枪乌贼的巨大神经轴突后，并不能使细胞逐出Na^+的主动运输得到恢复。斯科此时正在丹麦奥胡斯大学攻读医学博士学位，并从事局部麻醉研究，他对“钠泵”的研究也产生了浓厚的兴趣，随后他受到1948年发表的《枪乌贼巨大神经轴突鞘上有ATP水解酶存在》文献的启发，产生了分离这种酶的想法。由于当时他只是一名助理教授，没有资格得到枪乌贼巨大神经这样的实验材料，于是他选择了螃蟹神经作为替代品开展研究，几年之间大约有25000只螃蟹成了斯科的实验品。

功夫不负苦心人，斯科终于从细胞膜上分离了这种ATP酶。他在实验中发现，用这种ATP酶制备盐溶液进行实验时，结果很不稳定。后来他发现ATP酶在Na^+盐溶液和K^+盐溶液中活性不同，推测ATP酶表现出来的水解活性差异与ATP本身没有关系，而是与Na^+和K^+离子有关。1958年，斯科发现能够抑制主动运输的哇巴因（Ouabain）同样能够影响ATP酶的活性，首次将ATP酶与钠泵联系了起来。由于Na^+的外运与K^+的内运是偶联的，“钠泵”后来更多地被称为“钠钾泵”。

斯科的发现开启了人类认识离子泵的先河，具有里程碑的意义，此后钙泵、氢钾泵等也相继被发现。1997年10月，瑞典皇家科学院宣布，延斯·克里斯蒂安·斯科（Jens Christian Skou）因发现了第一个离子泵——钠钾泵，与另外两位科学家分享1997年的诺贝尔化学奖。斯科在诺贝尔奖领奖的演讲中，有这样一段话来描述自己的科研经历：“回想起来，钠泵的实验确实十分简单，仅仅是穿过细胞膜，从而能接近细胞内的Na^+活性中心和外侧的K^+活性中心，加入一些ATP并测试对Na^+和K^+的综合效果。这本该由某一位在转运领域并对主动运输有所了解的人来做这一工作。我感觉自己是闯入了一个本不属于我的领域。”

2）Na^+-K^+泵的主要生理功能。

A. 参与细胞膜电位的形成。物质跨膜运输的结果是产生并维持了膜两侧不同物质特定的浓度分布，对某些带有电荷的物质，特别是对离子来说，就形成了膜两侧的电位差。利用膜片钳技术便可测出细胞膜两侧各种带电物质形成的电位差的总和（膜电位）。细胞在静息电位状态时，质膜内侧膜电位为负，外侧为正。每一个工作循环，Na^+-K^+泵从细胞泵出3个Na^+并泵入2个K^+，这一效应对膜电位的形成有10%的贡献。

B. 维持细胞渗透平衡，调节细胞体积。动物细胞内的固有阴离子和伴随其存在的许多阳离子，共同形成一个要把水“拉”进来的渗透压，与其对抗的是细胞外渗透压，这主要由Na^+、Cl^-等无机离子造成。但细胞外高钠使Na^+有顺其梯度流入细胞的倾向，Na^+-K^+泵把流入的Na^+不断泵出，维持了膜内外渗透压的平衡。

在无任何相反压力时，水向细胞的渗透运动将使细胞膨胀甚至破裂。不同细胞采用不同的机制解决这种危机：动物细胞借助 Na^+-K^+泵维持渗透平衡；植物细胞以其坚韧的细胞壁防止膨胀和破裂，于是能耐受较大的跨膜渗透差异；生活在水中的一些原生动物（如草履虫），通过收集管和伸缩泡收集和排除过量的水及废物。

C. 参与营养物质的吸收。在肠和肾小管上皮细胞质膜上存在多种利用 Na^+梯度的同向运输载体，各自负责运送一种溶质，即一组特异糖类或氨基酸进入细胞。在运输过程中，溶质和 Na^+结合于膜转运蛋白的不同位点上，Na^+顺其电化学梯度进入细胞，而糖或氨基酸，在某种意义上可以说被一起“拽”了进来。Na^+的电化学梯度越大，溶质进入细胞的速率也就越高。总之，动物细胞利用质膜两侧的 Na^+电化学梯度吸收营养，而 Na^+电化学梯度的维持要依赖质膜上的 Na^+-K^+泵。

Na^+-K^+泵特异位点氨基酸的突变可能导致人类一些罕见的疾病。例如，X 连锁隐性遗传肌张力障碍帕金森综合征（X-linked recessive dystonia-Parkinsonism），就是 α 亚基第 785 位氨基酸由苯丙氨酸突变为亮氨酸、第 618 位的苏氨酸突变为甲硫氨酸，导致在胞内侧与 Na^+的亲和性降低，破坏了细胞内部钠稳态。

（2）**钙泵（calcium pump）**　真核细胞胞质中游离 Ca^{2+}浓度很低（约 10^{-7}mol/L），而细胞外 Ca^{2+}浓度则很高（约 10^{-3}mol/L），在一些细胞器内部也维持较高的 Ca^{2+}浓度。Ca^{2+}的这种差异分布对维持细胞生命活动的正常进行非常重要，受到各种 Ca^{2+}相关膜转运蛋白的调节，如各种各样的 Ca^{2+}通道、钙泵等。

钙泵也称 Ca^{2+}泵或 Ca^{2+}-ATPase，分布于所有真核细胞的质膜和某些细胞器如内质网、叶绿体、液泡膜上，其中研究得最清楚和最为典型的钙泵是位于肌肉细胞肌质网（特化的内质网）膜上的钙泵，约占肌质网膜蛋白总量的 90%，易于纯化。当储存在肌质网腔中的 Ca^{2+}通过钙通道释放到胞质中时，将引发肌肉收缩；通过肌质网膜上的 Ca^{2+}泵将 Ca^{2+}从胞质泵回到肌质网腔中，则诱导肌肉舒张。

在肌细胞的胞质中，游离 Ca^{2+}浓度为 10^{-7}mol/L（静息态）～10^{-6}mol/L（收缩态），而肌质网中的 Ca^{2+}浓度可高达 10^{-2}mol/L。肌质网腔中富含高亲和力的钙结合蛋白，可以结合多个 Ca^{2+}，从而降低了肌质网中“游离”Ca^{2+}浓度，也降低了胞质和肌质网腔之间的 Ca^{2+}浓度梯度，使 Ca^{2+}从胞质泵入肌质网所需的能量减少。肌细胞内 Ca^{2+}泵的活性随着胞质中游离 Ca^{2+}浓度升高而增加，肌质网膜上 Ca^{2+}泵与质膜上 Ca^{2+}泵协同作用，确保了静息肌肉细胞胞质中游离 Ca^{2+}浓度保持在 0.1μmol/L 以下。

Ca^{2+}泵是由 1000 个氨基酸残基组成的跨膜蛋白，与 Na^+-K^+泵的 α 亚基同源，每一泵单位含有 10 个跨膜 α 螺旋，其中 3 个螺旋与跨越脂双层的中央通道相连。在转运 Ca^{2+}过程中，Ca^{2+}泵经历由磷酸化和去磷酸化引发的构象周期性变化，位于跨膜结构域中心的 Ca^{2+}结合位点面向胞质侧时为 E1 状态，面向肌质网腔时为 E2 状态。Ca^{2+}泵结合 Ca^{2+}及 ATP 水解，引起 Ca^{2+}泵构象以特定的顺序发生变化（图 4-18）。

Ca^{2+}泵的运行机制大致分成 6 个阶段。①当 Ca^{2+}泵处于 E1 构象时，即使胞内 Ca^{2+}浓度较低，面向胞质侧的两个 Ca^{2+}高亲和力结合位点也能够结合 2 个 Ca^{2+}。接下来，ATP 与胞质侧结合位点结合。② Ca^{2+}泵结合的 ATP 在 Mg^{2+}存在的条件下水解为 ADP，释放的磷酸盐被转移到 Ca^{2+}泵特定的天冬氨酸残基上，形成高能的酰基磷酸键 E1～P。③然后，Ca^{2+}泵发生构象变化转变为朝向肌质网腔开放的 E2 状态，与 2 个 Ca^{2+}的亲和力降低。④E1～P 中天冬氨酸磷酸键的水解能大于 E2～P 中天冬氨酸磷酸键的水解能，从而推动了 E1 向 E2 状态的转换。尽管肌质网腔中的 Ca^{2+}浓度高于胞质，但是当处于低亲和力状态时，Ca^{2+}仍从 Ca^{2+}泵结合部位解离，释放到肌质网腔中。⑤随后天冬氨酸磷酸键被水解。⑥Ca^{2+}泵去磷酸化，完成一次循环。

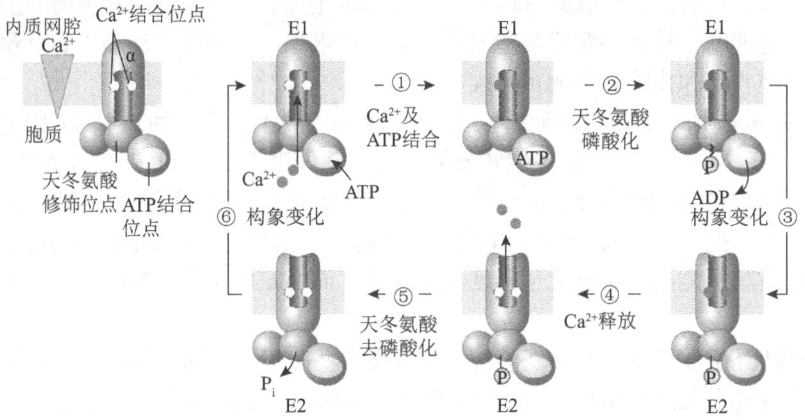

图 4-18　肌细胞内质网膜上 Ca^{2+}泵的运行机制（引自 Lodish et al.，2016）

当细胞膜上的 Ca^{2+}渗透通道开放并允许细胞外 Ca^{2+}流入细胞内时，细胞内 Ca^{2+}浓度可以增加 10～100 倍。细胞内 Ca^{2+}的浓度能够被专门的钙结合蛋白感知，此类蛋白质能够通过开启/关闭其他蛋白质活性来改变细胞的行为。1883 年，Sydney Ringer 首次证明了细胞外 Ca^{2+}对细胞活动的重要性，当时他发现，悬浮在富钙自来水制成的氯化钠溶液中的大鼠心脏收缩良好，而如果使用蒸馏过缺乏 Ca^{2+}的水，心脏的跳动很差，并很快停止。

许多钙结合蛋白使用 EF 手型/螺旋-环-螺旋结构与 Ca^{2+}结合。**钙调蛋白（calmodulin，CaM）**是一种被广泛研究的 EF 手型蛋白，存在于所有真核细胞中，既可以作为单体蛋白存在，也可以形成多聚体。钙调蛋白分子呈哑铃状，含有 4 个与 Ca^{2+}结合的 EF 手型结构（图 4-19）。与 Ca^{2+}结合后，钙调蛋白构象发生变化，允许 Ca^{2+}-CaM 复合物与多种靶蛋白中的保守序列结合，从而开启或关闭靶蛋白的活性，起到“开关”蛋白质的作用。在动物细胞膜上分布的 Ca^{2+}泵，其 C 端有钙调蛋白的结合位点，当胞内 Ca^{2+}浓度升高时，Ca^{2+}与钙调蛋白结合形成激活的 Ca^{2+}-CaM 复合物，并与 Ca^{2+}泵结合，进而调节 Ca^{2+}泵的活性，而内质网型的 Ca^{2+}泵则比较特殊，没有钙调蛋白的结合域。

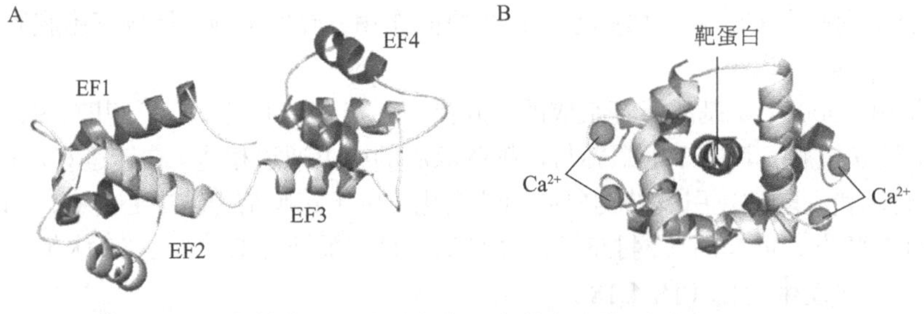

图 4-19　Ca^{2+}与钙调蛋白结合进一步引起靶蛋白构象变化（引自 Lodish et al.，2016）

A.钙调蛋白的结构 ；B.Ca^{2+}-CaM 复合物与靶蛋白结合

质膜或肌质网膜两侧的 Ca^{2+}浓度梯度有十分重要的生物学意义。Ca^{2+}是细胞内重要的信号分子，当某些细胞外信号作用于细胞时，细胞应答信号的方式之一是迅速提高胞质中 Ca^{2+}浓度，进而激活钙调蛋白等钙的应答蛋白，再进一步向下游传递信号，最终产生相应的生物学效应。胞质中 Ca^{2+}浓度的迅速提高源于质膜、内质网膜上的 Ca^{2+}通道，有某些条件时，通道开启，Ca^{2+}

顺其浓度梯度以协助扩散的方式迅速释放到胞质中。对于可兴奋细胞来说，胞内 Ca^{2+}浓度的迅速提高也是这些细胞之间建立联系的一种方式。例如，神经末梢的去极化引发 Ca^{2+}内流，导致末梢释放神经递质乙酰胆碱；肌肉细胞的去极化引起肌质网中 Ca^{2+}释放至胞质，导致肌纤维收缩等。

（3）P 型 H^+泵　在细菌、酵母的质膜及植物细胞一些细胞器膜上，许多由离子梯度驱动的主动运输是依赖 H^+而非 Na^+的。这类膜上虽然没有 Na^+-K^+泵，但有 P 型 H^+泵（也称为 H^+-ATPase）。质膜上的 P 型 H^+泵消耗 ATP，将 H^+泵出细胞，建立和维持跨膜的 H^+电化学梯度（类似动物细胞的 Na^+的电化学梯度），并利用跨膜的 H^+电化学梯度来驱动溶质摄入细胞。

此外，在一些真核细胞的细胞器膜上，如动物细胞的溶酶体及植物和真菌细胞的液泡膜上也存在 H^+泵。以主动运输的方式，将 H^+从胞质运输到细胞器内部，不仅有助于维持胞质的中性 pH 环境，而且也维持这些细胞器内部的酸性 pH 环境，与细胞器的功能直接相关（图 4-20）。

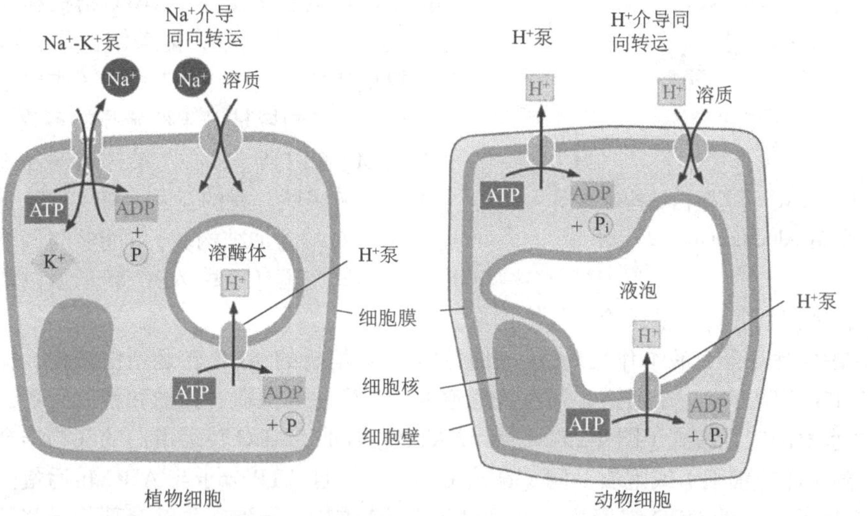

图 4-20　植物及动物细胞中的 H^+泵（引自 Alberts et al.，2019）

4.3.1.2　V 型质子泵和 F 型质子泵

V 型质子泵（V-type proton pump）广泛存在于动物细胞胞内体、溶酶体、破骨细胞和某些肾小管细胞的质膜及植物、酵母和其他真菌细胞液泡膜上，所以又称膜泡质子泵（vesicle proton pump）。F 型质子泵（F-type proton pump）存在于细菌质膜、线粒体内膜和叶绿体类囊体膜上，F 是氧化磷酸化或光合磷酸化偶联因子（factor）的缩写。

V 型质子泵和 F 型质子泵彼此相似，但与 P 型泵无关且更为复杂。V 型质子泵和 F 型质子泵都含有几种不同跨膜和胞质侧亚基。与 P 型泵不同的是，V 型质子泵和 F 型质子泵功能上都是只转运质子，并且在转运 H^+过程中，泵蛋白不形成磷酸化的中间体。

V 型质子泵是利用 ATP 水解供能，从胞质中逆 H^+电化学梯度将 H^+泵入细胞器，以维持胞质中性 pH 和细胞器内酸性 pH；F 型质子泵以相反的方式发挥其生理作用，即 H^+顺浓度梯度运动，将所释放的能量与 ATP 合成偶联起来，如线粒体的氧化磷酸化和叶绿体的光合磷酸化作用，因此，F 型质子泵也被称作 H^+-ATP 合酶（H^+-ATP synthase）（见第 7 章）。

4.3.1.3　ABC 超家族

（1）ABC 转运蛋白的结构　**ABC 超家族（ABC superfamily）**又称 ABC（ATP-binding cassette）转运蛋白，是在所有生物中发现的最大、最古老的蛋白质超家族之一。早在 20 世纪 70 年代，在细菌对营养物质吸收的研究中首次发现了这类转运蛋白，随后在动物细胞中发现由于这类蛋白质可将与其结合的物质逆浓度地排至胞外，赋予了细胞多药耐药性（multidrug resistance），因此在肿瘤治疗相关领域研究中受到广泛关注。ABC 转运蛋白能够通过结合并水解 ATP，驱动维生素、类固醇、脂质、离子、抗生素、蛋白质、多糖等多种物质的跨膜运输。

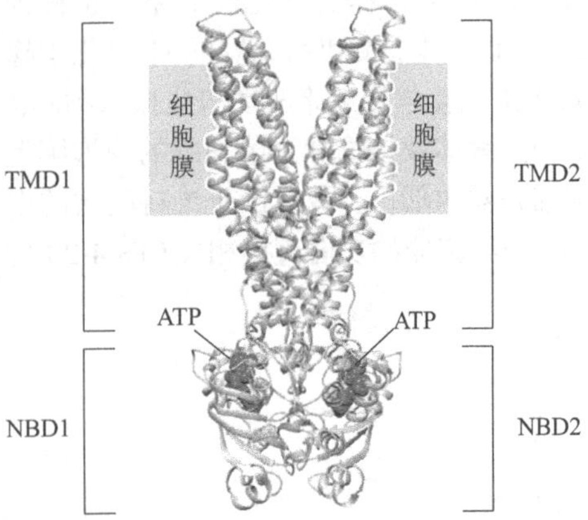

图 4-21　ABC 转运蛋白结构示意图
（引自 Alberts et al.，2019）

所有 ABC 转运蛋白都有类似的结构模式，共有结构包括 2 个跨膜结构域（transmembrane domain，TMD）和 2 个核苷酸结合域（nucleotide-binding domain，NBD）（图 4-21）。TMD 结构域由 10 个跨膜 α 螺旋组成，形成跨膜转运通道，并决定每个 ABC 蛋白的底物特异性，序列随转运底物的不同而具有多样性。NBD 结构和序列高度保守，具有 ATP 酶活性，能够结合并水解 ATP，为转运提供能量。一些 ABC 蛋白（主要是细菌中）其“核心”结构域是以 4 种分开的多肽存在的；另一些 ABC 蛋白其“核心”结构域融合成 1 个或 2 个多结构域多肽。有的亚家族如 CUT1 和 MOT2，还有 2 个 C 端附加结构域，可能参与调节二聚体的形成及解聚，还有一些 ABC 转运蛋白则依赖膜外结合蛋白，来识别底物并呈送给跨膜结构域。

（2）ABC 转运蛋白的工作模式　根据目前已经解析的 ABC 转运蛋白结构，在两个跨膜结构域 TMD 之间存在一个通道，通过该通道的构象变化来摄取、传输和释放底物，这是一种偶联 ATP 水解的门控模式（图 4-22）。在与 ATP 结合前，ABC 转运蛋白的底物结合位点暴露于胞外一侧（原核细胞）或胞质一侧（真核细胞）。一旦 ATP 分子与 ABC 转运蛋白结合，将诱导 ABC 转运蛋白的 NBD 二聚化，进而引起 TMD 重排，导致底物结合部位暴露于质膜的另一侧；而 ATP 水解及 ADP 的解离将导致二聚化的 NBD 解离，引起转运蛋白构象恢复原有状态。这样通过 ATP 分子的结合与水解，ABC 转运蛋白就能完成小分子物质的跨膜转运。

ABC 转运蛋白能够实现多种物质的跨膜运输，因此无论在原核生物还是真核生物中都发挥着重要的生理功能。一些向内转运蛋白可以促进氨基酸、糖类等营养物质从胞外环境转运进入胞内，从而促进细胞生长。直到 2003 年在植物中也发现了 ABC 内向转运蛋白，才证明向内转运蛋白不仅存在于原核生物中也存在于真核生物中。同样，ABC 外向转运蛋白在原核生物和真核生物中均存在，具有“排毒”的功能，可将抗生素、脂肪酸等不利于细胞生长的物质排出胞外，有助于在细胞内将非必需的外源物质或次级代谢产物保持在较低的浓度范围，进而减轻了细胞的生长压力，维持了细胞的正常生长，极大地提升了细胞的存活率。ABC 转运蛋白的生理功能多样，参与诸如维持细胞内外的渗透压平衡、细胞分化、细菌免疫、胆固醇及脂质的运输，以及真核生物的信号转导、蛋白质的分泌及抗原呈递等过程。

（3）ABC 转运蛋白与疾病　迄今为止，在人类基因组中已发现 48 个 ABC 转运蛋白，根据 ABC 转运蛋白保守区序列的同源性，可将其分为 7 个亚型（ABCA～ABCG），ABC 蛋白几乎活跃于人体所有的细胞和组织中（图 4-23），具有广泛的底物特异性和重要的生物学功能。

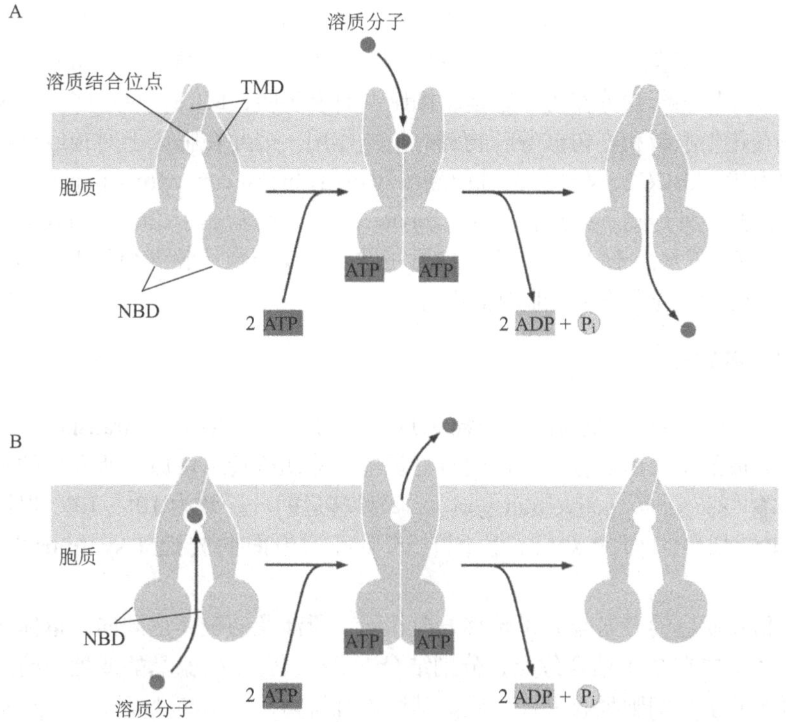

图 4-22　原核细胞（A）和真核细胞（B）ABC 转运蛋白的结构与工作示意图（引自 Alberts et al.，2019）

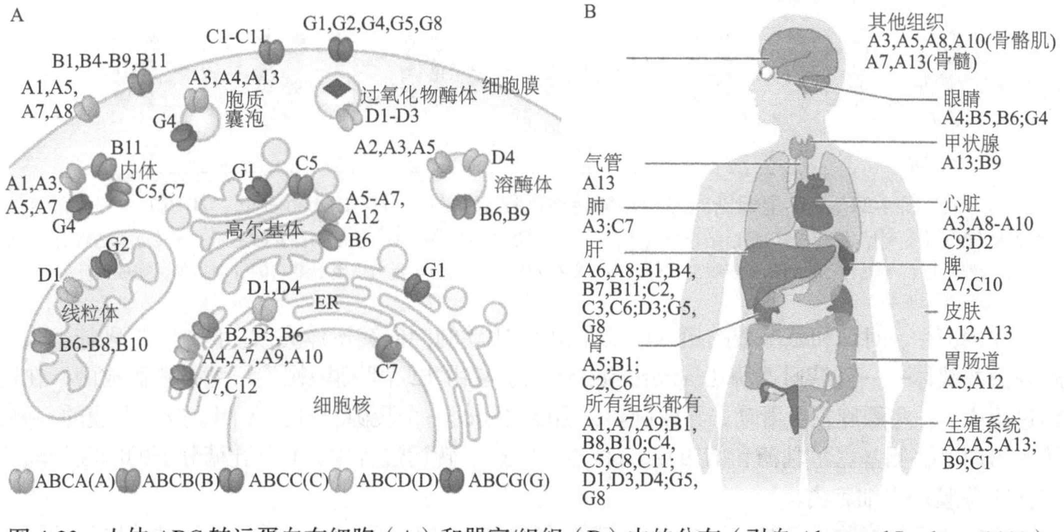

图 4-23　人体 ABC 转运蛋白在细胞（A）和器官/组织（B）中的分布（引自 Alam and Locher，2023）

ABC 转运蛋白的功能紊乱会导致人体一系列疾病的发生。目前已知有 20 多种 ABC 转运蛋白与人类疾病相关，如 ABCA4 与眼点黄色斑点症（Stargardt disease）有关，ABCA7 与阿尔茨海默病（Alzheimer’s disease）有关，ABCB2/3 的突变会导致免疫缺陷，ABCC7 的突变则会导致囊性纤维化（cystic fibrosis）等。

此外，ABC 转运蛋白还与多种疾病的耐药性有关。P-gp（ABCB1）、MRP1（ABCC1）和 ABCG2 这几类转运蛋白被发现在肿瘤细胞的细胞膜上异常高表达。其中 P-gp 是目前研究的最深入的 ABC 转运蛋白，由人类 *ABCB1* 基因编码，该基因在全身广泛表达，在小肠、肝、肾等器官的上皮细胞表面高表达。P-gp 在外源性防御系统中扮演重要角色，可将有机阳离子、碳水化合物、抗生素及抗癌药物等作为底物运出细胞。研究表明，MRP1 对某些治疗癌症的药物，如蒽环类、长春花生物碱和喜树碱等药物都有抵抗作用，因此在临床上对神经母细胞瘤的治疗造成了极大的困扰。ABCG2，又被称为乳腺癌耐药蛋白（breast cancer resistance protein，BCRP），可以使癌细胞抵抗多种药物，如拓扑替康（topotecan）、米托蒽醌（mitoxantrone）和柔红霉素（daunorubicin）等。正是由于 ABC 转运蛋白可将肿瘤治疗药物从肿瘤细胞中排出，因此常作为多药耐药性抑制靶点被应用在肿瘤临床治疗中。

4.3.2　协同转运

协同转运（cotransport）是靠间接消耗 ATP、由协同转运蛋白（cotransporter）介导的多种离子和分子所完成的主动运输方式。协同转运蛋白又称偶联转运蛋白，所介导的主动运输又称为**次级主动运输**（secondary active transport），每秒转运的分子数为 10^2～10^4。根据物质运输方向与离子电化学梯度方向的关系，协同转运又可分为**同向转运（symport）**和**反向转运（antiport）**。

同向转运指物质运输方向与离子转移方向相同，所涉及的载体是同向转运体。在动物细胞中，同向转运体蛋白有 2 个结合位点，分别结合 Na^+和被转运的氨基酸或葡萄糖。例如，小肠上皮细胞和肾小管上皮细胞吸收葡萄糖或氨基酸等有机物，就是与 Na^+相伴，从胞外一起进入细胞内的（图 4-24）。

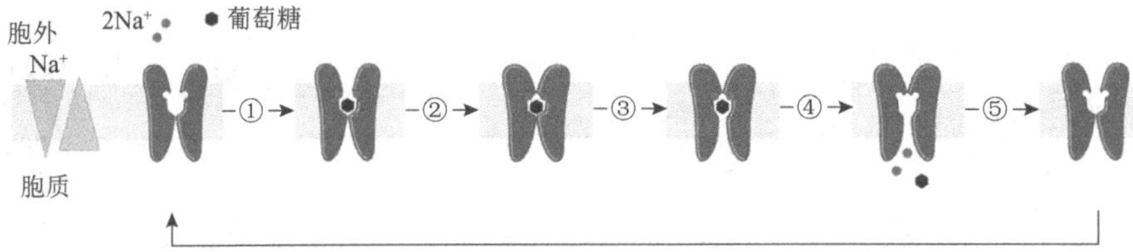

图 4-24　Na^+-葡萄糖同向转运体转运过程示意图（引自 Lodish et al.，2016）

①2 个 Na^+和 1 个葡萄糖分子与转运蛋白结合位点结合；②引起蛋白质构象变化，使底物被暂时封闭；③转运蛋白转变为向胞质侧开放；④2 个 Na^+和葡萄糖脱离转运蛋白，释放到胞质；⑤转运蛋白恢复成最初的外向构象，完成循环

在细菌中，对糖和氨基酸的摄入主要是由 H^+驱动的同向转运体完成。例如，将乳糖运入大肠杆菌的载体——乳糖通透酶（lactose permease）是由 12 个跨膜α螺旋松弛折叠而成的，在运输过程中，一些螺旋发生滑动，导致倾斜，螺旋之间的一个裂隙打开又关闭，先是向膜的一侧，然后再向另一侧暴露了乳糖和 H^+的结合位点。在这一转运过程中，1 个乳糖分子的吸收伴随着 1 个 H^+跨膜进入细胞内。

反向转运是指物质跨膜转运的方向与离子转移的方向相反，参与反向转运的协同转运蛋白又称反向转运体。动物细胞膜上 Na^+/Ca^{2+}反向转运是通过 Na^+/Ca^{2+}反向转运蛋白（也称 Na^+/Ca^{2+}交换器）进行的，可以通过 Na^+的内流，将 Ca^{2+}送出细胞，降低胞质 Ca^{2+}的浓度，因此 Na^+/Ca^{2+}交换蛋白参与了对胞内 Ca^{2+}浓度的调控（图 4-25）。

此外，动物细胞常通过 Na^+驱动的 Na^+/H^+反向转运方式来调节细胞内的 pH。细胞内特定的 pH 是细胞正常代谢活动所需要的，在不分裂的细胞内 pH 为 7.1～7.2，当细胞受到生长因子等刺激后，胞内 pH 由 7.2 提高到 7.4，细胞开始生长与分裂，在这一过程中，细胞中的 H^+减少约

40%，这主要由质膜上的 Na^+/H^+ 反向转运体完成，即 H^+ 输出伴随 Na^+ 输入细胞。而在细胞器中，也存在类似的现象。例如，在线粒体中，Na^+/H^+ 反向转运是由 H^+ 电化学梯度驱动的，将 Na^+ 由内膜的基质一侧转运出来。

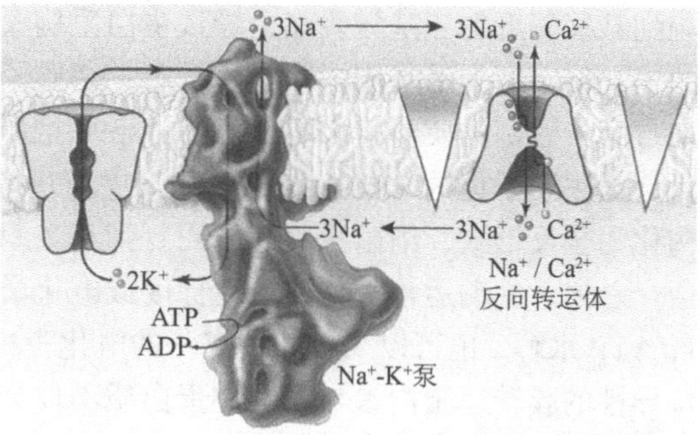

图 4-25　Na^+/Ca^{2+} 反向转运体示意图（引自 Thomas et al.，2017）

与 ATP 驱动泵直接利用水解 ATP 提供的能量不同，协同转运蛋白同时转运两种不同溶质，所利用的能量储存在其中一种溶质的电化学梯度中。在动物细胞的质膜上，Na^+ 是常用的协同转运离子，它的电化学梯度为另一种分子的主动运输提供驱动力。在细菌、酵母、植物及动物细胞的细胞器膜上，绝大多数主动运输系统是靠 H^+ 电化学梯度来驱动的（表 4-5）。

表 4-5　协同转运蛋白举例（引自 Thomas et al.，2017）

转运体	转运类型	分布	转运底物	功能
ANC	反向转运	线粒体	ADP/ATP	ADP 与 ATP 交换
Band 3	反向转运	红细胞	HCO_3^-/Cl^-	调节 pH
SGLT1	同向转运	肠上皮细胞	Na^+/葡萄糖	葡萄糖摄取
ASBT	同向转运	肠上皮细胞	Na^+/胆汁酸	胆汁酸回收
NCE	反向转运	肌肉细胞	$3Na^+/Ca^{2+}$	Ca^{2+}调节
ArcB	反向转运	大肠杆菌	药物/H^+	运出药物
LacY	同向转运	大肠杆菌	H^+/乳糖	乳糖摄取
LacY	同向转运	大肠杆菌	H^+/乳糖	乳糖摄取
ArcB	反向转运	大肠杆菌	药物/H^+	运出药物

4.3.3　光驱动泵

光驱动泵（light-driven pump）主要利用光能驱动物质运输，常见于细菌的紫膜（purple membrane）中。紫膜为盐生盐杆菌（*Halobacterium halobium*）和红皮盐杆菌（*H. cutirubrum*）等嗜盐性细菌在厌氧条件下和明亮处生长时于细胞膜上形成的斑状紫色膜，上面只含有一种蛋白质，即细菌视紫红质（bacteriorhodopsin，BR）。细菌视紫红质是自然界一种较小的膜蛋白，由 248 个氨基酸组成，分子质量约为 26 kDa，第 216 位的赖氨酸通过席夫碱基和生色团视黄醛分子相连，并以 7 个 α 螺旋的基本二级结构跨膜定位于嗜盐菌的质膜上。天然状态下，每 3 个 BR 单体组成三聚体，构成六角形二维晶格的膜片层——紫膜。BR 的功能是吸收光能，将质子由细胞膜内泵到细胞膜外，产生电化学势能，从而提供生命活动所需的能量。因此，可以认为紫膜是一个光驱动的“质子泵”，在这个系统中，H^+ 的运输是由光能驱动的。

光驱动泵中质子是如何跨膜转运的呢？目前的研究表明，细菌视紫红质第 85 位的天冬氨酸（Asp85）是质子的受体，而第 96 位的天冬氨酸（Asp96）是质子的供体。虽然有关质子泵的机制问题还有待于进一步探讨，但质子跨膜转运的主要步骤已经清楚。其主要步骤如下：①光激发使细菌视紫红质生色团异构化，由全反视黄醛变成 1,3-顺式视黄醛，席夫碱基的位置变化影响到某些邻近的氨基酸残基，导致蛋白质构象变化；②席夫碱基将一个质子传给去质子化状态的 Asp85，席夫碱基成去质子化状态；③质子通过某一未知基团释放到胞外，此质子不是直接来自席夫碱基的质子；④质子化的 Asp96 把质子传递给去质子化的席夫碱基，席夫碱基重质子化；⑤去质子化的 Asp96 从胞内侧又重新获得质子；⑥蛋白质构象变化，生色团由 1,3-顺式异构化为全反形式，细菌视紫红质回复到基态。

总之，主动运输都是逆浓度梯度或电化学势梯度的运输；都需要能量，所需能量可直接来自 ATP 水解，也可以来自某种离子的电化学梯度或光能（某些细菌中）；主动运输同样也需要特异性的膜转运蛋白参与，这些蛋白质不仅具有结构上的特异性，而且具有结构上的可变性。主动运输这种物质出入细胞的方式，能够保证活细胞按照生命活动的需要，主动地选择所需要的营养物质，排除新陈代谢产生的废物和对细胞有害的物质，对于活细胞完成各项生命活动具有重要的意义。

电压门控 Ca^{2+}通道结构解析与药物研发

电压门控 Ca^{2+}通道（voltage-gated calcium channel，Ca_v）是一类控制 Ca^{2+}跨膜进出细胞的膜转运蛋白，参与基因表达、分泌、细胞死亡等多种重要的生理过程。一旦 Ca_v 功能异常或紊乱，可能导致神经、心血管等多种系统的疾病，因此 Ca_v 已经成为一类重要的药物靶点。对 Ca_v 结构与功能的解析，将为多种药物的研发奠定重要基础。

目前已经在哺乳动物细胞中鉴定出 Ca_{v1}～Ca_{v3} 三个 Ca_v 亚家族，每个亚家族又各自包含了 3～4 个成员。由于这些 Ca_v 参与了不同的生理过程，因此精确解析不同通道及不同药物分子结合的结构有着重要意义。

多年来，中国科学家颜宁率领的团队在 Ca_v 通道的解析领域取得了一系列重要突破。先后对 $Ca_{v1.1}$、$Ca_{v3.1}$、$Ca_{v2.2}$ 等通道进行了高分辨率冷冻电镜结构分析，并且揭示了多种药物与相应 Ca_v 通道的结合机制。例如，2021 年发表 *Structure of human Cav*$_{2.2}$ *channel blocked by the painkiller ziconotide*，解析了止痛药齐考诺肽（ziconotide）与 $Ca_{v2.2}$ 结合的结构，为创新止痛药的研发奠定结构基础。2022 年发表 *Structural basis for the severe adverse of sofosbuvir and amiodarone on L-type Ca*$_v$ *channels*，解析了治疗丙肝的抗病毒药物索非布韦（sofosbuvir）和抗心律失常药物胺碘酮（amiodarone）与 Ca_{v1} 结合的方式，从而解释了上述两种药物联合使用可能导致致命的原因。2023 年发表 *Structural basis for human Ca*$_{v1.2}$ *inhibition by multiple drugs and the neurotoxin calciseptine*，揭示了多种药物和神经毒素与 $Ca_{v1.2}$ 结合的不同结构，为理解 Ca_v 的中心结构带来了全新见解，并且为靶向 $Cav_{1.2}$ 药物研发奠定了重要基础。2024 年发表 *Structural basis for different ω-agatoxin IVA sensitivities of the P-type and Q-type Ca*$_{v2.1}$ *channels*，揭示了 MVIIC 和 Aga-IVA 对 $Ca_{v2.1}$ 亚型特异性阻断的分子机制，为 P 型和 Q 型 $Ca_{v2.1}$ 通道对 Aga-IVA 的不同反应提供了结构解释，为开发更有效和选择性的调节剂以治疗神经系统疾病提供了新见解。这些研究成果为全面解析电压门控 Ca^2 通道的结构奠定了重要基础，对于靶向药物的设计具有极大的指导意义。

颜宁团队长期从事物质跨膜运输的结构与机制研究，首次揭示人源葡萄糖转运蛋白、真核生物电压门控钠离子通道和钙离子通道等一系列具有重要生理与病理意义跨膜蛋白的原子分辨率结构，为理解相关疾病致病机制及药物开发提供了分子基础。2023 年，45 岁的结构生物学家颜宁当选中国科学院院士。

本章小结

知识点小测试

细胞膜是细胞与胞外环境之间的选择性通透屏障，活细胞内外的离子浓度存在显著差异，这种离子浓度的差异对于维持细胞的生存和功能至关重要。脂双层的不透性是细胞膜行使其正常功能的必要条件，脂双层能够完美地阻止细胞中带电荷的分子和极性分子流失，包括离子、葡萄糖和氨基酸等。以细胞膜为界限，多种多样分子、离子的浓度差异和电荷差异共同构成了其电化学梯度。在电化学梯度中，不仅储存电位能，而且形成了膜电位，对于物质跨膜运输及能量转换具有重要的生物学意义。

除脂溶性小分子和小的不带电荷的分子能直接通过脂双层屏障外，几乎所有小的有机分子和带电荷的无机离子的跨膜转运，都需要膜转运蛋白。膜转运蛋白可分为两大类：一类称载体蛋白，另一类称通道蛋白，它们以不同的方式运输溶质。物质的跨膜运输与诸多生物过程密切相关，是细胞许多重要生理生化过程的基础，如细胞对营养物质的摄取、细胞信号转导、细胞渗透压的维持、细胞能量转换中 ATP 的产生及神经元的可兴奋性等。

小分子物质跨膜运输分为被动运输与主动运输。被动运输分为简单扩散和协助扩散（需载体蛋白参与），都是溶质顺着电化学梯度进行跨膜转运，也都不需要细胞提供能量；不同的是，简单扩散不需要膜转运蛋白的参与，而协助扩散需要膜转运蛋白的协助。主动运输是由载体蛋白所介导的、物质逆浓度梯度或电化学梯度由浓度低的一侧向浓度高的一侧进行跨膜转运的方式。主动运输需要与某种释放能量的过程相偶联，主动运输过程可归纳为由 ATP 直接提供能量的 ATP 驱动泵（可分为 4 类：P 型泵、V 型质子泵、F 型质子泵和 ABC 超家族）、ATP 间接供能的协同转运蛋白（可分为同向转运和反向转运）及光驱动泵 3 种基本类型。

研究证明，许多疾病与膜转运蛋白的突变相关联，由此引发缺失性功能缺陷或获得性功能缺陷，因此对膜转运蛋白的研究将有助于理解其跨膜转运功能及它们在器官生理上的作用，同时也为药物研发提供潜在的靶点。

复习题

一、基础检测题

1. 细胞如何维持细胞膜内外的离子及电荷的不均匀分布？

2. 物质跨膜运输有哪些方式？举例予以说明。

3. 简述膜转运蛋白的主要类型及参与的过程。

4. 协助扩散和协同转运有什么区别？

5. 举例说明研究 ABC 超家族的意义。

二、归纳拓展题

1. Na^+-K^+泵是动物细胞质膜上普遍存在的一种主动运输方式，请分析 Na^+-K^+泵的作用机制和生物学功能。

2. 小肠上皮细胞膜上的载体蛋白转运葡萄糖，为何有时是协助扩散，有时是协同运输？

3. 简述离子通道和载体蛋白所介导的小分子跨膜运输有何异同。

4. 动物细胞膜内外侧的钠离子梯度是细胞储存能量的方式，举例说明细胞如何利用该能量？

5. Ca^{2+}在细胞中的分布有什么特征？这种特征与哪些膜转运蛋白有关？

（本章作者　王俊杰）

第5章 细 胞 核

细胞核（nucleus）是真核细胞区别于原核细胞最显著的标志之一，是真核细胞内最大、最重要的细胞器，一般呈圆形或者椭圆形。除了哺乳动物成熟的红细胞、植物韧皮部成熟的筛管等细胞，真核细胞中都含有细胞核。一般来说，高等真核细胞仅有一个细胞核，但一些特殊细胞则具有两个或更多的细胞核。

细胞核主要由核膜、核纤层、染色质、核仁及核基质等组成。细胞核是真核细胞绝大部分遗传信息储存的场所，线性的 DNA 分子与特定的蛋白质组装并压缩形成染色质结构。细胞核是细胞遗传和代谢活动的调控中心，DNA 的复制与修复、基因的转录及转录产物的加工成熟等重要的生物学过程都是在细胞核内完成的。核仁是间期细胞核中最明显的结构，功能涉及核糖体的生物发生。

学习目标　　知识结构图　　彩图　　视频

5.1 核　　膜

核被膜（nuclear envelope）也叫核膜，是位于细胞核最外面的双层膜结构，将真核细胞内部划分为核与质两大结构功能区，从而使 DNA 的复制与修复、RNA 的转录与加工限制在细胞核内进行，而蛋白质的翻译则在细胞质中进行，体现了真核基因表达调控的阶段性、区域性和多层次性特征。同时，核膜的存在也避免了细胞核与细胞质各自生物学活动的彼此干扰。核质之间的物质运输、信息交流通过核膜上特化形成的核孔完成（图 5-1）。

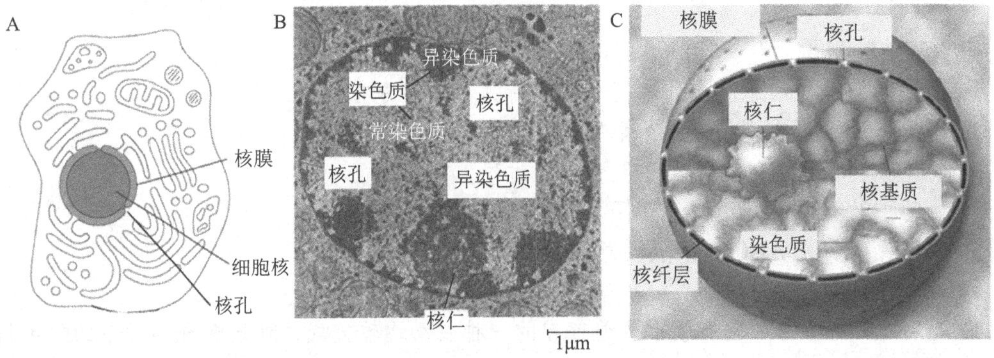

图 5-1　细胞核的结构（引自 Karp，2005）

A. 细胞核形态和结构示意图（引自 Alberts et al.，2019）；B. 细胞核的超薄电镜照片；C. 细胞核立体结构示意图

5.1.1　核膜的结构、解体与重建

5.1.1.1　核膜的结构

核膜由内核膜、外核膜、核周间隙、核孔组成（图 5-2）。

核膜面向核质的一层膜被称作**内核膜（inner nuclear membrane）**，而面向胞质的另一层膜称为**外核膜（outer nuclear membrane）**，两层膜厚度均约为 7.5 nm。内外层核膜之间有 20～40nm 的**核周间隙（perinuclear space）**，核周间隙宽度随细胞种类不同而异，并随细胞的功能状态而改变。内外层核膜平行但不连续，不连续的部位是两层膜相互融合形成环状**核孔（nuclear pore）**，核孔是由多种蛋白质构建而成的复合体，因此也称为**核孔复合体（nuclear pore complex，NPC）**。

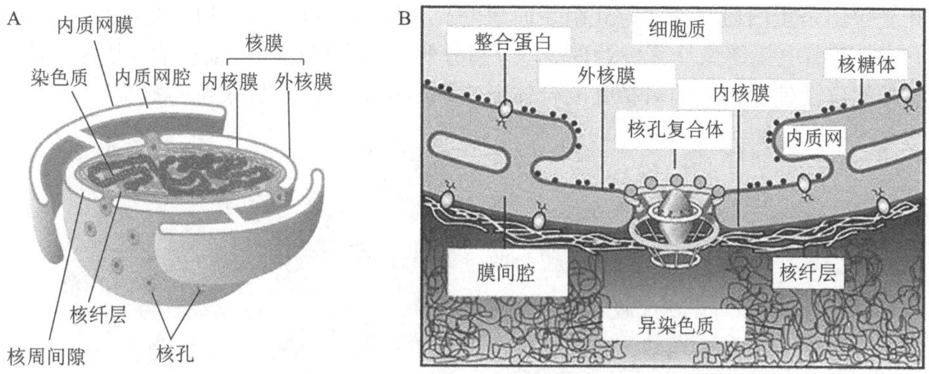

图 5-2　核膜及其相关结构的示意图

A. 外核膜与内质网膜相连（引自 Alberts et al.，2019）；B. 核膜及内侧的结构（引自 Karp，2005）

外核膜表面常附有核糖体，且常常与粗面内质网膜相连续，因此核周间隙与内质网腔彼此相通（图 5-2）。内核膜表面光滑，无核糖体颗粒附着，紧贴其内表面有一层致密的纤维网络，称为**核纤层（nuclear lamina）**。

5.1.1.2　核膜的动态

在真核细胞的细胞周期中，核膜有规律地解体与重建。在分裂前期，双层核膜崩解成单层膜泡，核孔复合体也解体；到分裂末期，围绕染色体重新装配形成子代细胞的核膜。^{3}H-胆碱标记膜脂的实验证实，子代细胞的核膜来源于亲代细胞的核膜。

通过对以非洲爪蟾（*Xenopus laevis*）卵提取物为基础的无细胞核组装体系（cell-free nuclear assembly system）进行研究，在体外成功地模拟了细胞核的构建及解体过程。研究表明，一种直径为 200 nm 左右的单层小膜泡直接参与了核膜的形成。这些小膜泡首先附着到染色质表面，在染色质表面排列并相互融合形成双层膜，同时在膜上的某些部位，内、外膜相互融合并形成核孔复合体结构。

通过对 HeLa 细胞中富含核纤层蛋白 B 受体（lamin B receptor，LBR）的膜泡和富含 gp210 的膜泡进行研究，证明核膜的解体和组装并不是随机的，而是具有区域特异性（domain-specific）的。近期的研究发现，小 GTP 蛋白 Ran 及其结合蛋白参与了核膜组装的调节。核膜的去组装、重组装变化还受细胞周期调控因子（见第 9 章）的调节，涉及对核纤层蛋白、核孔复合体蛋白的磷酸化与去磷酸化修饰。

5.1.2　核孔复合体

1949～1950 年，Callan 与 Tomlin 在用透射电子显微镜观察两栖类卵母细胞的核膜时发现了核孔，随后人们逐渐认识到核孔并不是一个简单的孔洞，而是一个相对独立的复杂结构。1959 年，Waston 将其命名为核孔复合体。

迄今已知的所有的真核细胞，从酵母到人，在其间期细胞核上都普遍存在核孔复合体。核孔复合体在核膜上的数量、分布密度与分布形式随细胞类型、细胞核功能状态的不同而有很大的差异，在典型的哺乳动物细胞中，有3000～4000个核孔复合体。一般来说，转录功能活跃的细胞，其核孔复合体数量较多。

5.1.2.1　核孔复合体的结构模型与组分研究

核孔复合体是蛋白质以特定方式组装而成的复合结构，对其结构的研究一直是一个令人感兴趣的问题。随着电镜图像计算机处理技术、高分辨率场发射扫描电镜技术和快速冷冻-冷冻干燥制样技术的广泛使用，人们对核孔复合体形态和结构的认识不断深入（图 5-3）。

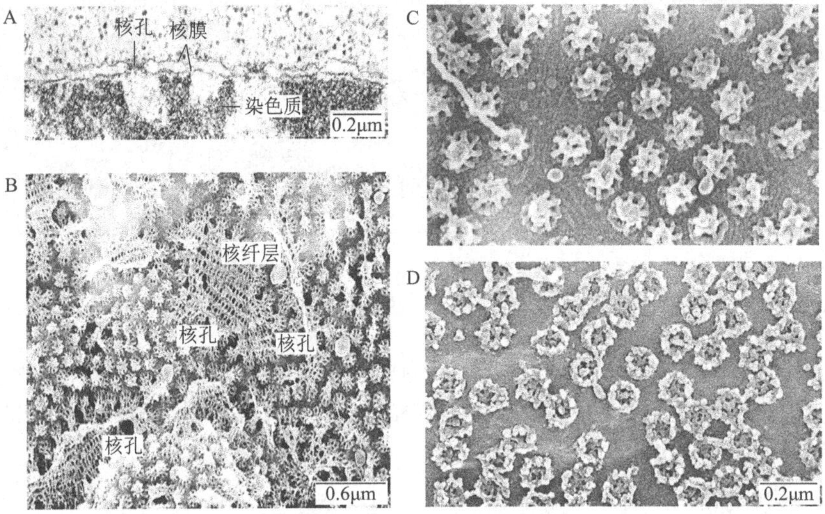

图 5-3　核孔复合体的超微结构（引自 Karp，2010）

A. 电镜超薄切片技术示双层核膜结构及核孔复合体；B. 核质面显示大量的核孔和核纤层（NEL）结构；C. 抽提后核孔复合体的核质面；D. 抽提后核孔复合体的胞质面

综合已有的研究结果，一般认为核孔复合体的主要结构包括 4 个部分（图 5-4）。①胞质环（cytoplasmic ring）：位于核孔边缘的胞质面一侧，由蛋白质环形排列构成，又称外环，环上有 8 条短的胞质纤维对称分布并伸向胞质。②核质环（nucleoplasmic ring）：位于核孔边缘的核质面一侧，也是由蛋白质环状排列组成的，又称内环。内环比外环结构更加复杂，环上也对称地连有 8 条细长的核质纤维，向核内延伸并在纤维的末端形成一个直径为 60nm 的小环，小环由 8 个颗粒构成，这样整个核质环就构成类似“捕鱼笼”（fish-trap）样的结构，也有人称为**核篮（nuclear basket）**结构。③辐（spoke）：由核孔边缘伸向中心，呈辐射状八重对称分布。辐可分为 3 个结构域：位于核孔边缘，连接内、外环，起支撑作用的“柱状亚单位”（column subunit）；接触核膜并穿过核膜伸入双层核膜之间核周间隙的“腔内亚单位”（luminal subunit）；靠近核孔复合体中心、由 8 个颗粒状结构环绕形成的“环状亚单位”（annular subunit）。④中央栓（central plug）：位于核孔的中心，呈颗粒状或棒状，所以又称为中央颗粒（central granule），由于推测它在核质交换中起一定的作用，所以还把它叫作“transporter”（转运蛋白），也有人认为它不是核孔复合体的结构组分，而只是正在通过核孔复合体的被转运的物质。

从横向上看，核孔复合体由周边向核孔中心依次为环、辐、栓 3 种结构亚单位；从纵向上看，核孔复合体由核外（胞质面）向核内（核质面）依次可分为胞质环、辐（+栓）、核质环 3

种结构亚单位，形成“三明治”式的结构。从垂直于核膜的方向上看，核孔复合体呈八重对称，而从平行于核膜的方向上看，核孔复合体在核质面与胞质面的结构明显不对称。

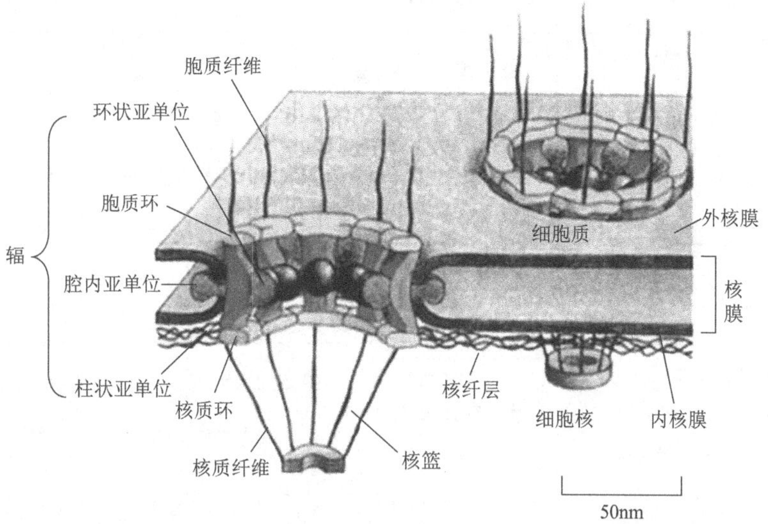

图 5-4　核孔复合体的结构示意图（引自桑建利，2016）

核孔复合体是真核细胞中最大的复合物之一，人细胞中，分子质量为 1.1×10^8Da，由超过1000 种蛋白质组成。在真核细胞中，核孔复合体的整个结构在进化上是高度保守的，构建核孔复合体的蛋白质亚基具有非常相似的空间结构。

核孔复合体主要由蛋白质构成，统称为核孔蛋白（nucleoporin，Nup）。目前已鉴定的脊椎动物的核孔蛋白有 10 多种，其中 gp210 与 p62 广泛分布于不同真核生物中，是最具代表性的成分，在不同物种中具有很高的同源性。

5.1.2.2　核孔复合体的功能

核孔复合体是一个双功能、双向性的亲水性核质交换通道，双功能表现为两种运输方式：被动运输与主动运输；双向性表现在既介导蛋白质的入核转运，又介导 RNA、核糖核蛋白颗粒（RNP）的出核转运（图 5-5）。

1）通过核孔复合体的被动运输　　通过核孔复合体进行被动运输的有效孔径范围通常为9～10nm，有时候可达 12.5nm，离子、小分子及直径在 10nm 以下的物质原则上可以自由通过。采用胶体金颗粒包裹不同直径大小的分子，通过显微注射导入变形虫细胞质内，然后在电镜下检查金颗粒的分布，发现胶体金颗粒可以通过核孔复合体入核，但是颗粒越大，速率越慢，大于 10nm 的颗粒不能进入细胞核。因此核孔复合体允许小分子的物质以自由扩散的方式进行核质之间的交流。

对于球形蛋白来说，分子质量为 4.0×10^4～6.0×10^4Da 的蛋白质分子可自由穿越核孔（图 5-6）。值得注意的是，并不是所有符合条件的分子都是通过自由扩散的形式运输的，许多小分子的蛋白质，如组蛋白 H1，其分子质量虽只有 2.1×10^4Da，但由于它本身带有特定的信号序列，因此是通过主动运输进入细胞核的；有的小分子质量的蛋白质本身虽然没有信号序列，但可以与其他有信号序列的蛋白质结合，一起主动运输到核内，还有些小分子质量的蛋白质可能会因为与其他大分子相结合，或与一些不溶性结构成分（如中间丝、核骨架等）结合而被限制在细胞质或细胞核内。因此，核孔复合体的被动运输功能并不意味着所有直径 10nm 之下的分子都可以在细胞核和细胞质中均匀分布。

	自由扩散	协助扩散	信号介导的核输入	信号介导的核输出
示意图	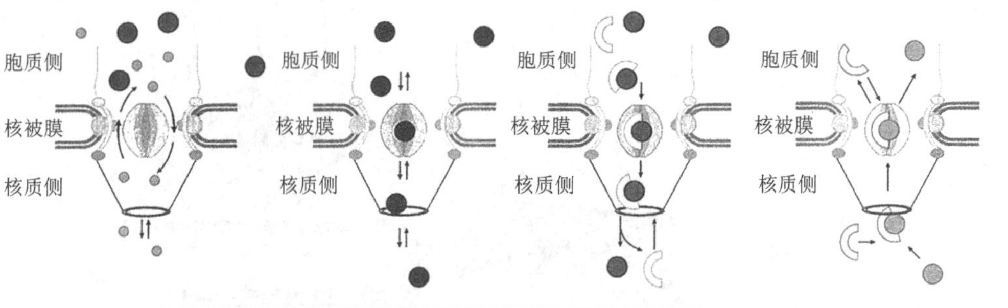			
说明	M_r<~5×10^4 M_r>~5×10^4 中央栓（转运体）	核孔作用蛋白	核输入物 核输入受体/载体	核输出物 核输出受体/载体
特点	▶ 4℃时不被抑制 ▶ 不需要提供能量 ▶ 最大转运物M_r为5×10^4	▶ 4℃时不被抑制 ▶ 不需要提供能量 ▶ 需要与NPC相互作用 ▶ 无明显大小限制	▶ 需要核定位信号序列 ▶ 需要核定位信号序列受体/载体 ▶ 在研究过的情况中，似乎不需要核苷酸水解 ▶ 4℃时被抑制	▶ 需要核输出信号序列 ▶ 需要核输出信号序列受体/载体 ▶ 在研究过的情况中，似乎不需要核苷酸水解 ▶ 4℃时被抑制

图 5-5　核孔复合体物质运输的功能示意图（引自翟中和等，2011）

M_r. 分子量（relative molecular mass）

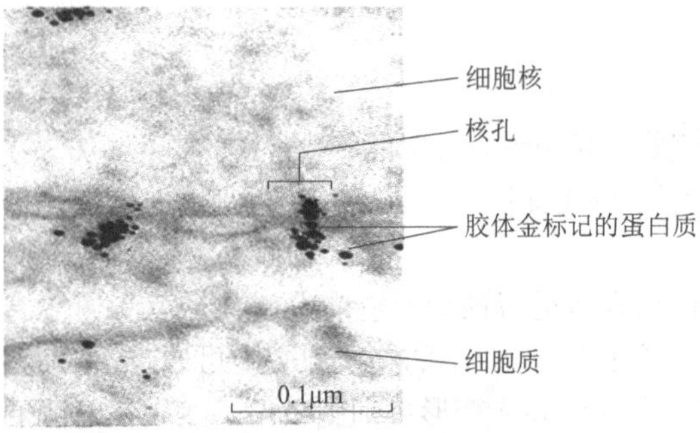

图 5-6　胶体金标记的某种蛋白质正在穿越核孔进入核内（引自 Karp，2005）

2）通过核孔复合体的主动运输　大多数的蛋白质和RNA是通过主动运输方式穿过核孔复合体的，通过核孔复合体的主动运输具有高度的选择性并且是双向的，主要表现在以下 3 个方面。①对运输颗粒大小的限制，主动运输的有效孔径范围为 10～20nm，甚至可达 26nm。一些较大的颗粒，如核糖体大小亚基通过核孔复合体从细胞核运输到细胞质中，表明核孔复合体有效直径的大小是可调节的。②主动运输是一个信号识别与载体介导的过程，需要消耗能量，并表现出饱和动力学特征。③双向性表现在既能把催化 DNA 复制的 DNA 聚合酶、催化转录的 RNA 聚合酶、染色质构建所需的组蛋白、核糖体亚基组装所需的核糖体蛋白，以及相关的各类蛋白质因子从细胞质运送到细胞核，同时又能将转录加工成熟的 mRNA、tRNA 及组装好的核糖体大小亚基从细胞核运送到细胞质中。有些蛋白质或 RNA 分子甚至两次或多次穿越核孔复合体，如核糖体蛋白、snRNA 等。

从细胞质经核孔主动运输到核内的大分子主要为各种亲核蛋白。亲核蛋白（karyophilic protein）是指在细胞质内合成后，需要或能够进入细胞核内发挥功能的一类蛋白质。多数的亲核蛋白往往在一个细胞周期中一次性地被转运到核内，并一直停留在核内行使功能，如组蛋白、核纤层蛋白等，但也有一些亲核蛋白需要往返穿梭于核质之间，才能发挥其生物学功能，如输入蛋白（importin）等。

对一种来自爪蟾卵母细胞、含量丰富的亲核蛋白——核质蛋白（nucleoplasmin）的研究发现，其 C 端有一段氨基酸序列作为信号，指导核质蛋白通过核孔复合体转运到细胞核内，该信号被称为**核定位信号（nuclear localization signal，NLS）**。利用蛋白酶处理核质蛋白，将其分为头部片段（N 端）与尾部片段（C 端），分别进行同位素标记后，进行显微注射，结果发现尾部片段能被高效地转运到核内，而头部片段被拒之核外（图 5-7）。

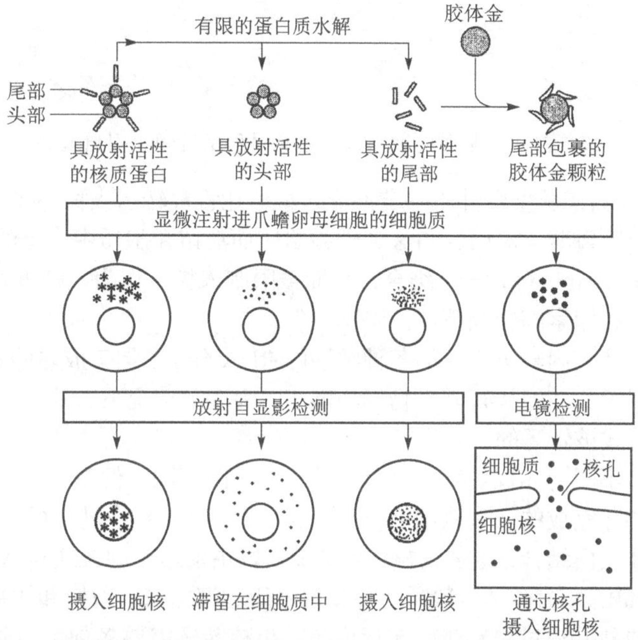

图 5-7 爪蟾卵母细胞核质蛋白显微注射实验（引自 Alberts et al.，2002）

对不同亲核蛋白的研究发现，NLS 序列是存在于亲核蛋白内的一些短的氨基酸序列，富含碱性氨基酸，有些 NLS 是一段连续的序列，有些则不连续，分成两段存在于亲核蛋白的序列中。NLS 在指导亲核蛋白完成核输入后，并不被切除。

亲核蛋白通过核孔复合体的入核转运可粗略分为两步：结合（binding）与转移（metastasis）。亲核蛋白首先结合到核孔复合体的胞质面，这一步不需要能量，但依赖 NLS，随后的转移步骤则需要 GTP 水解供能。亲核蛋白入核转运需要一些胞质蛋白因子的帮助，目前比较确定的因子有输入蛋白 α（importin α）、输入蛋白 β（importin β）、Ran 蛋白（Ran）等。

亲核蛋白的入核转运可分为如下几个步骤（图 5-8）：①在胞质中，亲核蛋白的 NLS 信号被 NLS 受体 importin α 识别，然后亲核蛋白与 importin α/importin β 异二聚体结合形成转运复合物；②在 importin β 的介导下，转运复合物与核孔复合体的胞质纤维结合；③核孔复合体构象改变，中央栓的中心通道打开，转运复合物从胞质面被转移到核质面；④转运复合物在核质面与 Ran-GTP（结合 GTP 的 Ran 蛋白）结合，并导致转运复合物解离，亲核蛋白释放；⑤importin β 与结合的 Ran-GTP 返回胞质，一旦到达胞质，Ran 所结合的 GTP 水解形成 Ran-GDP（结合 GDP 的 Ran 蛋白），并与 importin β 解离，随后胞质中的 Ran-GDP 被转运回细胞核内，再转变成 Ran-GTP 形式。与此同时，importin α 通过与核输出受体 exportin 结合，转运到胞质中。这样在胞质中游离的 importin α、importin β 一起参与后续的亲核蛋白的入核转运。

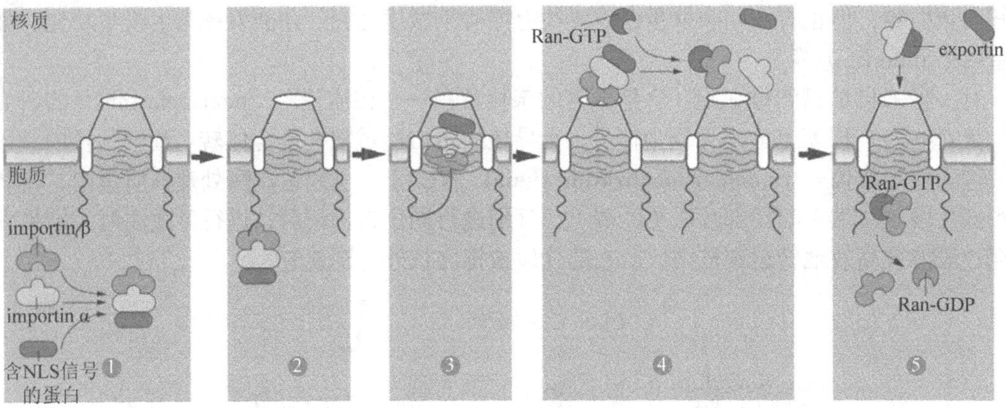

图 5-8 亲核蛋白从细胞质向细胞核的转运过程示意图（引自 Karp，2010）

当然，具有 NLS 的亲核蛋白并不一定都能入核，能否被转运入核还受到其他因素的影响。例如，有的亲核蛋白因磷酸化修饰、NLS 活性被封闭而滞留在胞质中，有的亲核蛋白与胞质滞留因子（cytoplasmic retention factor）结合，从而被限制入核。作为一种重要的核质交流方式，蛋白质入核转运受多种因素综合调节。

出核转运主要涉及核内转录生成的各种类型的 RNA 分子，加工成熟的 RNA 和核糖体亚基从核内转运到胞质以后，才能执行其生物学功能。绝大多数情况下，这些 RNA 分子是以核糖核蛋白（RNP）的形式被转运的。

真核细胞中三种不同的 RNA 聚合酶负责转录的基因不同，但是其转录产物加工、转运过程却都是与蛋白质相伴完成的。真核细胞 RNA 聚合酶 Ⅰ 在核仁中转录的三种 rRNA 与从胞质中转运进来的核糖体蛋白结合，组装为核糖体亚基，以主动运输的方式转运到胞质中；由 RNA 聚合酶 Ⅱ 转录生成 mRNA 前体，一般需要在核内经历 5′端加帽、剪接和 3′端加 poly（A）尾这一加工过程，方能成熟并通过主动运输转运出核，出核转运需要多种蛋白质结合（图 5-9）。由 RNA 聚合酶 Ⅲ 转录的 5S rRNA 经加工后，转运到核仁中参与核糖体大亚基的构建，tRNA 加工成熟后的出核转运同样需要蛋白质的介导。

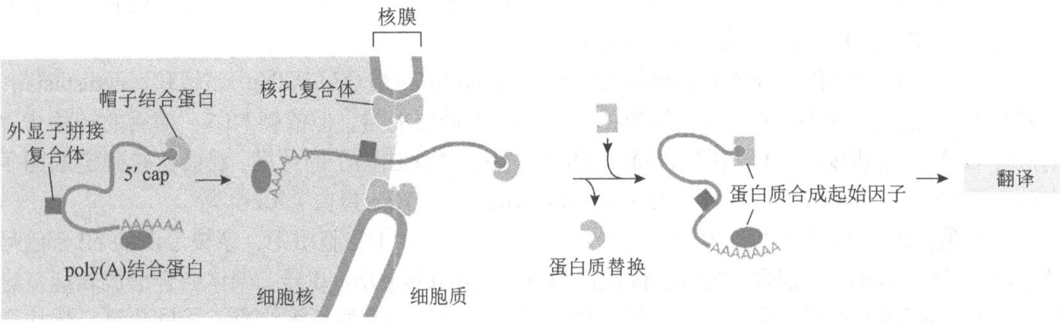

图 5-9 mRNA 输出细胞核（引自 Alberts et al.，2019）

研究表明，RNA 的出核转运受到严密的调控，确保加工成熟或组装完成的 RNA 或者 RNP 出核，也能限制未加工成熟的 RNA 分子出核。RNA 的核输出离不开特殊蛋白质因子的参与，这些特殊蛋白质因子具有核输出信号（nuclear export signal，NES），作用是帮助核内某些分子迅速通过核孔进入细胞质。有些蛋白质则在核质间往返穿梭，它们既有 NLS 也有 NES。

5.1.3 核纤层

核纤层（nuclear lamina）是位于内层核膜之下的由纤维蛋白构成的网络结构，厚度为30～100nm，整体观为球形网络，切面观呈片层结构。核纤层是真核细胞核骨架的重要组成部分，在真核细胞的间期核中普遍存在（图5-10）。

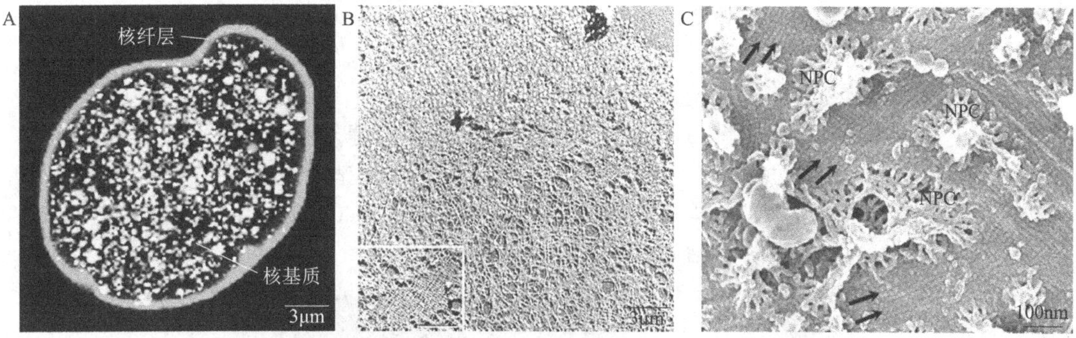

图5-10 核纤层

A. 免疫荧光技术显示动物细胞的核纤层位于内层核膜之下（引自Karp，2010）；B. 经Triton X-100抽提后，电镜技术显示核纤层呈连续的网络状分布（引自Aebi et al.，1986）；C. 电镜显示爪蟾卵母细胞内层核膜下的核纤层蛋白纤维及其排列方向（箭头），NPC示核孔复合体（引自Bridger et al.，2007）

核纤层向内与核基质、染色质连接，向外则与核膜、胞质骨架中间丝相连，形成贯穿于细胞核与细胞质的骨架结构体系。核纤层主要由**核纤层蛋白（lamin）**组成，另外还有与其相结合的许多蛋白质，包括核膜蛋白、转录因子、染色质调节因子、信号分子、剪接因子等，这些蛋白质之间及它们与染色质相连蛋白质之间的相互作用使得核纤层结构更为复杂。

核纤层蛋白分布在多细胞动物中，尽管植物也有蛋白质构成的类似核纤层的结构，但是其成分与核纤层蛋白是否同源尚有争议。即使在单细胞的真核生物中，核周边也存在着核纤层的结构，说明核纤层是真核细胞核重要的结构组成部分。

核纤层具有多样化的功能，简介如下。①为核膜提供机械支撑，调节细胞核的形状，维持核孔位置，保障细胞核的机械稳定性。②为染色质提供锚定位点，稳定间期染色质形态与空间结构，调节染色质定位。③维持细胞分裂的正常进行，核纤层可逆地解聚和组装调节了核膜的崩解和重建。当细胞进行有丝分裂时，核纤层蛋白被磷酸化，引起核纤层可逆解聚，核膜崩解；在分裂末期时，核纤层蛋白去磷酸化，直接介导了核膜围绕染色体的重建。④维持细胞质骨架的正常功能，研究表明，通过一个被称为LINC复合体（linker of nucleoskeleton and cytoskeleton）的结构，借助蛋白质之间的相互作用，核纤层可以与细胞质骨架连接起来。⑤ 涉及细胞核中的DNA复制与修复、转录及加工的调节。研究发现，定位于核周边区域核纤层附近的基因，通常不表达或表达量很低，而具有转录活性的基因常位于核的内部区域。⑥涉及信号传递，如将机械刺激传递和解读为细胞的生理反应。

核纤层蛋白病

目前已知核纤层蛋白或者核纤层蛋白相关因子的突变多达400种以上，由此引发的疾病统称为核纤层蛋白病，已明确的人类核纤层蛋白病有12种，分为4种类型，主要影响肌肉、神经、脂肪、骨骼、皮肤细胞的结构和功能。核纤层蛋白病尽管在临床症状上部分相似，但是病因不同，主要遗传方式有 X 连锁遗传、常染色体显性和隐性遗传。其中最引人关注的是由核纤层蛋白编码基因单碱基突变引起的疾病，包括肌营养不良症、脂肪代谢障碍、扩张性心肌病、神经病变、限制性皮肤病等。

人类的核纤层蛋白病研究最为清楚的是哈钦森-吉尔福德早衰症（Hutchinson-Gilford Progeria Syndrome，HGPS），简称早衰症，这是一种罕见的常染色体显性遗传病，属于多组织病变型，以加速衰老为标志。早在 1886～1887 年对该病已经有记载，患者出生时正常，在 2～3 岁出现皮肤变薄、脱发等症状，成长过程中渐渐表现出明显的生长迟滞、体形矮小、老化加速（老化速度是正常儿童的 5～10 倍）、关节挛缩、小颌畸形、脱发、突眼、头皮静脉突出等特征（图 5-11A），但智力不受影响。患者一般因心血管功能衰竭在十几岁时死亡。对其病因的研究发现，早衰症是核纤层蛋白 A 基因发生点突变（C1824T），初级转录产物异常剪接，从而生成截断蛋白[也称为早老蛋白（presenilin）]引起的，在细胞学水平上可以观察到患者的细胞核形态异常（图 5-11C）。

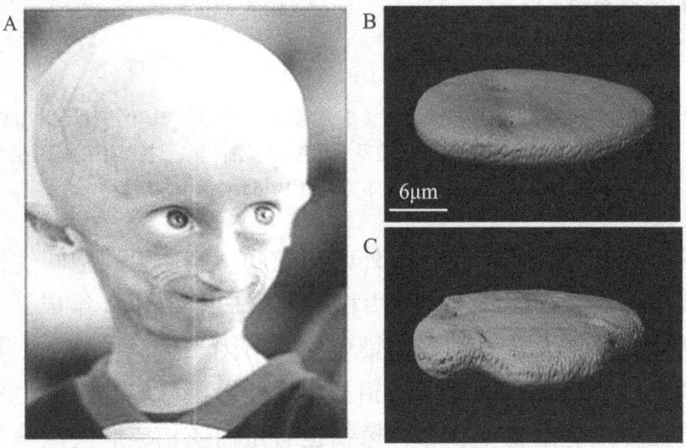

图 5-11　早衰症（HGPS）

A. 早衰症患者的典型头部特征；B、C.免疫荧光技术显示细胞核内的核纤层网架三维结构，采用超分辨率显微镜观察以核纤层蛋白抗体标记后的成纤维细胞的细胞核，正常（B）和早衰症患者（C）（引自 Chojnowski et al.，2015）

2020 年，美国食品药物监督管理局（FDA）已批准一种药物——Zokinvy（lonafarnib）用于治疗早衰症。Zokinvy 是一种首创的、口服法尼基转移酶抑制剂（FTI），可阻断早衰蛋白的法尼基化，已被证实可显著降低早衰儿童的死亡风险。

虽然现在已经认识到核纤层蛋白病的发生主要是由核纤层蛋白编码基因突变引起的，但对核纤层蛋白在疾病发生发展过程中扮演的角色仍需进一步探索和研究。新的动物模型的建立和新技术（如 RNAi 技术）的应用，将会加深人们对核纤层蛋白病的认识，最终为临床诊治和新药研发提供新的思路和手段。

5.2　染　色　质

染色质（chromatin）是指间期细胞核内由 DNA、组蛋白、非组蛋白及少量 RNA 组成的线性复合结构，是间期细胞遗传物质存在的形式。1848 年，Hofmeister 从鸭跖草的小孢子母细胞中发现了染色质。1879 年，Flemming 提出了染色质这一术语，用以描述细胞核中能被碱性染料强烈着色的细丝状物质。1888 年，Waldeyer 提出**染色体（chromosome）**的概念，用来描述细胞在有丝分裂或减数分裂过程中由染色质聚缩而成的棒状结构，因易被碱性染料（如龙胆紫和乙酸洋红）着色而得名。染色质和染色体在化学本质上没有差异，主要区别是包装程度不同，是遗传物质在细胞分裂间期和分裂期的不同表现形式（图 5-12）。

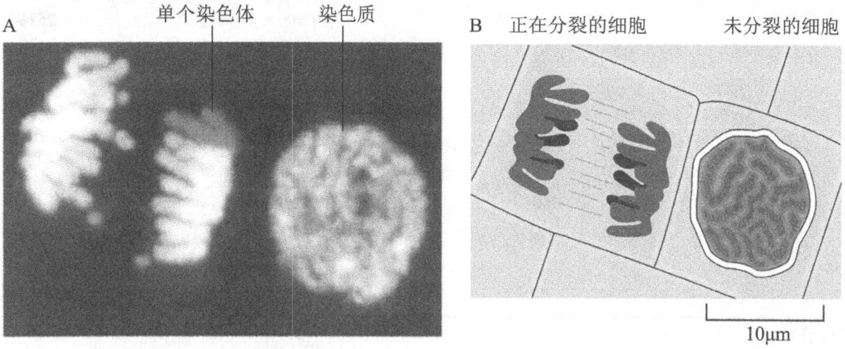

图 5-12　细胞中的染色体和染色质（引自 Alberts et al.，2020）

A. 荧光显微镜观察 4′, 6-二脒基-2-苯基吲哚（4′, 6-diamidino-2′-phenylindole，DAPI）染色后的相邻两个植物细胞中的染色体与染色质；B. 观察结果的示意图

染色质是细胞内基因存在与发挥功能的结构基础，细胞的生长、分裂、衰老与死亡都是受基因控制的，在染色质水平上进行着 DNA 复制、基因转录、同源重组、DNA 修复，包括转录偶联修复（transcription-coupled repair）及 DNA 和组蛋白的甲基化、乙酰化、磷酸化、亚硝基化和泛素化等各种修饰。

染色质的主要成分是组蛋白和 DNA，还有非组蛋白及少量 RNA。通过分析大鼠肝细胞染色质成分表明，组蛋白与 DNA 含量之比近于 1∶1，非组蛋白与 DNA 之比是 0.6∶1，RNA 与 DNA 比率为 0.1∶1。DNA 与组蛋白是染色质的稳定成分，非组蛋白与 RNA 的含量则随细胞生理状态不同而有较大的变化。

5.2.1　染色质 DNA 与染色质蛋白

5.2.1.1　染色质 DNA

DNA 是生物遗传信息的承载分子，除少数 RNA 病毒外，几乎所有生物的遗传物质都是 DNA。某一生物储存于单倍染色体组中的全部遗传信息，被称为该生物的**基因组（genome）**。

不同物种的基因组大小存在差异，真核生物基因组比原核生物大得多（表 5-1）。

表 5-1　已测序的基因组比较（引自翟中和等，2011）

物种	基因组大小/Mb	基因数量	蛋白质编码序列占比
细菌			
生殖支原体	0.58	470	88%
流感嗜血杆菌	1.8	1 743	89%
大肠杆菌	4.6	4 288	88%
酵母			
芽殖酵母	12	6 000	70%
裂殖酵母	12	4 800	60%

续表

物种	基因组大小/Mb	基因数量	蛋白质编码序列占比
无脊椎动物			
秀丽隐杆线虫	97	19 000	25%
果蝇	180	13 600	13%
植物			
拟南芥	125	26 000	25%
水稻	440	30 000~50 000	约 10%
哺乳动物			
人	3 200	30 000~40 000	1%~1.5%

Mb. 百万碱基对

根据真核生物 DNA 复性动力学分析和全基因组测序的结果，可将构成基因组的 DNA 序列按照编码特征和拷贝数分为下面几类。

1）非重复 DNA 序列。这些序列几乎编码了所有的蛋白质，也称单拷贝序列，一般在基因组中只有一个拷贝，也可能有两个或几个拷贝。在人类基因组中，这些序列仅占 1%～1.5%。不同物种的单拷贝序列在基因组中所占比例有较大差异。

2）中度重复 DNA 序列。这些序列可以分成两类：一类是有编码功能的中度重复 DNA 序列，如编码 rRNA、tRNA、snRNA 和组蛋白的基因常以重复序列的形式串联排列，细胞对其产物的需要量一般都很大；还有一类是没有编码功能的中度重复 DNA 序列，在整个基因组中散在分布，DNA 转座子、LTR 反转座子、非 LTR 反转座子和假基因都属于这种重复序列。其中，非 LTR 反转座子包括短散在核元件（short interspersed nuclear element，SINE）和长散在核元件（long interspersed nuclear element，LINE），典型的 SINE 长度少于 500bp，如人和灵长类基因组中大量分散存在的 Alu 家族，人基因组中有 50 万～70 万份 Alu 拷贝；典型 LINE 长度在 6～8kb，如人基因组中的 L1 家族有 1×10^5 个拷贝。

3）高度重复 DNA 序列：这类序列在基因组中至少含 10^5 拷贝，由一些短的 DNA 序列呈串联重复排列，也叫作简单序列 DNA（simple sequence DNA），在基因组 DNA 复性动力学分析中退火非常快。高度重复序列的重复单位通常很短，以不间断的重复方式成簇分布，主要可以分成**卫星 DNA（satellite DNA）**、小卫星 DNA（minisatellite DNA）和**微卫星 DNA（microsatellite DNA）**三种类型。

卫星 DNA 的重复单位长 5 至数百个碱基对，不同物种重复单位碱基组成不同，一个物种也可能含有不同的卫星 DNA 序列。卫星 DNA 主要分布在染色体着丝粒部位，如人类染色体着丝粒区的 α 卫星 DNA 家族，但其功能尚不清楚。

小卫星 DNA 的重复单位长 12～100bp，重复 3000 次之多，又称数量可变的串联重复序列，每个小卫星区重复序列的拷贝数是高度可变的，因此，早前常用基于完全个体特异的 DNA 多态性，其个体识别能力足以与 DNA 指纹图谱技术（DNA fingerprinting）相媲美，可用于个体鉴定。研究发现，小卫星序列的改变可以影响邻近基因的表达，基因的异常表达会导致一系列不良后效应。

微卫星 DNA 的重复单位序列最短，只有 1～5bp，聚集成 50～100bp 的小簇。人类基因组

中至少有 3×10^4 个不同的微卫星位点，具高度多态性（polymorphism），在不同个体间有明显差别，但在遗传上却是高度保守的，因此可作为重要的遗传标记，用于构建遗传图谱（genetic map）及个体鉴定等。

此外，基因组中还含有未分类的间隔序列 DNA（unclassified spacer sequence DNA），其功能尚未阐明。

DNA 指纹图谱

基于个体特异的 DNA 多态性，可以利用 DNA 指纹图谱来鉴定不同生物个体。在法医学上，要确认犯罪嫌疑人，可提取其血样 DNA，做成 DNA 指纹图谱，并与犯罪现场残留的血液、唾液、毛发或其他肉体成分等提取的 DNA 指纹相比对，若两者一样，即 DNA 指纹相配，证明该嫌疑犯就是作案者。 那么 DNA 指纹图谱检测为什么能确定人的身份？DNA 指纹到底是怎么做出来的？

1984 年，英国莱斯特大学的遗传学家 Jefferys 及其合作者首次将分离的人基因组中小卫星 DNA 用作基因探针，同人体核 DNA 的酶切片段杂交，获得了由多个位点上的等位基因组成的长度不等的杂交带图谱，这种图谱极少有两个人完全相同，故称为“DNA 指纹”，意思是它同人的指纹一样是每个人所特有的。

众多“DNA 指纹”可进一步组成“DNA 指纹图谱”。DNA 指纹图谱具有 3 个基本特点。①多位点性，一般来说，一个 DNA 指纹探针（又称多位点探针）产生的某个体 DNA 指纹图谱由 10～20 肉眼可分辨的多条图带组成。②高变异性，DNA 指纹图谱的变异性由两个因素所决定，一是可分辨的条带数，二是每条带在群体中出现的频率。DNA 指纹图谱在个体或群体之间表现出高度的变异性，即不同的个体或群体有不同的 DNA 指纹图谱。③简单而稳定的遗传性，通过家系分析表明，DNA 指纹图谱中的谱带能够稳定地从上一代遗传给下一代。子代 DNA 指纹图谱中的每一条带都能在其双亲之一的图谱中找到相应的条带，而由基因突变产生新带的概率极其低，仅为 0.001～0.004。

DNA 指纹图谱还具有体细胞稳定性，即用同一个体的不同组织如血液、肌肉、毛发、精液等的 DNA 做出的 DNA 指纹图谱是一致的，但组织细胞的病变或组织特异性碱基甲基化可导致个别条带改变。

5.2.1.2 染色质蛋白

染色质蛋白包括**组蛋白（histone）**和**非组蛋白（nonhistone protein）**两类，组蛋白与 DNA 结合，但没有序列特异性，而非组蛋白与特定 DNA 序列或组蛋白相结合。染色质蛋白负责 DNA 分子遗传信息的组织、复制和阅读。

（1）组蛋白　组蛋白是构成真核生物染色质的主要结构蛋白，在进化上非常保守。采用聚丙烯酰胺凝胶电泳的方法可以区分 5 种不同的组蛋白：H1、H2A、H2B、H3 和 H4，几乎所有真核细胞都含有这 5 种组蛋白，而且含量丰富，每个细胞每种类型的组蛋白约 6×10^7 个。

组蛋白富含带正电荷的 Arg 和 Lys，属碱性蛋白质，等电点一般在 pH 10.0 以上，可以和酸性的 DNA 紧密结合，并不要求识别特殊的核苷酸序列。表 5-2 列举了 5 种组蛋白的一些特性。

表 5-2　5 种组蛋白特性的比较

种类	赖氨酸/精氨酸	残基数	分子质量/kd	保守性	存在部位及结构作用
H1	29.0	215	23.0	低	连接区，稳定核小体
H2A	1.22	129	14.0	高	核心颗粒，形成核小体
H2B	2.66	125	13.8	高	核心颗粒，形成核小体
H3	0.77	135	15.3	极高	核心颗粒，形成核小体
H4	0.79	102	11.3	极高	核心颗粒，形成核小体

按照功能，可以将组蛋白分为两组。

1）H1 组蛋白，是相对分子质量最大的组蛋白。H1 由两部分组成，球形核心和可变的 N 端、C 端臂，球形中心在进化上保守，而 N 端和 C 端两个“臂”的氨基酸变异较大。在构成核小体时，H1 起连接作用，它赋予染色质以极性，有一定的种属和组织特异性。

2）**核小体组蛋白（nucleosomal histone）**，包括 H2A、H2B、H3 和 H4，在结构上都含有保守的组蛋白折叠结构域（histone fold domain），这一结构域可介导核小体组蛋白形成二聚体，因此这 4 种组蛋白有相互作用形成复合物的趋势。核小体组蛋白的 N 端富含碱性氨基酸，C 端富含疏水氨基酸，它们通过 C 端的疏水氨基酸互相结合，而 N 端带正电荷的氨基酸（Arg 和 Lys）则向四周伸出，以便与 DNA 分子结合，从而帮助 DNA 卷曲形成核小体的稳定结构。4 种核小体组蛋白没有种属及组织特异性，在进化上比 H1 更保守，特别是 H3 和 H4 是所有已知蛋白质中最为保守的。

虽然组蛋白的氨基酸序列是高度保守的，但在其分子结构中也会发生一些变化。在大多数细胞中，部分组蛋白的某些碱性氨基酸侧链通过被磷酸化、乙酰化、甲基化及 ADP 糖基化等修饰，中和了侧链的正电荷，这些被修饰的氨基酸一般位于核小体组蛋白的 N 端（图 5-13），在组装形成核小体核心的时候是游离在核心之外的。同时，组蛋白的修饰又是可逆的，组蛋白的修饰可以改变组蛋白和 DNA 结合的特性，进而影响染色质的结构，从而调节染色质的活性，影响基因的转录。

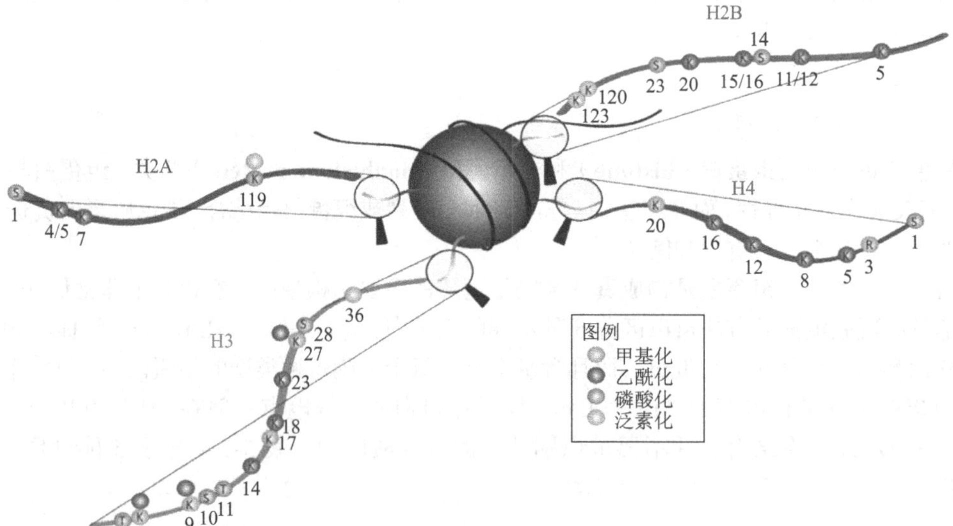

图 5-13　核小体组蛋白 N 端修饰的示意图（引自 Lawrence et al.，2016）

（2）非组蛋白　非组蛋白又称序列特异性DNA结合蛋白（sequence specific DNA binding protein），主要是指与特异DNA序列相结合的蛋白质。

绝大部分非组蛋白呈酸性，成分可变，代谢周转快，在不同组织细胞中种类和数量不同，但是包含了许多必需的成分，如多种参与核酸代谢与修饰的酶类和其他蛋白质[如DNA聚合酶和RNA聚合酶、组蛋白修饰酶、DNA结合蛋白、组蛋白结合蛋白、HMG蛋白（high mobility group protein）、染色体支架蛋白、基因表达调控蛋白等]。由于种类繁多，非组蛋白具有功能多样性，参与了DNA分子折叠和染色质高级结构的形成、基因表达的调控，以及DNA复制、重组和修复等多种生物学过程。

一些非组蛋白能识别特异的DNA序列，识别信息来源于DNA核苷酸序列本身，识别位点大多位于DNA双螺旋的大沟部分，这些非组蛋白靠氢键和离子键在此结合，在不同的基因组之间，这些非组蛋白所识别的DNA序列在进化上是保守的，这类序列特异性DNA结合蛋白具有一个共同特征，即形成与DNA结合的螺旋区并具有蛋白质二聚化的能力。

根据非组蛋白与DNA结合的结构域的特征，可以将这些序列特异性结合蛋白分为不同的家族，常见的有α螺旋-转角-α螺旋、锌指、亮氨酸拉链、螺旋-环-螺旋等模式（图5-14A～D），还有些非组蛋白，如含有HMG框结构域（HMG-box motif）的蛋白质UBF，具有弯曲DNA的能力（图5-14E），可促进与邻近位点相结合的其他转录因子的相互作用，从而激活转录。

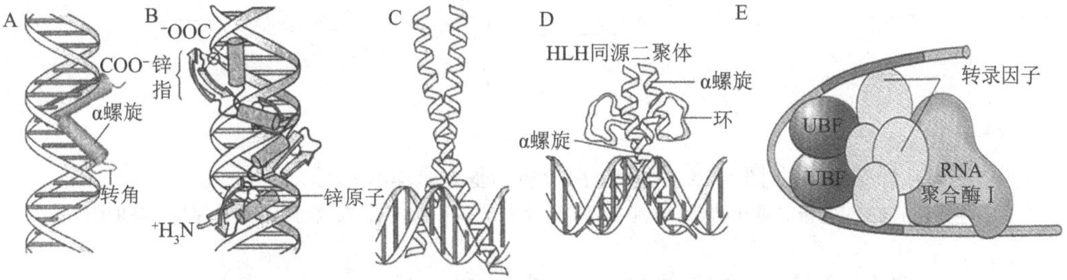

图5-14　非组蛋白与DNA结合的不同模式（引自翟中和等，2011）

A. α螺旋-转角-α螺旋；B. 锌指；C.亮氨酸拉链；D.螺旋-环-螺旋（HLH）；E. 非组蛋白UBF结合DNA并使其产生弯折，有利于基因的有效转录

非组蛋白的检测方法——凝胶阻滞分析

凝胶阻滞分析（gel retardation assay）又叫电泳迁移率变动分析（electrophoretic mobility shift assay，EMSA），是在20世纪80年代初期出现的、用于在体外研究DNA与蛋白质相互作用的一种特殊的凝胶电泳技术，具有简单、快捷等优点。利用凝胶阻滞分析，可以从细胞核抽提物中检测非组蛋白和特定DNA序列的结合特征，也可以用于研究RNA结合蛋白和特定RNA序列的相互作用。

凝胶阻滞分析原理是基于电场的作用，DNA的迁移率与其分子大小成反比。在凝胶阻滞分析中，将已知特异序列的DNA进行放射性同位素标记后，与待检测的细胞抽提物混合，进行凝胶电泳，未与蛋白质结合的自由DNA迁移最快，而与蛋白质结合的DNA则迁移速率慢，结合的蛋白质相对分子质量越大，DNA分子的延滞现象越明显。电泳结束后，通过放射性自显影术，即可在X线片上显示出一系列DNA带谱，据此即可以了解这一特定的已知序列DNA上是否结合蛋白质（图5-15）。

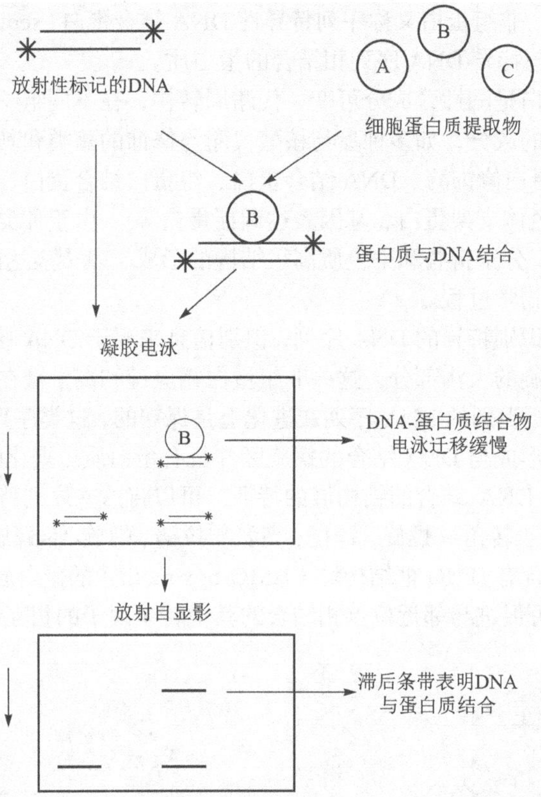

图 5-15　凝胶阻滞分析的基本原理示意图

放射性标记的 DNA 与蛋白质 B 结合，于是在凝胶电泳中迁移速度变慢，在放射自显影中呈现滞后的条带

5.2.2　染色质的基本结构单位——核小体

1974 年，Kornberg 等根据染色质的酶切和电镜观察，结合其他人的研究结果，提出 DNA 与组蛋白结合组装成染色质的基本单位——**核小体（nucleosome）**，这就是目前被广泛接受的染色质结构的“串珠”模型，后续大量的实验也进一步支持这一结构模型。

5.2.2.1　主要实验证据

（1）染色质铺展实验　用温和的方法处理细胞核，将染色质铺展在电镜铜网上，电镜观察可以看出未经处理的染色质自然结构为 30nm 的纤丝，而经盐溶液处理后，染色质纤丝进一步解聚，呈现一系列核小体彼此连接的串珠状结构，串珠的直径为 10nm（图 5-16）。

（2）核酸酶水解实验　用非特异性微球菌核酸酶（micrococcal nuclease）消化染色质后，经过蔗糖密度梯度离心分离酶解产物、DNA 的琼脂糖凝胶电泳分析，发现绝大多数 DNA 被降解成大约 200bp 的片段。如果对染色质进行部分酶解，则得到的是以 200bp 为单位的单体、二体（400bp）和三体（600bp）等片段，因此酶解后的 DNA 在琼脂糖凝胶电泳中呈现规律性的“梯状条带”（图 5-17）。通过蔗糖密度梯度离心分离获得的不同组分，在波长 260nm 下的吸收峰的大小，与电镜下所观察到的单体、二体和三体等的核小体组成完全一致。但是如果用同样酶切方法处理裸露的 DNA，则产生随机大小的片段群体，说明染色质中的 DNA 除某些周期性位点之外，均受到某种结构的保护，避免了核酸酶的靠近与切割。

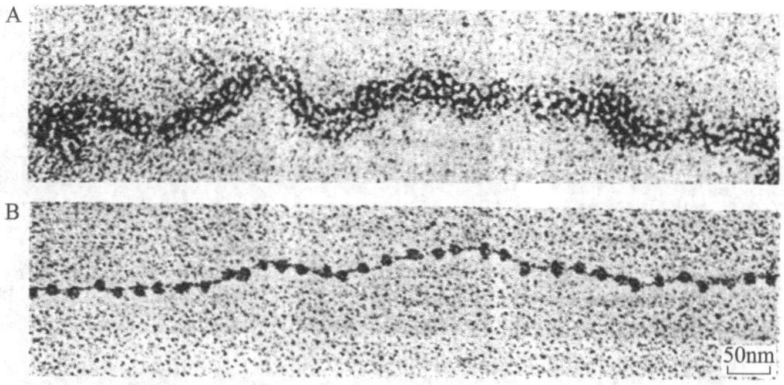

图 5-16　盐处理前后的染色质丝的电镜照片

A.间期细胞核中分离的 30nm 的染色质纤丝（引自 Hamkalo et al.，1985）；B.染色质纤丝解聚后的 10nm 串珠状结构（引自 Foe et al.，1976）。A、B 放大倍数相同

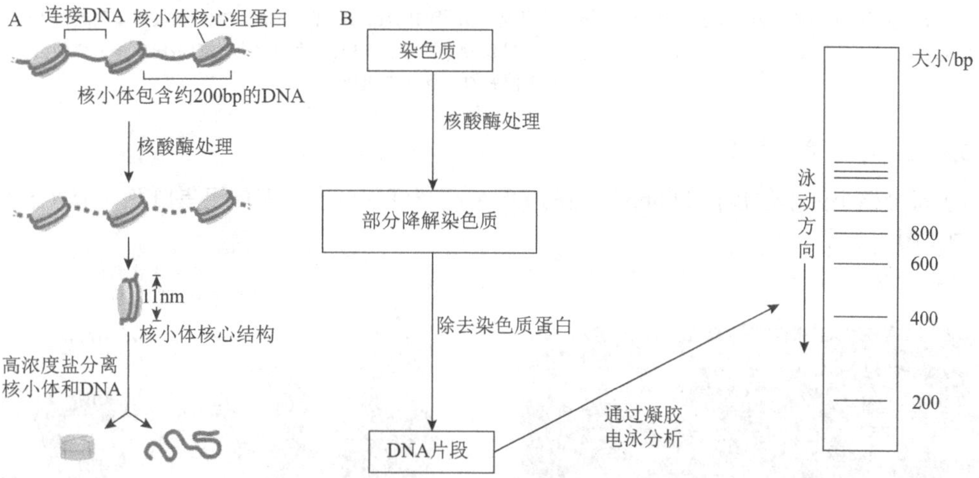

图 5-17　染色质的核酸酶水解实验

A. 实验原理示意图（引自 Alberts et al.，2019）；B. 实验流程示意图（引自 Kleinsmith and Kish，1995）

（3）核小体晶体结构观察　　应用 X 射线衍射、中子散射和电镜三维重建技术，研究染色质结晶颗粒，发现核小体颗粒是直径为 11nm、高 6nm 的扁圆柱体，具有二分对称性（dyad symmetry）。核心组蛋白的构成是先形成$(H3)_2\cdot(H4)_2$四聚体，四聚体占据核小体核心颗粒的中心，两个 H2A·H2B 异二聚体则结合在$(H3)_2\cdot(H4)_2$四聚体的两侧，形成八聚体（图 5-18）。

（4）SV40 微小染色体分析　　用 SV40 病毒感染细胞，病毒 DNA 进入细胞后，与宿主的组蛋白结合组装为串珠状的微小染色体（图 5-19）。电镜观察 SV40 DNA 为环状，周长 1500nm，约 5kb。若 200bp 对应一个核小体，则可形成 25 个核小体，实际观察到 23 个，与推断基本一致。如果用 0.25mol/L 盐酸将 SV40 溶解，可在电镜下直接看到组蛋白的聚合体，将组蛋白去除后，则完全伸展的 DNA 长度恰好为 5kb。

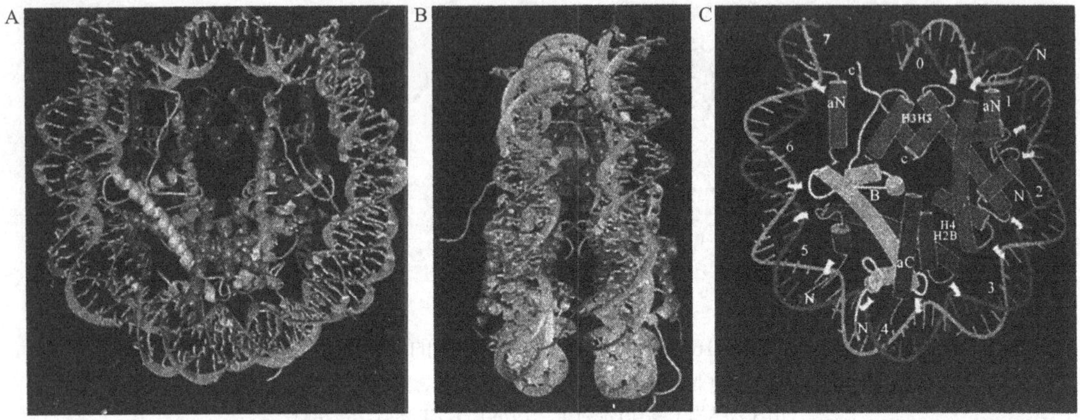

图 5-18　由 X 射线晶体衍射所揭示的核小体三维结构（引自 Luger et al.，1997）

A. 通过 DNA 超螺旋中心轴所显示的核小体核心颗粒 8 个组蛋白分子的位置；B. 垂直于中心轴的角度所看到的核小体核心颗粒的盘状结构；C. 半个核小体核心颗粒的示意图模型，一圈 DNA 超螺旋（73 bp）和 4 种核心组蛋白分子，每种组蛋白由 3 个 α 螺旋和一个伸展的 N 端尾部组成。

5.2.2.2　核小体结构要点

1）每个核小体单位包括 200bp 左右的 DNA 超螺旋和一个八聚体组蛋白及一个分子的 H1 组蛋白（图 5-20）。

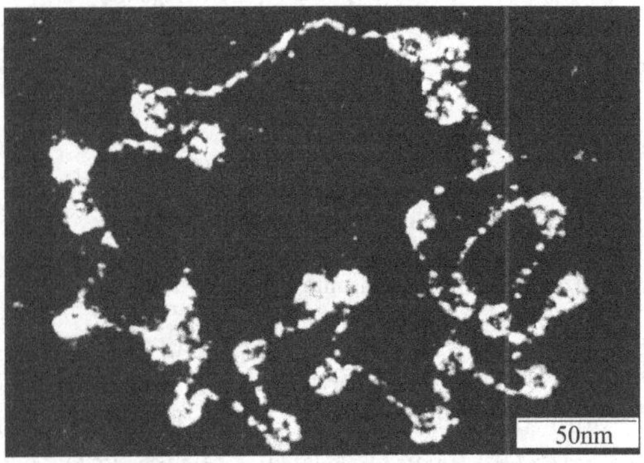

图 5-19　利用 SV40 微小染色体显示核小体在 DNA 上的位置（引自 Saragosti et al.，1980）

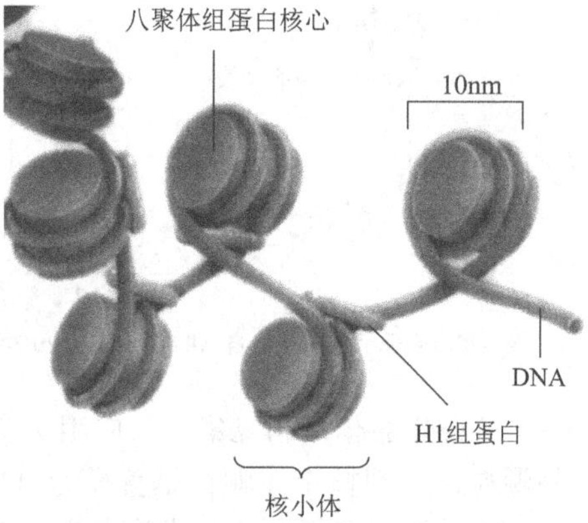

图 5-20　核小体的结构示意图

2）八聚体组蛋白构成核小体的盘状核心颗粒，分子量为 1.0×10^5，由 4 个异二聚体组成，包括两个 H2A·H2B 和两个 H3·H4。

3）DNA 分子以左手螺旋方式缠绕在核心颗粒表面，共 1.75 圈，约 146bp。组蛋白 H1 在核心颗粒外结合额外的 20bp DNA，锁住核小体 DNA 的进出口，起稳定核小体的作用。

4）两个相邻核小体之间以连接 DNA（linker DNA）相连，典型长度 60bp，不同物种变化值为 0～80bp。

5）组蛋白与 DNA 之间的相互作用主要是结构性的，基本不依赖于核苷酸的特异序列。正常情况下，不与组蛋白结合的 DNA（如噬菌体 DNA 或人工合成的 DNA），当与从动、植物中分离纯化的组蛋白共同孵育时，也可以在体外组装成核小体亚单位，表明核小体具有自组装（self-assembly）的性质。

6）核小体在 DNA 的定位（positioning），也称为相位，受不同因素的影响。例如，非组蛋白与DNA特异性位点的结合，可影响邻近核小体的相位；DNA盘绕组蛋白核心的弯曲也影响核小体的相位，因为富含 A-T 碱基的序列比富含 G-C 碱基的序列更易于被压缩、弯曲，所以组蛋白核心颗粒优先与富含 A-T 碱基的序列装配成核小体，使小沟最大限度地处于 DNA 双螺旋的内侧部分。

5.2.3 染色质的组装

真核细胞内染色体数目从几对到几十对不等，以人为例，每个体细胞含 23 对染色体，平均每条染色体中的 DNA 分子长约 5cm，而人细胞核直径不足 10μm，这就意味着从 DNA 组装成染色体要压缩到约为原来的万分之一。

研究表明，DNA 组装成染色质经历如下过程：最开始是 H3·H4 四聚体（两个异二聚体）的结合，由 CAF-1（chromatin assembly factor 1）介导，与新合成的裸露的 DNA 结合；然后两个 H2A·H2B 二聚体由核小体组装蛋白（nucleosome assembly protein，NAP）-1 和 NAP-2 介导加入，形成一个核心颗粒，而新合成的组蛋白被特异地修饰；接着需要 ATP 来创建一个规则的间距，以及组蛋白的去乙酰化来促进核小体的成熟，同时起连接作用的组蛋白 H1 加入，并伴随核小体的折叠；最后 6 个核小体盘绕组成一个螺旋，或通过其他的组装方式形成一个螺线管（solenoid）结构，螺线管进一步折叠，最终形成高级结构形式的染色质（图 5-21）。

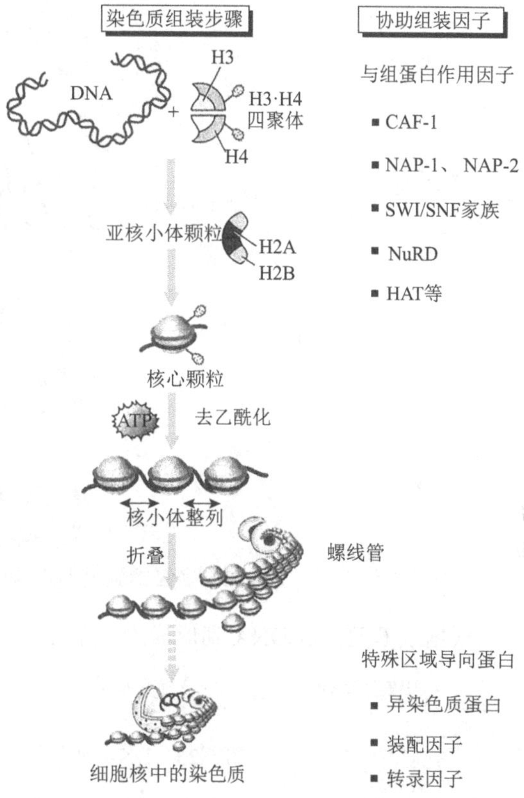

图 5-21 DNA 组装成染色质的过程及各阶段的协助组装因子（引自 Ridgway and Almouzni，2001）

CAF. 染色质组装因子；NAP. 核小体组装蛋白；
SWI/SNF 家族. 染色质重构复合物家族；
NuRD. 组蛋白脱乙酰酶复合体；
HAT. 组蛋白乙酰转移酶

进入细胞分裂期，核内染色质经过多级压缩包装形成线状染色体，关于染色质与染色体高级结构的形成有不少假说，其中比较典型的模型有两种，一种是解释染色质组装的多级螺旋模型，另一种是解释染色体构建的骨架-放射环模型。

（1）多级螺旋模型 **多级螺旋模型（multiple coiling model）**认为，组蛋白与 DNA 组装成核小体，组蛋白 H1 介导核小体之间彼此连接，形成直径约 10nm 的呈串珠状的染色质组装的一级结构。但是细胞在活性状态下，染色质并不是以伸展的一级结构存在，它还有更高级结构。在组蛋白 H1 的作用下，由直径 10nm 的核小体串珠结构螺旋盘绕，每圈 6 个核小体，形成外径 25～30nm、螺距 12nm 的螺线管（solenoid），螺线管是染色质组装的二级结构。当细胞核经温和处理后，在电镜下往往会看到直径为 30nm 的染色质纤维。组蛋白 H1 对螺线管的稳定起着重要作用。分裂细胞的染色体经温和处理后，在电镜下可观察到直径 0.4μm、长 11～60μm 的染色线，这是由螺线管进一步螺旋化形成的圆筒状结构，称为超螺线管（supersolenoid），其是染色质组装的三级结构。这种超螺线管进一步螺旋折叠，形成直径 1～2μm、长 2～10μm 的染色单体，即染色质组装的四级结构（图 5-22）。

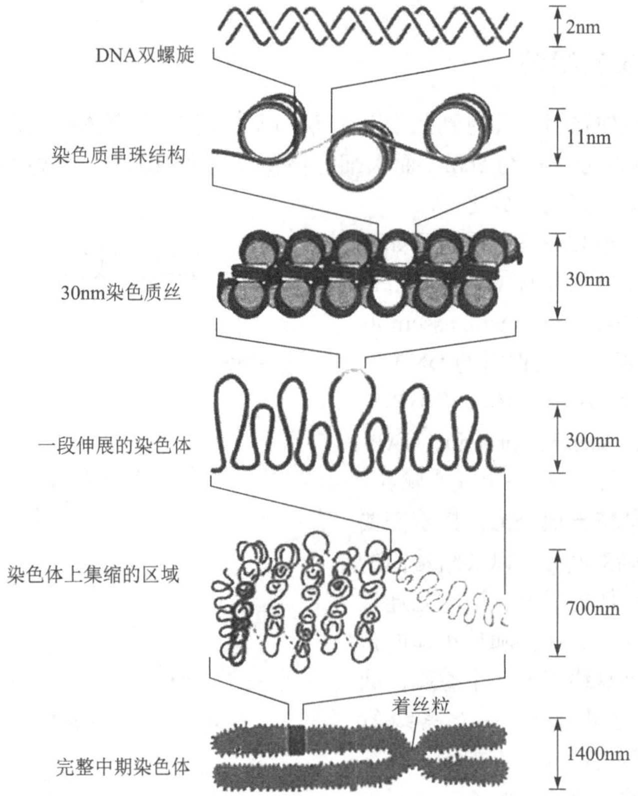

图 5-22　多级螺旋模型示意图（引自 Alberts et al.，2002）

根据该模型，从 DNA 到形成染色单体，共压缩到原来的 1/8400（图 5-23）。

DNA —压缩到原来的1/7→ 核小体 —压缩到原来的1/6→ 螺线管 —压缩到原来的1/40→ 超螺线管 —压缩到原来的1/5→ 染色单体

图 5-23　DNA 被包装至染色单体的逐级压缩比例

（2）骨架-放射环模型　**骨架-放射环模型（scaffold radial loop model）**是经化学方法去除有丝分裂细胞中期染色体上的组蛋白和大部分非组蛋白后，在电镜下观察到的结构。该模型认为染色体是由非组蛋白构成的**染色体骨架（chromosomal scaffold）**和由骨架伸出的无数的 DNA 侧环构成的。电镜下可见 30nm 的染色线折叠成环，沿染色体纵轴由中央向四周伸出，构成放射环（图 5-24）。

染色体的构建过程首先是直径2nm的双螺旋DNA分子与组蛋白八聚体构建成连续重复的、直径 10nm 的核小体串珠结构，然后按每圈 6 个核小体为单位，盘绕成直径 30nm 的染色质丝（螺线管）。依附于非组蛋白构成的核基质，由螺线管形成 DNA 放射环，每 18 个放射环平面排列，形成微带（miniband）。微带是染色体高级结构的单位，大约 10^6 个微带沿染色体骨架的纵轴排列，构建成染色单体。

骨架-放射环模型的重要意义在于提出了非组蛋白构成的染色体骨架参与染色体构建，为染色质丝的空间排布和组织提供了“脚手架”，解释了遗传物质 DNA 在细胞分裂过程中包装压缩的结构基础。

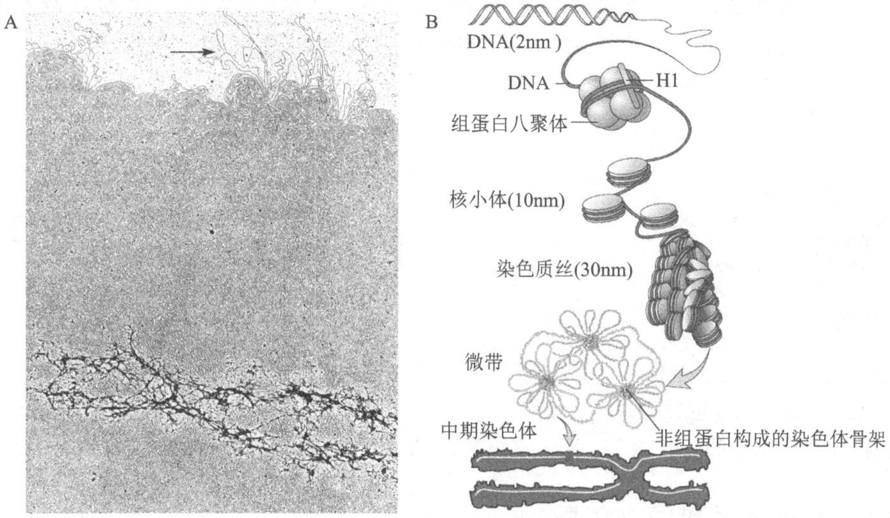

图 5-24 骨架-放射环模型

A.电镜显示染色体骨架（深色部分）及 30nm 的染色质丝（箭头示）（引自 Lodish et al.，1999）；
B. 由 DNA 包装成中期染色体的示意图（引自 Karp，2010）

上述两种关于染色质与染色体高级结构的组织模型各有侧重，多级螺旋模型解释的是间期细胞核内染色质的构建过程，强调了通过螺旋化压缩，形成遗传物质的高级结构；骨架-放射环模型则强调环化与折叠，认为染色体高级结构的维持需要非组蛋白构成的染色体骨架作为支撑。两个模型都有一些实验与观察的证据，也许在不同的组装阶段，这些机制共同起作用。

30nm 染色质丝高级结构的解析

染色质是真核细胞 DNA 包装形成的高级结构，目前对染色质的看法已经从以往的静态的规则结构转变为动态的、高度可变的结构。虽然细节尚不完全清楚，但已明确染色质形成了许多紧密的结构域，这些结构域在高等真核生物中充当基因组的动态功能单元，同时染色质的组装遵循特定的规律，协助细胞完成基因表达的精确调控，而该调控过程的异常或紊乱，与多种疾病的发生发展密切相关，包括肿瘤及神经退行性疾病等。

关于 30nm 染色质丝结构目前存在两种主流的模型，即“之字形”（zigzag）和“螺线管”（solenoid）。“之字形”（zigzag）模型也被称为双起点（two-start）纤维模型，表明核小体与相对笔直的连接 DNA 来回曲折（图 5-25A）；而“螺线管”（solenoid）模型也被称为单起点（one-start）纤维模型，表明核小体沿着螺旋轴线性堆叠产生螺旋结构，其中连接 DNA 弯曲连接相邻核小体（图 5-25B）。2014 年，中国科学家利用冷冻电镜技术，首次解析了 30nm 染色质纤维的高分辨率三维结构，并提出了一种全新的染色质纤维结构模型，他们研究了在组蛋白 H1 存在和具有不同核小体重复长度的情况下，重建的 30nm 染色质纤维的 11Å 分辨率结构，为解释核小体压缩成染色质纤维的机制提供了新的见解。

在过去的几十年里，天然细胞核中是否存在 30nm 染色质丝一直存在争议，因为在天然条件下的完整细胞中没有观察到这种定义的纤维。近期，原位染色质高级结构的研究取得了新的进展。2023 年，中国科学家通过体外组装、体内提取和原位切片等方式，在天然细胞中发现，染色质丝具有普遍存在的双起点“之字形”结构，即使体内复杂环境会导致染色质组分的异质性，但局部仍存在着这种折叠结构。同年，对人 T 淋巴母细胞内原位染色质丝的研究也确认染色质丝不是均匀的 30nm 细丝，天然染色质中绝大多数核小体通过连接 DNA 形成灵活松散的“之字形”结构（图 5-25C），这些发现对后续染色质高级结构的研究具有重要的借鉴意义。

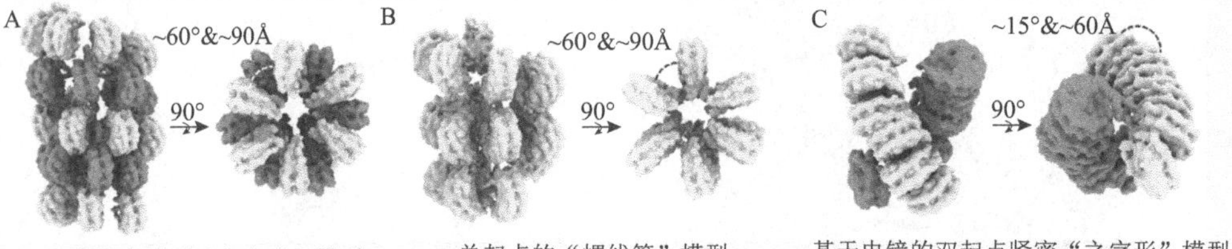

图 5-25　染色质模型及天然核小体的位置关系（引自 Hou et al.，2023；Li et al.，2023）

图中数字分别为相邻核小体的角度和距离（Å，埃米，长度单位），箭头上方数字为左图展示的结构旋转 90°后的视角（右图）。

5.2.4　常染色质和异染色质

电镜观察间期细胞的染色质，可以明显区分出两种类型的染色质：**常染色质（euchromatin）**和**异染色质（heterochromatin）**，两者在结构上是连续的，化学性质上没有差别，只是 DNA 的螺旋压缩程度不同。

5.2.4.1　常染色质

常染色质是指间期细胞核内折叠压缩程度低，相对处于伸展状态，用碱性染料染色时着色浅的那些染色质。在常染色质中，DNA 组装比为 1/2000～1/1000，即 DNA 实际长度为染色质纤维长度的 1000～2000 倍。构成常染色质的 DNA 主要是单一序列 DNA 和中度重复序列 DNA（如组蛋白基因和 tRNA 基因），是基因活跃转录的染色质部位。但定位于常染色质只是基因表达的必要条件，而不是充分条件。

5.2.4.2　异染色质

异染色质是指间期核中，染色质纤维折叠压缩程度高，处于聚缩状态，用碱性染料染色时着色深的那些染色质。异染色质大约占全部染色质的 10%，常分布在靠近核纤层的内侧或核仁周围。异染色质在间期细胞核内处于凝缩状态而关闭基因的转录活性。异染色质可分为**兼性异染色质（facultative heterochromatin）**和**结构性异染色质（constitutive heterochromatin）**两类。

兼性异染色质是指在某些细胞类型或一定的发育阶段中，原来的常染色质聚缩，并丧失基因转录活性，变为异染色质。它在某些情况下为常染色质，在某些情况下又可能成为异染色质。例如，雄性哺乳类细胞的单个 X 染色体呈常染色质状态，而雌性哺乳类体细胞的核内，两条 X 染色体之一在发育早期随机发生异染色质化而失活。在上皮细胞核内，这个聚缩的 X 染色体被称为巴氏小体（Barr body），在多形核白细胞的核内，此 X 染色体形成特殊的“鼓槌”结构。因此，检查羊水中胚胎细胞的巴氏小体可以预报胎儿的性别。兼性异染色质的特性说明异染色质化是关闭基因活性的一种途径。

结构异染色质指的是所有类型的细胞中，除复制期以外，在整个细胞周期均处于聚缩状态的异染色质。在间期核中，结构异染色质聚集形成多个染色中心（chromocenter），多定位于着丝粒区、端粒、次缢痕及染色体臂的某些节段内。结构异染色质由相对简单、高度重复的 DNA 序列构成，具有显著的遗传惰性，不转录也不编码蛋白质。在间期复制时，与常染色质相比表现为晚复制、早聚缩。

尽管异染色质所包装的 DNA 一般不编码蛋白质，但异染色质同样具有重要作用，主要体现在以下的几个方面：①结构异染色质可以加强着丝粒的稳定性，以确保染色体分离。②异染色质可以隔离和保护重要基因，防止或减少基因突变和交换。③异染色质有助于促进物种分化，减数分裂过程中，同源染色体可通过其异染色质区的重复序列配对，帮助染色体全长的联会。由于重复序列中可以容纳突变，因而可能形成新的重复序列类型，由此而促进物种的分化和形成。④异染色质有利于非必要基因在生存竞争中被淘汰。⑤异染色质具有斑点位置效应（spot position effect），可引起常染色质发生异染色质化，抑制其中的基因表达。⑥异染色质可以从两个方面参与基因表达的调控：一是通过与“异染色质化”有关的过程，使多数大片段的染色质结构关闭；二是通过稳定更多的已开放的染色质结构，避免形成基因失活的状态。

5.2.4.3　常染色质与异染色质间的转变

有些染色质随着发育时期或细胞周期的变化，会发生常染色质和异染色质之间的相互转化，这种转化常常需要伴随着一些组蛋白与 DNA 的修饰。

由常染色质转变为异染色质时，要对一些组蛋白的特定位点进行修饰，改变组蛋白所带电荷的特征，从而影响组蛋白与 DNA 的结合活性。例如，H3S10（组蛋白 H3 第十位丝氨酸）位上首先要被 JIL-1 磷酸酶去磷酸化，同时组蛋白去乙酰化酶 HDAC1 负责 H3K9 的去乙酰化，这样使 H3K9（组蛋白 H3 第九位赖氨酸）位点的甲基化修饰得以进行，而这是异染色质化的一个重要标志。除此之外，H3K4 位点上的甲基则需要被 LSD1 去甲基化（图 5-26A）。H3K9 甲基化使得异染色质蛋白 HP1 能够顺利与染色质结合，HP1 的多聚化能够使得染色质进一步浓缩。在这一过程中，染色质组装因子 CAF-1 也起非常重要的调节作用。H3K9 的甲基化也伴随着 H3K27 的甲基化和 H4K20 的甲基化，它们共同决定最终异染色质的形成（图 5-26B）。当异染色质转变为常染色质时，则伴随着基本上相反的组蛋白修饰过程。

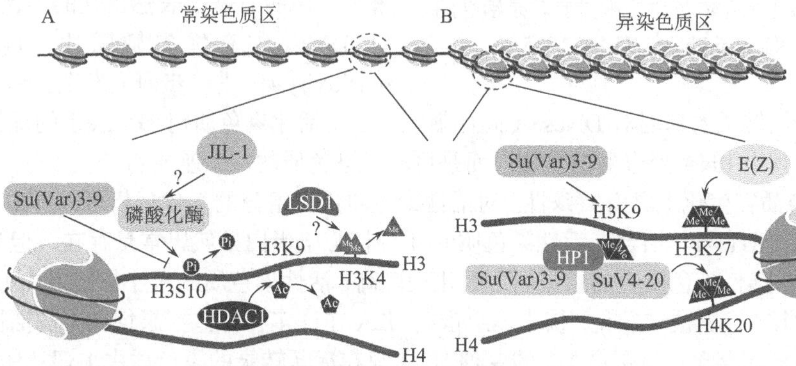

图 5-26　常染色质与异染色质转变过程中伴随的组蛋白修饰的变化（引自翟中和等，2011）

?. 机制尚不清楚

5.2.5　染色质结构与基因活化

按功能状态的不同，可将染色质分为**活性染色质（active chromatin）**和失活染色质（inactive

chromatin）。所谓活性染色质是指具有转录活性的染色质，失活染色质是指没有转录活性的染色质。对绝大多数细胞而言，在特定阶段，90%以上的基因是转录不活跃的，而具有转录活性的基因不足基因总数的10%。

活性染色质由于核小体构型发生改变，往往具有疏松的染色质结构，从而便于转录调控因子与顺式调控元件结合，以及RNA聚合酶在转录模板上滑动。

5.2.5.1 活性染色质结构特点

1）活性染色质具有DNase I超敏感位点。DNase I酶解染色质实验表明，活性染色质存在超敏感位点。**DNase I超敏感位点（DNase I hypersensitive site，DHS）**是染色质DNA中对DNase I表现出高度敏感的区域（图5-27），这是由于该区段缺少核小体，是一段长100～200bp的DNA序列特异暴露的染色质区域，因而可以被序列特异性DNA结合蛋白所识别和结合。

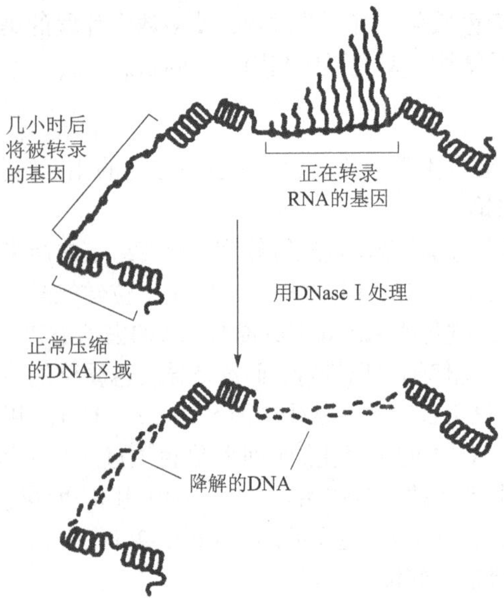

图5-27 用DNase I消化染色质检测具有转录活性的区域（引自Kleinsmith and Kish，1995）

由于没有组蛋白八聚体核心的保护，因此一个典型的超敏感位点对核酸酶攻击的敏感性是其他染色质区域的100倍以上。活性基因的超敏感位点大部分位于基因5′端启动子区域，少部分位于其他部位，如转录单位的下游，并与启动子功能有关，很可能是为RNA聚合酶、转录因子或其他蛋白调控因子提供结合位点。现有证据表明，5′端超敏感位点的建立发生在转录起始之前，很可能是起始转录的必要条件而非充分条件。

用DNase I酶解染色质，可将染色质降解成酸溶性的DNA小片段。用特定的cDNA或mRNA作探针，可以测定某个基因被降解的情况。实验表明，当总DNA的10%被降解时，50%以上活跃表达的基因已优先降解了，说明有基因表达活性的染色质DNA对DNase I有优先敏感性（preferential sensitivity）。进一步研究发现，具有潜在转录活性而尚未开始转录的基因对DNase I同样敏感，说明活化染色质对DNase I的优先敏感性不是由于转录过程中RNA聚合酶的作用，而是可转录染色质的一个基本特征。

2）活性染色质在生化上具有特殊性。对活性染色质蛋白组分的生化分析可以看出，活性染色质很少有组蛋白H1与其结合；活性染色质的4种核心组蛋白虽然以常量存在，但是与非活性染色质相比较，活性染色质上的组蛋白乙酰化程度高；活性染色质的核小体组蛋白H2B与非活性染色质相比较，很少被磷酸化；核小体组蛋白H2A在许多物种包括果蝇和人的活性染色质中很少有变异的形式存在；组蛋白H3的变种H3.3只在活跃转录的染色质中出现；HMG蛋白中的HMG14和HMG17只存在于活性染色质中。

3）活性染色质在组蛋白修饰上的特异性。组蛋白修饰是影响基因活性的重要因素之一，这些修饰包括甲基化、乙酰化和磷酸化等。一般来说，乙酰化是活性染色质的标志，而甲基化和磷酸化则在活性染色质与非活性染色质中都存在。不同组蛋白或同一个组蛋白的不同氨基酸残基上的修饰，决定染色质处于活性或非活性状态。

5.2.5.2 染色质活化与基因激活

在基因转录过程中，RNA 聚合酶、转录因子等均需要与染色质所包装的 DNA 紧密结合才能发挥功能，但核小体及其高级结构并不利于它们的结合。实际上，也有些证据表明，DNA 在与组蛋白形成复合物的情况下仍可被转录，其原因在于核小体的结构改变或核小体的解聚，形成了疏松染色质结构，产生了染色质不同的活性状态。影响染色质疏松状态形成的因素主要有下面三种。

1）DNA 局部结构的改变与核小体相位的影响。染色质是动态的、可塑的复合体，当一个调控蛋白结合到染色质 DNA 的一个特定的位点上时，不管是在核小体间还是在一个核小体内，染色质都很容易被引发二级结构的改变，这些改变使得其他的一些结合位点与调控蛋白的结合变得要么更加容易，要么更加困难。此外，拓扑异构酶也能调整 DNA 双螺旋的局部构象和高级结构的变化，使其超螺旋化或松弛。

核小体并非沿 DNA 随机分布，而通常是定位在特殊位点。一种情况是基因关键调控元件（增强子和启动子）位于核小体之外，使其便于与转录因子结合（图 5-28A）；另一种情况是基因调控元件位于盘绕核心组蛋白的 DNA 上，则增强子和启动子两种调控元件通过转录因子被联系起来（图 5-28B）。

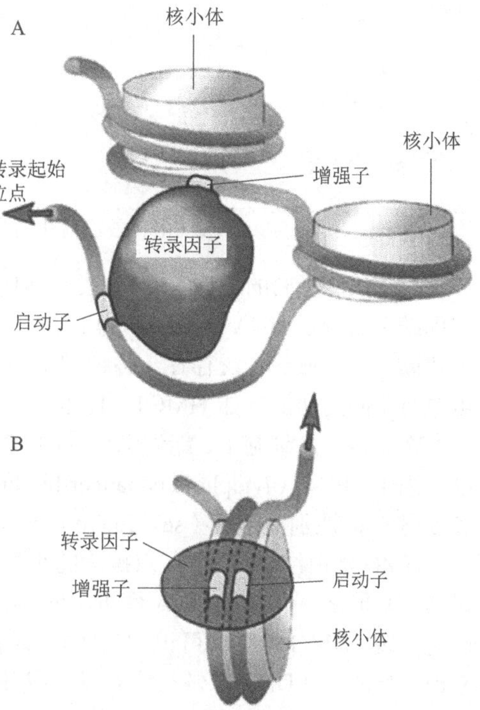

图 5-28 核小体相位在协助基因转录中的作用

2）组蛋白的修饰。核小体组蛋白的 N 端都暴露在核小体之外，因此方便对 N 端某些特定的氨基酸位点进行乙酰化、甲基化、磷酸化或 ADP 核糖基化等修饰，不仅改变染色质的结构，直接影响转录活性，而且改变核小体表面，促进或者抑制其他调控蛋白和染色质接触，间接地影响转录活性。

对组蛋白赖氨酸残基的乙酰化是核小体变构的一种重要方式。经乙酰化修饰后，组蛋白赖氨酸侧链的正电荷被中和，失去了与 DNA 紧密结合的能力，使相邻核小体的聚合受阻，同时影响泛素与组蛋白 H2A 的结合，导致蛋白质的选择性降解。组蛋白 H3 和 H4 是蛋白质修饰的主要位点，它们的乙酰化可能有类似促旋酶（gyrase）的活性，使核小体间的 DNA 因产生过多的负超螺旋，易于从核小体上脱离，有利于转录调控因子的结合。近年来还发现，大量的辅激活子（coactivator）具有组蛋白乙酰转移酶（histone acetyltransferase）的功能，通过对组蛋白的乙酰化修饰，激活基因转录（图 5-29）。

组蛋白 H1 的磷酸化也能影响染色质的活性。组蛋白 H1 丝氨酸残基的磷酸化主要发生在有丝分裂期，在完成分裂后，其磷酸化水平下降到峰值的 20%。由于 II1 对核小体起组装作用，确定核小体的方向，并稳定 30nm 染色质丝结构，因此 H1 磷酸化引起其净正电荷降低，导致与 DNA 的亲和力下降，造成染色质疏松，提高染色质的活性。

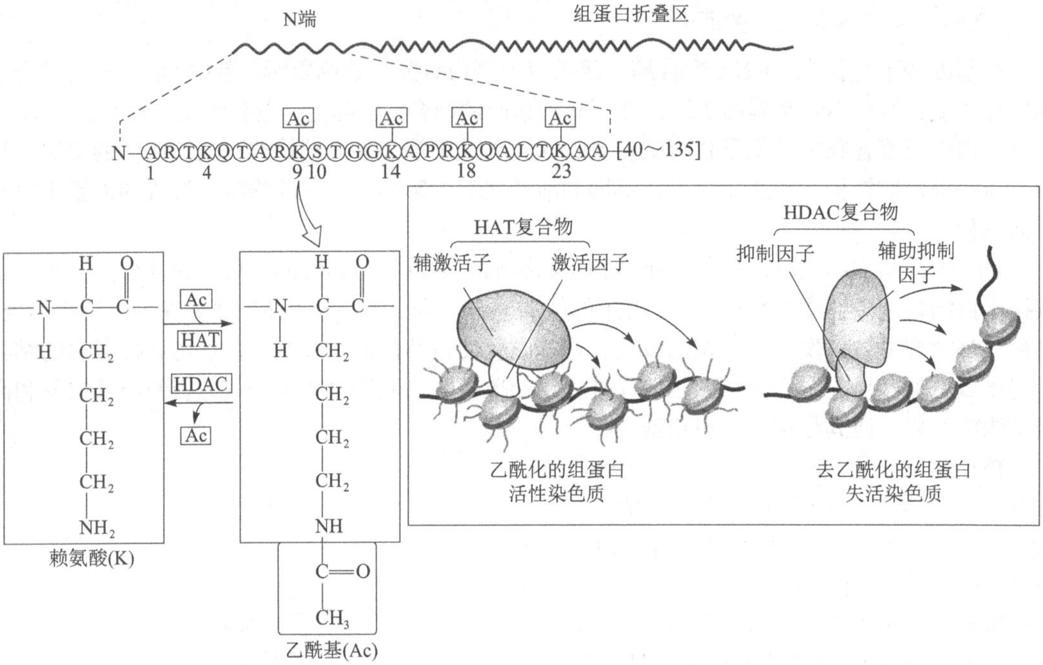

图 5-29　乙酰化和去乙酰化对染色质活性的影响（引自翟中和等，2007）

3）HMG 蛋白的影响。HMG 蛋白是具有一个或多个 HMG 结构域的蛋白质，这类蛋白质所识别结合的特定 DNA 序列，称为 HMG 盒子（HMG box）。HMG 蛋白有细胞特异性，分为两个亚簇：一个亚簇广泛存在于各种细胞中，一般有多个 HMG 结构域，没有 DNA 识别特异性，可执行不同的功能，如 HMG1、HMG2 和 UBF（RNA 聚合酶 I 的转录因子）等；另一个亚簇只存在于特定的细胞中，能识别特异的 DNA 序列，只有一个 HMG 结构域，如淋巴细胞增强子结合因子 LEF-1（lymphoid enhancer-binding factor 1）、T 细胞因子 1（T-cell factor 1，TCF-1）和 Y 染色体性别决定区（sex-determining region of the Y chromosome，SRY）。

HMG 蛋白结合在 DNA 双螺旋的小沟中，以 40 倍的优势选择富含嘧啶的核苷酸元件。HMG 蛋白的功能之一是促进 DNA 弯折（图 5-14E），与 DNA-蛋白质复合体高级结构的形成有关。研究发现，HMG 结构域可识别某些异形的 DNA 结构，使 DNA 链产生 90°～130°的弯折。一般来说，150bp 的 DNA 双链很难自发形成环状结构，但在非特异的 HMG1 存在时，可改变 DNA 双螺旋结构，形成 66bp 的 DNA 环。在爪蟾中发现，HMG17 会促进 RNA 聚合酶Ⅲ催化的转录，HMG14 则直接参与 RNA 聚合酶Ⅱ催化的基因转录。

5.2.6　染色质与表观遗传

染色质在结构上是不均一的，高度浓缩的异染色质与相对松散的常染色质有着不同的包装压缩程度。通过改变染色质状态但不改变 DNA 序列而实现的基因组信息的表达，共同构成特定细胞在特定时期的表观基因组（epigenome），以此发生的可遗传的改变，称为表观遗传（epigenetic inheritance），表观遗传的变化则是通过组蛋白和 DNA 的不同修饰实现的，与传统遗传学通过 DNA 序列的突变实现的表型改变不同。

与经典的基因型决定表型的孟德尔遗传不同，表观遗传是基因与环境互作产生的可遗传的表型，这种改变是细胞内除 DNA 中碱基排列顺序外的其他可遗传的改变。表观遗传解释了自然界中许多 DNA 序列虽然一样，但却有极大的表型差异的现象，如双胞胎、克隆猫、植物突变体及哺乳动物 X 染色体的失活等。

在表观遗传中，可以通过多种方式引入染色质结构上的变化。对于组蛋白来说，组蛋白的修饰可通过影响组蛋白与 DNA 的亲和性，从而改变核小体结构，促成染色质的疏松或凝集状态，或通过影响其他转录因子与启动子的亲和性，调控基因表达。修饰类型包括组蛋白的甲基化和去甲基化、乙酰化和去乙酰化、泛素化、磷酸化、甲基化等，这些修饰因素单一或者共同作用调节基因的表达。对 DNA 来说，主要涉及甲基化修饰，DNA 共价结合甲基基团，使相同序列等位基因处于不同修饰状态。真核生物 DNA 中，5-甲基胞嘧啶是唯一存在化学修饰的碱基，CG 二核苷酸是最主要的甲基化位点。高度甲基化的基因处于失活状态，DNA 甲基化不仅影响基因的表达，而且这种影响还可以随着细胞分裂传递下去。此外，不同组蛋白的介入（组蛋白变体）、染色质结构的改变（染色质重塑），以及非编码 RNA 的调控等都属于表观遗传现象的研究内容。

5.3 染　色　体

染色体是在有丝分裂或减数分裂时，染色质经螺旋折叠、逐渐缩短变粗而成的遗传物质存在的特定形式，具有种属特异性，不同生物在染色体的数目、大小和形态等方面存在差异，但染色体的基本结构具有一致性。

5.3.1 染色体的形态结构

有丝分裂中期是观察染色体结构的最佳时期，光镜下可见每条中期染色体由两条相同的姐妹染色单体（sister chromatid）构成，姐妹染色单体通过**着丝粒（centromere）**连接在一起。染色体结构上一般包括着丝粒、染色体臂、端粒，有的染色体还有次缢痕和随体结构（图 5-30）。

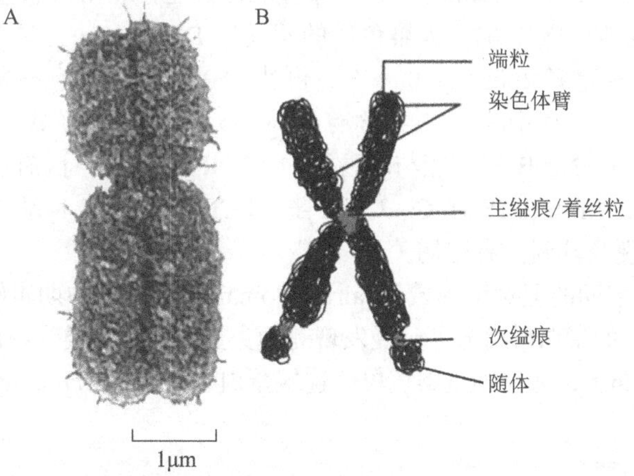

图 5-30　中期染色体的形态结构（引自 Alberts et al.，2019）
A. 电镜下的染色体；B. 染色体的结构示意图

5.3.1.1　*着丝粒与动粒*

着丝粒也称为主缢痕（primary constriction），由于这一区域染色质丝的螺旋化程度低，所以染色很浅或不着色。着丝粒将染色体分为短臂（p）和长臂（q）。根据着丝粒在染色体上所处的位置，可将中期染色体分为 4 种类型：端着丝粒染色体（telocentric chromosome）、亚端着丝粒染色体（subtelocentric chromosome）、中着丝粒染色体（metacentric chromosome）和亚中着丝粒染色体（submetacentric chromosome）。

着丝粒是一个整合结构，至少包括三种结构域，从外到内依次是动粒结构域、中央结构域和配对结构域（图 5-31）。三个结构域在功能上的有效整合，确保了细胞在分裂中，染色体与纺锤体有效附着，以及遗传物质的均等分配。

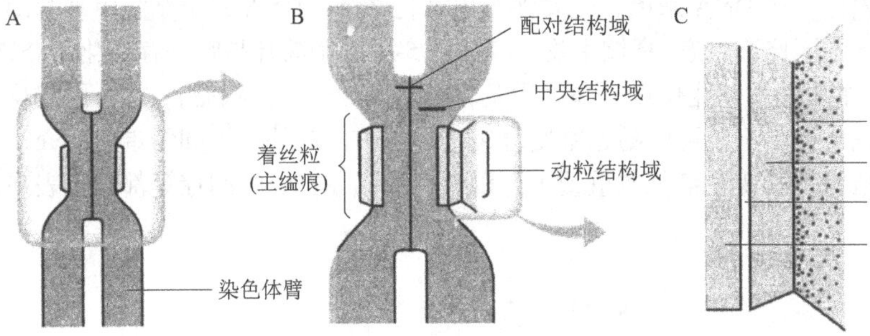

图 5-31 着丝粒的结构域组织（引自翟中和等，2007）

A. 方框区域为着丝粒（主缢痕）；B. 着丝粒区域放大图，包括中央结构域、动粒结构域和配对结构域；C. 动粒结构域放大图，包括外板、内板、中间间隙和纤维冠

1）**动粒结构域（kinetochore domain）**，位于着丝粒外表面，为动粒装配提供附着位点。哺乳类动粒又称着丝点，超微结构可分为 3 个区域：一是与着丝粒中央结构域相联系的内板（inner plate）；二是中间间隙（middle space），电子密度低，呈半透明区；三是外板（outer plate）。在没有动粒微管结合时，覆盖在外板上的第 4 个区称为纤维冠（fibrous corona），由微管蛋白构成。动粒微管与内外板相连，并沿纤维冠相互作用。与内板相联系的染色质是与微管相互作用的位点。

2）**中心结构域（central domain）**，这是着丝粒区的主体，由串联重复的卫星 DNA 组成。这些重复序列大部分是物种专一的，人染色体的着丝粒 DNA 由 α 卫星 DNA 组成，重复单位 171bp，每一着丝粒串联重复 2000～30000 次，可达 250～400kb，但不同染色体着丝粒的 α 卫星 DNA 序列存在差别。其中一个亚类含有的 17bp 的 DNA 模式（5'-CTTCGTTGGAAACGGGA-3'），被称为 CENP-B 框，能与动粒蛋白 CENP-B 结合。目前在哺乳类染色体着丝粒区已发现 CENP-A、CENP-B、CENP-C、CENP-E 和 CENP-F 共 5 种动粒蛋白，这些动粒蛋白极为保守，与细胞分裂及其调控有密切关系。

3）位于着丝粒内表面的配对结构域（pairing domain），代表中期姐妹染色单体相互作用的位点，含有与配对相关的蛋白质组分。已经发现有两类蛋白质：一类是内部着丝粒蛋白 INCENP（inner centromere protein），另一类是染色单体连接蛋白（chromatid linking protein，CLIPS）。

5.3.1.2 次缢痕

除主缢痕外，有些染色体上还有其他的浅染、缢缩部位，称为次缢痕（secondary constriction），它的数目、位置和大小是某些染色体所特有的形态特征，因此也可以作为鉴定染色体的标记。

5.3.1.3 核仁组织区

核仁组织区（nucleolus organizing region，NOR）位于一些染色体的次缢痕部位，但并非所有次缢痕都是NOR。染色体NOR是rRNA基因（5S rRNA基因除外）所在部位，与间期细胞中核仁的构建有关。

5.3.1.4 随体

随体（satellite）指位于某些染色体末端的球形染色体节段，通过次缢痕区与染色体主体部分相连，是识别染色体的重要形态特征之一，有随体的染色体称为随体染色体。随体一般由异染色质组成，被包装的是高度重复序列DNA。

5.3.1.5 端粒

端粒（telomere）是染色体两端的特化结构。端粒由短的串联重复序列DNA组成，延伸至染色体的3′端。端粒像帽子一样覆盖在染色体末端，防止染色体受到核酸酶的降解，同时防止染色体末端融合，因此端粒的生物学作用在于维持染色体的完整性和独立性，可能还与染色体在核内的空间排布等有关。在同一个基因组内，所有的端粒都是由相同的重复序列组成，但不同物种的端粒，其重复序列是不同的。

端粒的长度可以控制生物体**衰老（senescence）**的速度，与细胞及生物个体的寿命有关。细胞分裂一次，每条染色体的端粒就会逐次变短一些。一旦端粒消耗殆尽，细胞并不会立即死亡，但如果细胞继续分裂，将会造成DNA损伤，当损伤积累到一定程度后，细胞将死亡。

5.3.2 染色体DNA的三种功能元件

染色体至少应具备三种**功能元件（functional element）**才能确保在细胞世代中染色体的准确复制和稳定遗传：①至少一个DNA复制起点，确保染色体在细胞周期中能够自我复制，维持染色体在细胞世代传递中的连续性；②一个着丝粒，使细胞分裂时已完成复制的染色体能平均分配到子细胞中；③在染色体的两个末端必须有端粒，保持染色体的独立性和稳定性。构成这3种关键序列的DNA，称为染色体DNA的功能元件（图5-32）。

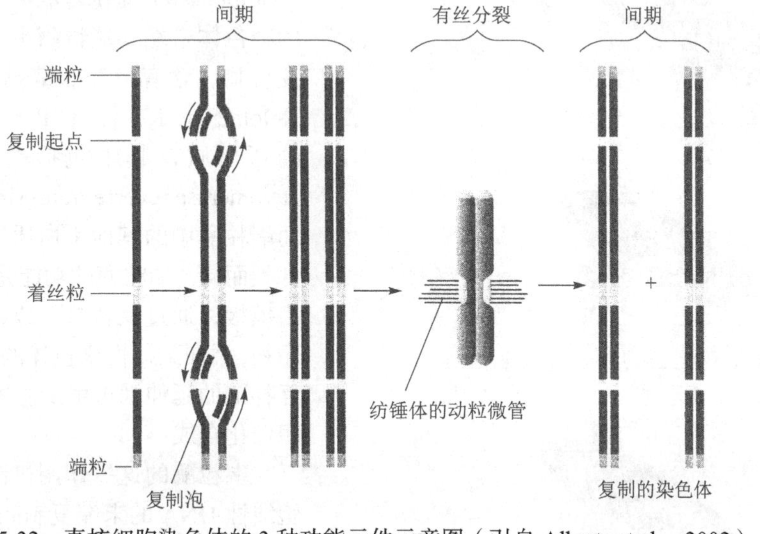

图5-32 真核细胞染色体的3种功能元件示意图（引自Alberts et al.，2002）

5.3.2.1 自主复制DNA序列

自主复制DNA序列（autonomously replicating DNA sequence，ARS）是在真核生物中

发现的一类能启动 DNA 复制的序列，含有一个 AT 富集区。通过对不同来源的 ARS 进行 DNA 序列分析，发现它们都具有一段 11～14bp 的同源性很高的、富含 AT 的共有序列（consensus sequence），同时证明这段共有序列及其上、下游各 200bp 左右的区域是维持 ARS 功能所必需的。在真核细胞中，每条染色体均含有多个复制起点，以确保染色体快速而高效复制。例如，酵母细胞约有 400 个 ARS，人的每个细胞中 ARS 多达 10000～100000 个。

5.3.2.2　着丝粒 DNA 序列

着丝粒的作用是使复制后的遗传物质经有丝分裂和减数分裂，均等地分配到子细胞中。着丝粒 DNA 序列（centromere DNA sequence，CEN）与动粒的装配和染色体的分离有关。根据对不同来源的 CEN 序列分析，发现它们的共同特点是有两个彼此相邻的核心区，一个是 80～90 bp 的 AT 区，另一个是 11 bp 的保守区。通过 CEN 缺失损伤实验及插入突变实验，发现一旦这两个核心区序列受损，CEN 即丧失其生物学功能。CEN 多由大量串联重复的 DNA 序列组成。例如，果蝇的着丝粒序列长度为 200～600 kb，拟南芥的则在 500kb 以上。人的着丝粒重复序列为卫星 DNA，重复单位为 171 bp，重复 2000～3000 次。

5.3.2.3　端粒 DNA 序列

不同生物的**端粒 DNA 序列（telomere DNA sequence，TEL）**彼此间很相似，由富含 G 的短的串联重复序列组成。重复单位在不同物种间非常保守，如人的端粒 DNA 重复序列为（TTAGGG）*n*，四膜虫为（TTGGGG）*n*，拟南芥为（TTTAGGG）*n*。

端粒的重复序列不是染色体 DNA 复制时连续合成的，而是由**端粒酶（telomerase）**催化合成后添加到复制之后的染色体末端。端粒酶是一种核糖核蛋白复合物，含有一个非编码的端粒酶 RNA（telomerase RNA，TER）序列及与其结合的蛋白质，其中包括端粒酶反转录酶（telomerase reverse transcriptase，TERT），而端粒酶中的其他蛋白质组分因不同生物种类而异。端粒酶的功能是以自身的 RNA 为模板，通过反转录合成特异的端粒重复序列，添加到线性染色体的 3′端（图 5-33），互补链的延伸则再由细胞中的 DNA 聚合酶催化合成。

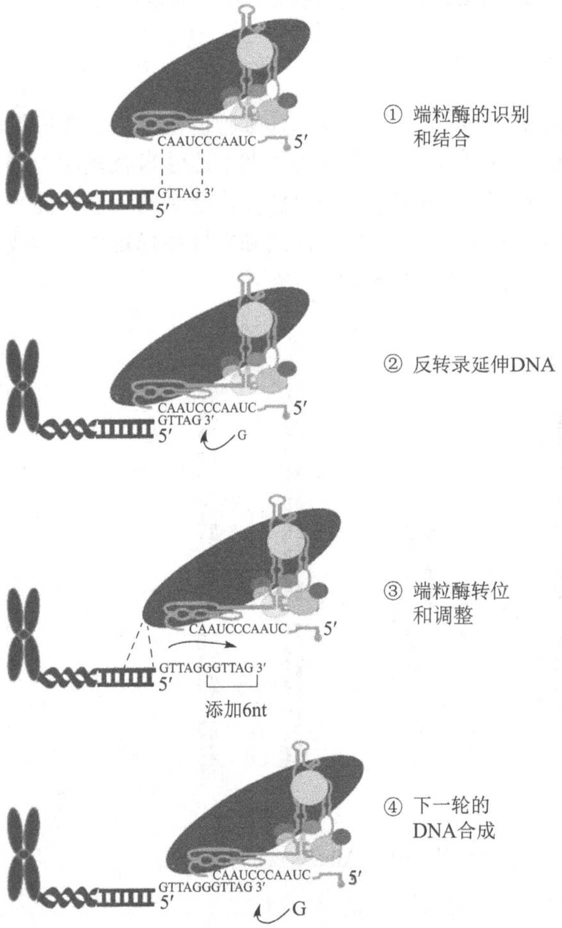

图 5-33　端粒酶作用原理示意图
（引自 Hukezalie and Wong，2013）

端粒酶的这一作用机制解决了真核细胞线性 DNA 的末端复制问题，即新合成的子链 DNA 的 5′端由于 RNA 引物的去除而产生的缩短问题。但是端粒酶并非在所有类型细胞中都表达，在体细胞中几乎检测不到端粒酶的活性；在干细胞和生殖系细胞中，端粒酶以中等水平表达；而在癌细胞中维持高活性。因此不管是体内还是体外，体细胞每分裂一次，端粒重复序列就缩短一些，所以端粒起到细胞分裂计时器的作用，也表明端粒重复序列的长度与细胞分裂次数、细胞的衰老有关。癌细胞的无限增殖特性与端粒酶持续活化有关，90%以上的人类癌症中，都能检测到异常的端粒酶活性。

近年来对端粒酶的结构研究取得了重要进展，采用负染、低温电镜技术、X 射线晶体学、核磁共振和质谱等多种研究手段，首次解析了四膜虫的端粒酶结构，并且发现人类端粒酶与其在结构和作用机制上存在相似性。

对染色体 DNA 功能元件的研究，为**人工染色体（artificial chromosome）**的构建奠定了基础。所谓人工染色体是人工构建的、含有天然染色体基本功能的载体，由 DNA 复制起点、着丝粒 DNA 和端粒 DNA 等序列拼接组装而成，是目前分子克隆能力最强的载体，能够容纳很长的外源 DNA 片段，因此用较少的克隆就可以覆盖特定基因组的全部序列，为基因组图谱制作、基因分离及基因组序列分析等提供了有用的工具。

人工染色体包括酵母人工染色体（YAC）、细菌人工染色体（BAC）、P1 人工染色体（PAC）、哺乳动物人工染色体（MAC）和人类游离人工染色体（HAEC）等类型，其中 YAC 是人工染色体中克隆容量最大的载体，可以插入 100～2000kb 的外源 DNA 片段，主要用来构建大片段 DNA 文库，特别是构建高等真核生物的基因组文库，用于基因功能的研究。

5.4 核 仁

核仁（nucleolus）是真核细胞间期核中最显著的结构，它是 rRNA 合成、加工和核糖体亚单位组装的场所。在光镜下被染色的细胞、相差显微镜下的活细胞或分离细胞的细胞核都容易看到核仁，它们通常表现为单一或多个均质的球形小体。

核仁的大小、形状和数目随生物的种类、细胞类型和细胞代谢状态不同而变化。蛋白质合成旺盛、活跃生长的细胞（如分泌细胞、卵母细胞）的核仁大、数量多，可占总核体积的 25%；不具蛋白质合成能力的细胞，如肌细胞、休眠的植物细胞，其核仁很小甚至没有。核仁在有丝分裂期间表现出周期性的消失与重建，是一个高度动态的结构。

5.4.1 核仁的超微结构

电镜超微结构显示，核仁没有被膜包裹，具有可识别的三种基本的结构组分（图 5-34）。

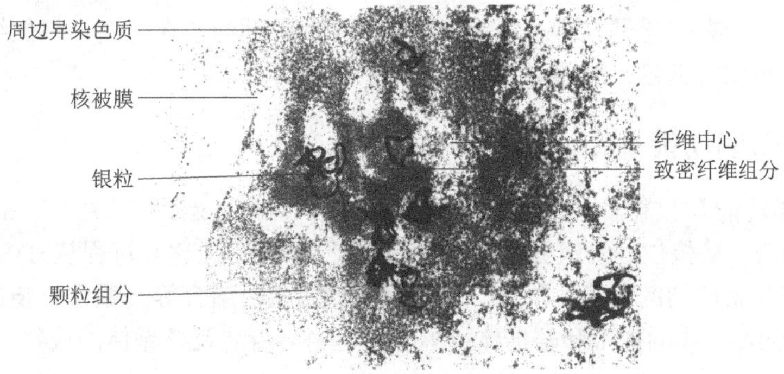

图 5-34 BHK-21 细胞核仁的电镜照片（引自翟中和等，2011）

银粒示 rRNA 转录部位

1）纤维中心。**纤维中心（fibrillar center，FC）**是核仁染色质所在的区域，即三种 rDNA（编码 18S、28S 和 5.8S rRNA 基因）所在的部位。在电镜下，纤维中心是核仁最内部的浅色染色区域，分布有 rDNA、RNA 聚合酶 I 及结合的转录因子。在细胞分裂期，一些染色体的次缢痕结构就是由核仁染色质凝集而成的。

2）致密纤维组分。**致密纤维组分（dense fibrillar component，DFC）**是核仁超微结构中电子密度最高的部分，呈环形或半月形包围 FC，由致密的纤维构成，通常见不到颗粒。用 ^{3}H 作为 RNA 前体物对细胞进行脉冲标记，根据电镜放射自显影观察结果，带放射性标记的第一个核仁结构就是 DFC。电镜原位杂交也证明 rRNA 以很高的密度出现在 DFC 区域。此外，DFC 还有特异性结合蛋白，其中比较清楚的是纤维蛋白（fibrillarin）、核仁蛋白（nucleolin）和核仁组织区嗜银蛋白。

3）颗粒组分。**颗粒组分（granular component，GC）**是核仁的主要结构，由直径 15～20 nm 的核糖核蛋白（RNP）颗粒构成，可被蛋白酶和 RNA 酶消化。在代谢活跃细胞的核仁中，颗粒组分是正在加工、成熟的核糖体亚单位前体颗粒，间期核中核仁的大小差异主要是由颗粒组分数量的差异造成的。

核仁虽然没有膜包裹，但被或多或少的染色质所包围，可能部分包裹核仁表面或延伸到核仁内部，这层染色质称为核仁结合染色质（nucleolar associated chromatin），深入到核仁内的染色质，称为核仁内染色质（intranucleolar chromatin），而包围核仁的染色质称为核仁周边染色质（perinucleolar chromatin）。此外，用 RNA 酶和 DNA 酶处理核仁，在电镜下可看到由蛋白质组成的核仁残余结构，称为核仁基质（nucleolar matrix）或核仁骨架。

目前较一致的看法为，FC 区是 rRNA 基因的储存位点，转录主要发生在 FC 区与 DFC 区的交界处，初始 rRNA 转录本首先出现在 DFC 区并在那里加工，某些加工步骤也发生在颗粒组分区（GC），并负责将 rRNA 与核糖体蛋白组装成核糖体亚基，所以 GC 区代表核糖体亚基成熟和暂时储存的位点。

5.4.2 核仁周期

在细胞周期中，核仁是一种高度动态的结构，在形态和功能上都发生很大的变化。当细胞进入有丝分裂时，核仁首先变形和变小，然后随着染色质凝集，核仁消失，所有 rRNA 合成停止，致使在中期和后期细胞中没有核仁，到有丝分裂末期，rRNA 合成重新开始，核仁重现。核仁的重建从核仁物质聚集成分散的前核仁体开始，然后在 NOR 周围融合成正在发育的核仁，这种周期性变化称为**核仁周期（nucleolar cycle）**。

核仁的周期性动态变化是 rDNA 转录和细胞周期依赖性的。在间期，核仁结构完整性的维持及有丝分裂后核仁的重建，都需要 rRNA 基因的活性。

5.4.3 核仁的功能

核仁的主要功能与核糖体的生物发生（ribosome biogenesis）相关，这是一个向量过程（vetorical process），从核仁纤维组分开始，再向颗粒组分延续。这一过程从 rDNA 的转录开始，伴随着发生初级转录产物的剪接、加工，以及与核糖体蛋白结合等一系列复杂过程，即 rRNA 基因的转录、rRNA 前体的加工和核糖体亚单位的运输与组装及核糖体的成熟。

5.4.3.1 rRNA 基因的转录

染色质铺展技术对了解 rRNA 基因的组织、排列和染色质结构起到了重要的推动作用，使人们在电镜标本上看到了由 rRNA 基因转录成 rRNA 的形态学过程。根据对在两栖类卵母细胞和其他细胞中具有转录活性的 rRNA 基因的电镜观察，发现 rRNA 基因在染色质轴丝上呈串联重复排列；沿转录方向，新生的 rRNA 链逐渐增长，形成“圣诞树”样结构；转录产物的纤维游离端(5′端)首先形成 RNP 颗粒。这些形态特征是最为直观的 rRNA 基因转录的证据(图 5-35)。

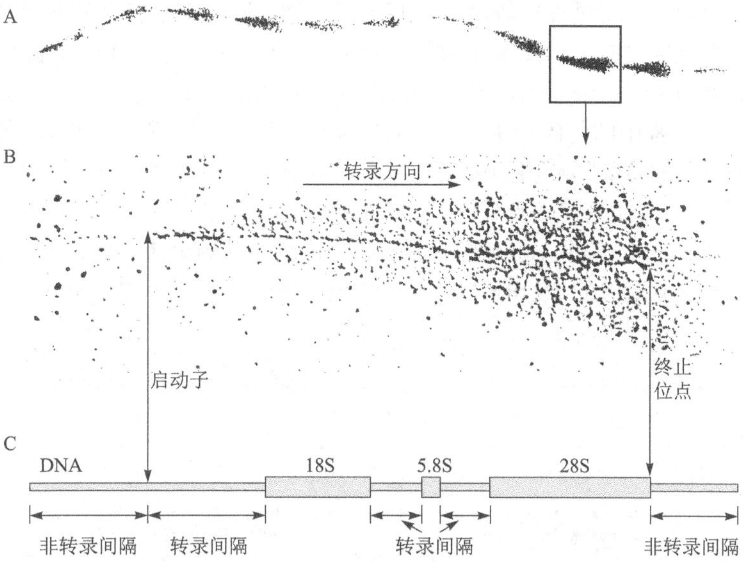

图 5-35 rRNA 基因串联重复排列，被非转录间隔所分开（引自 De Robertis，1980）

A. 一个 NOR 铺展的电镜标本，可见 11 个转录单位；B. 一个 rDNA 转录单位的放大图；
C. 一个 rDNA 转录单位结构示意图

处于生长中的高等真核细胞，每个细胞中一般有 10^7 个核糖体，以确保大量蛋白质的合成，这意味着每一细胞世代必须合成每一类型 rRNA 分子 10^7 拷贝，这相应需要增加基因“剂量”，并高效地转录。rDNA 基因所具有的特定组织方式与其是相适应的。

真核生物核糖体含有 4 种 rRNA，即 5.8S rRNA、18S rRNA、28S rRNA 及 5S rRNA，都属于中度重复序列。其中 5.8S rRNA、18S rRNA、28S rRNA 的编码基因组成一个转录单位，以串联重复的形式排列，成簇分布在少数染色体 NOR 上，位于核仁中；5S rRNA 的编码基因也是成簇串联排列的，但是定位于核仁之外的染色质上。

rDNA 转录单位以串联重复的形式排列，在鸟类和哺乳类基因组中，重复次数为 100～300 次；在两栖类和植物基因组中，重复次数可达数千次；对人类来说，rDNA 转录单位重复 200 次，成簇分布在 10 条不同的染色体上。这三种 rRNA 基因是由专一性的 RNA 聚合酶 I 转录的。一般情况下，这些 rRNA 基因拷贝数是不变的，因此调控主要依赖于转录起始的速率。这种成簇分布的串联重复排列的 rRNA 基因被组织在很小的核仁区域，一方面增加了启动子的局部浓度；另一方面串联重复基因本身就使得专一的 RNA 聚合酶 I 在一个转录单位内进行连续运作，即在转录前一个基因之后并不解离继而活化第二个基因的转录。5S rRNA 编码基因在人基因组中约有 2000 个拷贝，由 RNA 聚合酶Ⅲ催化转录，转录产物经加工后，转运到核仁中，参与核糖体大亚基的组装。尽管 rRNA 基因在进化上高度保守，但是转录单位中的非转录间隔区和转录间隔区却在不同生物体内存在显著差异。

5.4.3.2　rRNA 前体的加工

由 5.8S、18S 和 28S rRNA 基因组成的转录单位在 RNA 聚合酶 I 的催化下转录产生相同的初始转录产物 rRNA 前体，不同生物的 rRNA 前体大小不同，哺乳类为 45S rRNA（约 13000 个核苷酸），果蝇为 38S rRNA，酵母为 37S rRNA。

真核生物的 rRNA 加工过程比较缓慢，其中间产物可通过细胞组分的抽提从各种细胞中分离出来，因此对真核生物的 rRNA 加工过程比较清楚。用 ^3H 标记 HeLa 细胞的 RNA，则可通过凝胶电泳分离得到 45S rRNA 前体及不同沉降系数的加工产物。通过标记动力学实验，证明它们是 rRNA 加工过程中的前体和中间物。在核糖体生物发生过程中，rRNA 前体被广泛修饰与加工，涉及一系列的核酸降解切割及碱基修饰。每个 rRNA 分子修饰产生 100 个左右 2′-*O*-甲基核糖和 90 个左右假尿嘧啶核苷残基。45S 前体经过剪切加工，形成 18S rRNA、28S rRNA 和 5.8S rRNA 三种 rRNA，其中 18S rRNA 参与核糖体小亚基的组装。28S rRNA、5.8S rRNA 与核仁之外单独转录加工成熟的 5S rRNA 参与组装核糖体的大亚基（图 5-36）。

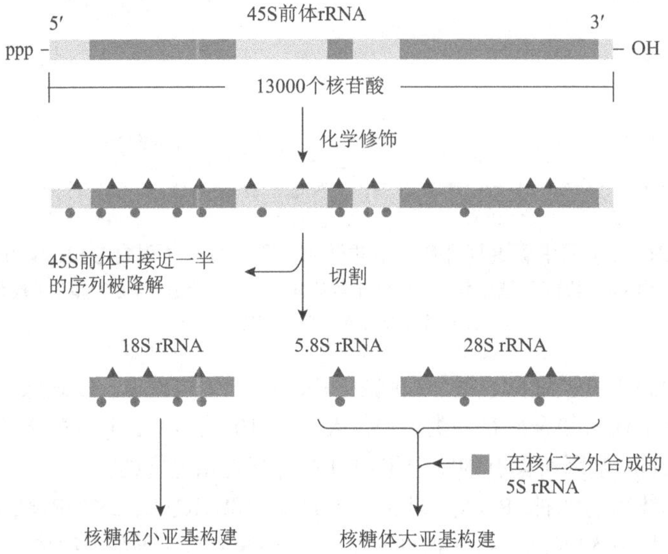

图 5-36　真核生物 45S rRNA 前体加工过程（引自 Alberts et al.，2014）
rRNA 的修饰用▲和●表示

在 rRNA 成熟过程中，有一类数量庞大的**核仁小 RNA（small nucleolar RNA，snoRNA）**发挥重要作用，这类 snoRNA 可以通过与 rRNA 前体形成碱基互补配对，引导对特定位点进行修饰，或者帮助 rRNA 前体的切割、成熟和折叠。

5.4.3.3　核糖体亚单位的运输与组装

45S rRNA 前体转录生成后，很快与蛋白质结合，因此 rRNA 前体的加工过程是以核糖核蛋白的形式进行的（图 5-37）。

通过对带有放射性标记的核仁组分进行分析，发现完整的 45S rRNA 前体首先与蛋白质结合被包装成 80S 的 RNP 复合体。在加工过程中，80S 的 RNP 再逐渐失去一些 RNA 和蛋白质，然后剪切形成两种大小不同的核糖体亚单位前体。放射性脉冲标记和示踪实验表明，在 30min 内，首先成熟的 40S 核糖体小亚单位（含有 18S rRNA）在核仁中产生并很快出现在细胞质，而 28S、5.8S 和 5S rRNA 组装成 60S 核糖体大亚单位需要经过更复杂的过程，大约需 1h 才能装配成熟，然后运到细胞质，所以核仁含有的核糖体大亚单位比小亚单位多得多。加工下来的蛋白质和小的 RNA 存留在核仁中，可能具有催化核糖体构建的作用。

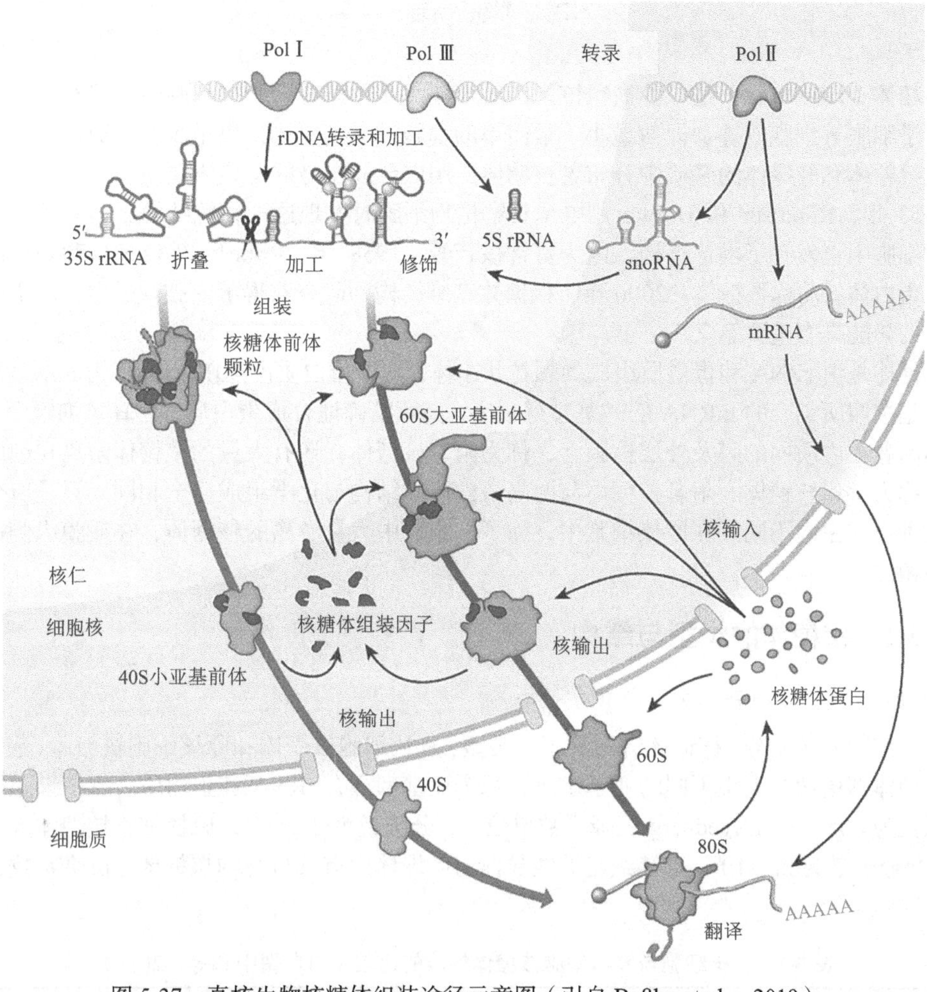

图 5-37　真核生物核糖体组装途径示意图（引自 Baßler et al.，2019）

真核细胞三种 RNA 聚合酶分别用 PolⅠ、PolⅡ和 PolⅢ表示，PolⅠ合成 35S rRNA 前体，Pol Ⅲ合成 5S rRNA，PolⅡ合成 snoRNA 和 mRNA。转录过程中，rRNA 前体经历折叠、切割与修饰等加工过程。在核糖体组装早期，核糖体组装因子、核糖体蛋白与 rRNA 前体形成核糖体前体颗粒，随后经过加工成熟，从核仁进入细胞核基质。组装好的 60S 亚基和 40S 亚基进一步通过核孔转运到细胞质，结合 mRNA，组装形成 80S 核糖体，执行翻译机器的功能。

近 20 年来的研究打破了对核仁功能的传统看法，核仁除了 rRNA 的合成、加工和核糖体亚单位组装的主要功能之外，还参与了多种生命活动，如 mRNA 前体的剪接加工、细胞周期调控、DNA 损伤的感受和修复、端粒代谢及细胞对胁迫的应答反应。

5.4.3.4　核糖体的成熟

核糖体的大小亚基含有数十种不同的蛋白质，这些蛋白质（也称为 r 蛋白）全部在细胞质中合成，然后通过核孔进入细胞核，参与核糖体大小亚基的构建。大小亚基组装完成后，以主动运输的方式通过核孔运送到细胞质，这一过程是在相关因子的指导下完成的，包括载体蛋白的介导，需要消耗能量。在细胞质中，mRNA 先与核糖体小亚基结合，再与大亚基单位结合，最后才形成了成熟的核糖体。所以，核糖体的成熟发生在细胞质中。

5.5 核　糖　体

核糖体（ribosome）是一种核糖核蛋白复合体，几乎存在于所有细胞中，只有成熟的红细胞、精子细胞等细胞例外。即使最小、最简单的细胞——支原体，也至少含有数以百计的核糖体。在线粒体和叶绿体的基质中分布着核糖体，用以合成自身的某些蛋白质。

1953 年，Robinsin 和 Brown 用电镜观察植物细胞时发现这种颗粒结构。1955 年，Palade 在动物细胞中也发现了类似结构。因为富含核苷酸，1958 年，Roberts 建议把这种颗粒命名为核糖核蛋白体，简称核糖体。2000 年，核糖体三维结构的研究取得了突破性进展，对全面认识核糖体的功能具有重要意义。

核糖体是由 rRNA 和蛋白质组成的颗粒状小体，其中蛋白质占 40%，RNA 占 60%。核糖体的功能是按照所结合的 mRNA 的碱基排列顺序，高效精确地合成蛋白质。在真核细胞中，很多核糖体附着在内质网的膜及外层核膜上，称为附着核糖体；还有大量的核糖体游离在细胞质基质中，称为游离核糖体。附着核糖体与游离核糖体的结构与化学组成完全相同，只是所合成的蛋白质种类和去向不同。在原核细胞中，除了细胞质中大量游离的核糖体，在质膜内侧也常有附着核糖体。

5.5.1　核糖体的类型与结构

5.5.1.1　核糖体的基本类型与化学组成

按照细胞来源划分，核糖体有两种基本类型：真核细胞核糖体和原核细胞核糖体（表 5-3）。两类核糖体都由两个大小不同的亚基组成，每个亚基都含有 rRNA 和蛋白质。真核细胞核糖体沉降系数为 80S（S 为 Svedberg 沉降系数单位），分子量为 4.2×10^6；原核细胞核糖体沉降系数为 70S，分子量为 2.5×10^6。真核细胞的线粒体与叶绿体内有其自身的核糖体，沉降系数近似于 70S。

表 5-3　原核细胞与真核细胞核糖体构成的比较（引自翟中和等，2011）

类型	核糖体大小		亚基	亚基大小		亚基蛋白数	亚基 RNA	
	S 值	分子量		S 值	分子量		S 值	碱基数
原核细胞核糖体	 70S	2.5×10^6	大亚基	 50S	1.6×10^6	34	23 S 5 S	2904 120
			小亚基	 30S	9.0×10^5	21	16 S	1542
真核细胞核糖体	 80S	4.2×10^6	大亚基	 60S	2.8×10^6	～49	25～28 S 5.8 S 5 S	≤4700 160 120
			小亚基	 40S	1.4×10^6	～33	18 S	1900

对原核细胞核糖体研究得较为深入，已知大肠杆菌的核糖体共有 55 种 r 蛋白，34 种在大亚基，以 L 表示；21 种在小亚基，以 S 表示。除了 L7/L12 有 4 个拷贝、S6 有 2 个拷贝，其余的 r 蛋白都仅有一个拷贝。大肠杆菌的核糖体中有 3 种 rRNA，其中 23S rRNA 和 5S rRNA 在大亚基中，16S rRNA 在小亚基中。

真核细胞核糖体比原核细胞核糖体更为复杂，含有 82 种 r 蛋白，49 种在大亚基中，33 种在小亚基中。真核生物核糖体中有 4 种 rRNA，其中 28S、5.8S 和 5S rRNA 在大亚基中，而 18S rRNA 在小亚基中。不同真核细胞的核糖体也存在差异，如动物细胞核糖体的大亚基内有 28S rRNA，而植物细胞、真菌细胞与原生动物细胞核糖体的大亚基中却不是 28S rRNA，而是 25～26S rRNA。

5.5.1.2 核糖体的结构

核糖体是细胞中最重要的分子机器之一，也是蛋白质的翻译机器。核糖体更像一个流动的小工厂，在其他辅助因子的帮助下，以极快的速度合成肽链。真核细胞核糖体合成速度为每秒 2 个氨基酸，而细菌核糖体的合成速度为每秒可达 20 个氨基酸。随着 X 射线晶体学和冷冻电镜技术的发展，人们对核糖体结构和功能的认识不断深入。

在核糖体的构建中，rRNA 折叠成高度压缩的三维结构，不但构成了核糖体的核心，还决定了核糖体的整体形态（图 5-38）。这些 rRNA 类似三维拼图玩具的部件一样在核糖体中相互连锁，从而构成一个单一的实体。与 rRNA 的核心地位不同的是，核糖体蛋白通常定位在核糖体的表面，或填充于 rRNA 之间的缝隙中。核糖体蛋白大多有一个球形结构域和伸展的尾部。最出人意料的是，核糖体蛋白的球形结构域分布于核糖体表面，而其伸展的多肽链尾部则伸入核糖体内折叠的 rRNA 分子中。分析表明，这些肽链约由 26%的精氨酸和赖氨酸，以及丰富的甘氨酸和脯氨酸组成。但核糖体上的活性部位——那些催化蛋白质肽链形成的地方只是由 rRNA 构建而成。这表明核糖体蛋白本身不参与将遗传信息转换为蛋白质的反应，它们的作用类似于黏土或砂浆，将关键的 rRNA“砖”黏在一起，从而稳定 rRNA，有助于 RNA 催化蛋白质合成时自身构象的改变。

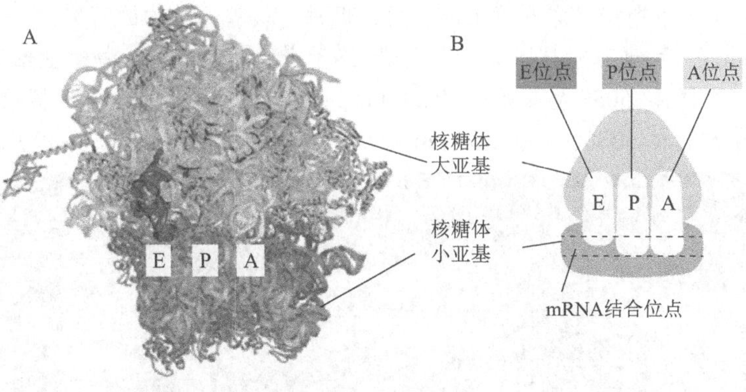

图 5-38 细菌核糖体的 X 射线晶体结构（引自 Alberts et al.，2019）

A. 核糖体三维结构图，tRNA 结合位点分别标注为 E、P 和 A；B. 大小亚基结构关系示意图，E、P 和 A 位点的形成需要大亚基和小亚基共同参与，mRNA 的结合位点仅涉及小亚基

对核糖体高分辨率的 X 射线衍射图谱分析表明了以下几点。

1）每个核糖体含有 4 个 RNA 分子的结合位点，其中 1 个位点供 mRNA 结合，3 个位点供 tRNA 结合，分别为 A 位点（aminoacyl site）、P 位点（petidyl site）和 E 位点（exit site）。这些位点横跨核糖体大小亚基结合面。原核生物中，核糖体与 mRNA 的结合位点位于 16S rRNA

的 3′端，其准确识别的基础是细菌 mRNA 有一段特殊的 Shine-Dalgarno 序列（SD 序列），位于起始密码子上游 5～10 bp 处。SD 序列能与核糖体小亚基 16S rRNA 的 3′端序列互补结合。真核生物没有 SD 序列，核糖体小亚基准确识别 mRNA 的基础主要依赖于 mRNA 5′端的甲基化帽子结构。A 位点是与新掺入的氨酰-tRNA 结合的位点——氨酰基位点，P 位点是与延伸中的肽酰-tRNA 结合的位点——肽酰基位点，E 位点是脱氨酰 tRNA 离开 A 位点到完全释放的一个位点——脱氨酰位点。

2）在核糖体大小亚基结合面，特别是 mRNA 和 tRNA 结合处，无核糖体蛋白分布。这也意味着在核糖体起源之初可能仅由 RNA 组成。

3）催化肽键形成的活性位点由 RNA 组成。

4）大多数核糖体蛋白有一个球形结构域和伸展的尾部，球形结构域分布于核糖体表面，而其伸展的多肽链尾部则伸入核糖体内折叠的 rRNA 分子中。也有些核糖体蛋白完全没有球形结构域，如小亚基的 S14 及大亚基的 L39e 蛋白。许多核糖体蛋白与 RNA 具有多个结合位点，发挥稳定 rRNA 三级结构的作用。

核糖体的发现和结构解析

对真核细胞结构的认识很大程度上得益于电镜技术在生物学研究中的应用。1945 年，Albert Claude 率先将电镜技术用于真核细胞结构的研究，同时他还发展了离心技术，对从细胞中分离的不同组分开展研究。在此基础上，1955 年，George E.Palade 发现了核糖体，Christian de Duve 发现了溶酶体。1974 年，三位科学家因对真核细胞结构的研究共同获得诺贝尔生理学或医学奖。

核糖体属于超微结构，传统的光镜无法观察到。随着电镜技术的发展，20 世纪 70 年代，电镜下可以观察到大肠杆菌完整的核糖体及大小亚基的形态。但由于核糖体分子量太大，结构太复杂，当时许多结晶学家对于核糖体能否结晶持怀疑态度。直到 1980 年，Ada E. Yonath 等首先得到了核糖体的晶体，但很长时间内都未获得核糖体清晰的 X 射线衍射图谱。到 90 年代中期，冷冻电镜术的应用，促进了核糖体结构的研究，分辨率进一步提高，可达 2.3nm。随后，通过对技术的大量改进，终于得到了死海微生物嗜盐细菌（*Haloarcula marismortui*）核糖体 50S 大亚基的 0.24 nm 分辨率图谱，以及嗜热栖热菌（*Thermus thermophilus*）核糖体 30S 小亚基 0.33 nm 和 0.30 nm 分辨率图谱（图 5-39）。

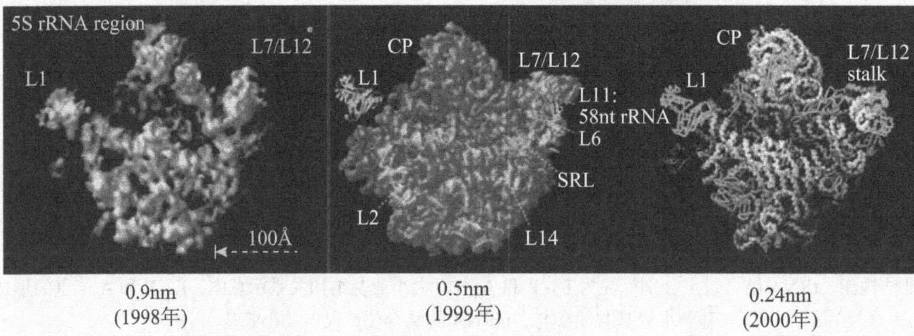

图 5-39　不同分辨率下 50S 大亚基的结构（引自 Ban et al.，1998，1999，2000）

在众多开展核糖体结构解析和功能研究的科学家中，有三位科学家的贡献尤为突出，他们是 2009 年诺贝尔化学奖的得主 Venkatraman Ramakrishnan、Thomas A. Steitz 和 Ada E. Yonath。Yonath 从 20 世纪 80 年代开始就一直从事核糖体结构研究，当时的分辨率可达到

10Å（1Å=0.1nm，核糖体的大小约为200Å），并取得了很多重要的成果。从90年代开始，耶鲁大学的Steitz和英国医学研究理事会研究系统剑桥分子生物实验室的Ramakrishnan，以及其他一些实验室的科研人员，都相继获得了核糖体高清晰度的结构图。

三位诺贝尔奖获得者通过各自独立的研究工作，分别采用X射线晶体学方法绘制出了核糖体的3D模型，描述了这一复合物上成千上万个原子的位置，揭示了核糖体蛋白与rRNA的三维关系，使人类对核糖体生物学活性部位有了更加准确的认识，也为基于核糖体结构的抗生素药物设计提供了基础，这一贡献被认为是核糖体结构研究中的里程碑。

5.5.1.3 核糖体蛋白与rRNA的功能

核糖体上除具有与RNA结合的位点外，还有与肽酰tRNA从A位点转移到P位点有关的转移酶（即延伸因子EF-G）的结合位点和肽酰转移酶的催化位点，此外，也有与蛋白质合成有关的其他起始因子、延伸因子和终止因子的结合位点。对这些结合位点位于核糖体的哪个亚基及其确切位点，已有比较多的了解。

已知与tRNA结合的P位点、A位点或E位点各自都涉及一套rRNA上不同的区域。16S rRNA与tRNA同P位点和A位点的结合有关；23S rRNA与tRNA同P位点、A位点和E位点的结合有关。例如，与tRNA结合的A位点，在16S rRNA中主要位于530和1400/1500区域两部分（数码指rRNA核苷酸序号），这也是16S rRNA两个最保守的区域，与tRNA结合最强的区域是G530、A1492和A1493（英文字母代表碱基种类），其次是A1408和G1494。在16S rRNA和23S rRNA中与A位点、P位点或E位点有关的碱基序列几乎都是共同的保守序列，而且与各结合位点有关的一套碱基又各自不同。某些r蛋白，如小亚基上的S2、S3和S14参与氨酰-tRNA与A位点的结合；L13和L27则是大亚基上P位点的组成成分。延伸因子EF-G和EF-Tu结合到大亚基的一套相同位点上，位于23S rRNA 2660区域的共同保守序列，特别是与G2655、A2660和G2661的结合更为紧密，这些区域也涉及r蛋白L11和L7/L12，它们位于大亚基突起的底部，均与EF-G的功能有关。在研究这些结合位点时，人们也注意到处于不同的结合条件下，核糖体的构象发生了相应的变化，而这些变化对核糖体行使其功能可能是十分必要的。

核糖体中最主要的活性部位是肽酰转移酶的催化位点。早些时候人们普遍认为既然酶的本质是蛋白质，那么核糖体中一定有某种r蛋白与蛋白质合成中的催化作用有关。虽然RNA占核糖体的60%以上，但长期以来它仅仅被看作是r蛋白的组织者，即形成核糖体的内部结构框架或是与蛋白质合成过程中所涉及的RNA碱基配对有关。在对r蛋白和rRNA进行大量研究特别是利用化学方法和遗传突变株来研究r蛋白的功能以后，人们对r蛋白是否具有催化蛋白质合成的活性提出了疑问：很难确定哪一种r蛋白具有催化功能，在*E. coli*中很多r蛋白突变甚至缺失对蛋白质合成并没有表现出“全”或“无”的影响，即并不引起蛋白质合成的完全抑制。多数抗蛋白质合成抑制剂的突变株，并非由于r蛋白的基因突变，而往往是rRNA基因发生了突变。在整个进化过程中，rRNA的结构比r蛋白的结构具有更高的保守性。越来越多的事实使人们推测，rRNA在蛋白质合成过程中可能具有重要作用。

Noller用高浓度的蛋白酶K、强离子型去污剂SDS及苯酚等试剂处理大肠杆菌50S的大亚基，去掉与23S rRNA结合的各种r蛋白，结果发现，得到的23S rRNA仍具有肽酰转移酶的活性。用对肽酰转移酶敏感的抗生素处理或用核酸酶处理均可抑制其合成多肽的活性，但用阻断蛋白质合成其他步骤的抗生素处理，则肽酰转移酶活性不受影响。这些结果初步揭示了在50S核糖体大亚基中，23S rRNA参与催化肽酰转移酶的功能。当然抽提后的23S rRNA中，还残存不到5%的r蛋白，这些蛋白质很可能是维持rRNA构象所必需的。1985年，Cech发现RNA

具有催化 RNA 拼接过程的活性。1992 年又证明，RNA 具有催化蛋白质合成的活性，这一重要发现不仅有力推动了对核糖体结构与功能的研究，而且为生命的起源与进化过程的探索也提供了重要的依据。2000 年，耶鲁大学研究小组在核糖体晶体图谱中定位了肽酰转移酶位点（peptidyl-transferase site），发现组成该位点的成分全是 rRNA，这些成分属于 23S rRNA 结构域 V 的中央环。因此，人们相信 rRNA 才具有催化功能，核糖体实际上是**核酶（ribozyme）**。

目前认为，在核糖体中，rRNA 是起主要作用的结构成分，主要功能包括以下 4 个方面。

1）具有肽酰转移酶的活性。

2）为 tRNA 提供结合位点（A 位点、P 位点和 E 位点）。

3）为多种蛋白质合成因子提供结合位点。

4）在蛋白质合成起始时参与同 mRNA 选择性地结合，以及在肽链的延伸中与 mRNA 结合。此外，核糖体大小亚基的结合、校对（proofreading）、无意义链或框架漂移的校正，以及抗生素的作用等都与 rRNA 有关。

r 蛋白在翻译过程中也起着重要的作用，如果缺失某一种 r 蛋白或对它进行化学修饰，或 r 蛋白的基因发生突变，都将会影响核糖体的功能，降低多肽合成的活性。目前关于 r 蛋白的功能有多种推测，主要有：①对 rRNA 折叠成有功能的三维结构是十分重要的；②在蛋白质合成中，核糖体的空间构象发生一系列的变化，某些 r 蛋白可能对核糖体的构象起“微调”作用；③在核糖体的结合位点上甚至可能在催化作用中，r 蛋白与 rRNA 共同行使功能。

5.5.1.4　多聚核糖体

核糖体在细胞内并不是单个独立地执行功能，而是由多个甚至几十个核糖体串联在一条 mRNA 分子上高效地进行肽链的合成。这种具有特殊功能与形态结构的核糖体与 mRNA 的聚合体称为**多聚核糖体（polyribosome 或 polysome）**（图 5-40）。

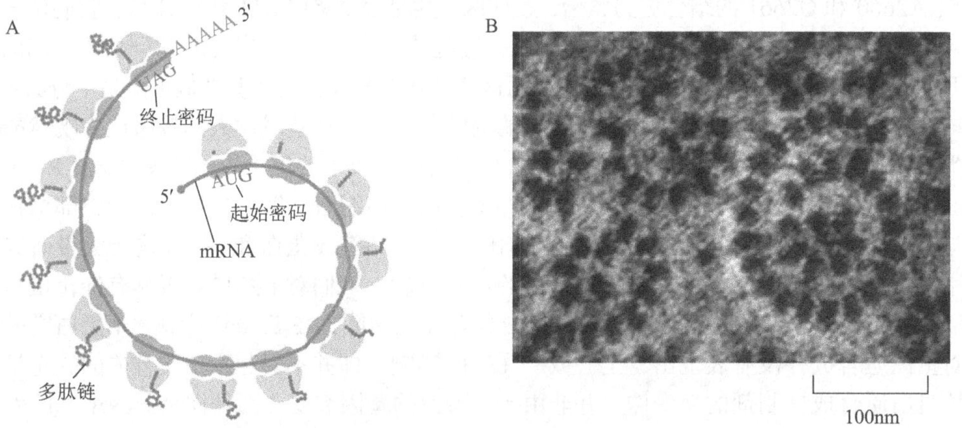

图 5-40　多聚核糖体（引自 Alberts et al.，2019）

A. 多聚核糖体模式图；B. 多聚核糖体的电镜照片

mRNA 的长度决定多聚核糖体所包含的核糖体数量，也就是说，mRNA 越长，合成的多肽分子量越大，核糖体的数目也越多。活细胞中，核糖体的大小亚基、单核糖体和多聚核糖体处于一种不断解聚与聚合的动态平衡中，随功能而变化，执行功能时为多聚核糖体，功能完成后解聚为大、小亚基。

肽链合成开始时，在 mRNA 的起始密码子部位，核糖体亚基装配成完整的起始复合物后，向 mRNA 的 3′端移动，开始多肽链的合成，直到到达终止密码子处。核糖体通过反密码子与

mRNA 密码子的互补配对,引导携带相应氨基酸的 tRNA 依次结合到每个密码子位置，之后其上的氨基酸与核糖体上的肽链相连，空的 tRNA 离去，核糖体前进，多肽链越来越长。当第一个核糖体离开起始密码子后，起始密码子的位置空出，第二个核糖体的亚基就可以结合上来，装配成完整的起始复合物后，开始另一条多肽链的合成。同样，第三个核糖体、第四个核糖体依次结合到 mRNA 上，形成多聚核糖体。相邻的核糖体间有约 80 个核苷酸的距离。由于蛋白质的合成是以多聚核糖体的形式进行，这样细胞内各种多肽的合成，无论其分子量的大小或是 mRNA 的长短如何，单位时间内所合成的多肽分子数目都大体相等，即在相同数量 mRNA 的情况下，可大大提高多肽合成速度，特别是对于分子量较大的多肽。多肽合成速度提高的倍数与结合在 mRNA 上的核糖体数目成正比。以多聚核糖体的形式进行多肽合成，对 mRNA 的利用及对其数量的调控更为经济和有效。真核细胞中，多聚核糖体或附着在内质网上，或游离在细胞质基质中。原核细胞中，在 mRNA 合成的同时，核糖体就结合到 mRNA 上，即由 DNA 转录 mRNA 和由 mRNA 翻译成蛋白质是同时并几乎在同一部位进行。

5.5.2　核糖体的功能

冷冻电镜术与经典的 X 射线晶体学相结合，不仅获得了接近原子分辨率的核糖体结构，而且为翻译机制的认识提供了新的见解。

蛋白质合成也称翻译，即将 mRNA 分子碱基排列顺序中包含的遗传信息转换为蛋白质或多肽链的氨基酸排列顺序的过程。翻译是细胞中最复杂、最精确的生命活动之一。该过程的复杂性表现在蛋白质合成时，需要严格按照 mRNA 的序列信息，通过几十种不同的 tRNA 分子的衔接作用，将构成蛋白质的 20 种氨基酸准确无误地添加到延伸中多肽的 C 端。在该过程还需要多种蛋白质因子、阳离子及 GTP 等的参与。

目前对原核细胞蛋白质合成机制研究最为深入，也最为清楚，以大肠杆菌为例，蛋白质的合成包括三个主要阶段：肽链合成的起始、肽链的延伸和肽链的终止与释放。

（1）肽链合成的起始　在这个过程中主要是形成 70S 起始复合物，涉及 mRNA、起始 tRNA 和核糖体大小亚基间的相互作用与组装。三种起始因子 IF1、IF2、IF3 及 GTP 参与该过程。首先，通过 mRNA 的 SD 序列识别核糖体小亚基 16S rRNA 3′端，30S 小亚基与 mRNA 结合；然后，携带甲酰甲硫氨酸的 tRNA 通过反密码子与 mRNA 的起始密码子（initiation codon）AUG 识别，进入核糖体的 P 位点，形成 30S 前起始复合物；最后，50S 亚基与前起始复合物结合，形成完整的 70S 核糖体-mRNA 起始复合物（图 5-41）。

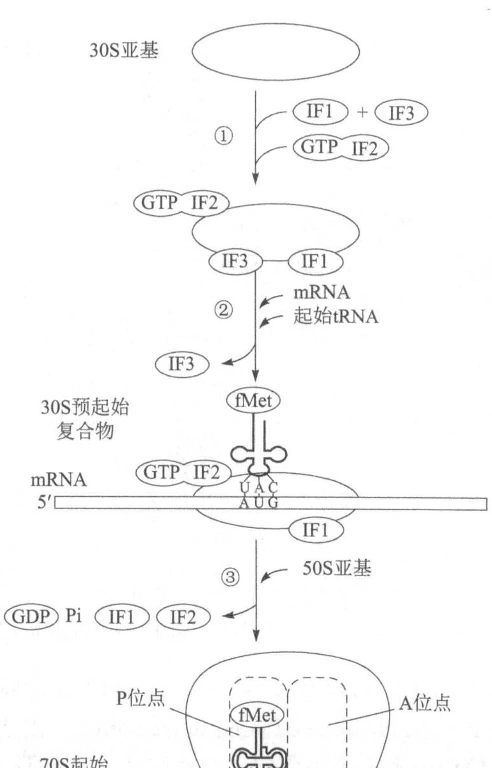

图 5-41　原核生物蛋白质合成的起始
（引自 Kleinsmith and Kish，1995）

（2）肽链的延伸　一旦起始复合物形成，蛋白质合成随即开始，这一过程称为肽链的延伸（extension）。主要包括三个步骤：①氨酰-tRNA 进入核糖体 A 位点；②肽键的形成；③转位（translocation），包括核糖体移动及去酰化 tRNA 的释放。上述 3 步的循环，使肽链不断延长。延伸因子 EF-Tu、EF-G、EF-Ts 及 GTP 参与延伸过程（图 5-42）。

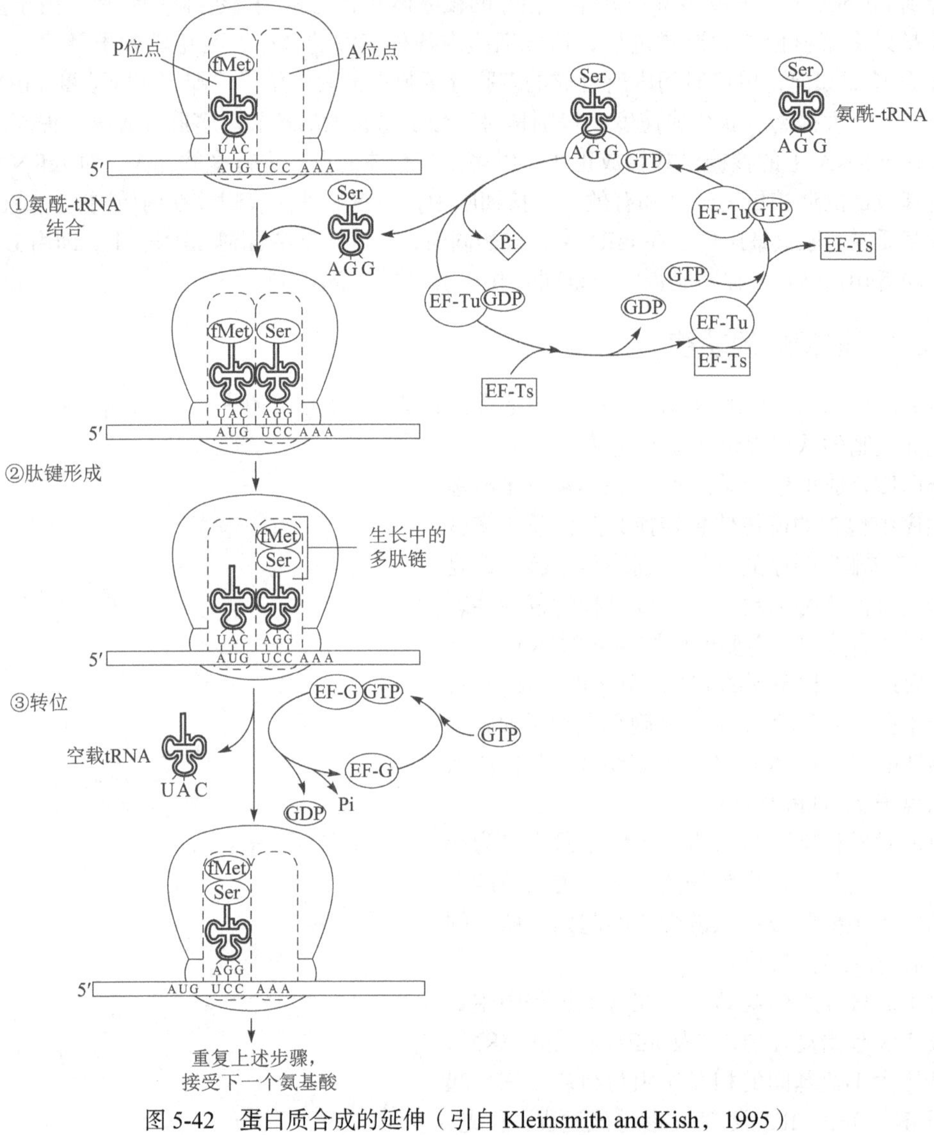

图 5-42　蛋白质合成的延伸（引自 Kleinsmith and Kish，1995）

（3）肽链的终止与释放　如果核糖体的 A 位点 mRNA 是 UAA、UGA 或 UAG 终止密码子（termination codon 或 stop codon），由于没有与其匹配的反密码子，氨酰-tRNA 不能结合到核糖体上，于是蛋白质合成终止，并导致多肽链从核糖体上释放出来，核糖体大小亚基解离（图 5-43）。肽链终止反应需要释放因子的参与，原核细胞有 3 种释放因子。释放因子 1（release factor 1，RF1）可识别 UAA 或 UAG；RF2 识别 UAA 或 UGA，催化蛋白质合成的终止；RF3 没有密码子专一性，但能增加其他因子的活性。RF1 或 RF2 通过蛋白质内部的三肽取代 tRNA 的反密码子，识别 A 位点的终止密码子，并促使肽酰转移酶催化水分子添加到肽酰 tRNA 上，从而终止蛋白质的合成。

研究发现，新生肽链通过核糖体大亚基的一个特定通道进入细胞质基质，该通道称为肽通道。肽通道为10nm×1.5nm，是一个亲水性通道，内壁由23S rRNA组成，没有与肽链互补的结构存在，因此，肽链能顺利地通过肽通道。

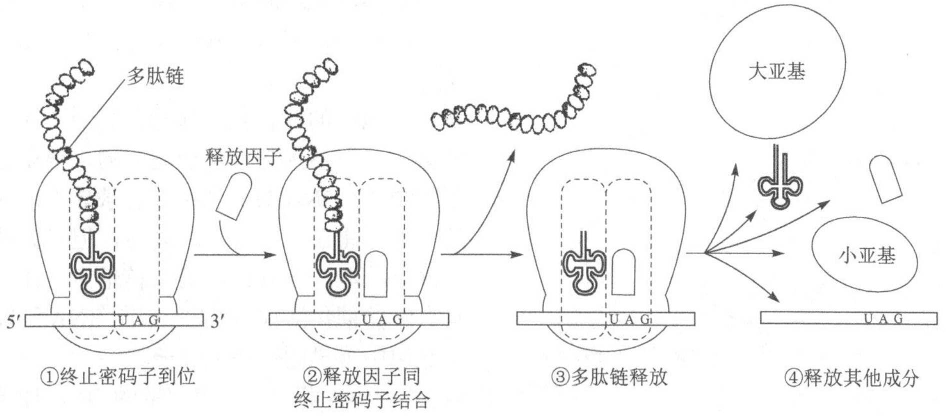

图5-43　蛋白质合成的终止（引自Kleinsmith and Kish，1995）

真核细胞蛋白质合成过程与原核细胞类似，但是过程远比原核细胞复杂，二者的主要差别在于以下4个方面：①小亚基识别mRNA结合位点的机制不同，真核细胞无原核细胞的SD序列，40S小亚基首先识别mRNA 5′端甲基化帽子，然后沿着mRNA移动扫描，直到第一个AUG的出现为止；②起始氨基酸不同，真核细胞是携带甲硫氨酸的tRNA通过反密码子与mRNA的起始密码子AUG识别，进入核糖体的P位点形成40S前起始复合物，而原核细胞的甲酰甲硫氨酸的tRNA通过反密码子与mRNA的起始密码子AUG结合形成30S前起始复合物；③合成结束后的释放因子不同，真核细胞有两种释放因子——eRF1和eRF3，它们一起作用，识别所有终止密码子，原核细胞有三种释放因子——RF1、RF2和RF3；④转录和翻译时空性不同，真核生物蛋白质合成与转录不同时进行，要转录完成后才开始合成蛋白质，而原核生物的蛋白质合成往往和转录同时进行。

5.5.3　RNA与生命起源

细胞中最主要的三种RNA即mRNA、rRNA和tRNA，均与蛋白质的翻译相关，通过核糖体联系在一起，共同完成遗传信息表达中蛋白质的翻译过程。

RNA具有多种功能，其中RNA作为遗传信息载体的功能人们早已明了，mRNA即为信使RNA。许多病毒如人类免疫缺陷病毒和流感病毒等基因载体就是RNA，故称RNA病毒。但RNA催化功能是近20年才被发现的。1981年，美国科学家Cech和Altman在研究四膜虫26S前体RNA加工去除内含子时，发现了26S前体RNA的自我催化特性，证明了RNA分子具有催化功能。后来发现四膜虫L19 RNA在一定条件下能专一地催化寡聚核苷酸底物的切割与连接，具有核糖核酸酶和RNA聚合酶的活性。随后人们还发现其他一系列具有催化作用的RNA，并统称其为核酶。核酶不仅可催化RNA和DNA水解、连接，mRNA的剪接（splicing），在体外已证明某些RNA还可催化RNA聚合反应及RNA的磷酸化、氨酰基化和烷基化等多种反应。2000年，X射线晶体衍射证明，在核糖体的肽键形成位点，即肽酰转移酶中心仅由23S rRNA组成，完全没有蛋白质的电子云存在，肽键的形成是由23S rRNA催化完成的，证明了23S rRNA

具有肽酰转移酶的活性，在蛋白质合成中起着关键作用。

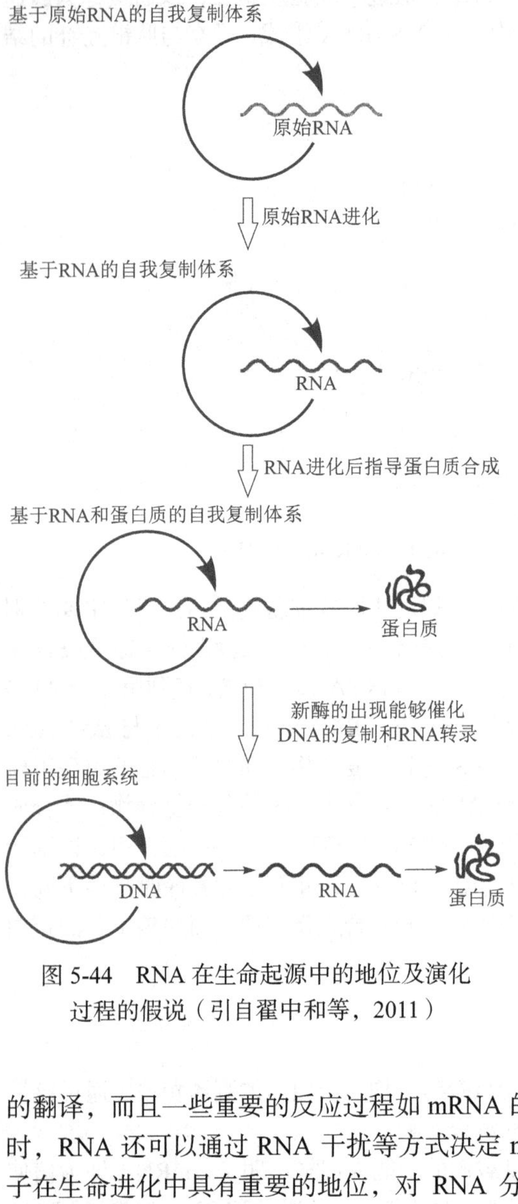

图 5-44　RNA 在生命起源中的地位及演化过程的假说（引自翟中和等，2011）

之后，人们对探索生命起源中最基本也是最富有挑战性的问题——细胞遗传信息装置起源的兴趣大大提高。生命是自我复制的体系。推测最早出现的简单生命体中的生物大分子，应该既具有遗传信息载体功能又具有酶的催化功能。

细胞中的遗传信息传递是由 DNA、RNA 和蛋白质三种生物大分子完成的，根据已有的研究结果，DNA 具有遗传信息载体功能而无酶的活性；蛋白质具有多种酶活性但尚无遗传信息载体功能；RNA 既具有遗传信息载体功能又具有酶的催化活性。因此，推测 RNA 可能是生命起源中最早的生物大分子。

与 RNA 相比，具有双链的 DNA 比单链更稳定，且 DNA 链中胸腺嘧啶代替了 RNA 链中的尿嘧啶，从而使其更易于修复，因此作为遗传物质载体，DNA 则有可能储存大量的信息并能更稳定地遗传。蛋白质结构的多样性与构象的多变性，不仅比 RNA 能更为有效地催化多种反应，而且还能提供更为复杂的细胞结构成分，这些特点正是当今结构和功能复杂的细胞进化的基础。因此，推测在漫长的进化过程中，由 RNA 催化产生了蛋白质，进而 DNA 代替了 RNA 的遗传信息功能，蛋白质则取代了绝大部分 RNA 作为酶的功能，逐渐演化成今天遗传信息流的模式——中心法则（图 5-44）。

生命进化至今，在遗传信息表达体系中，仍然还要通过 RNA 完成遗传信息传递和密码的翻译，而且一些重要的反应过程如 mRNA 的剪接和蛋白质的合成仍需 RNA 的催化作用。同时，RNA 还可以通过 RNA 干扰等方式决定 mRNA 的命运、调控基因的表达。因此，RNA 分子在生命进化中具有重要的地位，对 RNA 分子功能的进一步认识将有助于人类对生命起源进化等问题的深入理解和阐明。

生命的起源——RNA 世界假说

生命的起源一直是人类探索的终极谜题之一。我们从哪里来？生命是如何从无机物质演变而来的？目前，虽然还没有确凿的答案，但最广为接受的理论是“RNA 世界假说”。该假说认为，RNA（核糖核酸）可能在生命的起源中扮演了关键角色，负责遗传信息的携带和催化生物化学反应，并最终过渡到我们今天所熟知的基于DNA和蛋白质的生命形式。

RNA 世界假说认为，在早期地球上，RNA 承担了遗传信息存储和催化功能的双重角色，而这两个角色在现代生命中分别由 DNA 和蛋白质负责。RNA 具有比 DNA 更简单的结构，也更容易自我复制，并且一些 RNA 分子（核酶）具有催化活性，可以像蛋白质酶一样加速化学反应。支持 RNA 世界假说的证据包括：RNA 可以同时储存遗传信息和催化化学反应，满足了早期生命形式的基本需求；核酶证明了 RNA 具有催化活性，如核糖体中的核酶负责蛋白质合成；一些 RNA 分子可以自我复制，为早期生命的遗传物质复制提供了可能性。

RNA 最终被 DNA 和蛋白质所取代，形成了我们今天所知的生命形式。DNA 作为更稳定的遗传物质，可以更有效地储存和传递遗传信息。蛋白质则具有更强的催化活性和功能多样性，可以执行更复杂的任务。

尽管 RNA 世界假说提供了关于生命起源的合理解释，但仍有许多未解之谜。例如，RNA 分子是如何在早期地球上形成的？RNA 世界是如何过渡到 DNA 和蛋白质世界的？科学家正在通过实验和模拟等手段，不断探索和揭示生命起源的奥秘。

本 章 小 结

知识点小测试

细胞核是细胞内遗传物质储存、复制和转录的场所，是细胞遗传与代谢的调控中心。细胞核主要由核膜（包括核孔复合体）、核纤层、染色质、核仁及核基质组成。核膜作为细胞核与细胞质之间的界膜，将细胞分成核与质两大结构与功能区域，从而使基因表达过程中的转录与翻译这两个阶段在时空上分开。核纤层在维持细胞核形状、固定细胞核内各种组分、调节核内复杂的生命活动中起重要作用。核孔复合体使核、质之间的物质交换与信息交流得以实现，该作用具有特异性和可调节性。

真核细胞的遗传物质储存在 DNA 序列中，依据在基因组中拷贝数和序列特征，分为单一序列、中度重复序列、高度重复序列和间隔序列，其中，非编码序列在复杂真核基因组中占有较大的比例，但对基因组的活性可能具有调节作用。遗传物质在核内进一步包装成为由 DNA、组蛋白、非组蛋白及少量 RNA 组成的线性复合结构，即染色质。组蛋白是染色质的基本组成蛋白，与 DNA 的结合没有序列特异性，可分成 5 种类型，主要功能是组蛋白对核小体起结构支撑和维持稳定的作用。核小体是构成染色质的基本结构单位，每个核小体由组蛋白八聚体核心及 200bp 左右的 DNA 和一分子组蛋白 H1 组成。非组蛋白种类繁多，属于序列特异性 DNA 结合蛋白，包括基因表达调控蛋白，它们具有不同的结构模式，形成不同的 DNA 结合蛋白家族。

核仁是真核细胞间期核中最显著的结构，主要功能涉及核糖体的生物发生。该过程包括 rRNA 合成、加工和核糖体亚单位组装。在细胞周期中，核仁是一种高度动态的结构，在有丝分裂过程表现出周期性的解体与重建。

核糖体是细胞内一种没有被膜包裹，由 r 蛋白和 rRNA 结合而构成的颗粒状结构，是细胞内蛋白质合成的场所。核糖体有两种基本类型：一种是存在于原核细胞（包括线粒体和叶绿体）中的 70S 核糖体；另一种是存在于所有真核细胞的 80S 核糖体。原核细胞的 70S 核糖体由 3 种 rRNA 和 55 个蛋白质组成，真核细胞的 80S 核糖体由 4 种 rRNA 和 82 个蛋白质组成，均由大小不同的两个亚单位构成。核糖体大小亚单位常游离于胞质中，只有当小亚基与 mRNA 结合后大亚基才与小亚基结合形成完整的、有功能的核糖体。肽链合成终止后，大小亚基解离，重新游离于胞质中。核糖体的主要功能是由 rRNA 承担的，最主要的活性部位是 A 位点、P 位点、E 位点和肽酰转移酶的催化中心，约占其结构成分的 2/3。

推测最早出现的简单生命体中的生物大分子，应既具有遗传信息载体功能又具有酶的催化功能，据此一般认为 RNA 可能是生命起源中最早的生物大分子。

复习题

一、基础检测题

1. 试描述核膜的形态结构特征。
2. 简述真核细胞核孔复合体的分子结构和功能。
3. 真核细胞染色质中核小体的分子结构如何？
4. 染色体 DNA 的关键序列有哪些？各有什么作用？
5. 概述核仁的结构及功能。
6. 比较活性染色质和非活性染色质。
7. 简述端粒酶延伸线性染色体 DNA 末端的分子机制。

二、归纳拓展题

1. 试分析核孔复合体主动运输的分子基础和特点。
2. 简述染色质结构与基因转录的关系。
3. 简述从 DNA 到染色体的包装过程。
4. 简述广义核骨架的形态、组成和功能。
5. 什么是亲核蛋白？亲核蛋白的转运方式及过程是什么？
6. 什么是多聚核糖体？对细胞的生命活动有什么意义？如何利用多聚核糖体研究信号肽的存在？
7. 哪些实验可以证明核小体的存在？
8. 用兼性异染色质的知识解释三色猫三种颜色毛发的形成机制。

（本章作者　张禹舜，黄俊骏）

第 6 章　细胞质及内膜系统

与原核细胞相比，真核细胞在进化上形成了发达的生物膜结构系统，不仅将细胞内划分成细胞核与细胞质两大功能区，而且在细胞质中还分布着大量由生物膜包裹、执行不同功能的细胞器，这一现象称为细胞内**区室化**（compartmentalization）。真核细胞细胞膜所包裹的结构可以分为 3 种类型：细胞基质、细胞内膜系统（包括内质网、高尔基体、溶酶体、胞内体、分泌泡等）和其他膜包被的细胞器（线粒体、叶绿体、过氧化物酶体和细胞核）。细胞基质指真核细胞的细胞质中除去可分辨的细胞器和不溶性细胞骨架以外的、半透明无定形的胶体物质，不仅介导细胞与环境、细胞质与细胞核、细胞器之间的物质运输、能量交换和信息传递，而且担负着多种其他重要功能。细胞内膜系统是指在结构、功能和发生上相互关联的、由单层膜包被的细胞器或细胞结构，这些细胞器之间通过生物合成、蛋白质修饰与分选、膜泡运输和各种质量监控机制维系整个系统的动态平衡。

学习目标　　知识结构图　　彩图　　视频

6.1　细 胞 基 质

在真核细胞的细胞质中，除去能分辨的细胞器和不溶性细胞骨架以外的半透明无定形胶体物质称为**细胞基质**（cytoplasmic matrix），曾被称为细胞液（cell sap）、胞质溶胶（cytosol）等。细胞基质介于细胞核和质膜之间，是细胞重要的结构成分。细胞基质的体积约占细胞总体积的一半。细胞与环境、细胞质与细胞核及细胞器之间的物质运输、能量交换和信息传递等都要通过细胞基质来完成。很多重要的中间代谢反应也在细胞基质中进行，原核细胞多数的生化反应发生在细胞基质，只有一小部分发生在质膜或周质间隙。真核细胞很多的中间代谢反应发生在细胞基质，还有一部分在细胞器内进行。细胞基质由于其独特的结构和重要功能，其概念内涵也被不断地更新与完善，这既反映了从不同的侧面与层次对细胞基质的了解，也体现了对细胞基质认识的不断深入。目前“细胞基质”一词常指那些完整细胞质内不包含任何细胞器的液体成分，是一个在不同层次均有高度组织的、复杂的多层次体系。例如，参与某一代谢途径中的多种酶聚集在一起形成多酶复合体，定位在细胞基质中的某一特定位点，催化一系列反应。

6.1.1　化学组成

细胞基质的主要成分有以下几种。

1）水：水是细胞基质的主要成分，一个典型细胞总体积的 70%是水。细胞基质中水的黏度与纯水相当，但其中存在大量的生物大分子，导致细胞基质具有胶体性质，所以小分子在其中的扩散能力仅为在纯水中的 1/4。水对细胞行使正常的功能有着至关重要的作用。细胞内水分丧失至正常细胞的 80%时，细胞的代谢反应将会受到抑制。如果水分丢失至正常细胞的 30%，则细胞停止所有的代谢反应。尽管水分子的作用如此重大，但目前人们对细胞基质中水的还没有一个清晰的认识。普遍接受的观点是：多数的水分子以水化物（水合物）的形式与其他分子结合，仅有大约5%的水分子以游离形式存在。

2）离子：一些离子的浓度在细胞基质和细胞外存在较大差别，如 Na^+在胞外浓度高，而 K^+在胞内浓度高。离子的浓度差是通过多种多样的膜转运蛋白维系的，不仅使细胞内 pH 维持在 7.0～7.4，而且细胞内外的离子浓度差还具有调节细胞的渗透压、参与物质运输及信号传递的作用。

3）蛋白质：细胞基质中含有大量的蛋白质，浓度高达 200～400mg/mL。有些细胞基质蛋白结合在细胞膜上（成为膜的外周蛋白），有些则以可溶形式存在。大多数的细胞基质蛋白结合在细胞骨架上，不仅参与信号转导通路、细胞代谢等过程，还可作为细胞内受体，在代谢途径中与多种相似功能蛋白结合在一起，以蛋白复合体的形式发挥作用。

4）RNA：主要为 mRNA、tRNA 等，参与蛋白质的合成过程，还有一些为非编码 RNA，主要功能是参与调节特定基因的表达等。

5）各种代谢的中间产物：包括脂质、糖、氨基酸、核苷酸及其衍生物等。

6.1.2　功能

6.1.2.1　细胞内中间代谢反应的场所

细胞基质中含有与中间代谢反应相关的数千种酶类，参与糖酵解、磷酸戊糖途径、脂肪酸合成及糖原的合成与分解等多种生化反应。这些酶类通常与细胞质骨架结合，一方面使其动力学参数发生改变，提高酶促反应，另一方面使相关的酶类聚合形成多酶复合体，定位在细胞基质中的特定部位，从而有效完成复杂的代谢过程。

6.1.2.2　与细胞骨架相关的功能

细胞骨架与细胞形态的维持、细胞的运动、细胞内的物质运输及能量传递等活动有关。同时细胞骨架也是细胞基质结构体系的组织者，并为细胞基质中的其他成分及细胞器提供锚定位点。细胞器在细胞内的形态变化及分布均受细胞骨架的调控。细胞基质作为一种高度有序的体系，关键在于细胞质骨架纤维贯穿其中，起重要的组织作用，多数蛋白质直接或间接地与细胞骨架结合，或与生物膜结合，其周围又吸附了多种分子，从而不同程度地影响和改变微环境的某些物理性质，其组成成分在不同生理状态下有所不同，以完成多种复杂的生物学功能。离开了细胞质骨架的支持与组织，细胞基质便无法维系这种高度复杂的有序结构，也就无法完成各种生物学功能。

6.1.2.3　蛋白质的合成与修饰

细胞基质中合成的蛋白质必须经过诸如 *N*-甲基化、糖基化、酰基化、磷酸化及去磷酸化等修饰才能维持其活性，或者调节其功能。例如，*N*-甲基化修饰多发生在细胞骨架蛋白的 N 端，通常可防止蛋白质被蛋白质水解酶识别而降解，从而使蛋白质在细胞中维持较长的寿命。蛋白质的磷酸化和去磷酸化是一类常见的修饰方法，分别由蛋白激酶和磷酸酶催化，是细胞内多种蛋白质活性调控的主要形式，不仅影响细胞代谢，还涉及细胞信号转导的调控。蛋白质的酰基化修饰是通过酶促反应，将脂肪酸链共价地连接到蛋白质特定的位点上，可改变蛋白质在细胞中的定位。迄今已发现有 100 多种蛋白质的侧链修饰方式，绝大多数的修饰都是由专一的酶来催化。

6.1.2.4　蛋白质的质量控制

（1）蛋白质的折叠　　蛋白质的正确折叠是体现其生物学活性的基础。体内蛋白质折叠成天然构象仅需几分钟，因而细胞内必定存在一种快速有效的机制来确保蛋白质的正确折叠。1956 年，Anfinsen 在研究核糖核酸酶 A 特性时，发现在体外实验中，该蛋白质能够自发形成空间构象，为此提出多肽链的氨基酸序列中包含了折叠成三级结构的全部信息。但是在真核细胞中，并非所有蛋白质都能以简单的自组装方式形成空间构象。对于小的蛋白质或者蛋白质的结构域（小于 100 个氨基酸），在体外实验中能高效地折叠形成空间结构，在 1ms 内即可完成。但是大的蛋白质，尤其是具有复杂拓扑结构的蛋白质，形成正确空间构象的过程是曲折的。在折叠过程中常形成一些稳定的中间态，可能造成与其他分子的结合，这是由于中间态会将疏水基团或多肽骨架暴露出来，使它们在分子间疏水作用或氢键作用下相互聚集，形成蛋白质沉淀。这样的后果常非常严重，多与许多重大疾病相关，如帕金森病、阿尔茨海默病等。

实际上，体内蛋白质的折叠是由一系列统称为**分子伴侣**（**molecular chaperone**）的分子协助完成的。分子伴侣有助于蛋白质的正确折叠，防止蛋白质的错误聚集，近来发现分子伴侣还与蛋白质的降解过程有关。简而言之，分子伴侣是细胞中的某些蛋白质分子（有些属于核糖核蛋白复合体），可以识别正在合成的多肽或部分折叠的多肽，并与多肽的某些部位相结合，从而帮助这些多肽转运、折叠、组装或降解，而这类分子并不参与最终产物的形成。最具代表性的分子伴侣是**热激蛋白**（**heat shock protein，HSP**），最初的定义是指细胞在高温环境诱导下所生成的一类蛋白质，后来发现缺氧、低糖、重金属离子、自由基等多种胁迫因素都可以诱导其表达，所以称其为“应激蛋白”可能更为准确。热休克蛋白广泛分布在原核生物到高等真核生物中，以家族形式存在，在进化上高度保守，对维持细胞生存和内环境稳定起重要的作用。Hsp 分子伴侣家族众多（sHsp、Hsp40、Hsp60、Hsp70、Hsp90、Hsp100、Hsp110 等），每一家族中都有不同基因编码的数种成员。有些基因在正常条件下表达，有些则在温度增高或其他胁迫条件下大量表达，以减少胁迫对细胞造成的损伤。有证据表明，在正常细胞中，热休克蛋白选择性地与畸形蛋白质形成聚合物，利用水解 ATP 释放的能量，使聚集的蛋白质解离，并促进其进一步折叠成正确构象的蛋白质。

分子伴侣的研究进展

对分子伴侣的研究可以追溯到 1962 年，意大利生物学家 F. M. Ritossa 在研究果蝇发育时，发现当温度由 25℃上升到 32℃时，幼虫细胞的巨大染色体上的很多位点开始表现出转录活性，大约持续半小时后，染色体的膨突恢复正常，这种以基因表达变化为特征的防御性适应反应被称为**热休克反应**（heat-shock response）。1974 年，科学家对这一现象进行了更为深入的解读，并发现在热诱导染色体膨胀的过程中，会转录并翻译生成一组新的蛋白质，称为**热休克蛋白**。后续的研究证实，热休克蛋白普遍存在于从细菌到高等动植物中。

20 世纪 60 年代研究发现，组成噬菌体颗粒的蛋白质虽然具有自我装配的能力，但它们本身在体外通常不能形成复杂的、有功能的病毒颗粒，说明噬菌体的装配需依赖细菌。1973 年，在对细菌 GroE 突变系的研究中发现噬菌体颗粒的头部和尾部不正确组装，表明即使宿主蛋白质不参与病毒最终的形成，但细菌基因组编码的蛋白质却参与了病毒的正确组装过程，该基因突变对病毒完成生活史造成了影响。随后发现，细菌染色体上 GroE 位点有 2 个独立的基因 *GroEL* 和 *GroES*，分别编码 GroEL 和 GroES 蛋白，这两种蛋白质实际上都属于热休克蛋白。

对植物的研究发现，豌豆叶绿体中同样存在相似的促进蛋白质组装的分子，如由16个亚基构成的核酮糖-1,5-二磷酸羧化酶/加氧酶（Rubisco）。进一步研究发现，细菌的热休克蛋白GroEL和植物的Rubisco竟然是同源蛋白，同属Hsp60分子伴侣家族。在哺乳动物也发现了与Rubisco类似的蛋白质，功能上也是帮助蛋白质组装的。直到1987年，分子伴侣一词首次出现在《自然》杂志上。1993年，Ellis将分子伴侣定义为：由互不相关的蛋白质家族的成员组成的一类蛋白质，其功能是帮助含多肽结构的分子在体内进行正确的非共价组装，但并不是这些分子在完成组装后发挥正常生物学功能的组成部分。现有的研究认为，分子伴侣主要功能涉及蛋白质的折叠、组装以及降解过程（图6-1）。

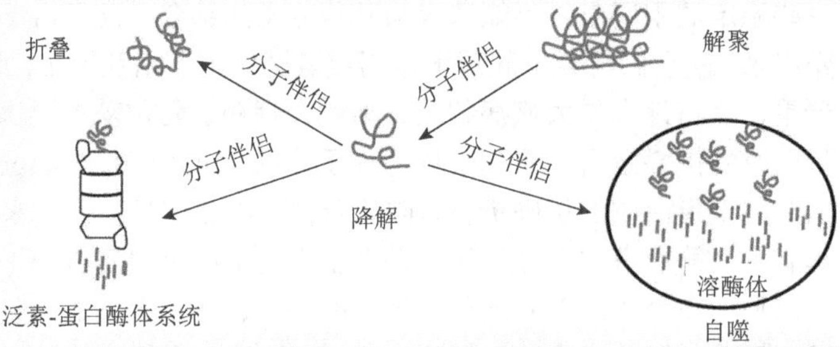

图6-1　分子伴侣参与过程的示意图（引自Fernández-Fernández et al.，2017）

（2）蛋白质的降解　细胞基质中的蛋白质种类繁多，多数蛋白质寿命较长，但有些寿命很短。此外，一些错误折叠的蛋白质通常很快被降解。在细胞基质中，存在一种识别并降解错误折叠或不稳定蛋白质的机制，称为依赖泛素的降解（ubiquitin-dependent degradation）。蛋白质进入该途径，首先需要经历多聚泛素化修饰，才能送至蛋白酶体，最终被清除掉。2004年，Ciechanover、Hershko和Rose因发现真核细胞中泛素介导的蛋白质降解机制获得了诺贝尔化学奖。

泛素（ubiquitin，Ub）是一种仅由76个氨基酸构成的低相对分子质量蛋白质，广泛存在于真核细胞中，在进化中极其保守，人和酵母的泛素蛋白质序列相似度高达96%。蛋白质的泛素化修饰涉及三类酶：E1（泛素活化酶）、E2（泛素结合酶）和E3（泛素-蛋白连接酶）。目前发现有2种E1、约50种E2及600种E3，三类酶构成不同组合，可以非常特异性地降解不同底物蛋白。

泛素化修饰是一个依赖ATP的连续的三步酶促反应过程（图6-2），第一步，E1催化形成酰基-腺苷酸中介物，使泛素分子C端被激活，形成E1-泛素复合物，该反应需要ATP；第二步，E2催化活化的泛素与E2的半胱氨酸残基连接，形成E2-泛素复合物；第三步，E3催化泛素的羧基和底物蛋白赖氨酸侧链上的氨基之间形成异肽键，将泛素分子与靶蛋白连接，该步骤是决定底物特异性的关键步骤。将单个泛素分子连接到底物蛋白上，并不能引起底物蛋白的降解。实际上，细胞内存在着对底物蛋白泛素化修饰的多轮循环，后面的泛素连接在前一个泛素分子的特定赖氨酸残基上，在靶蛋白上形成有多个泛素分子共价连接的多聚泛素链，才能被蛋白酶体有效识别并降解。

蛋白酶体（proteosome）是泛素化蛋白降解的场所，通过对蛋白质的降解，可以影响多种生命活动，包括蛋白质质量控制、细胞代谢的调整、细胞周期的调控、免疫应答、转录及DNA修复等。蛋白酶体分布在真核细胞的细胞核和细胞质中，是由约50种蛋白质组成的大分子复合体。

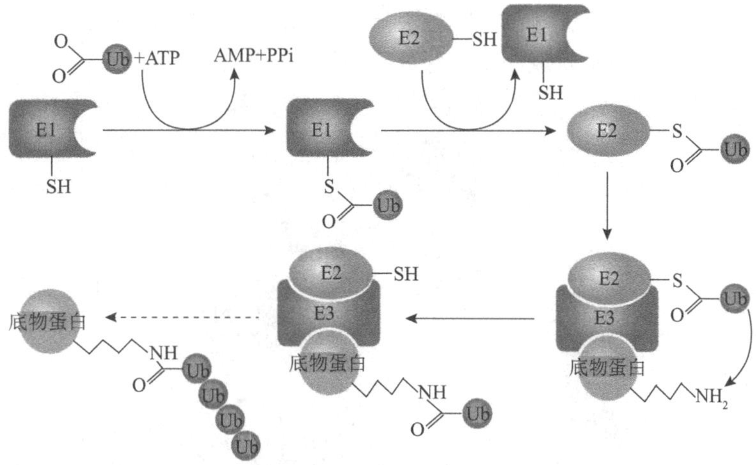

图 6-2　底物蛋白多聚泛素化的酶促反应过程

26S 蛋白酶体是最普遍存在的形式，在结构上含有一个具有催化功能的 20S 核心颗粒和两个 19S 的调节颗粒，它们共同组成圆柱形复合物。核心颗粒具有中空的封闭腔，是蛋白质降解的位点。在调节颗粒上有泛素结合位点、泛素水解酶位点、去折叠酶等活性位点等，因此能够识别多聚泛素化的蛋白，然后将其去泛素化、解折叠，送至核心颗粒内部的腔，并转移至催化核心，将底物蛋白降解。蛋白酶体的异质性在于核心颗粒能够与不同种类的调节颗粒结合成全酶，而且在核心颗粒从头组装的过程中，还能通过亚基替代方式，形成核心颗粒的变种。

20S 核心颗粒由 α 和 β 两类蛋白质构成，以 α1-7、β1-7、β1-7、α1-7 的方式排列组成圆柱形结构（图 6-3）。α 亚基组成的 α 环是调节颗粒的停泊位点，而 β 亚基组成的 β 环是蛋白酶的活性位点。

19S 调节颗粒可以结合至核心颗粒的一端或者两端，分别形成 26S 和 30S 蛋白酶体。在结构上可以分为基部和盖子两个亚复合体（图 6-3）。19S 调节颗粒由两类蛋白质组成：ATP 酶的调节亚基和非 ATP 酶的调节亚基。调节颗粒盖子复合体主要功能是对捕获的底物进行去泛素化。基部亚复合体的作用是：①通过识别泛素捕获靶蛋白；②利用水解 ATP 所释放的能量，促进底物解折叠，并将其进一步传递至 20S 核心颗粒，这也是整个蛋白酶体水解过程中唯一的耗能步骤。蛋白酶体降解后产生的 3～15 个氨基酸的小肽，再由寡肽酶/氨肽酶/羧肽酶进一步降解成氨基酸残基。

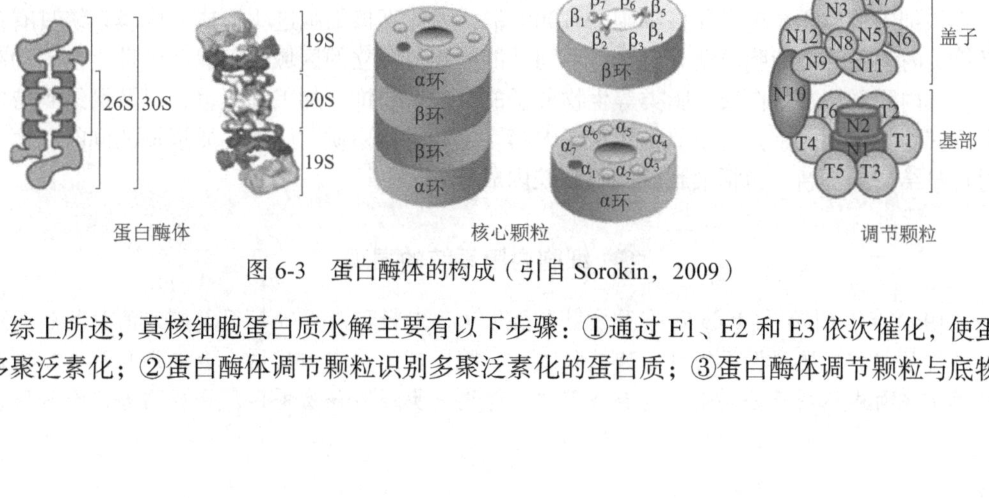

图 6-3　蛋白酶体的构成（引自 Sorokin，2009）

综上所述，真核细胞蛋白质水解主要有以下步骤：①通过 E1、E2 和 E3 依次催化，使蛋白质多聚泛素化；②蛋白酶体调节颗粒识别多聚泛素化的蛋白质；③蛋白酶体调节颗粒与底物结合；④调节颗粒将底物去折叠；⑤调节颗粒去除底物的泛素化链，泛素被释放；⑥多肽链转移至蛋白酶体的核心颗粒，被水解成小肽，释放到胞质中（图 6-4）。

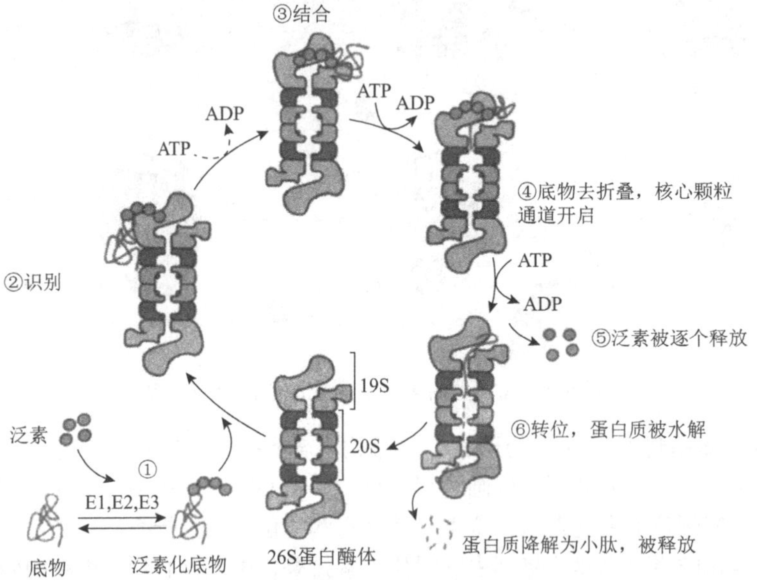

图 6-4　泛素-蛋白酶体途径作用机制示意图（引自 Sorokin，2009）

6.2　内 膜 系 统

内膜系统（endomembrane system）是指真核细胞细胞质中在结构、功能及发生上相互关联的、由膜包被的细胞器或细胞结构，包括内质网、高尔基体、溶酶体、胞内体、分泌泡及植物细胞特有的液泡等。虽然内膜系统中的各个细胞器具有不同形态，执行不同功能，但它们之间并不是相互独立的。内膜系统在细胞内的分布与所执行的功能密切相关。内膜系统之间的沟通不仅仅局限于分泌蛋白的外排，还包括细胞内吞、胞外大分子进入胞内的过程。正是由于蛋白质和脂类分子在内膜系统间的加工、分选和运输及细胞的内吞活动，使膜泡在内膜系统之间来回穿梭，构成了维系内膜系统和细胞膜流动状态的动力，使内膜系统和细胞膜的结构处于一种动态平衡。内膜系统的研究常用的技术较多，包括揭示细胞内膜系统超微结构的电子显微镜技术，用于内膜系统功能及定位的放射自显影术、免疫标记技术、离心技术及遗传突变体分析等技术。

真核细胞的体积至少是原核细胞的 1000 倍，因此真核细胞进化形成的内膜系统具有重要意义：①内膜系统将细胞质划分出执行不同功能的相对独立的区域，以保证各种生命活动高效运转；②内膜系统在蛋白质、脂类等生物分子的合成、修饰、加工和运输，以及最终到特定部位发挥其生物学功能中具有重要作用；③内膜系统在对蛋白质、脂类物质运输的同时，也完成了对自身结构的更新，包括细胞器的膜和腔内成分。

细胞内膜系统的发现

1969 年，Caro 和 Palade 采用放射自显影术，对摄取放射性标记氨基酸的胰腺胰岛细胞进行了追踪，发现标记的氨基酸被吸收后，随即被用于在内质网上合成消化酶类，由此发现了粗面内质网是分泌蛋白的合成部位。为进一步证实分泌蛋白从合成到分泌至细胞外的全过程，他们又将短时孵育在标记氨基酸中的胰岛组织转移至无标记的氨基酸培养液中，发现在无标记的氨基酸培养液中孵育的时间越长，含有标记氨基酸的蛋白质在细胞内由合成位点到分泌位点所走的路径就越长。通过对分泌蛋白的动态追踪，第一次确证了分泌途径的存在，并将细胞内原本看似互无联系的一组细胞器所构成的功能单位称为细胞内膜系统。

通过上述实验证明了分泌蛋白合成的起始部位，但分泌蛋白是在哪种细胞器上合成的呢？20 世纪 50～60 年代，Claude 和 de Duve 利用差速离心技术（图 6-5A），从细胞匀浆液中分离提取了具有蛋白质合成和分泌功能的结构——**微粒体（microsome）**。通过电子显微镜观察发现，这些微粒体表面有些是光滑的（图 6-5B），有些则含有核糖体而呈现颗粒状（图 6-5C），且具有合成蛋白质的生物学活性。实际上，微粒体是细胞匀浆后，破碎的内质网形成的小囊泡，常被作为内质网体外实验的模型。1974 年，Palade、Claude 和 de Duve 由于在揭示内膜系统的结构与功能研究中所做的突出贡献，共同获得了诺贝尔生理学或医学奖。

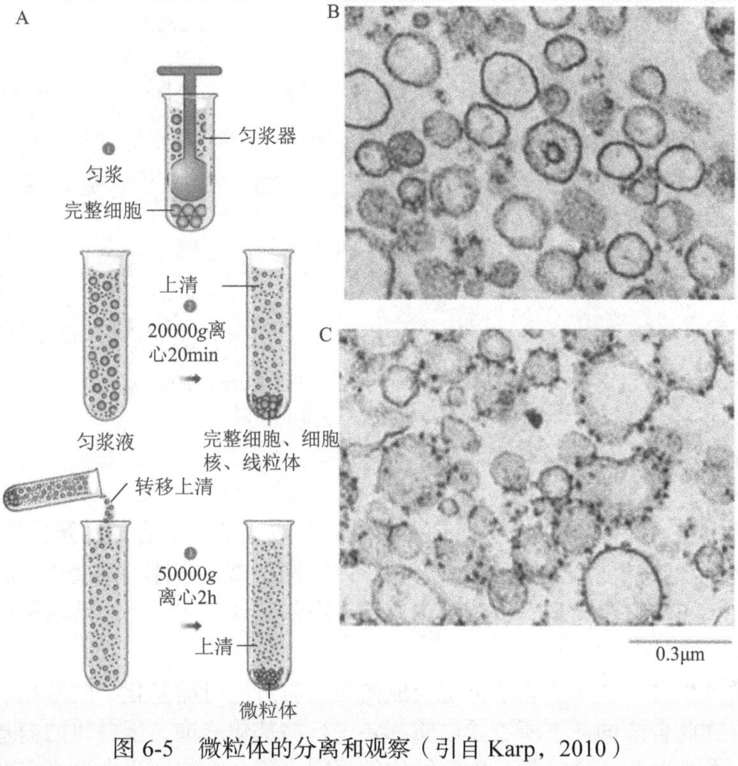

图 6-5　微粒体的分离和观察（引自 Karp，2010）

6.2.1　内质网

1897 年，法国细胞学家 Garnier 发现动物体分泌活动旺盛的胰腺和唾液腺细胞中存在一个条形或丝状的、结构变化的嗜碱性特化区，称其为**动质**（ergastoplasm）。1945 年，Porter 和 Claude 对动质进行研究时发现，动质中分布着一些小管网，称为**内质网（endoplasmic reticulum，ER）**。直到 1954 年，Palade 和 Porter 借助于电镜技术证实内质网是由膜围绕的囊泡状、相互沟通形成的网状结构。内质网的形状不是固定不变的。

6.2.1.1　内质网的形态结构

内质网是由大小不同的管状、囊状或泡状结构构成的内腔相通的连续网状膜系统，通常约占生物膜系统的一半。内质网膜分为面向内质网腔的腔面（luminal face）和面向细胞质的胞质面（cytoplastic face）。内质网膜较质膜薄，厚度为5～6 nm，其中脂类占1/3，蛋白质占2/3。脂类以磷脂为主，其中磷脂酰胆碱占55%～58%，磷脂酰乙醇胺占20%～25%，磷脂酰肌醇和磷脂酰丝氨酸占5%～10%，鞘磷脂仅为4%～7%，几乎不含胆固醇。内质网的标志性酶为葡萄糖-6-磷酸酶。

根据内质网上是否附着有核糖体，将内质网分为**粗面内质网**（**rough endoplasmic reticulum，RER**）和**光面内质网**（**smooth endoplasmic reticulum，SER**）（图6-6）两种类型。粗面内质网与细胞核的外层核膜相连，多为扁平囊状，排列整齐，在蛋白质分泌旺盛的细胞中非常发达，但是在未分化细胞和肿瘤细胞中含量较少。光面内质网多为管状或囊状，广泛分布于合成类固醇的细胞中。内质网在细胞内的分布是动态的，对生理变化非常敏感，无论总量还是两种类型内质网的比例，都随着细胞类型、发育阶段等因素发生变化。

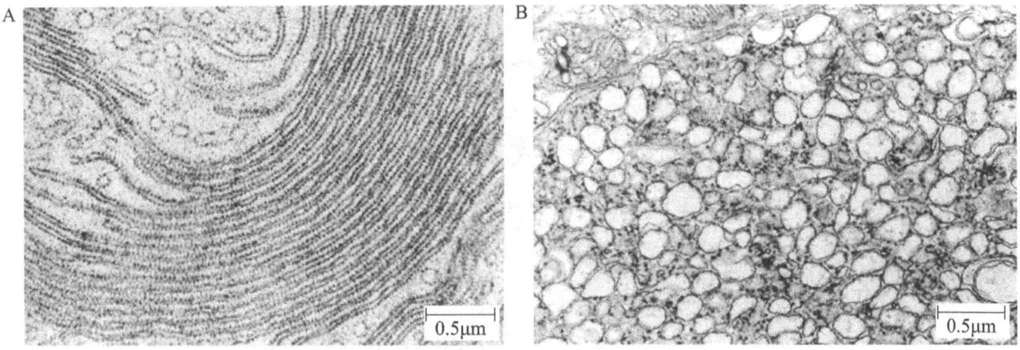

图6-6　内质网的两种类型（引自Karp，2005）

A. 粗面内质网；B. 光面内质网

6.2.1.2　内质网的功能

（1）蛋白质的合成　粗面内质网是蛋白质的合成基地，所合成的蛋白质主要有3类：①只在细胞外才能发挥功能的分泌蛋白；②位于内质网、高尔基体、溶酶体、胞内体、囊泡及植物细胞液泡中的可溶性蛋白质；③位于内质网、高尔基体、溶酶体、液泡及细胞质膜的内在膜蛋白。

（2）蛋白质的修饰加工　内质网上合成的蛋白质可进行糖基化、酰基化、羟基化及链间二硫键等修饰。在此合成的几乎所有蛋白质都要进行糖基化修饰，蛋白质的糖基化修饰不仅影响蛋白质折叠、分选及其定位，而且糖链结构的不同，还会影响糖蛋白的半衰期及其降解。内质网进行的蛋白质糖基化是在酶的催化下完成的，在蛋白质合成的同时就开始了。在内膜系统进行的糖基化修饰有*O*-连接和*N*-连接两种形式，在内质网进行的是*N*-连接糖基化修饰，这种修饰起始于粗面内质网，完成于高尔基体。所有的*N*-连接的寡糖链都有一个共同的前体（14个糖残基组成的寡糖链），这一寡糖链连接在位于内质网膜上的磷酸多萜醇（dolichol phosphate）的磷酸基上，朝向内质网的腔面。在糖基转移酶的催化下，寡糖链被转移到新生多肽链的天冬酰胺残基上，这种形式的糖基化修饰称为*N*-连接的糖基化。随后的一系列反应是在酶的催化下，将寡糖链上最末端的4个糖基（包括3个葡萄糖和1个甘露糖）切除（图6-7），完成*N*-连接糖基化初步修饰的蛋白质被运输到高尔基体进行后续的加工修饰。

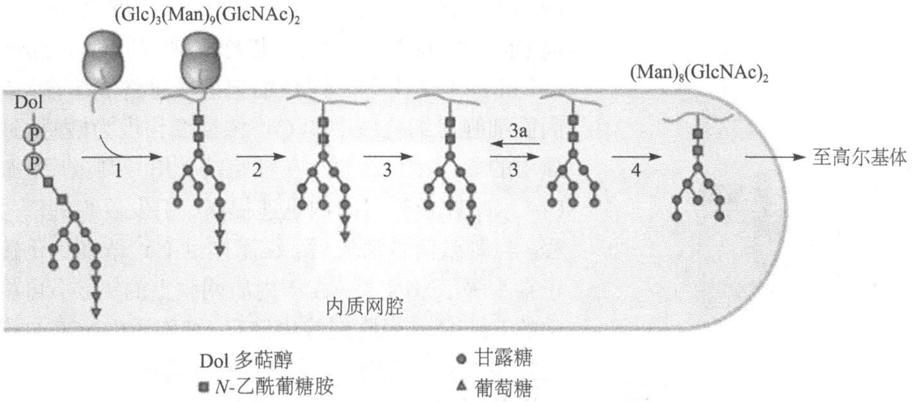

图 6-7　粗面内质网 *N*-连接的糖基化修饰（引自 Komfeld et al.，1985）

（3）蛋白质的折叠和降解　内质网腔面上同时有多种蛋白质在合成，蛋白质在内质网中必须正确折叠和组装后才能进一步被转运到高尔基体，而不能正确折叠或未折叠的蛋白质则会被滞留在内质网中。在内质网腔中存在多种分子伴侣，如 Bip（GRP78）、钙联蛋白（calnexin），其作用是促进蛋白质正确折叠，内质网腔面的蛋白二硫键异构酶切断异常的二硫键，帮助蛋白质重新形成正确的二硫键，有助于形成正确的空间结构。这些蛋白质在内质网腔中富集，是由于它们的 C 端带有信号序列 KDEL 或 HDEL，也叫作 4 肽信号。

实际上，受到遗传、胁迫等多种因素的影响，一些在内质网中新合成的蛋白质不能正确折叠，但在内质网质量控制系统的监控下，错误折叠的蛋白质会被标记，进行重新折叠或者通过内质网膜上特定的通道被转运到细胞基质中，进而通过依赖泛素的蛋白酶体降解途径清除掉，这一降解过程称为**内质网相关蛋白质降解（ER-associated degradation，ERAD）**。

（4）膜的生长与更新　生物膜不是从头合成的，新合成的膜蛋白和膜脂首先插入内质网膜上，通过从内质网经高尔基体的转运过程，最终分选到特定的生物膜上，涉及生物膜的延伸和更新过程。生物膜结构的不对称性，在膜蛋白和膜脂插入到内质网膜的时候就已经决定方向了，那些位于内质网膜腔面一侧的组分在囊泡转运中，也位于转运囊泡的腔面，最终定位到质膜的外表面。而内质网膜胞质面的组分最后则位于质膜的胞质面。

（5）脂类的合成　有些鞘磷脂和糖脂在高尔基体上合成，一些特殊脂类在线粒体和叶绿体膜上合成，除此之外，包括磷脂和胆固醇在内的几乎全部的膜脂是在光面内质网上合成的。与磷脂合成有关的酶类是内质网膜上的整合膜蛋白，酶的活性位点位于胞质侧，磷脂合成的底物来自细胞基质，因而新合成的磷脂首先插入到面向胞质一侧的内质网膜上，而后可通过转位酶介导，经膜脂的翻转运动转向内质网膜的腔面。

在不同生物膜上，膜脂成分存在显著差异。造成这一现象的原因一般认为有三个：一是很多细胞器膜上含有脂类修饰的酶，通过对脂类分子头部的修饰，可将一种磷脂转变为另一种，如将磷脂酰丝氨酸转变为磷脂酰乙醇胺；二是在细胞器间在以出芽方式运输膜脂的过程中有些类型的磷脂可能优先进入出芽的位点，而其他的类型则相对较慢，最终导致膜脂在不同细胞器间分布不平衡；三是细胞含有磷脂转运蛋白（phospholipid transfer protein），它们能在水溶性的环境中在膜之间转移特异磷脂，如将特异磷脂由内质网转运到线粒体和叶绿体等其他细胞器的膜上（图 6-8）。

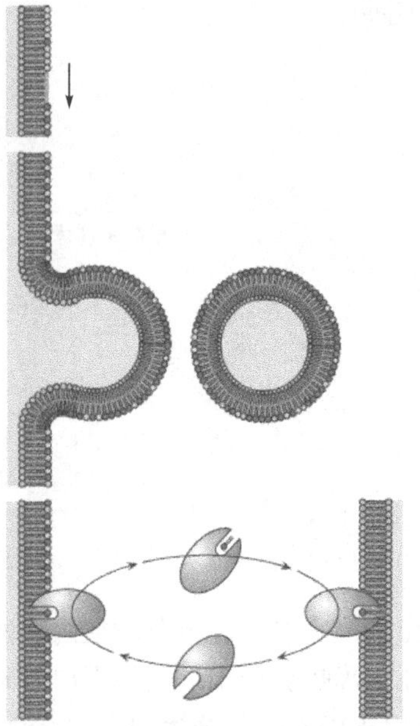

图 6-8　造成生物膜膜脂差异的 3 种方式（引自 Karp，2010）

A. 通过酶促反应修饰磷脂分子的头部；B. 通过出芽形成膜泡；C. 通过磷脂转换蛋白转移到其他的膜上

（6）贮存钙离子　内质网腔储存有大量的 Ca^{2+}，因而也被称为“钙库”。在心肌细胞和骨骼肌细胞中，光面内质网特别发达，也称为肌质网（sarcoplasmic reticulum）。由于 Ca^{2+}在细胞信号通路中起着关键作用，因而细胞对细胞质中的 Ca^{2+}浓度变化极为敏感。通常细胞质中的 Ca^{2+}浓度极低，在细胞接受信号刺激后，细胞质中 Ca^{2+}水平在短暂时间内迅速提高，引发后续的信号传递过程。当刺激信号消失后，细胞内的 Ca^{2+}浓度也迅速恢复到正常水平。原因之一在于内质网膜上的钙泵，可将细胞质中的 Ca^{2+}泵入内质网腔中储存。细胞质中游离 Ca^{2+}水平的调控主要通过细胞膜及内质网膜等细胞器上的钙泵和钙通道共同调节。在内质网腔中，Ca^{2+}可以与高浓度的内质蛋白（endoplasmin）和钙网蛋白（calreticulin）等钙亲和蛋白结合而被储存。

（7）内质网的其他功能　一般来说，细胞中的光面内质网所占比例很小，但在一些特定类型细胞如肝细胞、分泌类固醇激素的细胞（黄体细胞、肾上腺细胞和睾丸间质细胞）中非常发达。肝细胞光面内质网膜上具有细胞色素 P450 多功能氧化酶等多种酶，可以使聚集的脂溶性废物或代谢产物经羟基化修饰后，以水溶性状态排出体外，此过程称为肝细胞的解毒作用。肝细胞具有维持血糖水平稳定的功能，葡萄糖以糖原颗粒的形式储存于肝细胞的细胞质中，在激素调控下，糖原先降解为葡萄糖-1-磷酸，并在细胞质中转化为葡萄糖-6-磷酸后进入内质网中，随后被内质网中的葡萄糖-6-磷酸酶转化为葡萄糖，以供机体利用，因此内质网还参与了糖原分解代谢。

6.2.1.3　内质网应激

内质网是蛋白质合成、折叠、组装、运输和参与脂质代谢的重要场所，也是细胞内主要的 Ca^{2+}库。当某些因素致使内质网的生理功能紊乱、钙稳态失衡时，错误折叠和未折叠蛋白质会大量积累在内质网腔，引发**内质网应激（endoplasmic reticulum stress，ERS）**反应，以应对环境的变化并恢复内质网的正常状态。ERS 是细胞的一种自我保护反应，是监控蛋白质合成质量的有效机制，同时涉及细胞存活程序或凋亡程序的选择，细胞可以调动相关的信号通路来恢复、维持细胞稳态，或者启动细胞凋亡来处理不能修复的损伤细胞，因此 ERS 事关细胞的生死抉择。

ERS 包括以下几方面。①**未折叠蛋白质应答反应（unfolded protein response，UPR）**，即错误折叠与未折叠蛋白质不能按正常途径从内质网中释放，从而在内质网腔内聚集，引起一系列分子伴侣和折叠酶表达上调，促进蛋白质正确折叠，防止其聚集，从而提高细胞在有害因素下的生存能力。②**内质网超负荷反应（endoplasmic reticulum overload response，EOR）**，正确折叠的蛋白质在内质网中过度蓄积也会启动细胞其他促生存的机制。例如，激活转录因子 NF-κB，引发的内质网超负荷反应，最终产生促炎症细胞因子，进而激活细胞存活、凋亡、细胞炎症反应和细胞分化等相关的信号途径。③固醇调节级联反应，是由内质网表面合成的胆固醇损耗所致，通过固醇调节元件结合蛋白（sterol regulatory element-binding protein，SREBP）介导的信号途径，影响特定基因表达。④如果内质网功能持续紊乱，细胞将最终启动凋亡程序。

UPR 是目前了解得最为深入的途径，当错误折叠的蛋白质在内质网腔内聚积时，会引发相关的信号传递，通过调节特定蛋白质的转录和翻译，帮助内质网腔中蛋白质正确折叠。在 ERS 发生时，分子伴侣 GRP78（glucose-regulated protein78）发挥重要的调控作用。GRP78 属于 Hsp70 家族，又称**免疫球蛋白重链结合蛋白质（immunoglobulin heavy chain-binding protein，BIP）**，也是 ER 中首个被发现的分子伴侣。GRP78 不仅参与调控新合成蛋白质的折叠和转运，而且还减轻 ER 中蛋白质折叠的负荷，维持细胞功能。内质网应激信号的感受是由内质网膜上的肌醇需求酶 1（inositol-requiring enzyme 1，IRE1）、蛋白激酶 R 样内质网激酶（protein kinase R-like ER kinase，PERK）和转录激活因子 6（activating transcription factor 6，ATF6）三种蛋白质分子承担的。正常情况下，这三种 ERS 信号感受蛋白都分别与内质网腔内 GRP78 结合形成复合物，处于无活性状态。当内质网中未折叠蛋白质蓄积增加时，GRP78 分子转而结合内质网中不断增多的新生未折叠蛋白质，从而导致这三种 ERS 信号感受蛋白解离出来，分别引发 3 条不同的平行信号途径，引发 3 条不同的 UPR（图 6-9）。

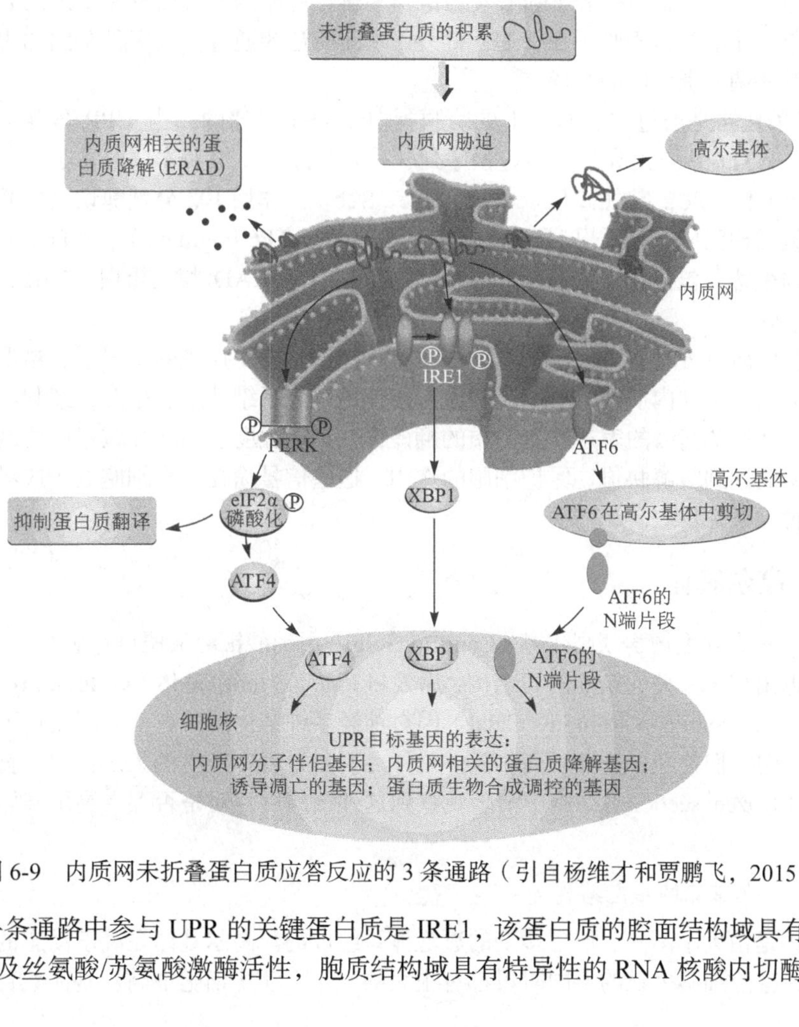

图 6-9　内质网未折叠蛋白质应答反应的 3 条通路（引自杨维才和贾鹏飞，2015）

1）第一条通路中参与 UPR 的关键蛋白质是 IRE1，该蛋白质的腔面结构域具有 Bip/GRP78 的结合位点及丝氨酸/苏氨酸激酶活性，胞质结构域具有特异性的 RNA 核酸内切酶活性。超量的错误折叠蛋白质在 ER 腔面与 Bip 竞争性结合，从而使结合 Bip 的 IRE1 单体释放，并二聚化和交互磷酸化而活化，并通过构象的改变激活胞质侧具有 RNA 酶活性的结构域，对转录因子 XBP1（unspliced X box-binding protein 1）的 mRNA 切割，生成稳定的、有活性的 XBP1。XBP1 进而入核，并激活靶基因的表达，靶基因编码表达产物参与内质网相关的蛋白降解（ER-associated degradation，ERAD）、蛋白质折叠、运输等，从而缓解内质网应激。此外，XBP1 还能调节磷脂合成，这为内质网应激状态下内质网膜的扩张提供了原料。此外，IRE1 还可以切割靶向 ER 的其他 mRNA，影响核糖体装配，从而抑制细胞整体的蛋白质翻译。

2）第二条通路是激活 PERK 传递的，PERK 是一种跨膜蛋白，包括两种结构域，分别是 N 端压力传感结构域和胞质激酶结构域。正常情况下，PERK 通过 ER 腔面 N 端结构域与伴侣蛋白 Bip/GRP78 结合从而保持一种失活状态。当处于内质网应激状态下，未折叠蛋白质或错误折叠蛋白质竞争性地结合 Bip/GRP78，因而 PERK 与 Bip/GRP78 解离，随后 PERK 发生自我磷酸化而激活。活化的 PERK 具有激酶活性，在蛋白质折叠受阻的情况下，可使翻译起始因子 2（eukaryotic translation initiation factor-2，eIF2）的 α 亚基磷酸化，从而影响真核翻译起始因子 2B （eukaryotic translation initiation factor-2B，eIF2B）的活性，导致细胞整体蛋白质翻译减弱。但是编码转录激活因子 4（activating transcription factor 4，ATF4）的基因在 eIF2α 磷酸化的情况下翻译增强，ATF4 能够激活氨基酸转运蛋白和氧化还原调节蛋白等靶基因的表达，从而将 PERK 途径与氧化应激紧密联系在一起。此外，ATF4 还能通过控制多种基因的表达，调节细胞凋亡及负反馈调节蛋白质的翻译。

3）第三条通路是通过内质网膜上的跨膜蛋白 ATF6 传递的。当 UPR 发生时，ATF6 与 GRP78 分离，ATF6 暴露出高尔基体定位序列，从而转位至高尔基体，在位点 1 蛋白酶（site-1 protease，S1P）和位点 2 蛋白酶（site-2 protease，S2P）的作用下，分别剪切其内质网腔区域和跨高尔基体膜结构区域，释放出 N 端片段——ATF6f（ATF6 fragment），ATF6f 进入细胞核，调节靶基因的表达，包括伴侣分子（GRP78、GRP94）、ERAD 相关蛋白、XBP1 等，共同作用维持 ER 稳态。

总之，蛋白质折叠过程对环境胁迫非常敏感。在细胞遭受逆境的情况下，错误折叠和未折叠的蛋白质大量聚集在内质网，对细胞产生毒害作用。为了维持细胞生存，细胞会启动内质网胁迫应答，包括调节基因的表达和蛋白质的翻译，在一定程度上消除和减轻内质网上蛋白质折叠的负荷，从而达到缓解胁迫、保护细胞的作用。这些信号途径是在细胞处于应激条件下，对内质网的一种保护性反应。

6.2.2 高尔基体

1898 年，意大利生物学家高尔基（Camillo Golgi）用硝酸银溶液浸染小脑神经细胞时发现，在细胞核附近出现了一种深染的网状结构，后人将其命名为**高尔基体（Golgi body）**。1906 年，高尔基和卡哈尔（Santiago Ramóny Cajal）因对神经系统结构的研究，共同获得了诺贝尔生理学或医学奖。但人们曾经一直怀疑高尔基体是样品制备过程中产生的人工假象，直到在未固定的冷冻切片（frozen section）细胞中清晰观察到这种结构后，对是否存在高尔基体的争论才尘埃落定。

6.2.2.1 高尔基体的形态结构

高尔基体是由大小不一、形态多变的囊泡体系组成的。高尔基体是高度动态的结构，在不同的细胞中，甚至细胞生长的不同阶段都有很大的变化。动物细胞中高尔基体数目较少，即使在含量丰富的肝细胞中，高尔基体也仅有 50 个左右，而且难以分离和纯化。高尔基体的典型特征是边缘融合形成直径为 0.5～1.0μm 的扁平膜囊。高尔基体的膜囊有序堆叠在一起呈弓形、半球形或球形（图 6-10）。典型高尔基体的膜囊数少于 8 个，这些膜囊中间较窄，边缘突起呈泡状。电镜下边缘突起的小泡内电子密度不等。靠近内质网一侧呈弓形的膜囊，接受内质网出芽形成的囊泡中的物质，称为顺面，又称凸面或形成面；另一侧是物质输出面称为反面，又称凹面或成熟面，所以高尔基体是一个有极性的细胞器，不仅表现在它在细胞中往往有比较恒定的位置与方向，而且物质从高尔基体的顺面一侧输入，从反面一侧输出。

在电镜下，高尔基体的结构主要由以下部分构成（图 6-10）。

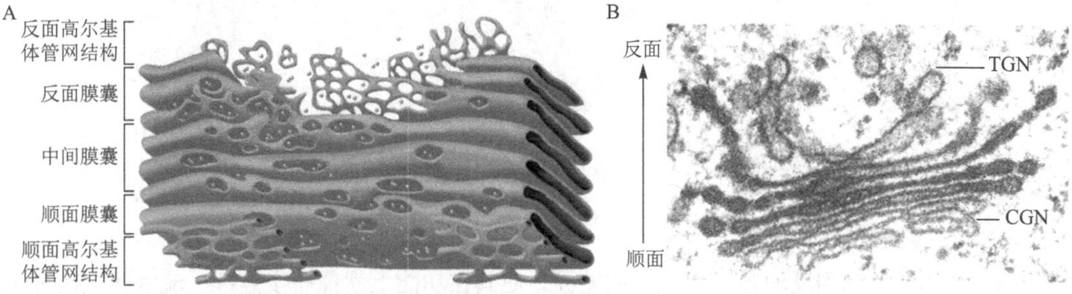

图 6-10　高尔基体结构（引自 Karp，2005）

A. 高尔基体结构示意图；B. 烟草根尖细胞高尔基体电镜照片。CGN. 顺面高尔基网；TGN. 反面高尔基网

1）**顺面高尔基网（*cis* Golgi network，CGN）**由高尔基体的顺面最外侧的扁平膜囊和周围的管状、泡状结构组成。CGN 接受来自内质网新合成物质，分类后并将其中大部分转入高尔基体的中间膜囊，同时通过识别内质网滞留信号（KDEL 或 HDEL），能将带有这些信号的蛋白质遣返回内质网。蛋白质的修饰，包括对丝氨酸 *O*-连接的糖基化、溶酶体酶寡糖的磷酸化等也在此发生。

2）**高尔基体中间膜囊（medial Golgi）**是 CGN 和反面管网结构之间的膜囊，主要是由扁平膜囊和管道组成的不同间隔，但功能上是连续、完整的膜囊体系。中间膜囊是多数糖基化修饰、糖脂形成，以及与高尔基体有关的多糖的合成部位。扁平膜囊特殊的形态大大增加了糖的合成与修饰的有效表面积。

3）**反面高尔基网（*trans* Golgi network，TGN）**位于高尔基体反面的最外层，由扁平膜囊和周围的一些管状、泡状结构组成。TGN 是蛋白质分选站，运输至此的蛋白质形成不同的囊泡，或者运输至质膜或细胞外，或者运输至溶酶体、液泡、胞内体等结构。TGN 中的 pH 较其他部位低，这一特点有助于蛋白质的分选和运输。此外，某些蛋白质的晚期修饰也发生在 TGN 中，如酪氨酸残基的硫酸化、蛋白原的水解加工等。

由于高尔基体各部分膜囊的成分存在差异，因此可用电镜细胞化学的方法进行显示：①嗜锇反应使顺面膜囊被特异性地染色（图 6-11A）；②硫胺素焦磷酸（TPP 酶）可特异地显示高尔基体的反面 1～2 层膜囊；③胞嘧啶单核苷酸酶（CMP 酶）或核苷酸二磷酸酶可显示靠近反面的膜囊状或管状结构（图 6-11B）；④烟酰胺腺嘌呤二核苷磷酸酶（NADP 酶）或甘露糖酶显示高尔基中间扁平膜囊（图 6-11C）。其中胞嘧啶单核苷酸酶（CMP 酶）是高尔基体的标志酶，但也有人认为糖基转移酶是高尔基体的标志酶。

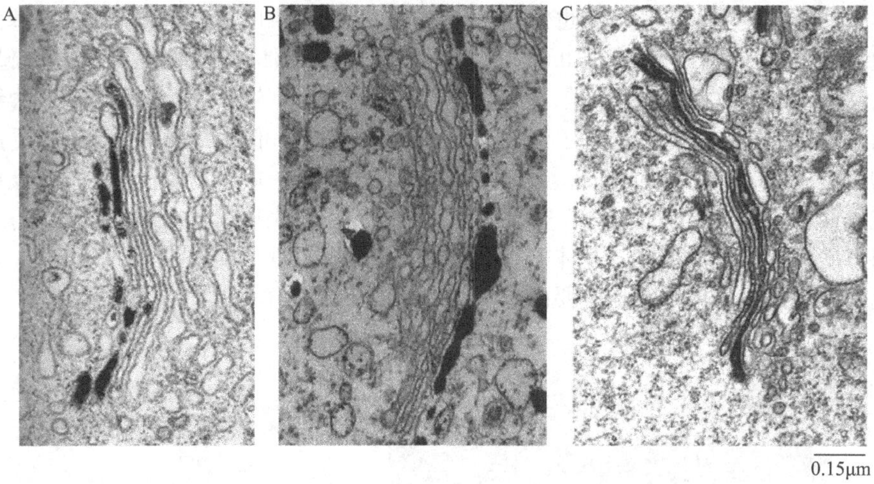

图 6-11　细胞化学染色显示高尔基体的不同部分（引自 Karp，2010）

6.2.2.2　高尔基体的功能

高尔基体从顺面到反面各膜囊成分的差异，使其在功能上就像一个连续、流水线式的加工场所，新合成的膜蛋白、分泌蛋白和溶酶体蛋白等离开内质网后，进入高尔基体的 CGN，经过中间膜囊后到达 TGN。在该过程中，这些蛋白质得到进一步修饰。例如，蛋白质的糖基化、磷酸化、羟基化等，还有些蛋白质要进行水解修饰。加工成熟后的蛋白质，在高尔基体 TGN 中进行包装，分别运输到细胞的特定位置。

（1）糖基化修饰　　高尔基体是多糖合成的主要场所，大多数蛋白质和膜脂的糖基化修饰主要发生在高尔基体。溶酶体酶、质膜上大多数膜蛋白和可溶性分泌蛋白都是糖蛋白，其糖基化修饰发生在从内质网向高尔基体，以及在高尔基体各膜囊间的转运过程中。而细胞基质和细胞核中绝大多数蛋白质都缺少糖基化修饰，仅某些转录因子和核孔复合体上发现一些糖蛋白，但其糖基都比较简单。与细胞内核酸和蛋白质合成不同的是，糖蛋白中寡糖链的合成与修饰都没有模板，依赖不同膜囊中分布的不同糖基转移酶的催化，在细胞的不同膜囊间隔中经历复杂的、多阶段的加工过程才能完成。起始于内质网腔中的 *N*-连接糖基化是蛋白质糖基化修饰的初级阶段，当蛋白质到达高尔基体后，多数需要进行 *N*-连接糖基化修饰的后续步骤。除了完成 *N*-连接糖基化修饰的后续步骤，在高尔基体中还进行另一种糖基化修饰——*O*-连接的糖基化，发生在靶蛋白的丝氨酸、苏氨酸、羟脯氨酸和羟赖氨酸的残基上，因这种形式的糖基化修饰都发生在氨基酸残基的羟基氧原子上而得名。*O*-连接糖基化与 *N*-连接糖基化各有特点，主要区别见表 6-1。

表 6-1　*N*-连接糖基化与 *O*-连接糖基化的比较

特点	*N*-连接糖基化	*O*-连接糖基化
多肽上被修饰的氨基酸	天冬酰胺	丝氨酸、苏氨酸、羟赖氨酸、羟脯氨酸
第一个糖残基	*N*-乙酰葡糖胺	*N*-乙酰半乳糖胺等
糖链长度	至少 5 个糖残基	常见 1～4 个糖残基
发生场所	粗面内质网和高尔基体	高尔基体
糖基化方式	寡糖前体（14 个糖残基）一次性连接	逐个添加单糖

许多糖蛋白同时进行 *N*-连接和 *O*-连接的糖基化修饰。内质网和高尔基体中所有已知的参与糖基化修饰的酶类均为整合膜蛋白，分布在不同区间，并保持局部的反应浓度，在不同间隔催化不同的寡糖链合成与加工，前一个反应的产物又作为下一个反应的底物，在蛋白质的运输过程中依次完成复杂的寡糖链修饰。直至运输到 TGN 时，蛋白质的糖基化修饰也恰好完成，这样的蛋白质才允许被转运出去（图 6-12）。蛋白质的糖基化具有重要的生物学功能：促进蛋白质折叠、增强蛋白质的稳定性；使不同蛋白质携带不同的标志，有助于高尔基体对蛋白质进行正确的分类、包装及运输，保证糖蛋白的单向转运；负责糖链合成与加工的酶类均由严格意义上的管家基因编码，这些基因被敲除后会将胚胎致死。另外，细胞表面、胞外基质密集存在的寡糖链，可通过与另一个细胞表面的凝集素之间发生特异性相互作用，介导细胞间的双向通信，或参与分化发育等；多羟基糖侧链还可能影响蛋白质的水溶性及蛋白质所带电荷的性质。

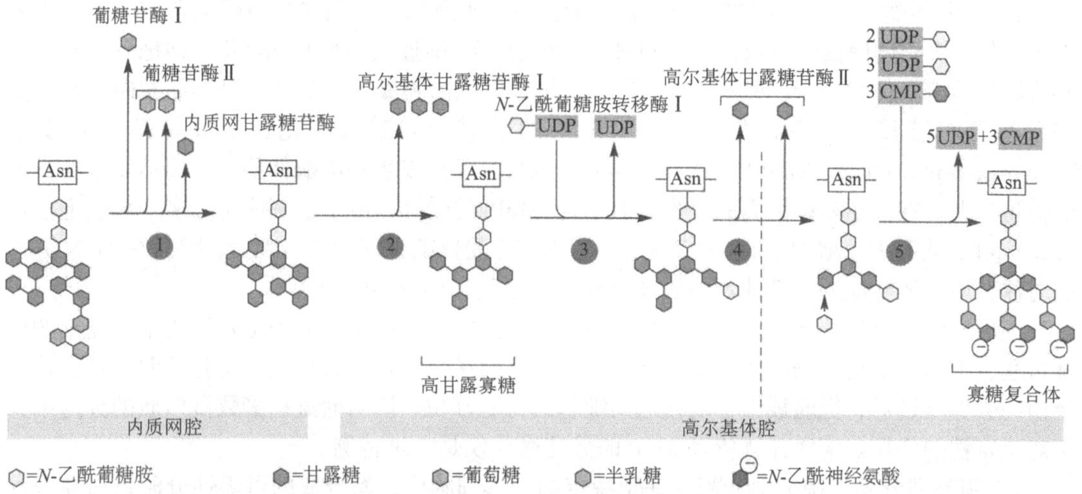

图 6-12　蛋白质中一个天冬酰胺（Asn）位点在内质网和高尔基体中进行 *N*-连接糖基化修饰的一系列过程

尽管对糖脂的研究有限，但是已有的证据说明糖脂糖侧链的修饰与糖蛋白的类似，也是以相同的方式和途径，经内质网、高尔基体进行一系列合成和加工的，最后完成修饰的糖脂随蛋白质一起在高尔基体 TGN 进行分选，经包装运送到特定的位置。鉴于寡糖链具有比核酸和多肽更大的潜在信息编码容量，因此糖链作为糖蛋白或者糖脂的分子标志之一可能还有其他重要作用，如参与机体细胞间识别、宿主细胞与病原微生物之间的识别等，具有重要的临床价值。有些学者从进化的角度上提出，糖链的复杂加工可能是在进化过程中逐步演化产生的。由于寡糖链具有一定的刚性，从而限制了其他大分子接近细胞表面的糖蛋白或者糖脂，可能使真核细胞的祖先具有一个保护性的外被，但同时又不像细胞壁那样限制细胞的形状与运动。

（2）蛋白质的分选运输　高尔基体的另一个重要功能是将完成修饰和正确折叠的蛋白质及脂类分类、包装并运输到特定的位点，执行其生物学功能。20 世纪 70 年代初期，采用 ^{3}H-亮氨酸对胰腺细胞进行脉冲标记，在脉冲标记后 3min，放射自显影显示银粒位于内质网；20min 后，银粒出现在高尔基体；120min 后银粒则位于分泌泡中（图 6-13）。这个实验揭示了分泌蛋白在细胞内合成、运输的过程。除分泌蛋白外，细胞内的很多蛋白质，如质膜的整合膜蛋白、溶酶体蛋白、胶原纤维等胞外基质成分都是通过高尔基体完成定向转运的。

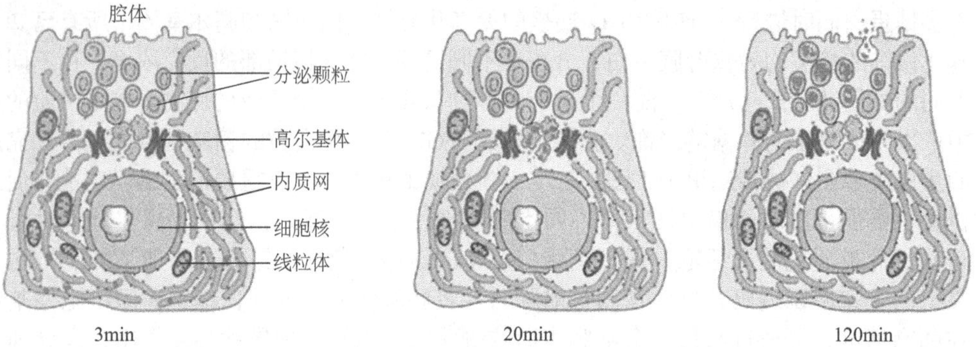

图 6-13　蛋白质分泌的同位素实验（引自 Karp，2005）

通过高尔基体的 TGN 进行的蛋白质包装分选至少包括 3 条途径。

1）溶酶体酶的分选。溶酶体中含有几十种酸性水解酶，它们在内质网上合成，而后进入高尔基体。溶酶体酶在内质网合成的同时，已开始进行 *N*-连接的糖基化修饰，即把一个寡糖链共价转移给溶酶体酶的天冬酰胺残基，进入高尔基体顺面膜囊后，在 *N*-乙酰葡糖胺磷酸转移酶和磷酸葡糖苷酶的先后催化下，寡糖链中的甘露糖残基磷酸化，生成甘露糖-6-磷酸（mannose-6-phosphate，M6P）。这种特异的修饰反应，只发生在溶酶体酶上，而不发生在其他的糖蛋白上。在高尔基体反面的膜囊上有结合 M6P 的受体，由于溶酶体酶的多个位点上都可形成 M6P，从而大大增加了 M6P 修饰后溶酶体酶与受体的识别和结合能力，因而在 TGN 分选的时候，溶酶体酶能够与其他蛋白质区分开，并起到局部浓缩的作用。

在内质网上合成的蛋白质大多是糖蛋白，这些蛋白质在高尔基体中也要经历十分复杂的修饰过程，于是人们猜测糖基化可能与蛋白质的分选有关。然而 DNA 重组实验证明，当多种糖蛋白在去掉糖链后，仍能被正常地输送到细胞的特定部位，说明糖链在多数蛋白质的分选中并不起决定性的作用。溶酶体酶依赖 M6P 的分选途径仅是一种特例。

2）调节型分泌。调节型分泌存在于特定的分泌细胞中，新合成的可溶性分泌蛋白在分泌泡中聚集、储存并浓缩。只在特定刺激条件下，才引发细胞的分泌活动，将分泌蛋白释放到细胞外。例如，当胰腺 β 细胞应答血糖升高的信号时，才会将包裹在分泌泡中的胰岛素分泌出去，从而调节血糖水平的稳定。

3）组成型分泌。组成型分泌是所有真核细胞自发、持续进行的过程，通过分泌泡连续分泌某些蛋白质至细胞表面，主要涉及细胞的生长、质膜的更新及胞外基质成分的输送。

高尔基体作为由多层相对独立膜囊组成的结构，其不同膜囊中化学环境不同，那么蛋白质从高尔基体顺面向反面的运输过程中，高尔基体是如何确保自身结构的稳定呢？目前相关模型主要有两个，一个是膜泡运输模型（vesicular transport model），该模型认为高尔基体的膜囊主体是相对稳定的，膜囊的更新是通过出芽形成膜泡，从顺面向反面的运输过程中有序转运实现的（图 6-14A）。另一个是膜囊成熟模型（cisternal maturation model），该模型则认为高尔基体的膜囊主体是动态的，高尔基体在转运物质的同时自身也在不断地发生变化，即从顺面膜囊逐步向反面膜囊推进，膜囊处于不断的变化成熟中，而分泌蛋白停留在膜囊中不移动（图 6-14B）。

（3）蛋白酶的水解加工　一些在内质网合成的蛋白质，如某些生长因子和某些病毒囊膜蛋白，在切除信号肽之后，便成为有活性的成熟多肽。但是还有很多肽类激素，当转运到达高尔基体的 TGN 或 TGN 所形成的分泌泡中时，才能在 TGN 膜结合的蛋白质水解酶作用下，经特异性地水解，形成有活性的多肽。例如，包括胰岛素、胰高血糖素在内的分泌蛋白，在内质

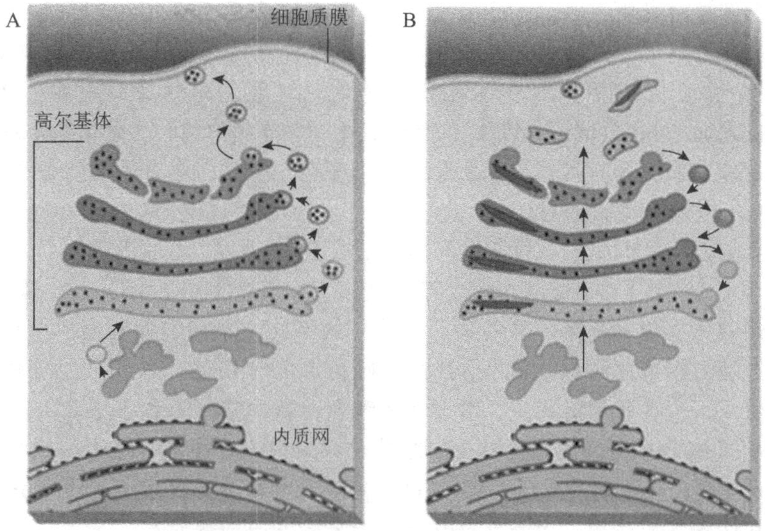

图 6-14　经高尔基体的动态转运模型（引自 Karp，2010）
A. 膜泡运输模型；B. 膜囊成熟模型

网合成时是无活性的蛋白原，这些蛋白质在从内质网运往高尔基体的过程中要经历水解作用才能成为成熟的分泌蛋白。在高尔基体中经历的酶解加工的方式可分为以下几种类型。

1）没有生物活性的蛋白原进入高尔基体后，蛋白原 N 端或两端的序列被切除，形成成熟的多肽，如胰岛素、胰高血糖素及血清蛋白（如白蛋白等），这是一种比较简单的蛋白质加工形式。内质网腔中合成的胰岛素最初是 105 个氨基酸构成的前胰岛素原，在内质网腔面切除信号序列后，成为 86 个氨基酸构成的胰岛素原。胰岛素原从内质网以膜泡形式运输至高尔基体后，经高尔基体蛋白酶水解，最终形成 51 个氨基酸构成的、两条多肽链组成的成熟胰岛素。

2）有些蛋白质在粗面内质网合成时是含有多个相同氨基酸序列的前体，随后在高尔基体中被水解，形成同种有活性的多肽，如神经肽。

3）有些蛋白质分子的前体中含有多个不同的信号序列，通过高尔基体后加工形成不同的产物。有些情况下，同一种蛋白质前体在不同的细胞中可能以不同的方式加工，从而产生不同种类的多肽。

通过蛋白酶水解产生有功能的蛋白质，对细胞来说可能具有重要的生物学意义：一方面可有效地防止这些活性物质在合成它的部位提前发挥作用。例如，胰岛素在内质网中合成时，处于前体蛋白形式，在运送胰岛素的分泌泡（pH 5.5）中也没有活性，不能与受体结合，成熟的胰岛素仅在 pH 7 左右的条件下才与受体结合。另一方面，一些仅由几个氨基酸构成的小分子多肽（如神经肽）很难在核糖体上有效合成，还有些可能缺少包装并转运到分泌泡中的必要信号，因此这些小肽以一个蛋白质前体的形式合成、加工和成熟，看起来是个合理和经济的解决方法。

内质网-高尔基体中间体

内质网-高尔基体中间体（endoplasmic reticulum-Golgi intermediate compartment，ERGIC）是存在于内质网和高尔基体之间的一个中间膜区室。ERGIC 的发现最早来自对病毒蛋白胞内转运的研究，到 20 世纪 80 年代末，形态学和功能数据都支持在内质网-高尔基体边界存在一个独特的分选室。

在植物和芽殖酵母中，高尔基体独立分布，并位于内质网输出位点附近（ER exit site，ERES），以进行短距离的内质网—高尔基体沟通，所以在内膜系统通常没有典型的ERGIC结构。而在脊椎动物细胞中，内质网遍布整个细胞质，高尔基体则在微管组织中心（microtubule-organizing center，MTOC）附近形成一条连续的带，因此有很大一部分ERES需要长距离运输才能到达高尔基体。最近的研究表明，ERGIC在脊椎动物整个细胞周期中保持着其组成、结构和空间特性。

目前，哺乳动物细胞中有三种模型阐释了ERGIC的存在，分别是瞬态传输载体（A）、静态ERES-相关膜（B）和动态囊泡的永久网络（C）模型（图6-15）。在模型A中，中间室（IC）元件充当传输载体，这些移动运输载体（TC）既可与顺面高尔基体膜囊融合，也可转化为顺面高尔基体结构。在模型B中，IC稳定位于ERES旁边，是由ERES相关的、长寿命的膜组成，这些膜相对固定，并与ER和顺面高尔基体膜囊保持双向沟通。在模型C中，动态IC囊泡的永久网络锚定在ERES处的相对静止的小泡，通过动态小管与其他外围或中央囊泡互连。现有研究认为，ERGIC具有多种功能，不仅参与蛋白质分选、内质网和高尔基体之间的双向运输，而且涉及细胞信号转导和自噬等过程。

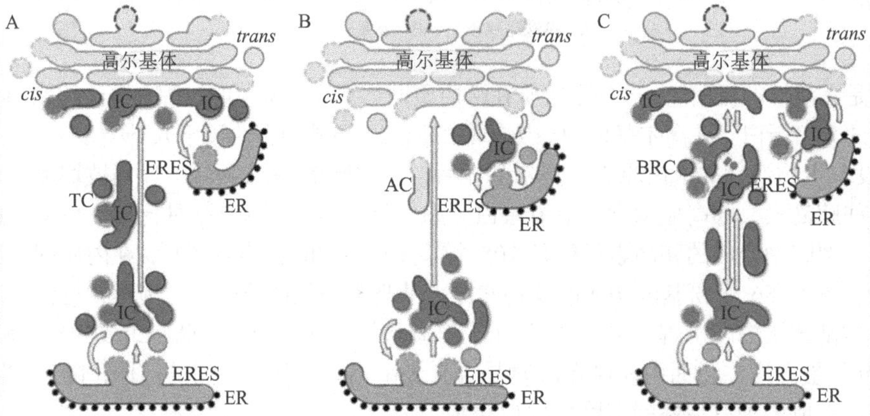

图6-15　哺乳动物细胞中ERGIC存在的三种模型（引自Saraste and Marie，2018）

6.2.3　溶酶体

溶酶体（lysosome）是由单层膜围绕的异质性细胞器，含有60多种酸性水解酶，多数为可溶性酶，有些整合在溶酶体膜上，能水解几乎所有的生物大分子。不同种类的细胞中，溶酶体中的酶并不相同，但是酸性磷酸酶普遍存在，一般作为溶酶体的标志酶。

溶酶体内部pH 5的酸性环境是由溶酶体膜上的质子泵通过水解ATP，驱动H^+从胞质中转运到溶酶体腔内造成的。溶酶体膜上有多种载体蛋白，可将大分子水解产物转运到细胞质中。溶酶体膜蛋白高度糖基化，能免于蛋白酶的水解，保护溶酶体膜。溶酶体膜上胆固醇含量较高，有利于维持膜的稳定性。溶酶体在动物细胞中普遍存在，植物细胞中的液泡等结构也含有多种水解酶类，功能上类似溶酶体。

6.2.3.1　溶酶体的基本特征及生物发生

（1）溶酶体的基本特征　　作为异质性细胞器，溶酶体的形态、大小、数量差异显著，直径从25nm～1μm（图6-16）。根据溶酶体发生发展不同阶段的特征，一般分为**初级溶酶体（primary lysosome）**、**次级溶酶体（secondary lysosome）**和**残余体（residual body）**三个阶段。

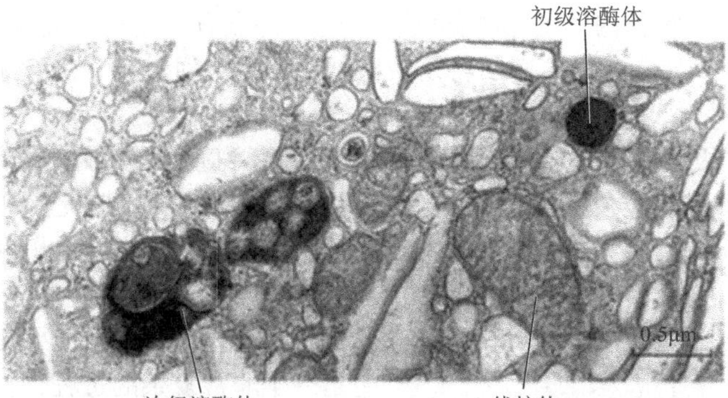

图 6-16　小鼠膀胱上皮细胞内部存在大小差异显著的溶酶体

1）初级溶酶体是在高尔基体的 TGN 形成的，呈球形，直径 0.2～0.5μm，内容物均一，内部没有明显的颗粒物质。初级溶酶体中不含被消化的物质，溶酶体酶尚无活性。

2）次级溶酶体是初级溶酶体与将要被消化的物质融合形成的，根据被消化物质的来源，分为**自噬溶酶体**（**autophagolysosome**）和**吞噬溶酶体**（**phagolysosome**）。次级溶酶体内部环境 pH 约为 5，为各种酸性水解酶提供了最适的环境条件，从而发挥细胞内消化作用，将物质降解成各种小分子，通过溶酶体膜上的载体蛋白转运至细胞质中，重新被细胞利用。溶酶体的消化可以分成三种途径（图 6-17）：①内吞，主要指可溶性大分子被细胞摄取，形成内吞泡并与初级溶酶体融合；②吞噬，强调细菌、病毒、颗粒型物质等以吞噬泡形式被摄入细胞，与初级溶酶体融合；③自噬，指细胞内的物质或者需要更新的细胞器形成膜包被的自噬泡，进一步与初级溶酶体融合，启动细胞内消化。由于次级溶酶体中内含物不同，因此形态大小有显著差异，有些直径可达数微米。

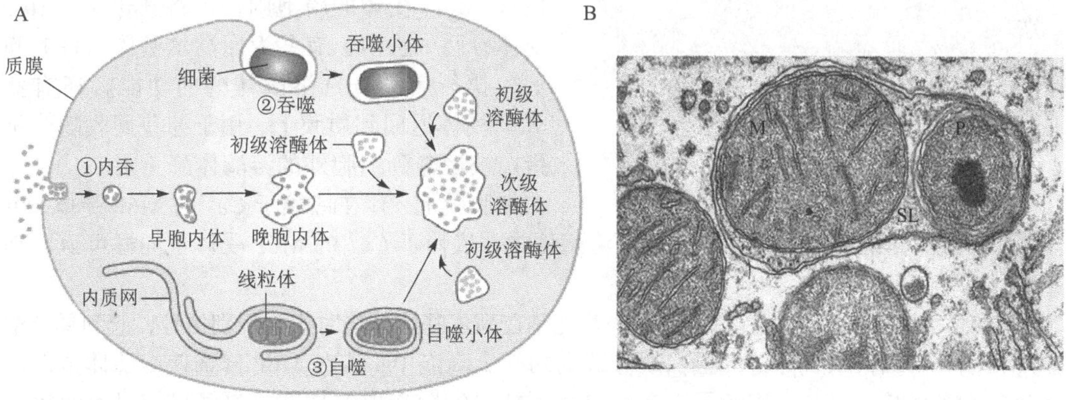

图 6-17　溶酶体消化的三条途径

A.被消化物质运输至溶酶体的 3 种方式（引自 Alberts et al.，2015）；B.大鼠肝细胞电镜照片显示包含线粒体和过氧化物酶体的次级溶酶体（引自 Karp，2010）。SL.次级溶酶体；M.线粒体；P.过氧化物酶体

来自胞外的物质进入细胞之后，要经历与**胞内体**（**endosome**）融合的过程。胞内体是负责从质膜向溶酶体运输的囊泡结构，可分为早胞内体、晚胞内体和循环胞内体。早胞内体是经过胞吞作用进入细胞内形成的膜泡，其囊腔中含有胞吞物质，是一个 pH 和细胞外液大致相当的碱性环境。晚胞内体是由早胞内体通过分拣、分离出带有质膜受体的循环胞内体转换而来，循环胞内体最终返回并重新融入质膜中。晚胞内体由于胞内体膜上有质子泵，通过耗能方

式将 H^+泵入内部，因此胞内体的 pH 偏酸性，这一特点有助于内吞物质和受体的分离，并以出芽的方式形成囊泡，将受体送回特定位置，将内吞物质送至初级溶酶体，融合后形成次级溶酶体。

3）残余体是次级溶酶体完成消化后，剩下的不能被细胞利用的物质形成的囊泡，又称为残质体或后溶酶体。有的残余体可通过**胞吐作用（exocytosis）**将细胞无法利用的内含物排至细胞外（图 6-18），但是有些残余体则长期滞留在细胞内，如肝等细胞中积累的脂褐质，就属于一种残余体，数量随年龄增长而增多。

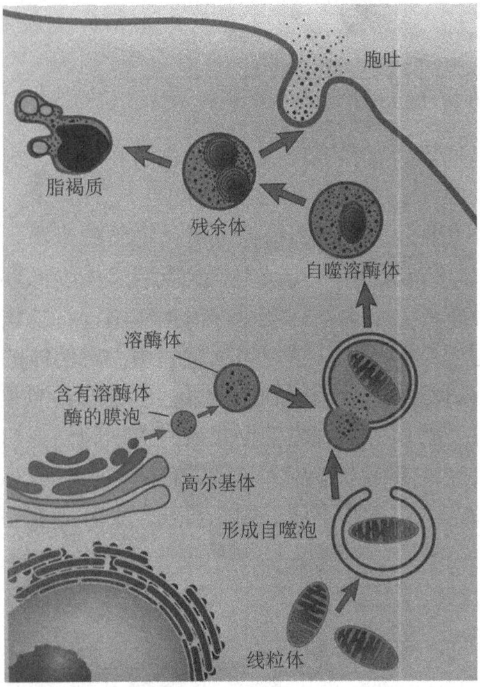

图 6-18　溶酶体的发生发展过程示意图（引自 Karp，2010）

（2）溶酶体的生物发生　溶酶体的生物发生是一个非常复杂的过程，一种典型的溶酶体发生途径称为依赖甘露糖-6-磷酸（M6P）的溶酶体酶分选。在该途径中，最初溶酶体蛋白在内质网上合成并进行 *N*-连接的糖基化修饰，然后与其他蛋白质一起以出芽的方式形成囊泡，从内质网被转运到高尔基体。在高尔基体，溶酶体酶经修饰形成 M6P 标志。具有 M6P 标记的溶酶体酶在高尔基体 TGN 处精确的分选需要与相应的 M6P 受体识别和结合，该过程需要 TGN 的微酸环境条件（pH 大于 6）。高尔基体 TGN 形成包装溶酶体酶的转运膜泡，运输至内部环境为 pH 5 的晚胞内体。由于 pH 的降低，溶酶体酶和 M6P 受体在此分离，并分选到两个膜泡中，分选出的包含溶酶体酶的膜泡进一步形成初级溶酶体，包含 M6P 受体的膜泡则负责将其送回。M6P 受体有两个去向，有些返回高尔基体 TGN 膜上，执行后续分选溶酶体酶的功能，还有些 M6P 受体返回到质膜上，用于捕获回收随分泌蛋白被运输到细胞外的溶酶体酶（图 6-19）。在细胞膜上，存在依赖于 Ca^{2+}的 M6P 受体，可与胞外的溶酶体酶结合，将酶送至初级溶酶体中，依赖于 Ca^{2+}的 M6P 受体也同样可返回细胞膜，循环使用。

溶酶体酶 M6P 修饰具有重要作用，首先是在高尔基体分选时作为识别信号，起到局部浓缩的作用，将具有 M6P 标记的蛋白质分选到同一个囊泡中；其次 M6P 修饰使溶酶体蛋白以无活性的酶原形式存在，避免了在运输过程可能对细胞造成的伤害。尽管目前对溶酶体蛋白的 M6P 分选机制了解的非常清楚，但这并不是溶酶体发生的唯一途径，研究发现还存在不依赖 M6P 的溶酶体发生途径，但是机制尚不清楚。例如，在细胞毒性 T 细胞和天然杀伤细胞的溶酶体中，既含有依赖 M6P 修饰的溶酶体酶，还含有不依赖 M6P 修饰的水溶性蛋白穿孔素和粒酶。当细胞受到外界信号刺激后，这类溶酶体会像分泌泡一样释放内含物，杀伤靶细胞。

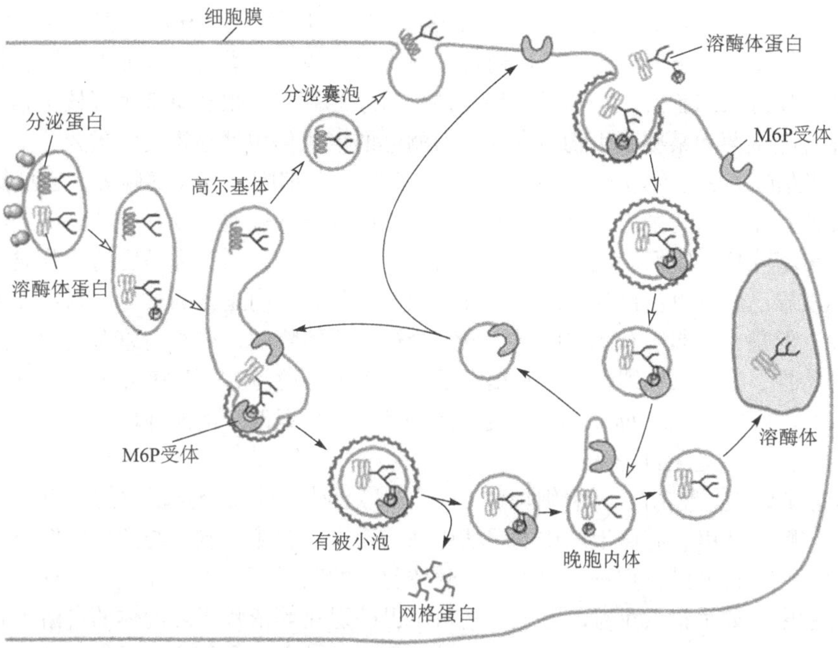

图 6-19　溶酶体的发生过程（引自 Griffiths et al.，1988）

6.2.3.2　溶酶体的功能与疾病发生

溶酶体是细胞内的“消化器官”，对维持细胞的正常代谢、防御外来微生物的侵袭具有重要意义。同时，溶酶体功能异常还与多种疾病的发生有关。

（1）溶酶体的功能

1）清除细胞内无用的生物大分子及衰老的细胞器。在真核细胞中，错误折叠的蛋白质可能异常聚集，形成蛋白质聚集体，溶酶体在对错误折叠蛋白质降解的过程中起重要作用，可以和蛋白酶体一起维持细胞内的蛋白质稳态（图 6-20）。对于一些受损或需要更新的生物分子、细胞器，通常也采取溶酶体的自噬降解途径，降解后的产物可被细胞重新利用，因此溶酶体又被称作细胞内的“清道夫”。自噬作用在不同类型细胞中发生的频率不同，在某些发育阶段的细胞中，自噬作用特别强，如红细胞发育成熟后，所有的细胞器都要通过自噬作用被清除。

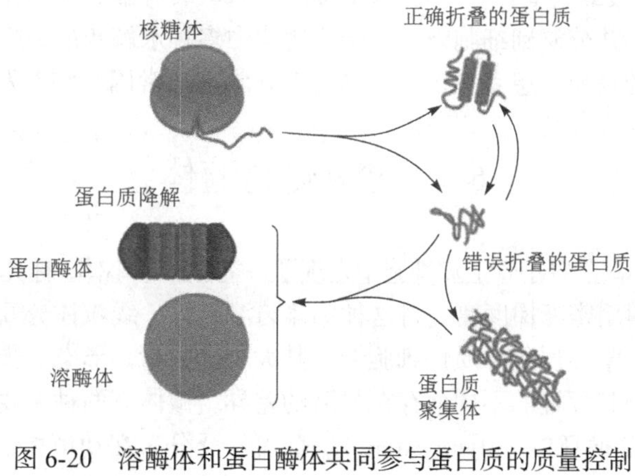

图 6-20　溶酶体和蛋白酶体共同参与蛋白质的质量控制

2）消化胞吞作用进入细胞的内容物。细胞需要从周围环境中获取生存所需的营养物质，其中葡萄糖、氨基酸等小分子物质可以通过细胞膜上的膜转运蛋白进入细胞，但有些物质是通过内吞或者吞噬进入细胞的，必须经溶酶体消化后才能利用。很多单细胞真核生物，如黏菌、变形虫等靠吞噬细菌和某些微生物生存，其溶酶体的消化作用就显得更为重要。

3）防御功能。在动物体中存在特殊的吞噬细胞如白细胞、巨噬细胞等，在抵御细菌入侵中具有重要的作用。这些细胞含有发达的溶酶体，可以与吞噬泡形成吞噬溶酶体，进而将其中的细菌、病毒清除掉，以保护细胞免受细菌与病毒等的侵染，同时降解后的营养成分还可供细胞利用。不仅异己成分可由巨噬细胞或中性粒细胞清除，体内正常的衰老、凋亡细胞也可被巨噬细胞清除。但是，并非所有入侵的微生物都会被溶酶体降解，有些病原微生物恰恰利用了溶酶体的这种特性，为自己在细胞内增殖提供了一个保护环境。例如，麻风杆菌（*Mycobacterium leprae*）、利什曼原虫（*Leishmania*）等进入溶酶体后，可以改变溶酶体内的酸性环境，通过抑制溶酶体酶的活性，避免自身死亡。

4）其他重要的生理功能。溶酶体还参与了分泌活动，涉及分泌蛋白的成熟、分泌活动的调节。例如，贮存在甲状腺腺泡腔中的甲状腺球蛋白进入分泌细胞，与溶酶体融合后，被水解成甲状腺素，并通过分泌作用进入血液。溶酶体包裹的物质还可以运输到细胞外。在多细胞生物的发育过程中，如手指或足趾的形成、蝌蚪尾巴的退化等依赖于溶酶体的自溶（autolysis），即溶酶体膜破裂，整个细胞被释放的酶消化掉。另外，精子与卵细胞接触后，精子头部的顶体（常被认为是巨大的特化溶酶体）释放透明质酸酶等水解酶，消化卵细胞的外被，精子从产生的孔道中进入卵细胞从而完成受精过程。

（2）溶酶体与疾病　溶酶体执行的清除、消化和防御功能依赖于溶酶体酶，如果溶酶体的结构和功能发生异常，就会导致溶酶体相关疾病的发生。有些溶酶体病是溶酶体膜受损，释放出溶酶体酶，导致组织受损造成的，如尘肺病、类风湿性关节炎等；还有一些溶酶体病是溶酶体功能障碍引起的蛋白质异常降解或者积累，对细胞产生毒性造成的，如阿尔茨海默病、帕金森病等。最有代表性的溶酶体病是溶酶体贮积病，属于遗传性代谢障碍疾病，表现为一种或者多种溶酶体酶缺失而导致溶酶体中的相应底物无法降解，继而引发疾病，如泰-萨克斯病（Tay-Sachs disease）、I 细胞病（inclusion cell disease）等。泰-萨克斯病的病因主要是溶酶体中缺少 β-氨基己糖苷酶，患儿脑组织无法降解 β-神经节苷脂，导致其大量积累，形成呈同心圆状分布的髓样小体，影响脑细胞功能，造成精神痴呆及早夭。I 细胞病是一种罕见且致命的人类常染色体遗传病，研究发现患者缺少 *N*-乙酰葡萄糖胺磷酸转移酶，导致溶酶体酶不能形成 M6P 标记，进而被错误分选并分泌到细胞外。由于溶酶体中多种水解酶的缺失，患者细胞的溶酶体内部充满了未被降解的物质。患者有多器官的发育异常，通常因心肺并发症而早亡。

6.3　过氧化物酶体

1954 年，首次在小鼠的肾小管上皮细胞中发现了一类卵圆形小体，称其为微体（microbody）。1969 年，de Duve 等利用密度梯度离心将这种小体与溶酶体、线粒体分开，并证实这是一种与溶酶体不同的细胞器。微体属于异质性细胞器，其大小、数量、形态、蛋白质组成及生化功能因生物种类、细胞类型和环境的不同而存在显著的差异。微体有两种主要类型：**过氧化物酶体（peroxisome）**和**乙醛酸循环体（glyoxysome）**，前者广泛分布在动植物细胞中，后者只在植物中发现。

过氧化物酶体是直径为 0.1～1.0μm 的膜包围的细胞器，通常呈球形，也有不规则形状。过氧化物酶体是多功能的细胞器，内含丰富的氧化酶类，多达 50 多种，过氧化氢酶是其标志酶。电镜下可见的尿酸氧化酶结晶，常作为识别过氧化物酶体的主要特征（图 6-21）。尽管过氧化物酶体与溶酶体在形态、大小上十分相似，但是二者存在显著差异（表 6-2）。过氧化物酶体不属于细胞内膜系统。

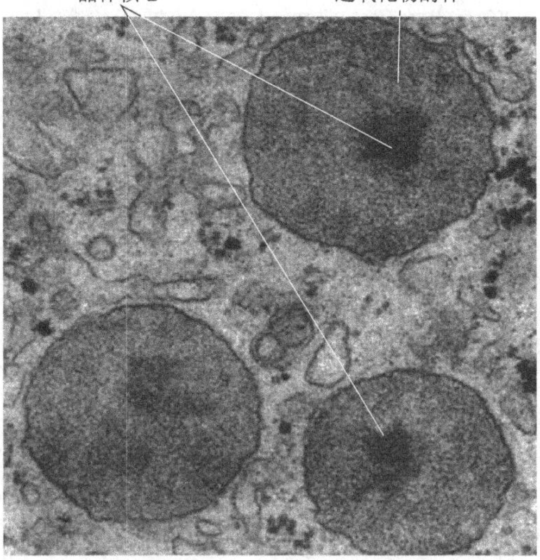

图 6-21　大鼠肝细胞质中的过氧化物酶体，晶体核心是尿酸氧化酶（引自 Karp，2005）

表 6-2　过氧化物酶体与溶酶体的差异

特征	溶酶体	过氧化物酶体
形态	球形，初级溶酶体直径 0.2～0.5μm	球形，直径 0.1～1.0μm
内含物	酸性水解酶，无晶体	氧化酶类，有晶体
pH	约为 5	约为 7
是否需氧	否	是
功能	细胞内消化	糖异生、脂肪酸降解等多种功能
发生	与内膜系统有关，酶在粗面内质网上合成，经高尔基体分选生成	分裂或从头生成（装配起始于内质网），酶在细胞基质中合成，然后分选转运到过氧化物酶体
标志酶	酸性磷酸酶	过氧化氢酶

6.3.1　过氧化物酶体的功能

过氧化物酶体是一个动态变化的细胞器，在不同的细胞，甚至同一细胞不同的生理条件下呈现不同的形态与功能。例如，酵母细胞在含糖的培养基中生长时，过氧化物酶体的体积很小，而用甲醇培养时，过氧化物酶体的体积显著增大、数量增多，并能氧化甲醇。

过氧化物酶体是真核细胞直接利用分子氧的细胞器。在动物细胞中，过氧化物酶体能够分解大分子氧化生成的 H_2O_2，这是由于过氧化物酶体中常含有两种酶：一种是依赖于黄素腺嘌呤二核苷酸（FAD）的氧化酶，其作用是将底物氧化形成 H_2O_2；另一种是过氧化氢酶，其含量常占过氧化物酶体蛋白质总量的 40%，它的作用是将 H_2O_2 分解成水和氧气，从而使细胞免受 H_2O_2

的毒害。过氧化物酶体还能催化脂肪酸的β-氧化，产生乙酰辅酶A。在肝细胞和肾细胞中的过氧化物酶体，可氧化分解血液中的有毒成分，起到解毒作用。

植物细胞中的过氧化物酶体功能更为复杂，因所在器官和组织的不同存在差异，主要涉及脂肪酸的β-氧化、光形态建成、植物激素的生物合成、固氮、活性氧代谢、病原防御等。在绿色植物叶肉细胞中，过氧化物酶体催化 CO_2 固定反应副产物的氧化，将乙醇酸氧化为乙醛酸和 H_2O_2，即所谓的光呼吸作用。在种子萌发过程中，过氧化物酶体降解储存在种子中的脂肪酸，产生乙酰辅酶A，并进一步形成琥珀酸，琥珀酸离开过氧化物酶体进一步转变成葡萄糖。由于这些转化过程伴随着一系列称为乙醛酸循环的反应，因此又将这种过氧化物酶体称为乙醛酸循环体。乙醛酸循环体将脂肪酸转变为糖，为种子萌发和幼苗生长提供能量。

6.3.2 过氧化物酶体的发生

过氧化物酶体的发生是一个复杂的过程，涉及过氧化物酶体膜的形成及在膜基础上的各种蛋白质的正确组装。过氧化物酶体不含遗传物质，所有的过氧化物酶体蛋白都是由细胞核基因组编码，在细胞质游离核糖体上合成后运送而来的。构成过氧化物酶体的蛋白质分为膜蛋白和基质蛋白两大类。膜蛋白定位在过氧化物酶体膜上，其中一些与过氧化物酶体的生物发生相关，称为peroxin（Pex蛋白）；基质蛋白主要是各种氧化酶。

过氧化物酶体的基质蛋白具有**过氧化物酶体引导信号（peroxisomal targeting signal，PTS）**。PTS有两种类型，多数是位于蛋白质C端的3肽序列SKL（Ser-Lys-Leu），称为PTS1，少数是位于蛋白质N端的9肽序列，称为PTS2。在细胞质中有特定的受体蛋白识别PTS信号，引导基质蛋白的转运。其中受体蛋白Pex5识别PTS1信号，Pex7等受体蛋白识别PTS2信号。过氧化物酶体的膜蛋白也具有相应的信号和受体。现有研究认为过氧化物酶体的发生有两条途径（图6-22）。

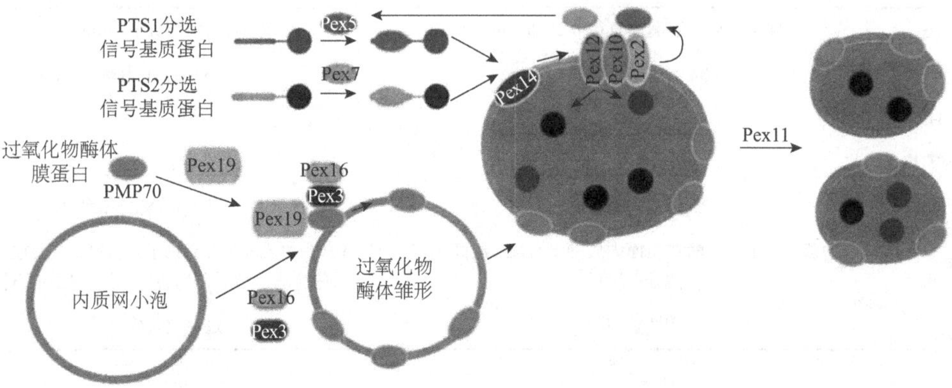

图6-22 过氧化物酶体发生的两条途径（引自丁明孝等，2020）

1）从头合成（*de novo* synthesis）途径。在该途径中，过氧化物酶体的装配起始于内质网。过氧化物酶体的膜蛋白Pex3和Pex6等合成后，插入内质网膜，继而招募Pex19形成一个特殊的区域，该区域通过内质网出芽，形成过氧化物酶体的前体。这种前体相互之间，或与已经存在的过氧化物酶体可以发生融合。在过氧化物酶体的前体膜泡上，Pex19蛋白作为过氧化物酶体膜蛋白信号的受体发挥作用，一些在细胞质合成的过氧化物酶体的其他膜蛋白，可以通过自身的信号与Pex19结合，并在Pex3和Pex6等的帮助下插入到该细胞器的膜上，待所有过氧化物酶体膜蛋白都插入后，就形成了过氧化物酶体雏形，为基质蛋白输入提供基础。

在过氧化物酶体的膜上有蛋白质转运的特定通道，PTS1 和 PTS2 分别与相应受体结合后，再与膜受体 Pex14 结合，并通过这些特定通道进入过氧化物酶体的腔内。基质蛋白的不断输入，产生了成熟的过氧化物酶体。

2）生长分裂途径。指成熟的过氧化物酶体经分裂产生子代过氧化物酶体的发生方式，分裂过程依赖 Pex11 蛋白，这种细胞器的增殖特点与线粒体、叶绿体的发生相似。但是新生的过氧化物酶体在成熟过程中，需要融合来自内质网的、包含过氧化物酶体膜蛋白的囊泡，同时输入过氧化物酶体基质蛋白。

过氧化物酶体功能的发挥依赖其生物发生过程的正常进行，如果参与过氧化物酶体发生的 Pex 蛋白异常，会导致无法形成正常的过氧化物酶体或者过氧化物酶体功能出现障碍，从而引发疾病。

6.4　内膜系统与蛋白质的合成、分选和运输

一个典型的哺乳动物细胞含有上万种不同种类的蛋白质，许多蛋白质合成后会定位在细胞质中执行其功能，还有约一半的蛋白质则最终定位到细胞膜上、运输到特定的细胞器或者分泌到细胞外。细胞内这些成千上万的蛋白质如何被分门别类地运输至特定部位呢？一种合理的解释就是蛋白质本身带有某种信号或者标签，在合成的同时就已经决定了其最终去向。只有当蛋白质被运送到特定部位并组装成具有特定结构的复合体后，才具有生物学活性。蛋白质被识别并送达特定结构中的过程称为**蛋白质分选**（**protein sorting**）或**蛋白质靶向输送**（**protein targeting**）。细胞中蛋白质自身的特征决定了其分选方式，并以不同的运输方式运至细胞的特定部位，参与特定的生命活动过程。

6.4.1　蛋白质的分选途径和运输方式

核糖体是所有细胞合成蛋白质的场所，有游离型和结合型两种存在形式。在真核细胞中，游离型核糖体分布在细胞基质及线粒体和叶绿体的基质中，结合型主要指分布在粗面内质网膜上的核糖体。除由线粒体和叶绿体基因组编码、合成的少数种类蛋白质外，细胞中绝大部分蛋白质的合成都起始于细胞质游离核糖体，这些蛋白质的分选途径有两条（图 6-23）：一条是在完成合成之后，依据蛋白质特定的信号序列指导其定向转运，称为**翻译后转运**（**post-translational transport**），包括进入细胞核、线粒体、叶绿体、过氧化物酶体的蛋白质，以及分布在细胞基质特定位点的蛋白质；另一条途径是蛋白质的合成和运输同时进行，称为**共翻译转运**（**cotranslational transport**），是指蛋白质在细胞质游离核糖体上合成一段序列后，暴露出靶向内质网的信号，蛋白质暂停合成，然后核糖体、mRNA 及新生多肽等一起转位到内质网膜上结合，再次启动蛋白质的合成，这些蛋白质一边合成一边穿过内质网膜，进入内质网腔中，包括滞留在内膜系统的细胞器内部和细胞器膜上的蛋白质、分泌到细胞外的蛋白质及整合到细胞膜上的蛋白质。

无论翻译后转运还是共翻译转运，蛋白质的定位取决于自身的信号序列（表 6-3）。在不同类型的蛋白质中，信号序列的位置也各有特点，有些在 N 端，有些在 C 端，有些在内部。信号序列体现功能的方式也有所不同，有些是在一级结构层次被识别，引导蛋白质完成正确的分选和运输，如进入内质网、叶绿体、线粒体、过氧化物酶体的蛋白质；有些则需要蛋白质完成正确折叠，在空间结构上体现信号功能，如进入或者输出细胞核的蛋白质、内质网腔滞留蛋白及溶酶体酶等。

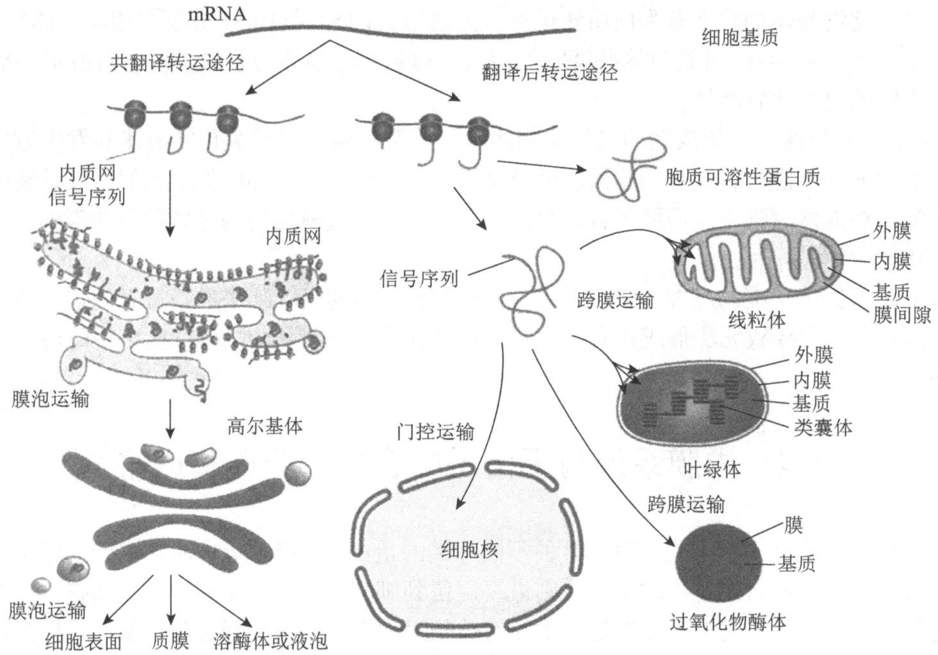

图 6-23　真核细胞蛋白质分选途径和运输方式

表 6-3　几种典型的蛋白质分选信号

信号类型	信号名称	典型序列
进入内质网	信号肽	^+H_3N-Met-Met-Ser-Phe-Val-Ser-Leu-Leu-Leu-Val-Gly-Ile-Leu-Phe-Trp-Ala-Thr-Glu-Gln-Leu-Thr-Lys-Cys-Glu-Val-Phe-Gln-
返回内质网	四肽信号	-Lys-Asp-Glu-Leu-COO^-
进入线粒体	导肽	^+H_3N-Met-Leu-Ser-Leu-Arg-Gln-Ser-Ile-Arg-Phe-Phe-Lys-Pro-Ala-Thr-Arg-Thr-Leu-Cys-Ser-Ser-Arg-Tyr-Leu-Leu-
进入叶绿体	转运肽	^+H_3N-Met-Val-Ala-Met- Ala-Met-Ala-Ser-Leu-Gln-Ser-Ser-Met-Ser-Ser-Leu-Ser-Ser-Asn- Ser-Phe-Leu-Gly-Gln-Pro-Leu-Ser-Pro-Ile-Thr-Leu-Ser-Pro-
进入细胞核	核定位信号	-Pro-Pro-Lys-Lys-Arg-Lys-Val-
输出细胞核	核输出信号	-Leu-Ala-Leu-Lys-Leu-Ala-Gly-Leu-Asp-Ile-
进入过氧化物酶体	PTS1 信号	-Ser-Lys-Leu-

在蛋白质的分选过程中，目前已知的运输方式主要有以下 3 种。

1）**门控运输（gated transport）**：指在细胞基质中合成的蛋白质完成正确折叠或者组装后，通过核孔复合体选择性地进出细胞核的运输方式。这些蛋白质具有决定其进入细胞核的信号序列——核定位信号（nuclear localization signal）。涉及遗传物质 DNA 的包装、复制、修复和转录等过程相关的蛋白质，需要进入细胞核才能执行其功能，还有些蛋白质是在核质之间往返穿梭的类型，功能上大多涉及核质之间的物质运输过程，这类蛋白质不仅有核定位信号，有些还具备核输出信号（nuclear export signal）。

2）**跨膜运输（transmembrane transport）**：指蛋白质以特定的机制穿过一些细胞器膜上的通道，进入细胞器内或者整合到细胞器膜结构上的运输方式，如蛋白质进入内质网、线粒体、叶绿体及过氧化物酶体。其中，进入内质网的蛋白质是通过共翻译转运途径进行的，蛋白质边合成边穿过内质网膜上的特定通道进入内质网腔，并在内质网腔内折叠为有空间构象的蛋白质。进入线粒体、叶绿体及过氧化物酶体的蛋白质是通过翻译后转运途径进行的，这些蛋白质在细胞质中游离的核糖体上合成后，再进行运输。跨膜运输的主要特点是：①蛋白质在不同信号序列的指导下，最终定位到不同的细胞器；②蛋白质通过不同细胞器膜上的特定通道完成跨膜转运；③由于通道孔径的限制，蛋白质跨膜时一般必须处于单链和解折叠形式；④跨膜过程需消耗能量；⑤在细胞基质和细胞器内部存在的多种分子伴侣，参与了蛋白质跨膜前的去折叠和跨膜后的重折叠。

3）**膜泡运输**（**vesicular transport**）：指蛋白质通过不同类型的转运小泡，从粗面内质网转运至高尔基体，进而分选到溶酶体、整合到细胞膜或分泌到胞外的过程，以及细胞外的某些物质通过质膜包裹，形成内吞泡，最终送至溶酶体降解两个运输方向，膜泡运输是通过一系列膜泡的形成和融合来完成的转运方式。膜泡运输的主要特点是：①涉及出芽形成膜泡及膜泡和靶膜的融合这一基本过程；②膜泡组装需要特定的包被蛋白参与，以形成不同类型的膜泡；③只有正确折叠与组装的蛋白质才能进行膜泡运输；④被转运的分子不仅包括蛋白质，还有脂类等其他成分。

综上所述，核基因转录产物 mRNA 在细胞基质游离的核糖体上启动翻译，依据信号序列的差异，将分别进入共翻译转运途径或者翻译后转运途径进行分选和运输。在共翻译转运途径中，翻译中的蛋白质在内质网信号序列（也称为信号肽）的指引下，要进一步转位到内质网上，才能继续完成合成，在此蛋白质通过跨膜运输的形式边合成边进入内质网腔，进行修饰加工和正确折叠后，才能通过膜泡运输方式运送到高尔基体，继续完成后续的加工、修饰和分选，在高尔基体的 TGN 处，分别形成不同的膜泡，运输至质膜、溶酶体、液泡或者分泌到细胞外。在翻译后转运途径中，蛋白质合成后依据各自信号，通过信号受体的识别介导，分别被运送到特定的细胞器中，有些是通过跨膜运输方式进行的，如进入线粒体、叶绿体和过氧化物酶体的蛋白质；有些是通过门控运输方式进行的，如核蛋白。如果蛋白质中不含任何信号序列，则最终定位在细胞基质中，功能上涉及中间代谢、细胞骨架构建、细胞信号传递、翻译等多种生物学过程。

6.4.2　蛋白质共翻译转运的机制

6.4.2.1　共翻译转运的研究历史

1956 年，Palade 和 Siekevitz 发现细胞匀浆后通过离心分离的微粒体中含有蛋白质和 RNA，Palade 推测微粒体是蛋白质合成的场所。1960 年，他们通过放射自显影术观察到猪胰腺细胞中核糖体合成的蛋白质的确能跨内质网膜进入内质网腔。是什么原因导致新生肽链进入内质网腔呢？1971 年，Blobel 和 Sabatini 等推测多肽链 N 端的一段序列在蛋白质合成时最先被翻译出来，并决定多肽链在细胞中合成的位点。随后提出分泌蛋白的 N 端含有一段特殊的信号序列（signal sequence），可将多肽和核糖体指引到内质网膜上，多肽边合成边通过内质网膜上的转运通道进入内质网腔中，转运伴随蛋白质的翻译进行。对信号序列的研究显示，该序列长度通常为 15～35 个氨基酸残基；N 端含有 1 个或多个带正电荷的氨基酸；在正电荷氨基酸后常有 6～12 个连续的疏水氨基酸残基；信号序列指导核糖体附着在内质网上，但在蛋白质进入内质网腔后常被切除。1975 年，Blobel 等系统地阐述了**信号假说**（**signal hypothesis**），该假说认为分泌性蛋白的 N 端序列作为信号肽，指引细胞质中游离的核糖体转移到内质网膜上结合，并引导蛋白质边合成边通过内质网膜上的通道——易位子复合体进入内质网腔，在蛋白质合成结束之前，信号肽被切除。

1981 年，Blobel 等又发现一些新的复合体参与了核糖体与内质网的结合过程。其中一个叫作**信号识别颗粒（signal recognition particle，SRP）**，SRP 是一种核糖核蛋白复合体，由 6 个蛋白亚基和 1 个 300 个核苷酸组成的 7S RNA 构成。SRP 有 3 个功能区：翻译暂停结构域、信号肽识别结合位点和 SRP 受体结合位点，这三个功能区分别与核糖体、信号肽和 SRP 受体结合。通常情况下，SRP 游离在细胞质中，当新生肽链 N 端信号肽翻译出来后，SRP 识别结合信号肽，同时结合核糖体，使翻译暂停。SRP 受体也叫作**停靠蛋白质（docking protein，DP）**，位于内质网膜上，因此当 SRP 与 DP 特异性识别结合时，就将所结合的核糖体、mRNA 和新生多肽组成复合体带到了内质网膜上。DP 由 2 个亚基组成，一个是暴露在细胞质中的能与 SRP 结合的亲水性 α 亚基，另一个是嵌入内质网膜的疏水性 β 亚基。因此，在共翻译转运途径中，核糖体从细胞基质转位到内质网膜上结合这一过程是由 SRP 和 DP 特异的相互作用介导的。在蛋白质共翻译转运机制的研究中，Blobel 等采用鼠 mRNA、兔核糖体和犬内质网组建而成的蛋白质体外翻译-转运系统开展研究，获得了一系列信号假说的证据，揭示了蛋白质通过特定信号序列引导，被分选运送到特定位置的机制，并因此获得了 1999 年诺贝尔生理学或医学奖。

信号序列的发现

1972 年，Milstein 和他的同事用无细胞体系（cell-free system）研究免疫球蛋白 IgG 轻链时，发现了信号序列的存在。在无细胞体系中进行免疫球蛋白轻链的合成时发现，如果在蛋白质翻译完成后再加入微粒体，则翻译的蛋白质不能进入微粒体。相反，如果蛋白质在翻译时有微粒体的存在，则翻译的蛋白质都进入微粒体当中（图 6-24）。分离纯化微粒体中的蛋白质和未进入微粒体的蛋白质发现，前者比后者少了 20 个氨基酸残基，因而他们推测正是这些氨基酸指导了 IgG 进入粗面内质网腔内后被切除成为成熟的蛋白质，并被分泌到细胞外。

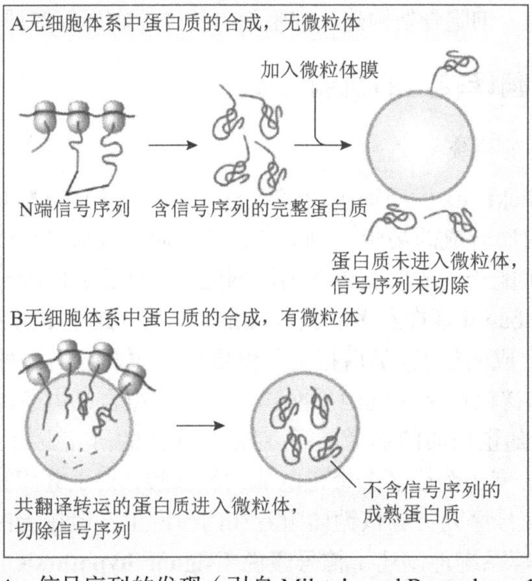

图 6-24　信号序列的发现（引自 Milstein and Brownlee，1972）

那么怎么证明蛋白质是一边翻译一边跨过内质网膜进入内质网腔的呢？如果蛋白质是先翻译后转运至内质网腔中的，那么在翻译过程中加入蛋白水解酶将导致多肽链的降解。事实上，当在无细胞翻译体系中加入蛋白水解酶时，并不能使新生肽链水解，这是由于内质网膜的保护作用。但如果在实验之初，同时加入能破坏内质网膜的去垢剂，则发现新生肽链水解，其原因是暴露的新合成蛋白质被蛋白水解酶降解，因而推测蛋白质是在翻译的同时跨内质网膜进入内质网腔的（图 6-25）。

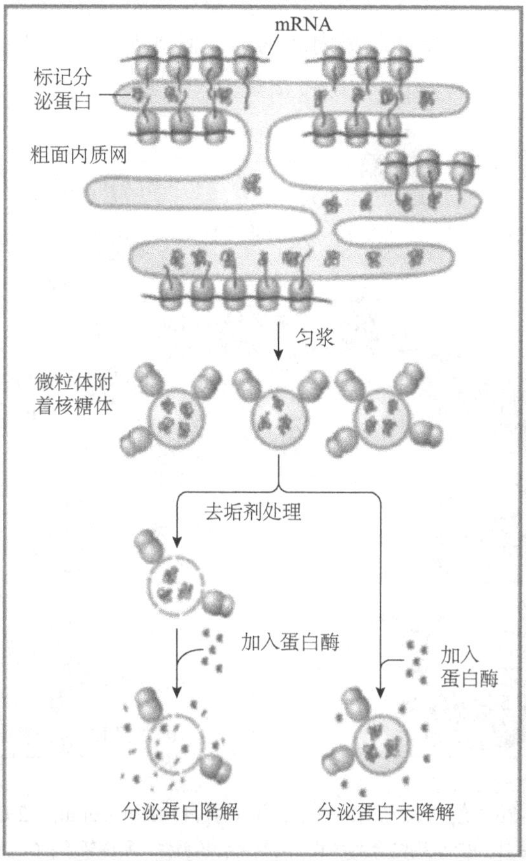

图 6-25　分泌蛋白的翻译和转运（引自 Milstein and Brownlee，1972）

6.4.2.2　共翻译转运的机制

在内质网上完成合成的蛋白质，是通过共翻译转运机制完成分选和运输的，其主要步骤如下。

1）蛋白质在细胞基质中游离核糖体上起始合成，当多肽链延伸到 70～100 个氨基酸时，暴露出信号肽序列。

2）信号肽被细胞质中的 SRP 识别并结合，SRP 通过信号肽识别结合位点结合于新生多肽延伸的出口附近，而 SRP 的翻译暂停结构域结合在核糖体大小亚基的交界面，干扰了翻译延伸因子的结合，使多肽链的延伸暂时停止（图 6-26）。此时 SRP 上的 GDP 被 GTP 替换，提高了 SRP 与受体 DP 的结合活性。

3）核糖体-信号肽-SRP 复合物与 DP 结合，同时内质网膜上的核糖体受体通过与核糖体的相互作用，最终引导核糖体准确停靠在内质网膜上的特定通道——易位子的上方。

4）一旦核糖体-新生肽链结合到易位子上，随后 GTP 水解，导致 SRP 与 DP、核糖体的结合活性减弱，复合体分离，SRP 返回细胞质中重复使用。

5）以环化构象存在的信号肽与易位子结合并打开通道，在信号肽的指引下，蛋白质边翻译边穿过易位子通道进入内质网腔。

6）在翻译结束之前，位于内质网腔面上的信号肽酶将信号肽切除。

7）在内质网的腔面，蛋白质边合成边进行糖基化、羟基化等多种修饰，进一步折叠形成空间构象。

8）蛋白质合成结束后，核糖体脱离内质网膜，解离为大小亚基，游离到细胞质中，易位子通道关闭（图 6-27）。

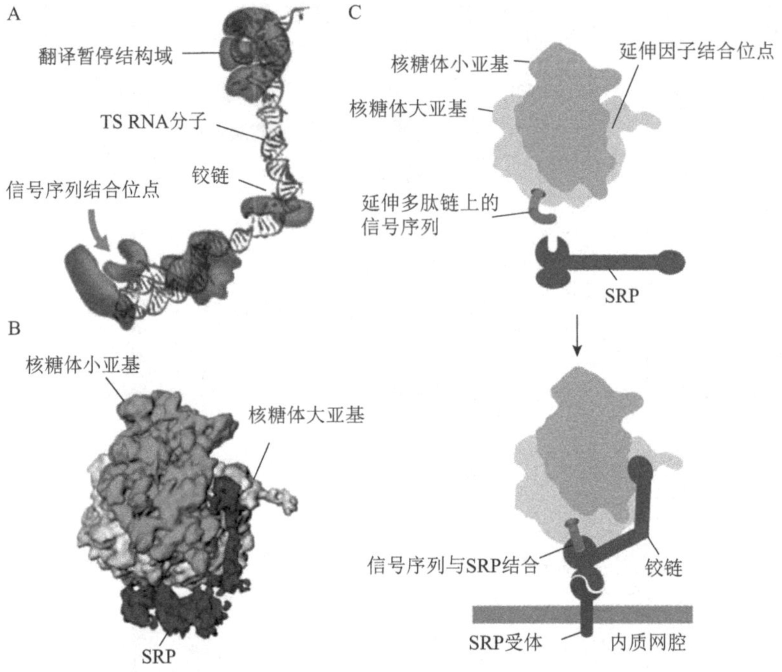

图 6-26　信号肽与 SRP 的结合（引自 Alberts et al.，2014）

A. SRP（信号识别颗粒）的构成；B. SRP 识别结合信号肽，同时结合核糖体，翻译暂停；C. SRP 与 SRP 受体特异性识别结合，核糖体从细胞质基质转位到内质网膜上。

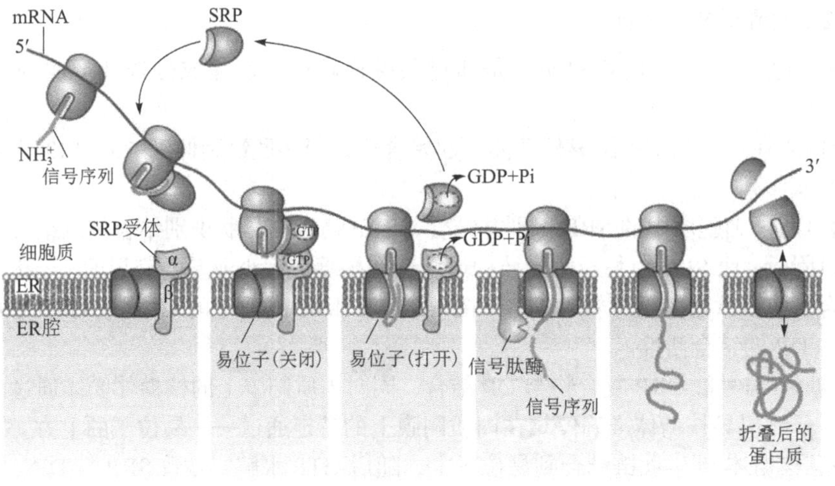

图 6-27　内质网合成蛋白质的共翻译转运机制（引自 Lodish et al.，2003）

在内质网合成膜蛋白的共翻译转运过程要比分泌蛋白复杂得多，膜蛋白在膜上的最终取向和特征取决于蛋白质的跨膜次数、蛋白质羧基端及氨基端在细胞中的方向性等诸多方面。对分泌蛋白来说，信号肽序列可以被看作是开始转移序列（start transfer sequence），相当于多肽只有 N 端的开始转移信号，中间没有停止转移序列（stop transfer sequence），蛋白质最终被释放到内质网腔中。但是对膜蛋白来说，不仅有开始转移序列，而且序列中还含有 1 个以上的停止转移序列。由于停止转移序列是疏水的，与内质网膜有很强的亲和力，可停留在脂双层中。在停止转移序列之后翻译的部分将不能进入内质网腔，最终形成的是内质网膜上的跨膜蛋白。如果一条多肽上有多个开始转移序列和多个停止转移序列，那么最终将成为多次跨膜的膜蛋白。

6.4.3　膜泡运输

膜泡运输是指从细胞内膜系统的细胞器或细胞结构（如胞内体）表面出芽形成的囊泡，或者是细胞膜内陷形成的内吞泡，借助于细胞骨架等相关结构转运到特定位点，并与靶膜融合的过程。膜泡运输是真核细胞特有的、大分子和颗粒性物质的运输方式，不仅是内膜系统各个细胞器之间的物质运输方式，而且还担负着细胞与胞外环境之间的物质和信息交流。

根据膜泡运输方向的差异，可以分为**胞吞作用（endocytosis）**和胞吐作用（exocytosis）。胞吞作用是通过质膜内陷形成囊泡，将胞外的生物大分子、颗粒性物质或液体摄取到胞内，而胞吐作用形成的分泌囊泡可将细胞内的代谢产物及分泌物质运送到细胞表面或者胞外。

6.4.3.1　胞吞作用

胞吞作用是胞外物质通过质膜包裹、内陷形成膜包被的囊泡，并进入胞内的过程，也称为内吞。根据胞吞作用所形成胞吞泡的机制和特点，可以分为**吞噬作用（phagocytosis）**和**胞饮作用（pinocytosis）**。

（1）吞噬作用　　吞噬作用指细胞将较大固体颗粒（如细菌、细胞碎片等）内吞到细胞的过程，所形成的胞吞泡（吞噬体）直径较大（一般大于 250nm）。吞噬作用只在一些特殊的细胞中发生，如巨噬细胞、中性粒细胞等吞噬微生物和死细胞。

吞噬作用是一个信号触发的过程，吞噬细胞表面的受体需要与被吞噬物结合并激活，然后将信号传递到细胞内，引起细胞应答反应，才能完成吞噬作用。在激活吞噬作用过程中，抗体诱发的吞噬作用研究得最为清楚。当抗体与病原微生物表面结合后，暴露出尾部的 Fc 区（fragment crystallizable region），该区域被吞噬细胞和中性粒细胞表面的 Fc 受体识别，从而诱发吞噬细胞质膜产生伪足，将病原微生物包裹起来形成吞噬体，吞噬体进入细胞后，最终与溶酶体融合并被降解。在哺乳动物中，有 3 种白细胞具有吞噬作用，即巨噬细胞、嗜中性粒细胞和树突状细胞。这些细胞能通过吞噬作用消灭侵入机体的病原微生物，巨噬细胞还能吞噬体内衰老和凋亡的细胞，维持机体的稳定。对原生生物而言，吞噬作用是摄取营养物质的重要方式。

（2）胞饮作用　　胞饮作用指细胞将胞外的溶液和可溶性分子摄入细胞的过程，所形成的胞吞泡一般直径较小（一般小于 150nm）。与吞噬作用不同的是，胞饮作用几乎在所有的真核细胞中发生。胞饮作用和吞噬作用有明显的不同（表 6-4）。

表 6-4　胞饮作用和吞噬作用的比较

类型	囊泡直径	包被蛋白的参与及类型	是否需要受体	是否细胞骨架参与	囊泡形成的方式
胞饮作用	< 150 nm	是，网格蛋白	需要/不需要	否	细胞质膜凹陷
吞噬作用	> 250 nm	否	需要	需要，微丝	细胞质膜凸起

胞饮作用可以分为网格蛋白依赖的胞吞作用、胞膜窖依赖的胞吞作用、大型胞饮作用及非网格蛋白/胞膜窖依赖的胞吞作用（图 6-28）。其中，了解最多的胞饮作用是网格蛋白依赖的胞吞作用，该过程中依赖网格蛋白形成的有被小泡，通过这种方式既可以吸收胞外的特定大分子，又可避免水分随此过程大量进入细胞内。细胞所需的多种营养成分，如胆固醇、铁、某些激素等都是通过这种方式进入细胞的。

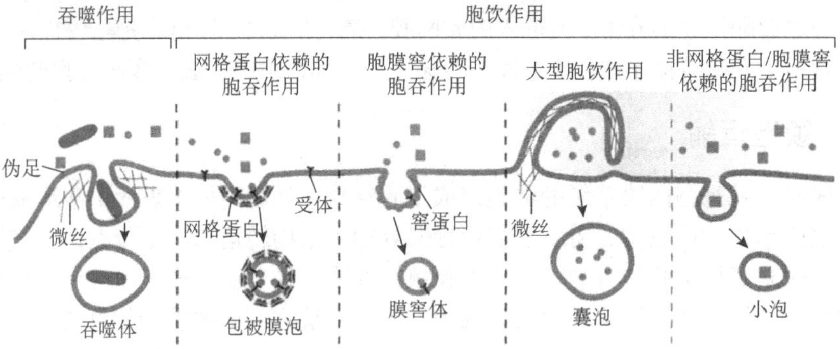

图 6-28　胞吞作用的类型（引自丁明孝等，2020）

根据是否需要受体的介导，胞吞作用可分为两类：**受体介导的胞吞（receptor-mediated endocytosis）**作用和非特异性胞吞作用。受体介导的胞吞作用既是大多数动物细胞从胞外摄取特定大分子的有效途径，也是一种选择性浓缩机制。动物细胞摄取胆固醇、鸟类卵细胞摄取卵黄蛋白、肝细胞摄入转铁蛋白、某些激素（如胰岛素）与靶细胞表面受体结合进入细胞等过程，都采取受体介导的胞吞，避免了摄入细胞外大量的液体。

胆固醇是动物细胞质膜的重要组成成分，也是固醇类激素合成的前体。胆固醇在肝中合成，由于难溶于水，因而通常与磷脂、蛋白质结合在一起形成低密度脂蛋白（low-density lipoprotein，LDL），以 LDL 颗粒形式在体内运输。LDL 是由载脂蛋白 B（apoB-100）与胆固醇酯和磷脂等结合形成的球形颗粒，直径 20～25nm。apoB-100 能够与很多动物细胞质膜上的受体结合，并通过胞吞作用内化 LDL，最终为细胞提供胆固醇。

LDL 受体是一种糖蛋白，当 LDL 与其结合形成受体-LDL 复合物时，在受体的细胞质一侧，网格蛋白和衔接蛋白（AP2）组装，质膜内陷形成有被小窝。随后，有被小窝不断内陷，最终与质膜脱离进入细胞，形成有被小泡，有被小泡脱包被后与早期胞内体融合。胞内体介导通过胞吞作用进入细胞的物质运往溶酶体的降解过程及溶酶体合成的过程。胞内体又有早期胞内体和晚期胞内体之分。通常认为早期胞内体是由于细胞的内吞作用而形成的，主要位于靠近细胞膜的胞质区域；而晚期胞内体主要位于靠近细胞核的胞质中，其膜上的 H^+泵使内部 pH 维持在 5～6，因此具有分拣作用。在晚期胞内体的酸性环境中，LDL 与受体分离，其中含有 LDL 的胞内体与溶酶体融合，LDL 被降解，释放出胆固醇和脂肪酸供细胞利用，同时，胞内体以出芽的形式将 LDL 受体分拣形成囊泡，运回质膜循环利用（图 6-29）。

在胞吞过程中，胞内体被认为是膜泡运输的主要分选站之一，其中的酸性环境在分选过程中起关键作用。在受体介导的胞吞作用过程中，不同类型的受体具有不同的胞内体分选途径：①大部分受体返回它们原来的质膜区域，如上述 LDL 受体循环到质膜再利用；②有些受体进入溶酶体被降解，如与表皮生长因子（epidermal growth factor，EGF）结合的细胞表面受体，大部分在溶酶体被降解，从而导致细胞表面 EGF 受体浓度的降低，这种现象称为**受体下行调节（receptor**

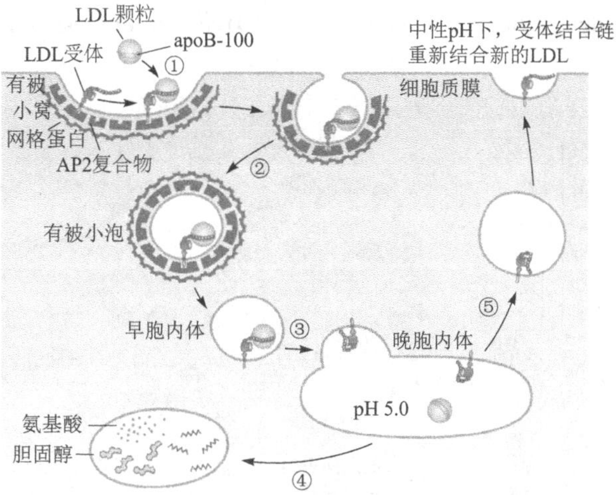

图 6-29　受体介导的胞吞作用示意图（引自 Lodish et al.，2013）

①LDL 与 LDL 受体结合形成受体-LDL 复合物；②网格蛋白和衔接蛋白（AP2）组装，质膜内陷形成有被小窝；③有被小泡脱包被后与早胞内体融合；④LDL 被降解，释放出胆固醇和脂肪酸供细胞利用；⑤胞内体以出芽的形式将 LDL 受体分拣形成囊泡，运回质膜循环利用。

down-regulation）；③有些受体被运至另一侧质膜上，该过程称为**转胞吞作用**（**transcytosis**），即受体和配体在胞吞中未发生任何改变，只是从细胞的一侧进入，又从另一侧转运出细胞，这种胞吞作用主要发生在极性细胞中，是一种特殊的将胞吞作用与胞吐作用相结合的物质跨细胞转运方式。母鼠的抗体从血液通过上皮细胞进入母乳中，乳鼠肠上皮细胞将抗体摄入体内，都是通过转胞吞作用完成的。

6.4.3.2　胞吐作用

胞吐作用是将细胞内的分泌泡或其他某些膜泡中的物质通过质膜运出细胞的过程。胞吐作用分为**组成型胞吐**（**constitutive exocytosis**）和**调节型胞吐**（**regulated exocytosis**）。

1）组成型胞吐是高尔基体 TGN 处形成的囊泡连续不断地向质膜流动，并与其融合的稳定过程，为质膜提供新合成的脂质和蛋白质，同时将细胞合成的细胞外基质等分泌到细胞外。组成型胞吐作用存在于所有细胞中，不需要任何信号的刺激。

2）调节型胞吐存在于特化的分泌细胞中，分泌细胞产生的分泌物（激素、黏液和消化酶等）贮存在分泌泡中，分泌泡通常聚集在质膜下方。当细胞受到外界的信号刺激时，分泌泡与质膜融合并将内含物释放到细胞外。

6.4.3.3　介导膜泡运输的囊泡

真核细胞无论是通过胞吞作用摄取大分子还是通过胞吐作用分泌大分子，都是通过膜泡运输的方式进行的，并且转运的膜泡只与特定的靶膜融合，从而保证了物质有序地转运。此外，当分泌泡或转运膜泡与质膜融合并通过胞吐作用释放其内含物后，会使质膜表面积增加，但发生在质膜其他区域的胞吞作用则减少其表面积，这种动态平衡过程对质膜成分的更新，维持细胞的生存与生长是必要的。

研究发现细胞内至少存在 10 种转运膜泡，每种小泡表面都有各自特有的标志以保证将不同的物质运输至细胞的不同部位，称为**有被小泡**（**coated vesicle**）。根据有被小泡表面包被蛋白的差异，可以将有被小泡分为**网格蛋白有被小泡**（**clathrin-coated vesicle**）、**COP Ⅰ有被小**

泡（**COPⅠ-coated vesicle**）和 **COPⅡ有被小泡**（**COPⅡ-coated vesicle**）（图 6-30），分别介导不同的膜泡转运途径。

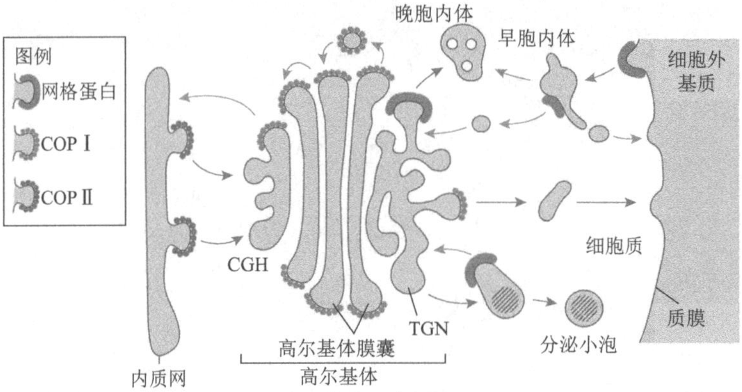

图 6-30　有被小泡参与的膜泡运输示意图

（1）网格蛋白有被小泡　网格蛋白有被小泡是第一个被发现并被广泛研究的有被小泡，不仅参与从高尔基体 TGN 向细胞膜、胞内体、溶酶体和液泡的物质运输，而且也涉及受体介导的内吞途径。高尔基体的 TGN 是网格蛋白有被小泡形成的发源地，在功能上既是细胞分泌途径中物质转运的主要分选位点，又是网格蛋白有被小泡的组装位点。

典型的网格蛋白有被小泡直径在 50～100nm，主要是由网格蛋白（clathrin）和衔接蛋白（adaptor protein）形成的双层结构。外层是网格蛋白形成的蜂巢样网络结构，内部为衔接蛋白。网格蛋白在进化上高度保守，由 3 个二聚体构成，每个二聚体中包括一条轻链和一条重链。3 个二聚体形成三脚蛋白体（triskelion），又称三脚蛋白复合体（图 6-31A）。许多三脚蛋白复合体进一步聚合成五边形或六边形网格结构（图 6-31B），最后组装成网格蛋白有被小泡（图 6-31C）。

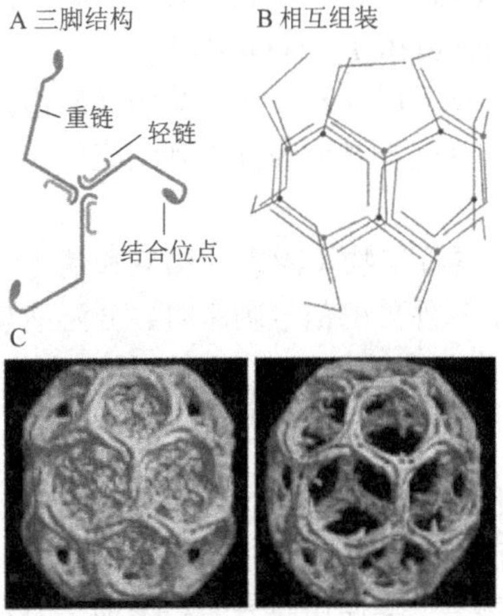

图 6-31　网格蛋白有被小泡结构
（引自 Karp，2010）

网格蛋白有被小泡的形成，首先是特定位点的膜（如质膜、高尔基体 TGN 膜）内陷，形成网格蛋白有被小窝结构，这是由衔接蛋白在膜上结合引发的，通过衔接蛋白与受体胞内结构域等结合介导。目前研究发现衔接蛋白复合物（AP）有 3 种，分别是 AP1、AP2、AP3，每种 AP 复合物含有 4 种 AP 蛋白亚基的一个拷贝，形成异四聚体。AP1 参与高尔基体 TGN 出芽形成的囊泡。AP2 主要参与质膜处的受体介导的内吞作用。在酵母和小鼠的研究中发现了 AP3 的存在。在 AP3 突变的酵母中，高尔基体 TGN 的某些蛋白质不能被运输至液泡和溶酶体。

在网格蛋白有被小泡形成的过程中，有被小泡和膜结构的脱离需要**发动蛋白**（**dynamin**）参与。发动蛋白是小 GTP 结合蛋白，在有被小窝的颈部组装成环，通过水解 GTP 引起颈部缢缩，最终脱离膜结构，使网格蛋白有被小泡从膜上脱落下来（图 6-32）。一旦网格蛋白有被小泡与膜分离，网格蛋白和衔接蛋白便从膜上解离，形成表面光滑的脱包被运输小泡，将内含物转运至靶位点。

（2）COPⅡ有被小泡　COPⅡ有被小泡的作用是将内质网合成的蛋白质和脂类运输到高

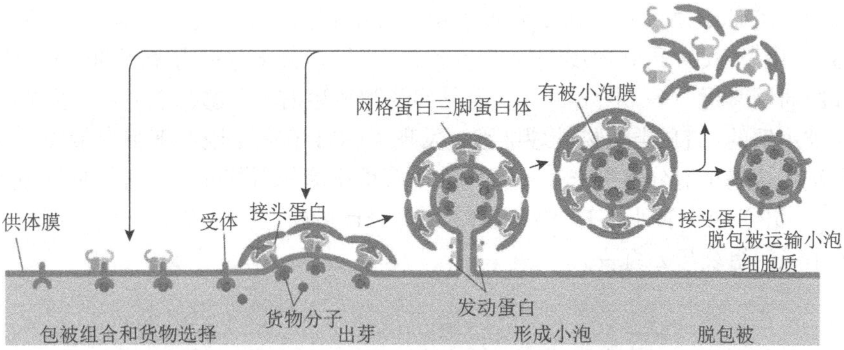

图 6-32　网格蛋白有被小泡的形成过程（引自 Alberts et al.，2014）

尔基体的 CGN。对酵母细胞突变体的研究发现，Sec13、Sec23、Sec24、Sec31 和 Sar1 等蛋白质的突变将阻滞该过程。随后在哺乳类细胞内质网出芽形成的囊泡中，也发现了这几种蛋白质的同源物，因而目前普遍认为 COPⅡ包被的组分有：小 GTP 结合蛋白 Sarl、Sec23/Sec24 复合物、Sec13/Sec31 复合物和 Sec16。一些实验研究也证明，如果细胞与这些蛋白质的特异性抗体共同孵育一段时间，将阻止内质网出芽形成囊泡。

COPⅡ有被小泡组装的机制包括以下几点：①Sar1 的激活，起初 Sar1 以结合 GDP 的无活性形式存在于细胞质内，在内质网膜上的鸟苷酸交换因子（GEF）Sec12 的作用下，转变为结合 GTP 的激活形式，进而结合到内质网膜上；②COPⅡ包被的组装，膜结合的 Sar1 与 Sec23/Sec24 结合，构成包被的内层，在 ER 膜出芽区形成 Sar1-GTP/Sec23/Sec24 复合物，该复合物进一步招募其他蛋白质，被募集的 Sec13/Sec31 组装为包被的外层，最终装配成完整的小泡；③GTP 水解，在 Sar1 内在的 GTP 酶活性的作用下，Sar1 所结合的 GTP 水解为 GDP；④脱包被，结合 GDP 形式的 Sar1 从膜上释放，引发包被去装配而解聚（图 6-33）。

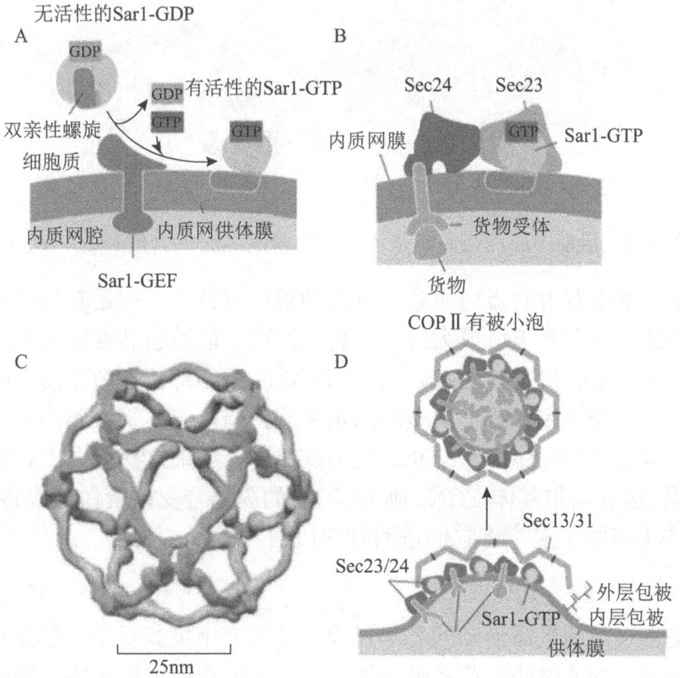

图 6-33　COPⅡ有被小泡的形成过程（引自 Alberts et al.，2019）

（3）COP Ⅰ 有被小泡　COP Ⅰ 有被小泡介导细胞内膜泡的逆向运输，负责从高尔基体 TGN 到 CGN，以及 CGN 再到内质网的膜泡运输，被转运分子包括再循环的膜脂双层、内质网驻留蛋白和内质网膜蛋白等（图 6-34），也是回收和转运内质网逃逸蛋白返回内质网的重要途径。用不能被水解的 GTP 类似物处理细胞，发现 COP Ⅰ 有被小泡在细胞中聚集。通过密度梯度离心的方法将这些小泡分离出来，发现 COP Ⅰ 有被小泡的组装涉及 7 种蛋白亚基（α、β、β′、γ、δ、ε 和 ζ-COP）和 1 种小 GTP 结合蛋白 Arf，Arf 的作用类似 Sar1，负责在高尔基体膜上 COP Ⅰ 有被小泡的组装与去组装。

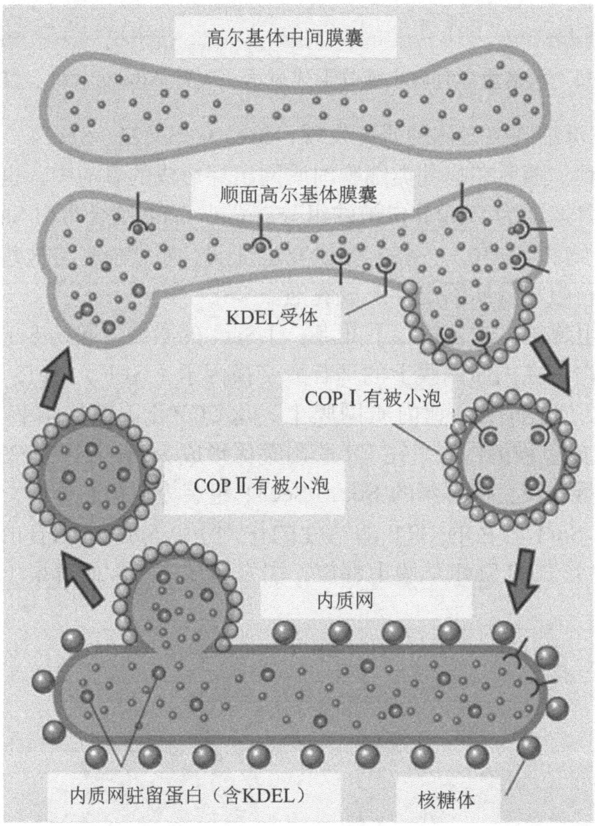

图 6-34　粗面内质网与高尔基体之间的膜泡运输（引自 Karp，2010）

已有证据显示，细胞器中的蛋白质是通过两种机制维持的：一是转运膜泡将驻留蛋白有效排斥在外。如有的驻留蛋白参与形成大的复合物，因而不能被包装在转运泡中，从而被保留下来；二是对逃逸蛋白的回收机制，使其返回它们正常驻留的部位。内质网回收逃逸蛋白是通过回收信号介导的特异性受体完成的。内质网的正常驻留蛋白，不管在腔内还是在膜上，它们在 C 端含有一段内质网驻留信号序列（KDEL 或 HDEL），如果这些蛋白质被意外地包装进入转运膜泡，从内质网转运到高尔基体 CGN，则 CGN 上的膜结合受体蛋白可以将这些蛋白质识别，并进一步形成 COP Ⅰ 有被小泡，将它们送回到内质网。

6.4.3.4　膜泡定向运输的机制

膜泡运输既是真核细胞生命活动的基本过程，又是一个极其复杂的动态过程，需要精细地调控。关键步骤包括：供体膜的出芽及膜泡的装配，膜泡在胞内的运输，膜泡与特定靶膜的锚定及融合。对膜泡运输机制代表性的研究工作包括：谢克曼（Randy W. Schekman）以酵母为材料，发现了与膜泡运输相关的 50 多个关键调控基因；罗斯曼（James E. Rothman）发现介导膜泡与靶膜锚定和融合的蛋白质；祖德霍夫（Thomas C. Südhof）发现钙信号介导了膜泡的精确释放。2013 年，上述 3 位科学家因对真核细胞中膜泡运输机制的解析共同获得了诺贝尔生理学或医学奖。

膜泡抵达靶膜并与其融合，是涉及多种蛋白质识别、锚定、装配与解聚的复杂调控过程，具有高度的特异性。膜泡与靶膜的识别是进一步融合的前提，研究发现**可溶性 NSF 附着蛋白受体（soluble NSF attachment protein receptor，SNARE）**蛋白之间的相互作用介导了膜融合过程。SNARE 存在于所有真核生物，动物细胞中已发现 20 多种 SNARE，分别分布于特定的膜上，作用是保证识别的特异性和介导运输小泡与靶膜的融合，参与胞吞和胞吐过程中囊泡运输的每一步。

SNARE 有两种类型：位于膜泡上的称为 v-SNARE（vesicle-SNARE）；位于靶膜上的称为 t-SNARE（target-SNARE），二者特异性识别且互补，介导了膜的融合。v-SNARE 和 t-SNARE 都具有一个螺旋结构域，能相互缠绕形成 SNARE 复合体（SNARE complex），并通过这个结构将膜泡与靶膜拉近，实现膜泡的特异性停泊和融合（图 6-35）。正是通过 v-SNARE 和 t-SNARE 两类蛋白质间特异性的相互作用，决定了膜泡与特定靶膜的融合。SNARE 复合体的稳定性是靠蛋白质分子之间大量非共价键来维系的，因此融合完成后，SNARE 复合体必须消耗 ATP 水解释放的能量而解离，释放的单一 SNARE 蛋白再用于其他的融合事件。目前的观点是，所有的膜泡及细胞器膜上都带有各自特有的一套 SNARE 蛋白，SNARE 蛋白之间高度特异的相互识别和结合，是膜泡在靶膜上准确锚定停靠，保证膜泡定向运输、被转运物质正确卸载的基本分子机制。

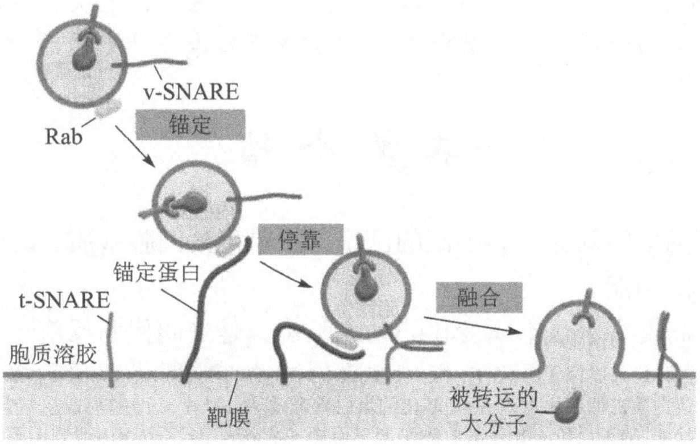

图 6-35　Rab 和 SNARE 介导膜泡与靶膜融合过程的示意图

此外，膜泡的定向运输还涉及一类小 GTP 结合蛋白 Rab，胞质中 GDP 结合的失活型 Rab 在其激活蛋白——鸟苷酸交换因子（GEF）的作用下，转变为 GTP 结合的激活型，通过与特定膜泡表面蛋白的结合，插入到膜泡的膜上，并随膜泡转移。在靶膜上存在 Rab 的效应蛋白，通过与 Rab 的特异识别和结合（图 6-35），有助于膜泡与靶膜的锚定、v-SNARE 与 t-SNARE 的配对，进而形成稳定的 SNARE 复合体，将膜泡与靶膜紧密束缚在一起，随即发生膜融合。在膜融合完成后，SNARE 复合体解离，Rab 蛋白水解与其结合的 GTP 为 GDP，转换为失活型，回到细胞质，进入下一轮循环。

Rab 的发现及研究进展

Rab 是小 G 蛋白中成员最多的亚家族，在进化上非常保守。第一个 *Rab* 基因在酿酒酵母中被发现，功能与囊泡从高尔基体运输到质膜有关，被命名为 *Sec4/Ypt*。哺乳动物中第一个 *Sec4/Ypt* 同源物于 1987 年被克隆，称为 *Rab*。后来的研究表明，Rab 蛋白几乎存在于所有真核生物与膜相关的细胞器中，表明这类蛋白质在真核生物中的普遍性和重要性。Rab 蛋白在时间和空间上与不同的效应分子结合，是膜泡运输的主要调控因子，控制着不同的转运途径和细胞器的生物发生，对于协调细胞内膜泡的出芽、转运及与靶膜的准确融合是必不可少的。

Rab 蛋白由高度保守的 G 结构域和高度可变的 N 端和 C 端构成，G 结构域由 5 个 α 螺旋、6 个 β 片层和 5 个多态环结构组成，并且在 G 结构域存在两个开关（Ⅰ和Ⅱ），是其他调控因子与 Rab 相互作用的位点。Rab 蛋白的 C 端有特征序列，其中 2 个半胱氨酸是异戊二烯化的位点，这一修饰对 Rab 与膜的结合至关重要。

迄今已鉴定的人类 *Rab* 基因大约有 70 种，越来越多的证据表明，如果 Rab 蛋白发生突变或者表达水平发生异常，会导致膜泡运输的障碍，使被运输的物质不能到达目的区域，最终可能出现生理失调乃至疾病的发生，如 Rab 异常所导致的膜泡转运失调与几种常见的神经性疾病有关，包括帕金森综合征（Parkinsonism）、阿尔茨海默病（Alzheimer's disease，AD）和亨廷顿病（Huntington disease，HD）等。一些 Rab 与癌症的发生有关，当 Rab 调控膜泡运输的功能出现障碍时，可促进癌症的侵袭。从人类肿瘤测序数据库中也发现，一些 Rab 可以激活癌细胞存活所需的酶，如磷脂酰肌醇 3-激酶（PI3K）和蛋白激酶 B（AKT）。此外，Rab 还可通过调节免疫受体的运输，调节免疫应答。植物也具有丰富的 Rab 蛋白，如拟南芥中有 57 个，水稻有 52 个。植物 Rab 不仅在膜泡运输中发挥作用，而且涉及植物生长发育调控、激素信号传递、生物和非生物胁迫应答等多种生理活动。

知识点小测试

本章小结

细胞质中的膜相网络将其分割为不同的区室，主要包括细胞基质、内膜系统和其他膜相细胞器，各自行使不同的功能。

细胞基质是一个高度有序且不断变化的动态结构，是中间代谢反应、蛋白质合成、转运、修饰和选择性降解的场所。内膜系统是指一些膜包被的细胞器或细胞结构，它们在结构、功能及发生上相互关联，主要包括内质网、高尔基体、溶酶体、液泡、胞内体和分泌泡等。

内质网分为粗面内质网和光面内质网两种类型，是细胞中蛋白质、脂类、糖的合成基地。粗面内质网不仅能合成分泌性蛋白、膜整合蛋白及内膜系统中的蛋白质，而且也是蛋白质进行糖基化等修饰和折叠的部位。光面内质网主要功能是合成细胞中几乎全部的膜脂，同时也是出芽形成膜泡，将内质网合成物质运输出去的位点。

高尔基体是高度动态的、有极性的细胞器，主要功能不仅涉及对蛋白质等生物分子的糖基化等修饰，而且还涉及对蛋白质的水解加工、分选包装和运输过程,包括溶酶体酶的分选、组成型分泌和调节型分泌。

溶酶体分为初级溶酶体、次级溶酶体和残余体，具有防御及清除细胞内衰老及死亡的细胞器和大分子等作用，其缺陷可引起多种疾病。过氧化物酶体内含 50 多种酶类，主要是氧化酶及过氧化物酶。过氧化物酶体在植物细胞中参与光呼吸作用和乙醛酸循环，但其不属于细胞内膜系统。

蛋白质分选包括两个途径：翻译后转运和共翻译转运。根据蛋白质进入不同有膜包裹的细胞器的机制不同，又可分为跨膜转运、门控转运及膜泡运输三类。其中翻译后转运涉及的有跨膜转运（蛋白质进入线粒体、叶绿体和过氧化物酶体）和门控转运（蛋白质进入细胞核），共翻译转运涉及跨膜转运（蛋白质进入内质网）和膜泡运输（蛋白质在内质网、高尔基体、溶酶体及细胞质膜之间的运输）。跨膜转运和门控转运依赖蛋白质本身所携带的信号序列。膜泡运输则依赖网格蛋白、COP Ⅰ 和 COP Ⅱ 等包被蛋白的参与，根据膜泡运输的方向又分为胞吞作用和胞吐作用。网格蛋白参与的膜泡运输介导高尔基体 TGN 出芽形成的囊泡向细胞质膜、溶酶体或胞内体的运输及受体介导的胞吞转运；COP Ⅱ 特异性介导膜泡从内质网向高尔基体的运输；COP Ⅰ 介导高尔基体向内质网的膜泡运输。膜泡与靶膜的特异性融合决定了膜泡运输的特异性，其中位于膜泡与靶膜上不同的 SNARE 分子及 GTP 酶超家族蛋白参与这一过程。

复习题

一、基础检测题

1. 简述内质网的类型及其特点。
2. 试述内膜系统的主要结构与功能。
3. 高尔基体周围都有哪些小泡？其来源和作用是什么？
4. 简述溶酶体的形成、结构及功能。
5. 在膜泡运输中，有哪三种有被小泡？它们的作用分别是什么？
6. 简述细胞内蛋白质的分选与运输过程，并着重叙述具信号肽蛋白的分选过程。

二、归纳拓展题

1. 简述内质网、高尔基体中蛋白质糖基化类型及其区别和联系。
2. 简述泛素-蛋白酶体途径中的主要因子及其作用。
3. 什么是内质网应激？内质网应激主要包括哪些反应？ATF6 介导的信号通路在内质网应激中如何作用？
4. 以低密度脂蛋白为例，简述受体介导内吞的过程及机制。
5. 请解释细胞膜上的整合蛋白是怎么合成和分选的？
6. 溶酶体中含有大量的酸性水解酶，试述这些水解酶的合成、分选和转运过程。这些水解酶会不会损害溶酶体及转运过程途径中的细胞器和囊泡，为什么？

（本章作者　高红云，梁卫红）

第 7 章　半自主性细胞器

半自主性细胞器(semi-autonomous organelle)是指细胞器自身含有遗传表达系统(自主性)，但编码的遗传信息十分有限，其 RNA 转录、蛋白质翻译、自身构建和功能发挥等必须依赖核基因组编码的遗传信息（自主性有限）。在真核细胞中，**线粒体（mitochondrion）**和**叶绿体（chloroplast）**属于半自主性细胞器。线粒体和叶绿体是真核细胞内的“能量转换器”，为细胞生命活动提供直接能源。线粒体广泛存在于各类真核细胞中，主要功能是将有机物中储存的化学能转换为 ATP。叶绿体存在于植物细胞和真核藻类中，主要功能是将光能转换成 ATP，同时将无机物（CO_2和水）转变成有机物（碳水化合物）。

学习目标　　知识结构图　　彩图　　视频

7.1　线粒体和叶绿体的结构与功能

7.1.1　线粒体的结构和功能

线粒体普遍存在于真核细胞中，是细胞内部的一种“能量转换器”，能够将储存在生物大分子中的化学能转换为细胞可以直接利用的能源——ATP。据估计，人体内的细胞每天要合成数千克的 ATP，大约 95%的 ATP 是由线粒体产生的，因此，线粒体有细胞“动力工厂”之称。线粒体通过氧化磷酸化作用进行能量转换，为细胞进行各种生命活动提供能量。

7.1.1.1　线粒体的形态、数目与分布

线粒体是一种高度动态的细胞器，时间序列显微术（time-lapse microscopy）显示，活细胞中的线粒体具有多形性、易变性、运动性等特点，其形态、大小、数量和分布在不同细胞内变动很大。线粒体的形状多为线状和颗粒状，其直径一般为 0.5～1.0μm，长度为 1.5～3.0μm，有的可长达几十微米，如人的成纤维细胞线粒体可长达 40μm。

线粒体的数目也不是固定不变的。不同类型的细胞中线粒体的数目有很大差异，同一类型的细胞中线粒体的数目则相对比较稳定。例如，红藻和衣藻细胞内只有 1 个线粒体，而动物细胞内一般含有数百到数千个线粒体。细胞中线粒体的数目还与细胞代谢活性、能量需求相关。在代谢旺盛的细胞中线粒体较多，如人和动物的心肌、肝等细胞中含有丰富的线粒体。一般情况下，植物细胞的线粒体数量比动物细胞的少，这是因为植物细胞的叶绿体可替代线粒体的某些功能。线粒体在细胞中并非都以分散的单个形式存在，有时可形成分支的相互连接的网状结构（图 7-1A），其分布处在动态变化之中，在能量需求高的区域分布密集，如心肌细胞中的线粒体集中于肌原纤维处排列（图 7-1B），精细胞中的线粒体则沿鞭毛紧密排列。细胞内线粒体的这种分布有利于需能部位的能量供应。

线粒体在细胞质中的定位和迁移与细胞骨架有关，分布方向与微管一致，在细胞中常以高

度分支、相互连接的网络状分布。

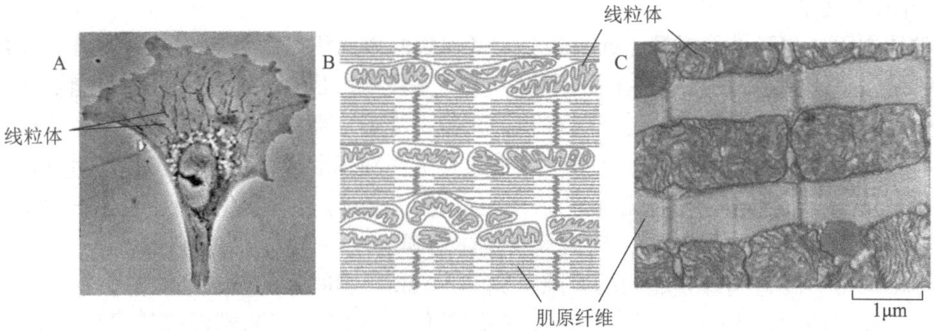

图 7-1 线粒体在细胞中的分布

A. 相差显微镜显示线粒体在成纤维细胞中呈分支状排布；B，C. 心肌细胞中的线粒体密布在肌原纤维处

7.1.1.2 线粒体的结构与化学组成

尽管线粒体形态、大小有多种变化，但在电镜下观察，却都是由内外两层膜包裹而成的囊状结构。线粒体主要由外膜（outer membrane）、内膜（inner membrane）、膜间隙（intermembrane space）及基质（matrix）组成（图 7-2）。

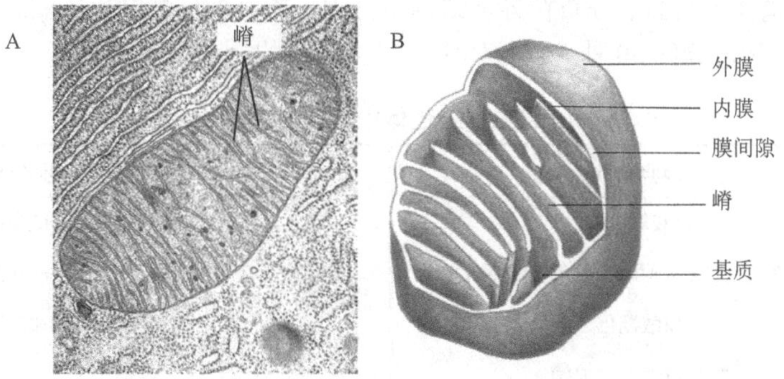

图 7-2 线粒体的结构（引自 Karp，2010）

A. 透射电子显微镜显示线粒体的结构；B. 线粒体结构模式图

（1）外膜　线粒体最外面的一层膜，厚约 6nm，其中蛋白质和脂类约各占 50%，包括一些特殊的酶，其标志酶为单胺氧化酶。外膜不仅参与膜磷脂的合成，还能够对将要在线粒体基质中进行彻底氧化的物质进行先行初步分解。

外膜上分布着**孔蛋白（porin）**构成的桶状通道，当通道完全打开时，允许 5×10^3 Da 以下的分子通过，而 ATP、辅酶 A 等分子质量小于 1×10^3 Da 的物质则可以自由通过外膜。由于外膜的通透性高，因此线粒体内外膜之间膜间隙中的离子环境几乎与胞质相同。

（2）内膜　位于外膜内侧，厚 6～8nm，是膜间隙与基质之间的界膜。内膜的标志酶为细胞色素 c 氧化酶。内膜上的蛋白质和脂类的质量比高于 3∶1，其蛋白质含量比其他的膜都要高。

内膜上的蛋白质主要包括氧化磷酸化的电子传递链、膜转运蛋白、ATP 合成酶等。内膜缺乏胆固醇，但是富含心磷脂，决定了内膜的不透性特点，形成了内膜的通透性屏障。因此，内膜对物质的通透性很低，能严格地控制分子和离子通过。实际上，物质进出线粒体基质都要借助于内膜上一些特异的转运蛋白。因此，从能量转换角度来说，内膜在质子电化学梯度的建立和 ATP 合成中起主要的作用。

线粒体内膜向内延伸形成**嵴（cristae）**，将内膜的表面积扩大了 5～10 倍。嵴是线粒体重要的特殊结构，不同类型的细胞，嵴的形状、排列方式与数目有很大差异，一般能量需求较多的细胞中，嵴的数量也多。嵴分为板层状和管状两种类型。例如，高等动物绝大多数细胞的嵴为板层状，而人的白细胞中嵴呈分支管状。嵴上有很多圆球形颗粒朝向基质的方向分布，称为**基粒（elementary particle）**。基粒参与 ATP 的合成，在结构上基粒由头部（也叫 F_1 偶联因子）和基部（也叫 F_0 偶联因子）构成，F_0 嵌入线粒体内膜。

（3）膜间隙　为内外膜之间的腔隙，宽 6～8nm。膜间隙的液态基质中含有多种可溶性酶、因子。膜间隙的标志酶为腺苷酸激酶，功能是催化 ATP 分子末端磷酸基团转移到 AMP，生成 ADP。由于内、外膜紧密相附，因此膜间隙体积较小。但在活跃呼吸条件下，该空间扩大，基质空间减小。

（4）基质　是内膜包围的嵴外空间，富含可溶性蛋白，具有特定的 pH 和渗透压。标志酶为苹果酸脱氢酶。

基质中所含酶类最为丰富，线粒体主要的生化反应，包括三羧酸循环、脂肪酸和丙酮酸氧化等都在此进行。基质中还含有线粒体自身的遗传信息表达系统，包括核糖体、环状的线粒体 DNA（mitochondria DNA，mtDNA）、RNA 及转录和翻译所必需的组分等。

线粒体中约有 140 种酶，分布在各个结构组分中，其中 37%是氧化还原酶，10%是合成酶，水解酶不到 9%，标志酶约 30 种。线粒体中一些主要酶的分布见表 7-1。

表 7-1　线粒体主要酶的分布

部位	酶的名称	部位	酶的名称
外膜	单胺氧化酶 NADH-细胞色素 c 还原酶（对鱼藤酮不敏感） 犬尿酸羟化酶 酰基辅酶 A 合成酶	膜间隙	腺苷酸激酶 二磷酸激酶 核苷酸激酶
内膜	细胞色素氧化酶 ATP 合酶 琥珀酸脱氢酶 β-羟丁酸脱氢酶 肉毒碱脂酰转移酶 丙酮酸氧化酶 NADH 脱氢酶	基质	柠檬酸合成酶、苹果酸脱氢酶 延胡索酸酶、异柠檬酸脱氢酶 顺乌头酸酶、谷氨酸脱氢酶 脂肪酸氧化酶系 天冬氨酸转氨酶 蛋白质和核酸合成酶系 丙酮酸脱氢酶复合物

7.1.1.3　线粒体的功能

线粒体是真核细胞利用氧获取能量的细胞器，是糖类、脂肪酸、氨基酸等物质最终彻底氧化分解的场所，其主要功能是进行三羧酸循环和氧化磷酸化，合成 ATP，为细胞生命活动提供直接能量。此外，线粒体还与细胞中氧自由基的生成，调节细胞氧化还原电位和信号转导，调控细胞凋亡、细胞内多种离子的跨膜转运及电解质稳态平衡等有关。

（1）参加三羧酸循环中的氧化反应　细胞主要通过葡萄糖、脂肪酸的代谢获取能量。葡萄糖在细胞质中首先通过糖酵解生成丙酮酸，在有氧条件下，丙酮酸通过线粒体外膜上的孔蛋白构成的通道进入膜间隙，在特定膜转运蛋白的协助下，进入线粒体的基质，生成乙酰辅酶 A，再经过三羧酸循环、电子传递和氧化磷酸化过程，最终生成 ATP 和水（图 7-3）。

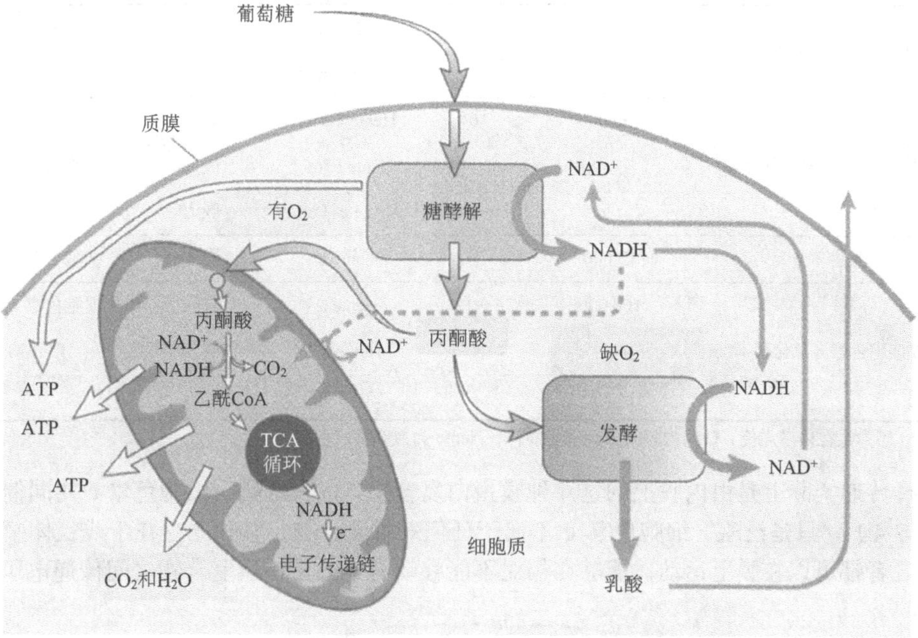

图 7-3　真核细胞葡萄糖代谢的过程（引自 Karp，2010）

乙酰辅酶 A 是线粒体能量代谢的中心分子，葡萄糖和脂肪酸在线粒体中被氧化的前提是必须在线粒体中转变为乙酰辅酶 A。乙酰辅酶 A 生成后，立即进入三羧酸循环，参与三羧酸循环的酶系主要存在于线粒体的基质中，在此乙酰辅酶 A 通过三羧酸循环被氧化成 CO_2，并产生含有高能电子的 NADH 和 $FADH_2$，这两种分子中的高能电子进一步通过电子传递链，最终传递给氧，生成水。

（2）电子传递链　来自三羧酸循环的高能电子需要经历一系列的转移才能与氧作用，这种转移发生在线粒体内膜上，是通过严格有序排列的电子载体进行传递的，称为**电子传递链（electron transport chain）**或呼吸链（respiratory chain）。

电子载体是线粒体内膜上传递电子的酶，都具有氧化还原作用，能可逆地接受和释放电子或 H^+。这些电子载体在进行电子传递的过程中，将来自基质的 NADH 和 $FADH_2$ 氧化，将其中的能量用于 ATP 的生成。目前普遍认为细胞内有两条典型的呼吸链，根据接受代谢物上脱下的氢的原初受体不同，分为 NADH 呼吸链和 $FADH_2$ 呼吸链。

1）电子载体。在电子传递过程中，与释放电子结合并将电子传递下去的化合物称为**电子载体（electron carrier）**。参与传递电子的载体主要有黄素蛋白、细胞色素、泛醌（UQ，又称 CoQ）、铁硫蛋白和铜原子。除泛醌外，接受和提供电子的氧化还原中心都是与蛋白质相连的辅基。

2）电子传递复合物。电子传递中的各组分并不是游离存在的，是线粒体内膜上的复合物。在体外实验中，当线粒体内膜崩解时，可以分离出 4 种不同的膜蛋白复合物（表 7-2），由于它们分别能催化电子经过呼吸链传递到某一阶段，因此称其为电子传递复合物。

表 7-2　线粒体呼吸链的组分和定位

膜蛋白复合物	分子量	亚基数	辅基	与膜结合方式	催化部位的定位
Ⅰ NADH-辅酶 Q 氧化还原酶	850 000	> 25	FMN	嵌入	NADH：M 侧
			FeS	嵌入	CoQ：中间
Ⅱ 琥珀酸-辅酶 Q 氧化还原酶	140 000	4	FAD FeS	嵌入	琥珀酸：M 侧
			Heme b	嵌入	CoQ：中间
Ⅲ 辅酶 Q-细胞色素 c 还原酶	250 000	10	Heme b 562	嵌入	CoQ：中间
			Heme b566	嵌入	细胞色素 c_1：C 侧
			Heme c_1 FeS	嵌入	
细胞色素 c	13 000	1	Heme c	嵌入	细胞色素 c_1：C 侧
Ⅳ 细胞色素 c 氧化酶	160 000	6～13	Heme a	嵌入	细胞色素 c_1：C 侧
			Heme a_3	嵌入	O_2：M 侧
			Cu_A Cu_B	嵌入	

注：M 侧为线粒体基质侧，C 侧为膜间隙或细胞质侧；Heme 为血红素

电子传递实际上是由内膜上的这 4 种膜蛋白复合物，以及泛醌、细胞色素 c 共同催化完成的（图 7-4）。只是泛醌、细胞色素 c 不属于任何一种复合物，其独立存在于线粒体膜上，一般认为二者都可以在膜上运动，能够在相对不能移动的大的蛋白质复合物之间传递电子。

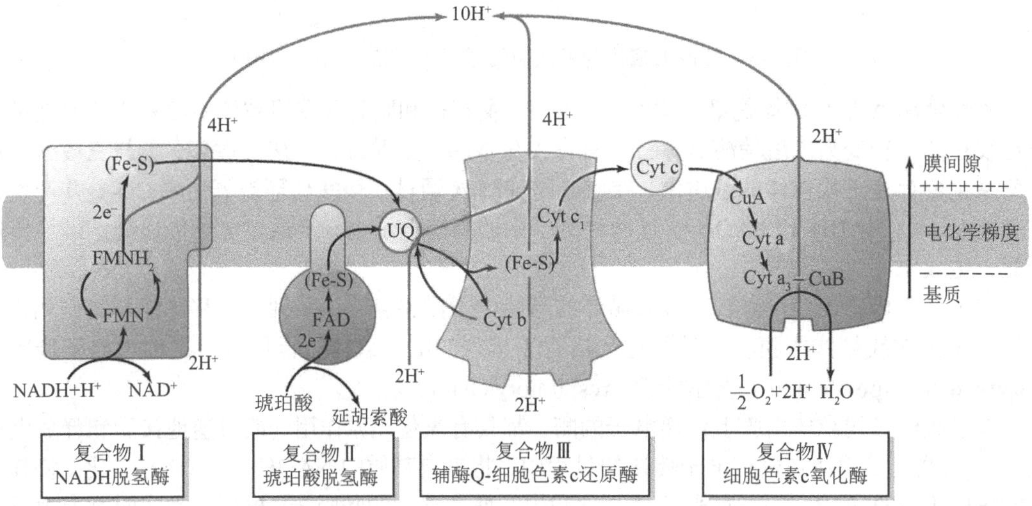

图 7-4　线粒体内膜呼吸链电子传递示意图 （引自翟中和等，2011）

复合物Ⅰ（complex Ⅰ）：又称 NADH 脱氢酶或 NADH-辅酶 Q 氧化还原酶，以二聚体的形式存在。每个单体含有一个黄素单核苷酸（FMN）和至少 6 个铁硫蛋白中心。复合物Ⅰ是呼吸链中最大、最复杂的蛋白酶复合物，功能是催化一对电子从 NADH 传递给辅酶 Q，同时发生质子的跨膜输送，4 个质子从基质被转移到膜间隙。因此复合物Ⅰ既是电子传递体又是质子移位体。

复合物Ⅱ（complex Ⅱ）：又称为琥珀酸脱氢酶或琥珀酸-辅酶 Q 氧化还原酶，由 4 条多肽链组成，其中有 2 个多肽组成琥珀酸脱氢酶，是三羧酸循环中唯一一种膜结合蛋白。复合物

Ⅱ含有一个共价结合的黄素腺嘌呤二核苷酸（FAD）、2 个铁硫蛋白和一个细胞色素 b。复合物Ⅱ的作用是催化电子从琥珀酸通过 FAD 和铁硫蛋白传给辅酶 Q。但是复合物Ⅱ传递电子时并不伴随质子的传递。

复合物Ⅲ（complex Ⅲ）：又称辅酶 Q-细胞色素 c 还原酶或细胞色素 bc_1 复合物。由 10 条多肽链组成，以二聚体的形式存在。每个单体含有 2 个细胞色素 b（有两个血红素基团 b562、b566）、一个细胞色素 c_1 和一个铁硫蛋白，其中细胞色素 b 由线粒体基因组编码。复合物Ⅲ的作用是催化电子从辅酶 Q 传给细胞色素 c，每传递一对电子，同时转移 4 个 H^+ 到膜间隙，故复合物Ⅲ既是电子传递体，又是质子移位体。

复合物Ⅳ（complex Ⅳ）：即细胞色素 c 氧化酶，由 6～13 条多肽链组成，以二聚体的形式存在。它的亚基Ⅰ和Ⅱ都含有 4 个氧化还原中心和 2 个 a 型细胞色素（含有 1 个 a、1 个 a_3）及 2 个铜原子（CuA、CuB）。复合物Ⅳ的主要功能是将电子从细胞色素 c 传递给 O_2，生成 H_2O。每传递一对电子，要从线粒体基质中摄取 4 个质子，其中 2 个质子用于水的形成，另 2 个质子被跨膜转运到膜间隙。因此复合物Ⅳ既是电子传递体又是质子移位体。

呼吸链的各组分在内膜上的含量并不同，大致比例为复合物Ⅰ：Ⅲ：Ⅳ＝1：3：7。不同种类细胞中线粒体的这种比例也不相同。4 种复合物在电子传递过程中协同起作用。复合物Ⅰ、Ⅲ、Ⅳ组成主要的 NADH 呼吸链，催化 NADH 的氧化；复合物Ⅱ、Ⅲ、Ⅳ组成 $FADH_2$ 呼吸链，催化琥珀酸的氧化（图 7-4）。

（3）氧化磷酸化　**氧化磷酸化（oxidative phosphorylation）**是指电子沿电子传递链传递的过程中伴随 ADP 磷酸化生成 ATP 的作用，即 ATP 的生成与电子传递相偶联。电子传递和氧化磷酸化是发生在线粒体内膜上的两个生化过程，关于二者如何偶联的问题一直是研究的热点。

1961 年，英国生化学家米切尔（Peter D. Mitchell）提出的化学渗透假说（chemiosmotic hypothesis）获得了大多数科学家的支持，米切尔于 1978 年获得了诺贝尔化学奖。该学说的主要内容：在电子传递过程中，H^+ 从内膜基质侧被泵至膜间隙，由于线粒体内膜的不通透性，因而在内膜的两侧形成质子电化学梯度，也称为质子动力势。在这个质子梯度驱动下，H^+ 穿过内膜上的 ATP 合酶流回到基质的同时，其能量促使 ADP 和 Pi 合成 ATP。

化学渗透假说认为在氧化与磷酸化之间起偶联作用的因素是 H^+ 的跨膜梯度。所以，可以把线粒体内膜中的呼吸链看作是质子泵，在电子经呼吸链传递给氧的过程中，可把基质中的 H^+ 泵至膜间隙。其反应过程（图 7-4）为呼吸链从 NADH 开始，它提供 2 个电子和 1 对 H^+ 传递给 NADH 脱氢酶上的黄素单核苷酸（FMN），而 FMN 被还原成 $FMNH_2$，$FMNH_2$ 把 1 对 H^+ 释放到膜间隙，同时将 1 对电子经铁硫蛋白（FeS）传给靠近内膜内侧的 2 个辅酶 Q。每个辅酶 Q 先自复合物Ⅲ中的细胞色素 b 获得 1 个电子，并从基质中摄取 1 个 H^+ 而被还原为半醌（QH），QH 再接收从复合物Ⅰ传递来的 1 个电子，同时又从基质中摄取 1 个 H^+，形成氢醌（QH_2）。QH_2 通过构象改变移动到内膜外侧时，先后向膜间隙释放 2 个 H^+。同时，QH_2 的 2 个电子中的 1 个先交还给细胞色素 b，另外 1 个电子经 FeS 传给细胞色素 c_1，细胞色素 c_1 又将电子传递给内膜外缘的细胞色素 c，辅酶 Q 则从内膜外侧回到内侧，完成 Q 循环（Q cycle）。因此，通过 Q 循环，每传递 1 个电子，就有 2 个 H^+ 被泵到膜间隙。细胞色素 c 在膜间隙扩散，将电子传递给复合物Ⅳ，基质侧的 H^+ 可通过复合物Ⅳ的质子通道又回到膜间隙，复合物Ⅳ的 aa_3 将电子传给 1/2 O_2 使其生成 O^{2-}，进而与基质中的 2 个 H^+ 结合生成水。由此可见，电子在传递过程中，不断有 H^+ 从线粒体基质中转运至膜间隙（图 7-4）。

由于 H^+不能自由通过线粒体内膜，造成了 H^+的跨膜浓度梯度，并使原有的外正内负的跨膜电位差增高，H^+浓度梯度和跨膜电位共同构成了质子动力势，质子动力势推动 H^+通过 ATP 合酶装置进入基质，每进入 2 个 H^+可驱动合成 1 个 ATP 分子。根据化学渗透假说，电子及质子通过呼吸链上电子载体和质子载体的交替传递，在线粒体内膜上形成 3 次回路，导致 3 对 H^+由基质转运至膜间隙，生成 3 个 ATP 分子。以 $FADH_2$ 为底物，其电子沿琥珀酸氧化呼吸链传递在线粒体内膜中形成两个回路，所以生成 2 个 ATP 分子。

化学渗透假说有两个特点。一是强调线粒体膜结构的完整性。如果膜不完整，H^+便能自由通过膜，则无法在内膜两侧形成质子动力势，氧化磷酸化就会解偶联。一些解偶联剂的作用就在于改变膜对 H^+的通透性，从而使电子传递所释放的能量不能转换，无法合成 ATP。二是定向的化学反应。ATP 水解时，H^+从线粒体内膜基质侧转运到膜间隙，产生质子电化学梯度。ATP 合成的反应也是定向的，在质子电化学梯度推动下，H^+由膜间隙通过内膜上的 ATP 合酶进入基质，促使 ADP 和 Pi 合成 ATP。虽然化学渗透假说得到了许多实验结果的支持，但目前也有不少科学家对化学渗透假说持有不同看法。

7.1.1.4 ATP 合酶及其作用机制

（1）ATP 合酶的结构　**ATP 合酶（ATP synthase）**广泛分布于线粒体内膜、叶绿体类囊体膜、原核生物细菌的质膜上，是合成能源物质 ATP 的关键装置。不同来源的 ATP 合酶具有基本相同的亚基组成和结构。ATP 合酶由嵌于膜内的 F_0 和突出于膜外的 F_1 两部分组成，因此也称为 F_0F_1-ATP 酶（F_0F_1-ATPase）。位于线粒体内膜上的 ATP 合酶的结构（图 7-5）已经比较清楚，在跨膜质子动力势的推动下催化合成 ATP。

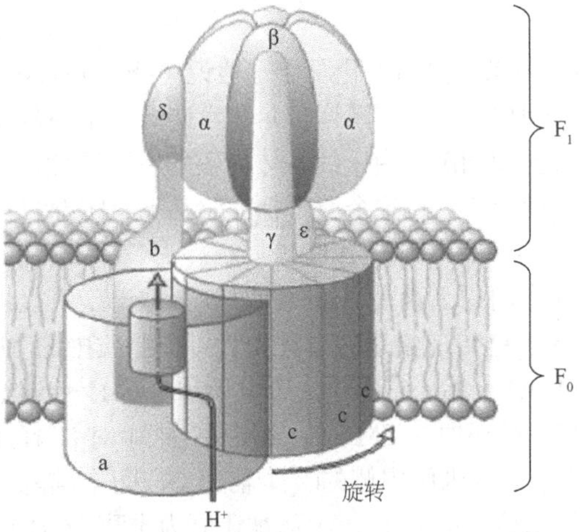

图 7-5　线粒体 ATP 合酶的结构示意图

F_1：水溶性球蛋白复合体，从内膜突出于基质中，由 3α、3β、1γ、1δ 和 1ε 一共 9 个亚基组成。据 0.28nm 分辨率的 X 射线晶体衍射分析证实，3 个 α 和 3 个 β 亚基交替排列呈“橘瓣状”结构，各亚基在结合时有酶活性。α 和 β 亚基上均有核苷酸结合位点，其中 β 亚基的结合位点具有催化 ATP 合成或水解的活性。γ 与 ε 亚基具有极强的亲和力，结合在一起形成“转子”（rotor），位于 $\alpha_3\beta_3$ 的中央，共同旋转以调节三个 β 亚基催化位点的开放和关闭。ε 亚基有抑制酶水解 ATP 的活性，同时有堵塞质子通道、减少质子泄漏的功能。δ 亚基是连接 F_1 和 F_0 所必需的。

F_0：嵌在内膜上的疏水蛋白复合体，形成一个跨膜质子通道。其类型在不同物种中差别很大，在细菌中 F_0 由 3 种亚基 a、b、c 组成；叶绿体中与其对应的是 4 种亚基Ⅳ、Ⅰ、Ⅱ、Ⅲ；线粒体内的 F_0 则更为复杂。电镜显示，多拷贝的 c 亚基形成一个环状结构，a 亚基和 b 亚基二聚体排列在 c 亚基 12 聚体环状外侧，a 亚基、b 亚基和 δ 亚基共同组成“定子”（stator）。F_0 中的一个亚基可结合寡霉素（oligomycin），通过该亚基可调节通过 F_0 的质子流，当质子动力很小时，可防止 ATP 水解，起到保护和抵抗外界环境变化的作用。

F_1 和 F_0 通过“转子”和“定子”连接起来，在合成 ATP 的过程中，“转子”在 F_0 质子流的推动下旋转，依次与三个 β 亚基作用，调节 β 亚基催化位点的构象产生变化；“定子”在一侧将 α_3、β_3 与 F_0 连接起来并保持在固定的位置。F_0 的作用之一就是将跨膜质子动力势能转换成扭力（torsion），推动“转子”旋转。ATP 合酶将化学能转变成为机械能的效率几乎是 100%，是迄今发现的自然界最小的分子马达。

（2）ATP 合酶的作用机制　ATP 合酶合成 ATP 的分子机制一直是研究的热点，随着 ATP 合酶三维结构研究的突破，现在这个奥秘已逐渐揭开。目前多数人所接受的机制是美国生物化学家 Boyer 在 1979 年提出的结合变构模型（binding-change model）。

该模型认为以下几点。①质子梯度的作用并不是用于形成 ATP，而是使 ATP 从酶分子上解脱下来。②ATP 合酶上的 3 个 β 亚基的氨基酸序列是相同的，但它们的构象却不同。在任一时刻，F_1 上 3 个 β 催化亚基的构象总是不同的，即有 3 种不同的构型，赋予它们对 ATP 和 ADP 具有不同的结合能力。ATP 合酶的第一种构型是空置状态（O 态），几乎不与 ATP、ADP 和 Pi 结合；第二种是松散结合态（L 态），同 ADP 和 Pi 的结合较强；第三种是紧密结合态（T 态），与 ADP 和 Pi 的结合很紧，能自动形成 ATP，并能与 ATP 牢牢结合。③ATP 通过旋转催化而合成，通过 F_0“通道”的质子流引起 c 亚基环和附着其上的 γ 亚基旋转并将 αβ 复合物转变成 O 型，则会释放 ATP。在 ATP 合成过程中，3 个 β 催化亚基的构象发生顺序变化，每一个催化亚基要经过 3 次构象改变才催化合成 1 个 ATP 分子。该模型将 β 亚基构象交替变化与底物结合和 H^+转运之间的关系联系起来，如图 7-6 所示，ADP 和 Pi 与 β 结合，在较少能量变化情况下，ADP 与 Pi 形成 ATP；在质子流推动下，$\alpha_3\beta_3$ 亚基相对于“转子”旋转 120°，3 个 β 亚基随即发生构象改变，使 β 亚基对 ATP、ADP 和 Pi 的亲和力产生变化，从而使 ATP 从 β 亚基中释放出来，空出的结合位点又可与新的 ADP 和 Pi 结合。由此看出结合变构模型主要涉及的是 3 个 β 亚基在合成或水解 ATP 过程中的构象变化，其构象变化由转子的转动来实现。

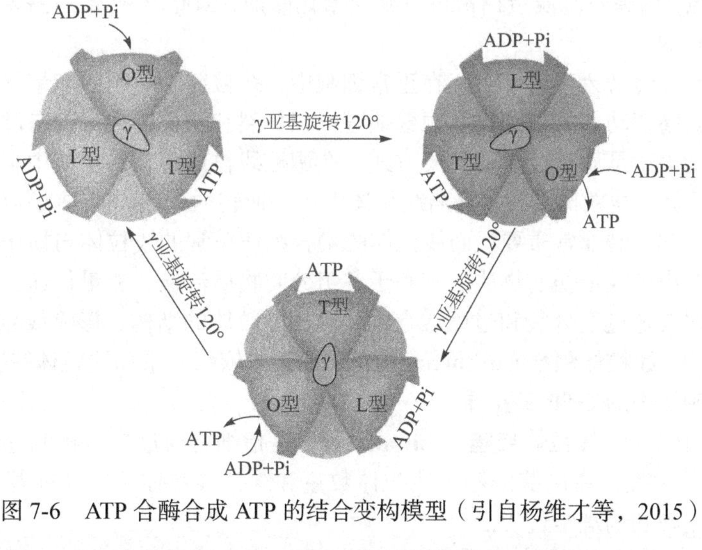

图 7-6　ATP 合酶合成 ATP 的结合变构模型（引自杨维才等，2015）

7.1.1.5　线粒体的质量控制

线粒体不仅通过氧化磷酸化为细胞生命活动提供能量，而且还参与了细胞代谢、胁迫信号传递、Ca^{2+}稳态、活性氧（reactive oxygen species，ROS）产生及细胞凋亡等过程的调控。

目前的研究认为，动物细胞的 ROS 主要由线粒体呼吸链复合体Ⅰ和Ⅲ产生。ROS 是一类含有活性氧原子的化学物质，包括超氧阴离子、羟基自由基和过氧化氢等。ROS 过量产生将氧化破坏线粒体DNA、膜结构和呼吸链复合体，直接损伤线粒体，导致细胞处于氧化应激状态。损伤的线粒体会将Ca^{2+}和细胞色素c释放到细胞质中，进而引发细胞的死亡。

动物细胞中存在多种途径进行**线粒体质量控制（mitochondrial quality control，MQC）**，维持线粒体正常的形态和数量，阻止线粒体的功能异常。线粒体的质量控制是一个复杂的过程，不仅涉及线粒体中抗氧化系统对ROS毒害的缓解，而且还与线粒体蛋白质动态平衡的调节、线粒体的分裂和融合、受损线粒体的清除等过程密切相关。线粒体质量控制与神经退行性疾病，如帕金森病、阿尔茨海默病等密切相关。

（1）线粒体蛋白质动态平衡的调节　参与构成线粒体的蛋白质多达上千种，绝大部分是由核基因组编码，在胞质中合成之后，以未折叠的状态通过高度选择的机制转运到线粒体中，分别定位到线粒体外膜、内膜、膜间隙和基质4个不同区域。一旦进入线粒体内部，线粒体蛋白质将暴露在氧化磷酸化的副产物——ROS的损伤环境之中，因此在生理条件下，线粒体要维持蛋白质的稳态，及时清除异常蛋白。线粒体中异常蛋白的清除一方面依赖线粒体蛋白酶，另一方面依赖泛素-蛋白酶体途径。

在线粒体蛋白酶中，最具代表性的是种类多样的**线粒体AAA蛋白酶（mitochondrial AAA protease）**，特点是结合和水解ATP，从而驱动蛋白质的降解。位于内膜上的这类蛋白酶组装形成典型的环状结构，识别错误折叠的跨膜蛋白，降解未组装的线粒体复合物亚单位和跨膜片段。在线粒体基质中也存在AAA蛋白酶，主要清除氧化损伤的蛋白质及未正确折叠的蛋白质。膜间隙蛋白的质量由可溶性蛋白酶HtrA2/Omi控制。

泛素-蛋白酶体途径是蛋白质选择性降解的重要机制，在通过酶促反应对蛋白质进行多聚泛素化修饰后，将其送至蛋白酶体降解。早期研究认为，外膜蛋白可以被泛素化后降解，线粒体基质蛋白在转运至线粒体之前，也可能在细胞质中被泛素化标记并降解。但是，目前的研究认为，线粒体膜间隙、内膜及基质蛋白都可以被泛素化修饰，因此泛素-蛋白酶体对线粒体的质量控制可能是多途径的。

（2）线粒体稳态的动力学调节　在正常细胞中，线粒体要对细胞能量需求的变化及时作出反应。线粒体是高度动态的细胞器，频繁地进行着分裂和融合，这一动态过程被称为线粒体动力学。线粒体动力学是质量控制的重要方式，在调控线粒体形态和功能中至关重要。通过线粒体分裂，保证足够的线粒体数量，隔离线粒体中不可逆转的损伤，促进线粒体的运动、分布，对维持细胞的生长和分裂非常重要。而线粒体的融合则使正常的线粒体与损伤的线粒体内容物混合，替换线粒体内已经损伤的物质，有利于各组分间物质流通、能量传递，对细胞起一定的保护作用。但是线粒体过度分裂和过度融合都会破坏线粒体的结构，影响线粒体的正常功能。在哺乳动物细胞中，**线粒体融合（mitochondrial fusion）**依赖一系列线粒体跨膜GTP酶，线粒体的分裂则受细胞质中的GTP酶介导。

（3）线粒体自噬　**线粒体自噬（mitophagy）**是指细胞通过自噬机制选择性地清除受损或多余的线粒体的过程，在调节细胞内线粒体数量和维持线粒体正常功能等方面发挥重要作用，并涉及诸多生理和病理学过程。

早在1962年，Ashford报道体外灌注的大鼠肝用胰高血糖素处理15min后，通过电镜观察，发现细胞中出现很多膜结构包裹的线粒体，这些线粒体随后被溶酶体降解。但线粒体自噬的概念直到2005年才由Lemasters正式提出。目前的研究认为，在ROS、营养缺乏、细胞衰老等外界刺激作用下，线粒体膜电位降低，发生去极化，诱导了线粒体自噬。

线粒体的自噬过程可分为4个时期：①前期，线粒体受损后发生通透性转变，导致线粒体去极化，诱导线粒体自噬相关蛋白质活化；②早期，自噬体包裹受损线粒体，形成线粒体自噬体（mitophagosome）；③中期，**线粒体自噬体（mitophagosome）**与溶酶体融合后，形成成熟的线粒体自噬溶酶体（mitolysosome）；④末期，线粒体被溶酶体降解。

根据线粒体外膜上自噬受体蛋白的差异，线粒体自噬分为依赖 Parkin 的自噬和不依赖 Parkin 的自噬（图 7-7）。目前对依赖 Parkin 的线粒体自噬机制研究最为深入，已明确 PINK1 和 Parkin 参与了线粒体膜电位的降低引发的线粒体自噬。PINK1 是一个丝氨酸/苏氨酸激酶，主要位于线粒体外膜；Parkin 是一个 E3-泛素连接酶，主要位于细胞质中。生理条件下，PINK1 能够被转运至线粒体内膜并降解，但是当线粒体去极化时，PINK1 无法被转运到线粒体内部，在外膜上的 PINK1 将胞质中的 Parkin 募集到受损的线粒体，并使 Parkin 磷酸化，增强其泛素连接酶的活性，导致一些线粒体外膜和细胞质蛋白泛素化，启动自噬机制，清除损伤严重的线粒体。

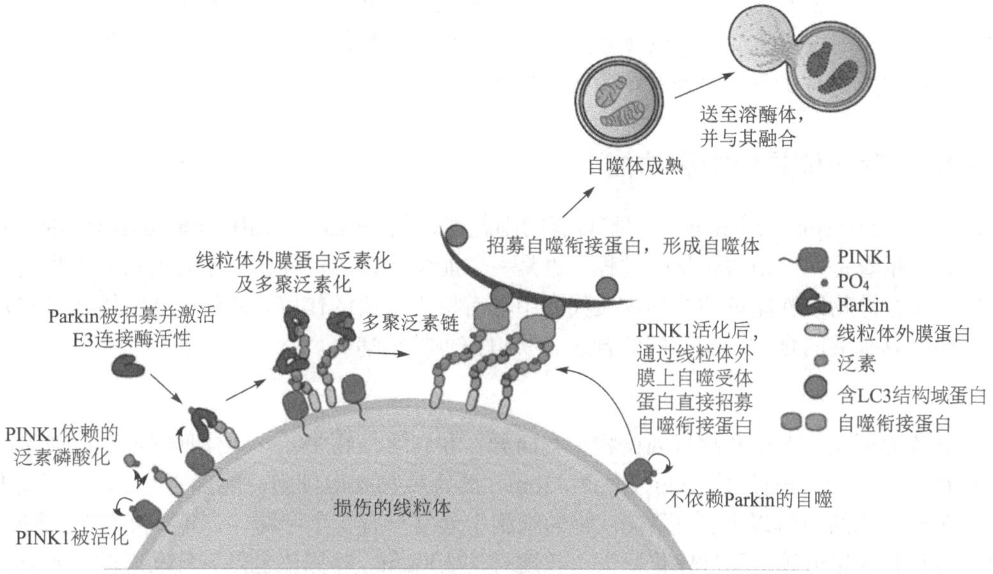

图 7-7　线粒体自噬途径示意图（引自 McWilliams and Muqit，2017）

依赖 Parkin 的线粒体自噬途径激发了线粒体外膜上的泛素化循环，导致自噬机制的招募、自噬体的形成，并最终将受损的线粒体清除；不依赖 Parkin 的线粒体自噬是由 PINK1 驱动的低水平的自噬途径

不依赖 Parkin 的线粒体自噬主要涉及的蛋白质包括 BINP3、NIX 等，它们是位于线粒体外膜上的自噬受体蛋白。在 PINK1 激活后，这些自噬受体蛋白通过 N 端保守的 LC3 结构域，募集自噬体降解线粒体。近期发现 BINP3 还能与 PINK1 结合，抑制 PINK1 降解，从而促进 PINK1 在线粒体外膜的积累，同时募集 Parkin，增强线粒体的自噬。

目前研究线粒体自噬及其活性的方法主要有：电子显微镜或荧光显微镜直接观察线粒体自噬体的结构或线粒体自噬的动态过程；通过流式细胞分选法检测线粒体膜电位、线粒体总量，免疫印迹技术检测线粒体自噬相关蛋白质表达量的变化，间接反映线粒体自噬活性；通过人为对线粒体自噬通路进行实验性调节，评价线粒体自噬对细胞或机体形态和功能的影响。

线粒体——不仅仅是“细胞发电厂”

线粒体作为一种母系遗传、负责能量转化、生物合成和信号转导的细胞器，曾一度被称为“细胞发电厂”。在 20 世纪后半叶，先后有 5 位科学家因对线粒体的研究获得诺贝尔奖。

随着研究的不断深入，科学家认为：线粒体似乎更像细胞的“处理器”，与细胞核以及其他细胞器一起构成了线粒体信息处理系统（mitochondrial information processing system，MIPS）。从而将对线粒体的研究从“能量转换器”时代，跨越到“信息处理器”时代。

研究发现，线粒体是身兼生物合成和信号转导两大重要功能的细胞器，通过代谢因子或线粒体“激素”信号、线粒体与细胞核之间的信号关联、跨物种间的表观遗传重塑机制等，对细胞和机体行为产生影响。线粒体的信号传递包括三个主要阶段：第一步是信号感知，线粒体检测代谢和激素信号输入，并将这些输入信号转化为形态学、生化及功能变化；第二步称为整合，由线粒体和其他细胞器之间的通信驱动，并受到细胞当前状态和线粒体信息网络的影响，将多个输入信号汇集到共同的效应器中；第三步是产生线粒体输出信号，通过在局部传递信息，改变代谢通路，并影响其他细胞器（包括细胞核），调节机体的生理和行为。从通信的角度看，线粒体实现了细胞器到生物体的双向信息传输，因此线粒体也成为生物医学科学研究中涉及最多的细胞器。

7.1.2　叶绿体的结构和功能

叶绿体（chloroplast）是植物细胞特有的细胞器，是进行**光合作用（photosynthesis）**的场所。光合作用既是一个物质转化的过程，也是一个能量转化的过程，支撑着植物的生长发育过程。叶绿体在植物细胞能量转换和物质代谢中具有极为重要的作用。此外，叶绿体还具有其他功能，包括氨基酸的合成、脂肪酸的合成、胁迫信号的传递等。

7.1.2.1　叶绿体的形态、数目与分布

叶绿体的形状、大小和数目因植物种类而异。在高等植物中，叶绿体形状像双凸或平凸透镜，长径 5～10μm，短径 2～4μm，厚 2～3μm。高等植物叶肉细胞一般含 50～200 个叶绿体，可占细胞质体积的 40%以上；而藻类植物的细胞中通常只有 1 个叶绿体，其形状多样，有网状、带状、裂片状和星形等，而且体积巨大，长度可达 100μm。叶绿体也是一种动态的细胞器，这种动态表现为光调控下的分布和位置变化，以及叶绿体分裂导致的数目变化等。例如，弱光照时，为了充分地吸收光能，保证高效率的光合作用，叶绿体会聚集到细胞顶面；而强光照时，为了避免强光造成的伤害，叶绿体会移动到细胞侧面。

7.1.2.2　叶绿体的结构和化学组成

在透射电镜下观察，叶绿体由叶绿体被膜（chloroplast envelope）、类囊体（thylakoid）和基质（stroma）三部分构成（图 7-8）。

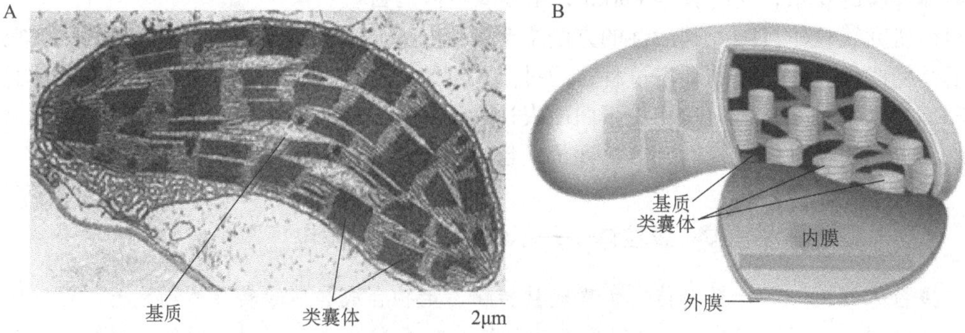

图 7-8　叶绿体结构（引自 Karp，2010）

A. 透射电镜照片；B. 结构示意图

（1）叶绿体外被　叶绿体外被由双层膜组成，即外膜和内膜。每层膜厚 6～8nm，膜间为 10～20nm 的膜间隙。叶绿体外膜的通透性大，许多化合物如核苷、无机磷、磷酸衍生物、羧酸类化合物等均可透过。但是叶绿体内膜对通过物质的选择性很强，是细胞质和叶绿体基质之间的功能屏障。有些化合物如磷酸甘油酸、苹果酸、草酰乙酸等不能直接透过内膜，需由内膜上特殊的膜转运蛋白协助才能通过。

（2）类囊体　由内膜衍生而来的扁平小囊，沿叶绿体的长轴平行排列。膜上含有光合色素和电子传递链组分，又称光合膜。许多类囊体像圆盘一样叠在一起，称为**基粒（granum）**。每个叶绿体中有 40～60 个基粒。组成基粒的类囊体，叫作基粒类囊体（granum thylakoid）。基粒直径 0.25～0.8μm，由 10～100 个类囊体组成。贯穿在两个或两个以上基粒之间的没有发生垛叠的类囊体称为基质类囊体（stroma thylakoid）。相邻基粒经网管状或扁平状基质类囊体相联结，形成一个相互贯通的封闭系统。

类囊体膜中的脂类主要是磷脂和糖脂，脂类中的脂肪酸主要是不饱和的亚麻酸，约占 87%，因此类囊体膜的脂双分子层流动性较大。

类囊体膜的蛋白质可分为**外在蛋白**和**内在蛋白**两类。外在蛋白在类囊体膜的基质侧分布较多，如 ATP 合酶系统的 CF_1 就是其中的一种，还有一些是与光反应有关的酶；内在蛋白镶嵌在类囊体膜的脂双层中，主要有光系统Ⅰ（photosystem Ⅰ，PSⅠ）和光系统Ⅱ（photosystem Ⅱ，PSⅡ）的复合物，PSⅠ位于基质类囊体膜上及基粒类囊体膜的边缘部分，PSⅡ则位于基粒类囊体膜上。尽管两个光系统的结构各不相同，但都是由叶绿素、胡萝卜素、电子传递蛋白等组成的复合物。类囊体膜上的电子传递载体，包括细胞色素（cytochrome，Cyt）、质体蓝素（plastocyanin，PC）、质体醌（plastoquinone，PQ）等也属于内在蛋白。

（3）基质　是叶绿体内膜与类囊体之间的空间。基质中含量最高的成分是 CO_2 固定中重要的酶——核酮糖-1,5-二磷酸羧化酶（ribulose-1,5-biphosphate carboxylase，Rubisco），占类囊体可溶性蛋白质的 80%。全酶由 8 个大亚基（LSU）和 8 个小亚基（SSU）组成。研究证实，Rubisco 大亚基是由叶绿体基因组编码的，而小亚基则是由核基因组编码的。基质中还含有通常靠近或附着在叶绿体内膜上的环状的**叶绿体 DNA（chloroplast DNA，ctDNA）**、RNA、核糖体、脂滴（lipid droplet）或称嗜锇滴（osmiophilic droplet）、植物铁蛋白（phytoferritin）和淀粉粒等。

7.1.2.3　叶绿体的功能

叶绿体的主要功能是进行光合作用。光合作用是指绿色植物（包括藻类）利用光能将 CO_2 和 H_2O 合成有机化合物，并释放出 O_2 的过程，光能被转化为化学能储存在光合产物中。光合作用是自然界将光能转换为化学能的主要途径。除光合作用外，叶绿体还涉及植物生长发育的一些其他重要过程，诸如脂肪酸、氨基酸、淀粉、色素的生物合成等。

（1）光合作用　光合作用分为光反应（light reaction）和暗反应（dark reaction）两个阶段。**光反应**发生在叶绿体的类囊体膜上，只有在光照条件下才能进行，包括光能吸收、电子传递、光合磷酸化 3 个步骤。光反应通过光合色素吸收、传递光能，并将光能转换成电能，进而转化为活跃的化学能，形成 ATP 和 NADPH，同时产生 O_2。暗反应不需要光照条件，是在基质中进行的。在暗反应中，利用了光反应中产生的 ATP 和 NADPH，使 CO_2 还原，形成了糖，也叫作碳固定（碳同化）反应。碳固定开始于叶绿体基质，结束于细胞质基质。由此可见，光合作用中的光反应和暗反应是一个连续的互相配合的过程，最终有效地将光能转化为化学能。

光反应和暗反应不是绝对的，光反应仅在原初反应开始的瞬间需要光，其后的电子传递和光合磷酸化反应是不需要光的；而碳同化的暗反应中的 CO_2 还原成糖的过程虽然不需要光，但催化其反应的某些酶（如甘油醛磷酸脱氢酶等）还是需要光来激活。

1）光吸收。光吸收是光反应的最初始反应，也叫原初反应，是指叶绿素分子从被光激发，到第一个光化学反应结束的过程，包括光能的吸收、传递与转换，即光能被捕光色素分子吸收，并传递至反应中心，在反应中心发生最初的光化学反应使电荷分离，从而将光能转换为电能的过程（图 7-9）。

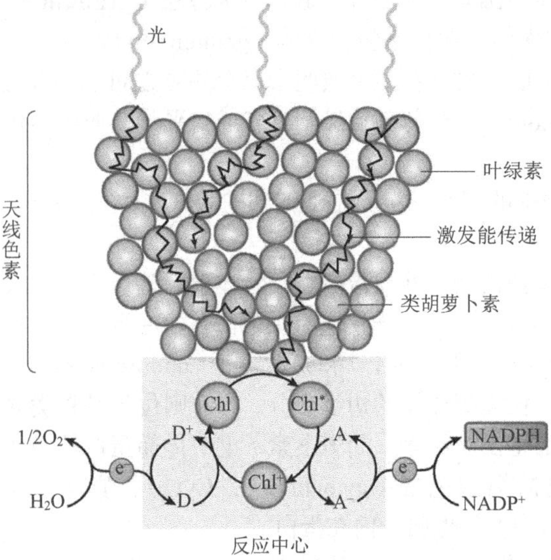

图 7-9　光合作用原初反应的能量吸收、传递与转换示意图（引自翟中和等，2011）

在绿色植物中，吸收光能的主要分子是叶绿素，包括叶绿素 a 和叶绿素 b；另一类色素分子是橙黄色的类胡萝卜素，包括胡萝卜素和叶黄素。通常叶绿素和类胡萝卜素的比例约为 3∶1，叶绿素 a 和叶绿素 b 的比例也大致为 3∶1，全部叶绿素和几乎所有的类胡萝卜素都包埋在类囊体膜中，与蛋白质以非共价键结合，一条肽链上可以结合若干色素分子，各色素分子间的距离和取向固定，有利于能量传递。在一些细菌和藻类中还有藻胆素（phycobilin）和叶绿素 c 或叶绿素 d 等。这些色素分子按其作用可分为两类：一类为捕光色素（light-harvesting pigment），这类色素只具有吸收、聚集光能和传递激发能给反应中心的作用，而无光化学活性，故又称为天线色素（antenna pigment），由全部的叶绿素 b 和大部分的叶绿素 a、胡萝卜素及叶黄素等所组成；另一类属反应中心色素（reaction center pigment），由一种特殊状态的叶绿素 a 分子组成，按最大吸收峰的不同分为两类：吸收峰为 700nm 的光系统 I 的中心色素，以及吸收峰为 680nm 的 PS Ⅱ的中心色素，它们既是光能的捕捉器，又是光能的转换器，具有光化学活性，可将光能转换为电能。

捕光色素及反应中心构成了光合作用单位，它是进行光合作用的最小结构单位。反应中心由一个中心色素分子 Chl、一个原初电子供体 D 及一个原初电子受体 A 组成。反应中心的基本成分是蛋白质和脂类，数量很少的叶绿素 a 分子与这些脂蛋白结合，有序地排列在片层结构上，形成特殊状态的非均一系统。反应中心色素的最大特点是，在直接吸收光量子或从其他色素分子传递来的激发能被激发后，产生电荷分离和能量转换。

原初反应是光合作用的第一步，速度非常快，可在皮秒（ps，10^{-12}s）与纳秒（ns，10^{-9}s）内完成。在原初反应过程中，捕光色素分子吸收的光能急速传递给反应中心的中心色素分子 Chl，Chl 被激发而成激发态 Chl^+，同时放出电子给原初电子受体 A，这时 Chl 被氧化为带正电荷的 Chl^+，而 A 被还原为带负电荷的 A^-。氧化的 Chl^+ 又可从原初电子供体 D 获得电子而恢复为原来的状态 Chl，原初电子供体 D 则被氧化为 D^+。这样不断地氧化还原，就不断地把电子传递给原初电子受体 A，这就完成了光能转换为电能的过程，结果是 D 被氧化而 A 被还原。

2）电子传递。光合电子传递链（photosynthetic electron transport chain）是由一系列的电子载体构成的，位于类囊体膜上，将来自水的电子传递给 $NADP^+$，与线粒体的呼吸链相同的是，这一电子传递链也是由细胞色素、铁氧还蛋白、黄素蛋白和醌组成的，它们分别组装在膜蛋白复合物上，如 PS Ⅰ、PS Ⅱ、细胞色素 b6f 复合物中。

A. **光系统 Ⅰ（photosystem Ⅰ，PS Ⅰ）和光系统 Ⅱ（photosystem Ⅱ，PS Ⅱ）**。类囊体膜中含有两种光合作用单位，即 PS Ⅰ和 PS Ⅱ。PS Ⅰ能被波长 700nm 的光激发，又称 **P700**。包含多条肽链，位于基粒与基质接触区和基质类囊体膜中。由**集光复合体 Ⅰ（light-harvesting complex Ⅰ，LHC Ⅰ）**和作用中心构成。其中结合约 100 个叶绿素分子，除几个特殊的叶绿素为中心色素外，其他叶绿素都是天线色素。三种电子载体分别为 A_0（一个 Chla 分子）、A_1（为维生素 K_1）及 3 个不同的 4Fe-4S。PS Ⅰ的 P700 电子受体可能是一种结合态的铁氧还蛋白，电子供体是质体蓝素。PS Ⅰ受光激发会产生一种强的还原剂和一种弱的氧化剂，前者导致 NADPH 的形成。集光复合体（light harvesting complex，LHC）由大约 200 个叶绿素分子和一些肽链构成。大部分色素分子起捕获光能的作用，并将光能以诱导共振方式传递到**反应中心色素**。

PS Ⅱ能被波长 680nm 的光激发，又称 **P680**，至少包括 12 条多肽链。位于基粒与基质非接触区域的类囊体膜上。包括一个集光复合体Ⅱ（LHC Ⅱ）、一个反应中心和一个含锰原子的放氧复合物（oxygen-evolving complex，OEC）。D_1 和 D_2 为两条核心肽链，结合中心色素 P680、脱镁叶绿素（pheophytin）及质体醌。PS Ⅱ的 P680 电子受体可能是质体醌的一种特殊形式，电子供体是水。PS Ⅱ位受光激发后会产生一种强的氧化剂和一种弱的还原剂，前者导致 O_2 的形成。弱氧化剂和弱还原剂相互作用而产生 ATP。

B. **光合电子传递途径**。实验证明，光合作用的电子传递是在两个不同的光系统中进行的，即由 PS Ⅰ及 PS Ⅱ协同完成。PS Ⅱ把电子从低于 H_2O 的能量水平提高到一个中间点，而 PS Ⅰ又把电子从中间点提高到高于 $NADP^+$ 的水平，这两个光系统的反应是接力进行的（图 7-10）。

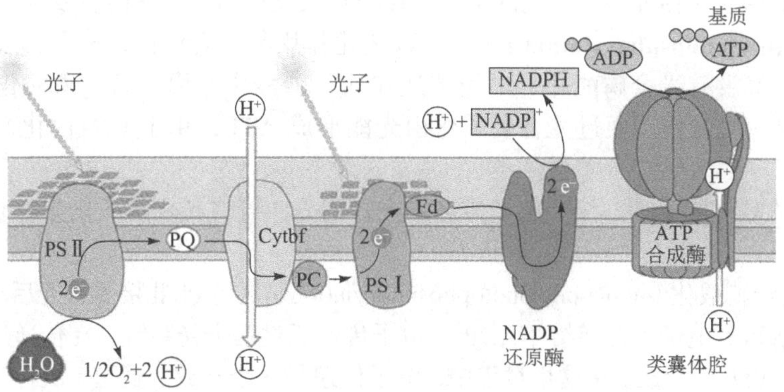

图 7-10　类囊体膜中的电子传递（引自 Karp，2010）

C. **细胞色素 b_6/f 复合物（cytochrome b_6/f complex）**。可能以二聚体形成存在，每个单体含有 4 个不同的亚基，即细胞色素 b_6（b563）、细胞色素 f、铁硫蛋白及亚基Ⅳ（被认为是质体醌的结合蛋白）。

当光照射到类囊体膜上时，能量同时被 PS Ⅱ和 PS Ⅰ的捕光色素吸收，并分别传递给各自的反应中心 P680 和 P700，两个反应中心的电子被同时激发而传给各自的原初电子受体。在 PS Ⅱ的反应中心产生一种强的氧化剂 $P680^+$ 和一种弱的还原剂 Ph^-（脱镁叶绿素，为原初电子受体），$P680^+$ 通过 Z（Tyr 残基）和 Mn 中心夺取水中的电子供给 Ph^-，H^+ 释放到类囊体腔中，同时导致 O_2 的形成；电子从 Ph^- 传递给与 D1 结合的质体醌 Q_A，Q_A 将电子传给另一个质体醌 Q_B，Q_B 在接收 2 个电子后，成为还原态 Q_B^{2-}，这时，Q_B^{2-} 从基质中吸收 2 个 H^+ 形成 PQH_2，还原态 PQH_2 即从核心复合物上解离下来，而新的氧化态 PQ 则从类囊体膜中的 PQ 库中得到补充。

解离下来的 PQH_2 将电子传给 Cytbf，而 H^+ 释放到类囊体腔，产生 H^+ 梯度，Cytbf 将电子传给质体蓝素（PC），PC 又将电子传给带正电荷的 $P700^+$。在 PS Ⅰ 的反应中心产生一种强的还原剂 A_0^-（A_0 是一种特殊状态的叶绿素 a，为原初电子受体）和一种弱的氧化剂 $P700^+$，$P700^+$ 从还原的 PC 捕获电子变成 P700，可再一次激发出电子；高能电子从 A_0^- 经 A_1 和铁硫蛋白（FeS）传给铁氧还蛋白（Fd），在 NADP 还原酶的参与下，$NADP^+$ 从 Fd 接收电子的同时，从基质中吸收一个 H^+ 而还原为 NADPH。这两个光系统互相配合，利用所吸收的光能把一对电子从水传递给 $NADP^+$。现在公认，电子的传递路线呈"Z"形，故称为"Z"链或光合链(photosynthetic chain)，它通过一些电子传递体将两个原初光化学反应联系起来。这些电子传递体可按氧化还原电位顺序进行排列，负值越大代表还原势越强，正值越大代表氧化势越强，电子定向转移。光合链中的电子传递体是质体醌（PQ）、细胞色素 bf（Cytbf）和质体蓝素（PC）等。其中 PQ 的数量最多，同时它既可传递电子，又可传递质子，在光合电子传递链中起着重要的作用。

光合链中的电子传递体在类囊体膜上的空间分布是不对称的，有的接近膜表面，有的深埋膜中。PS Ⅱ 的放氧一端位于类囊体膜的内侧，因此，水的光解放出的 O_2 和 H^+ 进入类囊体腔。PS Ⅰ 的 $NADP^+$ 还原一端位于类囊体膜的外侧，因此，$NADP^+$ 被还原生成的 NADPH 进入叶绿体基质。PQ 是亲脂分子，位于膜的脂双分子层中，可在流动的膜中迅速地扩散，它在膜的外侧接受电子和 H^+ 被还原，而在膜的内侧放出电子和 H^+ 被氧化。因此，伴随着电子传递，把类囊体膜外的 H^+ 不断地转运到类囊体腔中，使膜内外两侧形成 H^+ 浓度差。PC 位于膜的内表面，Fd 位于膜的外表面，它们在膜中易流动，可沿膜的内外表面迅速扩散。虽然 PS Ⅱ 与 PS Ⅰ 在类囊体膜中是分隔分布的，但电子还是能顺利地从 PS Ⅱ 传递到 PS Ⅰ。

3）光合磷酸化。由光照所引起的电子传递与磷酸化作用相偶联而生成 ATP 的过程，称为**光合磷酸化（photophosphorylation）**。光合磷酸化作用与光合链的电子传递相偶联，没有光合电子传递，就没有光合磷酸化，电子传递在前，磷酸化作用在后。磷酸化的存在，还可促进电子传递。光合作用通过光合磷酸化由光能形成 ATP，用于 CO_2 同化而将能量储存在有机物质中。

A. 光合磷酸化的类型。按照电子传递的方式划分，可将光合磷酸化分为非循环和循环两种类型。

非循环光合磷酸化（noncyclic photophosphorylation）是指 PS Ⅱ 接受红光后，激发态叶绿素 P680 从水光解得到电子，传递给 $NADP^+$，电子传递经过两个光系统，在传递过程中产生的质子梯度，驱动 ATP 的形成。在这个过程中，电子传递是一个开放的通道，故称为非循环光合磷酸化。它包括 PS Ⅰ 和 PS Ⅱ，其产物除 ATP 外，还有 NADPH（绿色植物）或 NADH（光合细菌）（图 7-11）。

目前比较公认的非循环光合磷酸化有两个部位：H_2O 与 PQ 之间、PQ 与 Cytbf 之间。两个部位的 ATP/O 均为 0.6，加起来 ATP/O 为 1.2。每放出一分子 O_2 只能形成 2.4 个 ATP 分子，但每同化一分子 CO_2 需要 3 个分子 ATP。因此，非循环光合磷酸化达不到形成 3 个分子 ATP 的要求，这就需要循环光合磷酸化形成的 ATP 来补充，以推动 CO_2 的同化过程。

循环光合磷酸化（cyclic photophosphorylation）是指 PS Ⅰ 接受远红光后，产生的电子经过铁氧还蛋白（Fd）后，又传递给 $Cytb_6f$ 和质体蓝素（PC）而流回到 PS Ⅰ。电子循环流动，产生 H^+ 梯度，从而驱动 ATP 的形成，这种电子的传递是一个闭合的回路，故称为循环光合磷酸化。在整个过程中，只有 ATP 的产生，不伴随 NADPH 的生成，PS Ⅱ 也不参加，所以不产生氧。当植物缺乏 $NADP^+$ 时，就会发生循环光合磷酸化（图 7-12）。

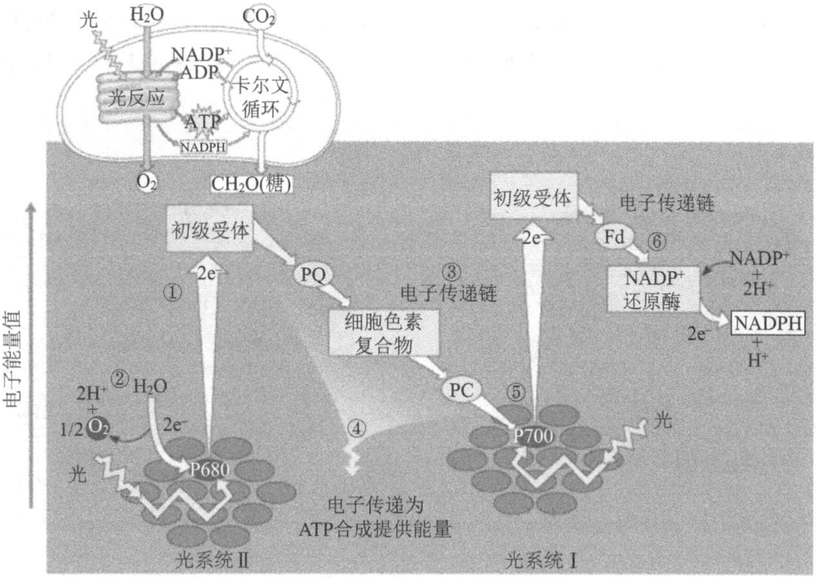

图 7-11　非循环光合磷酸化（引自 Karp，2010）

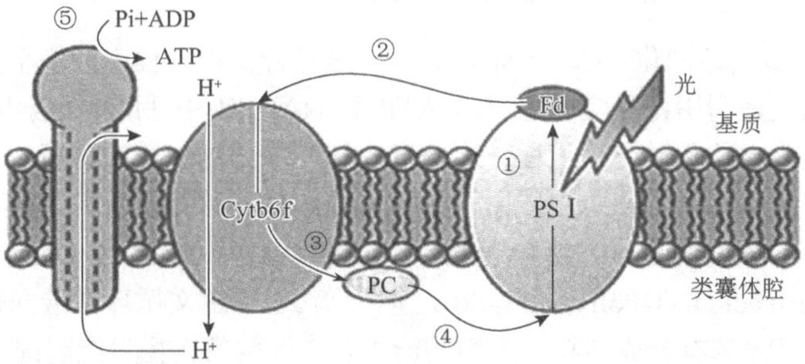

图 7-12　类囊体膜中的循环光合磷酸化（引自 Karp，2010）

B. 光合磷酸化的作用机制，目前多数学者认为，叶绿体的光合磷酸化和线粒体的氧化磷酸化有着相似的运行机制，也可以用化学渗透学说来解释。

在类囊体膜中，呼吸链的各组分均按一定的顺序排列而呈不对称分布。当两个光系统发生原初反应时，类囊体腔中的水分子发生光解，释放出氧分子、质子和电子，引起电子从水传递到 $NADP^+$的电子流。在上述所有的电子传递体中，PQ 既是电子载体又是质子载体。PQ 的氧化与还原，使 H^+从膜外侧进入膜内侧，水的光解所产生的 H^+也留在膜内侧，结果使膜内侧的 H^+浓度增加，因而形成了类囊体膜内外两侧的 H^+浓度差。在膜两侧存在质子电动势差，从而推动 H^+通过膜中的 CF_0 到膜外的 CF_1 发生磷酸化作用，使 ADP 与 Pi 形成 ATP。CF_1 在类囊体膜的基质侧，所以新合成的 ATP 立即被释放到基质中。同样 PS Ⅰ所形成的 NADPH 也在基质中，这样光合作用的光反应产物 ATP 和 NADPH 都处于基质中，便于被随后进行的碳同化的暗反应所利用。

由上述可知，叶绿体和线粒体中 ATP 合成的机制十分相似（图 7-13）：在光合磷酸化和氧化磷酸化中，ATP 的生成都是由 H^+移动所推动的；叶绿体的 CF_1 因子与线粒体的 F_1 因子都具有催化 ADP 和 Pi 形成 ATP 的作用；在光合磷酸化和氧化磷酸化中都需要完整的膜等。但两者又有所不同，叶绿体中通过 1 对电子的 2 次穿膜传递，在基质中摄取 3 个 H^+，在类囊体腔中产生 4 个 H^+，每 3 个 H^+穿过 CF_1-CF_0 ATP 合酶，生成 1 个 ATP 分子；而在线粒体中，1 对电子 3 次穿膜传递，将基质中的 3 对 H^+抽提到膜间隙中，每 2 个 H^+穿过 F_1-F_0 ATP 合酶，生成 1 个 ATP 分子。

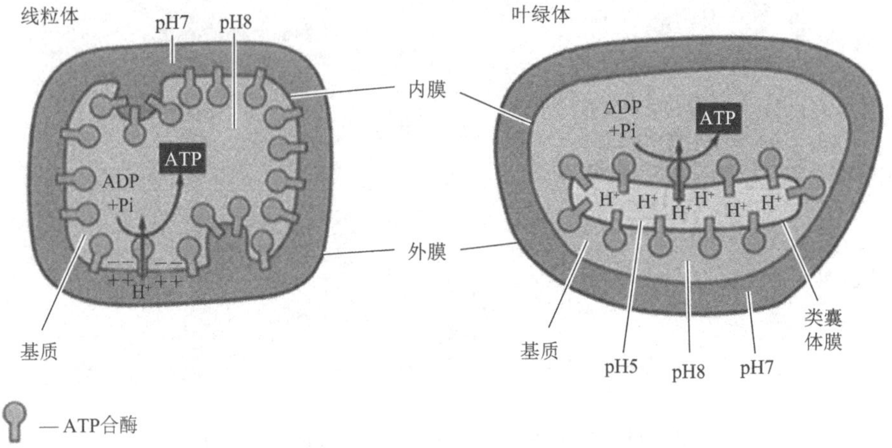

图 7-13　氧化磷酸化和光合磷酸化的比较（引自 Karp，2010）

4）碳同化。二氧化碳同化（CO_2 assimilation）是光合作用过程中的一个重要内容。从能量转换角度讲，碳同化是利用光反应所生成的 ATP 和 NADPH 中活跃的化学能，将 CO_2转化成碳水化合物，形成稳定的化学能的过程，这一反应在叶绿体的基质中进行。

根据碳同化过程中最初产物所含碳原子的数目及碳代谢的特点，高等植物的碳同化有三条途径：卡尔文循环（Calvin cycle）**或 C_3 途径**（C_3 pathway）、**C_4 途径**（C_4 pathway）和**景天科酸代谢**（crassulacean acid metabolism，CAM）途径。其中卡尔文循环是碳同化最重要最基本的途径，只有这条途径才具有合成淀粉等产物的能力。其他两条途径只能起固定和转运 CO_2 的作用，不能单独形成淀粉等产物。

卡尔文循环途径中 CO_2 固定后形成的最初产物 PGA（3-磷酸甘油酸）为三碳化合物，所以也叫作 C_3 途径，并把只具有 C_3 途径的植物称为 C_3 植物（C_3 plant）。卡尔文循环由核酮糖-1,5-二磷酸（RuBP）开始至 RuBP 再生结束，所有反应均在叶绿体的基质中进行。C_3 途径是以光反应合成的 ATP 及 NADPH 作能源，推动 CO_2 的固定、还原。每循环一次只能固定 1 个 CO_2 分子，循环 6 次才能把 6 个 CO_2 分子同化成一个己糖分子。

C_4 途径存在于玉米、高粱和甘蔗等植物中，CO_2 的固定反应是在叶肉细胞的细胞质中进行的。在磷酸烯醇式丙酮酸羧化酶的催化下将 CO_2 连接到磷酸烯醇式丙酮酸上，形成四碳酸——草酰乙酸，这种固定 CO_2 的方式称为 C_4 途径。草酰乙酸被转变成其他的四碳酸（苹果酸和天冬氨酸）后运输到维管束鞘细胞，在维管束鞘细胞中被降解成 CO_2 和丙酮酸，CO_2 在维管束鞘细胞中进入卡尔文循环。

景天科酸代谢存在于干热环境生长的景天科及其他的一些肉质植物中。这些植物的气孔夜间开放，吸收并固定 CO_2，形成以苹果酸为主的有机酸；白天则气孔关闭，不吸收 CO_2，但同时却通过卡尔文循环将从苹果酸中释放的 CO_2 还原为糖。

（2）叶绿体的其他功能　叶绿体可合成许多必需的化合物，如植物激素、脂肪酸、氨基酸、维生素和核苷酸等。此外，叶绿体也参与硫同化和氮同化。光合作用所产生的还原力 NADPH 能促使叶绿体中的 NO_2^-还原形成 NH_3，这些 NH_3 为植物合成氨基酸提供氮源。

用叶绿体表达蛋白质药物——从实验室到临床

以胰岛素为代表的蛋白质药物挽救了数百万人的生命，但对于全球绝大多数人口而言，高昂的价格他们还是负担不起的，如胰岛素泵的价格在6000～12000美元，但全球1/3的人口，每天的收入不足2美元。因此，如何降低蛋白质药物成本和价格、改进药物递送方法成为亟待解决的重要问题。

叶绿体遗传转化和表达系统是植物生物反应器的研究热点。首个用植物细胞作为生物反应器生产并获FDA许可上市的ELELYSO就是利用胡萝卜细胞生产的蛋白质药物，用于治疗一种家族性糖脂代谢疾病——戈谢病（属于溶酶体病）。利用叶绿体生产蛋白质药物具有一些明显优势：①叶绿体基因组拷贝数多，每个植物细胞中可高达10 000份，因此外源基因表达效率高；②叶绿体是母系遗传，外源基因不会随花粉传播而逃逸，生物环境安全性高；③叶绿体基因组含有多顺反子结构，可同时表达多个基因，如炭疽保护性抗原（PA）或人胰岛素原（Pins）与霍乱毒素B亚基（CTB）融合表达；④叶绿体由双层膜包裹，没有蛋白质向外的运输，为外源蛋白在叶绿体中表达提供了一个相对安全的环境。迄今在叶绿体中成功表达的基因超过300个。例如，利用叶绿体表达胰岛素基因，胰岛素的表达水平可以占叶片总蛋白质的70%以上，比光合作用关键酶Rubisco的含量还要高。很多具有重要医药价值的蛋白质，包括抗体、生长因子、酶、激素及疫苗抗原等都在叶绿体中成功表达。

那么这些利用叶绿体生产的蛋白质药物如何被运送到体内呢？将生产药物的可食性植物（如生菜等）在适当的时间收获，冻干后制成粉，做成药物。经口服时，由于人体没有破坏植物细胞壁成分的酶，在胃中不会被酶消化。当完整的植物细胞到达肠道时，肠道中的共生微生物所释放的酶可以消化植物细胞壁，从而将蛋白质药物释放到肠腔中，接下来，药物穿过肠道上皮被吸收，并进入循环系统或免疫系统，发挥药效。

7.2　线粒体和叶绿体基因组的特征

1962年，Ris和Plant在衣藻的叶绿体中发现了DNA。1963年，Nass在鸡胚肝细胞的线粒体中也发现了DNA的存在。此后又陆续从各种生物的叶绿体和线粒体中分离出了DNA，从而证实了叶绿体和线粒体中存在遗传物质DNA。此外，还发现线粒体和叶绿体中含有RNA、核糖体等转录和翻译所需的成分，说明叶绿体和线粒体不仅能编码基因，还具有转录和翻译的功能。

现有的研究认为，线粒体和叶绿体正常功能的维持需要上千种蛋白质，但是线粒体基因组和叶绿体基因组的编码能力有限。维持线粒体和叶绿体结构和功能的绝大多数蛋白质是由核基因编码，在细胞质基质游离核糖体上合成，然后靶向运输至线粒体或叶绿体内的。所以线粒体和叶绿体的自主程度是有限的，对核遗传系统有很大的依赖性。实际上，线粒体和叶绿体的分裂、分化不仅受核基因组的调控，而且也受自身基因组的控制，所以也称为半自主性细胞器。

7.2.1　线粒体和叶绿体的DNA

线粒体和叶绿体都是双层膜包被的细胞器，但是在不同类型细胞中的数量有较大的差异。线粒体和叶绿体的DNA都呈双链环状，但是DNA分子数量也有较大的变化（表7-3）。

表 7-3 细胞中线粒体和叶绿体的比较

细胞类型	每个细胞器中的 DNA 数量	每个细胞中的细胞器数量	细胞器 DNA 占细胞总 DNA 的百分比/%
线粒体			
大鼠肝细胞	5～10	1000	1
酵母	2～50	1～50	15
蛙卵细胞	5～10	10^7	99
叶绿体			
衣藻	80	1	7
玉米叶片细胞	20～40	20～40	15

不同生物体**线粒体 DNA（mitochondrial DNA，mtDNA）**的大小相差很大，多数生物的 mtDNA 为 15～100kb，但是一些植物的 mtDNA 可达 3000kb。绝大多数哺乳动物 mtDNA 编码呼吸链酶复合物中的 13 种蛋白质，包括复合物Ⅰ中的 7 个亚基（ND1、ND2、ND3、ND4、ND4L、ND5、ND6）、复合物Ⅲ中的 1 个亚基（细胞色素 b）、复合物Ⅳ中的 3 个亚基（COⅠ，COⅡ，COⅢ）、复合物Ⅴ中的 2 个亚基（ATP 合酶 ATP6 和 ATP8），此外 mtDNA 还编码 22 种 tRNA 和 2 种 rRNA。

线粒体绝大部分蛋白质（约 99%）是由核基因组编码的，超过 1000 种蛋白质在胞质合成之后转运到线粒体，因此线粒体的功能与细胞核紧密相关。细胞核除了供给线粒体大部分的结构成分，还编码 mtDNA 复制、转录所需的酶及核糖体蛋白。此外，线粒体 DNA 修复相关的酶也是核基因组编码的。

叶绿体 DNA（chloroplast DNA，cpDNA）在不同物种中的大小差异较大。陆生植物的叶绿体基因组为 150kb，通常编码的基因涉及光合作用、核糖体发生、转录和翻译等过程。

不同植物细胞中构成叶绿体的蛋白质为 2100～3600 种，如拟南芥叶绿体中的蛋白质数量约 3000 种。但是叶绿体基因组编码能力有限，可以编码大约 100 种基因，如拟南芥叶绿体基因组可编码 87 种蛋白质、4 个 rRNA 和 37 个 tRNA。95%以上的叶绿体蛋白质是由核基因组编码的，在胞质中合成之后转运到叶绿体中。

mtDNA 和 ctDNA 均可以半保留方式进行自我复制。用 ^{3}H-嘧啶核苷酸标记证明，mtDNA 复制的时间主要在细胞周期的 S 期及 G_2 期，DNA 先复制，随后线粒体分裂。ctDNA 复制的时间在 G_1 期，mtDNA 和 ctDNA 的复制受核的控制，复制所需的 DNA 聚合酶等组分是由核基因组编码，在细胞质核糖体上合成后转运到细胞器中的。

7.2.2 线粒体基因组、叶绿体基因组与核基因组的关系

一般认为在进化过程中，叶绿体基因组和线粒体基因组通过自身基因丢失或者向核基因组转移而减少。例如，拟南芥核基因组中至少含有 2000 种蓝藻来源的基因。大量的核基因组编码的叶绿体蛋白质在胞质中合成之后向叶绿体转运的事实也表明在进化中存在着细胞内活跃的基因迁移现象。所以有人提出核基因编码细胞器蛋白质是生物进化的结果，认为在有花植物进化过程中出现了有些编码细胞器蛋白质的基因是从细胞器转移到核中的。例如，mtDNA 中的 *cox Ⅱ*基因编码细胞色素氧化酶复合物的亚基Ⅱ，叶绿体蛋白质基因 *tufA* 和 *rp122* 等都是在进化过程中从细胞器转移到核中的。通过 DNA 杂交和序列分析，在动物和植物中都可发现核

DNA 内随机地插有 mtDNA 短的片段（约 50bp），它们并未编码任何蛋白质。这表明在进化过程中，基因有可能从线粒体转移至核中。有些植物线粒体基因组含有叶绿体的 DNA 序列（如二磷酸核酮糖羧化酶的基因片段），说明在两种细胞器间也可能有 DNA 的转移。

虽然线粒体和叶绿体基因组具有编码自身一些蛋白质的能力，但绝大部分的蛋白质则是来自核基因组的编码，因此，线粒体和叶绿体的生命活动受到核基因组及其自身基因组的双重调控，这就要求不同的基因表达调控机制及表达产物分子之间建立精确的协作关系（图 7-14）。

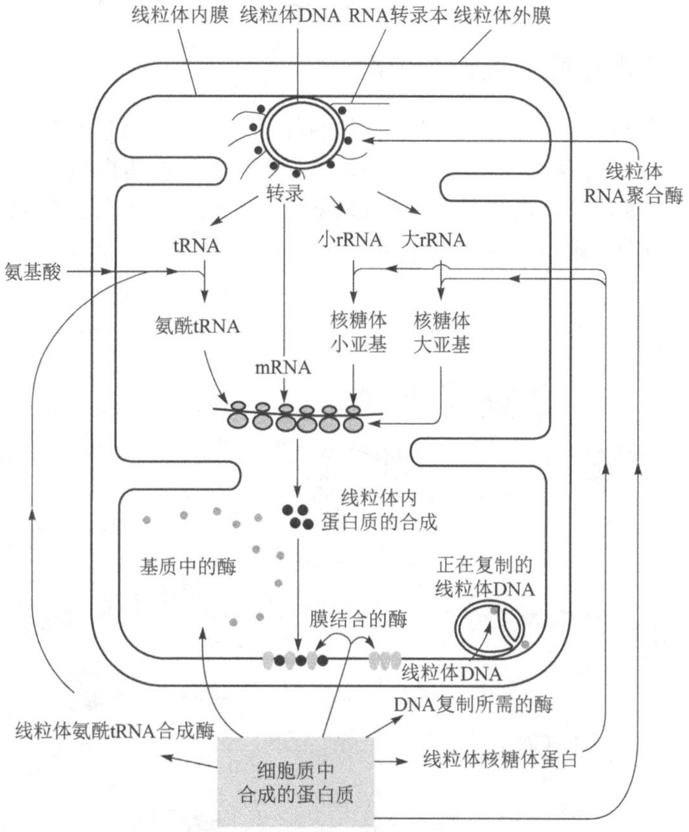

图 7-14　线粒体蛋白质的来源（引自 Alberts et al.，2008）

如果把线粒体和叶绿体中的某种酶复合物看作一台机器的话，这台机器的“国产部件”（细胞器自身编码的亚基）和“进口部件”（细胞核编码的亚基）之间必须形成数量和质量上的完好匹配，才能保证线粒体和叶绿体生命活动的有效运行。在真核生物的演化过程中，细胞核与线粒体、叶绿体之间通过“共进化”的方式建立了精确有效的分子协作机制。细胞核与线粒体、叶绿体之间在遗传信息和基因表达调控层次上建立的分子协作机制称为核质相互作用（nucleo-cytoplasmic interaction）。有序的核质互作为线粒体、叶绿体及真核细胞的生命活动提供了必要的保证。

当细胞核或线粒体、叶绿体其中一方基因发生突变，引起细胞中的分子协调机制出现严重障碍时，细胞或个体通常会表现出一些功能和表型上的异常，称为核质冲突（nuclear-cytoplasmic conflict）。在自然界中，核质冲突的表型并不罕见。人类线粒体病的本质就是一种典型的核质冲突。人类的线粒体病多为母系遗传，说明其中核质冲突的直接原因更多地来源于线粒体基因的突变。这些基因突变可能造成其编码亚基的构型发生变化，无法与细胞核编码的其他亚基组装成具有正常功能的蛋白质复合体，导致线粒体功能丧失。此外，人为地突变线粒体或叶绿体基因组也可以造成核质冲突。例如，烟草叶绿体基因组编码的 ATP 合酶 α 亚基被置换一个氨基酸后导致叶绿体分化异常等。因此，在真核生物的形成和进化过程中，核基因组与线粒体、叶绿体基因组之间形成了既互相依赖又相互制约的核质互作关系。这种共进化模式在不同类别的真核生物之间既体现出了共性，也表现出一些差别。例如，动物、酵母和植物的线粒体 DNA 在分子大小上存在着较大的差异，但它们在编码一些复合物上则具有完全一致性。

7.2.3　线粒体蛋白质的运输与装配

线粒体的蛋白质合成能力有限，上千种的线粒体蛋白质是由核基因编码，在细胞质核糖体上合成后定向转运到线粒体特定部位上进行更新或装配的。这些蛋白质在运输之前，与胞质分子伴侣 Hsp70 结合，保持未折叠的形式，方便跨膜转运。在这些蛋白质进入线粒体后，在线粒体基质中 Hsp70 的协助下重新折叠（图 7-15）。

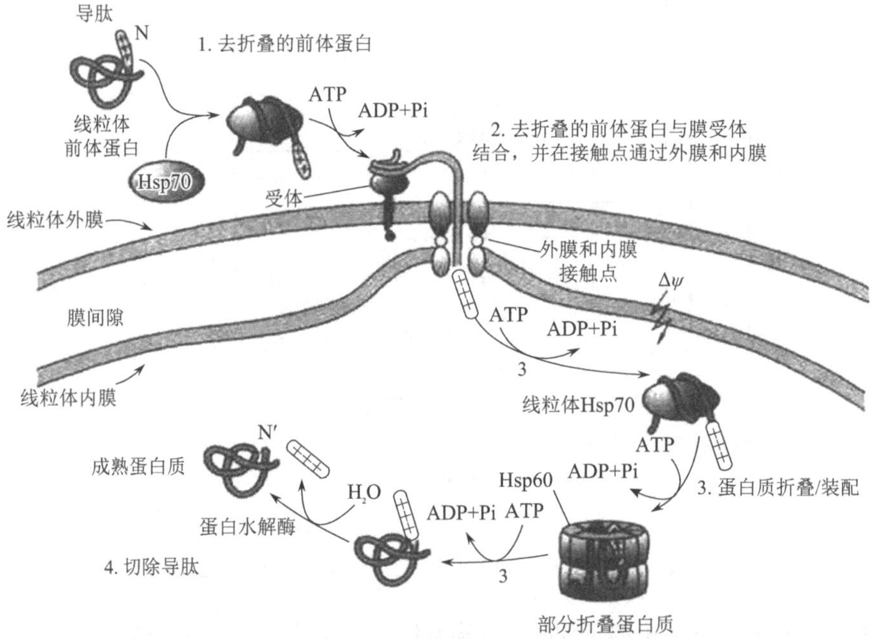

图 7-15　线粒体基质蛋白质从胞质向线粒体转运的过程（引自 Karp，2010）

蛋白质通过线粒体膜是一个耗能的过程，能量来自 ATP 水解和质子动力势。在线粒体外侧，当前体蛋白与分子伴侣解离的时候需要水解 ATP 获得能量。通过外膜时不需要能量。在从线粒体内膜进入基质的时候，线粒体内膜的膜电位（$\Delta\psi$）或者质子动力势为运送提供能量。

目前的研究认为大约 70%的线粒体前体蛋白在 N 端具有一段前体序列（presequcence），也称为**导肽（leader peptide）**。导肽在引导前体蛋白完成在线粒体中的正确定位之后，将被导肽酶切除。典型的导肽由 15～50 个氨基酸构成，可以形成两亲的 α 螺旋结构，从而被位于线粒体膜上的受体识别，有利于完成线粒体蛋白质的跨膜转运。

导肽决定蛋白质运送的方向，DNA 重组实验证明导肽对被引导的蛋白质并无特异性要求，因此可以利用导肽将目标蛋白带入线粒体中。不同种类线粒体前体蛋白的导肽信息不同，决定着线粒体蛋白质最终被运送至线粒体的基质中，或定位于内膜，还有些线粒体前体蛋白不具有导肽序列，但是含有不同类型的内部定向信号（internal targeting signal），决定蛋白质去往线粒体的外膜或者膜间隙等部位。

在线粒体膜上存在着线粒体前体蛋白的转运子（translocator）。转运子是多亚基构成的蛋白质复合体，其中一些亚基构成蛋白质跨膜的通道，有些亚基则是识别前体蛋白的受体。目前比较清楚的转运子包括位于外膜上的 TOM、SAM、MIM，内膜上的 TIM、OXA，膜间隙中的 MIA 及基质中的 PAM，这些转运子的结构和功能各不相同，负责将不同类型的蛋白质转运到线粒体的特定位点（表 7-4）。

表 7-4　与线粒体蛋白质分选相关的蛋白质复合物（引自 Ellenrieder et al.，2017）

名称	功能	定位
TOM	前体蛋白进入线粒体的通用通道	外膜
SAM	将含有 β-折叠的蛋白质分选到外膜上	外膜
MIM	促进含有 α-螺旋的外膜蛋白锚定在特定位点	外膜
TIM23	介导含有前体序列的蛋白质插入或跨越内膜	内膜
TIM22	将多次跨膜的载体蛋白质前体插入内膜	内膜
OXA	将线粒体合成的蛋白质或者胞质合成的线粒体蛋白质插入内膜	内膜
MIA	促进蛋白质输入及膜间隙中蛋白质的折叠组装	膜间隙
PAM	驱动依赖 ATP 的前体蛋白质通过 TIM23 向基质的转运	基质

在细胞质核糖体上合成的线粒体蛋白质前体主要通过外膜上的 TOM 进入线粒体（图 7-16）。TOM 包含 7 个亚基，其中 Tom40 组成通道，Tom20 和 Tom22 对于识别导肽至关重要，还有一些亚基与 TOM 复合体的组成和结构完整性维持有关。在内膜上的 TIM23 复合体负责将这些前体蛋白进一步运送跨过内膜或者插到内膜上，内膜上的膜电位驱动了该转运的第一步。转运到线粒体基质中的前体蛋白还需要 PAM 相关的 ATP 水解。在转运过程中，导肽酶将导肽切除。

位于内膜上的载体蛋白质前体在合成的时候并没有导肽序列，其分选是通过内部信号序列介导的。位于膜间隙中的分子伴侣小 Tims（small Tims）将这些疏水的前体蛋白运送到 TIM22 复合体，进而以膜电位依赖的方式将其插入线粒体内膜。MIA 复合体则促进富含半胱氨酸的线粒体蛋白质进入膜间隙并完成折叠和组装；OXA 复合体介导线粒体基因组编码的前体蛋白及一系列核基因组编码的前体蛋白整合到内膜上。

线粒体外膜蛋白有两种不同的锚定方式，一是 β-折叠，是大型 β-折叠扭曲缠绕形成的闭合结构，β-折叠蛋白在胞内最典型的分布是在线粒体外膜上；二是 α-螺旋。两类蛋白质都是在细胞质中核糖体上合成的，但是转运到线粒体的机制不同。β-折叠蛋白首先通过 TOM 跨过外膜，然后在小 Tims 的协助下通过 SAM 复合体，由 SAM 介导前体蛋白的折叠及插入外膜。含有多个 α-螺旋蛋白的跨膜通道与 β-折叠蛋白分选途径不同，外膜上的受体在识别这类蛋白质之后，通过 MIM 复合物进行转运，但是目前具有单个 α-螺旋的线粒体外膜蛋白的分选机制尚不完全清楚。

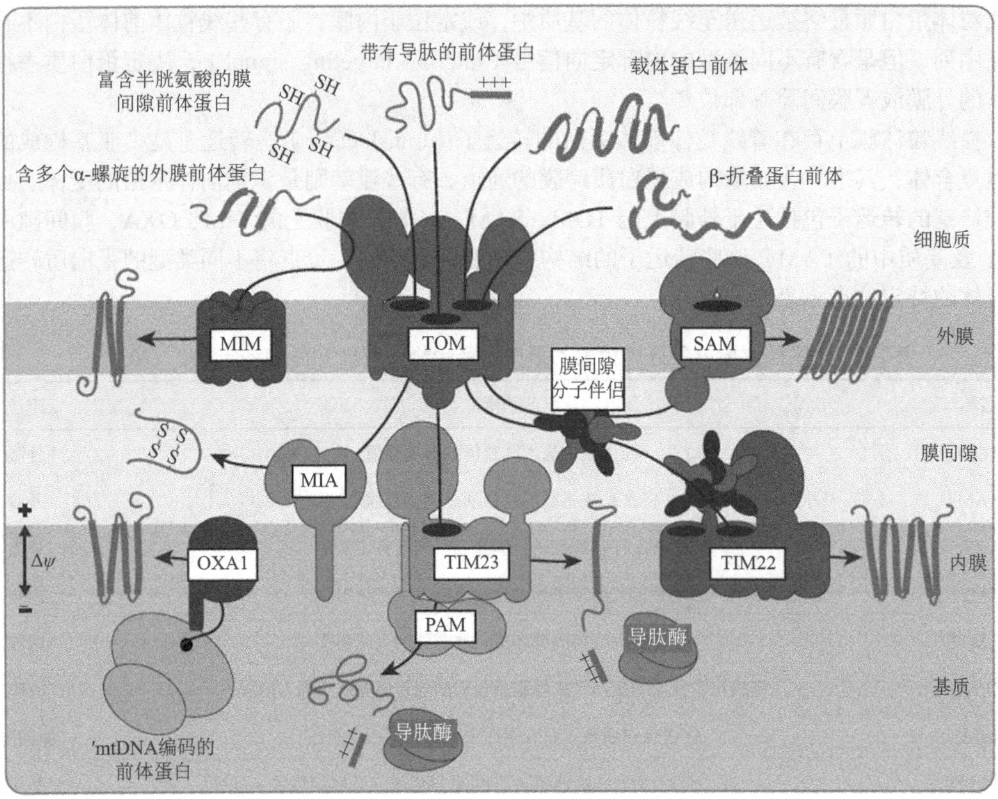

图 7-16　蛋白质输入线粒体的途径（引自 Ellenrieder et al.，2017）

7.2.4　叶绿体蛋白质的运输与装配

叶绿体基因组能编码 100 多种蛋白质，绝大部分的叶绿体蛋白质是由核基因组编码，在胞质中以前体蛋白的形式合成，数量为 2000 多种。这些前体蛋白向叶绿体转运前的首要问题是如何被识别和分选。与其他真核细胞的细胞器相比，叶绿体蛋白质的分选过程更为复杂。一方面与叶绿体自身结构有关，在外膜、内膜、类囊体膜、基质、类囊体腔分布着不同种类的蛋白质，执行特定的功能；另一方面，叶绿体蛋白质种类繁多，数量庞大。在翻译结束后，分选的第一步就是要将叶绿体蛋白质靶向其他细胞器，包括与内质网、线粒体的膜蛋白区分开。以往的研究多集中在叶绿体基质蛋白的运输过程，近年来，对叶绿体膜蛋白的插入机制研究也取得了重要的进展。

多数叶绿体前体蛋白含有特定的信号序列，称为**转运肽（transit peptide）**，该序列对于前体蛋白输入叶绿体是必需的。在转运过程中，前体蛋白与不同的胞质分子伴侣结合，以确保其处于未折叠的状态。在绝大多数的情况下，前体蛋白进入叶绿体是在位于外膜上的 TOC（translocon on the outer chloroplast membrane）和内膜上的 TIC（translocon on the inner chloroplast membrane）的协助下完成的。一旦进入叶绿体基质，就有蛋白酶对转运肽进行切割，然后蛋白质经历折叠，插入特定的膜结构中，或者在基质中分子伴侣的引导下靶向特定的位点。

叶绿体外膜蛋白有不同的类型，一般分为 SA 蛋白（signal-anchored protein）、TA 蛋白（tail-anchored protein）和 β-折叠蛋白。SA 蛋白和 TA 蛋白都不含转运肽，其叶绿体靶向信号分别位于 N 端和 C 端，是疏水跨膜区和一些特定序列共同构成的。β-折叠蛋白具有典型的转运肽，其中了解的最清楚的是外膜蛋白 Toc75。SA 蛋白和 TA 蛋白的分选类似信号识别颗粒 SRP 介导靶向内质网蛋白质的分选过程。当 SA 蛋白和 TA 蛋白在胞质中合成时，分子伴侣 AKR2 识别结合到其信号序列上，翻译结束后形成新生蛋白-AKR2 复合物。AKR2 通过其 C 端结构域与叶绿体外膜上的膜脂成分单半乳糖基甘油二酯（monogalactosyldiacylglycerol，MGDG）和磷脂酰甘油（phosphatidylglycerol，PG）结合，引导这两类蛋白质插入外膜。胞质中属于小相对分子质量热休克蛋白家族的 sHsp17.8 作为 AKR2 的辅助因子，参与了该过程。β-折叠蛋白在胞质分子伴侣的帮助下插入外膜，在插入外膜之前，其 N 端的信号序列由两种不同的肽酶分别进行切割，但是机制尚不完全清楚（图 7-17）。

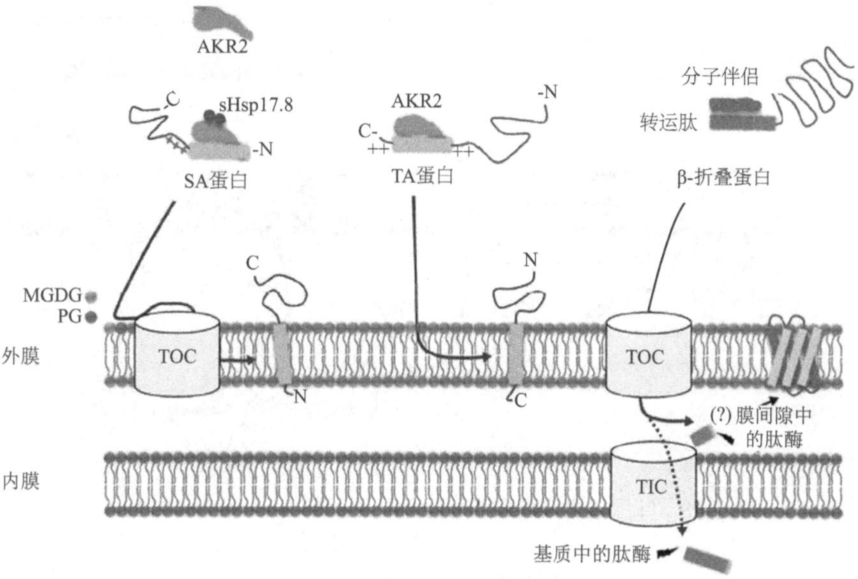

图 7-17　叶绿体外膜蛋白的分选和插入过程（引自 Lee et al.，2017）
(?) 机制尚不清楚

叶绿体内膜蛋白的分选过程更为复杂，与基质蛋白的转运类似，绝大多数的内膜蛋白也含有转运肽，表明它们都是通过 TOC/TIC 机制转运的。目前认为，内膜蛋白的转运有两条途径，当蛋白质通过 TOC 到达 TIC 时，因蛋白质类型的差异，或进入停止转移途径（stop-transfer pathway），或进入输入后途径（post-import pathway），最终定位到内膜上。在停止转移途径中，内膜蛋白含有的多次跨膜区作为该步骤的分选信号，将蛋白质约束于内膜上，从 TIC 通道中释放出来，侧向插入到内膜中并切除信号序列成为成熟蛋白。在输入后途径中，内膜蛋白利用转运肽信号先进入基质，在基质中切除信号序列，随后加工成熟的蛋白质插入内膜(图 7-18)。

定位在类囊体的蛋白质，同样具有转运肽信号序列，负责指导这些蛋白质进入叶绿体基质，在基质肽酶的作用下转运肽被切除，将疏水的类囊体信号序列暴露出来，然后这些蛋白质进一步通过不同的途径分选到类囊体膜上或者类囊体基质中。目前已知的途径有 4 条，其中 cpSRP 途径（cpSRP pathway）和自发插入途径（spontaneous insertion pathway）负责类囊体膜蛋白的插入，Sec 途径（secretory pathway）和 Tat 途径（twin-arginine translocation pathway）主要负责类囊体基质蛋白的分选（图 7-19）。

目前对集光叶绿素蛋白质（light-harvesting chlorophyll protein，LHCP）通过 cpSRP 途径分选的过程研究得较为清楚。这类蛋白质含有的独特基序 L18 可以被叶绿体基质中的信号识别颗粒分子 cpSRP 识别。cpSRP 作为受体与集光叶绿素蛋白质结合形成复合物，以依赖 GTP 的方式将集光叶绿素蛋白质插入类囊体膜中，插入过程需要类囊体膜上一些蛋白质辅助，还有些类

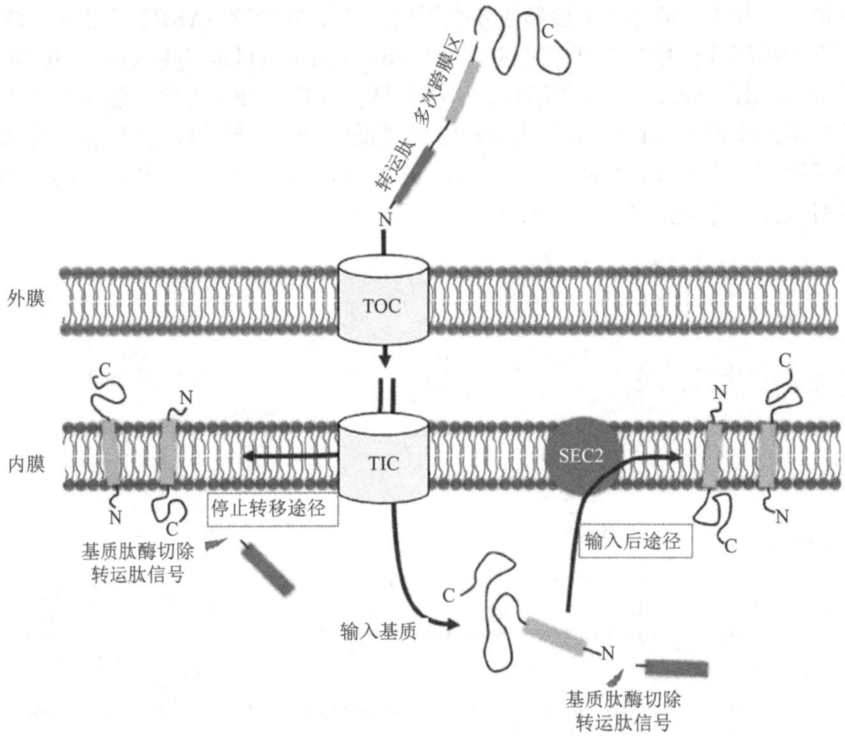

图 7-18　叶绿体内膜蛋白的分选途径（引自 Lee et al.，2017）

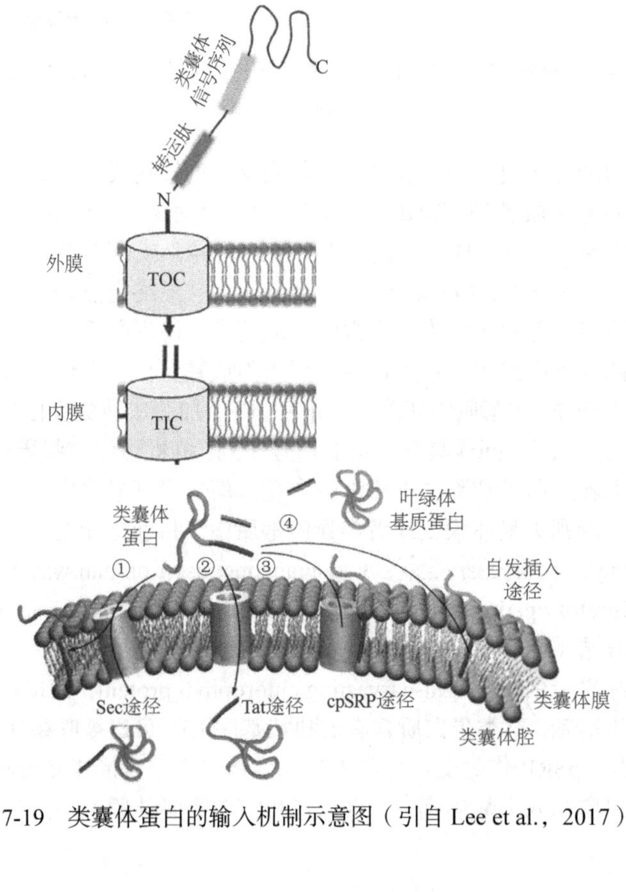

图 7-19　类囊体蛋白的输入机制示意图（引自 Lee et al.，2017）

囊体膜蛋白以自发插入形式整合到膜上，一般来说该过程既不需要消耗能量，也不需要膜上的蛋白质组分参与。

7.3　线粒体和叶绿体的增殖和起源

7.3.1　线粒体与叶绿体的增殖

7.3.1.1　线粒体的增殖方式

线粒体主要通过分裂或出芽生成。在细胞生长分化过程中，线粒体也随之生长，膜表面积增加，基质蛋白增多，线粒体 DNA 进行复制，然后线粒体再分裂。线粒体以与细菌的无丝分裂类似的方式进行增殖，可分为以下几种形式。

（1）间壁分裂　分裂时先由内膜向中心皱褶形成隔，随后外膜的一部分内陷，插入到隔的双层膜之间，将线粒体一分为二，见于部分动物和植物线粒体（图 7-20A）。

（2）收缩分裂　分裂时通过线粒体中部缢缩并向两端不断拉长然后一分为二，见于蕨类植物和酵母线粒体（图 7-20B）。

（3）出芽分裂　线粒体上先出现小芽，小芽脱落后长大，发育为成熟线粒体，见于藓类植物和酵母线粒体。

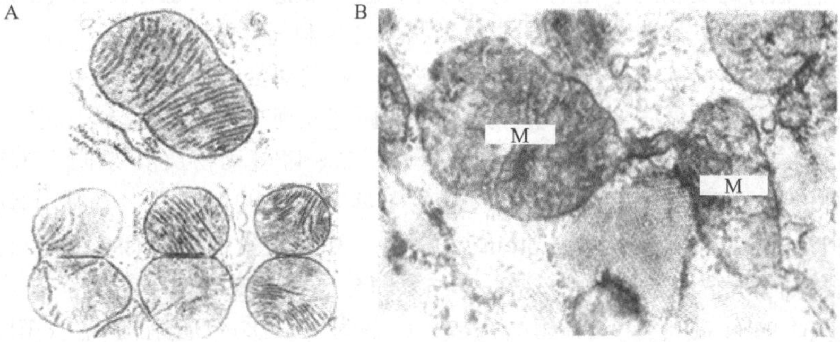

图 7-20　肝细胞线粒体的间壁分裂（A）和收缩分裂（B）电镜图（引自 Karp，2010）

7.3.1.2　线粒体的融合与分裂机制

线粒体是多细胞生命不可缺少的组成部分，作为一种复杂的细胞器，在细胞中并不是一成不变的，线粒体通过发生分裂（fission）和融合（fusion）改变线粒体的形态、结构及数量，从而满足细胞整体的生命活动。线粒体的这种控制其自身数量、大小、形状和在细胞内分布的特征被称为线粒体动力学。正常情况下，线粒体融合-分裂是处于一种动态平衡的过程，这种平衡对维持线粒体正常的形态、分布和功能十分重要。当细胞早期受到应激时，这个过程被打破，受损的线粒体首先通过分裂和融合来维持其功能的正常运行，对机体的生命活动产生重要的影响。分裂异常会导致线粒体破碎，而融合异常则会导致线粒体形态延长，两者都会影响线粒体的功能。线粒体融合与分裂间的失衡可产生巨型线粒体，这种过大的线粒体常见于病变的肝细胞、恶性营养不良患者的胰细胞和白血病患者骨髓的巨噬细胞中。

线粒体作为动态的细胞器，不断经历着融合和分裂事件，这种动态变化对于细胞的许多生物学过程可能都是必需的，如能量转化、胚胎发育、细胞分化、衰老、死亡等。细胞凋亡过程中，线粒体分裂增强，融合减弱，表现为线粒体的片段化。线粒体融合能够促进线粒体的协作，有利于能量在其中的传递和信息的沟通，包括膜电位快速传递及线粒体内容物的交换。融合还可以使线粒体之间通过线粒体基因组交换进行充分的 DNA 相互补充，使线粒体 DNA 维持稳定。

线粒体的融合是与分裂协同进行的，过程高度保守，均依赖于特定基因和蛋白质的调控。对线粒体融合的认识最初来自果蝇，发现调控线粒体融合所必需的基因是 *Fzo*，该基因编码一个跨膜的大分子 GTP 酶，定位于线粒体外膜上。随后，在酵母和哺乳动物中也发现了 *Fzo* 的同源基因，说明线粒体融合的分子机制在动物进化过程中具有保守性。在哺乳动物中，*Fzo* 的同源基因是 *Mfn*，编码蛋白称为线粒体融合素（mitofusin）。Mfn1 和 Mfn2 是哺乳动物线粒体融合的主要执行分子，均定位于线粒体外膜，N 端都具有 GTP 酶结构域，C 端有跨膜区（TM），跨膜区两侧各有一个疏水区（HR）。Mfn1/2 通过 C 端的跨膜区，锚定在线粒体外膜上，N 端的 GTP 酶结构域和 C 端卷曲螺旋结构伸到细胞质中。线粒体在融合时，位于不同线粒体外膜上的 Mfn 蛋白通过疏水区 HR2 形成二聚体，从而使两个线粒体相互靠近并融合（图 7-21）。

随后，在酵母中发现了另一个线粒体融合所必需的蛋白质 Mgm1，该蛋白质定位于膜间隙，可与 Fzo1 蛋白相结合。在哺乳动物中 Mgm1 的同源物是 OPA1，定位于线粒体膜间隙及内膜（图 7-21）。有证据表明，OPA1 介导了哺乳动物线粒体内膜的融合。目前关于 Mfn 和 OPA1 如何调控线粒体融合的机制还不完全清楚。此外，植物细胞中同样也存在着频繁的线粒体融合现象，但至今尚未发现 *Fzo* 或 *Mfn* 的同源基因，融合机制尚不清楚。

对线粒体分裂机制的认识最初来自酵母，发现一种发动蛋白相关 GTP 酶（dynamin-related GTPase）Dnm1 控制着线粒体分裂过程。进一步的研究发现，线粒体的分裂都需要一类发动蛋白（dynamin）。编码这类蛋白质的基因在酵母、线虫、哺乳动物及植物细胞中均已发现，说明线粒体分裂的分子机制在整个真核生物进化中具有高度的保守性。在哺乳动物中，发动蛋白相关蛋白 1（dynamin-related protein1，Drp1）和分裂蛋白 1（fission 1，Fis1）是线粒体分裂的重要执行分子。Drp1 是一个大的 GTP 酶分子，主要定位于细胞质，并以多聚体的形式存在。Drp1 的 N 端具有 GTP 酶结构域，C 端为 GTP 酶效应结构域（GED），中间是发动蛋白同源结构域。当线粒体分裂时，Drp1 转位至线粒体外膜上，并且富集于线粒体潜在的分裂位点，该过程是通过 Fis1 的招募实现的。Fis1 定位于线粒体外膜，通过 C 端的跨膜区锚定于线粒体外膜，其 N 端的 TPR 结构域游离于胞质，可招募 Drp1（图 7-22）。多个 Drp1 分子围绕线粒体潜在的分裂位点形成指环结构，并通过 GTP 水解改变分子间的距离或角度，逐渐压缩直至线粒体断裂，产生两个独立的线粒体。线粒体分裂后，Drp1 重新返回胞质中。

研究发现，Fis1 缺失、突变的细胞中，线粒体分裂位点处的 Drp1 聚集明显减少，线粒体分裂也受到抑制。推测 Fis1 参与分裂复合物的形成，可能通过招募胞质中的 Drp1 分子，共同聚集于线粒体潜在的分裂位点。此外，线粒体分裂还需要线粒体分裂蛋白（mitochondrial division 1，Mdv1）、**线粒体分裂因子（mitochondrial fission factor，MFF）**、线粒体延长因子 1（mitochondrial elongation factor 1，MIEF1）等蛋白质的参与。可见，线粒体分裂的分子机制是非常复杂的。

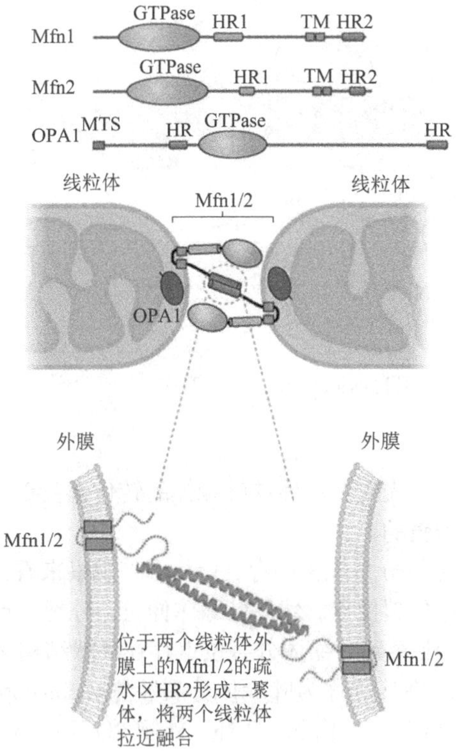

图 7-21　哺乳动物线粒体融合机制示意图（引自 Chan，2006）

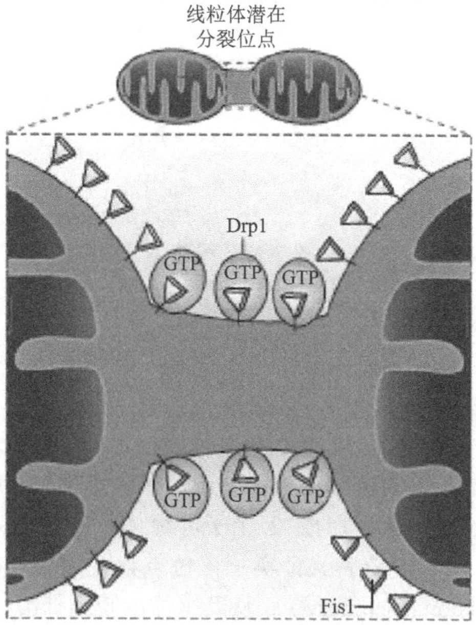

图 7-22　Drp1 和 Fis1 在线粒体分裂中的作用模式（引自 Youle and Narendra，2011）

线粒体的两种分裂机制——迥然不同的命运

线粒体是真核细胞中非常重要的细胞器，但却容易发生损伤。当线粒体出现损伤时，可通过分裂的方式去除损坏的部分。那么用于清除损伤的分裂与正常的线粒体分裂有什么不同呢？2021 年发表在 *Nature* 杂志上的研究回答了这一问题。

借助超分辨率显微镜观察发现，在细胞生长过程中，正常的线粒体进行的是中区分裂（midzone division），分裂位置在线粒体的中间，这一过程需要 Drp1、肌动蛋白和内质网的协助，而受损的线粒体进行的是外周分裂（peripheral division），分裂位置出现在线粒体的两端，分裂过程仍需要蛋白质 Drp1 的参与，但不再需要肌动蛋白和内质网，而是与溶酶体进行接触，完成后续的自噬，清除受损的那部分线粒体。这样的线粒体分裂后，所形成的两部分性质不同，诸如膜电位、ROS 和 Ca^{2+}的水平不一致。此外，研究人员还观察到，分裂后较小的部分往往拥有不健康的标志，比如缺乏复制的线粒体 DNA，且这部分会在随后被降解清除（图 7-23）。

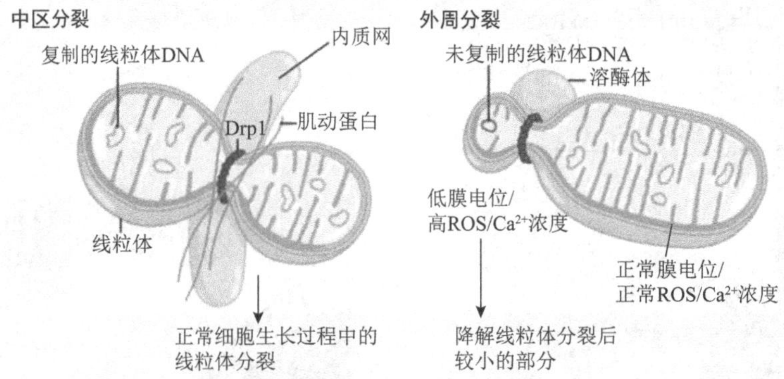

图 7-23　线粒体分裂的两种方式示意图（引自 Kleele et al.，2021）

7.3.1.3　叶绿体的增殖

叶绿体是由分生组织细胞内的前质体分化而来的，光对前质体向叶绿体的转化至关重要。与线粒体的增殖方式类似，叶绿体也是通过分裂而增殖的。

20 世纪 70 年代初，电镜技术的发展证实了叶绿体分裂现象的存在。从形态观察来看，叶绿体分裂与蓝细菌分裂类似。叶绿体首先在中部确定分裂位点，然后叶绿体伸长，分裂位点不断收缩，最后形成 2 个子叶绿体。通过电镜技术，观察到叶绿体分裂位点存在环状结构（图 7-24A）。随后又证实了该位点存在多层环状结构，将其统称为叶绿体分裂装置（chloroplast division machinery），从叶绿体内膜到外膜依次为：FtsZ 环、内侧 PD 环、外侧 PD 环和 ARC5 环（图 7-24B）。这些环状结构通过收缩并挤压分裂位点，最终完成叶绿体分裂，但机制尚不清楚。如果这些环状结构不能正常形成或行使功能，就会造成叶绿体分裂异常，常表现为叶绿体数量和形态的变化。

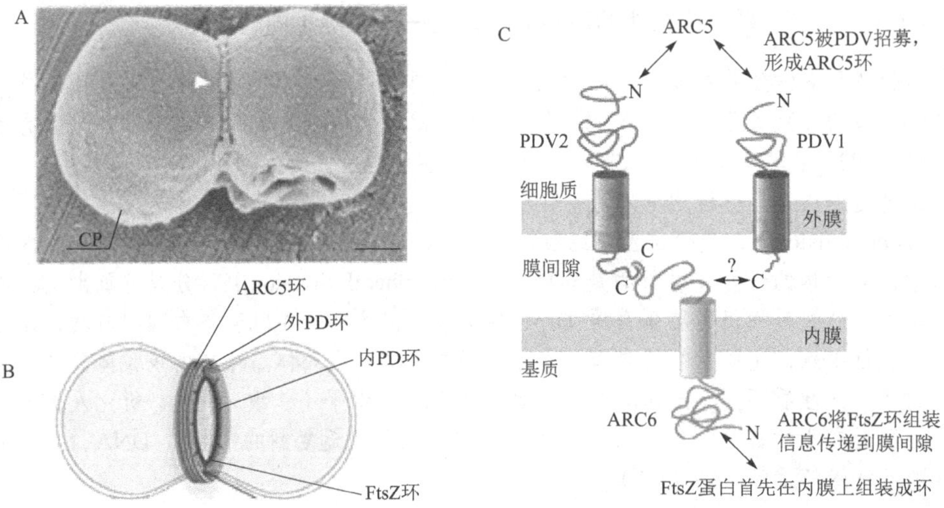

图 7-24　叶绿体的分裂机制

A. 扫描电镜显示红藻细胞中正在分裂的叶绿体（引自 Yoshida et al.，2006）；
B. 叶绿体分裂装置模式；C. 叶绿体分裂相关蛋白质的定位及作用模式（引自翟中和等，2011）

FtsZ 环是叶绿体分裂复合体组装的第一个结构，它决定了分裂环中其他蛋白质的组装和定位，并驱动叶绿体的分裂。FtsZ 蛋白具有 GTP 酶活性，在叶绿体内膜跨膜蛋白 ARC6

的作用下汇集于叶绿体的内膜下，ARC6 的 N 端伸向叶绿体基质，与 FtsZ 相互作用，协助 Z 环组装。ARC6 的 C 端伸向膜间隙，与外膜跨膜蛋白 PDV 的 C 端相结合，将叶绿体膜内的 FtsZ 环位置信息传递到膜间隙。研究结果表明，在叶绿体分裂的早期，内膜下的环最先完成定位和组装。

质体分裂蛋白 PDV1 和 PDV2 都是叶绿体外膜的跨膜蛋白，定位于分裂位点处，N 端暴露在胞质中，用来招募 ARC5。ARC5 也具有 GTP 酶活性。叶绿体分裂时，ARC5 蛋白在叶绿体表面分裂点处开始组装成环状结构——ARC5 环，以促进叶绿体膜缢陷及分段。由于 ARC5 没有叶绿体膜定位信号，ARC5 在叶绿体膜处的组装需要 PDV1 和 PDV2 的协助，被募集到叶绿体表面（图 7-24C）。

7.3.2 线粒体与叶绿体的起源

关于线粒体和叶绿体的起源，主要有**内共生起源学说（endosymbiosis theory）**和**非共生起源学说（non-endosymbiosis theory）**两种截然不同的观点。目前，内共生起源学说由于得到了更多的证据，是被广泛接受的学说。

7.3.2.1 内共生起源学说

1970 年，美国生物学家 Margulis 在总结前人工作的基础上，提出了较为完善的内共生起源学说。该学说认为，线粒体和叶绿体分别起源于原始真核细胞内共生的细菌和蓝细菌。原核生物在某些特殊的情况下吞入了一些好氧的细菌（原线粒体），这些细菌并没有被分解与消化，而是与寄主达成了一种默契，产生相互适应的关系，形成一种互利共生的状态，随着时间的推移而逐渐进化成线粒体。该学说主要的观点：原线粒体是线粒体的祖先，它属于一种革兰氏阴性菌，它可以进行三羧酸循环和电子传递；原线粒体可以与寄生的宿主产生相互依赖的共生关系，两者是互利共生的，宿主可以给原线粒体提供丰富的营养，原线粒体的氧化分解可以给宿主提供生命活动所必需的能量。与此类似，叶绿体的祖先推测是原核生物中能进行光合作用的蓝细菌，在生物进化过程中被原始真核细胞吞噬，在共生关系中，蓝细菌为宿主细胞完成光合作用，而宿主细胞为其提供营养条件。在漫长的进化过程中，与宿主共生的好氧细菌和蓝细菌分别逐渐演化为真核细胞内的两种细胞器——线粒体和叶绿体。目前的看法是线粒体出现于 20 亿年前，叶绿体出现于 10 亿～15 亿年前。

内共生起源学说的主要证据有：①线粒体和叶绿体的基因组在大小、形态和结构方面与细菌相似，都是由裸露的环状双链 DNA 分子构成；②线粒体和叶绿体有自己完整的蛋白质合成系统，能独立合成蛋白质，蛋白质合成机制有很多类似细菌而不同于真核生物；③线粒体和叶绿体的两层被膜有不同的进化来源，外膜与细胞的内膜系统相似，内膜与细菌质膜相似；④线粒体和叶绿体以分裂的方式进行繁殖，与细菌的繁殖方式相同；⑤线粒体和叶绿体能在异源细胞内长期生存，说明线粒体和叶绿体具有自主性与共生性的特征；⑥线粒体的祖先很可能来自反硝化副球菌或紫色非硫光合细菌；⑦发现介于胞内共生蓝细菌与叶绿体之间的结构——蓝小体，为叶绿体的起源进化提供了佐证。

虽然内共生起源学说得到了许多学者的支持，但也有一些不足之处：①从进化角度，如何解释在代谢上明显占优势的共生体反而将大量的遗传信息转移到宿主细胞中；②不能解释细胞核是如何进化来的，即原核细胞如何演化为真核细胞；③线粒体和叶绿体的基因组中存在内含子，而原核生物基因组中不存在内含子，这些内含子的产生机制尚无法解释。

蓝细菌与叶绿体的进化

蓝细菌是叶绿体进化前体的概念是一个世纪前提出的。15 亿～20 亿年前，自由生活的蓝细菌被原始的真核细胞所捕获，这种捕获过程已在实验室得到验证，包括植物原生质体吸收藻类叶绿体、白化原生质体吸收绿色叶绿体，以及绿色或杂色植物的再生实验等。在这一古老的“诱捕事件”之后，在绿色植物漫长的进化过程中，蓝细菌的基因大量转移到核基因组中，如拟南芥核基因组中约 18%起源于祖先质体基因组。

与蓝细菌相比，真核细胞中的质体基因组容量已大大降低。例如，蓝细菌 *Synechocystis* PCC 6803 的基因组为 3573 kb，包含约 3200 个基因，红藻（*Porphya purpurea*）中的质体基因组仅为 191 kb，约编码 250 个基因。除参与蛋白质合成和光合作用的基因外，红藻的质体基因组还编码几种生物合成途径、氮同化和代谢调节的基因。

在陆生植物进化过程中，作为蓝细菌细胞壁的肽聚糖逐渐退化，在高等植物的基因组中，一些参与肽聚糖合成相关的关键酶基因缺失。大多数陆生植物的质体基因组包含 110～130 个基因，其中约 80 个基因编码参与光合作用和其他过程的蛋白质。而在寄生植物中，尽管光合作用基因丢失，但是其质体基因组保留了蛋白质合成和 DNA 复制起始所必需的基因。

7.3.2.2　非共生起源学说

非共生起源学说认为线粒体的发生是质膜内陷的结果。细胞本身就来源于一种好氧的细菌，伴随着生物的不断进化，某些具有呼吸作用的细胞膜逐步内陷，并包裹住部分遗传物质，如 DNA 或 RNA 等，逐渐形成了既具有独立遗传物质、又有着呼吸功能和膜结构的线粒体。非共生起源学说的主要内容包括：①一部分原始的好氧细菌中存在的拟线粒体结构是由细胞质膜的内陷和折叠形成的，具有呼吸功能；②通过细菌细胞膜的内陷、扩张、分化，形成了细胞核、线粒体和叶绿体等细胞器的雏形；③对真核细胞连续切片发现了核膜与各种细胞器膜的连续关系，说明它们很可能是起源于自身内膜系统的内陷。这一学说的成功之处在于解释了真核细胞核膜形成与演化的渐进过程。但不足之处是实验证据不多，无法解释为何线粒体、叶绿体与细菌在 DNA 分子结构和蛋白质合成性能上有那么多相似之处；线粒体和叶绿体的 DNA 酶、RNA 酶和核糖体的来源，也很难解释真核细胞的细胞核能否起源于细菌的核区。

知识点小测试

本 章 小 结

线粒体和叶绿体是真核细胞的“能量转换器”。线粒体广泛存在于各类真核细胞中，叶绿体存在于植物细胞中。线粒体和叶绿体的形态、大小、数量和分布与细胞类型、所处的生理条件及能量需求有关。线粒体和叶绿体的结构特征主要呈封闭的双层膜结构，外膜含有孔蛋白，通透性高；内膜通透性低，通常向内折叠分别形成线粒体的嵴和叶绿体的类囊体，从而使氧化磷酸化和光合作用等复杂的化学反应能有条不紊地顺利进行。线粒体和叶绿体的基质中除含有多种酶类外，还含有自身的遗传信息表达系统。

线粒体的主要功能是进行三羧酸循环，经氧化磷酸化产生 ATP。呼吸链上的电子载体是按氧化还原电位从低向高排列的。各种电子载体组成 4 个蛋白质复合体，由复合物Ⅰ、Ⅲ和Ⅳ组成 NADH 呼吸链，传递氧化 NADH 释放的电子，由复合物Ⅱ、Ⅲ和Ⅳ组成 $FADH_2$ 呼吸链，传

递氧化 $FADH_2$ 释放的电子，从 NADH 或 $FADH_2$ 释放的电子经过呼吸链传递给 O_2 的过程中发生氧化磷酸化形成 ATP。每 1 个 NADH 被氧化产生 3 个 ATP，每 1 个 $FADH_2$ 被氧化产生 2 个 ATP。化学渗透假说认为呼吸链电子传递过程中生成的质子不能自由通过内膜，由此形成线粒体内膜两侧的质子动力势，这种势能驱动 ATP 合酶合成 ATP。“构象假说”认为在质子流驱动下，ATP 合酶的构象发生变化，从而进行 ATP 合成与释放。

叶绿体的主要功能是进行光合作用，包括“光反应”和“暗反应”两个阶段。光反应在内囊体膜上进行，暗反应即碳同化，是在叶绿体基质中进行的酶促化学反应。叶绿素吸收光能传递到反应中心，色素（在 PSⅠ为 P700、PSⅡ为 P680）发生原初光化学反应即电荷分离，从而引起电子传递，其传递途径称为“Z”链。在“Z”链中，最终电子供体为水，最终电子受体为 $NADP^+$。在这个过程中形成了 NADPH，同时偶联 ATP 的形成。因此，光反应过程中产生 ATP 及 NADPH，它们被用于暗反应过程中 CO_2 还原成糖之需。CO_2 被还原成糖的基本途径称为卡尔文循环。

线粒体和叶绿体属于半自主性细胞器，均具有自我增殖所必需的基本组分，具有转录和翻译的功能，但非常不完善。绝大多数蛋白质是由核基因编码，在细胞质核糖体上合成，然后转移至线粒体或叶绿体内，与线粒体或叶绿体 DNA 编码的蛋白质协同作用。细胞核一方面为半自主性细胞器提供了绝大部分遗传信息，另一方面具有关键的控制功能。也就是说，线粒体和叶绿体的自主程度是有限的，对核遗传系统有很大的依赖性。因此，线粒体和叶绿体的增殖与分化受核基因组及其自身的基因组两套遗传系统的控制。

核基因组编码的线粒体与叶绿体蛋白质分选的机制比较类似，首先在线粒体和叶绿体的外膜和内膜上都有转运相应蛋白质的特定蛋白质复合体，复合体都是多亚基构成的，其中包括受体。线粒体和叶绿体蛋白质大多具有特定的信号序列，被外膜上的受体识别后，通过不同的途径分选到外膜、膜间隙、内膜、基质及叶绿体类囊体膜上和类囊体腔内。转运过程涉及多种分子伴侣的协助，转运之前蛋白质处于去折叠状态，到达特定位点后，在分子伴侣的协助下重新折叠，成为有功能的蛋白质。蛋白质的跨膜转运还需要消耗能量，有些跨膜过程还与膜电位有关。

线粒体和叶绿体主要通过分裂进行增殖，线粒体还有融合现象。线粒体和叶绿体的起源主要有两种不同的观点，即内共生起源学说和非共生起源学说。前者的观点普遍被接受，一般认为线粒体和叶绿体分别起源于原始真核细胞内的细菌和蓝细菌，在与宿主长期的互利共生的进化过程中分别演化为线粒体和叶绿体。

复习题

一、基础检测题

1. 怎样理解线粒体和叶绿体是细胞能量转换的细胞器？
2. 线粒体和叶绿体在细胞内呈现怎样的动态特征？
3. 比较线粒体和叶绿体的结构与功能。
4. 简述线粒体和叶绿体的半自主性。
5. 植物细胞中既有叶绿体这种产能细胞器，为什么还必须有线粒体的存在？
6. 电子传递链与氧化磷酸化之间有何关系？化学渗透假说的主要论点是什么？
7. 比较线粒体氧化磷酸化和叶绿体光合磷酸化的异同点。

二、归纳拓展题

1. 如何理解线粒体、叶绿体基因组与核基因组在真核生物进化过程中形成的相互协作关系。

2. 蛋白质在细胞质中合成后，经过分选进入线粒体基质主要包括哪些步骤？

3. 根据细胞器“内共生学说”，线粒体起源于被吞噬进细胞的需氧细菌，而叶绿体则起源于被吞噬进细胞内的蓝细菌，请列出支持内共生学说的细胞生物学证据并加以论述（至少 5 种证据）。

4. 调控线粒体融合和分裂的基因主要包括哪些？请概述其基因调控机制及线粒体融合和分离对细胞功能的影响。

5. 什么是线粒体病？如何理解线粒体病发生的原因？据报道，为防止严重的线粒体遗传病，2015 年 2 月英国议院批准“一父两母”线粒体捐赠辅助生殖技术。2016 年 4 月首位“一父两母”婴儿在墨西哥诞生。试分析上述“一父两母”技术的生物学理论基础和科学意义。

（本章作者　王华华）

第8章　细胞骨架

细胞骨架（cytoskeleton）是存在于真核细胞中的由蛋白质按照特定模式、高度有序地构建而成的纤维网状体系，包括细胞质骨架、细胞膜骨架（膜骨架）和细胞核骨架（核骨架）。细胞骨架在细胞的整个生命周期中呈动态有序变化，使细胞具有不同的形态、运动能力和功能。细胞质骨架包括三类组分：微丝、微管和中间丝。细胞质骨架的主要功能包括：①维持细胞的形态；②为细胞器提供附着位点；③提高细胞抵抗机械力的能力；④为细胞运动提供动力；⑤介导细胞内的膜泡运输；⑥参与细胞分裂；⑦参与信号转导。细胞膜骨架的功能不仅涉及为质膜提供支撑，而且与质膜功能的维持有重要关联；细胞核骨架的功能则涉及细胞核内几乎所有的过程，包括染色质的构建和染色体的组装、DNA 的复制及修复、基因转录和加工等。

学习目标　　知识结构图　　彩图　　视频

8.1　微　　丝

微丝（microfilament）分布在所有真核细胞中，与细胞的多种运动，特别是细胞表面有关的运动密切相关。

8.1.1　微丝的结构

微丝的主要结构成分是**肌动蛋白（actin）**。肌动蛋白在细胞中含量丰富，且序列高度保守，在肌细胞中肌动蛋白约占细胞蛋白质总量的 10%。在非肌细胞中，肌动蛋白占细胞蛋白质总量的 1%～5%。

肌动蛋白呈球状，又称为**球状肌动蛋白（globular actin，G-actin）**，结构上含一个 ATP/ADP 结合位点和一个 Mg^{2+}结合位点。晶体结构显示，肌动蛋白是不对称的，一端的裂缝是 ATP 进出口，能结合 ATP/ADP 和 Mg^{2+}，常被作为负极；而像合页一样能调控裂缝大小的另一端，常被称作正极（图 8-1A）。乙酸双氧铀负染后进行电镜观察，发现肌动蛋白单体组装形成线性结构，即**纤维状肌动蛋白（fibrous actin，F-actin）**。两条肌动蛋白丝以右手双股螺旋的方式组装成直径为 7 nm 的微丝。X 射线衍射技术的分析发现，微丝中每个肌动蛋白单体周围都有 4 个单体上下左右围绕（图 8-1B）。不对称的肌动蛋白按照头尾相接的方式组装，形成有极性的微丝（图 8-1C）。

单细胞真核生物，只有 1 个肌动蛋白编码基因，但是在多细胞生物体中，肌动蛋白编码基因以家族形式存在，如人类有 6 个，一些植物细胞则多达 60 个。肌动蛋白序列高度保守，不同的肌动蛋白异构体的氨基酸序列同源性特别高，变形虫和动物细胞肌动蛋白的同源性高达 80%。

尽管肌动蛋白序列高度保守，但是不同肌动蛋白所执行的功能却相差很大。例如，脊椎动物的 6 个肌动蛋白基因包括 4 个 α-肌动蛋白、1 个 β-肌动蛋白和 1 个 γ-肌动蛋白。α-肌动

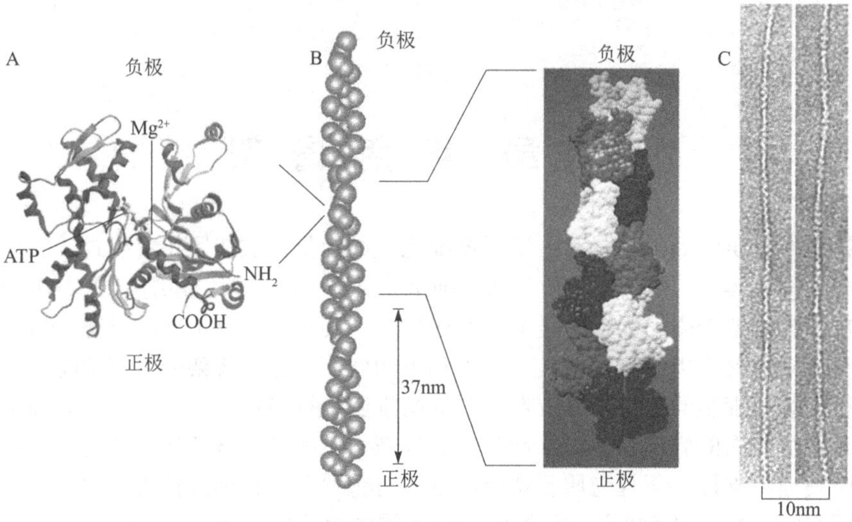

图 8-1　肌动蛋白和微丝的结构（引自 Alberts et al.，2014）

A. 肌动蛋白三维结构；B. 微丝模型；C. 微丝的电镜照片

蛋白只分布在肌细胞中，与形成收缩结构有关；β-和 γ-肌动蛋白普遍存在于不同类型真核细胞中，β-肌动蛋白位于细胞运动最前沿的伪足中；γ-肌动蛋白组成了**应力纤维（stress fiber）**，与细胞形态的维持相关。

8.1.2　微丝的组装

8.1.2.1　微丝组装的基本特征

由于肌动蛋白有 1 个 ATP/ADP 结合位点，因此有 ATP 结合型和 ADP 结合型两种存在形式。肌动蛋白结合的 ATP 或 ADP 能影响肌动蛋白分子的构象，因而 ATP/ADP 的转换对微丝的组装起着至关重要的作用，通常只有结合 ATP 的肌动蛋白才能参与微丝的组装。由于肌动蛋白具有 ATP 酶活性，所结合的 ATP 会被缓慢水解成 ADP，因而多数微丝是由 ADP 结合型的肌动蛋白组成，结合 ADP 的这一端一般在微丝的负极，而正极常被 ATP 结合型的肌动蛋白覆盖，这一结构称为 **ATP 帽**（ATP cap）。

在体外实验中，在肌动蛋白溶液中添加 Mg^{2+}或 K^{+}（如 2 nmol/L Mg^{2+}或 100 nmol/L K^{+}），会诱导肌动蛋白聚集，组装成肌动蛋白丝，而随着这些离子浓度的降低，肌动蛋白丝则解聚成单体。微丝体外组装包括 3 个连续阶段（图 8-2）。

（1）成核阶段　　成核阶段的标志事件是肌动蛋白聚集成短的、不稳定的多聚体，这一过程较慢，是组装的限速步骤。当 2 个或 3 个肌动蛋白聚集在一起时，即可作为一个稳定的核心，诱导微丝形成。在细胞内，这一反应一般发生于质膜之下，需要肌动蛋白相关蛋白（actin-related protein，Arp）的参与，微丝的负极常常与成核因子——Arp2/3 复合物（actin-related protein 2/3 complex）结合，新的肌动蛋白在微丝的正极不断添加。

（2）延伸阶段　　在延伸阶段，如果 ATP 结合型肌动蛋白浓度较高，微丝的两端都可以延伸，但是由于微丝两端的结构不同，正极带有 ATP 帽的微丝比较稳定，可以持续组装，通常肌动蛋白在正极添加的速度明显快于负极。随着肌动蛋白丝的延伸，肌动蛋白的浓度不断下降，微丝组装的速度逐渐变慢。

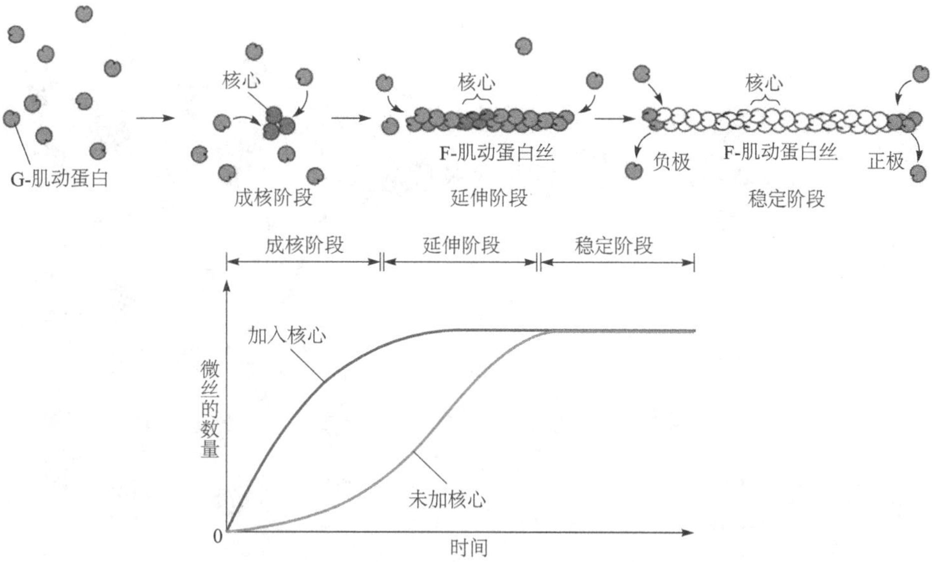

图 8-2　微丝体外组装的过程（引自 Lodish et al.，2007）

（3）稳定阶段　进入稳定阶段，如果 ATP 充足，肌动蛋白在肌动蛋白丝的两端不断交替更新，当在正极添加的速度与负极解聚的速度相同时，肌动蛋白丝保持总体长度不变。

当进入稳定阶段后，游离肌动蛋白的浓度就被称为**临界浓度**（critical concentration，*Cc*），它决定了微丝的组装或者解聚。体外组装中，当游离的肌动蛋白浓度高于 *Cc*，微丝的末端会继续组装，反之，肌动蛋白丝自发解聚。处于临界浓度时，微丝正极的组装和负极解聚达到动态稳定，微丝的总长度不变，这种平衡现象被称为**踏车现象（treadmilling）**（图 8-3）。

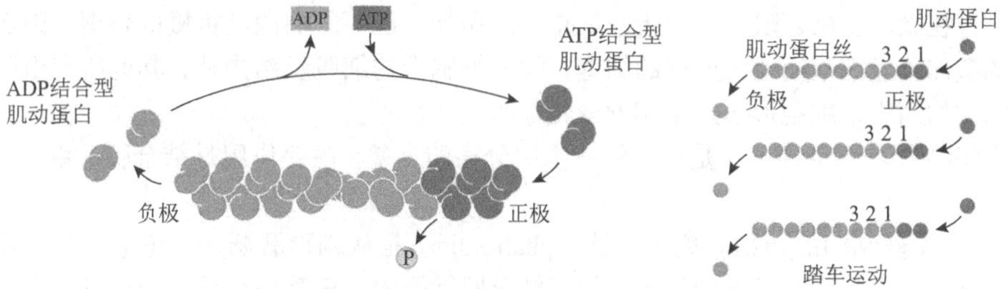

图 8-3　微丝的踏车运动（引自 Alberts，2019）

微丝的随机动态组装模型

踏车模型是微丝组装过程的理想状态，但在细胞中，微丝的组织结构、维持及周转都与踏车模型有所出入。Stagier 等又提出新的随机动态组装模型来解释微丝骨架动态变化的过程（图 8-4）。随机动态组装模型认为大部分的微丝都是以微丝单体库的形式存在，新的微丝可以在细胞质中从头合成或者从已经存在的微丝侧边形成。其余微丝也可以从微丝片段或者已被切割的微丝末端进行生长。微丝的生长速率与微丝单体库的大小及成核因子有关。微丝解聚速率主要受微丝切割及随后的加帽作用调控，不受微丝负极的解聚过程调节。单体从微丝上解离下来后，又可以进入单体库中。

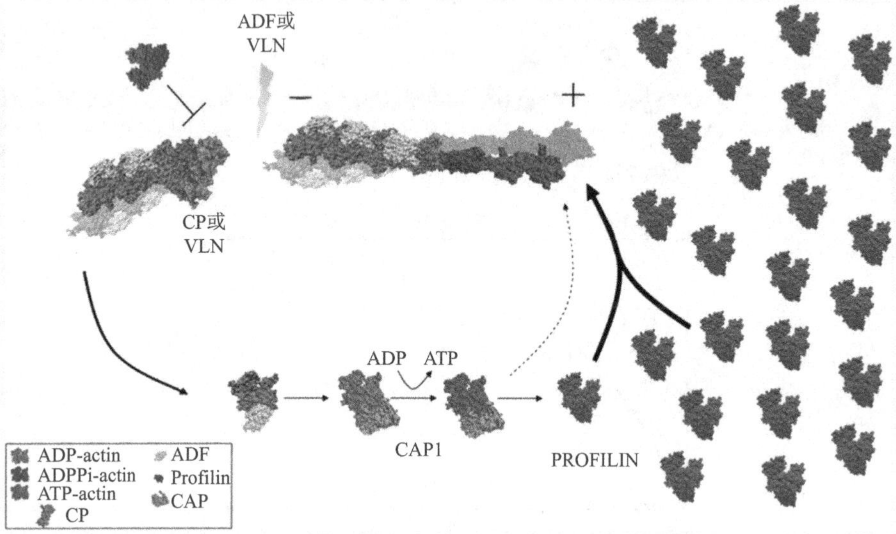

图 8-4　微丝的随机动态组装模型（引自 Stagier et al.，2010）

ADF. actin depolymerizing factor，肌动蛋白解聚因子；VLN. villin，绒毛蛋白，可结合肌动蛋白、切割肌动蛋白丝、给肌动蛋白丝加帽；CP. capping protein，加帽蛋白，结合到微丝正极，抑制肌动蛋白在正极的添加和解离，还可以抑制微丝端部之间的结合，并与 formin 竞争微丝端部结合位点；CAP1. Cyclase-associated protein 1，腺苷酸环化酶相关蛋白 1，可结合肌动蛋白

8.1.2.2　微丝特异性药物

一些特异性结合微丝的药物常用于研究微丝的结构和功能。

1）阻止微丝组装的药物。细胞松弛素（cytochalasin）是真菌分泌的生物碱，可特异性、可逆地结合在微丝正极，阻止肌动蛋白从正极的添加，但不影响微丝负极的解聚，因而最终导致微丝的解体。经细胞松弛素处理的细胞，除肌细胞中的细肌丝结构外，其他所有由肌动蛋白组成的结构均消失，细胞形态发生剧烈变化。

红海海绵素（latrunculin）是从红海海绵中分离的毒素，主要作用是结合肌动蛋白，阻止微丝的组装。

2）稳定微丝结构的药物。鬼笔环肽（phalloidin）是从剧毒蘑菇——鬼笔鹅膏中提取的肽类毒素，具有结合和稳定微丝的作用，但不结合肌动蛋白。鬼笔环肽可抑制微丝解聚，但不影响其组装。

8.1.3　微丝结合蛋白

尽管在所有的真核生物中，肌动蛋白普遍存在且高度保守，但是组装成的微丝在细胞中的功能却是多样化的，在不同的细胞类型或者生理活动中，微丝通常呈现出各自特异的精准结构和动态变化模式。这是由于微丝在细胞中的装配及动态变化还受到微丝结合蛋白（microfilament-associated protein，MAP）的控制。

微丝结合蛋白通过调控微丝的成束、交联、剪切等过程，进一步形成更加复杂的结构。微丝结合蛋白广泛分布在肌细胞和非肌细胞中，目前已分离的微丝结合蛋白有上百种之多，功能更是多种多样（图 8-5），包括：①调控微丝的组装和解聚；②控制微丝成核；③调控微丝伸长、稳定和解聚；④结合单体肌动蛋白；⑤调控微丝进一步形成高级结构；⑥促进微丝交联，形成束状、网状结构；⑦形成机械框架，起支持作用；⑧承担分子马达的功能；⑨锚定作用，可将肌动蛋白锚定在膜上或膜蛋白上，或者将不同类型的细胞骨架联结起来。

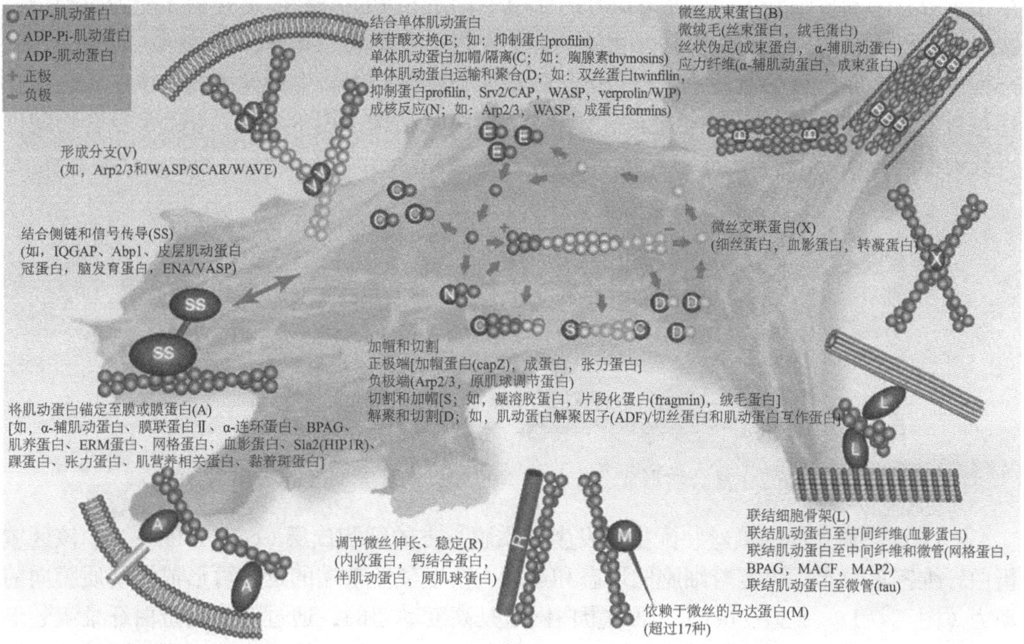

图 8-5　微丝结合蛋白功能的示意图（引自 Winder and Ayscough，2005）

8.1.3.1　非肌肉细胞中的微丝结合蛋白

在非肌肉细胞中，微丝结合蛋白主要包括微丝成核蛋白、微丝成束和网络蛋白、结合单体肌动蛋白的微丝结合蛋白，以及稳定纤维状肌动蛋白的封端蛋白及膜结合蛋白等（表 8-1）。

表 8-1　几种主要的微丝结合蛋白

类型	名称	功能	分布
微丝成核蛋白	Arp2/3 复合物	微丝组装中起成核作用	广泛
微丝成束和网络蛋白	丝束蛋白	横向连接微丝成束	平滑肌
	成束蛋白	横向连接微丝成束	
	α-辅肌动蛋白	连接微丝成束，在肌节中具有作用	肌肉
	细丝蛋白	连接微丝形成网络	广泛
与单体肌动蛋白结合	胸腺素 β4	与单体肌动蛋白结合，调控肌动蛋白组装	广泛
	抑制蛋白	与肌动蛋白单体结合，促进肌动蛋白聚集	广泛
产生微丝新末端	切丝蛋白	促进肌动蛋白丝的解聚	
封闭 F-肌动蛋白末端	Cap Z	阻止肌动蛋白单体的结合	肌肉
	β-辅肌动蛋白		肾、肌肉
膜结合蛋白	肌营养不良蛋白		骨骼肌
	膜桥蛋白		盘基网柄菌属
	黏着斑蛋白	介导微丝与质膜结合	广泛

（1）微丝成核蛋白　目前研究最为深入的成核蛋白是 Arp2/3 复合物（actin-related protein-2/3 complex），包含 7 个亚基，是由 Arp2、Arp3 和其他 5 种蛋白质构成的复合物，几乎存在于所有的真核细胞中。在外来信号的作用下，活化后的 Arp2/3 复合物才能为肌动蛋白的组装提供起点，在远离 Arp2/3 复合物的一侧为正极，肌动蛋白单体不断加入。此外，Arp2/3 复合物也能结合在已有的微丝上，呈 70°与微丝结合后，产生新生微丝的成核位点，已存在的微丝与新生微丝结合在一起就构成了一个分支的网络状结构（图 8-6）。Arp2/3 复合物就位于这一结构中的分支点上。

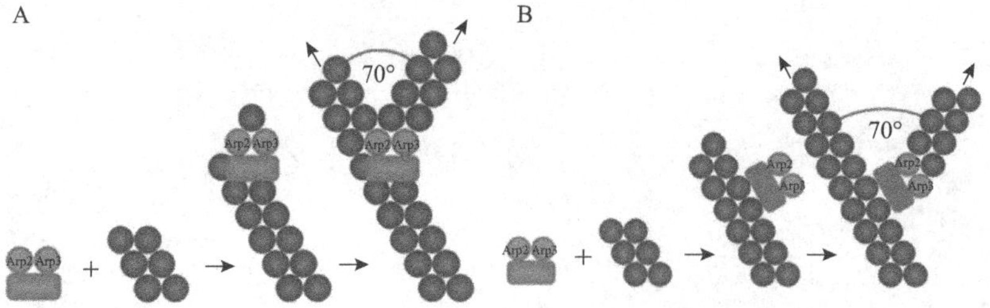

图 8-6　Arp2/3 复合物形成分支状微丝的方式（引自 Millard et al.，2004）

Arp2/3 复合物介导的微丝装配主要发生在质膜下方的**细胞皮层**（cell cortex）中，该区域肌动蛋白纤维密集分布，决定着细胞的形态和运动。新生微丝末端的延伸可形成推动质膜向前的运动力（图 8-7）。细胞皮层中的肌动蛋白网络是高度动态的，通过对肌动蛋白纤维组装形式的调控，细胞能快速应对环境的变化。细丝蛋白可以稳定这一结构，而切丝蛋白则使这一结构解聚。

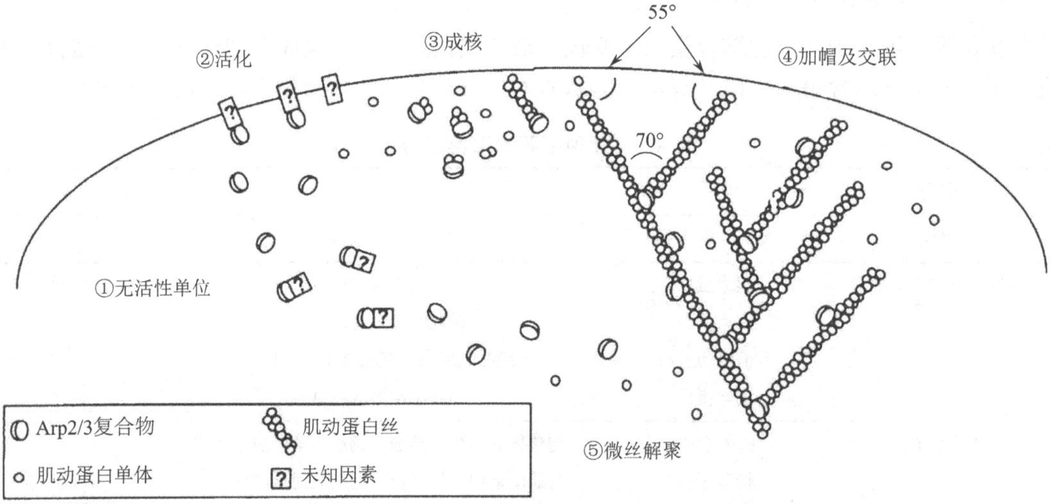

图 8-7　非肌细胞质膜前缘肌动蛋白的组装

（2）单体结合蛋白　在非肌肉细胞中，约 50%的肌动蛋白是以单体形式存在的，单体肌动蛋白的浓度为 50～200 mmol/L，远高于临界浓度，这一现象主要与细胞中的单体结合蛋白有关。例如，一种单体结合蛋白胸腺素 β4 在细胞质中含量丰富，可以等比例结合在 ATP 结合型肌动蛋白的负极，所形成的复合物处于被封闭的状态，其中的单体无法添加到肌动蛋白丝上，从而抑制了微丝的聚合。另一种单体结合蛋白——抑制蛋白也是调控肌动蛋白单体与多聚体平衡的重要分子，功能是招募肌动蛋白用于肌动蛋白丝的装配。抑制蛋白结合 ADP 结合型肌动蛋白后，能促进 ADP 转换成 ATP，使肌动蛋白活化。但是由于抑制蛋白结合在肌动蛋白的正极，因而阻止了抑制蛋白-肌动蛋白复合体在微丝负极的添加，但是却能够在微丝的正极添加（图 8-8）。

胸腺素 β4 和抑制蛋白竞争性地结合单体肌动蛋白（也被称为单体隔离蛋白），单体结合蛋白的浓度或者活性发生变化时，会使细胞中肌动蛋白单体与多聚体的平衡改变，进而决定肌动蛋白是趋于聚合还是解聚。

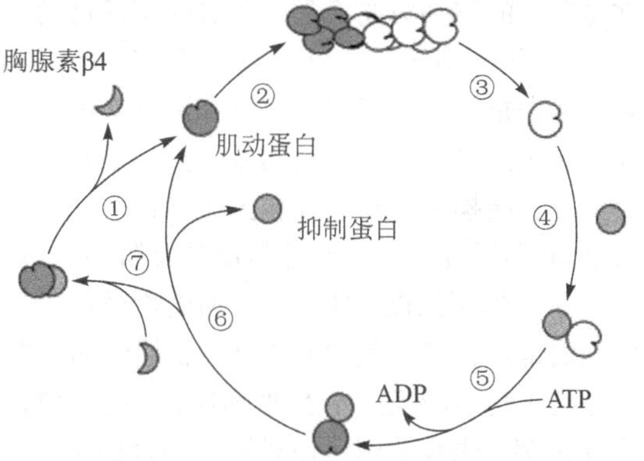

图 8-8　胸腺素 β4 和抑制蛋白调控肌动蛋白单体聚集的机制（引自 Lodish et al.，2007）

●ATP 结合型肌动蛋白；○ADP 结合型肌动蛋白

①肌动蛋白与胸腺素 β4 解离；②肌动蛋白加到微丝的正极；③在微丝上，ATP 水解为 ADP，ADP 结合型的肌动蛋白从负极解离；④ADP 结合型的肌动蛋白与抑制蛋白形成复合物；⑤ATP 与 ADP 交换，形成 ATP 结合型的肌动蛋白；⑥抑制蛋白将 ATP 结合型肌动蛋白传送到微丝正极；⑦胸腺素 β4 与 ATP 结合型肌动蛋白结合，将其隔离

8.1.3.2　肌肉细胞中的微丝结合蛋白

肌球蛋白（myosin）高度保守，广泛存在于真核细胞中。肌球蛋白不仅能与微丝结合，还能与一些细胞器或囊泡结合，同时通过水解 ATP，将化学能转化为机械能，沿着微丝运动，因此这类分子常被称为**分子马达**（molecular motor）或**马达分子**（motor molecule）。

肌球蛋白在胞质流动、物质运输、肌肉收缩等多种生理活动中发挥重要的作用。目前认为可分为 18 大类，根据分子结构和功能差异，肌球蛋白可分为传统型肌球蛋白和非传统型肌球蛋白（表 8-2）。

表 8-2　部分肌球蛋白的特点（引自 Bernardo et al.，2006）

类型	结构	重链相对分子质量/MW	步移距离/nm	活性
Ⅰ		110 000～150 000	10～14	与质膜结合，内吞囊泡
Ⅱ	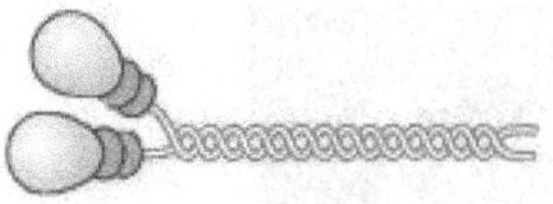	220 000	5～10	肌丝滑动
Ⅴ	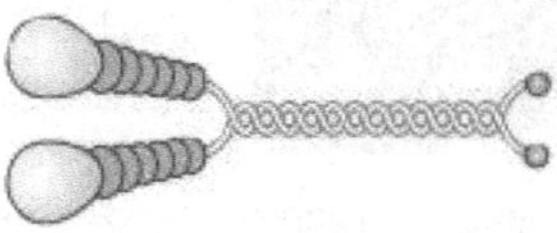	170 000～220 000	36	膜泡运输
Ⅵ	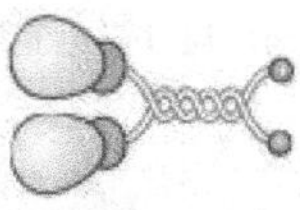	140 000	30	内吞作用
Ⅺ	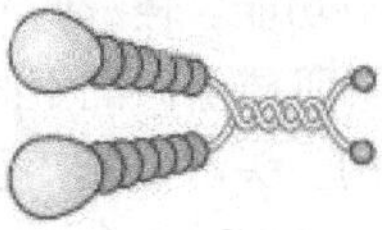	170 000～260 000	35	胞质环流

传统型肌球蛋白一般指Ⅱ型肌球蛋白，主要在肌细胞中调控肌丝滑动，也在非肌细胞中参

与收缩环、应力纤维的组装，构成有收缩能力的细胞结构。其他类型的肌球蛋白均称为非传统型肌球蛋白。例如，Ⅰ型肌球蛋白将膜脂与微丝结构连接起来，参与细胞突起的形成；Ⅴ型肌球蛋白与膜泡运输、细胞器的运输相关。现有的研究发现，除了Ⅵ型肌球蛋白，其他肌球蛋白在微丝上的移动方向都是从负极向正极运动。

1）传统型肌球蛋白　　最早鉴定的肌球蛋白为Ⅱ型肌球蛋白，一个完整的Ⅱ型肌球蛋白是由两条重链、两条调节轻链和两条必需轻链组成的六聚体。作为沿着微丝运动的马达分子，肌球蛋白通常含有 3 个结构域，分别是马达结构域、调节结构域和尾端结构域。

马达结构域是与运动相关的结构域，不仅含有 ATP 结合位点和肌动蛋白结合位点，而且具有 ATP 酶活性。只有肌球蛋白结合肌动蛋白时，马达结构域的 ATP 酶活性才能被激活。借助 ATP 水解作用供能，肌球蛋白沿着微丝运动，尤其是在细胞皮层及神经细胞生长锥前端等富含微丝的部位，多以此种方式进行物质运输。尾端结构域是参与肌球蛋白复合体组装，以及选择性地与被转运的膜泡或者细胞器结合的部位；调节结构域是连接马达结构域和尾端结构域的一段 α 螺旋，也是肌球蛋白轻链的结合部位。

在肌细胞中，Ⅱ型肌球蛋白约占肌肉总蛋白的 50%，重链常相互缠绕形成长约 140 nm、直径 2 nm 的双股 α 螺旋。在未结合肌动蛋白时，肌球蛋白内在的 ATP 酶活性较低，能缓慢地将 ATP 水解成 ADP 和焦磷酸，每小时仅水解 4 个 ATP。然而当肌球蛋白和肌动蛋白结合时，肌球蛋白头部的 ATP 酶活性显著提高，每秒钟可水解 20 个 ATP。肌动蛋白激活的这一过程确保了肌球蛋白头部的 ATP 酶调控二者结合的最大速率（图 8-9）。

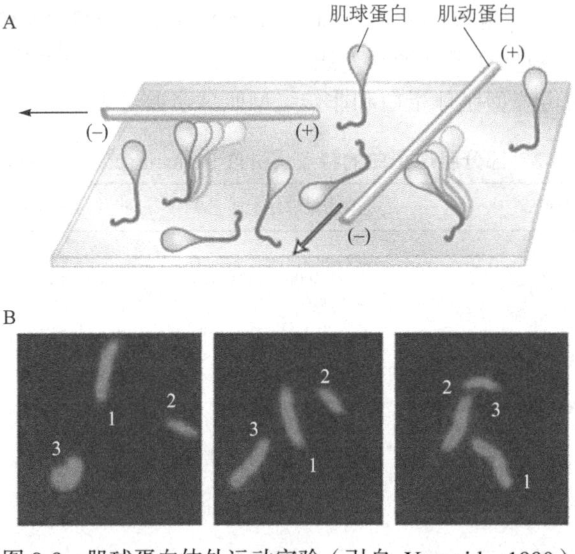

图 8-9　肌球蛋白体外运动实验（引自 Yanagid，1990）

A. 有 ATP 存在时，将肌球蛋白尾部固定在玻片上，肌球蛋白的运动导致玻片的滑动；B. 通过荧光显微镜的显微摄影技术观察到 3 条微丝在 30 min 内的运动（数字示微丝编号）

肌球蛋白颈部的 α-螺旋是轻链与重链结合的位点，具有调节功能。轻链调节头部构象及结构域活性的改变，从而引起头部运动。轻链的数量和种类决定了肌球蛋白的不同类型。在骨骼肌中，Ⅱ型肌球蛋白的尾部相互缠绕，形成特别稳定的棒状结构，头部位于棒状结构的两端，中间是空白区，这种排列构成了粗肌丝（图 8-10A）。

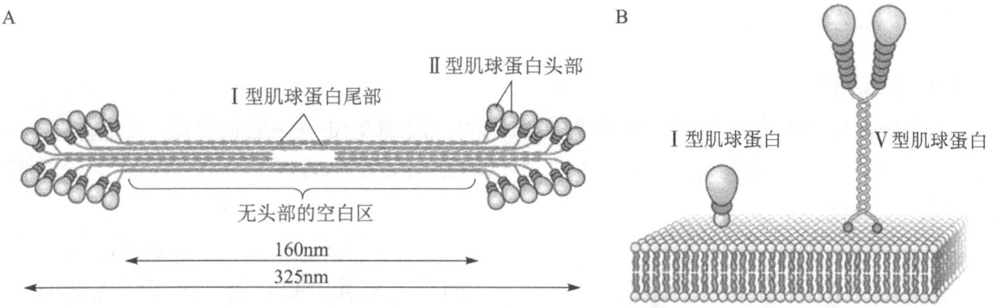

图 8-10　肌球蛋白尾部功能示意图（引自 Lodish et al.，2007）

A. Ⅱ型肌球蛋白通过尾部排列成一个极性结构，头部在两侧，尾部在中间，构成粗肌丝；B. Ⅰ型肌球蛋白和Ⅴ型肌球蛋白通过尾部结构域固定在细胞膜上，涉及膜泡运输或细胞质膜表面相关的功能

2）非传统型肌球蛋白　最早分离的非传统型肌球蛋白来自一种原生动物变形虫 *Acanthamoeba*，与Ⅱ型肌球蛋白不同的是，该蛋白质只有一个头部和一个尾部，长度为 70nm，并且在体外无法组装成纤维，被归类为Ⅰ型肌球蛋白。

Ⅰ型肌球蛋白是最简单的肌球蛋白，因重链缺少 α-螺旋，无法形成二聚体，因而Ⅰ型肌球蛋白实际上是一个单体蛋白（表 8-2，图 8-10B）。肌球蛋白行使什么样的功能取决于其尾部与细胞结合的部位，有些Ⅰ型肌球蛋白的尾部可以结合膜泡，也有些与细胞膜结合，介导质膜和皮层中微丝之间的相互作用，因而可影响细胞形态。

Ⅴ型肌球蛋白是由两条重链组成的二聚体，颈部长达 23nm，是Ⅱ型肌球蛋白的 3 倍，其在微丝上的步移幅度达 36 nm，可涵盖 13 个肌动蛋白的长度（表 8-2），从而介导膜泡沿微丝的运动。Ⅴ型肌球蛋白、Ⅵ型肌球蛋白和Ⅺ型肌球蛋白的尾部都结合在细胞膜或者细胞器膜上，因而这些分子行使的功能都与膜相关。

分子马达应用价值

分子马达参与生物体内许多重要的生理代谢过程，诸如细胞分裂、DNA 复制、物质运输及肌肉收缩等生命过程。近年来，化学家和生命科学家合作，通过设计、合成分子机器来模拟各种生命现象，设计出“世界上最小的机器”，将化学发展推向了一个新的高度，因此，2016 年向参与此项工作的三位科学家：让-皮埃尔·索瓦日（Jean-Pierre Sauvage）、弗雷泽·斯托达特（J. Fraser Stoddart）、伯纳德·费林加（Bernard L. Feringa）授予了诺贝尔化学奖。这三位伟大的科学家完成了分子机器设计与合成的“三步走”：第一步，索瓦日成功合成了一种名为“索烃”的两个互扣的环状分子，而且这两个分子能够相对移动；第二步，斯托达特合成了“轮烷”，即将 1 个环状分子套在 1 个哑铃状的线形分子轴上，且环状分子能围绕这个轴上下移动，并成功搭建了可以上升高度达 0.7nm 的“分子电梯”和可以弯折黄金薄片的“分子肌肉”；第三步，费林加设计出了在构造上能向一个特定方向旋转的分子马达，这个马达可以让一个 28μm 长、比马达本身大 1 万倍的玻璃缸旋转起来。有了这三步，分子机器就可以动起来了。

目前，分子马达处在概念应用阶段，尽管“分子机器”目前还没有实际的应用，未来它有望用于更精准的疾病检测、药物输送，超高密度信息存储、能量存储，新材料、传感器等众多领域，应用前景不可限量。

8.1.4 微丝的功能

8.1.4.1 支持作用

（1）维持细胞形态　微丝主要富集在靠近质膜的细胞质——细胞皮层，微丝在此相互交联构成网络状结构。借助于微丝结合蛋白，微丝网络与质膜关联成一个有机整体，为质膜提供支撑作用，维持细胞形态。

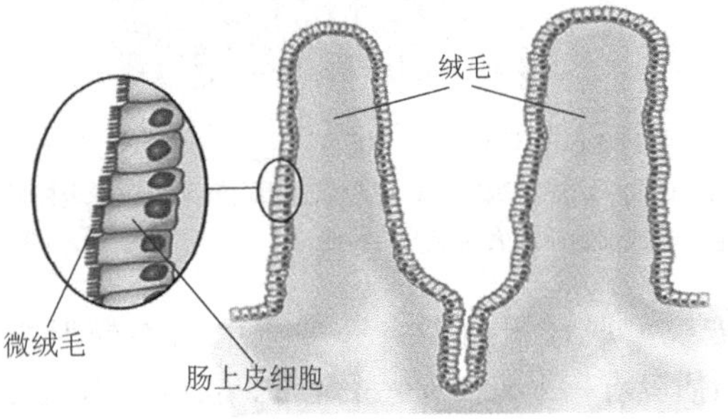

图 8-11 小肠绒毛及小肠上皮细胞的微绒毛

（2）微绒毛　小肠壁的内表面有大量的环形皱襞，皱襞上有许多绒毛状的突起，叫小肠绒毛。小肠肠腔一侧的上皮细胞的质膜也有大量突起，称为微绒毛（microvillus）（图 8-11）。微绒毛的核心是高度有序、同向平行排列的微丝束，正极指向微绒毛的顶端。微丝束是微绒毛的支撑结构，由于不含原肌球蛋白、肌球蛋白和 α-辅肌动蛋白，因此并不具有收缩功能。微绒毛中微丝束的组装与维持受到绒毛蛋白、毛缘蛋白等微丝结合蛋白的调控。

（3）应力纤维　应力纤维是由微丝组成的、存在于真核细胞中的一种比较稳定的束状纤维结构。体外培养的动物细胞，常形成黏着斑，将细胞与细胞外基质黏附在一起。这时细胞内常含有大量反向平行排列的微丝束，此外还有多种类型的微丝结合蛋白，如 α-辅肌动蛋白、Ⅱ型肌球蛋白、原肌球蛋白和钙调结合蛋白等，因此在细胞质中，应力纤维通过与肌球蛋白的相互作用，具有收缩功能，尽管不参与调控细胞运动，但是赋予细胞韧性与强度，维持细胞的形状，在细胞的形态发生、细胞分化及组织形成过程中发挥着重要作用。

8.1.4.2 参与细胞运动

微丝在运动细胞的前沿组装，在细胞的迁移过程中发挥着至关重要的作用。通过调控肌动蛋白的组装和解聚，可以产生细胞运动的动力。例如，细菌和病毒从宿主细胞中的释放与微丝有关，释放方式有两种：一种是宿主细胞裂解后被释放出来，另一种是通过微丝聚集的一端逃离出来。这些运动的病毒和细菌后面会尾随一段短的微丝，形状看起来就像迅速上升的羽毛，表明微丝的动态变化为病毒和细菌的移动提供了动力（图 8-12）。对细菌突变体的研究表明，细菌质膜蛋白与宿主细胞内 Arp2/3 复合物的相互作用，促进了肌动蛋白在细菌附近的聚集和组装，形成了细菌后面长长的“尾巴”。

细胞感受到外界信号刺激后，细胞内微丝的聚集决定了细胞的运动方向。细胞的运动具有极性，也就是说有些细胞结构总是位于细胞运动的前方，而有些细胞结构总在后方。细胞的这种运动依赖于微丝的组装与解聚。微丝在细胞运动前缘突出部位的质膜处组装，并相互交联形成束和网络状，称为**片状伪足**（lamellipodium），有时形成前端纤细的**丝状伪足**（filopodium）。细胞运动经历了以下 4 个阶段。①伸展，片状伪足向前伸展形成突起。②黏着，新的黏附位点形成，突起处与胞外基质之间形成黏着斑，将新突起部位固定在胞外基质上。③移位，细胞中大量的细胞质开始向前流动，细胞的主体（胞体）发生位移。④解离，位于细胞运动方向后方的黏着斑消失，与胞外基质脱离（图 8-13）。

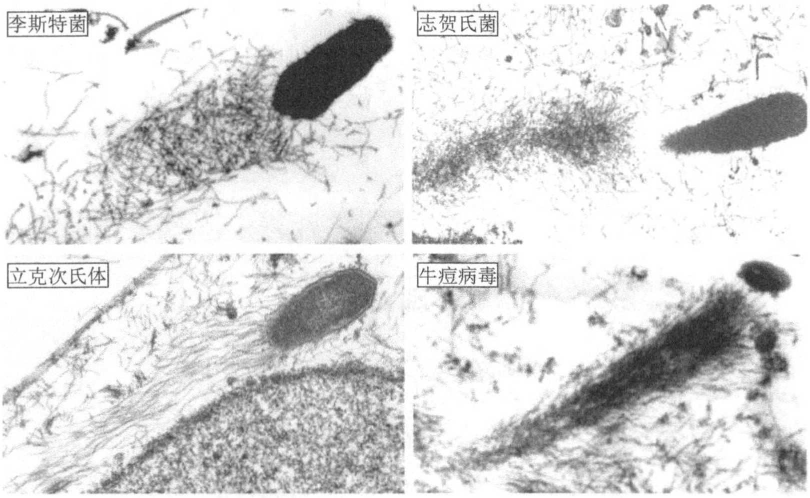

图 8-12 微丝解聚可以促进细胞移动（引自 Gouin et al.，2005）
电镜下观察到当细菌或者病毒感染细胞以后，细菌、病毒在微丝的推动下在细胞中游动

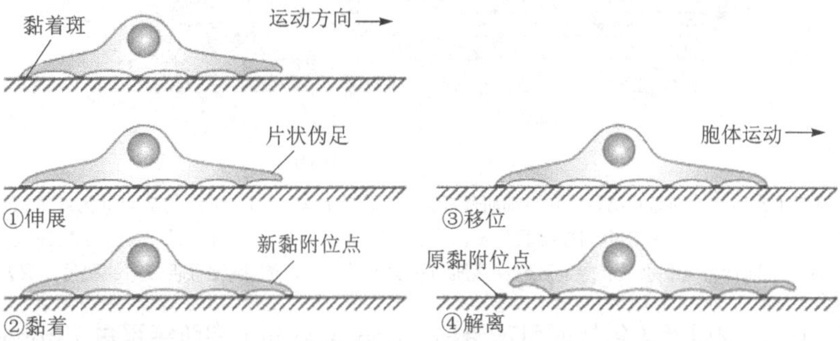

图 8-13 细胞运动模型（引自 Lodish et al.，2007）

8.1.4.3 胞质的分裂

收缩环（contractile ring）由微丝和肌球蛋白组装而成，也称为胞质分裂环，是有丝分裂末期在即将分开的两个子细胞之间形成的一个具有收缩作用的环状结构，可以迅速地组装和解聚。收缩环也是非肌细胞中具有收缩功能的微丝束的典型代表（图 8-14）。收缩环由大量反向平行排列的微丝组成，肌球蛋白在极性相反的微丝之间的滑动加速了收缩环的收缩，最终在有丝分裂末期将细胞一分为二。如果收缩环的作用受到抑制，细胞会由于缺少胞质分裂而形成一个多核体。研究表明，缺少Ⅱ型肌球蛋白的细胞不能正确组装胞质分裂环。

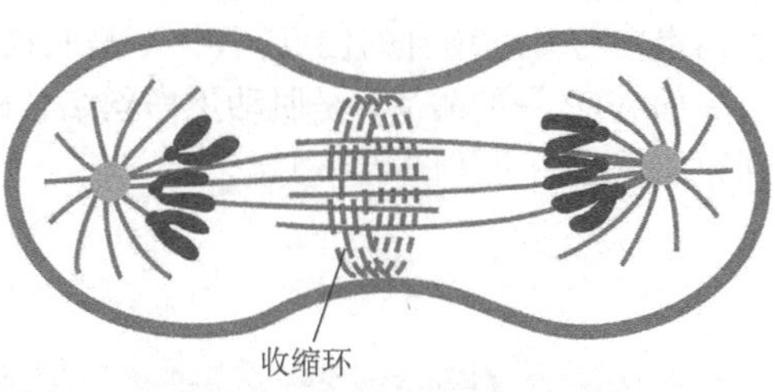

图 8-14 微丝与肌球蛋白形成的腰带状的收缩环

8.1.4.4 肌肉细胞的收缩舒张

肌肉细胞在长期的进化过程中形成了一种特殊的功能——收缩与舒张。肌纤维是肌肉收缩舒张的结构基础，是一种长 1～40 mm，宽 10～50 μm 的多核圆柱状结构。肌纤维成束排列在肌肉细胞的细胞质中，通过有规律的重复构成了特异性结构，称为**肌小节**（sarcomere）（图 8-15）。

肌小节是骨骼肌的结构和功能单位。电镜观察结果显示，肌小节主要有两种类型的纤维：Ⅱ型肌球蛋白组成的**粗肌丝**和肌动蛋白组成的**细肌丝**。静息肌肉中，长约 2 μm 的肌小节组成了**肌原纤维**（myofibril）。

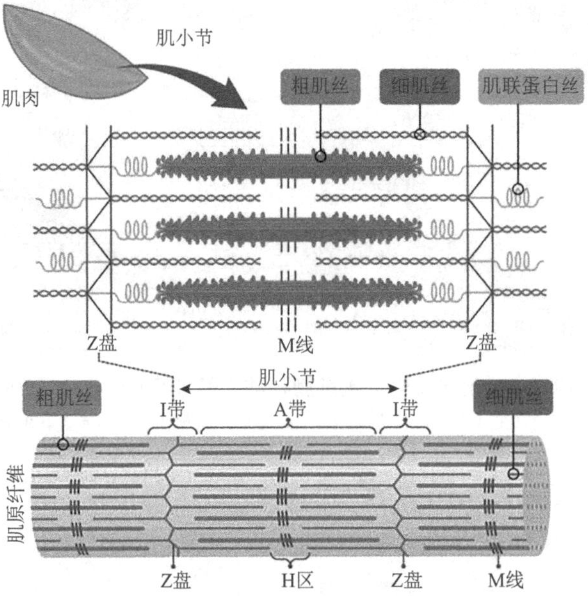

图 8-15　肌小节的结构

Z 盘. 肌原纤维相邻两肌节交接处的盘状结构，并与细肌丝相连；肌联蛋白丝. 纵跨 M 线与 Z 盘间的纤维蛋白，与粗肌丝的装配和位置固定有关；M 线. 位于肌小节正中间连接肌联蛋白，稳定粗肌丝；H 区. 一个肌小节内，一端细肌丝至另一端细肌丝的区域；A 带. 肌原纤维中的一个特定区域，是肌节中央的暗带；I 带. 横纹肌肌节中的明带，只含细肌丝

除肌动蛋白外，细肌丝还包括原肌球蛋白（tropomyosin）和**肌钙蛋白**（troponin，TN）。在肌细胞中，原肌球蛋白占总蛋白质的 5%～10%，分子质量为 64 kDa，长约 40 nm，由两条相互平行的多肽链构成 α 螺旋结构。原肌球蛋白位于肌动蛋白组成的螺旋沟内，一个原肌球蛋白的长度相当于 7 个肌动蛋白单体的长度，通过肌动蛋白与肌球蛋白头部的结合发挥调节功能。肌肉舒张时，原肌球蛋白掩盖肌动蛋白上的肌球蛋白结合位点，此时肌球蛋白头部无法与结合位点相连接。肌钙蛋白分子质量为 80 kDa，由 3 个亚基（TN-C、TN-T、TN-I）组成。TN-C 是肌钙蛋白与 Ca^{2+}结合的位点，TN-T 是肌钙蛋白与原肌球蛋白结合的位点，TN-I 能抑制肌球蛋白头部 ATP 酶的酶活，是肌动蛋白丝结合的位点。细肌丝中每间隔 40nm 有一个肌钙蛋白结合到原肌球蛋白上（图 8-16）。

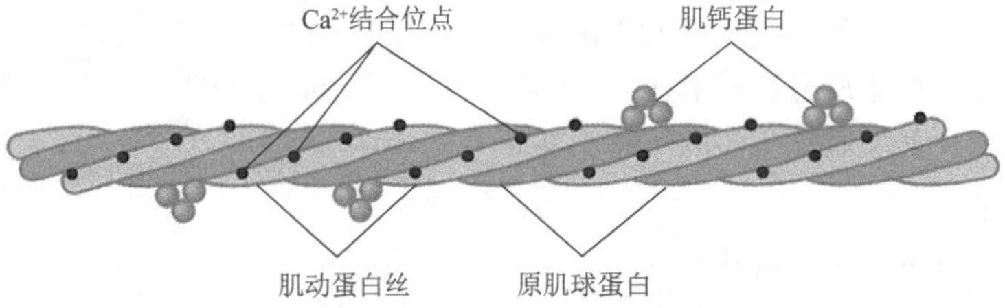

图 8-16　原肌球蛋白和肌钙蛋白与肌动蛋白丝的结合关系

暴露于粗肌丝表面的肌球蛋白头部与细肌丝上的肌动蛋白结合，形成了粗肌丝和细肌丝之间的横桥，二者之间的滑动是肌肉收缩的动力。在 ATP 的驱动下，肌球蛋白可沿着微丝运动

（图 8-17）。肌球蛋白头部能容纳 1 分子 ATP，在 ATP 酶的催化下，ATP 水解生成 ADP 和焦磷酸。ATP/ADP 与肌球蛋白的结合，均能引起肌球蛋白构象发生改变。在不结合 ATP 时，肌球蛋白头部裂缝关闭，此时与肌动蛋白结合的位点暴露，肌球蛋白头部与微丝紧紧结合。当肌球蛋白与 ATP 结合后，肌球蛋白头部的裂缝开启，与微丝结合的位点消失，故与微丝的结合变弱。与微丝脱离后，与肌球蛋白头部结合的 ATP 被水解，头部构象的变化将肌球蛋白头部带到一个更接近微丝正极的新位点，并与此位点上的肌动蛋白结合。当 ATP 被水解成 ADP 和焦磷酸，肌球蛋白的头部经历了第二种构象的变化，使肌球蛋白重新恢复到与肌动蛋白结合的状态。由于肌球蛋白与微丝结合，这种构象的改变导致了肌球蛋白沿微丝运动，肌球蛋白释放 ADP，恢复到最初的状态。

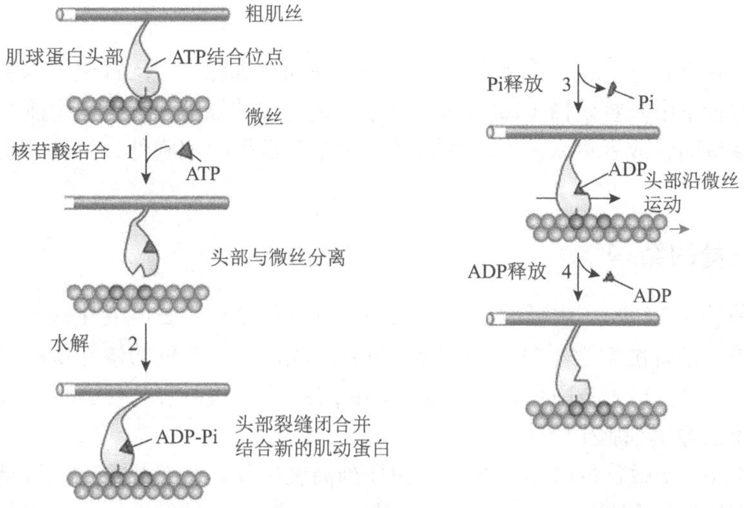

图 8-17 肌球蛋白沿微丝滑动的模型（引自 Vale and Milligan，2002）

肌肉收缩舒张过程中，原肌球蛋白和肌钙蛋白调控了肌球蛋白丝与肌动蛋白丝的相对滑动。肌钙蛋白 TN-C 亚基通过 TN-T 和 TN-I 调控原肌球蛋白在肌动蛋白丝表面的位置，因而在肌钙蛋白和 Ca^{2+}的调控下，原肌球蛋白呈现两种构象，在缺少 Ca^{2+}时，处于关闭构象，肌球蛋白结合在细肌丝上，此时原肌球蛋白-肌钙蛋白复合物阻止肌球蛋白沿细肌丝的滑动；当 TN-C 与 Ca^{2+}结合后，出于开启构象，触发了原肌球蛋白轻微运动，此时原肌球蛋白位移到肌动蛋白双螺旋沟的深处，肌球蛋白与肌动蛋白的结合位点暴露。当 Ca^{2+}浓度大于 10^{-6}mol/L 时，解除了原肌球蛋白-肌钙蛋白复合物的抑制作用，肌肉开始收缩。

8.1.4.5 介导膜泡运输

早期研究表明，一些膜泡在细胞质中呈直线运动，并且时走时停，运动方向也是可变的。膜泡的这种运动方式显然不是扩散造成的，提示细胞内必定存在膜泡运送的特定途径，而最有可能的是微丝和微管。与其相适应的是，细胞在进化过程中形成了借助微丝“轨道”转运的马达分子。作为微丝的马达分子，肌球蛋白通过尾部与膜泡结合，头部沿着微丝向正极运动，通过耗能的方式将膜泡转运到细胞的特定位点（图 8-18）。

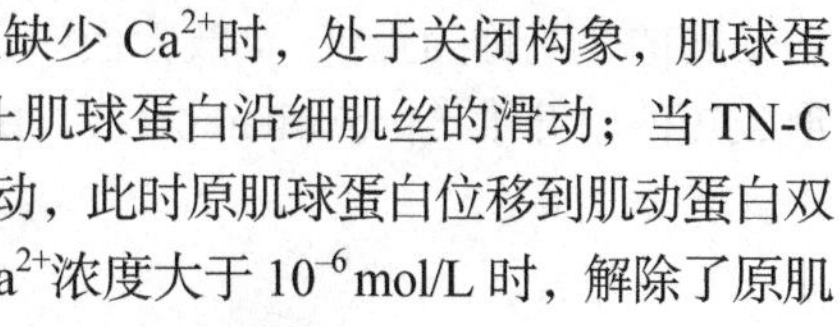

图 8-18 肌球蛋白沿微丝轨道介导膜泡运输的模型（引自 Lodish et al.，2007）

8.1.4.6　涉及胞质环流

植物细胞中液泡比较发达，细胞质的内层部分围绕中央液泡进行环形流动，这种流动方式称为**胞质环流**（cytoplasmic streaming，cyclosis）。胞质环流在藻类、高等植物中非常活跃，对于营养物质、代谢产物、信号分子在细胞中的分配具有重要意义。胞质环流是由肌动蛋白和V型肌球蛋白相互作用引起的，在靠近内层部分的细胞质中，肌动蛋白同向排列，正极朝向流动的方向，V型肌球蛋白则沿着肌动蛋白纤维从负极向正极快速移动，引起细胞质的流动，如轮藻细胞中胞质环流的速度约为 50 μm/s。

8.2　微　　管

微管（**microtubule**）广泛分布于真核细胞中。在间期细胞中，微管通常以细胞核为中心呈辐射状排列。微管是由**微管蛋白**（**tubulin**）有序组装而成的细长、具有一定刚性的中空管状结构，在细胞内多呈网状或者束状分布。除人的红细胞等极少数细胞外，微管几乎存在于所有真核细胞中。

8.2.1　微管的结构

微管是一种外径 24 nm、内径约 15 nm 的中空圆柱形结构，长度变化较大，可以从几微米到几百微米不等。微管由微管蛋白（tubulin）组装而成，目前发现的微管蛋白有 α、β、γ、δ、ε、ζ 及 η 7 种。其中真核生物中普遍存在 α、β 和 γ 这三种微管蛋白，δ、ε、ζ 和 η 微管蛋白分布于衣藻、草履虫等单细胞生物中。

在真核细胞中，α 微管蛋白和 β 微管蛋白序列高度保守，具有相似的三维结构，二者组成的 αβ 异源二聚体结构不对称，是所有微管的基本组成单位，长度 8 nm。γ 微管蛋白虽不是构建微管的基本单位，但对于起始微管的装配具有重要作用。

α 微管蛋白和 β 微管蛋白均可分别结合 1 分子的 GTP（图 8-19A），但 α 微管蛋白上结合的 GTP 不能被水解，只有 β 微管蛋白上结合的 GTP 能被水解成 GDP，因而将微管中 β 微管蛋白暴露的一端称为正极，α 微管蛋白暴露的一端称为负极。游离的 αβ-异源二聚体头尾相接聚集形成短的原纤维（protofilament），由 13 根原纤丝合拢形成中空管状的微管（图 8-19B）。

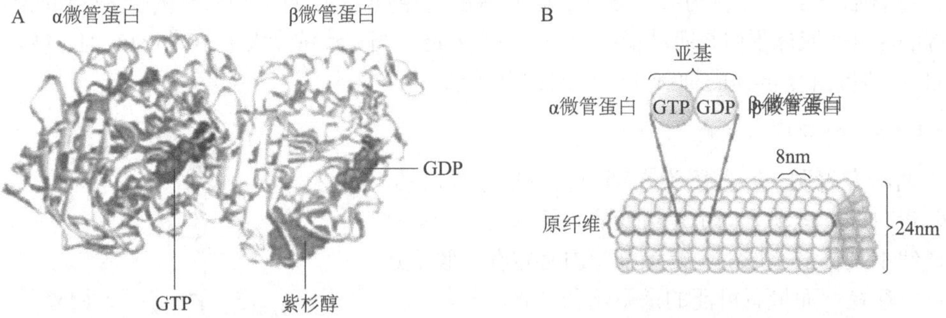

图 8-19　αβ 微管蛋白二聚体及组装形成的微管示意图（引自 Nogales et al.，1998）

微管在细胞中有三种组装方式：单体微管、二联体微管和三联体微管。多数情况下，微管以单体（singlet）存在，如胞质微管、纺锤体微管，单体微管在低温、Ca^{2+}和秋水仙素（秋水仙碱）的作用下易解聚，属于不稳定微管。二联体（doublet）微管构成了某些细胞的鞭毛、纤毛等结构，这类微管是由两个单体融合而成的，一个单体微管是由 13 根原纤丝组成的 A 管，而另一个单体是由 10 根原纤丝组成的 B 管，所以一个二联体只有 23 根原纤维。三联体（triplet）微管常见于中心体和基体，由 A、B、C 三个单管组成，A 管由 13 根原纤维组成，B 管和 C 管都是 10 根原纤维，所以一个三联体共有 33 根原纤维。二联体和三联体微管都属于稳定微管，对低温、Ca^{2+}和秋水仙素不敏感。

8.2.2　微管的组装

8.2.2.1　微管组装的基本特征

在体外，微管的装配需要 Mg^{2+}、GTP 和适当的缓冲体系，微管的组装和去组装对温度特别敏感，通常在 4℃时，微管解聚成 αβ-异源二聚体，当温度升高到 37℃并有 GTP 存在时，αβ-异源二聚体开始聚合装配。与微丝组装类似的是，微管的体外组装也分为三个步骤。

（1）成核阶段　αβ-异源二聚体形成大量稳定的寡聚体，成为微管继续延伸的“核心”，诱导 αβ-异源二聚体头尾相接线性排列成为原纤维，并在侧面增加原纤维进一步扩展，当加至 13 根原纤维时，合拢成为一个短的微管片段。成核反应是微管装配的限速步骤。

（2）延伸阶段　αβ-异源二聚体在微管的两端不断地添加，微管的长度快速增加。

（3）稳定阶段　微管聚合达到稳态，微管的长度保持稳定，长度不再发生变化。

微管的组装也受到 αβ-微管蛋白浓度、GTP 水解速度的影响。当 αβ-微管蛋白浓度高于临界浓度 *Cc* 时，αβ-异源二聚体开始在正极组装成微管，反之，则解聚；当 αβ-微管蛋白浓度处于临界浓度时，微管的组装呈现“踏车现象”，即正极因组装而延长，负极因解聚而缩短，当组装与解聚的速度相当时，微管的长度保持不变。在 αβ-异源二聚体中的 GTP 水解速度较慢，但是当 αβ-微管蛋白结合到微管上之后，GTP 会被加速水解，最终与 GDP 结合的 αβ-微管蛋白由于和相邻蛋白质的亲和力降低，更趋向于从微管上解离下来。由于微管正极结合的是 GTP，而 GTP 与 αβ-异源二聚体结合力强，有助于更多 αβ-异源二聚体的加入，因此正极以装配为主，而负极由于 GTP 水解成 GDP，GDP 与 αβ-异源二聚体的亲和力弱，故负极以解聚为主。

8.2.2.2　微管的动态特征

细胞中的微管始终处于不断聚合与解聚的动态平衡过程中。细胞质中存在着一定浓度的微管蛋白，一些微管蛋白从微管上解聚下来，同时一些微管蛋白又通过聚合进入微管中，形成了微管的周转（turnover）。αβ-异源二聚体结构上不对称，通过头尾相接聚合所形成的微管就具有极性。在微管两端聚合的速度不同，聚合速率较快的一端为正极，另一端聚合速率较慢，称为负极。

微管是高度动态有序的，总是随机在延伸和缩短之间进行转换，细胞中既有延伸中的微管，也有缩短中的微管，对于一个特定的微管，也存在延伸与缩短之间来回切换的现象，这种不平衡的状态被称为微管的**动态不稳定性（dynamic instability）**。微管的动态不稳定性现象在体外和细胞内都能观察到，影响微管稳定性的因素主要有两个，一是占据微管末端的 β 微管蛋白上所结合的是 GTP 还是 GDP，二是微管蛋白在体系中的浓度。在有些植物细胞中，微管同时显示动态不稳定性和踏车行为，称为混合踏车（hybrid treadmilling），它包括微管正极的动态不稳定性及负极的缓慢解聚。

除了微管的延伸、缩短特点，动态的微管中还存在两种状态：一种状态称为灾变（catastrophe），指的是处于生长状态的微管端部因发生解聚而快速缩短。当微管的末端结合有 GTP 时，微管的结构比较稳定，但是当这个 GTP 帽随机丢失时，微管就会迅速地发生解聚（图

8-20）。另一种状态称为解救（rescue），指的是微管端部停止解聚，并恢复延伸生长。

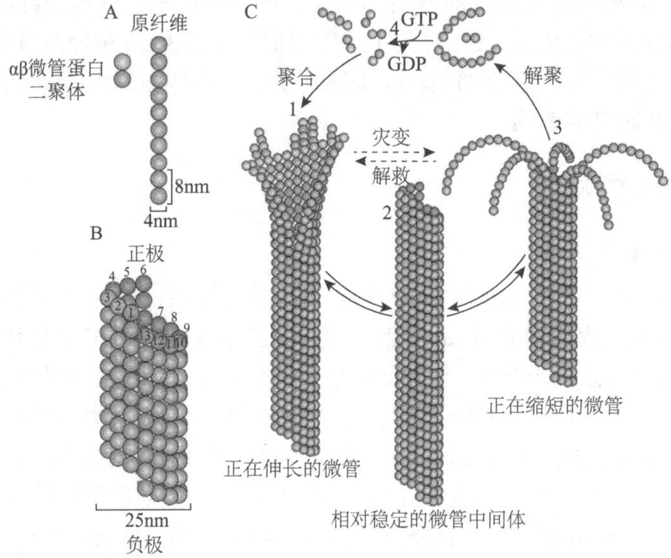

图 8-20　微管的结构及动态模型（引自 Akhmanova and Steinmetz，2015）

A. 原纤维由 αβ 微管蛋白二聚体头尾相连组成；B. 典型的微管由 13 根原纤维组成；C. 微管动态特征示意图

8.2.2.3　微管组织中心及 γ-微管蛋白

微管在细胞内进行组装的起点区域，称为**微管组织中心（microtubule organizing center，MTOC）**（图 8-21A），能够提供微管组装所需的成核位点，起始微管的装配与延伸。

研究最为清楚的微管组织中心是中心体（centrosome），中心体由 1 对互相垂直的中心粒（centriole）组成，中心粒的周围是一些无定形或者纤维状、高电子密度的物质，称为**中心粒周物质（pericentriolar material，PCM）**（图 8-21B）。中心粒是圆柱形结构，直径 0.2 μm，长度

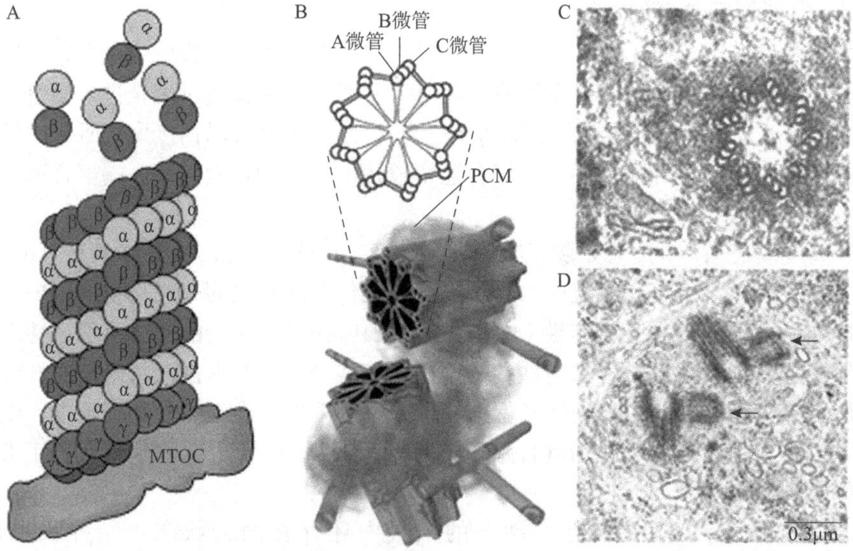

图 8-21　中心体结构及微管在 MTOC 处的组装（引自 Karp，2010）

A. MTOC 起始微管装配的示意图；B. 中心体结构示意图；C. 电镜下中心粒横切面；D. 电镜下的两对中心粒

约为 0.4 μm，是由 9 组三联体微管通过放射状辐连接而成的中空车轮状结构。中心粒成对出现，相互间成直角排列。中心体位于间期细胞细胞核附近，而在细胞分裂时，复制之后的中心粒携带各自结合的 PCM 分离，构成了纺锤体的两极。无论是间期还是分裂期，中心体都是细胞中起始微管组装的位点。

所有的细胞中，微管的负极均指向微管组织中心，正极处于微管组织中心的远端。微管组织中心共有成分是 γ 微管蛋白，在微管的成核和决定微管极性中发挥着非常重要的作用。细胞中的 γ 微管蛋白与其他蛋白质分子组装为 25S 的环状复合物，称为 **γ 微管蛋白环状复合体**（γ-tubulin ring complex，γ-TuRC），指导 αβ 微管蛋白二聚体结合上去，并进行微管的组装，这一过程称为微管组装的成核反应。

在 γ-TuRC 结构中，4 种未知蛋白质呈环形排列，13 个 γ 微管蛋白同样以左手螺旋方式排列成环状。每一个 γ 微管蛋白与 αβ-异源二聚体中的 α 微管蛋白结合，因而决定了最后组装的微管只能由 13 根原纤丝组成。同时 α 微管蛋白与 γ 微管蛋白的结合决定了微管负极指向微管组织中心，将 GTP 能水解的 β 微管蛋白一端暴露在远离微管组织中心的方向，形成微管的正极，建立了微管的极性。微管成核反应过程相对较慢，形成的微管较短，是微管组装的限速步骤。成核反应一旦结束，即进入延伸阶段，此时二聚体以较快的速度结合在已形成微管的正极，不断延长。在间期细胞中，每个中心体通常含有 50 多个 γ-TuRC。

中心体不是唯一的微管组织中心，基体是纤毛和鞭毛的微管组织中心。基体在结构上与中心粒基本一致，是鞭毛和纤毛在细胞内附着的部位。基体是三联体微管，其中 A 微管和 B 微管形成了相应的纤毛中的轴丝，C 微管终止于纤毛板或基板（图 8-22）。另外，植物细胞和某些动物细胞中虽然没有发现中心体，但它们却能形成纺锤体结构。这些细胞在缺失中心体的情况下如何形成纺锤体至今还是未解之谜。

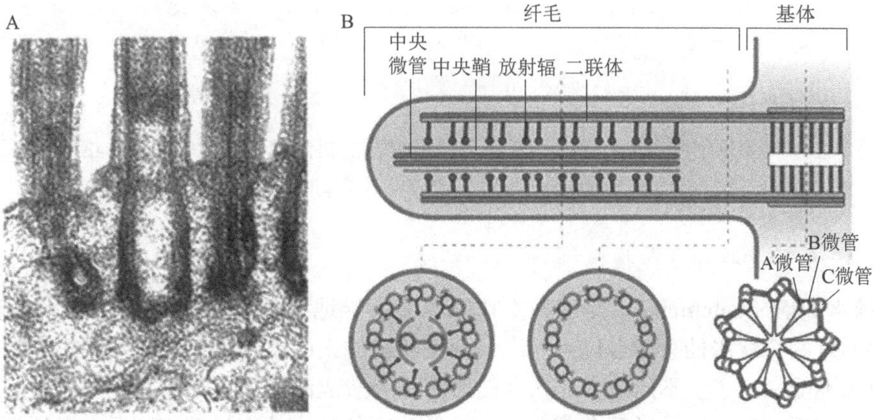

图 8-22　纤毛纵切面的电镜图（A）和模式图（B）（引自 Karp，2010）

揭开卵母细胞 MTOC 的神秘面纱

纺锤体的正确组装是哺乳动物有丝分裂和减数分裂顺利进行的关键。在体细胞有丝分裂中，纺锤体组装依赖于微管的严格调控成核。微管的负极聚焦到纺锤体极，中心体在这里促进微管成核和组装延伸。微管正极向赤道板辐射，染色体通过着丝粒附着在微管上。

现有研究认为，驱动微管成核形成有丝分裂纺锤体有 3 种途径：①中心体介导的微管成核途径；②染色质的着丝粒介导的微管成核途径；③微管自身介导的微管成核途径。所有途径均涉及微管成核的起点——MTOC。尽管动物细胞中最为明确的 MTOC 是中心体，但是与体细胞不同，许多物种的卵母细胞中，中心体并不保守。例如，在果蝇或秀丽隐杆线虫卵母细胞中，并没有发现 MTOC 结构，在人卵母细胞中也一直未观察到 MTOC 的存在。那么人类卵母细胞纺锤体究竟是如何形成的？这一科学问题一直没有答案。

2022 年 11 月 18 日，中国科学家在 *Science* 期刊上发表研究论文，该研究发现了人卵母细胞中存在与众不同的微管组织中心，并将其命名为 huoMTOC（图 8-23），并证明了有 4 个蛋白质是 huoMTOC 的重要组成部分，阐明了 huoMTOC 调控人类卵母细胞纺锤体组装的独特生理机制，研究人员利用免疫荧光和高分辨成像技术对核膜破裂后的人卵母细胞进行观察，并通过活细胞实时三维成像技术详细记录了着丝粒起始微管组装的动态过程，发现所形成的纺锤体微管主要聚集于染色体的动粒位置。由此推测，人卵母细胞动粒可能存在特殊的 MTOC，从而起始纺锤体微管的聚合。此外，研究者还评估了核膜破裂后，着丝粒周围随时间变化的微管蛋白强度，证明新生微管主要从动粒聚合，而不是染色体的其他区域聚合。这一研究从病理角度揭示了 huoMTOC 异常导致患者卵母细胞成熟障碍的机制。

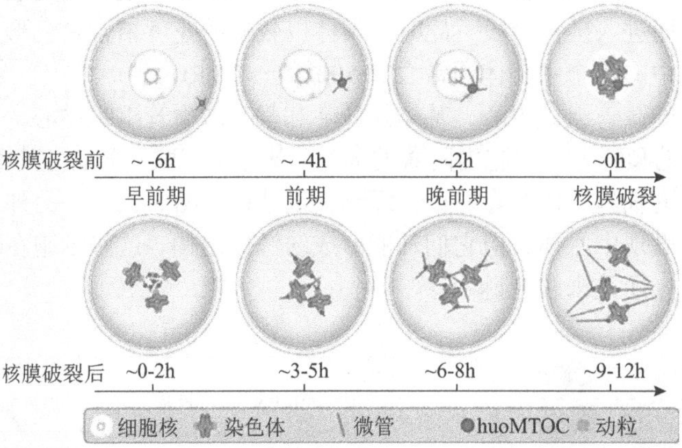

图 8-23　人卵母细胞中 huoMTOC 迁移和微管成核的机制模型（引自 Wu et al.，2022）

"—".把核膜破裂时间点定义为 0h，在这之前表示为"—"号

8.2.2.4　微管的特异性药物

1）**秋水仙碱（colchicine）**是一种生物碱，能特异地与微管结合，进而抑制微管组装。β 微管蛋白上有两个秋水仙素结合位点。当结合有秋水仙素的微管蛋白装配到微管末端时，其他微管蛋白就不能加入了。不同浓度的秋水仙素对细胞造成的影响也不完全不同，高浓度的秋水仙素处理细胞后，细胞内的微管全部解聚，而低浓度的秋水仙素处理细胞后，微管更加稳定，但细胞的有丝分裂停滞在中期。

2）紫杉醇（taxol）是红豆杉属植物中的一种次生代谢产物，所以又称红豆杉醇。紫杉醇能促进微管的装配，并使已形成的微管更加稳定。紫杉醇只结合在组装的微管上，不与游离的 αβ 微管蛋白二聚体结合。紫杉醇结合在微管上后，导致细胞内游离的 αβ 微管蛋白二聚体浓度急剧上升，干扰了细胞的各种正常功能，使细胞停滞在有丝分裂期。

3）长春碱（vinblastine，VLB）、**长春新碱**（vincristine，oncovin，VCR）是从夹竹桃科植物长春花中提取出的生物碱，主要抑制微管蛋白的聚合，从而妨碍纺锤体微管的形成，使核分裂停止于中期，与秋水仙素相似，但结合部位不同。

微管蛋白抑制剂与肿瘤治疗

微管在细胞有丝分裂过程中具有极其重要的作用，在细胞有丝分裂前期，微管聚合成为纺锤体，纺锤体在有丝分裂过程中牵引染色体分别向细胞两极移动，最终分配至两个子细胞中，完成细胞增殖。微管蛋白和微管之间的动态平衡是细胞完成正常有丝分裂过程的必要条件，若此动态平衡被破坏，将导致细胞停止分裂，发生细胞周期阻滞，可能诱导细胞走向死亡。

肿瘤细胞增殖能力强，其细胞周期较正常细胞明显缩短，并且有丝分裂过程更加频繁。因此，中断有丝分裂过程必将对肿瘤细胞产生更大的影响，通过抑制其生长，可以诱导肿瘤细胞进入死亡程序。目前已发现大量天然的、合成及半合成的化合物具有影响微管、干扰其正常功能的作用，因其大多数能与微管蛋白结合，故统称为微管蛋白抑制剂。

根据作用机制的不同，微管蛋白抑制剂可分为两大类：促进微管蛋白聚合的微管蛋白稳定剂和促进微管解聚的去稳定剂，还有一种对微管蛋白抑制剂分类的方法是根据其与微管蛋白结合位点划分的，包括：①作用于紫杉醇位点的微管蛋白抑制剂；②作用于秋水仙素位点的微管蛋白抑制剂；③作用于长春碱位点的微管蛋白抑制剂（图 8-24）。

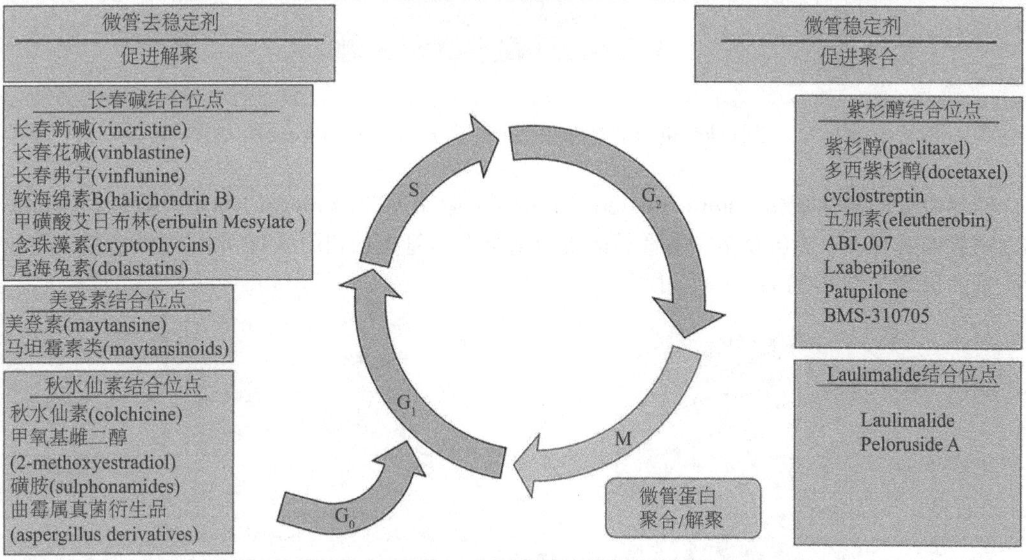

图 8-24　干扰细胞周期运转的微管蛋白抑制剂

8.2.3　微管结合蛋白

微管参与了生物体的生长、发育等多种重要的过程，微管的组装、稳定性和动态变化受微管结合蛋白（microtubule-associated protein，MAP）调控。自 20 世纪 70 年代以来，已发现很多种微管结合蛋白，尽管这些蛋白质不是组成微管的主要成分，仅占微管结构的 10%～15%，但发挥着重要的功能。微管结合蛋白与微管结合，或者稳定微管结构，或者将微管与其他细胞结构如质膜、微丝和中间丝等连接起来，有些微管结合蛋白则作为马达分子，驱动细胞器和膜泡沿着微管进行物质转运（图 8-25）。

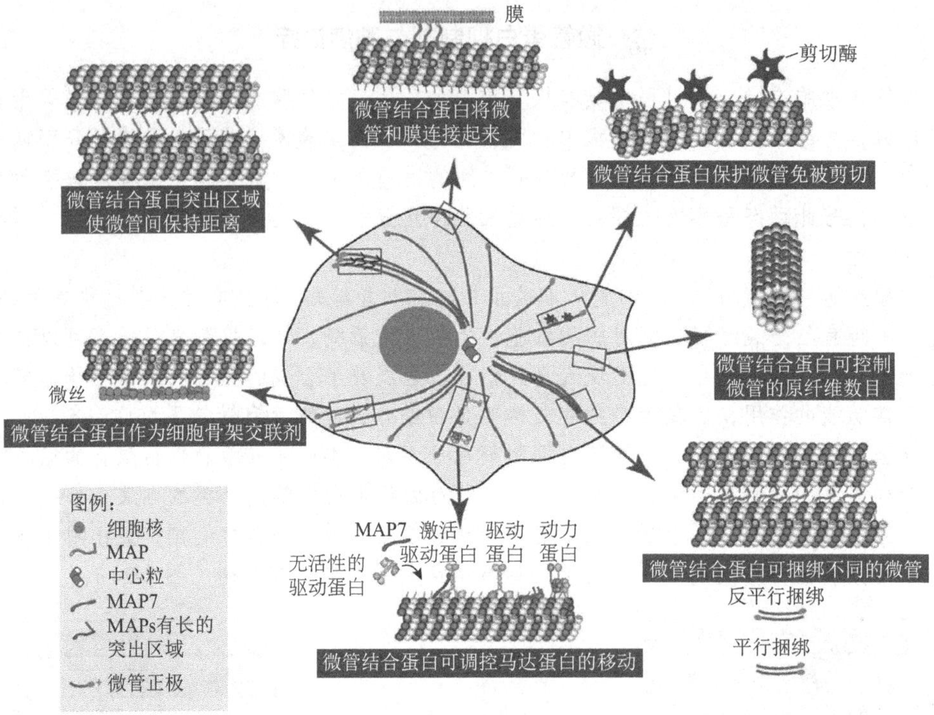

图 8-25　微管结合蛋白的类型和功能（引自 Bodakuntla et al.，2019）

依赖微管的**马达蛋白（motor protein）**有两类：**驱动蛋白（kinesin）**和**动力蛋白（dynein）**，都以家族形式存在，成员众多。微管马达蛋白结合在微管上，利用 ATP 水解提供能量，介导依赖微管的运输（图 8-26）。

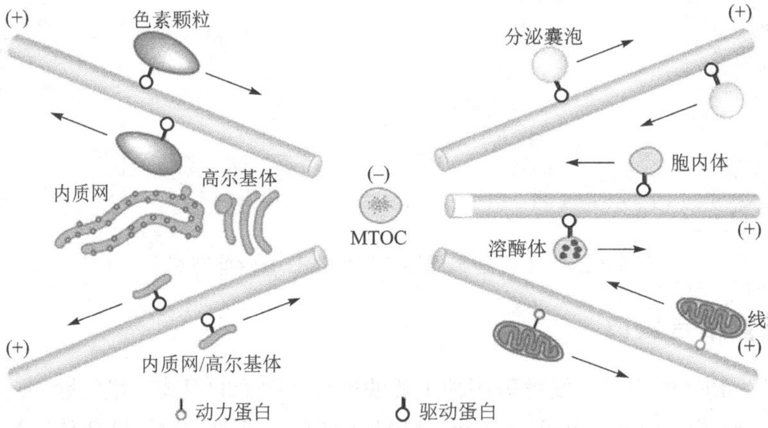

图 8-26　依赖微管的马达蛋白介导的膜泡运输示意图（引自 Hirokawa，1998）

（1）驱动蛋白（kinesin）　1985 年，在鱿鱼的轴突中首先分离出了分子质量为 380 kDa 的驱动蛋白。驱动蛋白是由两条重链和两条轻链组成的柱状四聚体，由 4 部分组成，即球形的头部结构域、与头部连接的可活动的颈部结构域、二聚体化形成的杆状结构域和尾部结构域（图 8-27A）。驱动蛋白的两条重链构成了球形的头部，头部含有的马达结构域，具有 ATP

酶活性，头部还能与微管结合；两条轻链形成驱动蛋白的尾部，可以结合被运输的膜泡或细胞器。驱动蛋白家族具有相似的头部，但是尾部不同，提示驱动蛋白家族不同的成员介导不同的物质运输。驱动蛋白沿微管的运动方向是从负极向正极运动。

由于驱动蛋白两条重链形成的两个头部都具有ATP酶的活性，因而驱动蛋白沿微管运动时，总有一个头部与微管保持结合，因此驱动蛋白在运动时不会从微管上脱落（图8-27B）。

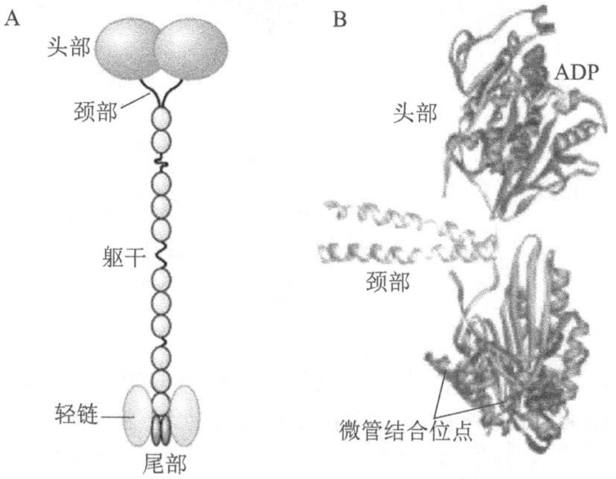

图8-27 驱动蛋白的结构

A. 驱动蛋白结构示意图，由两条重链和两条轻链组成；B. 驱动蛋白的三维结构图

有关驱动蛋白沿微管的运动机制，多数人接受的是步行（hand over hand）模型。该模型认为，驱动蛋白的运动主要包括头部与ATP的结合、ATP水解、ADP释放及构象恢复等过程。静息状态下，驱动蛋白的两个头部总是一个在前（既不结合ATP也不结合ADP），一个在后（结合ADP）。当前面的驱动蛋白头部结合ATP时导致构象发生改变，使在后面的驱动蛋白头部越过前面的驱动蛋白头部向微管正极移动。这时两个头部均与微管结合，但两个头部位置发生了改变，原来在前面的驱动蛋白头部现在变成了后面驱动蛋白头部。此时走在后面的驱动蛋白头部结合的ATP水解成ADP后导致其与微管分离，而此时走在前面的驱动蛋白头部结合的ADP释放，使驱动蛋白恢复到静息状态（前面的驱动蛋白头部结合位点是空的，而后面的驱动蛋白头部结合ADP）。如果前面的驱动蛋白头部再次结合ATP后，又一轮的循环开始。如此不断重复，导致驱动蛋白沿微管向正极运动，驱动蛋白头部每水解1分子ATP向前移动一步，一步的长度为8 nm（一个αβ-异源二聚体的长度）。

（2）*动力蛋白*（dynein） 1963年，在鞭毛和纤毛中首次发现了动力蛋白，直到20年后才在哺乳动物中鉴定出动力蛋白。动力蛋白结构复杂，是一类巨大的多亚基蛋白复合体，分子质量大约为1500 kDa，通常由两条或者三条重链及多条轻链及中间链组成（图8-28A）。动力蛋白是已知马达蛋白中相对分子质量最大、移动速度最快的类型。

动力蛋白家族包括两大类蛋白质，分别是胞质动力蛋白和轴丝动力蛋白（纤毛或鞭毛动力蛋白）。每一个胞质动力蛋白重链包含一个球状头部并有一个延伸的柄。胞质动力蛋白的头部比驱动蛋白头部要大很多，头部具有ATP酶活性，是动力发动器。每个柄的顶部包含有非常重要的微管结合位点，但是连接重链和中间链、轻链的颈的功能目前尚不明确。

胞质动力蛋白沿着微管的正极向负极方向移动，跟驱动蛋白运动方向相反（图8-28B）。胞质动力蛋白有两个功能：①在有丝分裂过程中参与纺锤体的定位，将染色体拉向两极；②参与中心体、高尔基体的定位及细胞器、膜泡的胞内定向运输。

不同的细胞器可同时结合驱动蛋白和胞质动力蛋白，根据细胞所处的状态，将这些细胞器向相反的方向运送（图8-28C）。

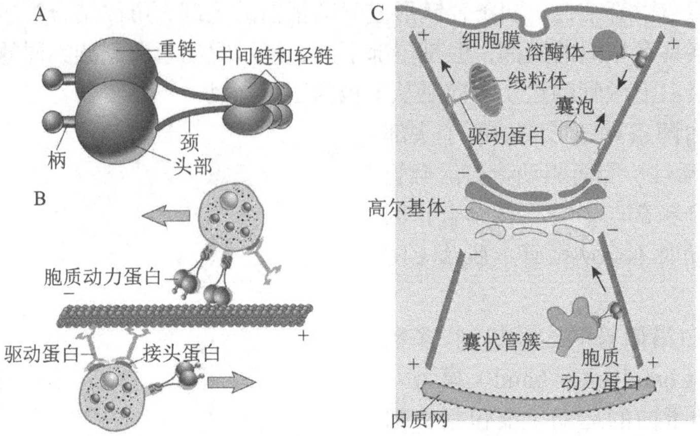

图 8-28　依赖微管的马达蛋白及其驱动的胞内物质运输（引自 Karp，2010）

A. 胞质动力蛋白的结构示意图；B. 胞质动力蛋白和驱动蛋白沿着微管进行方向相反的运输；C. 胞质动力蛋白和驱动蛋白介导细胞器和囊泡的胞内运输

8.2.4　微管的功能

（1）维持细胞形态　　微管是一种中空的刚性纤维状结构，具有抗压和抗弯曲的特性，为细胞提供了机械支撑。在培养的动物细胞中，微管围绕细胞核向外放射状分布，维持了细胞的形态。当用秋水仙素处理细胞后，微管动态平衡被打破，细胞形态发生变化；去除秋水仙素以后，细胞内的微管重新组装，细胞重新建立特定形态。微管还能帮助细胞产生极性，确定方向。例如，神经细胞中大量平行排列的微管决定了轴突的方向。

（2）为细胞内细胞器的定位提供位点　　动物细胞中的微管以微管组织中心为起点向细胞膜方向呈放射状分布，直至细胞质膜下方。依附于微管网架，微管的马达蛋白介导了细胞器在胞内的动态分布，如驱动蛋白沿微管由负极向正极的运动，介导内质网在细胞质基质中向细胞四周拉伸，最终内质网呈扁平囊状。同样的，高尔基体的合理分布也依赖于微管马达蛋白的作用。例如，在胞质动力蛋白沿微管由正极向负极运动的过程中，将高尔基体拉向细胞核附近，定位于中心体周围。秋水仙素处理细胞后，由于微管网架结构被破坏，高尔基体和内质网的正常空间结构也随之遭到破坏，致使高尔基体分解成小囊泡，散布于细胞质基质中，与核膜相连的内质网则聚集在细胞核附近。

（3）参与细胞内物质的运输　　由于存在复杂的生物膜系统，真核细胞内部是高度区室化的。由于细胞质是一种黏性、凝胶状介质，因此大分子难以通过自由扩散方式运动。微管是细胞器及膜泡定向运输的主要“轨道”，如神经元轴突内的长距离物质运输。轴突内的物质运输分为两类：慢速转运（slow transportation）和快速转运（fast transportation）。前者的运输速度为 1～3 mm/d，后者的运输速度为 100～400 mm/d。慢速运输主要运输的物质包括肌动蛋白、微管蛋白、乙酰转移酶、神经丝蛋白等，属于批量运输。快速运输主要运输的物质是与膜更新相关的蛋白质，如突触小泡膜、轴突膜、前突触膜的蛋白质成分等。微管也介导细胞的分泌颗粒和色素颗粒的运输。此外，由于微管正极指向质膜，负极位于细胞核附近的中心体上，这种分布特点使多种病毒将微管作为进出细胞核的通路，以中心体作为病毒颗粒组装的位点，因此引起微管解聚的药物，不仅可阻断细胞内的物质运输，而且可抑制病毒的入侵及病毒颗粒的组装。

（4）参与鞭毛和纤毛的运动　　纤毛和鞭毛是细胞表面的特化结构，具有运动功能。纤毛和鞭毛的结构基本相同。纤毛轴心含有一束“9+2”排列的平行微管，中央微管均为完全微管，外围二联体微管由A、B亚纤维组成，A亚纤维为完全微管，由13个球形亚基环绕而成，B亚纤维仅由10个亚基构成，另外3个亚基与A亚纤维共用。轴心的结构包括以下几个。①微管蛋白二聚体，二联体中的微管蛋白二聚体无秋水仙素结合部位。②动力蛋白臂（dynein arm），由微管二联体伸出，同相邻微管二联体相互作用使纤毛弯曲。最早在鞭毛和纤毛中发现的动力蛋白（轴丝动力蛋白）是一种多亚基单位高分子ATP酶，能为Ca^{2+}、Mg^{2+}所激活。③微管连接蛋白（nexin），150～160 kDa，将相邻微管二联体结合在一起。④放射辐条（radial spoke），由9条外围微管二联体伸向中央微管。⑤鞘突。

滑动学说认为，纤毛运动由相邻二联体间的相互滑动所致，主要过程为：①动力蛋白头部与B亚纤维的接触促使动力蛋白结合的ATP水解产物释放，同时造成头部角度的改变；②新的ATP结合使动力蛋白头部与B亚纤维脱开；③ATP水解，其释放的能量使头部的角度复原；④带有水解产物的动力蛋白头部与B亚纤维上另一位点结合，开始又一次循环。

（5）参与纺锤体与染色体的运动　有丝分裂时，由微管组装的纺锤体主要分为星体微管、动粒微管和极间微管等类型。纺锤体微管的不断解聚，牵拉染色体向纺锤体两极运动。星体微管结合到质膜上，将纺锤体两极固定在细胞的两个相反方向。通过极微管的连续延伸，将纺锤体由最初的圆形变为有丝分裂后期的椭圆形，为最终的细胞分裂做准备（详见第9章）。

微管蛋白密码与人类疾病

微管是真核细胞骨架的关键组成部分，在大多数细胞类型和生物体中，它们尽管在结构上高度相似，却涉及多种功能。早先对纤毛和鞭毛微管蛋白的研究发现，这些蛋白质存在糖基化，而且糖基化修饰对纤毛和鞭毛发挥正常功能可能是必不可少的。随后有人提出，这是微管蛋白经过翻译后修饰，组合形成“微管蛋白密码”，使微管在不同活细胞内执行特定的功能。2021年，一项关于男性不育症的研究发现，微管蛋白糖基化紊乱可能是人类部分男性不育症的原因，微管蛋白糖基化通过调节轴突动力蛋白运动活性，从而调节哺乳动物鞭毛的摆动，而微管蛋白缺乏糖基化则导致小鼠精子运动异常和雄性不育（图8-29），这一研究发表在*Science*杂志上，不仅揭示了糖基化对精子鞭毛动力蛋白运动控制的重要性，发现了一种男性不育的新机制，更重要的是，这一发现表明“微管蛋白密码”在微管调控基本生物过程中发挥着重要作用。

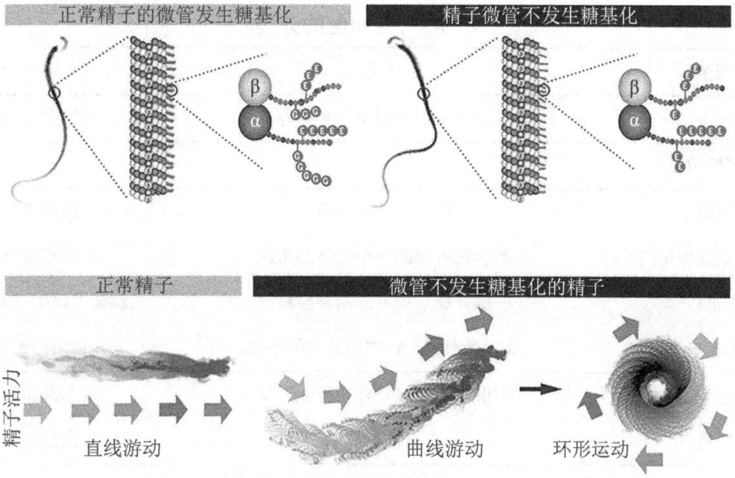

图8-29　精子尾部鞭毛中微管蛋白的糖基化修饰控制着精子的运动（引自Gadadhar et al.，2021）

8.3 中 间 丝

20 世纪 60 年代中期，在哺乳动物平滑肌细胞中发现了一种粗细介于微丝和微管之间、直径为 10 nm 的纤维，故称其为**中间丝（intermediate filament，IF）**或**中间纤维**。中间丝存在于绝大多数动物细胞的细胞质和细胞核中。在细胞质中的中间丝常围绕细胞核，向细胞膜方向伸展形成网络，并与质膜上的黏附分子形成细胞连接结构，如桥粒、半桥粒等，将相邻细胞连接成一个整体。在细胞核内的中间丝主要是内层核膜下方的核纤层，不仅与核膜结构的维持及动态变化相关，而且为细胞核中染色质的空间排布提供了锚定位点。

中间丝与微丝、微管有很多显著的差异，主要表现在以下四个方面：①构成微丝和微管的基本单位分别是肌动蛋白和 αβ 微管蛋白二聚体，而中间丝的单体是长的、杆状蛋白，并且中间丝蛋白家族十分庞大，种类繁多，中间丝的表达具有空间和时间的特异性，在不同的组织表达不同的中间丝蛋白；②中间丝比微丝、微管的稳定性更高，当用非离子型去垢剂或者高盐溶液处理细胞时，包括微丝和微管在内的许多细胞结构会被去除，但是唯独中间丝保留下来；③微丝和微管都有极性，但是中间丝没有极性，目前也没有发现与其结合的马达蛋白，因此中间丝和胞内运输可能无关；④微丝和微管普遍存在于所有真核细胞中，但是中间丝并非所有真核细胞必需的结构。一般认为中间丝普遍存在于高等脊椎动物细胞中，植物和真菌中没有中间丝。

8.3.1 中间丝的类型

根据来源不同，中间丝可分为角蛋白丝（来源于上皮细胞）、波形蛋白纤维（来源于间质细胞和中胚层）、结蛋白丝（来源于肌细胞）、神经原纤维（来源于神经元）、神经胶质纤维（来源于神经胶质细胞）及核纤层（在细胞核内）6 种类型。根据蛋白质的序列特征，中间丝可分为Ⅰ型中间丝（酸性角蛋白）、Ⅱ型中间丝（中性、碱性角蛋白）、Ⅲ型中间丝（波形蛋白、结蛋白、神经原纤维酸性蛋白、外周蛋白）、Ⅳ型中间丝（神经丝蛋白）、Ⅴ型中间丝（核纤层蛋白）及Ⅵ型中间丝（巢蛋白、晶状体蛋白）6 种类型。中间丝的异常与人类多种疾病有关（表 8-3）。

表 8-3 中间丝的分类

类型	中间丝	所在组织	突变导致的疾病
Ⅰ	酸性角蛋白	上皮组织、指甲、头发等	单纯型大疱性表皮松解症
Ⅱ	中性、碱性角蛋白		
Ⅲ	结蛋白	横纹肌、平滑肌	肌肉疾病、心肌疾病
	神经原纤维酸性蛋白	星形胶质细胞、中枢神经系统	阿尔茨海默病，帕金森病
	外周蛋白	中枢神经系统、外周神经系统	肌萎缩侧索硬化，神经退行性病
	波形蛋白	成纤维细胞、白细胞及其他细胞	白内障，上皮间质转化
Ⅳ	神经丝蛋白	中枢神经系统、外周神经系统	阿尔茨海默病，帕金森病
	α-互联蛋白	中枢神经系统	神经元中间丝包涵体病
Ⅴ	核纤层蛋白	核纤层	肌肉脂肪营养障碍，心肌病

续表

类型	中间丝	所在组织	突变导致的疾病
Ⅵ	巢蛋白	中枢神经系统、外周神经系统、肾、心脏、肌肉	阿尔茨海默病，癌症
	晶状体蛋白 晶丝蛋白	眼	白内障

人的基因组中有 70 个中间丝基因，其中 54 种在上皮细胞中表达。Ⅰ型中间丝和Ⅱ型中间丝就是上皮细胞中特异表达的角蛋白基因，Ⅰ型角蛋白和Ⅱ型角蛋白以相同比例组装，形成异源二聚体。Ⅲ型中间丝在所有肌肉细胞及多种中胚层来源细胞中表达，既能形成同源二聚体，也能形成异源二聚体，包括结蛋白、波形纤维蛋白等多种类型。

尽管中间丝种类繁多，但它们具有相似的结构，都是由 N 端头部、中部杆状区和 C 端尾部组成（图 8-30A）。头部和尾部的序列是高度可变的，不同类型的中间丝蛋白头尾部氨基酸的数量和组成存在显著差异，因此在结构域大小及空间结构上有很大的变化，造成每种中间丝蛋白都具有各自独特的化学性质。中间丝的中部是由约 310 个氨基酸残基组成的、高度保守的 α 螺旋排列的杆状结构，长度约 47nm。中间杆状区在中间丝的装配中具有重要作用，对胞质中间丝而言，借助于中部杆状区的 α 螺旋，两个相邻中间丝蛋白形成双股超螺旋，其中螺旋 1（包括 1A 和 1B）和螺旋 2（包括 2A 和 2B）长度各 22nm，螺旋 1 和螺旋 2 由 L12 连接起来（图 8-30B）。

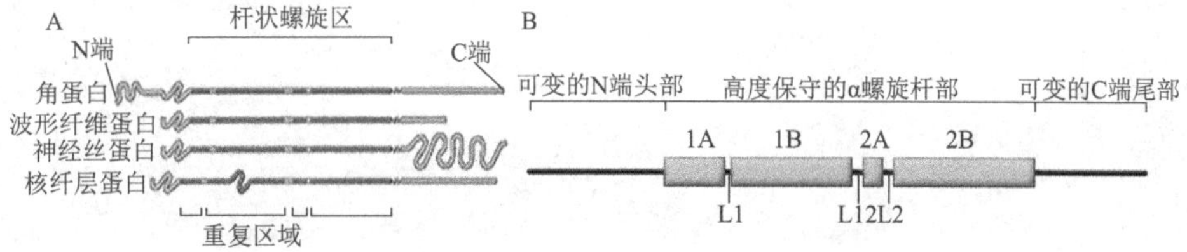

图 8-30 中间丝的分子结构

8.3.2 中间丝的组装

中间丝不像微丝、微管那样由球状单体首尾连接而成，也没有核苷酸的结合位点，但中间丝也处于组装和去组装的动态平衡过程中，并且不需要水解核苷酸。

中间丝的组装方式多样，组装过程相对复杂。首先两个相邻单体通过杆状的 α 螺旋同向平行排列，形成具有极性的二聚体。例如，Ⅰ型和Ⅱ型中间丝蛋白分子组装成异源二聚体，Ⅲ型中间丝蛋白则形成同源二聚体。接下来，两个二聚体反向平行结合，组装成无极性的四聚体。目前认为四聚体可能是能解聚的中间丝的最小亚单位。有研究也发现，胞质中存在自由的四聚体。四聚体之间可以相接形成原纤丝（protofibril），四聚体也可以侧向相互作用，这样最终组装成直径 10 nm、横断面有 32 个中间丝蛋白的八聚体纤维，未成熟的中间丝是两端松散的，经过进一步的压缩最终形成表面光滑的成熟中间丝（图 8-31）。

中间丝的组装与解聚可能与中间丝蛋白的磷酸化、乙酰化等化学修饰有关。在中间丝的组装过程中 N 端起着至关重要的作用。

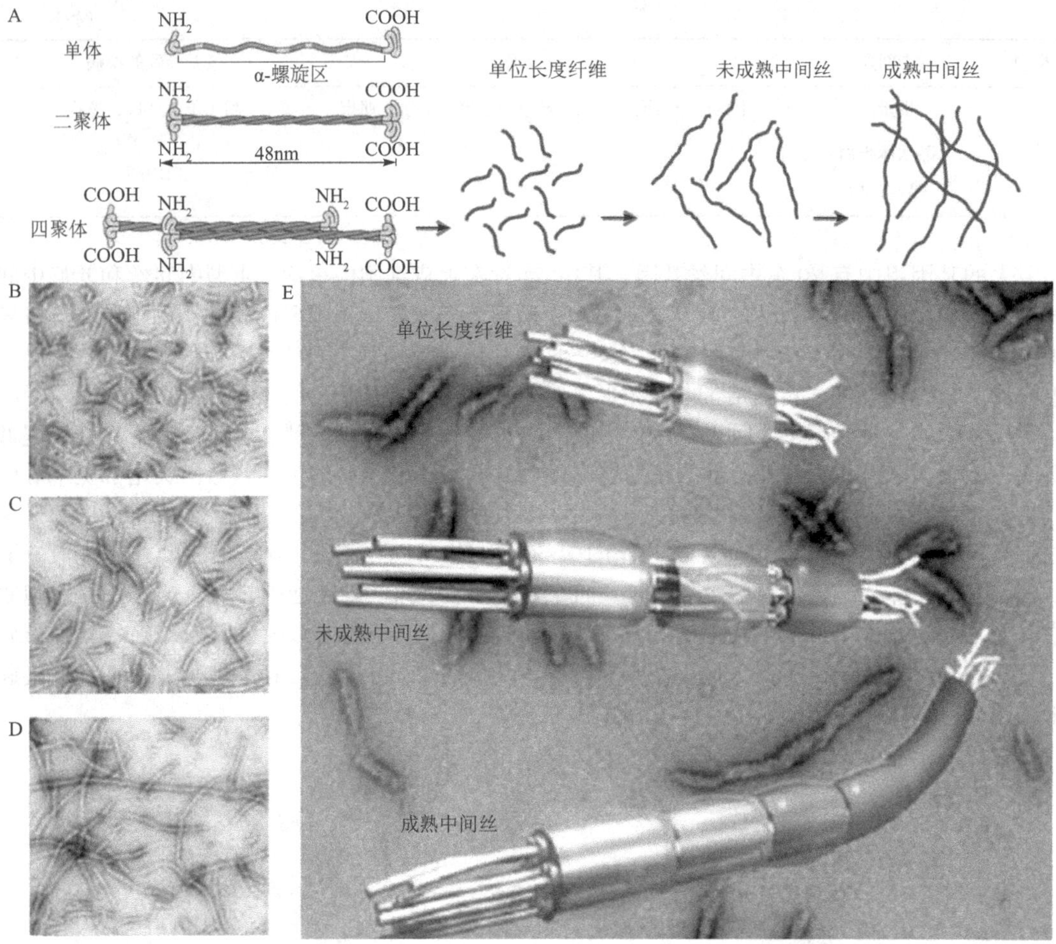

图 8-31　中间丝的组装（引自 Snider and Omary，2014；Chang and Goldma，2004）

A. 中间丝组装过程示意图；B. 电镜下的单位长度纤维；C. 电镜下的未成熟中间丝；D. 电镜下的成熟中间丝；E. 电镜下的中间丝组装及示意图

与微丝和微管相似的是，细胞中也存在**中间丝结合蛋白**（intermediate filament associated protein，IFAP），与中间丝紧密或者松散结合，可能参与对中间丝结构与功能的调节。虽然中间丝结合蛋白不是中间丝的组成部分，但在高盐和非离子去垢剂抽提时，它们并不与中间丝分离。在体外，中间丝结合蛋白能与中间丝结合，并经历相同的解聚与组装周期，具有将中间丝相互交联成束的能力。

目前已发现了约 15 种中间丝结合蛋白，功能涉及将中间丝交联，或者将中间丝与细胞结构连接起来。迄今尚未发现中间丝切割、加帽等蛋白质，也没有发现与中间丝相关的马达分子。尽管中间丝结合蛋白的表达没有细胞特异性，但这些蛋白质却能识别不同类型的中间丝，如聚丝蛋白（filaggrin）是哺乳动物皮肤角质层中连接角蛋白纤维的碱性蛋白，能使角蛋白丝聚集成束，为表皮的最外层提供韧性，它是区分不同上皮细胞的特异性标志。网蛋白（plectin）在细胞中含量丰富，能使波形蛋白成束，可以将中间丝与微管、微丝交联，并形成横桥，还能介导中间丝与质膜的连接。

8.3.3　中间丝的功能

（1）为细胞提供机械支持　　在细胞内，中间丝通过中间丝结合蛋白形成了一个连续的、由核周向四周辐射的网状结构，赋予细胞一定的强度、柔韧性和机械支撑力（图 8-32）。例如，上皮细胞中的中间丝为角蛋白，角蛋白网络通过细胞膜上的整联蛋白与细胞外基质相连，将细胞与胞外基质联系起来。核纤层不仅支撑核膜，将核膜与核基质连接起来，而且参与核膜的动态变化。细胞内的中间丝构成了一个贯穿细胞核到细胞质的稳定的网络状结构，并通过与微丝、微管相互作用，为细胞提供了全方位的支持。

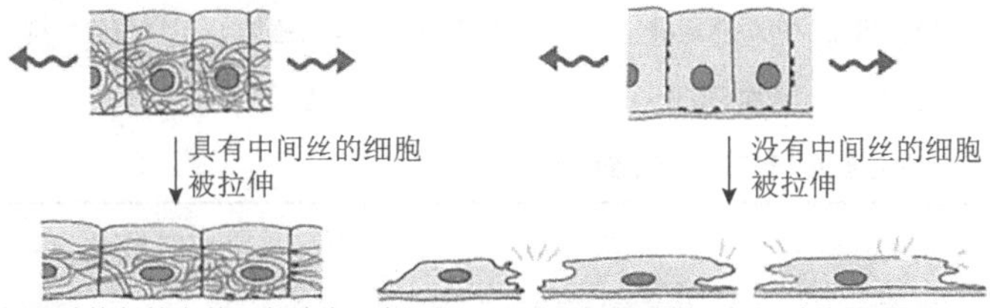

图 8-32　中间丝增强细胞的强度

（2）参与细胞连接　　中间丝参与了细胞与细胞之间，以及细胞与胞外基质之间连接结构的构建。桥粒和半桥粒属于锚定连接，对维持上皮组织结构的完整性至关重要。在这些结构中，中间丝与质膜下方的盘状致密斑结合，借助跨膜蛋白，将相邻细胞连接起来，或者将细胞稳固地附着在胞外基质上。有转基因研究证实，角蛋白基因的突变导致后代由于缺失角蛋白，不能产生正常的中间丝，使转基因鼠皮肤出现水疱，类似人类天疱疮的表型，证明了中间丝在维系组织结构完整性中的重要作用（详见第 3 章细胞连接部分）。

（3）参与信号转导　　中间丝在细胞中形成的网络结构，还参与了胞外信号向胞内的传递，包括将胞外信号经质膜传递到细胞核，也涉及细胞核信号向胞外的传递。此外，中间丝还为大分子、细胞结构提供了锚定位点。

作为细胞质的骨架，微丝、微管和中间丝各具特点，主要特征的比较如表 8-4 所示。

表 8-4　三种细胞质骨架的比较

	微丝	微管	中间丝
单体	肌动蛋白	αβ 微管蛋白	中间丝蛋白
单体分子质量/kDa	43	50	40～200
结合的核苷酸	ATP/ADP	GTP/GDP	无
纤维直径/nm	7	24	10
纤维结构特点	双股螺旋	13 根原纤维组成的中空纤维	多级螺旋
纤维功能特点	可塑性强（可成束、交联等）	有一定刚性，不易弯曲	韧性强，可承受较强机械应力
极性	有	有	无
踏车现象	有	有	无
组装特点	高度动态	高度动态	动态
特异性药物	细胞松弛素 B	秋水仙素	无
	红海海绵素	长春花碱	
	鬼笔环肽	紫杉醇	

续表

	微丝	微管	中间丝
结合蛋白	有	有	有
与运动相关的马达分子	肌球蛋白	驱动蛋白、动力蛋白	无
主要功能	细胞形态维持和运动； 肌细胞的收缩舒张； 细胞表面特化结构的形成与维持； 膜泡运输（短距离运输）； 胞质分裂（胞质分裂环）； 参与锚定连接（黏着带、黏着斑）	细胞形态维持； 细胞器的空间定位； 膜泡运输（长距离运输）； 染色体运动（纺锤体）； 纤毛、鞭毛运动	细胞及细胞核形态的维持； 参与锚定连接（桥粒、半桥粒）， 赋予组织抗机械应力的作用； 核膜结构与动态的维持（核纤层）

8.4 膜骨架和核骨架

广义的细胞骨架除微丝、微管及中间丝组成的细胞质骨架外，还包括细胞膜下的膜骨架及细胞核中的核骨架。膜骨架及核骨架分别是真核细胞质膜和细胞核的支撑结构，同时还与这些结构的功能有密切关系。

8.4.1 膜骨架

膜骨架（membrane skeleton）是位于质膜下与膜蛋白相连的、由纤维蛋白组成的网络结构，具有维持质膜形态、参与质膜功能的作用。

人们对膜骨架的了解主要来自对哺乳动物红细胞的研究。红细胞正常形态为双凹的球形结构，直径约 7 μm。当红细胞在末梢循环中穿梭时，常常需要改变自身的形态，膜骨架赋予了红细胞质膜柔性与韧性。在低渗溶液中，红细胞的质膜破裂，内含物释放后所形成的结构，称为血影（blood ghost）。血影是研究膜骨架的典型材料，通过 SDS 聚丙烯酰胺凝胶电泳（SDS-PAGE）分析血影成分，发现主要有三种蛋白质：血影蛋白（spectrin）、带 3 蛋白、血型糖蛋白，占膜蛋白的 60%以上，此外还有锚蛋白（ankyrin）、带 4.1 蛋白、带 5 蛋白（肌动蛋白）等成分，说明膜骨架与细胞质骨架中的微丝网架是联系在一起的，在维持质膜形态等方面起着重要作用。

血影蛋白是 α 和 β 链组成的二聚体，直径 5 nm，长约 100 nm。两个二聚体的头与头相连，形成了一个长约 200 nm 的四聚体。血影蛋白四聚体游离的两端通过带 4.1 蛋白固定在肌动蛋白和原肌球蛋白组成的微丝上。微丝与多个血影蛋白结合，将血影蛋白在质膜下交联成网络状结构。血影蛋白四聚体上还有一个锚蛋白的结合位点，因而质膜上的锚蛋白介导了血影蛋白与质膜的连接。研究发现，锚蛋白有两个结构域：一个是血影蛋白 β 链结合位点；另一个是带 3 蛋白结合位点。带 3 蛋白是由 2 条相同链组成的二聚体，是负责红细胞膜上 Cl^- / HCO_3^-阴离子转运的载体蛋白。组成带 3 蛋白的每条链含有 929 个氨基酸残基，具有 α 螺旋形式的 12～14 次跨膜，其位于胞质侧的 N 端是锚蛋白的结合位点。带 3 蛋白不是维持质膜必需的蛋白质，但它可与质膜的必需蛋白——锚蛋白和带 4.1 蛋白结合，间接起到维持质膜形态的作用（图 8-33）。

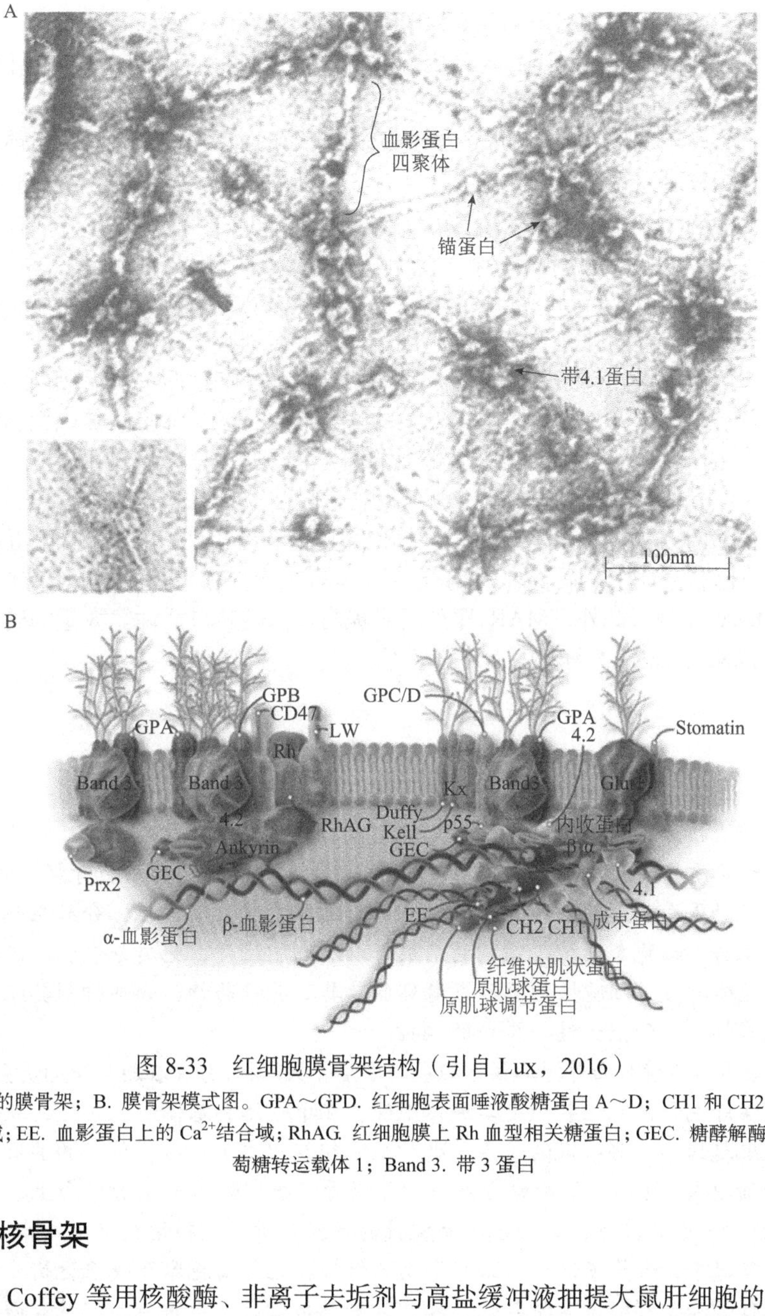

图 8-33　红细胞膜骨架结构（引自 Lux，2016）

A. 电镜下红细胞的膜骨架；B. 膜骨架模式图。GPA～GPD. 红细胞表面唾液酸糖蛋白 A～D；CH1 和 CH2. 血影蛋白与肌动蛋白结合的结构域；EE. 血影蛋白上的 Ca^{2+}结合域；RhAG. 红细胞膜上 Rh 血型相关糖蛋白；GEC. 糖酵解酶复合体；Glut1. 葡萄糖转运载体 1；Band 3. 带 3 蛋白

8.4.2　核骨架

1974 年，Coffey 等用核酸酶、非离子去垢剂与高盐缓冲液抽提大鼠肝细胞的核膜、染色质与核仁后，发现核内仍然存在一个纤维状的网络结构，且能维持细胞核的原有形态，他们称其为**核基质**（nuclear matrix），后来也有人称为**核骨架**（nuclear skeleton）。

核骨架是一个统一的整体，通常指存在于真核细胞核内的、由蛋白质成分构成的纤维网络结构，在概念上分为狭义和广义两种。狭义上的核骨架指的是核基质，也就是除去核膜、核纤层、染色体、核仁和核孔复合物等之外的纤维网架体系。广义上的核骨架包括核基质、核纤层、核孔复合体和染色体骨架等成分。

核基质是与核纤层有密切联系的网络结构，遍布于细胞核内，对维持细胞核的形态结构及核内有序组织起着重要作用。核基质又是高度动态的结构，由一些直径为 3～30 nm 的单根纤维组成的纤维复合体构成。核基质的主要成分是蛋白质，其中非组蛋白性质的纤维蛋白占 96% 以上，此外还含有少量的 DNA 和 RNA。

不同细胞类型及不同生理状态的同一细胞，核基质蛋白存在显著差异。目前已鉴定的核基质主要成分被称为核基质蛋白。例如，能与富含 AT 的 DNA 序列特异性结合的 Nuc^{2+}蛋白（可能参与染色体的分离）；调控 mRNA 合成的核内肌动蛋白；能与富含 AT 的基质/骨架连接区（matrix/scaffold attachment region，MAR）序列结合，在转录过程中维持 DNA 特定拓扑结构的附着区结合蛋白（attachment region binding protein，ARBP）等。在人类细胞中，核基质的成分在不同的细胞类型中、不同肿瘤类型中均不同。由于肿瘤细胞中核基质成分与正常细胞核基质成分存在差异，因而可将其作为肿瘤标记物，用于肿瘤的早期诊断与预后判断。另外，在核基质中还发现一些与 DNA、RNA 代谢密切相关的酶类，以及参与细胞信号识别和细胞周期调控等的核基质结合蛋白，功能是协助核基质蛋白共同构建核基质网络结构。

大量研究表明，核基质是真核细胞 DNA 复制与修复、RNA 转录与加工、线性 DNA 有序包装与染色质构建的场所。DNA 袢环上的 S/MAR 序列含有 DNA 拓扑异构酶Ⅱ的作用位点，介导染色质结合在核基质上。而诸如 DNA 聚合酶 α 等也定位在核基质上，组装成 DNA 复制复合体，调控 DNA 复制。此外，MAR 序列还可提高基因的转录活性。大量的转录产物，包括 mRNA 前体 hnRNA、snRNA 等都结合在核基质上。

知识点小测试

本章小结

细胞骨架是真核细胞内高度有序的网络状结构，其化学本质是蛋白质。广义的细胞骨架指细胞膜骨架、细胞质骨架（微丝、微管、中间丝）及核骨架，狭义的细胞骨架仅指细胞质骨架。

微丝是由肌动蛋白构成的直径为 7～9 nm 的纤维状结构，有极性，分布在胞质中，主要参与细胞形态的维持、细胞表面特化结构的形成，以及细胞运动、胞质分裂、肌肉收缩等生理活动，还与膜泡运输有关，细胞松弛素和鬼笔环肽是其特异性药物，分别抑制其组装或解聚。微丝的装配形式多样，受到微丝结合蛋白的调控。

微管是由 α 和 β 微管蛋白异源二聚体组成的中空管状结构，分布在胞质中的类型为直径 24 nm 的单体微管，在纤毛和鞭毛组装的是二联体微管，在中心体和基体组装的是三联体微管。微管在细胞中的装配起始于一些特定的位点（也称微管组织中心），这些位点的共有成分是 γ 微管蛋白。在动物细胞内，α 微管蛋白结合在中心体微管组织中心的 γ 微管蛋白上，远端为正极，不断添加 αβ 微管蛋白二聚体，微管也是有极性的。微管所构建的结构有中心体、基体、鞭毛、纤毛、有丝分裂器等，微管不仅参与细胞形态的维持，还与细胞器及膜泡运输、有丝分裂等过程有关。秋水仙素和紫杉醇是其特异性药物，分别与微管结合后抑制其组装或解聚。

中间丝直径 10 nm，是比微丝、微管更为稳定的骨架成分，分布在胞质和细胞核内。中间丝具有严格的组织/细胞特异性。中间丝的单体在结构上都含有 α 螺旋组成的杆状区，是介导形成二聚体的区域。中间丝在组装到四聚体阶段失去极性。中间丝具有较强的韧性，有抵抗机械应力的作用，参与细胞连接的构建，维持组织结构的完整性；分布在核内的中间丝（核纤层）则与细胞核形态、结构的维持，与细胞分裂中核膜的崩解与重建有关。

马达蛋白是一类依赖 ATP 提供能量沿着微丝和微管运动的蛋白质。多数马达蛋白的头部具有 ATP 酶活性，尾部能结合被转运膜泡或者细胞器。微丝的马达蛋白是肌球蛋白，其中Ⅱ型肌球蛋白是肌肉收缩舒张的动力基础，Ⅰ型和Ⅴ型肌球蛋白介导细胞内的膜泡运输。微管的马达蛋白有两类：驱动蛋白和动力蛋白。驱动蛋白沿微管从负极走向正极，而胞质动力蛋白正好相反。二者在微管上互为反方向的运动介导了物质/膜泡在细胞内运动的定向性。

膜骨架位于质膜下，主要由血影蛋白、锚蛋白、带 4.1 蛋白等组成，与质膜形态和功能的维持密切相关。核骨架是真核细胞核内的蛋白质成分构成的纤维网络结构。广义上核骨架指细胞核内的所有网络状结构，包括核纤层、核基质、核孔复合物等。狭义上核骨架仅指核基质。核基质维持细胞核的形态结构及核内有序组织结构，在真核细胞 DNA 复制、RNA 转录与加工、染色质 DNA 有序包装与染色体构建中起重要作用。

复习题

一、基础检测题

1. 简述细胞骨架的定义、类型和功能。

2. 简述细胞骨架存在的方式及其特异药物。

3. 用什么实验方法可以观察、鉴定培养的上皮细胞中的中间丝？

4. “肌动蛋白是进化最保守的蛋白质之一”，从这句话能得到什么信息？请从肌动蛋白的结构与功能方面进行分析。

5. 请比较微丝和微管在结构和功能上的区别。

二、归纳拓展题

1. 简述细胞骨架与细胞连接的关系。

2. 微丝细胞骨架有哪些生物学功能？如何理解相对于构成细胞骨架的结构蛋白，骨架相关蛋白（如肌动蛋白结合蛋白）对骨架的功能更为重要？

3. 除支持和运动外，细胞骨架还有什么功能？怎样理解“骨架”的概念？

4. 膜骨架在红细胞穿过血管的变形运动中有什么作用？

5. 如何理解细胞基质和细胞骨架的关系。

6. 蛋白质 A 分布于质膜的细胞外表面，当利用细胞松弛素 B 处理该细胞后，发现 A 的流动性大大增加了，请解释原因。

7. 高尔基体在细胞中的定位和分布是由哪种细胞骨架决定的？请设计实验予以证明。

8. 如何理解细胞骨架的动态不平衡，请简述其生物学意义。

（本章作者　刘肖飞）

第 9 章 细 胞 增 殖

细胞增殖（cell proliferation）是指细胞通过生长和分裂，产生与亲代细胞（mother cell）具有相似遗传特性的子细胞，而使细胞数目成倍增加的过程。它是生命活动的一个基本特征，也是生物体生长发育和生命延续的根本保证。细胞增殖最直观的表现是**细胞分裂（cell division）**，即由一个亲代细胞（mother cell）变为两个子代细胞（daughter cell），使细胞的数量增加。在自然界中，由于各种因素的作用，每时每刻都会有大量的生物个体消亡，尤其是单细胞生物，它们要保持物种的延续，必须依赖细胞增殖来实现个体的繁殖。对多细胞生物来说，细胞增殖是个体生长、发育和繁殖的基础，同时细胞增殖在生物体正常组织结构的维持和更新中也起重要的作用。以人体为例，成人每天必须产生大量新细胞以补充因衰老死亡或其他原因而丧失的细胞，从而维持正常的生命活动。例如，人红细胞平均每 120 天更新一次，小肠绒毛细胞 2～3d 全部更新一次。此外，细胞增殖还是细胞分化、机体创伤愈合、组织再生、器官损伤修复的基础。

细胞增殖是通过**细胞周期（cell cycle）**实现的，细胞周期的有序运转是多阶段、多因子参与的精确、有序的调节过程，这些调控因子相互协调形成复杂的调控网络。细胞周期与细胞的分化、生长和死亡息息相关，细胞周期一旦出现异常，就会导致相关疾病的发生。

学习目标　　知识结构图　　彩图　　视频

9.1 细胞周期概述

早在 100 多年前，人们就已经观察到细胞周期具有阶段性，细胞周期由**间期（interphase）**和**有丝分裂期（mitotic phase，M 期）**组成。在间期，细胞经过各种必要的物质准备逐渐长大，然后在分裂期一分为二，形成两个子细胞。新生的子细胞只有经过生长及足够的物质准备，才能进行新一轮的细胞分裂，说明细胞分裂这一周期性的重复是一个受控制的、有序的过程，细胞周期各阶段中细胞发生的变化，以及各阶段间的转换，均受细胞自身及环境因素的控制，并在进化中有很强的保守性。对细胞周期的研究被认为是 20 世纪细胞生物学研究的重大发现之一，细胞周期调控因子的紊乱与疾病发生的关系也成为国内外学者研究的热点。目前，细胞周期及其调控机制已在肿瘤诊断与治疗、干细胞移植、衰老机制研究、生殖医学、遗传学等领域显示出重要的指导意义。

9.1.1 细胞周期及类型

9.1.1.1 细胞周期的概念

细胞周期是指一个细胞完成一次分裂的全过程，通常人们把细胞分裂结束到下一次细胞分裂结束所经历的整个过程称为细胞周期。在这一过程中，细胞中的遗传物质复制并均等地分配给两个子细胞。

真正对细胞周期的研究始于 20 世纪 50 年代。1953 年，A.Howard 和 S.Pele 用 ^{32}P 磷酸盐标记蚕豆根尖细胞，然后于不同时间取根尖做放射自显影，发现细胞在分裂之前的间期需要完成一个重要事件，即 DNA 的复制。但 DNA 复制集中在间期中的一段时间进行，即**S 期(synthesis phase)**。S 期之前和之后的时间分别称为 **G_1 期（G_1 phase）**和 **G_2 期（G_2 phase）**，因此间期是由 G_1、S 和 G_2 期有序组成的。标准的细胞周期可以分为 G_1 期、S 期、G_2 期和 M 期 4 个阶段（图 9-1）。细胞分裂之后，某些细胞暂时脱离细胞周期，细胞保持代谢活性，但不进行 DNA 复制和分裂，这种处于静息状态的细胞，当受到某种适当的刺激后，能够重返细胞周期，进行细胞分裂，称为 **G_0 期（G_0 phase）**细胞。

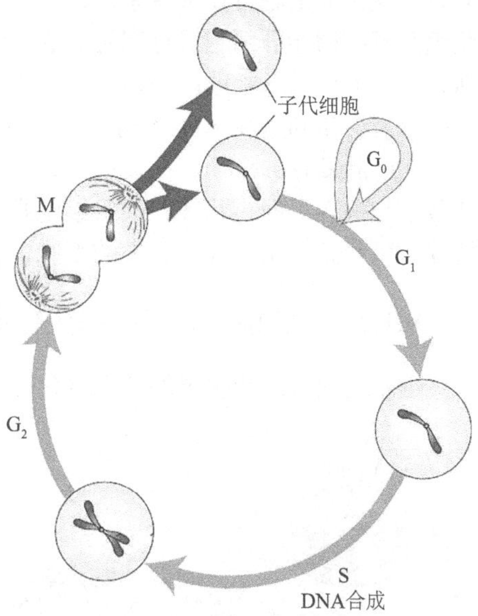

图 9-1 标准的细胞周期
（引自 Lodish et al.，2004）

9.1.1.2 细胞周期时间

细胞周期时间（cell cycle time）指的是每一轮细胞周期所经历的时间。无论是单细胞生物还是多细胞生物，不同种类细胞的周期时间长短是不同的。某些细胞分裂速度很慢，需要十几年甚至几十年，有的细胞分裂很快，几十分钟即可完成细胞周期。一般来说，细胞周期时间中，$S+G_2+M$ 的时间变化较小，而 G_1 期的时长差异可能很大。例如，小鼠食管上皮细胞和十二指肠上皮细胞的细胞周期时间分别为 115h 和 15h，其中食管上皮细胞的 G_1 期长达 103h，而十二指肠上皮细胞的 G_1 期只有 6h，由此看来，二者的细胞周期时间差主要取决于 G_1 期的长短。

体外培养的细胞，其细胞周期时间长短因细胞来源不同而异。细胞周期时间与细胞所处外界环境也有密切关系。就环境温度而言，在一定范围内，细胞增殖速度随温度升高而加快。细胞周期中各个时期持续的时间虽然不同，但仍有相似之处，如间期时间远长于分裂期，间期中 G_1 期时间最长，S 期次之，G_2 期最短。

细胞周期时间长短的测定方法多种多样，如脉冲标记 DNA 复制和细胞分裂指数观察测定法、流式细胞仪测定法等。若仅需要测定细胞周期总时间，只要通过在不同时间里对细胞群体进行计数，就可以推算出细胞群体的倍增时间，即细胞周期总时间，或者用缩时摄像技术，不仅可准确测定细胞周期时间，还可准确测定分裂间期和分裂期的时间。

9.1.1.3 细胞的类型

正常情况下，细胞沿着 G_1 期、S 期、G_2 期、M 期的顺序运转，但在多细胞生物体中，细胞分工不同，分裂行为也有差异，因此可将真核生物细胞分为以下三类。

（1）持续分裂细胞 也称**周期中细胞（cycling cell）**，是在细胞周期中持续运转的细胞。多细胞生物体的组织需要不断地更新，是由不断分裂产生的新细胞进行补充的。例如，精原细胞不断分裂产生雄配子、造血干细胞不断分裂产生红细胞和白细胞、上皮基底层细胞不断分裂补充老化死亡的表皮细胞、植物的根茎尖端的分生组织不断分裂产生新细胞，这些都是持续分裂细胞。

（2）终末分化细胞 指永久性失去分裂能力的细胞，不可逆地脱离了细胞周期，是高度特化的细胞，执行特定的功能，如哺乳动物的红细胞、神经细胞、多形性白细胞、肌细胞等，一般保持这种不分裂状态，直到衰老死亡。

（3）G_0 细胞　也称静止细胞（quiescent cell），暂时脱离细胞周期，不进行 DNA 复制和分裂。但这类细胞可在某些条件的诱导下重新开始细胞分裂，如肝细胞，外科手术切除部分肝组织后可以诱导肝细胞进行细胞分裂。体外培养的细胞，在某些营养物质缺乏时，也可进入 G_0 期，仅能生存，不能进行分裂。一旦得到营养物质补充，G_0 期细胞很快会重返细胞周期，开始细胞分裂。G_0 细胞除了不增殖，仍具有正常的生理和代谢活动。

在胚胎发育的早期（卵裂期），所有细胞均为持续分裂细胞。随着个体生长发育的进程，某些细胞进入了静止状态，某些细胞则分化后丧失了分裂能力。到成体时，只有少数细胞处于持续增殖状态，用于补充丢失的细胞，或者对外界刺激做出反应。

9.1.2　细胞周期各时相的主要特征

细胞周期各时相主要的动态变化与 DNA 复制、细胞分裂相关，目前对不同时相中发生的主要事件已有一定的了解（图 9-2）。

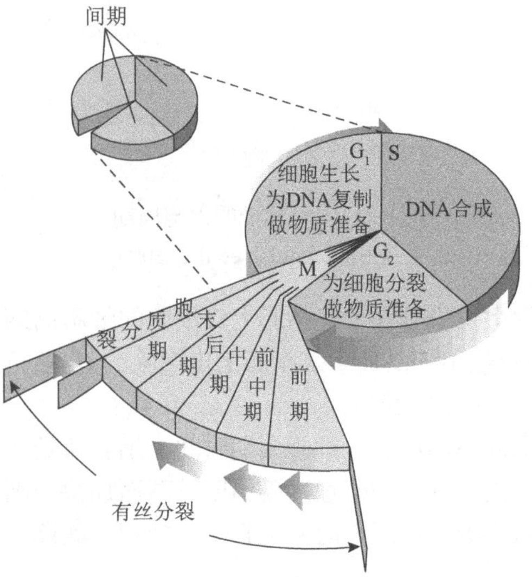

图 9-2　细胞周期时相及有丝分裂进程
（引自 Lodish et al.，2004）

（1）G_1 期　G_1 期是细胞生长、代谢和物质合成的活跃时期，RNA 和蛋白质大量持续合成。细胞迅速生长，体积显著增大，为进入 S 期做好准备。G_1 期可分为 G_1 早期和 G_1 晚期，G_1 早期主要合成细胞的结构蛋白、代谢相关酶等，G_1 晚期合成与 DNA 复制有关的酶，以及 G_1 期向 S 期转换所需的蛋白质。

除了蛋白质含量的增加，G_1 期另一个突出特点是发生多种蛋白质的磷酸化，包括组蛋白、非组蛋白及某些蛋白激酶等的磷酸化，由此促成染色质结构的变化。在 G_1 期，质膜的转运功能增强，以确保大量生化合成所需原料的供应。

（2）S 期　S 期即 DNA 合成期，主要特征是完成 DNA 的复制，同时合成组蛋白和非组蛋白。伴随 DNA 复制的过程，新合成的 DNA 链立即与组蛋白结合，及时包装组成核小体，并进一步组装成染色质。S 期结束时，细胞核 DNA 含量增加 1 倍。

DNA 复制并不是同步的，不同的序列复制先后不同，具有严格的时间顺序。一般来说，常染色质复制在先，异染色质复制在后；活跃转录的 DNA 复制在先，不转录的 DNA 复制在后；GC 含量高的 DNA 序列复制在先，AT 含量高的 DNA 序列复制在后。

（3）G_2 期　G_2 期是 DNA 复制完成到分裂开始之前的一段时间。细胞内 DNA 的含量已经增加了 1 倍，即每条染色体含有 2 个拷贝的 DNA，由 G_1 期染色体倍性（$2n$）变成了 G_2 期的染色体倍性（$4n$）。

G_2 期主要为细胞进入 M 期进行物质准备，细胞大量合成 ATP、RNA 和蛋白质，如微管蛋白的合成达到高峰。此外，与核膜崩解、染色体凝集有关的促进因子也在 G_2 期合成。某些特定蛋白质是细胞向 M 期转换所必需的，缺乏这些蛋白质，细胞将不能进入 M 期。

（4）M 期　M 期即细胞分裂期，通常分成两个阶段，即核分裂和胞质分裂。核分裂是间期复制好的遗传物质凝集成染色体，并精确均等地分配到两个子细胞中的过程，胞质分裂是细胞质一分为二，形成两个子细胞的过程。

M 期细胞在形态和结构上发生显著的改变，包括染色体凝集及分离，核膜、核仁解体及重建，纺锤体、收缩环在胞质中形成，细胞核分裂形成两个子核，胞质一分为二，形成两个子代细胞。在生化合成方面，M 期细胞中 RNA 合成处于抑制状态，除了非组蛋白，其他蛋白质的合成显著降低。

9.1.3 细胞周期检验点

细胞周期的有序运转，依赖于两个系统的共同调控，一是动力系统，受到特定蛋白激酶活化的正调控，推动细胞周期的进行；二是监控系统，通过细胞周期**检验点（checkpoint）**及时发现异常，通过反馈调节来保证细胞周期中的关键事件高度准确地完成，确保细胞周期的正常运转。

细胞周期检验点普遍存在于真核生物中，作为一种质量控制机制，确保每一时相事件的全部完成。当细胞周期进程中出现异常事件，如 DNA 损伤或 DNA 复制受阻时，这类调节机制就被激活，及时地中断细胞周期的运行，给细胞时间来纠正错误。待细胞修复或排除故障后，细胞周期才能恢复运转。因此，细胞周期检验点有两个特点，一是能对 DNA 损伤迅速作出反应，在基因组造成不可逆损伤之前，及时阻断细胞周期的进行；二是将 DNA 损伤信号放大到足够水平，有效阻断细胞周期进行。

真核细胞细胞周期主要有 4 个检验点，分别是 G_1 期检验点、S 期检验点、G_2 期检验点、纺锤体组装检验点（图 9-3），以监视和调控细胞周期时相的正常转换。

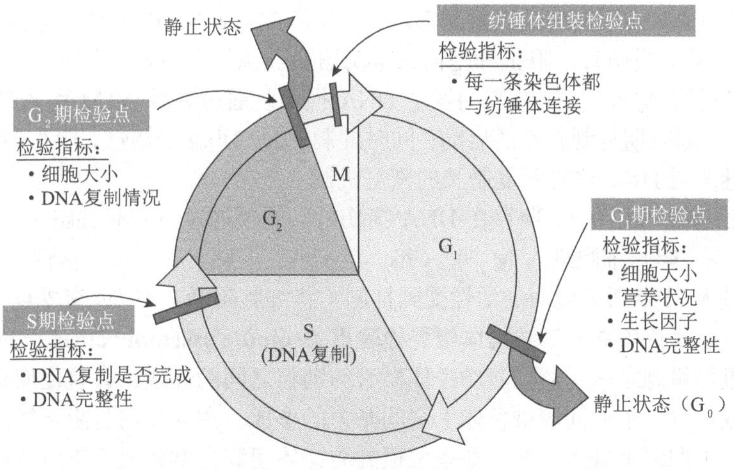

图 9-3 细胞周期检验点

（1）G_1 期检验点　G_1 期检验点又叫 G_1/S 检验点，在酵母细胞中称为启动点（actuation point），在高等真核生物中称为**限制点（restriction point）**，主要作用是检验 DNA 的完整性，在 DNA 受到损伤时，则抑制 DNA 复制的起始，阻止细胞进入 S 期。

G_1 期检验点的作用由 ATM/ATR-Chk2/Chk1 通路和 p53-p21 通路实现（图 9-4）。当 DNA 发生损伤时，ATM/ATR 被激活，进而磷酸化多种蛋白质，如 Chk2、Chk1、p53 等。Chk2 和 Chk1 被磷酸化后具有激酶活性，可磷酸化 Cdc25A 和 Cdc25C，这些蛋白质的磷酸化失去激活 CDK1 和 CDK2 的作用，从而抑制 DNA 复制的起始。p53 被磷酸化后激活，可进一步活化 p21 的转录，通过 p21 抑制 CDK2 等激酶的活性，抑制 DNA 的复制。

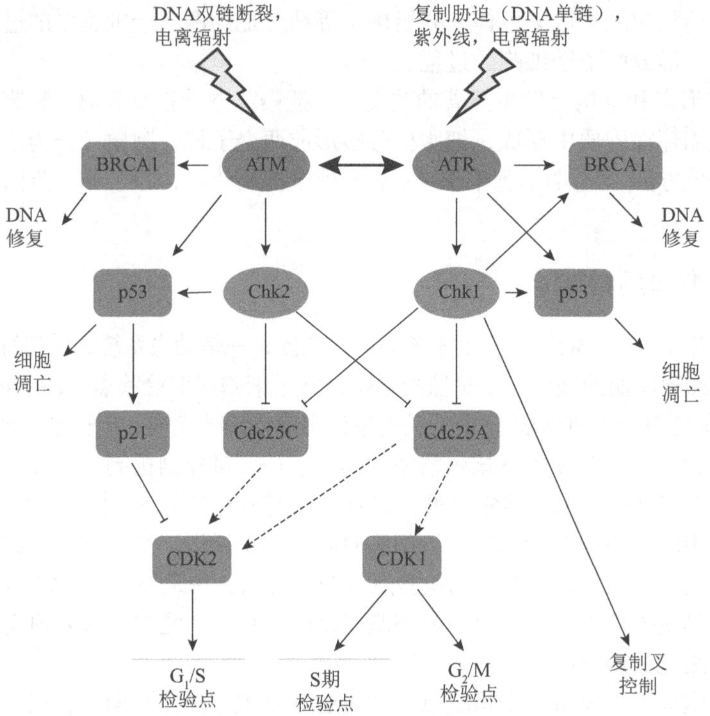

图 9-4　细胞周期检验点的信号通路

（2）S 期检验点　　S 期检验点检测 DNA 复制是否完成及 DNA 是否完整。当 DNA 未完成复制或 DNA 发生损伤时，阻止细胞向 G_2 期切换。该检验点的作用也是通过 ATM/ATR-Chk2/Chk1 途径进行调控的，如果 S 期发生 DNA 损伤，通过激活 ATM 和 ATR，分别磷酸化 Chk2 和 Chk1，抑制晚期复制起点的启动；同时抑制 Cdc7/Dbf4 的活性，阻止 DNA 的复制。此外，还可以相继激活 DNA 修复及复制叉的恢复机制。

（3）G_2 期检验点　　在 G_2 期存在 DNA 损伤时，主要通过 ATM-Chk2 和 ATR-Chk1 通路激活 G_2 期检验点，阻止细胞进入 M 期。Chk2 或 Chk1 下调 Cdc25A/C 活性，同时上调 Wee1 活性，最终使进入 M 期所需激酶的活性受到抑制，将细胞阻断在 G_2/M 交界点。

（4）纺锤体组装检验点　　**纺锤体组装检验点（spindle assembly checkpoint）**是保证染色体正确分离的重要机制之一，监控着纺锤体微管与动粒之间的连接，并且促使有丝分裂中姐妹染色单体（或减数分裂中的同源染色体）之间张力的形成，主要作用是阻止纺锤体装配不完全或者发生错误的中期细胞进入后期。如果两极的纺锤体组装异常，或者染色体没有正确附着到纺锤体上，或者正确附着的染色体尚未排列在赤道板上，该检验点就会通过抑制**后期促进复合物（anaphase promoting complex，APC）**的活性，阻止姐妹染色单体的分离。只有当所有的染色体与纺锤体两极的微管正确连接，并排列在赤道板上时，才能顺利通过该检验点。

9.1.4　细胞周期的研究方法

9.1.4.1　细胞显微形态分析

显微技术在细胞周期研究中发挥了重要的作用（图 9-5）。发现细胞分裂现象、区分细胞分裂过程、观察纺锤体及染色体的行为、分析染色质及核小体的动态都离不开显微技术。

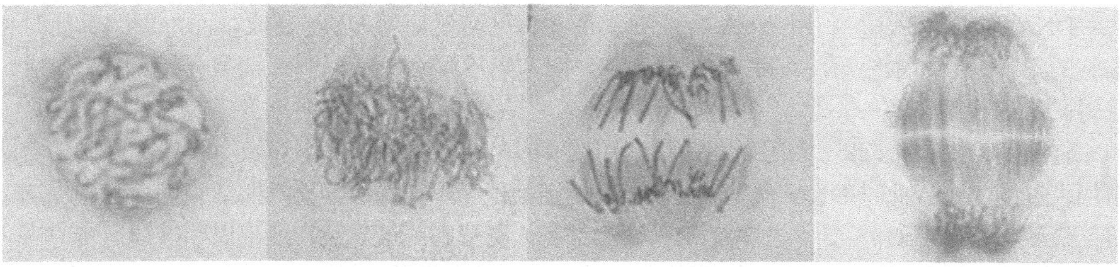

图 9-5 细胞分裂的显微形态观察（引自 Karp，2010）

9.1.4.2 细胞周期蛋白表达分析

显微观察可以看到细胞周期的现象，却无法看到细胞周期运转的分子机制。自 1983 年首次发现周期蛋白后，周期蛋白与细胞周期调控的关系迅速成为研究热点。目前，人们已经从生物体中克隆分离了几十种周期蛋白。这些周期蛋白在细胞周期的表达时间不同，功能也多种多样。例如，利用芽殖酵母温度敏感突变体克隆到的 3 个 G_1 期周期蛋白（Cln1、Cln2 和 Cln3），如果 3 个基因敲除以后，细胞则不能通过 G_1 期最终导致死亡，说明 Cln 与细胞周期从 G_1 期向 S 期的转换有关。

9.1.4.3 流式细胞分选法

流式细胞仪可以精确地测量细胞周期，并且能够分析细胞种类，DNA、RNA、蛋白质的含量，以及这些物质在细胞周期中的作用，在细胞周期调控中被广泛应用。例如，利用敲除、干涉、过表达技术，可检测未知基因在细胞周期中的作用；用药物处理培养的癌细胞，可开展高通量抗癌药物筛选，还可研究药物对细胞周期的影响。

9.1.4.4 细胞周期的同步化

在同种细胞组成的一个群体中，不同的细胞可能处于细胞周期的不同时期。为了研究背景均一，人们常常需要整个细胞群体处于相同的细胞周期时相。**同步化（synchronization）**是指采用自然的或人为选择、诱导的方法，使培养物中的所有细胞都处于细胞周期的相同阶段，其分为以下几种类型。

1）自然同步化（natural synchronization）是自然界存在的细胞周期同步过程，如许多动物可以一次产下许多都处于细胞周期同一时期的卵细胞。若同时受精，则可以同时进行卵裂，经数次甚至十多次分裂后形成大量同步化细胞群体。

2）选择同步化（selection synchronization）是指人为地将细胞分离，从而获得处于同一细胞周期时期的细胞群体的方法。常用的方法有两种：有丝分裂选择法和密度梯度离心法。

选择同步化主要采用的是有丝分裂选择法。处于对数生长期的单层培养细胞，细胞分裂活跃，细胞变圆并隆起，与培养瓶的附着性降低。若轻加振荡，则 M 期细胞就脱离培养瓶，悬浮于培养液中，倒出培养液，将细胞储存于 4℃冰箱中，再在培养瓶中加入新培养液继续培养。经过 1～2h，可重复收集 M 期细胞。该方法的优点是细胞未经药物处理和伤害，同步化程度高，缺点是得到的细胞数量少，获得足够数量细胞的成本高。

选择同步化的另一个方法是密度梯度离心法，诸如裂殖酵母等单细胞，处于不同时期的细胞在体积和质量上有显著的差别，因此可采用密度梯度离心法进行分离。该方法简单省时、效率高、成本低，但对大多数种类的细胞并不适用。

3）诱导同步化（induction synchronization）是指通过控制培养条件或利用药物诱导，使细胞周期阻止在某个时期的方法。常用的方法有两种：DNA 合成阻断法和中期阻断法。

DNA 合成阻断法：利用 DNA 合成抑制剂能够可逆地抑制 DNA 合成，而不影响其他时相细胞的正常分裂，最终可将细胞群体阻断在 S 期，然后解除抑制，所有细胞开始 DNA 合成，获得同步细胞。

胸腺嘧啶核苷（TdR）双阻断法是最常用的 DNA 合成阻断法。向对数生长期的细胞培养液中加入过量 TdR，此时 DNA 合成被抑制，S 期细胞停滞不前，而其他时期细胞仍沿细胞周期运转，最后均停止于 G_1/S 处。去除 TdR，洗涤细胞，更换新鲜培养液，细胞周期继续运转。当运转时间大于 S 期所需时间（T_S）时，所有细胞都离开 S 期，继续运转。这时，再用 TdR 二次处理，细胞群体全部被阻断于 G_1/S 处（图 9-6）。此法优点是同步化程度高，可将几乎所有细胞同步化。

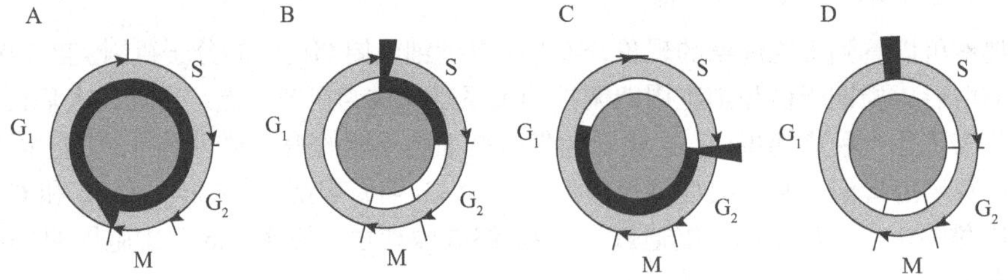

图 9-6　TdR 双阻断法的原理（引自丁明孝等，2020）

A. 处于对数生长期的细胞；B. 第一次加入 TdR，所有细胞阻断于 S 期和 G_1—S 期交界处；C. 将 TdR 洗脱，解除抑制，细胞离开 S 期，继续沿细胞周期运行；D. 第二次加入 TdR，所有细胞阻断于 G_1—S 交界处

中期阻断法：利用某些抑制微管聚合的药物，如秋水仙素、长春花碱和诺考达唑（nocodazole）等，抑制纺锤体的形成，将细胞阻滞在有丝分裂的中期。处于间期的细胞，受药物的影响相对较弱，尚可继续运转到 M 期。因而，在药物持续存在的情况下，处于 M 期的细胞数量会逐渐累加。通过轻微振荡和离心，可得到大量的处于中期的细胞。将这些中期细胞悬浮于新鲜培养液中继续培养，它们可继续分裂并沿细胞周期同步运转，从而获得处于 G_1 期不同阶段的细胞。这种方法操作简便，效率高，但可逆性差，若处理时间较长，即使解除阻断后，许多细胞也不能完成正常的有丝分裂。

细胞周期同步化的方法多样，各有优缺点，在实际工作中，人们常将几种方法结合并用，以获得数量多、同步化效率高的细胞。例如，通过低温、TdR 和诺考达唑的综合处理，获取大量的中期细胞。此外，还可以利用目前已经分离出的、许多与细胞周期调控有关的条件依赖性突变株开展研究，将这些突变株转移到限定条件下培养，所有细胞便被同步化在细胞周期中的某一特定时相。

特殊的细胞周期

真核细胞典型的细胞周期包括 G_1、S、G_2 和 M 期。在多细胞生物体中，细胞大多处于 G_0 或者 G_1 期，处于 G_0 期的细胞，暂时脱离了细胞周期，尽管不分裂，但仍保持生理及代谢活性，在合适的条件或者信号的调控下，可以重新回到细胞周期中运转，进行细胞分裂。G_1 期则是分裂新生的子代细胞迅速生长的主要阶段，物质合成与代谢非常活跃。但实际上，多细胞动物体中还有一些细胞处于特殊的增殖状态。

一种是处于快速增殖的早期胚胎细胞，也是细胞周期研究的重要材料。受精卵细胞体积大、分裂快。例如，非洲爪蟾的受精卵直径可达 1mm，受精后，迅速分裂产生很多更小的细胞，整个细胞周期几乎没有 G_1 期和 G_2 期，仅有 S 期和 M 期两个主要阶段。早期胚胎发育所需的所有 mRNA 和绝大部分蛋白质早在卵母细胞时期就已经完成储备，由于胚胎中丰富的营养环境足以支撑连续的细胞分裂，因此分裂所产生的卵裂球大小与受精卵细胞大小接近（图 9-7）。由于卵裂产生的子代细胞不进行生长，而且所有细胞的分裂是同步化的，因此从这种同步化的细胞群体中提取内容物，可用于研究细胞周期特定阶段的生物学特征，有力地推动了细胞周期调控分子机制的深入研究（见本章 9.3.1）。

另一种是一些成熟的分化细胞，在 S 期之后没有 M 期，而是进入另一个间期，因此形成多核细胞。例如，骨骼肌细胞的多核特征，为基因表达和细胞代谢提供了更丰富的调控，使骨骼肌细胞能够更好地适应不同的环境和生理需求。

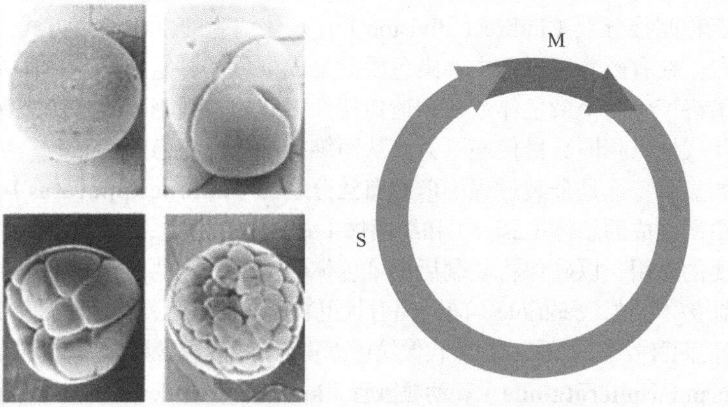

图 9-7　受精卵的卵裂及早期胚胎细胞的细胞周期

9.2　细胞增殖的方式

真核细胞的增殖方式可分为三种类型：**无丝分裂（amitosis）**、**有丝分裂（mitosis）**和**减数分裂（meiosis）**，三种分裂方式在分裂过程、子细胞的遗传特性等方面各有特点。

9.2.1　无丝分裂

9.2.1.1　无丝分裂的概念及意义

无丝分裂也称**直接分裂（direct division）**，是最早发现的一种细胞分裂方式。最显著的特点是，在整个无丝分裂过程中没有明显的阶段之分，也没有纺锤丝与染色体的变化。早在 1841 年，在鸡胚红细胞中观察到了这种分裂方式。在无丝分裂过程中，细胞核拉长，然后从中间断裂，胞质随后被一分为二，形成两个子细胞。但是无丝分裂过程中核膜不消失、没有染色体的组装、不形成纺锤体。由于子细胞核来自亲代细胞核的断裂，因此两个子细胞中的遗传物质可能并不是均等的。此外，无丝分裂具有分裂时间短、速度快、耗能少等特点。

无丝分裂在变形虫、草履虫等低等单细胞生物中较为常见，同时这种分裂方式也存在于高等真核生物的多种正常组织中，如肝细胞、肾小管上皮细胞、间充组织、肌肉组织、乳腺细胞中，此外，在机体衰老、创伤修复及病理代偿的情况下，也会出现无丝分裂，因此是一种生理上的适应。有研究表明，无丝分裂和有丝分裂能够相互转换。

9.2.1.2　无丝分裂过程

无丝分裂之前同样要进行 DNA 复制。复制完成后的细胞核及核仁疏松、体积明显变大，随后核仁及周围染色质拉长后从中间断裂，分为均等的两部分，核仁分裂并移向细胞的两极，分别牵引对侧已复制好的核内染色质向细胞的中心部位移动。对应于细胞核赤道部位的细胞膜向内凹陷形成分裂沟，聚集在细胞中央的染色质移向两极，呈哑铃型，中央部位逐渐拉长、变细，连同胞质被一分为二，最终分成两个子细胞。由于对无丝分裂的了解较少，其分裂过程中亚细胞结构的变化、生化事件及调控机制等有待深入研究。

9.2.2　有丝分裂

9.2.2.1　有丝分裂的概念及意义

有丝分裂又称间接分裂（indirect division），是体细胞的主要增殖方式，包括核分裂和胞质分裂两个阶段。在有丝分裂过程中，染色质凝集成染色体，姐妹染色单体在纺锤丝的牵拉下移动至两极，最终产生两个染色体数目和遗传特性相同的子细胞。有丝分裂保证了携带遗传信息的染色体一代代地以相同数目传递下去，从而维持了遗传的稳定性。

有丝分裂的显著特征是分裂过程中形成**有丝分裂器（mitotic apparatus）**（图 9-8），由微管及其结合蛋白所组成的星体（aster）和**纺锤体（spindle）**组成，在维持染色体的平衡、运动、分配中起着重要的作用，以确保将复制后的染色体精确地分配到两个子细胞中去。

星体是指围绕中心粒（centriole）向外辐射状组装而成的微管，纺锤体是指大量微管纵向排列组成的中部宽阔、两极收缩的结构，因形状像纺锤而得名，一般包含**星体微管（astral microtubule）**、**极间微管（interpolar microtubule）**和**动粒微管（kinetochore microtubule）**三种类型。星体微管围绕中心体向外辐射状发射；极间微管向细胞中心延伸，并与来自另外一个中心体的极间微管重叠。星体微管和极间微管，以及与其结合的驱动蛋白，将纺锤体定位在细胞的中心，并将在 M 期的后期拉长纺锤体，帮助染色体分离。动粒微管延伸并附着在染色体的着丝粒区的动粒上，并在 M 期的后期产生分离染色体的力。细胞在有丝分裂过程中，会检查所有染色体是否附着在动粒微管上，当通过纺锤体组装检验点后，才能进入细胞分裂的后期。

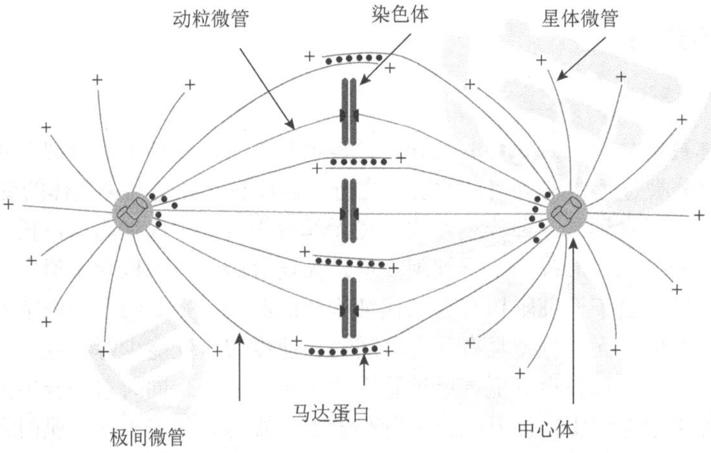

图 9-8　有丝分裂器（引自丁明孝等，2020）

9.2.2.2　有丝分裂过程

有丝分裂过程是一个复杂的连续动态过程，持续的时间很短，但形态变化很大。根据细胞形态和结构的变化，通常人为地将有丝分裂分为6个时期（图9-9）：**前期（prophase）**、**前中期（prometaphase）**、**中期（metaphase）**、**后期（anaphase）**、**末期（telophase）**和**胞质分裂（cytokinesis）**。

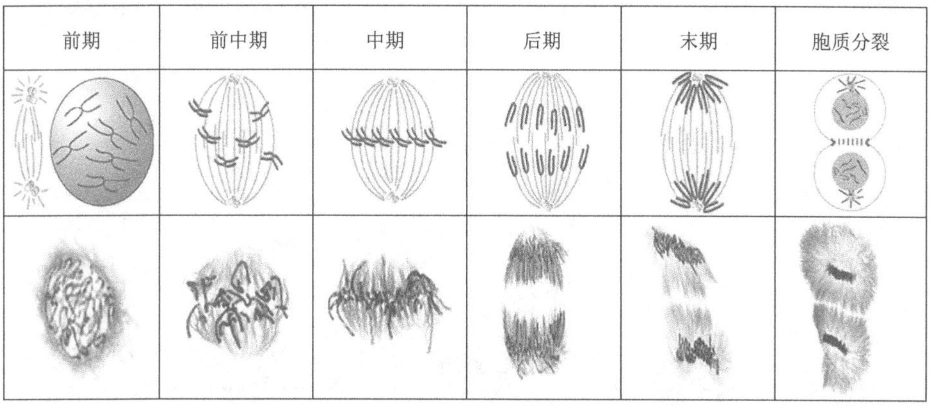

图9-9　有丝分裂过程（引自Karp，2010）

1）前期。是从染色质凝集开始到核膜解体的时期，其主要特征是染色质凝集成染色体、有丝分裂极确定、纺锤体开始在核外组装、核仁消失、核膜解体。

在间期细胞中，染色质较均匀地分散在细胞核中。染色质凝集是有丝分裂开始的标志。真核细胞在分裂之前必须将染色质高度凝缩、折叠包装成短粗的染色体，以保证在细胞分裂过程中，染色体彼此之间不会缠绕在一起，并能够经受很强的拉力而使DNA免受损伤。有丝分裂前期，H1组蛋白被磷酸化，诱导在间期已完成复制的染色质开始凝集成线，逐渐变短变粗，凝缩成染色体。每条染色体由两条姐妹染色单体组成，染色单体的臂彼此分离，仅在着丝粒处相连。

染色体高级结构的组织、包装和姐妹染色单体的配对，与染色体结构维持蛋白（structural maintenance of chromosome protein，SMC）有关。Smc家族成员在进化上高度保守，其中凝缩蛋白（condensin）与染色体凝集相关，由5种蛋白亚基组成，包括2种Smc蛋白——Smc2和Smc4，还包括3种非Smc蛋白。凝缩蛋白可利用ATP水解提供的能量，促使DNA分子盘绕、卷曲，进一步螺旋化压缩。黏连蛋白（cohesin）的功能是介导姐妹染色单体的黏着，是由Smc1、Smc3及两种非Smc蛋白（Scc1和Scc3）构成的复合体，在姐妹染色单体的多处环绕，使姐妹染色单体纵向结合在一起。进入前期后，除着丝粒处外，黏连蛋白逐渐脱离，使姐妹染色单体的两臂分开（图9-10）。

分裂极决定着细胞分裂的方向。在动物细胞中，中心体与分裂极的确定有关。在有丝分裂的前期，伴随着染色质的凝集，原分布于细胞同一侧的两个中心体开始沿核膜外围分别向细胞两极移动，它们最后所到达的位置决定了细胞的分裂极。在高等植物细胞中，虽然没有中心粒，但具有中心粒外周物质，也可确定细胞分裂极，组织纺锤体的形成。

随着染色质凝集成染色体，构成核仁关键部分的核仁组织区也组装到染色体上，核仁的转录活动停止、核仁消失。

核膜解体常被视为真核细胞有丝分裂前期结束的标志。核膜的解体可能是核纤层蛋白被磷酸化，引起核纤层解聚，导致完整的核膜崩解成无数个小膜泡。在核膜解体的同时，内质网、高尔基体等细胞内膜系统也解体，形成的小膜泡分散在细胞质中。

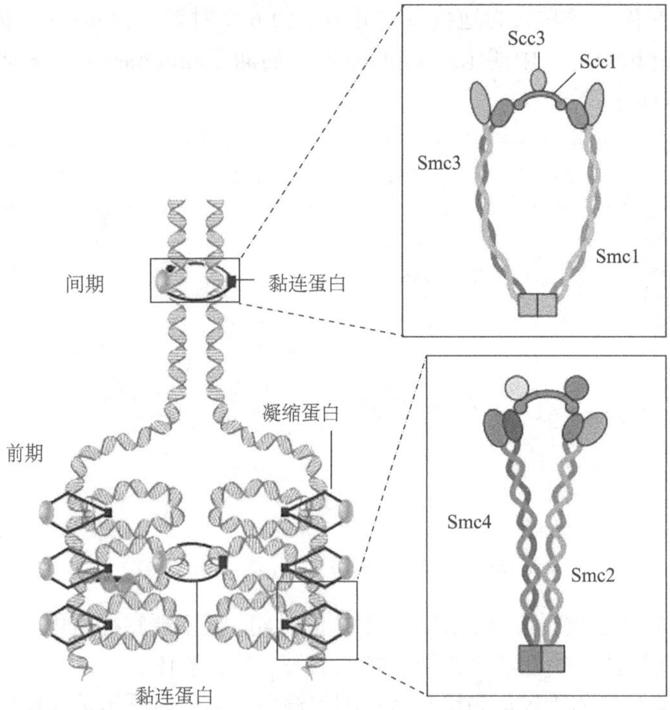

图 9-10　凝缩蛋白和黏连蛋白与染色体结构的维持（引自 Karp，2010）

2）前中期。前中期是从核膜解体到染色体排列到赤道面（equatorial plane）上的一段时间，发生的主要事件是纺锤体装配和**染色体列队（chromosome alignment）**。

前中期的细胞，核周围的纺锤体侵入细胞的中心区，一部分纺锤体微管的自由端最终结合到动粒上，形成动粒微管（图 9-11）。前中期的特征是染色体剧烈地活动，个别染色体剧烈地旋转、振荡，徘徊于两极之间。最终，一侧纺锤体微管的自由端“捕获”住一条染色体的一侧动粒，接着另一端的纺锤体的自由端“捕获”住该染色体另一侧的动粒，这一过程是随机的。这种纺锤体装配模型称为搜索捕捉（search and capture）模型。

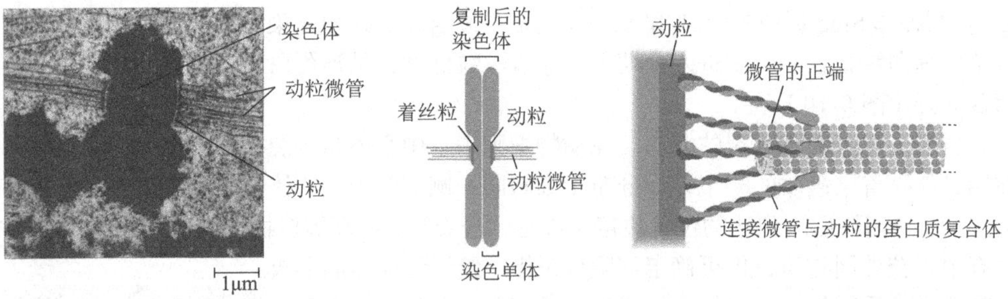

图 9-11　动粒与动粒微管连接（引自 Alberts et al.，2019）

还有研究表明，染色体能够不依赖于中心体而组织微管的装配，促使多条微管束在多种马达蛋白的作用下，形成反向平行的结构，最终形成纺锤体，这种模型称为**纺锤体自组装（spindle self-assembly）**模型。最初是在缺少中心体的卵母细胞中发现的，如果将脊椎动物细胞的中心体用激光破坏，纺锤体仍然能够正常地装配，染色体也能够正常分离。研究发现小 GTP 结合蛋白 Ran 发挥了重要作用，当加入 GTP 结合形式的 Ran（Ran-GTP）时，能够在缺少中心体和染色体的环境中，直接诱导纺锤体的装配。在 M 期细胞中，Ran-GTP 以梯度形式围绕染色体存在，创建了一个有利于微管组装和纺锤体装配的分子环境。纺锤体自组装模型是对依赖于中心体的纺锤体装配机制的有益补充。

近年来染色体列队问题取得了突破性进展，研究发现，Mad（mitotic arrest deficiency）和 Bub（budding uninhibited by benzimidazole）可以促使微管与动粒接触，和染色体与纺锤体的组装相关。免疫荧光染色发现，Mad2 和 Bub1 位于前期和前中期染色体的动粒上。如果染色体被纺锤体微管捕获，Mad2 和 Bub1 很快会从动粒上消失，但是如果染色体尚未被微管捕捉，则 Mad2 和 Bub1 则继续在动粒上保留。

3）中期。当染色体排列在赤道面上时，细胞分裂即进入中期，此时染色体达到最大程度的凝集，在纺锤体动粒微管的牵引下，逐渐向纺锤体中心区移动，最终两侧的动粒微管牵引力量持平，染色体整齐排列在赤道面上（图 9-12）。

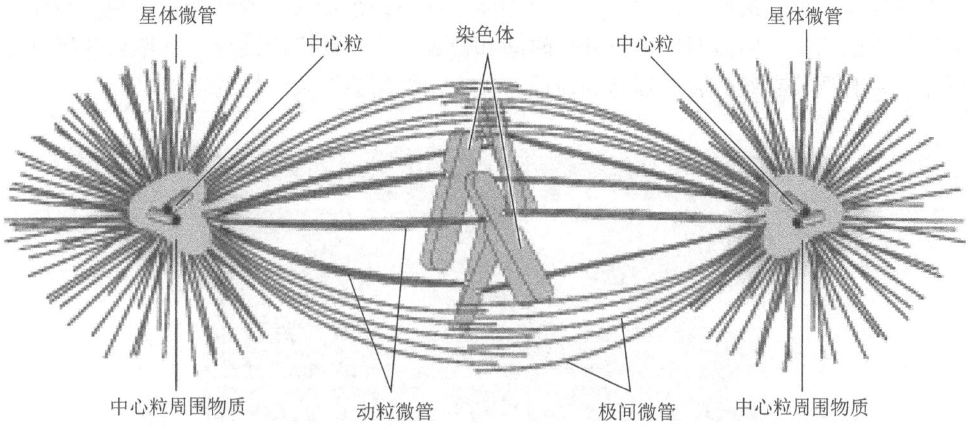

图 9-12　动物细胞中期纺锤体（引自 Alberts et al.，2019）

中期所有染色体的着丝粒均位于同一平面，染色体两侧的动粒均面朝纺锤体的两极，每个动粒上结合的微管可达数十根，两个动粒上的微管长度相等，纺锤体赤道面直径变小，两极距离增大，处于动力平衡状态。动物细胞中，染色体辐射状排列，如人类细胞中，大的染色体靠近赤道板中部，较小的染色体则位于其周围；而植物细胞中，染色体则占据整个赤道面，小的染色体排在内，大的染色体排在外。

4）后期。后期是姐妹染色单体分开并移向两极的时期，主要包括两个重要事件：姐妹染色单体分开和向极移动。

在后期的开始阶段，几乎所有的姐妹染色单体同时从着丝粒处纵裂为二，相互分离。姐妹染色单体分离的原因主要与其彼此间的连接骤然消失有关。进入分裂期之后，黏连蛋白仅在着丝粒处将姐妹染色单体黏着在一起（图 9-10）。进入后期时，黏连蛋白被**分离酶（separase）**降解。通常情况下，分离酶与抑制蛋白结合，无法表现蛋白酶的活性，进入后期时，抑制蛋白被降解，分离酶才得以活化，因此分离酶对黏连蛋白的降解是受严格调控的。

姐妹染色单体分离的动力并非来自与两极相连的动粒微管的张力，因为用秋水仙素处理破坏微管时，两条染色单体也可以正常分开。当着丝粒一分为二时，打破了原有的力量平衡，动粒微管因动粒端微管蛋白的不断去组装而不断缩短，牵引着染色单体分别向两极移动。

5）末期。染色单体平均分到两极标志着末期的开始，接着 H1 组蛋白去磷酸化，染色体开始解螺旋，转换为染色质；RNA 合成恢复；核仁重新形成；分散在胞质中的核膜小泡重新组成完整的核膜，核孔复合体在核膜上重新组装，去磷酸化的核纤层蛋白又结合形成核纤层，并与核膜连接。末期的主要特征是子代细胞核的出现。

6）胞质分裂。在动物细胞中，虽然核分裂和胞质分裂是相继发生的，但是属于两个相对独立的过程。例如，大多数昆虫卵，可以进行多次核分裂而无胞质分裂，形成多核原生质团。某些菌类和藻类也是如此，多核细胞可长达数尺，然后胞质才分开，形成单核细胞。

胞质分裂通常开始于有丝分裂后期，在细胞中部的质膜下方，胞质下陷成沟，肌动蛋白和肌球蛋白装配成收缩环（contractile ring），如滑动模型所述的那样，收缩环不断缢缩，直径减小，形成分裂沟，最终将细胞质一分为二。收缩环是非肌细胞中具有收缩功能微丝束的典型代表，微丝在很短的时间内迅速组装与去组装以完成胞质分裂。

虽然此时纺锤体逐渐解体消失，但在细胞中部的微管反而增加，其中掺杂有核膜小泡等成分，共同构成一个环形的致密层，这一富含蛋白质和微管的结构称为**中体（midbody）**（图 9-13）。随着收缩环逐渐收缩，最后直达中体，此时中体如同一条系带联系着两个子细胞。中体的发现已有 100 多年的历史，中体调控胞质分裂时间和位置的作用被广泛接受，近年来的研究发现，中体可能还具有调节有丝分裂后细胞的命运、极性、增殖甚至致瘤性的功能。

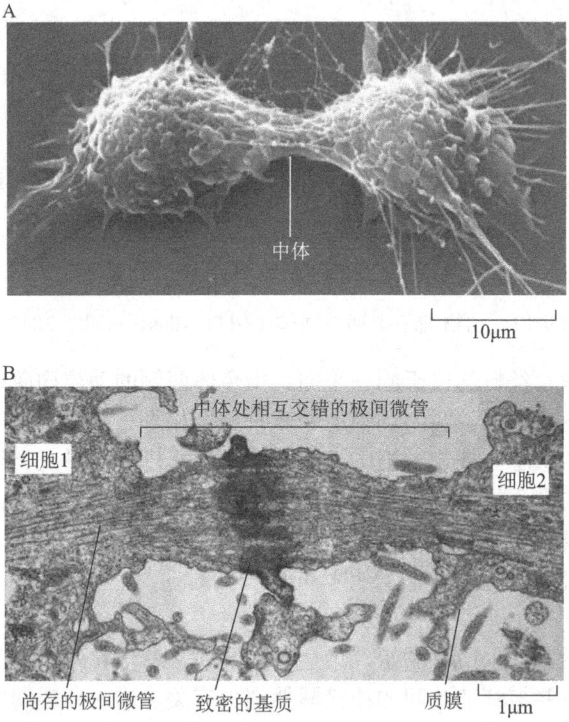

图 9-13　中体的结构（引自 Alberts et al.，2019）

高等植物细胞的胞质分裂与动物细胞不同，不是靠收缩环缢缩，而是在末期纺锤体中央区域出现成膜体（phragmoplast）结构。成膜体的形成始于赤道面的质膜附近，在此极间微管仍保留，作为轨道驱动高尔基体衍生的膜泡朝向赤道面方向移动，这些膜泡中充满了构成细胞壁的成分，膜泡相互融合并延伸到质膜，最后形成一片连续的细胞板（cell plate），将细胞一分为二，细胞板最终形成新的细胞壁（图 9-14）。

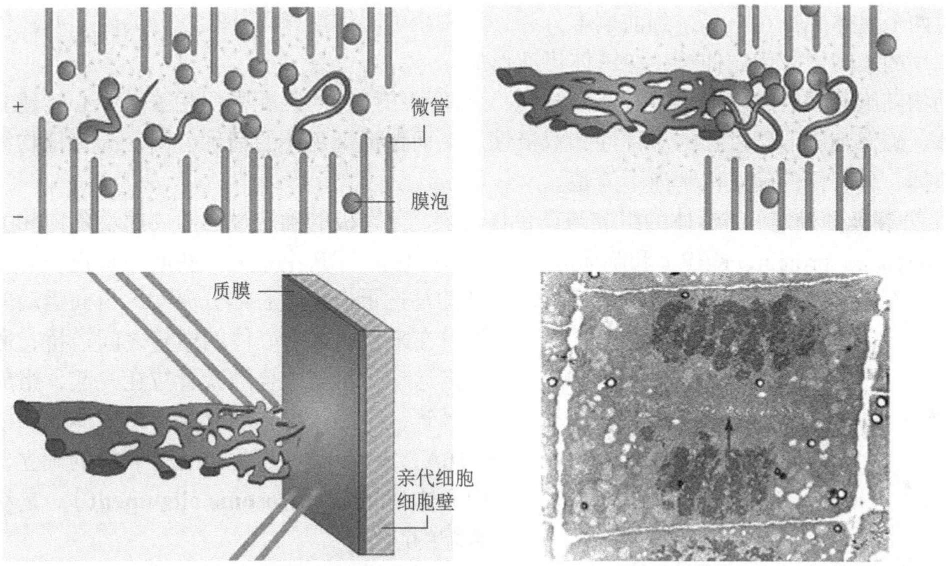

图 9-14　细胞板及其形成过程（引自 Karp，2010）

9.2.2.3　有丝分裂机制

有丝分裂的核心问题是如何将遗传物质均等地分配给两个新生的子细胞。染色体的分配依靠纺锤体的组装、运动和解聚来完成，涉及细胞分裂极的确定、纺锤体的组装、染色体的分离、胞质分裂、核重建等多个复杂的生理过程。

1）中心体周期。在间期细胞中，中心体完成复制，并在分裂期形成有丝分裂纺锤体的两个极。中心体在细胞周期中的复制—分离—复制的周期过程，称为中心体周期（centrosome cycle），涉及中心粒复制、复制后中心体的分离，以及微管在中心体周围的组装（图 9-15）。

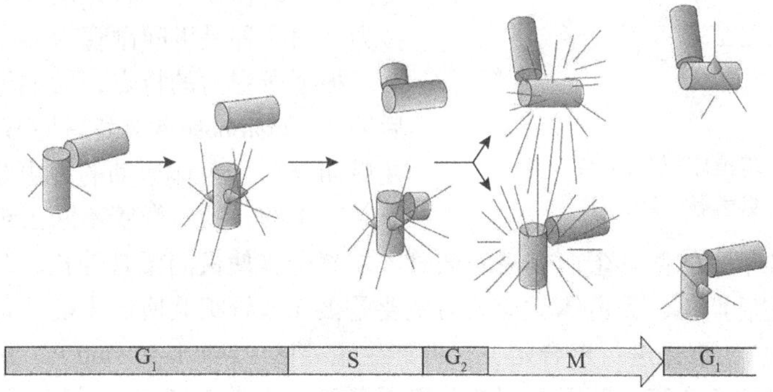

图 9-15　中心体周期与细胞周期（引自 Lodish et al.，2004）

在大多数动物细胞中，一对中心粒被包埋在**中心粒周物质（pericentriolar material，PCM）**中，而 PCM 具有微管组织中心的功能，可以起始微管的装配。在 G_1 期，两个中心粒开始复制，到 S 期时复制完成，在邻近每一个母中心粒的基部与其成直角方向生长出一个子中心粒。两个中心粒起初仍包埋在 PCM 中，形成单个的中心体。在 G_2 期，复制后的中心体分离，形成两个子中心体。进入有丝分裂前期，两个子中心体作为微管组织中心，成为组装辐射式微管的起点（图 9-15）。中心体及其周围微管形成两个星体，这就是分裂极的确定和纺锤体装配的起始。

开始时两个星体并排在一起，到前期末分开，当两个中心体沿核膜外相互分离时，两星体之间相互作用的极间微管优先伸长，纺锤体迅速形成。

动物细胞分裂极的确定与中心体的复制、分离和纺锤体的装配密切相关。中心体建立两极纺锤体，确保细胞分裂过程的对称性和双极性，从而保证染色体的精确分离。高等植物细胞没有中心体，分裂极的确立机制尚不清楚。

2）分裂极的确定、纺锤体的组装与染色体分离。分裂极的确定过程需要驱动蛋白相关蛋白（kinesin-related protein，KRP）和胞质动力蛋白的参与。KRP 主要为一些向微管正极运动的马达蛋白，而胞质动力蛋白主要是向微管负极运动的马达蛋白。中心体分离时，负向运动的马达蛋白在来自姐妹中心体的微管之间搭桥，通过向负极运动，将被结合的微管拉在一起，组成纺锤体微管，中心体也自然形成了纺锤体的两极（图 9-16A，B）。这一过程称为分裂极的确立，也称**中心体列队（centrosome alignment）**，是纺锤体装配的起始。

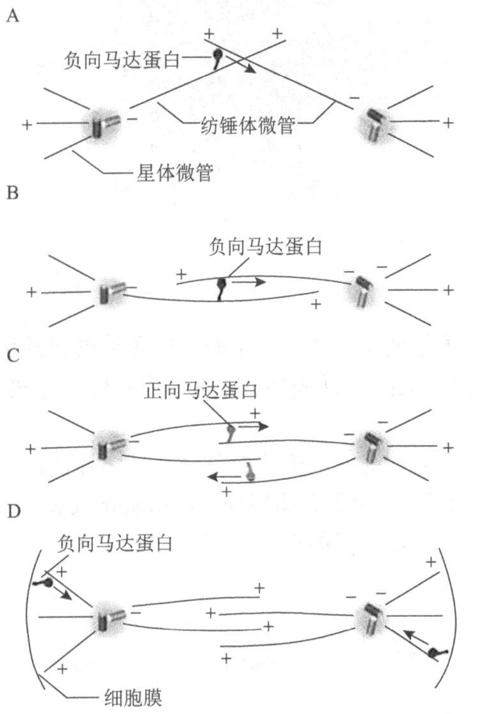

图 9-16　纺锤体组装过程
（引自丁明孝等，2020）

纺锤体的组装是一个十分复杂的过程，正向运动的马达蛋白在纺锤体微管之间搭桥，借助向微管正极运动，将纺锤体拉长，中心体之间的距离逐渐加大（图 9-16C）。当纺锤体拉长到一定程度后，负向运动的马达蛋白在细胞膜和星体微管之间搭桥，借助负向运动，将星体向两极细胞膜拉近，纺锤体也进一步被拉长（图 9-16D）。

染色体分离是姐妹染色单体分离，产生向两极的运动。在有丝分裂过程中染色体向两极移动受两种力的作用：一种是动粒微管去组装产生的拉力，另一种是极间微管组装产生的推力。

根据所受力的特点，后期可分为两个阶段：后期 A（anaphase A）和后期 B（anaphase B）。在后期 A，染色体运动的力主要是由动粒微管去组装产生的，动粒微管不断去组装缩短，将染色体拉向两极；解离下来的微管蛋白在极间微管末端聚合，使极间微管伸长，此时染色体的运动称为向极运动。在后期 B，染色体运动的力主要是极间微管组装所产生的，首先极间微管在正极添加 αβ 微管蛋白二聚体进行聚合延长，并产生重叠区（overlap zone），然后极间微管间产生滑动，使重叠区逐渐变窄，两极之间的距离逐渐变长（图 9-17）。

染色体分离的动力来源一直为人们所关注。研究发现，细胞内有一类微管的马达蛋白，在间期分布于细胞质，M 期则定位于极部、纺锤体和染色体的动粒部位，可能在染色体运动中起着动力供应的作用。这类马达蛋白的结构与典型的肌球蛋白相似，提示二者可能以相似的机制产生运动，不同之处是这类马达蛋白有一个尾部结构。这类马达蛋白首先结合到动粒上，在 ATP 分解供能的条件下，沿动粒微管向极部运动，带动了动粒和染色单体的向极运动。动粒微管的末端随之解聚，动粒微管变短，动粒和染色单体与两极之间的距离逐渐拉近（图 9-18）。

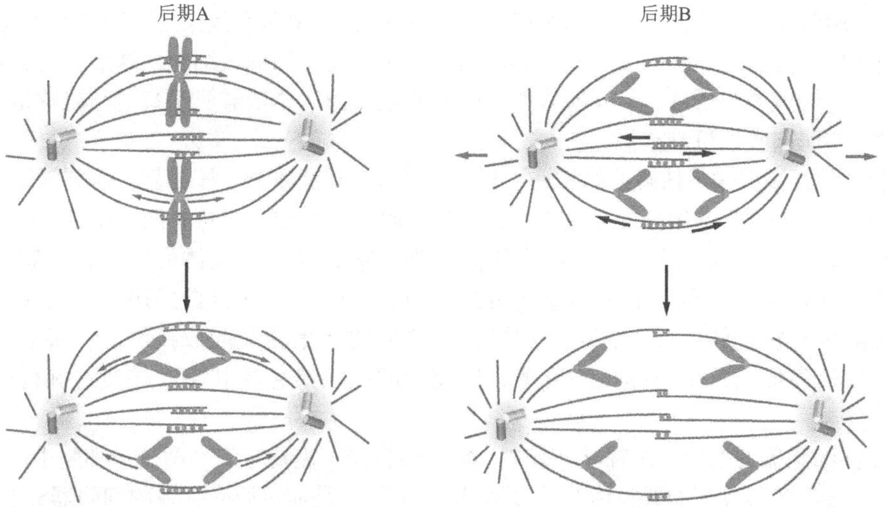

图 9-17　染色体向极运动与极分离运动（引自翟中和等，2011）

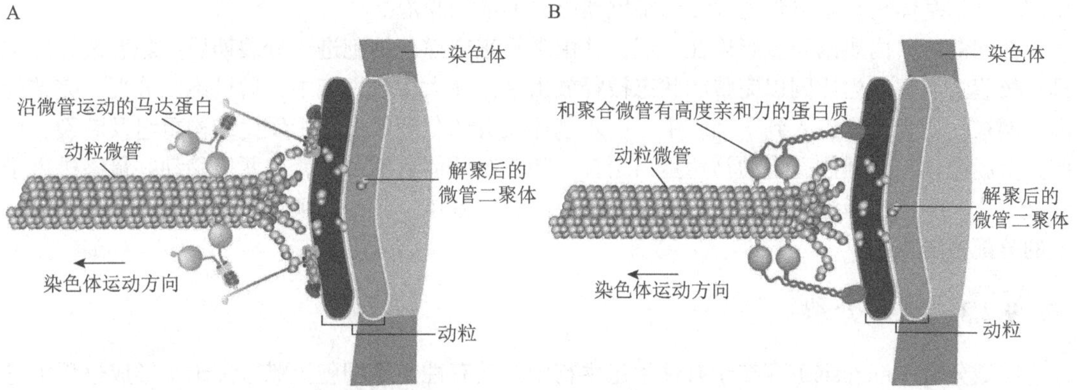

图 9-18　染色体分离的动力来自 ATP 驱动的马达蛋白（引自丁明孝等，2020）

A. ATP 驱动的染色体运动促使微管蛋白解聚；B. 微管解聚促使染色体运动

3）分裂沟的定位、收缩环的形成与胞质分裂。胞质分裂的过程可以分为 4 个步骤：分裂沟位置的确定、肌动蛋白的聚集、收缩环的形成与收缩、收缩环处细胞膜的融合，最终形成两个子细胞。分裂沟的定位与纺锤体的位置明显相关，人为改变纺锤体的位置可以使分裂沟的位置改变，但是对分裂沟定位的机制尚不清楚，但有证据显示，中央纺锤体和星体微管共同决定了分裂沟形成的位置，星体微管参与了分裂沟的形成（图 9-19）。

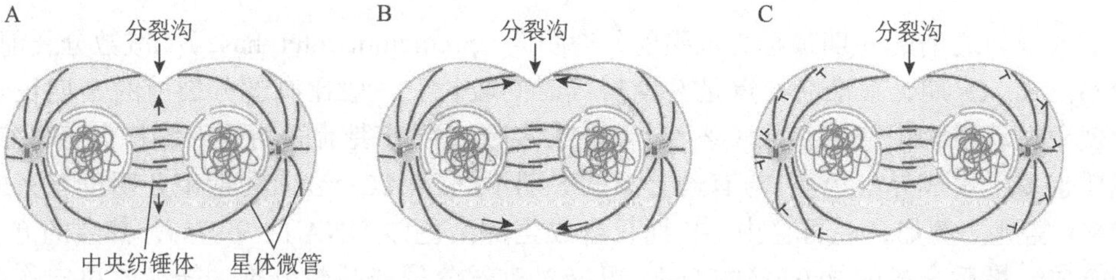

图 9-19　分裂沟的定位与形成（引自翟中和等，2011）

A. 中央纺锤体发出信号决定分裂沟的位置；B. 接近分裂沟位置的纺锤体微管发出信号，促进分裂沟形成；C. 远离分裂沟位置的星体微管发出抑制性信号（T 型箭头所示），抑制远离分裂沟端部的细胞皮层收缩，间接促进分裂沟形成

动物细胞收缩环主要由肌动蛋白和肌球蛋白组成，在一束肌动蛋白之间结合Ⅱ型肌球蛋白，形成收缩单位。随着收缩环收缩，牵拉膜向内，分裂沟逐渐加深，细胞从球形转变成哑铃形，直至最终分离形成两个子细胞。实验表明，收缩环收缩力完全依靠肌动蛋白与肌球蛋白之间的相对滑动，与肌肉收缩机制类似。

4）核重建。核重建是核解体的相反过程，主要包括核膜重建、核孔复合体装配和核纤层重建等。核膜重建分为膜泡组分在染色体表面募集、膜泡融合成双层核膜两个步骤。

在有丝分裂的末期，染色体已经平均分配到两极，随着纺锤体的解体，以膜泡形式存在的核膜组分开始在染色体的表面重新装配，与此同时，核孔蛋白经历去磷酸化，在核膜上重新装配核孔复合体。此外，核纤层蛋白去磷酸化，重新装配成核纤层，最后完成核膜重建。一旦核膜形成，染色体也去凝聚，恢复到间期的染色质状态。核质之间的转运也重新开始进行。

5）膜性细胞器的增殖。在有丝分裂中，膜性细胞器也需要分配到两个子细胞中。然而，子细胞不能直接组装形成新的线粒体及叶绿体，这些细胞器是通过原先存在的细胞器分裂而来的，因此线粒体、叶绿体在分裂前需进行复制，随细胞分裂传递到子细胞中。同样，子细胞中的内质网、高尔基体也是来自预先存在的细胞器解体形成的膜泡。

在间期时，内质网与核膜连在一起，并由微管来支撑。细胞进入分裂期后，随着微管的重排、核膜的崩解，内质网以完整的状态被释放出来。在大多数细胞中，通过胞质分裂，完整的内质网被一分为二，进入到子细胞中。高尔基体在有丝分裂的过程中发生结构重组及断裂，形成大量膜泡，与纺锤体微管的马达蛋白结合，随着纺锤体后期延长，向两极移动并最终进入子细胞，进一步通过膜泡的融合，形成子细胞中的高尔基体。其他的膜包被细胞器，在有丝分裂中的分配是随机的。

9.2.3　减数分裂

减数分裂（meiosis）存在于有性生殖生物中，是有性生殖细胞（雌雄配子）形成过程中进行的一种分裂方式。减数分裂是一种特殊的有丝分裂，特殊之处在于：染色体 DNA 只复制一次，而连续进行两次细胞分裂，所产生的子代细胞染色体数目比亲代细胞减少一半，染色体数由 $2n$ 变成 n，变成单倍体（haploid）。当雌雄配子（卵和精子）结合形成合子（受精卵），染色体数又恢复到 $2n$，使亲代与子代间染色体数目保持恒定，保证了有性生殖的生物物种上下代的遗传稳定性，为后代的正常发育和性状遗传提供了物质基础。在减数分裂过程中，可发生遗传物质的交换、重组和自由组合，使配子呈现遗传上的多样性，这是生物遗传、演化和生物多样性的重要保证。

9.2.3.1　减数分裂前间期

减数分裂之前的间期被称为成熟前分裂间期（premeiotic interphase）。减数分裂前间期也分为 G_1、S、G_2 期，其最大特点是 S 期持续时间较长，一般比有丝分裂前的 S 期长若干倍，这种现象在动植物中普遍存在（表 9-1）。大多数减数分裂前间期的细胞核大于体细胞核，染色质也多凝集成异染色质。与有丝分裂的 S 期不同，减数分裂前间期中 S 期没有完成 100% 的 DNA 复制。例如，在百合中，S 期只合成全部染色体 DNA 的 99.7%，其余的 0.3%在偶线期合成，最后合成的这 0.3%的 DNA 可能对有丝分裂向减数分裂的转变起决定作用。

表 9-1 有丝分裂前 S 期与减数分裂前 S 期持续时间比较 （单位：h）

物种	有丝分裂前 S 期	减数分裂前 S 期
蝾螈	12	240
小鼠	5～6	14
小麦	3.8	12
酵母	0.5	1

另外，减数分裂的细胞有高度的同步性，细胞在转入减数分裂之前必须由不同步转变为同步化，这种同步化转变也是减数分裂的准备事件之一。例如，同一花药中的花粉母细胞的减数分裂基本上是同步的。根据物种不同，减数分裂前间期的 G_2 期长短不一，有的 G_2 期很短，有的和有丝分裂 G_2 期相当，还有的在 G_2 期停滞，直到接受新的信号刺激才继续进行分裂。

9.2.3.2 减数分裂过程

减数分裂由两次连续有序的分裂组成，分别称为**减数第一次分裂（meiosis Ⅰ）**和**减数第二次分裂（meiosis Ⅱ）**，两次分裂之间，常有一个短暂的间隔期。减数分裂过程复杂（图 9-20），持续时间也比有丝分裂长得多，减数分裂的特殊过程（染色体数目的减半及遗传物质的交换等）主要发生在减数第一次分裂，特别是它的前期。

（1）前期Ⅰ　减数第一次分裂**前期Ⅰ（prophase Ⅰ）**持续时间较长，变化最为复杂，呈现许多特征性变化，如细胞核显著增大，同源染色体进行配对、交换等。根据染色体的形态变化，可将前期Ⅰ分为细线期、偶线期、粗线期、双线期和终变期 5 个阶段（图 9-21）。

1）**细线期（leptotene stage）**：又称凝集期（condensation stage），染色体凝集呈细长的线状，虽已复制，仍呈单条细线，看不到成双的结构。细线状的染色体通过其末端的端粒和核膜相连，有的物种的染色体在一端集中，呈花束状向外发散，故称花束期（bouquet stage）。染色体上有成串的、染色质紧密包装而成的膨大颗粒，形似念珠，称为染色粒（chromomere），其功能尚不清楚。细线期的细胞中，细胞核及核仁的体积均增大，推测与 RNA 和蛋白质的合成有关。

2）**偶线期（zygotene stage）**：又称配对期（pairing stage），主要特征是同源染色体发生配对。来自父母双方的同源染色体与核膜相连的端部移位到一起，两条同源染色体侧面紧密相连进行配对，称为**联会（synapsis）**。联会只发生在同源染色体之间，非同源染色体不进行联会。联会以后，两条同源染色体紧密结合在一起，形成

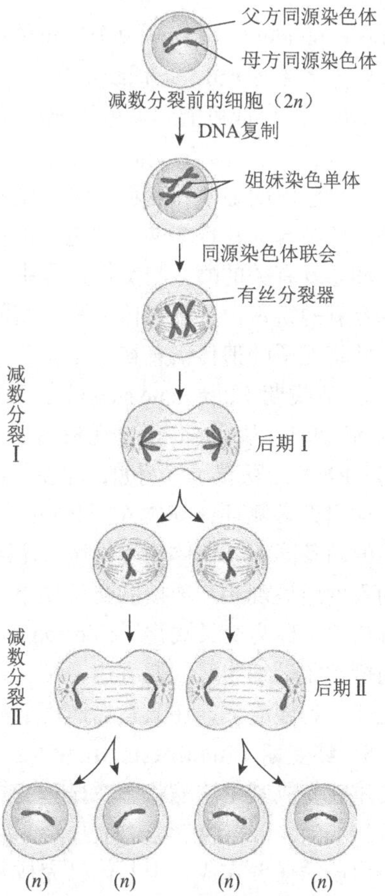

图 9-20 减数分裂过程
（引自 Lodish et al.，2004）

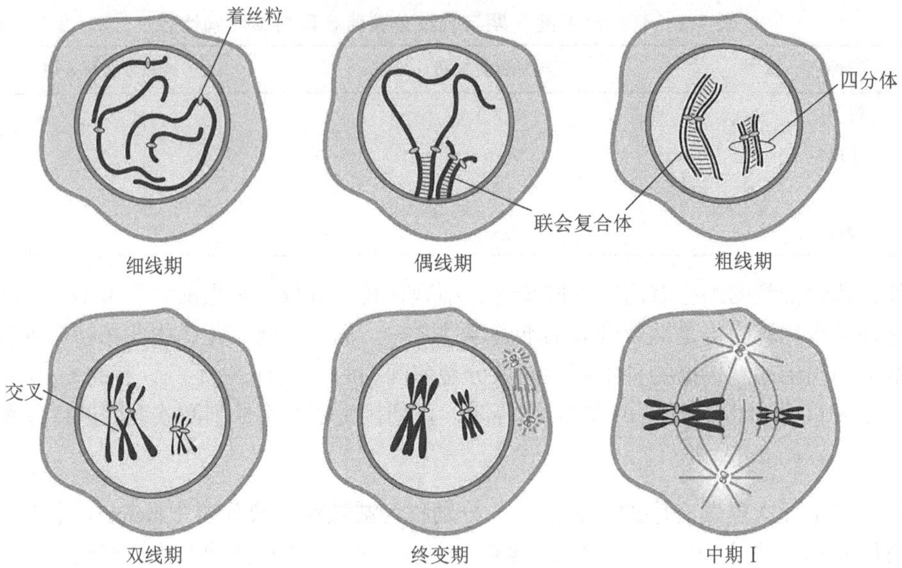

图 9-21　减数分裂前期Ⅰ的染色体变化（引自 Karp，2010）

二价体（bivalent）。由于每个二价体由两条复制过的同源染色体构成，含有 4 条染色单体，故又称**四分体（tetrad）**。偶线期有残余的 0.3%的 DNA 合成，称为偶线期 DNA（zyg-DNA），这种 DNA 的合成可能和染色体配对联会有关。

3）粗线期（pachytene stage）：又称重组期（recombination stage）。同源染色体配对完成之后，染色体明显变短变粗，结合紧密，同源染色体之间发生 DNA 的片段交换，产生新的等位基因的组合。在粗线期，细胞中也存在少量 DNA 的合成，称为 P-DNA，编码一些与 DNA 剪切和修复有关的酶，与交换过程中 DNA 链的修复、连接相关。此外，粗线期还合成减数分裂期专有的组蛋白，并将体细胞类型的组蛋白部分或全部置换下来。这种置换改变了染色体结构，并将配子的遗传信息初始化。

4）双线期（diplotene stage）：又称 **S 期（synthesis phase）**。这一时期的主要特征是 RNA 合成活跃和交叉（chiasma）现象明显。许多动物的双线期阶段，同源染色体或多或少地发生去凝集，RNA 活跃转录。例如，许多雌性动物卵母细胞的双线期染色体形成灯刷染色体，从染色体上伸出许多侧环，mRNA、rRNA 合成活跃，核仁明显增大增多，有的可达上千个。组成二价体的两条同源染色体相互排斥，开始分开，而部分交换尚未完成，因此在二价体上不同部位、不同程度地呈现相互连接的交叉现象，这个时期可以清楚地看到四分体。随后，交叉点逐渐向两端移动，称为交叉端化（chiasma terminalization）。双线期持续时间很长，其长短变化很大，如两栖类卵母细胞双线期可达一年，人类的卵母细胞双线期从胚胎第五个月开始，短者可持续十几年，到性成熟期在激素的作用下完成减数分裂；长者可达四五十年，到生育期结束。

5）**终变期（diakinesis stage）**：又称再凝集期（recondensation stage）。在这一时期染色体又重新变成紧密浓缩状态，显著变短变粗成短棒状，端化明显，染色体均匀地分布在核内，最后核仁消失、核膜解体，标志着终变期和前期Ⅰ结束，为配子或胚胎早期发育储备大量 RNA 和蛋白质的任务完成，中心体已完成复制，移向两极后形成纺锤体，纺锤体微管伸入核区，捕获染色体使其移向细胞中部的赤道面上，开始进入中期Ⅰ。

（2）中期Ⅰ　核膜破裂标志中期Ⅰ开始，染色体进一步排列在细胞的赤道面上，纺锤体继续组装，这个过程与有丝分裂中的组装过程类似。不同之处在于减数分裂中期Ⅰ的染色体为四分体，每个四分体含有 4 个动粒，分别位于赤道面的两侧，各自面向相对的两极，每一染色体的动粒连接于同侧的纺锤体动粒微管上，由此决定每对同源染色体分向两极的方向。

（3）后期Ⅰ　二价体的同源染色体分离并分别向两极移动，每条染色体的两条姐妹染色单体共有一个着丝粒和两个动粒（图 9-21）。此时的同源染色体由于交叉、重组，在染色单体上都有不同程度的父母双方来源的遗传信息交换融合。以人为例，人类细胞有 23 对染色体，减数分裂时可能会产生 2^{23} 种不同的排列方式，即使不发生重组，得到遗传上完全相同配子的概率也只有 840 万分之一，再加上基因重组、精子与卵子的随机结合，几乎不可能获得遗传上完全相同的子代个体，除非同卵双生个体。后期Ⅰ完成时，染色体趋向两极，由于每条染色体仍含有两条姐妹染色单体，因而每极的 DNA 含量仍是 $2n$。

（4）末期Ⅰ及间期　当染色体到达两极即进入末期。自然界中有两种末期Ⅰ和间期的类型，一种没有明显可见的染色体去凝集，减数第一次分裂结束后，直接进入减数第二次分裂，不经过间期的等待；另一种是染色体去凝集，核膜、核仁出现，胞质分裂，形成两个分别含有每对同源染色体中的一条染色体的子细胞，之后经过很短的减数分裂间期（interkinesis），DNA 不复制，短暂停留后即进行减数第二次分裂。

（5）减数第二次分裂　减数第二次分裂与有丝分裂过程基本相同，也分为前、中、后、末、胞质分裂各期。前期Ⅱ历时很短，如在末期Ⅰ和间期染色质已经去凝集，则此时重新凝集成线状的染色体，随后纺锤体出现，核膜破裂。中期Ⅱ时，每条染色单体的动粒分别被不同极的纺锤丝牵引与两极相连，并使其逐渐向细胞中央移动，使染色体排列在赤道面上。后期Ⅱ时，每条染色体的姐妹染色单体彼此分离，被纺锤丝牵引移向两极，结果每一极只得到一条染色单体，DNA 含量为 $1n$。染色体去凝集形成染色质，核膜组装，核仁重现，经胞质分裂形成 4 个子细胞，完成减数分裂过程。

减数分裂形成的这 4 个子细胞将有不同的命运（图 9-22）。雄性动物中，这 4 个子细胞大小相同，最终发育成 4 个精子。雌性动物中，这 4 个子细胞大小不同，由于初级卵母细胞的胞质不均匀分裂，产生 1 个大的次级卵母细胞和 1 个胞质很少的小细胞——极体（polar body），

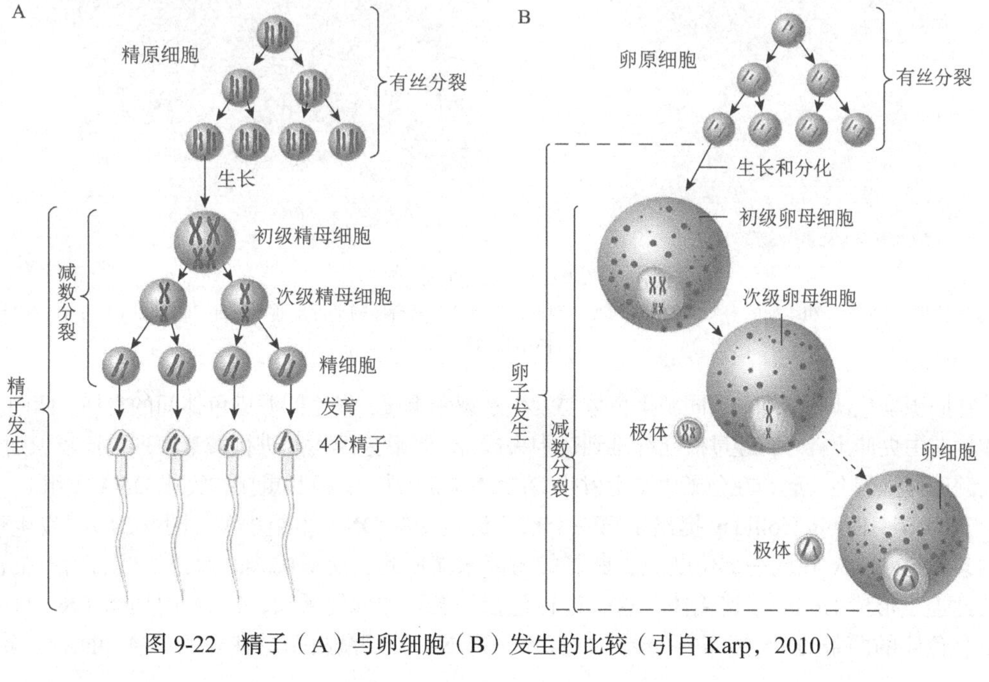

图 9-22　精子（A）与卵细胞（B）发生的比较（引自 Karp，2010）

即第一极体。然后次级卵母细胞继续不均等分裂，产生 1 个卵细胞和 1 个第二极体。无论第一极体还是第二极体最终都将解体，不产生有功能的细胞。高等植物减数分裂与动物细胞类似，经过减数分裂，花粉母细胞（小孢子母细胞）产生 4 个精子，囊胚母细胞（大孢子母细胞）仅产生 1 个有活性的卵细胞。

9.2.3.3　联会复合体与基因重组

在减数分裂中，同源染色体配对的过程称为**联会（synapsis）**，同源染色体相互识别是配对的前提，但机制还不清楚，可能和端粒与核膜的附着有关。同源染色体从端粒处开始结合，也可以同时发生在分散的几个点上，一旦两条同源染色体相接触，就会像拉链一样迅速扩展，直到两条染色体的侧面全部紧密结合。

联会部位形成一种特殊的临时结构，沿同源染色体纵轴分布，称为**联会复合体（synaptonemal complex）**。在偶线期开始装配，粗线期完成，到双线期解聚。在电镜下可显示联会复合体复杂的结构（图 9-23），宽度为 1.5～2μm，两侧是约 40nm 宽的侧成分（lateral element），电子密度很高。侧生成分之间是横向纤维组成的约 100nm 的中间区（intermediate space），在电镜下是明亮区。中间区的中心为中央成分（central element），约 30nm，是比较暗的区域。联会复合体的末端与核膜相连接，侧生成分与染色体紧密连接。此外，联会复合体的中央有很多间隔不规则、电子密度高的小体，称为重组结（recombination nodule），直径约为 90 nm，含有催化遗传重组的酶，推测这一结构参与同源染色体的配对和重组机制。联会复合体的主要成分是蛋白质，目前已鉴定出多种联会复合体蛋白。

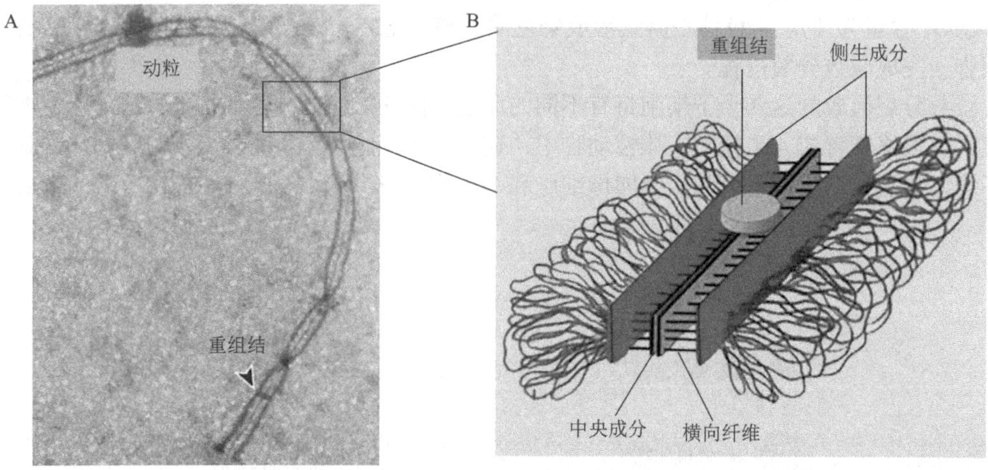

图 9-23　联会复合体

A. 电镜下观察到的处于粗线期的人类染色体，可见一对同源染色体紧密有序的平行排列（引自 Karp，2010）；B. 联会复合体结构示意图

在同源染色体联会期间，同源染色体要发生断裂和重接，发生同源染色体间的交换，两同源染色体均向中央伸出袢环，经过横向纤维到达中央成分，然后连续运动进行碱基序列的比较识别，直到同源序列排列在一起，在分子水平上发生 DNA 链的断裂、交换和重接，完成 DNA 重组。

1964 年，Robin Holliday 提出了第一个被广泛接受的 DNA 重组模型（图 9-24）。发生重组的两条单链 DNA 在同一部位断裂，断裂的游离末端彼此交换形成异源双链，然后两条杂合单链彼此连接形成 Holliday 连接体。这一过程包括一系列的酶促活动，DNA 内切酶（Spo11）将一条染色体的两条 DNA 链切断（步骤①），5′—3′DNA 外切酶将暴露在外的单链 DNA 切除（步骤②），一条断裂的单链 DNA 游离 3′端侵入另一条非姐妹染色体的 DNA 分子，细菌中这个过程由 RecA 蛋白催化（步骤③）。单链侵入引发 DNA 修复，聚合酶填补缺失的间隙，断裂的两条链分别以完整链为模板开始合成（步骤④）。两条杂合单链彼此连接形成 Holliday 连接体（步骤⑤）。DNA 内切酶再次作用，连接酶重新连接产生两种交换产物（步骤⑥和⑦）。经过同源染色体 DNA 的交换，配子的遗传多样化，增强了后代对外界环境的适应性。

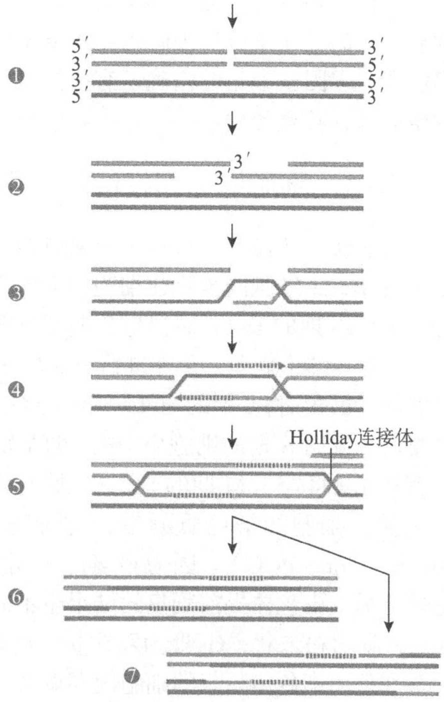

图 9-24　遗传重组的过程
（引自 Karp，2010）

9.2.3.4　减数分裂类型

同种生物减数分裂发生的时间是比较恒定的，不同生物之间则有很大差异。根据减数分裂在生物生活史中发生时间的不同，可将减数分裂分为三种类型：配子减数分裂、合子减数分裂和孢子减数分裂。

1）配子减数分裂（gametic meiosis）：又称终端减数分裂（terminal meiosis），它一般存在于动物中，包括所有后生动物、多数原生动物及少数低等植物（如硅藻）。这种类型的减数分裂发生在配子形成过程中的最后二次分裂。因此这种类型的减数分裂即卵子发生（oogenesis）和精子发生（spermatogenesis）过程的一部分。

2）合子减数分裂（zygotic meiosis）：又称始端减数分裂（initial meiosis），这种减数分裂是在配子融合成合子后发生的，即由合子开始的最初的两次分裂为减数分裂，它处于有性生活史的开始，因此合子是二倍体。由合子减数分裂后形成单独的配子体，由配子体产生配子。仅存在于一些原生生物和真菌及很少数的藻类如水绵、某些硅藻等中，是一种很原始的减数分裂。

3）孢子减数分裂（sporic meiosis）：又称中间减数分裂（intermediary meiosis），它存在于所有高等植物和一些藻类中，发生在合子和配子形成之间，由孢子体（2*n*）产生减数分裂。减数分裂的产物不是配子，而是无性的孢子。因此这种减数分裂是孢子发生（sporogenesis）的一部分，经减数分裂产生的孢子是单倍体，孢子发育为单倍体的有性世代——配子体（gametophyte），在种子植物中雌配子体为胚囊，雄配子体为花粉。配子体通过正常的有丝分裂产生配子，雌雄配子结合形成二倍体的合子，由合子发育成为二倍体的无性世代——孢子体（sporophyte），由孢子体经减数分裂产生孢子。

9.3　细胞周期的调控

细胞周期的准确调控对生物的生存、繁殖、发育和遗传都是十分重要的，细胞周期中的生化反应、形态及结构变化、细胞周期相邻时相的转换等，均是在细胞本身及环境因素的严格控制下有序完成的。对简单生物而言，调控细胞周期主要是为了适应自然环境，以便根据环境状况调节繁殖速度，保证物种的繁衍。复杂生物的细胞则需面对来自自然环境和其他细胞、组织的信号，并作出正确的应答，以保证组织、器官和个体的形成、生长及创伤修复等过程正常进行，因而需要更为精细的细胞周期调控机制。细胞中多种蛋白质构成的复杂网络，可通过一系列有规律的生化反应对细胞周期主要事件加以控制，使细胞周期能有条不紊。细胞周期调控是多阶段、多因子参与的精确、有序的调节过程，周期调控的紊乱将引起细胞增殖、分化异常，发生癌变，甚至死亡。

9.3.1　细胞周期调控的研究历史

（1）促成熟因子（MPF）的发现和纯化　1970 年，为了研究细胞周期调控，Johnson 和 Rao 将 HeLa 细胞同步化在细胞周期的不同时期，然后与袋鼠处于间期不同阶段的细胞进行融合，发现 G_1 期的 HeLa 细胞与 S 期细胞融合后，G_1 期的细胞受到 S 期细胞的激活，开始了 DNA 复制，这一结果表明，正在进行复制的 S 期细胞的细胞质中含有促进 G_1 期的细胞进行 DNA 复制的起始因子。将 S 期的 HeLa 细胞与 G_2 期的细胞进行融合，发现 G_2 期的细胞核不能启动 DNA 的复制，说明 S 期的细胞质中的 DNA 复制起始因子对已经完成了 DNA 复制的 G_2 期的细胞核没有作用。将处于 M 期的 HeLa 细胞与处于其他阶段的细胞融合，M 期细胞的细胞质能够诱导其他阶段细胞的染色质凝集，这种现象被称为早熟染色体凝集（prematurely chromosome condensation，PCC）。因为 G_1 期、S 期和 G_2 期细胞的染色质复制状况不同，因此当与 M 期细胞融合后，染色体提前凝集的结果也不同（图 9-25），与 M 期细胞融合的 G_1 期染色体为单线状，S 期为粉末状，G_2 期为双线状。后来，PCC 现象在其他细胞中也被证实，说明 M 期细胞中存在促使染色体凝集的细胞周期调节因子。

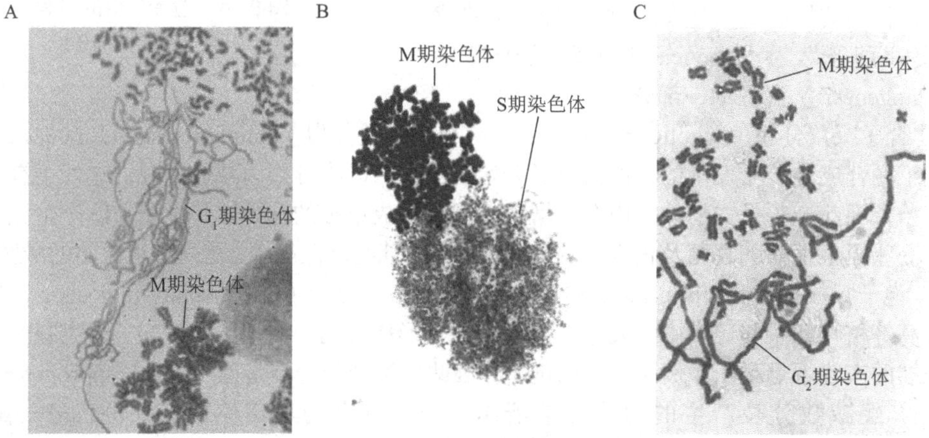

图 9-25　M 期细胞与 G_1 期（A）、S 期（B）和 G_2 期（C）细胞融合诱导早熟染色体凝集（引自 Karp，2010）

1971 年，Masui 和 Markert 用解剖学方法分离处于减数第一次分裂前期的非洲爪蟾卵母细胞，其中含有一个体积较大的细胞核，这种处于生长期的卵母细胞称为生发泡（germinal vesicle，GV），在孕酮的刺激下，可诱导卵母细胞成熟，然后他们进行了细胞质移植实验。结果发现，将孕酮诱导成熟卵细胞的细胞质注射到卵母细胞中，可诱导后者成熟；再取后者的细胞质注射到新的卵母细胞，仍然可以诱导它们成熟（图 9-26），说明成熟卵细胞的细胞质中存在诱导其他卵母细胞成熟的物质，他们将这种物质称为卵细胞**促成熟因子（maturation promoting factor，MPF）**，该因子普遍存在于实验过的所有动物细胞中。

随后，不少学者便开展 MPF 的纯化工作，但进展很缓慢，直到 1988 年，Maller 实验室的 Lohka 等以非洲爪蟾卵为材料，分离得到了微克级的纯化 MPF，并证明 MPF 是由两种蛋白质构成的，分子质量分别是 32kDa 和 45kDa。这两种蛋白质结合之后，表现出激酶活性，可以使多种蛋白质磷酸化，因此 MPF 是一种蛋白激酶。

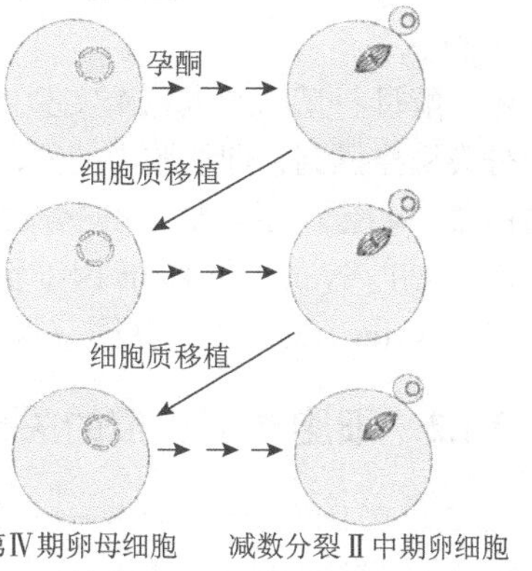

图 9-26　成熟卵细胞细胞质移植实验发现 MPF 的存在（引自丁明孝等，2020）

（2）酵母 *cdc* 基因的分离　在研究 MPF 工作的同时，另一批生物学家则以酵母为材料，对细胞周期调控机制开展研究。20 世纪 70 年代，Nurse 和 Hartwell 等利用酵母细胞建立了多种细胞周期温度敏感突变体，分离了不少**细胞分裂周期（cell division cycle）**基因，这些基因在细胞周期的不同阶段表达，生成 cdc 蛋白，控制细胞的增殖。

Nurse 实验室以裂殖酵母为材料，构建数十个温度敏感型突变株，在限定温度下，突变株的某个基因发生突变，细胞就停留在细胞周期的某个特定时相。*cdc2* 基因是第一个被分离的裂殖酵母 *cdc* 基因，编码一种 34kDa 的蛋白激酶——$p34^{cdc2}$ 激酶，在细胞周期 G_2/M 期转换中起重要作用，该基因突变后酵母细胞就停留在 G_2/M 期。Hartwell 实验室以芽殖酵母为实验材料，利用构建的温度敏感突变体，分析突变株基因的功能。*cdc28* 基因是第二个被分离出来的 *cdc* 基因，该基因和 *cdc2* 基因有 69%的序列同源性，也编码一种 34 kDa 的蛋白质——$p34^{cdc28}$ 激酶，在芽殖酵母细胞周期 G_1/S 期转换中起重要作用，*cdc28* 基因突变后，细胞停留在 G_1/S 期。

研究发现，$p34^{cdc2}$ 激酶和 $p34^{cdc28}$ 激酶本身并不具有蛋白激酶活性，需要与其他蛋白质（周期蛋白）结合才具有激酶的活性，如 $p34^{cdc2}$ 必须和周期蛋白 $p56^{cdc13}$ 结合，才有激酶活性，所以后来这些激酶被称为**周期蛋白依赖性激酶（cyclin-dependent kinase，CDK）**。

（3）周期蛋白的发现　以 Hunt 为代表的另一些科学家对细胞周期调控的研究，是以海胆卵为材料开展的。1983 年，Hunt 实验室在受精的海胆卵细胞中发现，在卵裂的过程中，随着细胞周期的进行，有两种蛋白质的含量也呈现周期性的变化，在间期开始合成，G_2/M 期达到高峰，M 期结束后骤然下降，在下一个细胞间期又重新开始积累，因此将其命名为**周期蛋白（cyclin）**。进一步研究表明，周期蛋白水平在细胞周期中的波动与 MPF 活性的周期性变化趋势一致（图 9-27）。

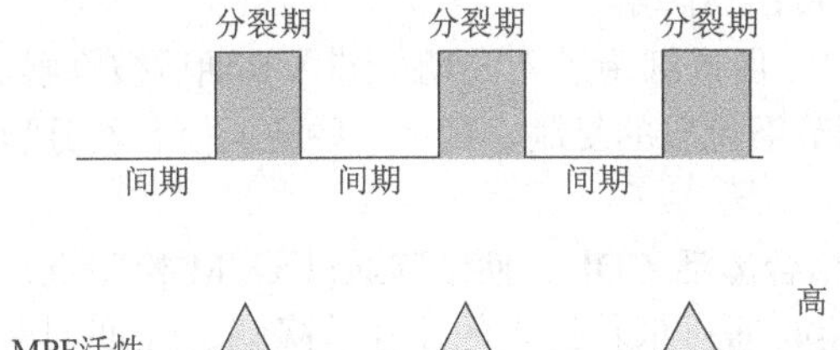

图 9-27　周期蛋白水平和 MPF 活性在细胞周期中的变化规律（引自 Karp，2010）

1988 年，从爪蟾卵中纯化出了 MPF，明确了 MPF 由 p32 和 p45 构成，两种蛋白质结合之后，表现出激酶的活性，可以使多种蛋白质磷酸化。1990 年，Maller 实验室和 Nurse 实验室合作，很快证明 p32 和 $p34^{cdc2}$ 是同源物；Maller 实验室和 Hunt 实验室合作，证明

p45 是一种周期蛋白（cyclin B）的同源物。进一步序列分析表明，cyclin B 与酵母的 $p56^{cdc13}$ 为同源物。

综合酵母、爪蟾和人三个实验体系的研究结果，Nurse 提出在真核细胞中存在一个共同的细胞分裂调控机制，即细胞中的 Cyclin B 和 Cdc2 结合，形成了有激酶活性的 MPF，通过磷酸化蛋白质，调控了细胞从间期向分裂期的转换。至此，细胞周期调控的研究体系基本建立。2001 年，Hartwell、Nurse 和 Hunt 因细胞周期关键调节因子——周期蛋白依赖性激酶（CDK）和周期蛋白（cyclin）的发现，共同获得了诺贝尔生理学或医学奖。

9.3.2　细胞周期调控的关键因子

9.3.2.1　CDK 的调节亚基——周期蛋白

周期蛋白是具有相似功能的同源蛋白，种类多样。在结构上，所有的周期蛋白都含有一段约由 100 个氨基酸残基构成的相当保守的氨基酸序列，称为**周期蛋白框（cyclin box）**（图 9-28）。周期蛋白框介导 cyclin 与 CDK 的结合，不同的周期蛋白框识别不同的 CDK，组成不同的 CDK-cyclin 复合体，表现出不同的 CDK 活性。

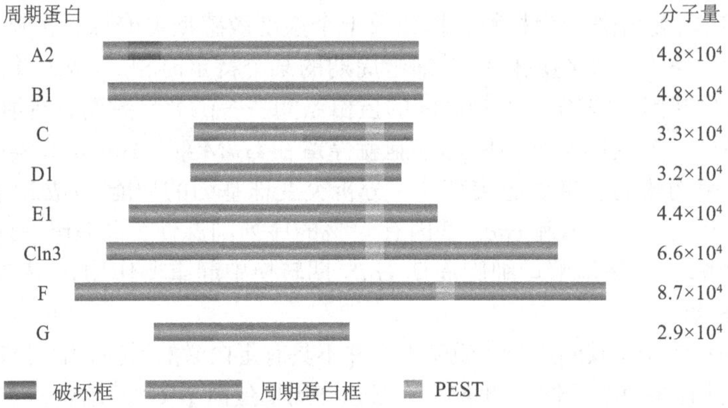

图 9-28　部分周期蛋白的分子结构（引自翟中和等，2011）

根据周期蛋白和 CDK 结合的时期及执行的功能，将其分为以下 4 类。

1）G_1 期周期蛋白：在 G_1 期短暂表达，调节 G_1/S 期 CDK 的活性。进入 S 期后，G_1 期周期蛋白 C 端的 PEST 序列作为信号（图 9-28），介导蛋白质降解。

2）G_1/S 期周期蛋白：在 G_1 期末结合激活 CDK，促进细胞进入 S 期。进入 S 期后被降解。

3）S 期周期蛋白：在 S 期结合激活 CDK，调节染色质的复制，其中一些还调控有丝分裂的早期事件。在 M 期降解消失。

4）M 期周期蛋白：在间期开始表达并积累，结合激活 CDK，使细胞通过 G_2/M 检验点，进入 M 期，并促进 M 期的进行。在中期/后期转换时通过依赖泛素的途径被降解，M 期周期蛋白 N 端第 42～51 位是一个由 9 个氨基酸组成的特殊序列——RXXLGXIXN（X 代表可变性氨基酸），称为破坏框（destruction box），它的功能是参与由泛素介导的 cyclinA 和 cyclinB 的降解。

周期蛋白的表达随着细胞周期的进行呈现周期性的变化（图 9-29）。G_1 期周期蛋白存在于绝大多数的真核细胞中，而 G_1/S、S 和 M 期周期蛋白在所有真核细胞中都存在。

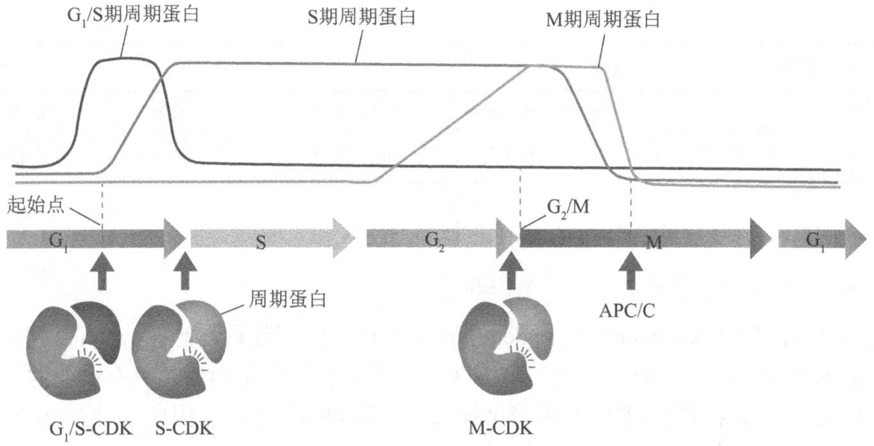

图 9-29 不同周期蛋白在细胞周期中积累和降解的变化（引自杨维才等，2015）

9.3.2.2 CDK 的催化亚基——CDK

周期蛋白依赖激酶（CDK）属于丝氨酸/苏氨酸蛋白激酶家族。CDK 的分子质量为 35～40kDa，都含有一段高度保守的氨基酸残基序列，称为 PSTAIRE 区，以此介导与周期蛋白的结合（图 9-30）。CDK 与周期蛋白的结合是激活其激酶活性的首要条件，因此在 CDK-cyclin 复合体中，cyclin 是调节亚基，CDK 是催化亚基。由于周期蛋白在细胞周期运转中含量不断变化，因此 CDK 的激酶活性水平也随着呈现周期性变化。如果把细胞周期看作是一种周而复始的运动，那么 CDK 则是这一运动的主要推动力（引擎），特定的 CDK“开动”，通过磷酸化特定的靶蛋白，改变其活性和功能，使细胞周期的时相进行转换。

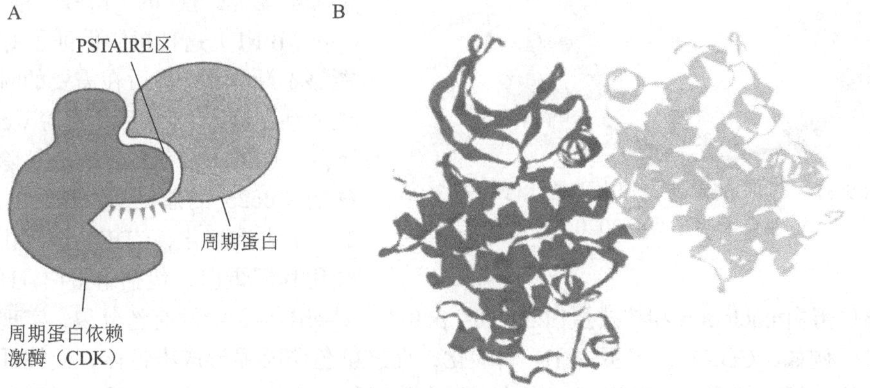

图 9-30 CDK 的分子结构

A. 结构模式图；B. 三维结构图

不同的 CDK 结合的周期蛋白不同，在细胞周期中执行的功能也不同。目前已知的部分周期蛋白与 CDK 的配对关系及执行功能的时期如表 9-2 所示。

表 9-2 脊椎动物、芽殖酵母和植物中的主要周期蛋白和 CDK（引自杨维才等，2015）

cyclin-CDK 复合体	脊椎动物		芽殖酵母		拟南芥
G_1	cyclinD*	CDK4、CDK6	Cln3	CDK1	cyclinD CDKA
G_1/S	cyclinE	CDK2	Clb1，2	CDK1	cyclinD CDKA

续表

cyclin-CDK 复合体	脊椎动物		芽殖酵母		拟南芥
S	cyclinA	CDK2、CDK1**	Clb5，6	CDK1	cyclinA CDKA
M	cyclinB	CDK1	Clb1，2，3，4	CDK1	cyclinB CDKB

*哺乳类中有 3 种 cyclinD（cyclin Dl、cyclin D2 和 cyclin D3）

**最初 CDK1 在脊椎动物中被命名为 cdc2，在酵母中被命名为 cdc28

9.3.2.3　决定 CDK 磷酸化状态的激酶和磷酸酶

脊椎动物 M 期 CDK（cyclin-dependent kinase）的活性，除了受亚基 cyclin B 的调节，还受磷酸化和去磷酸化的调控。研究发现，许多 CDK 在结合周期蛋白后，只有微弱的活性甚至没有活性。这是由于催化亚基 CDK 的磷酸化状态影响其激酶的活性。因此，对 CDK 特定位点的磷酸化和去磷酸化修饰也是调节 CDK 活性的方式。

CDK 的磷酸化有两种类型，一种称为激活性磷酸化，可以提高其激酶活性，如 CDK1 的 Thr161 的磷酸化；另一种称为抑制性磷酸化，一些氨基酸位点磷酸化后，则抑制激酶的活性，如 CDK1 的 Thr14 和 Tyr15 的磷酸化。这些关键的氨基酸位点的磷酸化和去磷酸化分别由相应的激酶和磷酸酶调节，是可逆的过程（图 9-31）。

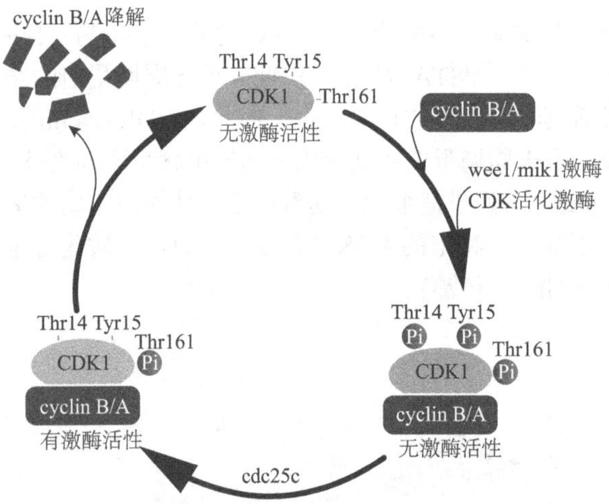

图 9-31　CDK 的磷酸化和去磷酸化修饰
（引自丁明孝等，2020）

在间期合成的 CDK1 的 Tyr15 和 Thr14 被 wee1 激酶磷酸化，活性被抑制，形成无活性的 MPF 前复合物（pre-MPF1）。这种机制保证了 CDK-cyclin 能够不断积累，然后在需要的时候迅速体现酶活。进入 M 期后，随着 wee1 的活性下降，CDK1 活化的障碍被解除。通过磷酸酶 Cdc25 的催化，CDK1 的 Tyr15 和 Thr14 去磷酸化，CDK1 被活化，进而磷酸化其靶蛋白，包括组蛋白 H1、核纤层蛋白、核仁蛋白 nucleolin 和核磷蛋白 NO38、$p60^{c\text{-}src}$、C-ab1 等，触发有丝分裂，实现对细胞周期的调控。例如，CDK1 使组蛋白 H1 磷酸化，促进染色质凝缩形成染色体；使核纤层蛋白磷酸化，促使核纤层解聚，核膜崩解；使核仁蛋白磷酸化，促使核仁解体；对 $p60^{c\text{-}src}$ 蛋白的磷酸化，则促使细胞骨架重排；C-ab1 蛋白的磷酸化和细胞形态调整，与进入 M 期有关。

研究发现，负责磷酸化 Thr14 和 Tyr15 的蛋白激酶是 *wee1* 和 *mik1* 基因的产物。*wee1* 和 *mik1* 基因序列很相似，编码丝氨酸/苏氨酸蛋白激酶，但可以同时对酪氨酸、丝氨酸/苏氨酸进行磷酸化。*wee1* 基因突变使细胞提前进入 M 期，产生体积较小的细胞。*wee1* 和 *mik1* 基因双突变，则细胞过度提前进入 M 期而致死。过表达 *wee1* 基因使细胞阻断在 G_2/M 转换处。wee1 对 CDK1 的磷酸化只有在与 cyclin B 结合之后才能发生。在 G_2/M 转换时，wee1 被其他激酶磷酸化后，活性被抑制。Cdc25 磷酸酶通过对 Thr14 和 Tyr15 位点的去磷酸化，激活 CDK1。Cdc25 磷酸酶水平随细胞周期变化，G_2/M 时达到最高。*cdc25* 基因是 M 期启动所必需的，*cdc25* 突变使细胞阻断在 G_2 期，过表达 *cdc25* 则细胞加速进入 M 期，以较小体积进行分裂。

另外，位点 Thr161 的磷酸化对 CDK1 激酶的活性起正调控作用，Thr161 位点非磷酸化时，CDK1 一直没有活性，细胞不能进入 M 期。CDK 活化激酶（CDK-activating kinase，CAK）通过对 Thr161 的磷酸化修饰，使封闭 CDK 酶活性位点的一个片状结构（T-loop）发生结构变化，将 CDK 完全激活（图 9-32）。当该位点去磷酸化之后，CDK 随即失活。

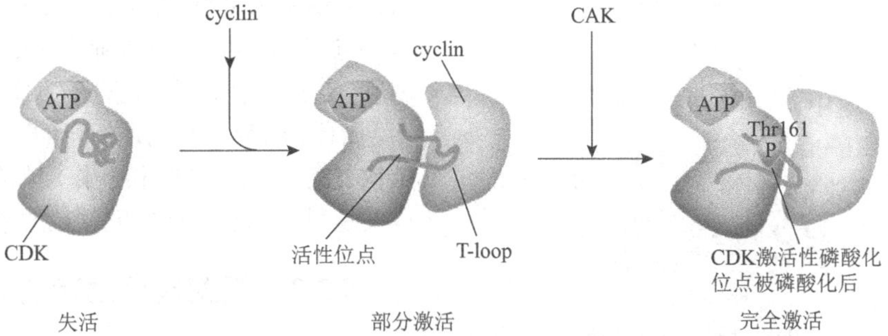

图 9-32 CDK 活化的机制（引自 Alberts et al.，2019）

9.3.2.4 CKI——CDK 抑制因子

CDK 抑制因子（CDK inhibitor，CKI）是 CDK 活性的负调控因子。当 CKI 与 CDK-周期蛋白复合体结合后，通过改变 CDK 活性位点的结构，导致 CDK 失活，造成细胞周期进程停滞。CKI 主要负调控 G_1/S 期的切换，使细胞停留在 G_1 期，延迟细胞进入 S 期。

芽殖酵母 Sic1 蛋白是一种 CKI，作用是将细胞阻断在 G_1 期，当 Sic1 降解之后，CDK-周期蛋白复合体才能活化，从而起始 DNA 的复制。在哺乳动物中，CKI 分为两个家族：Cip/Kip 家族和 INK4 家族，Cip/Kip 家族主要成员有 $p21^{Cip1}$、$p27^{Kip1}$ 和 $p57^{Kip2}$，可抑制 CDK4/CDK6-cyclinD、CDK2-cyclinE、CDK2-cyclinA 和 CDK1-cyclinB 的活性，INK4 家族包括 $p16^{INK4a}$、$p15^{INK4b}$、$p18^{INK4c}$ 和 $p19^{INK4d}$ 等，能够抑制 CDK4/CDK6-cyclinD 的活性（表 9-3）。

表 9-3 哺乳动物中主要的 CKI 及其特征

CKI 成员	作用的 CDK	主要特点和功能
$p21^{Cip1}$	多种 CDK	被 p53 诱导，结合并抑制多种 cyclin-CDK 活性；抑制 DNA 复制和 G_1/S 转换；参与调控细胞增殖、分化和衰老
$p27^{Kip1}$	CDK2、CDK4	被 TGF-β 和接触抑制诱导，结合并抑制多种 cyclin-CDK 活性，阻抑 G_1/S 转换；参与调控细胞增殖、分化和衰老
$p57^{Kip2}$	CDK2、3、4	抑制 cyclinE-CDK2 和 cyclinA-CDK2 活性；参与调控细胞增殖、分化和衰老
$p16^{INK4a}$	CDK4、CDK6	与 cyclinD 竞争性结合 CDK4/6，抑制 CDK4/6 活性，将细胞阻抑在 G_1 期；调控细胞增殖与衰老
$p15^{INK4b}$	CDK4、CDK6	被 TGF-β 诱导，抑制 CDK4/6 活性，将细胞阻抑在 G_1 期；调控细胞增殖与分化
$p18^{INK4c}$	CDK4、CDK6	抑制 cyclinD2-CDK6 活性，将细胞阻抑在 G_1 期
$p19^{INK4d}$	CDK4、CDK6	抑制 cyclinD-CDK4 活性，将细胞阻抑在 G_1 期

p21 是最早发现的 CKI，在细胞增殖、分化和衰老调控中均发挥重要作用。在正常细胞中，p21 与多种周期蛋白、CDK 形成稳定的复合物，作为变构抑制蛋白，阻止细胞从 G_1 进入 S 期。p21 还参与细胞周期检验点的调控，它是 p53 蛋白在细胞周期 DNA 损伤检验点发挥作用的中介分子，通过阻止损伤 DNA 复制，阻止细胞进入 S 期。此外，p21 还可以和增殖细胞核抗原（proliferating cell nuclear antigen，PCNA）——DNA 聚合酶的辅助因子结合，直接抑制 DNA 复制。

总之，CDK 的活性受到多层次、多途径的调控，主要包括：周期蛋白的合成及与 CDK 的结合、周期蛋白的降解、CDK 磷酸化状态、CKI 与 CDK 的结合和解离等（图 9-33）。如果把 CDK 视为细胞周期的“引擎分子”，那么，周期蛋白可看作“油门”，CKI 则是“刹车”，这三者组成了负责细胞周期运行的驱动装置。当然，细胞周期运行的真实情况要更复杂，因此，研究细胞周期运行的驱动装置精细结构及各组成部分间相互作用的复杂性和多样性是目前细胞周期研究领域的重要内容。

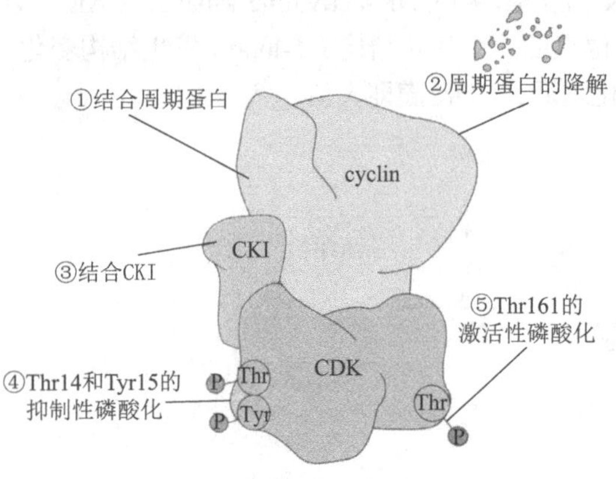

图 9-33　CDK 活性的调控机制

9.3.3　细胞周期运转的调控

CDK 对细胞周期运转起着核心的调控作用，细胞周期事件沿着周期时相依次有条不紊地发生，是特定的 CDK 在特定的时间出现并发挥作用的结果，促成了 G_1 期向 S 期、G_2 期向 M 期、中期向后期等关键过程不可逆地转换。细胞通过多种方式对 CDK 的适时作用进行了调控，如通过 CKI 结合抑制 CDK 活性；通过磷酸化和去磷酸化修饰调节 CDK 活性；需要时合成新的 CDK，不需要时水解多余的 CDK，以及控制 CDK 在胞质合成后向细胞核的运输等。细胞周期运转调控的核心问题就是保证不同的 CDK 在细胞周期的不同时期表现活性。

（1）G_1/S 转换　由 G_1 期向 S 期转换主要受 G_1 周期蛋白依赖性 CDK 控制。在哺乳动物细胞中，G_1 周期蛋白主要包括 cyclin D、cyclin E、cyclin A，与其结合的 CDK 主要包括 CDK2、CDK4 和 CDK6 等，其中 cyclin D 与 CDK4 和 CDK6 结合形成的复合物主要在 G_1 期起作用，以激活某些转录因子，引起 DNA 复制所需蛋白质的表达，cyclin E 与 CDK2 形成的复合物主要控制 S 期的起始。此外，CDK2-cyclin A 复合物也作用于 S 期，且活性贯穿整个 S 期，磷酸化 S 期所需的蛋白质。

E2F 家族转录因子都参与了细胞周期和 DNA 合成的调控，在 G_1/S 转换中发挥关键作用。E2F 所调控的靶基因涉及 DNA 合成与细胞增殖，包括 DNA 聚合酶、DNA 复制相关蛋白、DNA 修复蛋白、周期蛋白、Cdk 等。但是在静息细胞中，E2F 和低磷酸化水平的 **Rb 蛋白（retinoblastoma protein）**结合，处于被抑制状态，因此进入 S 期所需的基因无法转录。

Rb 蛋白家族包括 Rb、p107 和 p130，都与抑制细胞增殖有关，目前对 Rb 的了解较为深入。Rb 是 CDK4（6）-cyclin D 的重要底物，在调节 G_1/S 转换进程中发挥关键作用。胞内 Rb 有两种状态，一种是磷酸化的非活性状态，另一种是去磷酸化的活性状态。在 G_1 早期，低磷酸化的 Rb 处于活化状态，结合 E2F 并抑制其活性，进而抑制 E2F 所诱导的靶基因的转录。在 G_1/S 转换时，在胞外生理信号诱导下，Rb 蛋白被 CDK4（6）-cyclin D 复合物磷酸化，高水平磷酸化的 Rb 结构发生变化而失活，将 E2F 释放。随后 E2F 激活 DNA 复制相关基因（如 c-myc、DNA 聚合酶 α、胸苷酸合成酶、二氢叶酸还原酶等）的转录，生成大量 DNA 复制相关蛋白，促使 G_1 期向 S 期转换（图 9-34）。同时，CDK2-cyclin E 磷酸化类 Rb 蛋白 p107，解除其对 E2F 的抑制作用，E2F 进而激活中心体复制相关基因的转录。CDK2-cyclin A 不仅可磷酸化并激活 DNA 复制因子 RF-A，促进 DNA 复制，而且也通过类似的机制激活 E2F，促进其靶基因的转录。

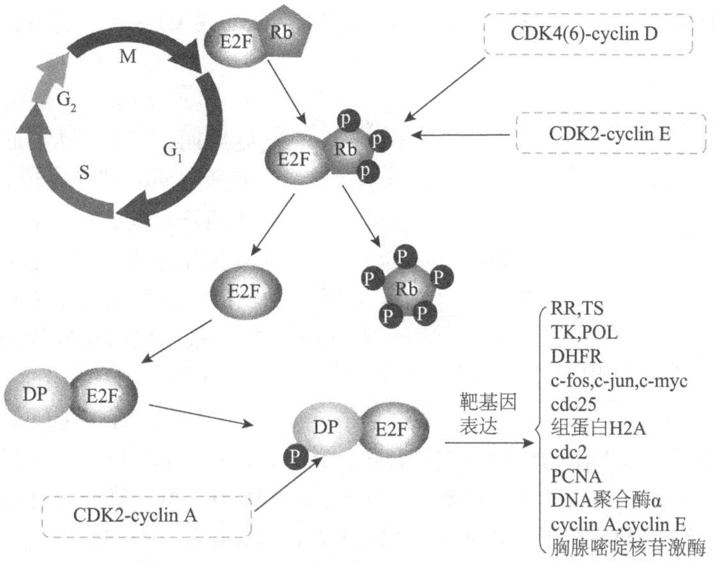

图 9-34　G_1/S 期转换时 DNA 复制相关基因表达的调节（引自陈晔光等，2011）

到达 S 期的一定阶段以后，上述 G_1 期 CDK 的活性需要关闭，关闭的途径为 G_1 周期蛋白的降解。G_1 周期蛋白的降解是通过 **SCF（SKP1-CUL1-F-box protein）**复合物介导，进入泛素化途径完成的。G_1 周期蛋白中的 PEST 序列对其降解起促进作用。SCF 是一种多亚基构成的蛋白质复合物，包括 Skp1、Cul1 和 Rbx1 3 个亚基，可以被 Skp2、Fbw7 和 β-Trcp 3 种 F-box 蛋白分别活化，发挥 E3 泛素连接酶的功能，催化底物蛋白的泛素化的最后步骤（图 9-35）。

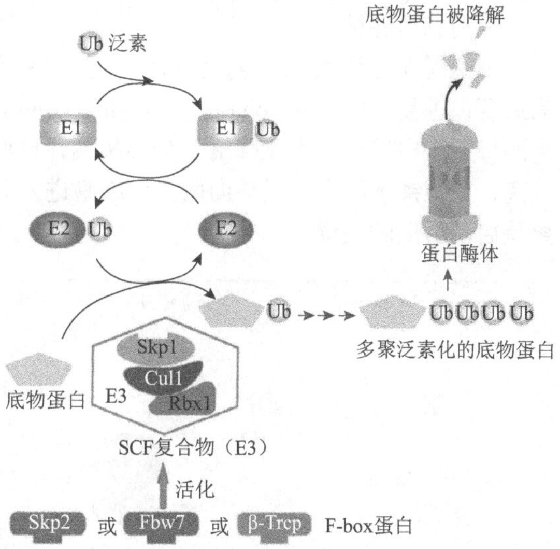

图 9-35　SCF 介导的泛素化蛋白降解（引自丁明孝等，2020）

细胞中还存在 DNA 复制起始的调控，DNA 复制起始点的识别是 DNA 复制调控中的重要事件之一，从酵母到哺乳动物细胞都存在一种称为复制起始识别复合体（origin recognition complex，ORC）的蛋白质，ORC 最早在酵母中发现，是真核细胞 DNA 复制的起始蛋白，被 CDK2-cyclin A 磷酸化激活。此外，在细胞质中存在一种“DNA 复制执照因子”，控制细胞在一个细胞周期中 DNA 只能复制一次，微小染色体维持蛋白质（minichromosome maintenance protein，MCM）是其主要成分。MCM 蛋白可被 CDK2-cyclin A 磷酸化而激活，活化的 MCM 具有解旋酶活性，在 DNA 复制起点处将 DNA 双链打开，当其他与 DNA 合成相关的酶在此汇集形成复制起始复合体后，DNA 复制随之发生。

如果细胞在 S 期发生 DNA 损伤时，如 DNA 双链断裂，则可以通过激活一些 CDK，暂时地、可逆地抑制复制起点的启动，使 DNA 的复制速度减慢，同时激活 DNA 修复机制，从而使细胞摆脱因 DNA 损伤产生的危机。

（2）G_2/M 转换的调控　推动细胞周期 G_2/M 转换的是 CDK1，最初被称为 MPF，是由 $p34^{cdc2}$（CDK1）和 cyclinB 结合形成的复合物。$p34^{cdc2}$ 的蛋白质水平在整个细胞周期中变化不大，而 cyclin B 的含量随细胞周期进程有较大的变化，在 G_1 晚期开始合成，在 G_2/M 期达到高峰，M 期结束迅速被水解掉。CDK1 活性因 cyclin B 积累的水平在 G_2/M 期达到峰值，通过磷酸化底物蛋白，促进细胞进入 M 期（图 9-36）。

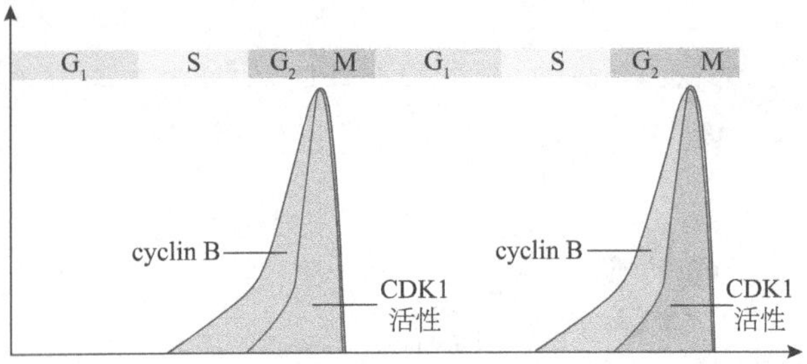

图 9-36　cyclin B 含量的周期性变化对 CDK1 活性的调节（引自丁明孝等，2020）

CDK 活性受到多种因素的综合调节，首先是周期蛋白与 CDK 的结合形成复合物。其次，wee1/mik1 和 CDK 活化激酶催化 CDK 第 14 位苏氨酸（Thr14）、第 15 位酪氨酸（Tyr15）和第 161 位苏氨酸（Thr161）磷酸化，形成前体 MPF。再者，CDK 在蛋白磷酸水解酶 Cdc25c 的催化下，Thr14 和 Tyr15 去磷酸化，才能表现出活性（图 9-31）。

（3）中期向后期的转换　细胞中的 DNA 复制后，每条染色体由两条姐妹染色单体组成，姐妹染色单体之间通过黏连蛋白（cohesin）相连，而染色体的臂则处于分离状态。黏连蛋白的活性受分离酶抑制蛋白（securin）控制。后期之前，分离酶的抑制蛋白与分离酶（separase）结合，分离酶活性被抑制。

细胞周期运转到中/后期交界处时，一旦所有染色体的动粒均与纺锤体微管相连，一种被称为后期促进复合物（amaphase promoting complex，APC）的 E3 泛素连接酶被激活，并引起分离酶抑制蛋白发生泛素化降解，分离酶被释放而活化，从而降解黏连蛋白，姐妹染色单体得以分离，在纺锤丝的牵引下移向两极，细胞进入后期阶段（图 9-37）。因此，姐妹染色单体的分离是启动后期的关键。

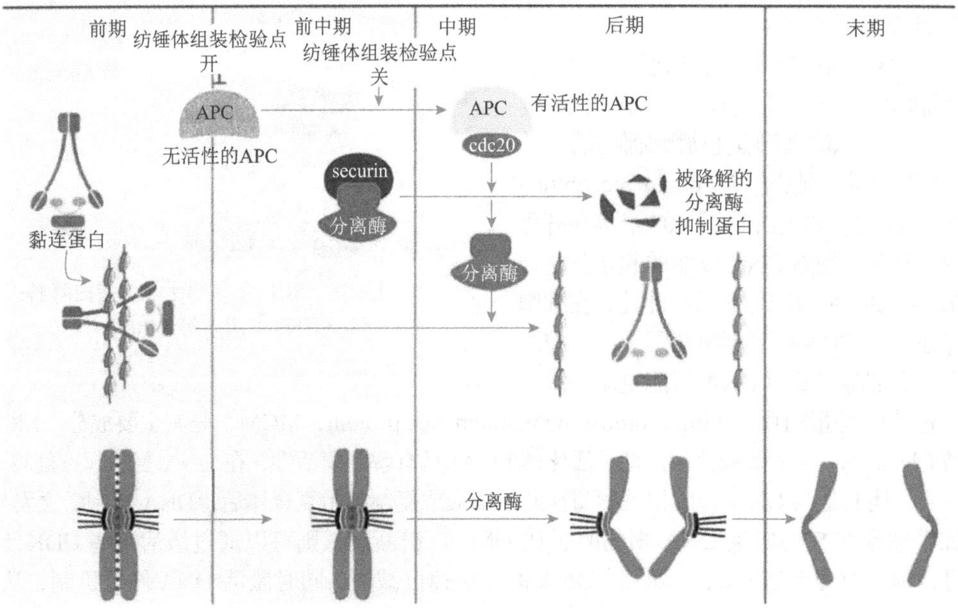

图 9-37　活化 APC 启动有丝分裂中期向后期的转换（引自丁明孝，2020）

APC 除了对分离酶抑制蛋白（securin）进行泛素化修饰，使其降解之外，还能在中期之后，降解 M 期的周期蛋白 cyclin A 和 cyclin B，随之 CDK1 失活，触发细胞进入有丝分裂末期，引起一系列蛋白质被各种磷酸酶去磷酸化，导致染色质去凝集，核膜、核仁等重新形成。同时，CDK1 失活还能促进胞质分裂发生。随着后期 CDK1 的失活，磷酸酶使肌球蛋白去磷酸化恢复活性，与肌动蛋白相互作用使收缩环不断缢缩、分裂沟不断加深，直至胞质分离完成。胞质分裂之后，cyclin B 在子细胞的间期重新合成，APC 的活性维持到 G_1 的后期，最终被 G_1 期 CDK 灭活。

APC 的发现是细胞周期研究的重大进展，表明细胞分裂中期向后期转换受到精密的调控。细胞中存在正、负两类调节因子对 APC 的活性进行综合调节。APC 正调节因子包括 Cdc20、Cdh1 等，负调节因子包括 Emi1、Emi2、Mad2、Bubr1 等。APC 正调节因子 Cdc20 主要位于染色体动粒上，在促使姐妹染色单体的分离中起积极作用。APC 负调控因子 Mad2 定位在早中期和纺锤体组装不完全的染色体的动粒上，通过与 Cdc20 结合，抑制 Cdc20 的活性。

APC 活性受到纺锤体组装检验点（spindle assembly checkpoint，SAC）的调控，纺锤体组装不完全或部分动粒未被动粒微管捕捉，则 APC 不被激活。许多纺锤体组装检验点蛋白参与了对 APC 活性的调控，在纺锤体尚未形成之前，SAC 处于开启状态，纺锤体检验点蛋白（AuroraB、Mps1、Bub1、CENP-E、Bub2、BubR1、Bub3、Mad1 和 Mad2）依次与动粒结合，APC 的活化被抑制。由于分离酶抑制蛋白的存在，分离酶活性受抑制，染色单体之间的黏连蛋白保持完整。当纺锤体完全形成并且所有的染色体完成在赤道板上的排列时，细胞进入中期，检验点蛋白 Mad1 和 Mad2 等离开动粒，Mad 对 Cdc20 的抑制被解除。Cdc20 亚基加入 APC 复合物，使 APC 活化，进而泛素化并降解分离酶抑制蛋白，激活分离酶，接着黏连蛋白被切割并降解，导致染色单体的分离，SAC 活性关闭（图 9-38）。

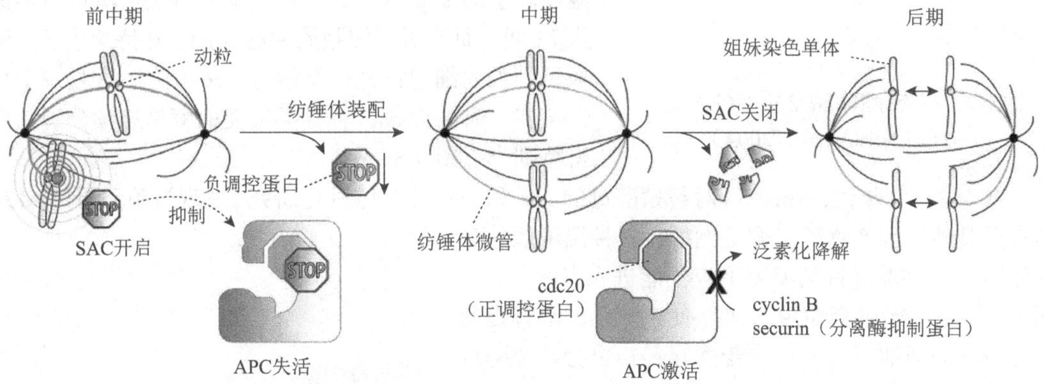

图 9-38 APC 活性的调节与纺锤体组装检验点开关（引自 Kops et al.，2020）

在细胞周期不同时相的转换中，涉及蛋白质在特定时间的泛素化降解，APC 和 SCF 都属于催化底物蛋白泛素化修饰最后步骤的酶——E3 连接酶，在细胞周期正常运转中发挥重要作用。其中 APC 主要活跃于 M 期和 G_1 期，降解的底物蛋白包括 M 期周期蛋白（cyclin A、cyclin B）、分离酶抑制蛋白等，但 SCF 活性似乎在细胞周期中维持时间更长，降解的底物跨度更广，主要活跃于 G_1 期、S 期、G_2 期和 M 期的早期，负责 G_1 期周期蛋白（cyclin D、cyclin E 等）、CKI（p21、p27 等）及 DNA 复制相关的因子（cdt1 等）的降解。此外，SCF 还参与了一些细胞周期之外的调控过程。例如，SCF 通常通过调节转录因子如 NF-κB 或 β-连环蛋白等，参与胞外信号的输入整合。

9.3.4　细胞周期调控实例

9.3.4.1　酵母的细胞周期

用于细胞周期调控研究的酵母主要有两种，即芽殖酵母和裂殖酵母。酵母的细胞周期与标准的细胞周期的相同之处在于，酵母细胞周期运转过程也包括 G_1期、S 期、G_2期和 M 期 4 个时相；其参与调控细胞周期的基因及调控过程与标准的细胞周期也类似。不同之处在于，酵母细胞周期持续时间较短，大约为 90min；细胞分裂时，核膜不解聚，与核分裂直接相关的纺锤体位于细胞核内，而不在细胞质中。在一定环境下，也进行有性繁殖。

自 1979 年在芽殖酵母中发现第一个 *cdc*（cell division cycle）基因起，酵母就成为研究真核细胞周期调控最为简单而有效的模式生物。实际上，有关细胞周期调控的研究大多是首先在酵母中获得突破的。由于细胞周期调控机制及其相关基因在酵母和哺乳动物细胞中具有保守性，因此对酵母细胞周期的研究也极大地促进了哺乳动物及其他真核生物细胞周期的研究。

20 世纪 60 年代，Hartwell 及其合作者分离出一些芽殖酵母的温度敏感突变体（temperature sensitive mutant），也被称为细胞分裂周期突变株。根据大量实验结果，Hartwell 等提出酵母细胞周期的运转受到一些与细胞周期调节有关的基因控制，酵母细胞的正常分裂依赖细胞周期各个进程的基因正常发挥功能。温度敏感突变体的细胞周期调控基因可以在允许的温度下正常发挥作用，而在限制温度下这些基因则失去活性，细胞分裂也停止。迄今为止，科学家已经分离了两类与细胞周期相关的温度敏感突变体：一类是 *cdc* 突变，裂殖酵母中几个温度敏感的 *cdc* 基因的隐性突变使得裂殖酵母不能进入 M 期，而滞留在细胞周期的间期，并持续生长，形成特别长的细胞；另一类称为 wee 突变，这是一个显性突变，命名为 cdc^{D}，这类突变的酵母连续分裂，变得特别小（图 9-39）。

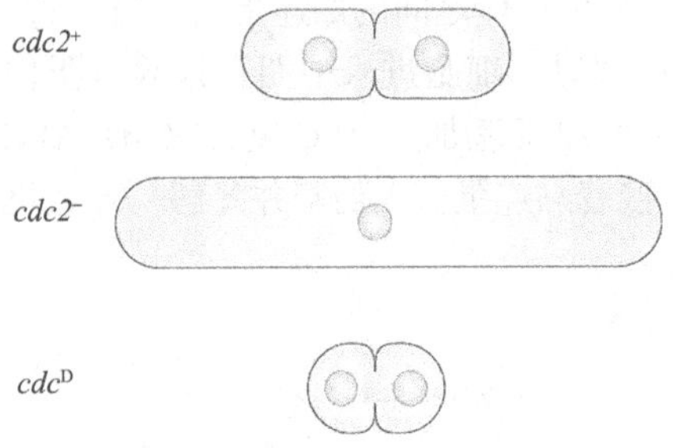

图 9-39　芽殖酵母 *cdc2* 突变的表型
（引自 Lodish et al., 2004）

20 世纪 70 年代，Nurse 等对裂殖酵母的 *cdc* 和 *wee* 突变体进行研究，发现裂殖酵母的 MPF 活性受其他基因产物的影响。例如，一种温度敏感突变体 *cdc25*⁻在非允许的温度下也不能进入有丝分裂，而过表达 *cdc25* 则会缩短 G_2期，使未成熟的酵母提前进入有丝分裂期。另一种突变体 *wee1*⁻也会造成酵母体积不够大就提前进入有丝分裂，而 *Wee1* 蛋白的过量表达则延长 G_2期，形成长的酵母细胞。根据这些发现，推测 cdc25 蛋白激活裂殖酵母 MPF 的活性，而 *wee1* 蛋白抑制裂殖酵母的 MPF 活性（图 9-40）。

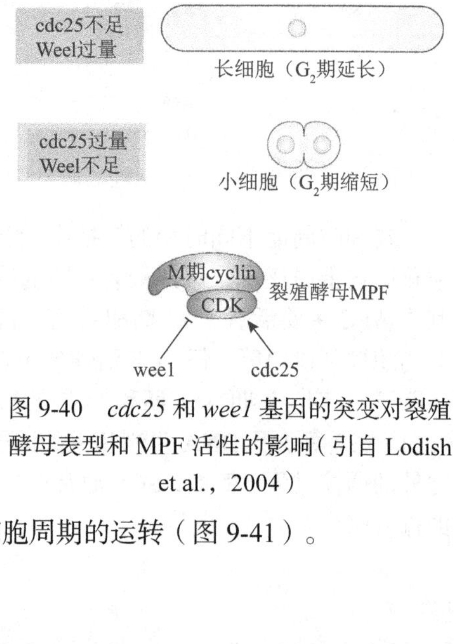

图 9-40　*cdc25* 和 *wee1* 基因的突变对裂殖酵母表型和 MPF 活性的影响（引自 Lodish et al., 2004）

酵母细胞周期运行中最重要的控制点为 G_1/S 转换点和 G_2/M 转换点，前者控制 DNA 是否开始复制，后者控制细胞是否进行分裂。酵母的 CDK 只有一种（芽殖酵母中的 Cdc2、裂殖酵母中的 Cdc28），但是周期蛋白有多种，在酵母细胞周期调控中，在不同的时相表达不同的周期蛋白，通过结合激活 CDK，调控细胞周期的运转（图 9-41）。

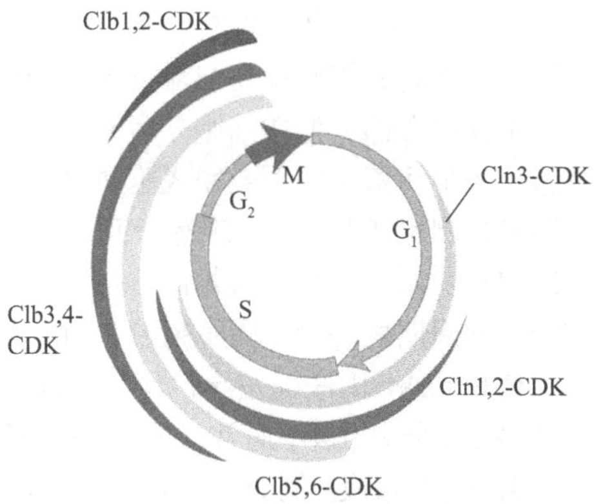

图 9-41　调控芽殖酵母细胞周期进程的多种 CDK-周期蛋白复合物（引自 Lodish et al.，2004）

在芽殖酵母的 G_1 期，三种周期蛋白被激活（Cln1、Cln2 和 Cln3）。环境中营养充足时，*Cln3* 的 mRNA 水平在整个细胞周期中变化不大。G_1 中期 Cln3-CDK 复合体逐渐积累，磷酸化并激活两个转录因子，进而激活 *Cln1* 和 *Cln2* 的转录，并且激活 DNA 复制所需的酶和其他蛋白质的表达，同时激活 S 期周期蛋白 Clb5 和 Clb6 的表达。G_1 晚期 cyclin-CDK 复合物 Cln1-CDK 和 Cln2-CDK 磷酸化并抑制介导后期促进复合物（APC）泛素化周期蛋白的调控因子——Cdh1 的活性，允许细胞中积累 S 期周期蛋白。S 期 cyclin-CDK 复合物的活性起初被 Sic1 抑制。SCF 泛素连接酶介导其被蛋白酶体降解，释放 S 期 cyclin-CDK 复合物的活性，推动细胞进入 S 期。S 期末表达周期蛋白 Clb3 和 Clb4，并与 CDK 形成二聚体复合物，促进 DNA 合成和分裂前期纺锤体的组装。G_2 期表达周期蛋白 Clb1 和 Clb2，并与 CDK 形成二聚体复合物，促进细胞进入 M 期。后期末，抑制因子 Cdh1 去磷酸化激活，介导 APC 泛素化进而降解周期蛋白，消除 MPF 活性，细胞退出 M 期。

9.3.4.2　哺乳动物的细胞周期

哺乳动物细胞体外培养时，需要添加生长因子，以促进细胞的分裂。这是由于生长因子作为信号分子，可激活特定转录因子基因的表达，生成 G_1 期的 CDK、cyclin 和 E2F 转录因子。如果缺少生长因子，细胞被阻止在限制点（G_0 期），在加入生长因子 14～16 h 后，细胞即可进入细胞周期。

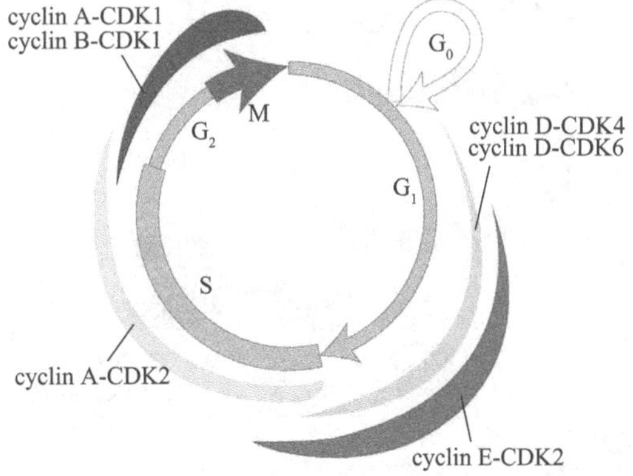

图 9-42　哺乳动物细胞周期调控的模式（引自 Lodish et al.，2004）

与酵母细胞不同的是，哺乳动物细胞周期的调控更为复杂，受多种 CDK 和周期蛋白的调控。其中 cyclin D-CDK4/6 在 G_1 中晚期起作用，cyclin E-CDK2 在 G_1 晚期和 S 期早期起作用，cyclin A-CDK2 在 S 期起作用，cyclin A/B-CDK1 在 G_2 期和 M 期起作用（图 9-42）。

G_1 早期，未被磷酸化的 Rb 蛋白和 E2F 结合，E2F 被抑制。G_1 中期，cyclin D-CDK4/6 磷酸化 Rb，释放出 E2F，进而激活编码 cyclin E、CDK2 和其他 S 期蛋白质的表达，cyclin E-CDK2 维持对 Rb 蛋白的磷酸化，持续激活 E2F。当 cyclin E-CDK2 达到一定水平时，驱动细胞完成 G_1/S 转换，进入 S 期。cyclin A-CDK2 的活性被 S 期抑制因子磷酸化 CDK2 的抑制性磷酸化位点而抑制。随后，抑制因子经泛素化被蛋白酶体水解。磷酸酶 Cdc25 活化后，去除 CDK2 上的抑制性磷酸化，激活 cyclin A-CDK2 复合体，促使 DNA 复制复合物前体起始 DNA 合成。cyclin A/B-CDK1 在 M 期起作用，活性一直到维持到中期/后期，当 cyclin A 和 cyclin B 被 APC 泛素化修饰并降解，CDK1 活性消失，细胞从 M 期转入 G_1 期。

9.3.4.3 植物细胞的细胞周期

植物细胞的细胞周期与动物细胞的标准细胞周期相似，但有两个突出特点：一是高等植物细胞不含中心体，但在细胞分裂时可正常组装纺锤体；二是植物细胞分裂需要成膜体，以形成细胞板（中间板）的形式完成胞质分裂。与哺乳动物细胞周期的调控机制一样，植物细胞周期的调控机制也非常复杂，现有研究显示，植物细胞与哺乳动物细胞中 G_1/S 期调控因子的保守性程度很高，调控机制非常相似。1991 年，从拟南芥中分离到两种 CDK 的同源基因，迄今已鉴定的细胞周期核心调控因子超过 70 种，包括 CDK、周期蛋白、Rb、E2F 等。

植物 CDK 因序列差异，分为 PSTAIRE 型和非 PSTAIRE 型；周期蛋白种类多样，包括约 60 个基因，分为 7 类。通常，cyclin D 调控 G_1/S 切换，cyclin A 调控从 S 期到 M 期的运转，cyclin B 控制 G_2/M 切换。例如，CDK A-cyclin D 复合物磷酸化 Rb 相关蛋白，进而活化 S 期转录因子 E2F，调控涉及 DNA 复制、细胞周期运转及染色质动态基因的表达，驱动细胞周期从 G_1 期进入 S 期。植物细胞周期调控也存在负调控因子。例如，KRP（Kip-related proteins）和 SIM（SIAMESE）是 CDK A-cyclin D 复合物的抑制蛋白，负调控 G_1/S 切换。

尽管细胞周期调控的核心机制从单细胞酵母到动植物是保守的，但是植物也有独特之处（图 9-43）。例如，周期蛋白种类丰富且多数功能尚不清楚，同时缺乏动物细胞中的 cyclin E；动物细胞 Cdc25 的同源蛋白尚未鉴定。此外，植物细胞周期还受到植物激素、温度、光照等多种环境的影响。

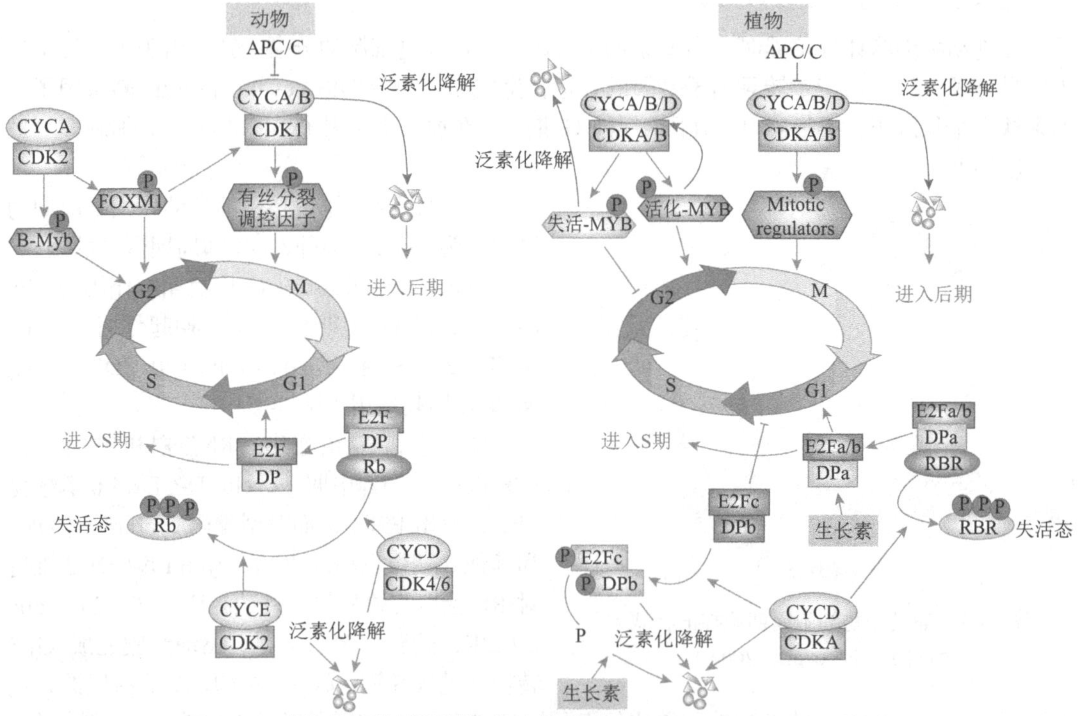

图 9-43 动植物细胞周期调控的比较（引自 Shimotohno et al.，2021）

细胞周期研究与肿瘤治疗

细胞周期失调引起的增殖失控是肿瘤发生的重要特征之一，人们很早就认识到细胞周期调控分子是肿瘤药物设计的有效潜在靶标。以细胞周期为靶点的药物，利用的是癌细胞的一个共性特点：不受调控地复制和增殖，这一特点的内在原因是癌细胞中的抑癌基因（包括 *Rb*、*p53*、*p16* 等）及 DNA 修复基因（*BRCA1/2* 等）发生功能缺失。

目前癌症治疗的方法包括外科手术、放射线治疗（放疗）、化疗、小分子靶向治疗和大分子靶向治疗，其中放疗和化疗与细胞周期关系密切，也有部分的小分子靶向药是针对细胞周期靶点的。

放疗用于清除手术后癌组织周边浸润的、手术无法完全切除的癌细胞或者不适合外科手术的癌组织，主要基于癌细胞快速增殖且对 DNA 损伤敏感、有 1 或多个检验点缺陷、DNA 损伤后不能有效修复等特点。治疗机制是直接或间接激发自由基生成，对癌细胞的 DNA 造成损伤，进而诱导癌细胞死亡。

化疗药物有些可干扰癌细胞的 DNA 复制。例如，利用化疗药物阻断 DNA 复制，癌细胞因检验点有缺陷，仍进入 M 期，最终导致癌细胞崩溃及死亡。有些化疗药物是破坏癌细胞的有丝分裂。例如，紫杉醇是微管组装的特异性药物，对不分裂的细胞毒性不大，但是对快速分裂的癌细胞有强杀伤力，尤其是 M 期纺锤体组装检验点有缺陷的癌细胞。在紫杉醇干扰纺锤体动态的情况下，这些癌细胞仍进行分裂，最终导致死亡。

目前临床上使用的以细胞周期为靶点的小分子靶向药物大多通过阻断控制细胞增殖的信号通路达到治疗效果。例如，帕博西尼（palbociclib）是靶向 CDK4/6 的药物，已成功用于乳腺癌的治疗，可显著延长患者的生存时间。由于 CDK4/6 活化后才能磷酸化 Rb，促进细胞从 G_1 期进入 S 期，因此帕博西尼的作用机制是通过阻断 CDK4/6 活化，抑制 DNA 复制，从而将癌细胞阻断在 G_1 期。还有些药物则靶向 DNA 修复酶 PARP1。在乳腺癌和卵巢癌等肿瘤中，PARP1 通常高表达，以弥补 BRCA1/2 突变造成的 DNA 双链断裂增加的缺陷，因此抑制 PARP1 的小分子药物，可以增加癌细胞中 DNA 的双链断裂，利用癌细胞检验点和 DNA 修复缺陷将其杀伤。

本章小结

知识点小测试

细胞增殖是生物体生长、发育、繁殖和遗传的基础，细胞增殖通过细胞周期来实现。细胞周期是一个细胞的整个生命过程，是物质积累和细胞分裂的循环过程。细胞周期分为间期和分裂期，间期是细胞增殖前的物质准备和积累阶段，分裂期是细胞增殖的执行阶段。一个标准的细胞周期可区分为 G_1、S、G_2 和 M 期 4 个时期。

真核细胞的分裂方式有 3 种：有丝分裂、无丝分裂和减数分裂。无丝分裂是最早发现的一种细胞分裂方式，因其分裂时没有纺锤丝出现而得名，但同样需要在分裂前进行遗传物质的复制。有丝分裂是真核细胞增殖的主要方式。有丝分裂过程中，通过纺锤体的形成和运动，使间期完成复制的遗传物质平均分配到两个子细胞中，保证了亲代细胞和子代细胞在遗传上的稳定性。有丝分裂包括核分裂和胞质分裂两个过程，根据分裂过程中细胞形态变化的特征，通常将有丝分裂分为前期、前中期、中期、后期、末期和胞质分裂。减数分裂是有性生殖细胞形成时的一种特殊的有丝分裂，遗传物质复制一次，但细胞连续分裂两次，结果产生的配子细胞中染色体数目比体细胞减少一半。减数分裂过程可分为减数分裂间期、减数第一次分裂和减数第二次分裂。减数第一次分裂的前期发生遗传重组，使配子的遗传基础多样化，对于物种的进化和对外界环境的适应有重要意义。

细胞增殖是多阶段、多因子参与、精确有序的调控过程。细胞周期调控因子相互协调形成复杂的、进化上保守的调控网络，在动植物细胞中，细胞周期核心调控因子都包括CDK、周期蛋白、CDK活化激酶、CDK抑制因子、转录因子Rb、E2F等。

不同种类的周期蛋白和CDK组合形成的周期蛋白-CDK复合物是细胞周期运转的“引擎分子”，是细胞周期调控的正向调控机制。激活的周期蛋白-CDK复合物通过磷酸化特定的底物蛋白，驱动细胞周期按照特定的顺序（$G_1 \rightarrow S \rightarrow G_2 \rightarrow M$）运转，细胞增殖得以完成。CDK的活化是驱动细胞周期运转的前提，对CDK活性的调节方式很多，包括周期蛋白的合成与泛素化降解、CDK特定位点的磷酸化与去磷酸化、CKI因子的合成与降解等。

细胞周期的正常运转、各时相的准确切换，受到检验点的调控。细胞周期检验点主要包括G_1期检验点、S期检验点、G_2/M检验点、纺锤体组装检验点等。检验点是一类负反馈调节机制，涉及多条信号通路。当细胞周期进程中出现异常事件如DNA损伤、DNA复制受阻时，这类调节机制就被激活，以阻断细胞周期运转，直至细胞完成DNA修复或排除故障后，细胞周期运转才能恢复。

细胞增殖的调控网络非常复杂，由正、负两方面的调控因子相互协调、共同作用构成。细胞周期调控与细胞的分化、生长和死亡息息相关，细胞周期一旦出现异常，就会导致相关疾病的发生。同样，如果细胞增殖中缺乏DNA保真性，就会导致细胞遗传不稳定，这是高等真核生物细胞发生恶性转化的重要因素，细胞增殖理论研究对于肿瘤病因、病理的探讨及诊断和防治均有重要的意义。

复习题

一、基础检测题

1. 减数分裂有哪些特征？
2. G_1、G_2期细胞分别与S期细胞融合，其融合结果是什么？为什么？
3. 从细胞增殖的角度看，细胞可以分为哪几类？
4. 减数分裂前期Ⅰ发生染色体联会的生物学意义何在？
5. 植物细胞的细胞周期可分为哪几个时期，说明各个时期的特点。

二、归纳拓展题

1. 概述cyclin与CDK在细胞周期调控的作用原理及主要下游事件。
2. 什么是细胞周期和周期蛋白？细胞周期中有哪些主要检验点，各起何作用？
3. CDK和cyclin如何促进G_2向M期的转化？
4. 细胞的DNA损伤可激活检验点机制，将细胞周期阻断在复制前，请解释其作用机制。
5. 简述为什么细胞周期这一过程一旦启动是不可逆的。
6. 以细胞周期蛋白为例，简述泛素介导的蛋白质降解途径。
7. 细胞骨架成分在细胞分裂事件中发挥了哪些重要作用？
8. 从细胞周期检验点的角度分析肿瘤发生的机制。

（本章作者　高红云，梁卫红，陶娟）

第 10 章 细胞的分化、衰老和死亡

多细胞生物是由形态多样、功能迥异的各种类型细胞组成的，如传导神经冲动的神经细胞、具有吞噬功能的巨噬细胞、运输氧气和营养物质的红细胞等，这些细胞都是由一个受精卵经过细胞分裂及细胞分化形成的。个体发育过程中，在不同的环境条件下，同一类型的细胞经分裂后逐渐在形态、结构和功能上形成稳定性差异，产生不同类型细胞的过程称为**细胞分化（cell differentiation）**。细胞分化是一种普遍的生命现象，是多细胞有机体发育的基础。细胞分化的关键在于不同类型细胞中的合成特异性蛋白质。尽管细胞分化的过程通常是不可逆的，但是在某些特定条件下，分化了的细胞也可以发生可逆性变化，回到其未分化状态。

衰老和死亡是生命的基本现象，是生物体新陈代谢的具体表现形式之一。对单细胞生物来说，细胞的死亡意味着个体的死亡。对多细胞生物而言，细胞的衰老与机体的衰老是两个不同的概念，但是细胞的衰老与个体的衰老紧密联系。部分细胞的衰老和死亡是整个机体正常生长发育过程中的自然现象，细胞有多种死亡方式，各自具有不同的特征。

学习目标　　知识结构图　　彩图　　视频

10.1 细 胞 分 化

10.1.1 细胞分化的基本概念

10.1.1.1 细胞分化与基因选择性表达

细胞分化是细胞选择性地表达各自专一性的蛋白质，从而导致不同种类细胞在形态、结构与功能上形成稳定性差异的过程。在细胞分化过程中，绝大多数细胞的基因组几乎不发生任何改变。例如，输卵管细胞、成红细胞和胰岛细胞这 3 种细胞的基因组 DNA 中均存在编码卵清蛋白、β-珠蛋白和胰岛素的基因，但是卵清蛋白基因仅在输卵管细胞中表达，β-珠蛋白基因仅在成红细胞中表达，胰岛素基因仅在胰岛细胞中表达（表 10-1）。

表 10-1 分子杂交技术检测基因及其差异表达

	细胞总 DNA			细胞总 RNA		
	输卵管细胞	成红细胞	胰岛细胞	输卵管细胞	成红细胞	胰岛细胞
卵清蛋白基因	+	+	+	+	–	–
β-珠蛋白基因	+	+	+	–	+	–
胰岛素基因	+	+	+	–	–	+
检测方法	Southern 杂交			Northern 杂交		

注：+表示检测到杂交信号；–表示未检测到杂交信号

虽然同一生物不同类型的细胞具有相同的基因组，但是由于不同类型的细胞选择性地表达了一套特异的基因，表达产物决定了细胞具有特定的形态和结构，并执行特定的生理功能，因此，细胞分化是基因组中特异基因在时间、空间上差异性表达的结果。除了经典的 Northern 杂交技术，目前一些新的技术方法，如转录组测序、基因芯片等可以大规模地检测生物体几乎所有基因在不同组织、不同发育阶段、不同处理条件下的表达与否，以及基因的表达水平，有助于深入研究细胞分化的过程和机制。

但是有些生物在细胞分化中出现基因组的显著变化，包括染色质丢失、**基因重排（gene rearrangement）**等现象。例如，马蛔虫（*Ascaris megalocephala*）的生殖细胞基因组完整，但是体细胞中 80%以上的 DNA 发生丢失；B 淋巴细胞分化过程中发生免疫球蛋白基因的重排，从而使分化成的不同浆细胞基因组存在差异。

10.1.1.2　组织特异性基因与管家基因

细胞分化是通过精准调控基因的表达来实现的，通常将分化细胞基因组所表达的基因分为两类：一类称为**管家基因（house-keeping gene）**，另一类称为**组织特异性基因（tissue-specific gene）**或**奢侈基因（luxury gene）**。

管家基因是指在所有细胞中都表达的一类基因，这类基因始终处于活跃转录状态，其产物对维持细胞的基本生命活动是必需的，如组蛋白基因、微管蛋白基因、肌动蛋白基因、糖酵解酶系基因和核糖体蛋白基因等。有研究者采用大规模平行测序和转录组测序技术，鉴定了 3804 个管家基因，发现这些基因涉及核苷酸和氨基酸的生物合成、分解代谢、蛋白质定位等基本生物学过程。人们预计人类基因数量为 2 万～3 万个，显然管家基因数量在整个基因组中的占比并不高，但是管家基因在基因组中的拷贝数一般较高，有的甚至多达数千个拷贝。

组织特异性基因是指在不同类型细胞中特异性表达的基因，其产物赋予不同类型细胞特定的形态、结构和功能，如输卵管特异表达卵清蛋白基因、上皮细胞特异表达角蛋白基因、红细胞特异表达血红蛋白基因等。组织特异性基因的差异表达，促使了细胞分化，分化细胞之间的差异往往是多种组织特异性基因的表达造成的（表 10-2）。

表 10-2　已分化细胞的类型、功能及其特征产物

细胞类型	细胞功能	特征产物
肌细胞	肌肉收缩	肌动蛋白、肌球蛋白等
神经细胞	传递神经冲动	神经递质
上皮细胞	保护、吸收、分泌	角蛋白等
B 淋巴细胞	合成抗体	抗体
T 淋巴细胞	破坏外源细胞、调节免疫	细胞表面抗原等
成骨细胞	支撑骨骼	骨基质
软骨细胞	参与形成肌腱和韧带等	硫酸软骨素、胶原等

细胞分化的本质是组织特异性基因在时间与空间上的差异表达，从而在特定的组织细胞中产生特定的表达产物。这些细胞分化相关基因的差异表达受到染色质水平、DNA 水平、转录水平、转录加工水平、翻译水平、翻译后加工与修饰等多个层次的复杂而严格的调控。随着研究方法和技术的不断进步，目前采用单细胞测序、基因芯片、转录组测序、蛋白质组学及修饰组

学等高通量技术，可在基因表达调控的不同层次上研究分化细胞中组织特异性基因的表达特性，为研究相关基因的功能及细胞分化的本质奠定了基础。

10.1.1.3　组合调控与组织特异性基因的表达

组成人体的细胞有 200 多种，这些不同类型的细胞都是从一个受精卵经细胞分裂、分化而来的，如果每种类型的细胞分化都至少需要一种调控蛋白的话，那么将需要 200 种以上调控蛋白来调节各种类型细胞的分化，然而实际上，有限的、少量的调控蛋白最终完成了这 200 多种不同类型细胞的分化调控，即每种类型的细胞分化是由多种调控蛋白组合作用、协同调控的，这一机制称为**组合调控**（**combinatory control**），是指有限数量的调控蛋白通过不同组合，启动了数目众多的不同类型细胞的分化调控过程。在理论上，3 种调控蛋白就可以控制细胞分化形成 8 种不同类型（图 10-1）。在组合调控中，每种调控蛋白均可以启动多种细胞的分化，而每种细胞分化又是由多种调控蛋白共同调节完成的，这是一种经济有效的调节方式。如果调控蛋白的数目是 n，则其调控的组合在理论上可以启动 2^n 种细胞类型的分化。

在细胞分化的过程中，往往只有一种或两种调控蛋白起决定性作用。也就是说，单一调控蛋白就有可能启动某个细胞分化过程。编码这种起决定作用调控蛋白的基因被称为**主导基因**（**master gene**）。例如，*myoD* 是第一个被发现的调控肌细胞分化的主导基因，该基因的表达产物 MyoD 蛋白是胚性前体细胞分化为骨骼肌细胞过程中的关键调控蛋白。在胚性前体细胞中，该蛋白质一旦被合成，所分化的细胞类型便被稳定地确定为骨骼肌细胞。在体外细胞培养的过程中，通过病毒载体将 *myoD* 基因导入成纤维细胞中表达，就可以使来自皮肤结缔组织的成纤维细胞表现出骨骼肌细胞的特征，表达出大量的肌动蛋白和肌球蛋白，在质膜上产生对神经刺激敏感的受体蛋白和离子通道，并融合成肌细胞样的多核细胞等。这一现象的原因可能是成纤维细胞本身已经具备了向肌细胞分化的其他必要条件，一旦加入关键的调控蛋白 MyoD，就可以立即启动向肌细胞分化的特异组合调控。

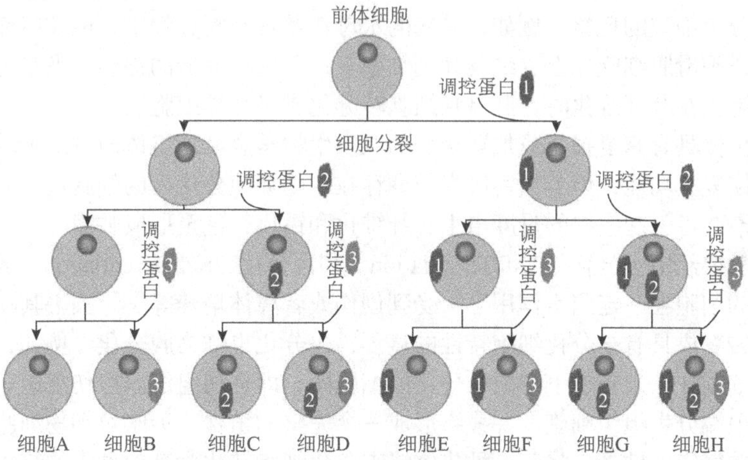

图 10-1　组合调控的作用机制示意图

1、2、3 为不同的调控蛋白

细胞分化过程中，在某些调控蛋白存在的情况下，一旦某种关键性调控蛋白启动了细胞的分化，便可以通过产生特定调节蛋白引起其他调节蛋白的组合调控，启动细胞分化，不仅可以使一种类型的细胞转化成另一种类型细胞，甚至可以进一步诱导整个器官或者个体的形成。例如，主导所有动物眼睛发育的基因都是高度保守的 *Pax* 6 家族基因，在果蝇中称为 *ey*，将鼠的 *Pax* 6 基因转移到果蝇中，仍能控制果蝇眼的发育。

在果蝇发育的早期，通过转基因技术，将 *ey* 基因转移到即将发育成腿的部分细胞中，*ey* 基因的异常表达诱导这些细胞产生构成眼的不同细胞类型，最终在果蝇腿的中部形成眼。果蝇的眼是由数千个细胞组成的，显然在这一过程中 Ey 蛋白除了能启动细胞某些特异基因的表达、诱导其向特定方向分化之外，其启动的某些基因的表述产物可能又是另一些基因的调节蛋白，它们进一步启动其他特异基因的表达，诱导分化出更多的细胞类型，形成由多种不同类型细胞组成的有序三维结构，最终形成器官。因此通过控制主导基因的表达，仅利用一种调控蛋白的作用就可以启动后续一系列调控蛋白的级联反应，并通过细胞之间的相互作用等诱导机制，最终由分化出的不同类型的细胞构建出结构更为复杂的器官。

10.1.1.4 单细胞有机体的细胞分化

细胞分化并不是多细胞生物所独有的，单细胞生物为了适应外界环境，在生活史中会有规律地发生形态和生理上的阶段性变化，可以认为是简单的细胞分化。与多细胞生物细胞分化不同的是，单细胞生物分化多为适应不同的生活环境，而多细胞生物则通过细胞分化形成执行不同功能的组织与器官。例如，枯草芽孢杆菌会在生长环境恶劣、营养物质缺乏等不适宜的环境下形成具有极强抗逆作用，在高温、酸碱等极性环境下也可生存的芽孢，从而适应环境得以生存。鱼腥藻主要由两种形状不同的细胞组成，一连串形状较小的细胞称为营养细胞，而形态较大的细胞称为异形细胞。营养细胞能进行类似于高等植物的光合作用，异形细胞则能进行固氮作用。芽殖酵母以单倍体或二倍体的状态存在，有 3 种不同的细胞类型，分别是单倍体交配型 α 和 a 及二倍体融合型 α/a，这 3 种类型细胞的分化是通过表达不同交配型的基因来实现的。

10.1.1.5 转分化与再生

转分化（transdifferentiation）是一种类型的终末分化细胞在某些理化因素作用下，转变为另一种类型的分化细胞的现象。例如，受伤的水母在器官修复过程中，横纹肌细胞经转分化可形成神经细胞、平滑肌细胞、上皮细胞和刺细胞等；分化程度低的神经干细胞也可形成骨髓细胞和淋巴样细胞；在肝纤维化时，肝星状细胞转分化成肌纤维细胞。

转分化对机体具有修复损伤或加重病变的双重生物学意义，机体通过细胞转分化可以修复受损的组织，恢复其功能，但若损害因素长期存在，则会使分化后的细胞过度分泌炎症因子和细胞外基质，最终可引起组织的过度增生、纤维化和钙化，甚至形成肿瘤。

转分化一般要经历去分化（dedifferentiation）和再分化（redifferentiation）的过程。去分化指的是已分化的细胞在一定因素作用下（受到创伤或者离体培养等），失去其特有的形态结构与功能，重新转变成具有未分化细胞特性的过程，去分化也称为脱分化。例如，植物组织培养过程中，其体细胞在一定条件下形成未分化的细胞团，即愈伤组织。愈伤组织可进一步再分化形成根和芽的顶端分生组织细胞，并最终形成一个完整的植株。近来对动物细胞转分化的研究提示，有可能在特定条件下，将某一种成体终末分化细胞转化为其他种类的终末分化细胞。例如，利用过表达一些转录因子可诱导大脑中的星形胶质细胞转分化为神经元的研究，有望为神经退行性疾病和脑中风等疾病的研究和治疗带来了新的希望。

再生（regeneration）在生物界普遍存在，再生一般是指生物体缺失部分的重建过程，包括细胞、组织、器官与个体等不同水平的再生。不同的生物及器官，其再生能力存在明显差异，一般来说，植物比动物的再生能力强，低等动物比高等动物的再生能力强。例如，如果将发育中的蝾螈晶状体摘除，其背面的虹膜上含黑色素的平滑肌细胞就会去分化，失去黑色素和肌纤维，然后再分化或转分化成为产生晶状体蛋白的晶状体细胞。人类的某些器官和组织也具一定程度的再生能力如肝，一个健康人失去 2/3 的肝，剩下的那 1/3 也可以在几个月之内再生，逐渐恢复到术前的肝功能。

10.1.2　影响细胞分化的因素

通过组合调控的方式启动组织特异性基因的表达是细胞分化的基本机制，细胞分化和形态建成的过程是非常复杂的，受多种因素的影响。

10.1.2.1　细胞全能性

细胞全能性（cell totipotency）是指细胞经分裂和分化后，仍具有产生完整有机体的潜能或特性。对动物体来说，仅有受精卵及早期胚胎细胞（一般不超过 16 个细胞的卵裂球）具有全能性，而高度分化的植物体细胞大部分仍具有全能性，在一定的营养物质、激素和其他适宜的外界条件诱导下，可分化为完整的植株（图 10-2），这一特点已广泛应用在植物组织培养及植物基因工程的实践中。

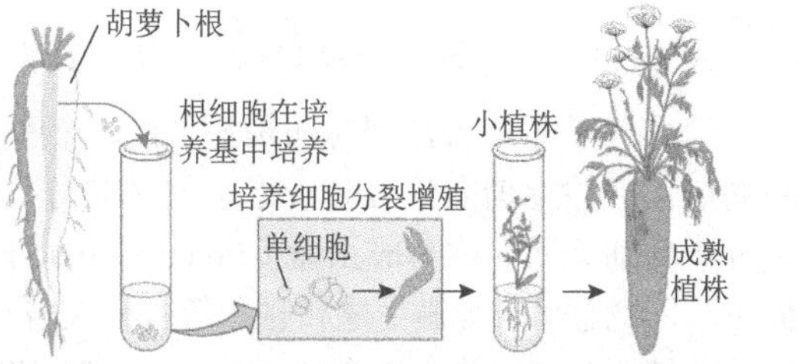

图 10-2　基于植物细胞全能性的植物组织培养流程

与植物不同的是，动物体在胚胎发育过程中，随着细胞的分化，体细胞逐渐丧失了发育为完整个体的能力，因此动物的体细胞不具备全能性，但动物细胞的细胞核仍然具有全能性。利用两栖类动物进行核移植实验，将蛙囊胚期细胞的细胞核，甚至发育成蝌蚪的已经分化为肠上皮细胞的细胞核，植入去核的卵子中，都可发育成蝌蚪甚至成蛙，类似的实验在小鼠中也获得了成功。这些用动物分化细胞的细胞核进行的核移植实验，证明了动物细胞的细胞核具有全能性。因此无论植物体还是动物体，在细胞分化过程中，体细胞均保有完整的基因组或染色体组。

1997 年，英国罗斯林研究所的 I. Wilmut 等将羊的乳腺细胞的细胞核植入另一只羊的去核卵细胞中，成功培育出了体细胞克隆羊“多莉”，证明了即使是哺乳动物终末分化细胞的细胞核也具有全能性（图 2-28）。随后，小鼠、牛、山羊、猴等一系列克隆动物的研究也获得成功，进一步说明动物细胞的细胞核具有全能性。然而与植物细胞不同的是，由于高等动物细胞分化的复杂性，已分化的体细胞特别是细胞核中的染色质较难“重编程”回到初始未分化细胞的染色质状态，主要可能是在发育过程中，有些分化细胞的某些基因发生“永久性”失活所致。2006 年，日本科学家山中伸弥（Shinya Yamanaka）将 4 个发育相关的转录因子 *Oct*4、*Sox*2、*c-Myc* 和 *KLF4* 导入分化的小鼠成纤维细胞中，成功将其转化成为诱导多能干细胞（induced pluripotent stem cell，iPS cell），也能部分说明这一问题（见本章 10.4.3）。

10.1.2.2　胚胎诱导和胞外信号分子对细胞分化的影响

在动物胚胎发育过程中，一部分细胞会影响相邻细胞的命运或者分化方向，这种作用被称为近端组织的相互作用（promixate tissue interaction），也称为**胚胎诱导（embryonic induction）**。胚胎诱导是在发育过程中通过细胞间的相互作用来决定细胞的命运，是细胞定向分化的一个最根本现象，几乎发生在胚胎发育的所有时期，以及组织器官形成的过程中。其中一个典型的例子就是在动物眼的发生中，出现逐级诱导现象。正常情况下，早期的视泡诱导与其接触的外胚层上皮细胞发育成晶状体，随后在视泡和晶状体的共同诱导下，外面的表皮细胞形成角膜。如果把早期的视泡移植到头部的其他部位，也可诱导与其接触的外胚层发育成晶状体。

胚胎诱导的机制之一是通过细胞旁分泌（信号分子生成后，通过扩散作用于邻近的细胞）来实现的。这些旁分泌产生的信号分子包括成纤维细胞生长因子（FGF）、转化生长因子（transforming growth factor，TGF）及 hedgehog 家族、Wnt 家族和 Juxtacrine 等五大家族因子。这些分子与激素一样，都是影响细胞分化的重要信号分子，但是作用方式与激素不同。

激素对细胞分化的调控属于远距离的细胞间相互作用方式，激素由内分泌腺合成，经血液循环进行长距离的运输，作用于特定的靶细胞，引起靶细胞产生相应的生物学效应。例如，无尾两栖类的蝌蚪变态过程中，尾部退化及前后肢形成等变化是甲状腺分泌的甲状腺素和三碘甲状腺原氨酸的增加所致；昆虫变态过程主要由 20-羟蜕皮素和保幼激素共同调控；人体血细胞的定向分化则受到多种细胞因子的调控。

10.1.2.3　细胞记忆与决定

信号分子的有效作用时间是短暂的，然而细胞可以将这种短暂的作用储存起来并形成长时间的记忆，并逐渐向信号分子指定的方向分化。以模式生物果蝇为例，在果蝇幼虫体内有一些未分化的细胞团，称为成虫盘（imaginal disc）。在幼虫变态发育过程中，不同的成虫盘发育为成虫不同的器官，如腿、翅和触角等。有人曾把果蝇幼虫体内特定的成虫盘细胞植入成虫体内，连续移植 9 年，细胞增殖多达 1800 代，然后将这种成虫盘细胞再移植回幼虫体内，发现这些成虫盘细胞依然保留原有的记忆，发育成相应的器官。

诸多的研究结果表明“决定早于分化”，所谓决定（determination）是指一个细胞接受了某种分化指令，在发育中这一细胞及其子代细胞将区别于其他细胞而分化成某种特定的细胞类型，这些细胞在形态、结构与功能等分化特征尚未显现之前，就已确定了分化命运。细胞的决定与细胞的记忆有关，而细胞记忆可能通过两种方式实现：一种是正反馈途径（positive feedback loop），即细胞接收信号刺激后活化转录调节因子，诱导组织特异性基因的表达；另一种是染色质结构变化，包括 DNA 甲基化与组蛋白修饰等信息被传到子代细胞，如两条 X 染色体中，其中一条始终保持凝集失活状态，并可在细胞世代间稳定遗传。当然这些可能的细胞记忆的机制也可以用来解释某些能够继续增殖的终末分化细胞如平滑肌细胞和肝细胞分裂后，只能产生与亲代相同的细胞类型的原因。

10.1.2.4　受精卵细胞质的不均一性

在细胞分化过程中，分化相关的信息不断积累，最终“决定”了细胞分化的方向，这种与细胞分化相关的信息在很多动物体中可以追溯至卵细胞。在很多动物的卵母细胞细胞质中，除了储存有丰富的营养物质和多种蛋白质外，还含有多种母体基因的转录产物 mRNA，其中多数 mRNA 与蛋白质结合被“封闭”，无法被核糖体识别，因而处于非活性状态，这些因封闭暂时不能翻译的 mRNA，被称为隐蔽 mRNA（masked mRNA），它们是在卵母细胞发育到卵细胞的过程中生成的。

隐蔽 mRNA 在卵细胞质中呈不均匀分布，特别是在某些动物如柄海鞘、两栖动物等中。卵细胞受精后，隐蔽 mRNA 在细胞质中重新定位，少数隐蔽 mRNA 被激活，合成早期胚胎发育所需的蛋白质。随着受精卵的早期细胞分裂，隐蔽 mRNA 被不均等地分配到子细胞中，因此卵裂后的细胞所携带的信息已经有所不同。通过对角贝和海胆受精卵发育过程的研究证实，在卵裂过程中，子细胞不同的细胞质决定着未来细胞分化的命运，产生分化方向的差异。根据这一现象，人们把影响卵裂细胞向不同方向分化的细胞质成分称为决定子（determinant）。通过比较研究果蝇生殖细胞和体细胞的分化过程，发现了果蝇卵细胞后端存在决定分裂细胞向生殖细胞分化的细胞质成分，即生殖质（germplasm），它是种质细胞的决定子，这一现象普遍存在于动物界中。

细胞决定（cell determination）现象普遍存在于动物界中。显然，决定细胞向某一方向分化的初始信息储存于卵细胞中，卵裂后的细胞所携带的信息，通过信号分子影响其他细胞产生级联效应。这样最初储存的信息不断被修饰，并逐渐形成更精细和更复杂的指令，最终产生组成机体的、分化各异的细胞类型。

10.1.2.5　细胞的位置效应

在胚胎发育过程中，细胞所处的位置对分化的命运有重要的影响。有实验证实，改变细胞所处的位置，可导致细胞分化方向的改变，这种现象称为位置效应（position effect）。“位置信息”是产生效应的主要原因。例如，鸡胚发育的原肠胚时期，在脊索细胞分泌的由 *Shh*（sonic hedgehog）基因编码的信号蛋白的作用下，靠近脊索的细胞分化形成底板（floor plate），而远离脊索的细胞分化成运动神经元。如果将另一个脊索植入鸡胚中线一侧，则会以同样的方式诱导底板和运动神经元发育。如果 *Shh* 基因发生突变，则会导致中枢神经系统发育异常，甚至可出现面部仅有一只眼和一个鼻孔的畸胎。同样，Shh 蛋白也通过位置效应调节肢体的发育。趾的长度、形态和内部结构均受控于细胞与这一蛋白质信号分子源的距离，即取决于 Shh 蛋白的浓度或某些受该蛋白调控的其他因子的浓度所赋予的肢芽分化的位置信息，最终发育形成由骨、软骨和皮肤等构成的不同的趾。

10.1.2.6　环境对性别决定的影响

性别决定是细胞分化及个体发育研究领域的重要内容之一。人们很早就开始研究环境对性别决定的影响。其中最典型的例子是许多爬行动物如两种蜥蜴飞蜥（*Agama gama*）和豹纹守宫（*Eublephairs macularius*），在较低温度（24℃）下全部发育为雌性，而在较高的温度（32℃）下则全部发育为雄性。而某些龟类，如欧洲池龟（*Emys orbicularis*）则出现相反的情况，即在较低温度（25℃）下全部发育为雄性，而温度提高（30℃）则全部发育为雌性。另外，有一种软体动物覆螺（*Crepidula*）的性别取决于发育时个体间的相互位置关系，在它们形成的上下相互叠压的群体中，位于下方的个体发育为雌性，而位于上方的个体发育为雄性。斑马鱼则在群体密度大、营养条件差时，大部分发育为雄性，而在相反的条件下，大部分发育为雌性。

环境影响性别的具体机制还有待于深入研究，但总的来说，环境因素对细胞分化产生影响，进而影响个体发育，这些影响因素都是通过细胞自身的遗传机制发挥作用的。总之，在个体发育过程中，细胞分化的基础在细胞内部，而环境因素只是条件或诱因。

10.1.2.7　染色质变化与基因重排

有些细胞在分化过程中，染色质发生变化，这一现象早在 100 多年前就已经发现。一个细胞分化的特例是马蛔虫，体细胞中染色体数量为 4 条，在卵裂过程中，染色体会出现数量减少的现象。人们从马蛔虫受精卵追踪至 32 个细胞的卵裂球阶段，发现除一个将要分化为生殖细胞的细胞仍保留正常数量的染色体外，其余将要分化为体细胞的细胞全部出现染色体丢失的现象。

原生动物纤毛虫也存在染色质丢失的情况，如在草履虫和四膜虫的营养核中，染色质 DNA 存在大量丢失的现象。草履虫和四膜虫的细胞中有 2 个细胞核：小核称为生殖核，包含一套完整的二倍体基因组；大核称为营养核，丢掉了 10%～90%的 DNA，剩余的 DNA 经重排与扩增后形成多倍体，这些基因活跃地转录，并决定这些单细胞生物的一切表型特征。从大核的产生过程可以看出，大核是在有性生殖过程中由小核发育而来的。在草履虫和四膜虫这样的单细胞生物中，尽管细胞未分化，但细胞核却已“分化”成2种不同的类型，执行不同的功能。

基因重排是影响细胞分化的另一种特殊方式，最典型的例子是抗体的生成。抗体是由B淋巴细胞分化形成的浆细胞分泌的。在分泌不同抗体的浆细胞的形成过程中，B淋巴细胞中的染色质DNA经历断裂、丢失与重排的复杂变化，从而充分利用有限的免疫球蛋白基因序列信息，在理论上可产生出数百亿种不同的抗体，以满足机体免疫应答的需要。另外，T淋巴细胞的分化过程中也存在类似基因重排的现象。

10.1.3　细胞分化与胚胎发育

对多细胞生物来说，细胞分裂和细胞分化是胚胎发育的基础与核心。多细胞生物由一个受精卵经细胞分裂和细胞分化，最终形成成熟个体的过程，称为发育（development）。胚胎发育过程中，细胞经过一系列的分裂、迁移、分化和死亡等过程。生物体基因组中的基因如何被选择性地表达，从而分化形成形态、结构和功能各异的细胞，并精确地构建成各种组织、器官及多姿多彩的生命体，一直是人们关注的热点，也是生命科学中最具有挑战性的科学问题之一。

10.1.3.1　性别分化及生殖细胞的形成

大多数高等动物和植物都存在明显的性别差异，性别分化对有性生殖至关重要。低等生物的性别分化受温度等环境条件的影响，对人类等一些高等哺乳动物来说，性别分化主要由性染色体决定；而植物的性别决定不一定需要性染色体，性别决定方式多样，包括常染色体等位基因决定、雄异配型、雌异配型等。

性别分化的本质仍然是细胞分化，性细胞从体细胞中分化出来，被认为是多细胞组成的后生动物（相对于单细胞的原生动物）起源的重要标志。后生动物大多数器官的发育进程，其细胞分化都仅有一个方向，而哺乳动物性腺中的性原基细胞却可以分别向两个不同的方向分化，从而分别使性腺发育成睾丸或卵巢。例如，人的性别发育过程中，当Y染色体不存在时，性原基细胞发育为卵巢，当Y染色体存在时，性原基细胞发育成睾丸。随后人们克隆了Y染色体上的决定睾丸发育的关键基因，称为*Sry*（sex-determining region of Y），也叫睾丸决定因子（testis-determining factor，TDF），它编码一个转录因子，通过调节其下游基因的表达使前体细胞向睾丸支持细胞等方向分化。当该基因被转入小鼠受精卵的基因组中时，尽管转基因产生的胚胎缺乏Y染色体上的其他基因，但仍然发育为雄性，然而，这样的小鼠不能产生精子，部分原因可能是存在的两条X染色体抑制了精子的发育。

*Sry*仅在发育中性腺的部分细胞亚群中表达，通过调控下游基因的表达，包括Sry相关蛋白Sox9，使这些细胞分化为支持细胞，支持细胞通过不同途径影响生殖嵴（primordial germ cell，PGC）中其他细胞沿着雄性途径发育。但是没有Sry或Sox9的情况下，生殖嵴发育成卵巢，支持细胞转变为滤泡细胞，原始生殖细胞发育成卵子，最终发育为雌性个体。如果生殖嵴在开始发育成睾丸或卵巢之前就被切除了，无论它携带何种性别的染色体，这样的哺乳动物均发育成雌性，因此雌性发育似乎是“默认”的哺乳动物性别发育途径。

10.1.3.2　胚胎发育过程中的细胞分化

动物的早期胚胎发育过程非常相似，受精之后，受精卵通常迅速地分裂，形成许多较小的细胞，称为卵裂球，这一发育阶段完全由卵子中储存的物质来驱动和控制。随后的发育逐渐形成内部包含空腔的**囊胚（blastula）**，哺乳动物囊胚腔内形成的**内细胞团（inner cell mass，ICM）**是胚胎发育的基础。囊胚形成后，胚胎细胞经历有序的位置改变，形成3个胚层（germ layer），人们把这一阶段称为原肠胚（gastrula）。3 个胚层的形成是动物发育过程中最基本的细胞分化，是后续组织和器官形成的重要基础。

在囊胚期阶段，细胞通常是全能的或多能的，这些细胞有潜力产生成体的所有或几乎所有细胞的类型，但是多能性在原肠胚形成过程中丢失。例如，位于内胚层的细胞可以产生排列在肠道中的细胞，或形成由肠道衍生的器官类型，如肝或胰腺等，但它不再有形成中胚层衍生结构的潜力，如骨骼、心脏或肾等。

1995 年，刘易斯（Edward Lewis）、维绍斯（Eric Wieschaus）和努斯莱因-福尔哈德（Christiane Nüsslein-Volhard）利用果蝇作为实验材料，因发现了控制早期胚胎发育的重要遗传机制，共同获得了诺贝尔生理学或医学奖，他们发现了同样适用于高等生物（包括人）的遗传机制，揭示了胚胎发育是如何从一个细胞形成特化器官的。

10.1.3.3 同源异型基因与细胞分化

通过对大量果蝇突变体的研究，人们发现了一套在果蝇体节发育中起关键作用的基因家族，称为同源异型基因（homeobox gene 或 homeotic gene，*Hox gene*）。在果蝇体内有 8 个 *Hox* 基因，大部分位于 3 号染色体相邻的称为触角足复合物（antennapedia complex，ANT-C）和双胸复合物（bithorax complex，BX-C）的两个基因簇内（图 10-3）。

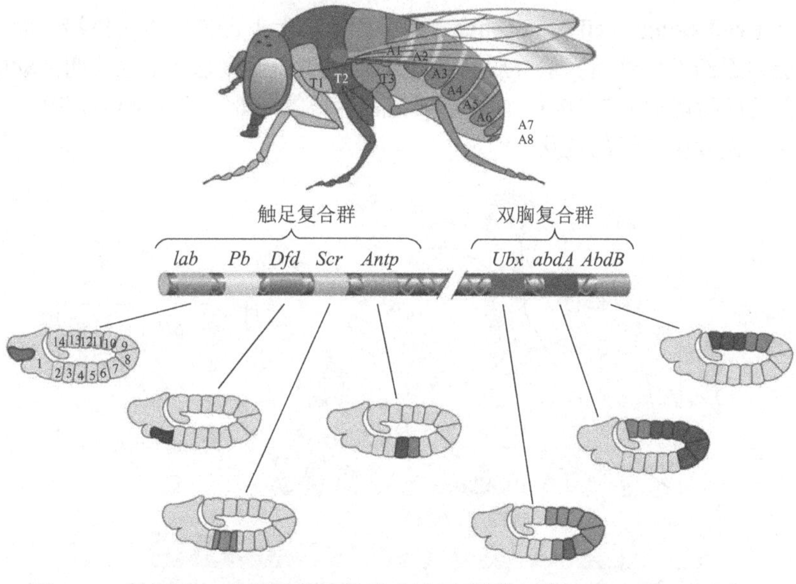

图 10-3 果蝇 *Hox* 基因簇的结构及表达示意图（引自 Richard，2005）

这些 *Hox* 基因都含有一段长 180bp 的高度保守的 DNA 序列，称为同源框（homeobox）。同源盒编码 60 个氨基酸构成同源异型结构域，所形成的 α 螺旋-转角-α 螺旋二级结构可与特异 DNA 片段中的大沟相互作用，启动基因的表达。卵细胞受精后，首先表达的是母体效应基因（maternal-effect gene），母体效应基因产物沿胚前后轴形成浓度梯度，决定了胚的前后位置和头尾区域，控制其他后续基因的表达，如裂隙基因（gap gene）、成对规则基因（pair-rule gene）、分节基因（segmentation gene）和同源异型基因等，从而决定果蝇胚胎前后轴、背腹轴和体节的形成。有趣的是，同源异型基因在染色体上排列的次序不仅与这些基因在胚胎发育过程中活化的时间顺序一致，而且与它们沿躯体纵轴的空间表达时相基本相符，如头区表达该基因簇的第一个基因，而躯体后部则表达基因簇的最后一个基因。这种细胞分化调控的时间与空间上的程序，浓缩在每一个细胞的染色体上。

Hox 基因不仅存在于果蝇中，也存在于高等动物中。例如，脊椎动物中有 4 套 *Hox* 基因，它们都具有非常保守的同源盒结构。不同动物中的同源异型结构域氨基酸序列的同源性一般为 60%～80%，在某些 *Hox* 基因中，如蛙 *XIH box2* 基因与果蝇 *Antp* 基因的同源盒所编码的 60 个氨基酸仅有一个不同，说明 *Hox* 基因在进化上高度保守，在细胞分化与发育中具有类似的生物学功能。

10.2 细胞衰老

早在 1881 年，德国生物学家魏斯曼（August Weismann）就曾提出："有机体终究会死亡，因为组织不可能永远进行自我更新，而细胞凭借分裂来增加数量的能力也是有限的"。通常情况下，衰老细胞与新生细胞通过不断更替来维持机体正常的生命活动。多细胞生物体中，大多数细胞要经历分化、衰老到死亡的过程。机体的衰老是随着时间的推移及与环境的相互作用，机体功能发生衰退和紊乱。衰老是不可逆的生命过程，增加机体走向死亡的可能性。细胞总体水平的衰老一般被认为是机体衰老的基础。

细胞衰老（cell aging，cell senescence）是一种基本上不可逆的生长停滞，细胞的正常生理功能、增殖能力逐渐发生衰退，最终脱离细胞周期，在细胞形态和生理代谢活动中发生显著改变，细胞死亡的风险增加（图 10-4）。衰老细胞除生长停滞外，还在染色质组织、表观遗传学、基因表达等多方面发生广泛的变化。

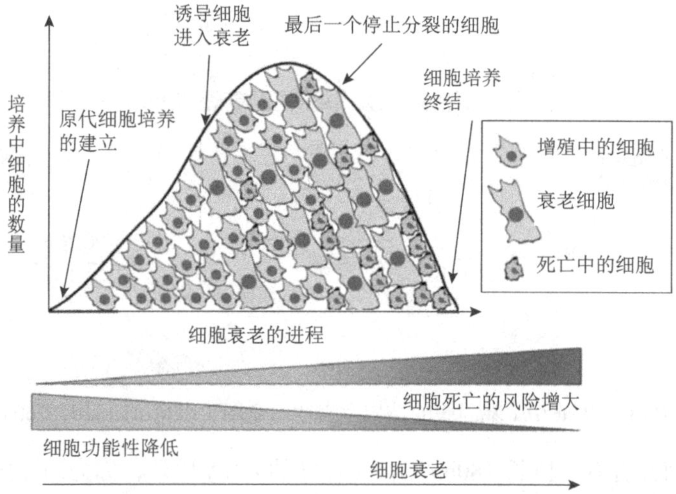

图 10-4　细胞衰老进程示意图（引自 Ogrodnik，2021）

10.2.1　海弗利克极限

关于"细胞的增殖能力是有限的"这一概念曾引起广泛争论。1961 年，美国生物学家海弗利克（Leonard Hayflick）和穆尔黑德（Paul Moorhead）在体外培养正常人的成纤维细胞时发现，即使给予细胞生长适宜的条件，细胞分裂至一定代数时也会发生衰竭，从而使细胞周期进入了一种"不可逆"的停滞状态（细胞衰老），因此首次提出了"细胞的寿命和增殖能力是有限的"

观点，即**海弗利克极限（Hayflick limit）**，也称为最大分裂次数，推翻了此前占据主导地位的“永生细胞”言论。此外，Hayflick 等还发现，从胎儿肺得到的成纤维细胞可在体外条件下传代 50 次，而从成人肺得到的成纤维细胞只能传代 20 次，可见细胞的增殖能力与供体年龄有关。Hayflick 还比较了取自寿命不同生物的胚成纤维细胞在体外培养条件下的传代次数和寿命，发现物种寿命与培养细胞寿命之间存在确定的正相关关系。

为了确定细胞衰老的原因，Hayflick 以间期有无巴氏小体作为供体细胞的标记，将取自老年男性个体的细胞（间期细胞无巴氏小体）和取自年轻女性个体的细胞（间期细胞中可见巴氏小体）进行单独或混合培养，并统计其倍增次数，结果混合培养中的两类细胞的倍增次数与各自单独培养时相同，即在同一培养基中，当年轻细胞旺盛增殖时，年老细胞就停止生长了。这一结果有力地证明，决定细胞衰老的因素在细胞内部，而非外部环境。

为研究细胞衰老的机制，Hayflick 等还进行了细胞融合实验，用细胞松弛素 B 处理细胞，然后通过离心除去细胞核，制备胞质体（cytoplast），再用胞质体与完整细胞进行融合，观察杂种细胞的衰老，发现年轻细胞的胞质体与年老细胞融合后，得到的杂种细胞不能分裂；而年老细胞的胞质体与年轻细胞融合时，杂种细胞的分裂能力与年轻细胞相似，说明细胞核决定了细胞的衰老。至此，关于细胞的增殖能力和寿命是有限的观点被普遍接受，细胞衰老是不可避免的，衰老的原因在于细胞本身。

10.2.2 细胞衰老的特征

衰老细胞脱离细胞周期并不可逆地丧失了增殖能力，细胞不仅在形态结构上发生变化，而且对环境的适应能力、维持内环境稳定的能力下降，出现功能上的退行性改变。

10.2.2.1 形态结构的变化

衰老细胞形态结构的变化主要表现在细胞的形态及体积、细胞核等细胞器的形态和结构、染色质结构等多方面。

1）多数衰老细胞的体积增大，形态变得不规则，但也有些衰老细胞体积缩小。

2）细胞核体积增大、核膜内陷（invagination），出现染色质凝集、固缩、碎裂等现象，核仁不规则。

3）溶酶体的体积增大，但溶酶体酶的活性降低，导致不能及时分解，一些物质蓄积在细胞中。衰老细胞的胞质中常见空泡及色素积累，如脂褐素（lipofuscin）、老年色素（ageorsenile pigment）等，这是由溶酶体和线粒体转化而来的，电镜下观察呈现膜包被的不规则小体。

4）粗面内质网总量减少，典型结构丧失，排列的有序性下降，出现明显的小泡样空隙。线粒体数量减少，但是体积增大，嵴消失而代以髓样板层结构，功能出现异常，产生的 ROS 增加。

5）衰老细胞之间的间隙连接减少，影响细胞迁移性的细胞骨架成分发生变化。

6）质膜成分发生变化，如窖蛋白 caveolin-1 含量增加。

10.2.2.2 功能上的退行性变化

衰老细胞在功能上的退行性变化主要表现为细胞的 DNA 复制能力丢失、细胞周期停滞、应激原敏感性降低、细胞增殖相关基因表达下调、细胞周期抑制因子和其他衰老相关基因表达上调等。主要特征包括以下几方面。

1）衰老细胞常表达衰老特异性的标志物，如溶酶体中**衰老相关 β-半乳糖苷酶（senescence-associated β-galactosidase，SA-β-Gal）**的活性提高，这也是目前最常用的细胞衰老检测指标之一（图 10-5）。

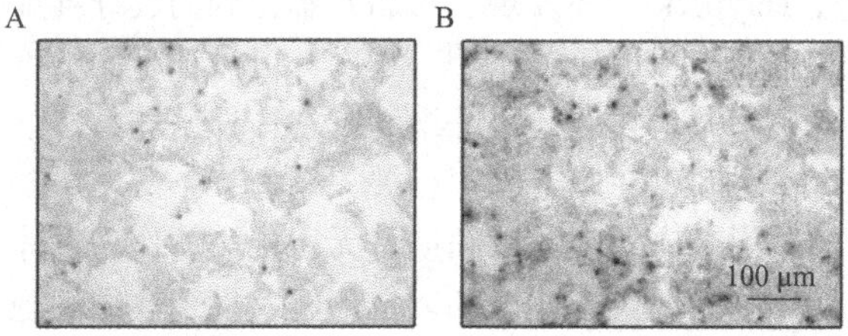

图 10-5　β-半乳糖苷酶染色区分小鼠的年轻细胞（A）和衰老细胞（B）

2）衰老细胞的基因表达特征发生变化，一些细胞增殖促进基因（如周期蛋白基因 *cyclin A*、*cyclin B* 等）表达受到抑制，一些细胞增殖抑制基因（如 *p21*、*p16*、*p53*）表达水平升高。

3）衰老细胞中的脂类、蛋白质和 DNA 等成分出现损伤或异常，主要表现为核外遗传物质减少（线粒体 DNA 特异性缺失），DNA 的复制和转录受到抑制；氨基酸和蛋白质的合成速率下降；不饱和脂肪酸被氧化，引起膜脂之间或与膜蛋白的交联。

4）细胞膜成分中，胆固醇与磷脂的比值增加，膜的流动性降低，选择透过性降低。

5）衰老细胞的端粒长度明显缩短，可降低 50%。

6）在衰老细胞的细胞核中，可检测到衰老相关异染色质灶（senescence-associated heterochromatin foci，SAHF），其中包含处于转录失活状态的细胞增殖促进基因。

7）衰老细胞产生特征的分泌物，使免疫细胞前来吞噬衰老细胞。分泌物中含有大量促炎细胞因子、趋化因子、生长因子和蛋白酶等，这一特征称为衰老相关分泌表型（senescence-associated secretory phenotype，SASP）。

8）衰老细胞常停滞在细胞周期的 G_0 期或 G_1 期，但是与静止期细胞不同的是，衰老相关的生长停滞是永久的，即使受到特定的生理信号刺激如添加生长因子，也不能进行细胞增殖。

9）衰老细胞可以分泌多种细胞因子（如白细胞介素 IL-6、IL-8 等），一方面促进机体启动免疫机制清除衰老细胞，加快衰老细胞的生长停滞；另一方面则参与破坏组织正常结构，诱导细胞转化，可能促进恶性肿瘤的增殖。

10.2.3　细胞衰老的原因

细胞衰老是目前发展最快的学科分支之一，给有效治疗与衰老相关的疾病、延长人类健康寿命带来了巨大的希望。自 1961 年海弗利克极限被提出后，历经半个多世纪的研究，迄今提出了多达 300 余种的衰老机制假说和理论。其中**复制性衰老（replicative senescence）**是最早被发现的细胞衰老方式，这种细胞衰老的标志是细胞分裂能力的减退或消失，复制性衰老的主要原因是端粒缩短及端粒结构破坏。

（1）基因组的损伤　　细胞遗传物质的损伤及积累是细胞衰老的一个重要因素。DNA 的完整性和稳定性受到各种外源和内源损伤的威胁，包括各种理化因子及细胞中不可避免的 DNA 复制错误、活性氧的生成等，由此引发 DNA 序列的突变、插入、缺失等损伤。尽管细胞进化出多种 DNA 损伤修复机制来应对这一问题，并将绝大部分的损伤进行修复，但是随着年龄的增长，细胞核 DNA 损伤修复功能逐渐降低，突变逐步积累，导致衰老的发生，核 DNA 发生的非整倍染色体和拷贝数的变化都与衰老有关。增强核 DNA 修复机制可以延缓衰老。此外，线粒体 DNA 的突变和缺失也可能引起衰老，有研究显示，人体的多种老年病是由线粒体 DNA 突变造成的。

（2）端粒的缩短　端粒是染色体末端的特殊结构，端粒 DNA 由高度重复序列组成。由于 DNA 聚合酶缺乏复制线性 DNA 末端的能力，因此在体细胞中，随着细胞分裂次数的增加，端粒逐渐变短。在生殖细胞中，由于端粒酶有活性，端粒能维持约 15kb 的长度，但是在体细胞中，由于端粒酶的活性受到抑制，因而端粒长度随着细胞分裂次数的增加而缩短（每分裂一次，缩短 30～200bp），细胞也逐渐衰老。

1990 年，Harley 等用端粒序列作为探针，对胎儿、新生儿、青年人及老年人的成纤维细胞的端粒长度进行测定，发现端粒长度随年龄的增长而下降。有人提出了细胞衰老的"有丝分裂钟"学说，该学说认为，随着细胞的每次分裂，端粒不断缩短；当端粒长度缩短至一个阈值时，细胞就进入衰老。目前的观点是当端粒缩短到一个临界长度时，就可能导致染色体 DNA 双链的断裂，引起染色体重排，从而使细胞进入衰老。但是癌细胞由于具有较高的端粒酶活性，可以维持端粒结构和长度的稳定，因此体外培养的癌细胞能够无限增殖，不发生衰老。有研究发现，如果抑制癌细胞的端粒酶活性，也可以引起癌细胞的衰老。

（3）染色质重塑　染色质结构在调控细胞和机体的寿命中具有重要作用。细胞衰老经历了很大程度上的**染色质重塑（chromatin remodeling）**，在 DNA 和组蛋白的修饰酶及染色质重塑因子的共同作用下，染色质的结构发生改变，导致异染色质的动态变化，其中最显著的表现是衰老相关异染色质聚集（SAHF）的形成。在 SAHF 的形成中，已经发现多种特异性的组蛋白修饰类型。例如，H4K20 三甲基化、H4K16 乙酰化的增加，以及 H3K9 甲基化和 H3K27 三甲基化的降低等。细胞衰老也与 DNA 甲基化修饰的改变有关，基因组整体的甲基化水平降低，其中一些组成型异染色质中 DNA 出现低甲基化，而在促进细胞增殖基因的启动区上出现**超甲基化（hypermethylation）**，由此可能会抑制增殖相关基因的表达，细胞出现永久性的增殖阻断。

10.2.4　细胞衰老的分子机制

细胞衰老是一个复杂的生命现象，是环境因素和内在因素共同作用的综合反映。对生物体来说，细胞衰老可以看作是抑制细胞增殖、防止细胞癌变的一种自我保护机制。

衰老的一个显著特征是细胞周期抑制蛋白 CKI（见第 9 章 9.3.2.4）表达量的增加，在衰老细胞中，积累并发挥重要作用的 CDK 抑制蛋白是 $p16^{INK4A}$（简称 p16），它可以使细胞长期处于增殖停滞状态，缺乏 p16 的小鼠容易自发形成肿瘤。在 20 世纪 90 年代末，人们发现细胞衰老是过量的致癌信号或肿瘤抑制作用的丧失导致的，后来证明衰老的诱导是异常 DNA 复制和 DNA 损伤积累引起的。

细胞衰老是一种稳定的增殖停滞状态，在这种状态下，即使有最佳的生长条件和促有丝分裂原刺激，都无法促进细胞进入增殖（图 10-6）。触发细胞衰老的因素很多，包括 DNA 损伤、端粒功能障碍、原癌基因激活、细胞器应激等，细胞衰老与肿瘤抑制、组织修复、胚胎发生、器官衰老等生理和病理过程相关。

细胞核 DNA 损伤通常被认为是衰老的根本原因，主要表现为 DNA 双链断裂导致的 DNA 损伤反应（DNA damage response，DDR）（图 10-6），以此阻断细胞周期运转，阻止受损的遗传信息被传递给子细胞。一些 DDR 相关的因子，如磷酸化的组蛋白 H2AX（γH2AX）及 MDC1、53BP1 等在 DNA 损伤位点处积累，就形成了细胞学上可检测的核内位点。一些 DDR 信号激酶（包括 ATM、ATR、Chk1 和 Chk2）通过磷酸化被激活，进一步磷酸化下游的 p53，通过信号传递，阻止细胞周期从 G_1 期向 S 期切换，直到 DNA 损伤得到修复。如果 DNA 损伤持续存在，就会导致 DDR 信号延长，使细胞增殖停滞，导致细胞衰老。

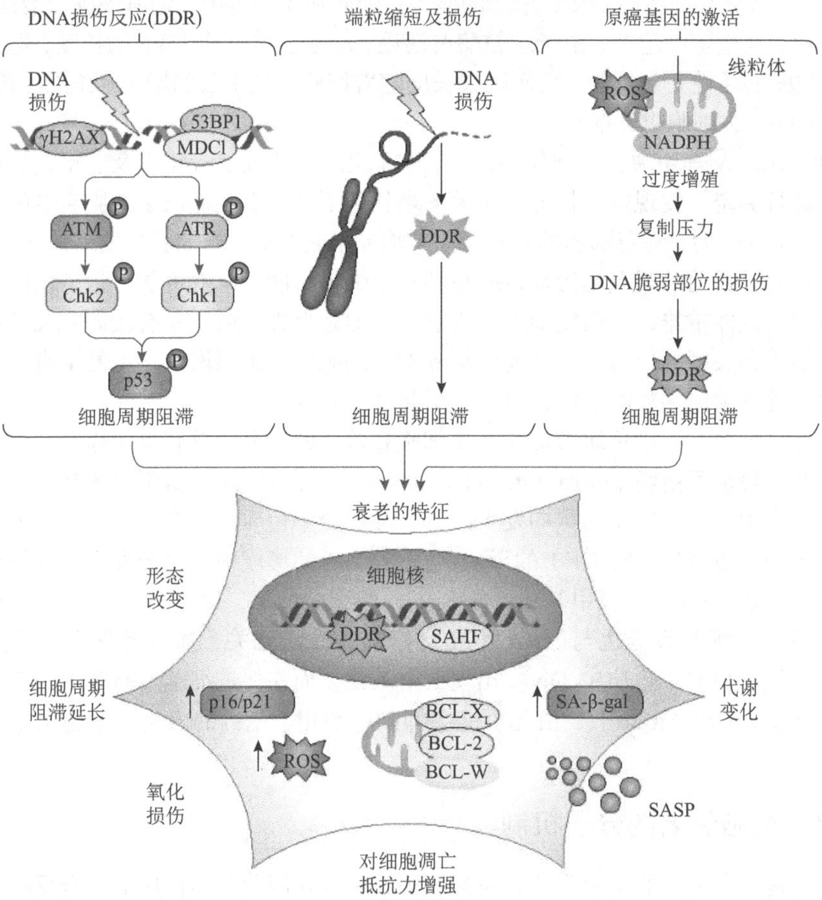

图 10-6　细胞衰老的机制及表型（引自 Di Micco，2021）

在 DDR 信号级联反应的后续阶段，一些 CKI 分子，包括 p16、p21 表达水平升高，其中 p21（衰老相关细胞周期阻滞的重要信号分子）在衰老早期被激活，p16（CDK4 和 CDK6 的抑制蛋白）在衰老后期被激活，这些 CKI 分子通过抑制 CDK 的活化，阻止细胞增殖，促进细胞衰老，可能在衰老表型的维持中发挥重要作用。

第一个研究得较为清楚的诱导细胞衰老的机制是端粒缩短，当端粒低于一定长度后，端粒封端因子或保护结构的缺失，使极短的端粒形成类似 DNA 双链断裂的结构，从而触发类似 DDR 的响应（图 10-6）。在体细胞中，一个或几个这种端粒缺损信号就足以触发细胞衰老。但是如果强制端粒酶表达，则可以修复端粒的缩短，防止细胞衰老，并促进细胞无限增殖。研究还发现，在接触到遗传毒性物质时，端粒处发生持续的 DDR，同样可以触发细胞衰老，尽管端粒长度并未缩短。

原癌基因激活也是细胞衰老的强大诱导因子，这一途径本质上与 DNA 复制的改变相关，最终通过 DDR 途径并导致细胞衰老。此外，细胞代谢产生的 ROS 也会对 DNA 造成损伤，同时 ROS 也可作为信号分子，促进原癌基因激活。最近的研究发现，NADPH 氧化酶产生的 ROS，可以诱导细胞衰老，并与异常的 DNA 复制和 DNA 损伤累积相关。

在大多数衰老细胞中，表观基因组和染色质组织结构都会出现显著变化，因此利用 DAPI

对 DNA 染色，可以显示衰老相关异染色质位点 SAHF，这些 SAHF 中富含非活性染色质的标记，如三甲基化组蛋白 H3 Lys9（H3K9me3）、异染色质蛋白 1（HP1）、高迁移率组蛋白 A（HMGA）等。

肥胖与衰老

肥胖作为糖尿病、心血管疾病和癌症等多种慢性代谢疾病的重要诱因，是当今世界面临的主要健康挑战之一。肥胖正在成为包括中国在内的全球性的流行病，肥胖患者发生慢性炎症、2 型糖尿病、脂肪肝、心血管疾病、肿瘤等疾病的风险显著增高。肥胖发生的最根本原因是脂肪稳态失衡，从而引起脂肪细胞中脂肪的过量积累。从细胞生物学的角度上讲，肥胖是脂肪细胞数量的增加及脂肪细胞体积的增大双重作用引起的。

以往的观点是，在前体细胞分化为成熟细胞时，脂肪细胞便退出了细胞周期，并永久性失去增殖潜力，只能通过数百倍增大自身体积，从而适应脂肪组织的扩张（人脂肪细胞的体积在其整个生命周期中可以增加 200 倍以上），但其实脂肪细胞也有自己的“运行周期”。2021 年，一项来自瑞典卡罗林斯卡医学院 Kirsty Spalding 团队的研究证明了成熟的人类脂肪细胞可以激活细胞周期程序，脂肪细胞普遍表达典型的细胞周期标志物，如周期蛋白、DNA 聚合酶及复制相关蛋白，表明成熟的脂肪细胞也存在细胞周期，且程序照样能被激活。对比不同人群的脂肪细胞，发现细胞周期进程似乎有些差异，“瘦子”的脂肪细胞多数处于 DNA 合成之前的 G_1 期，而“胖子”却让脂肪细胞按下“加速键”，早早“跑”到了 DNA 合成之后的 G_2 期。进一步分析发现，在参与实验者的多项临床参数中，脂肪与胰岛素参数非常抢眼，成为影响细胞周期标志物的主要因素，这些因素大大推动了脂肪细胞的周期进程。测算的结果大致为，脂肪量每增加 1kg，细胞周期便加速约 4.9%；高胰岛素激活了脂肪细胞响应的信号，从而加速细胞完成 DNA 复制，更快地进入 G_2 期。

肥胖和高胰岛素加快了脂肪细胞的“扩张步伐”，但是不是越快越好呢？对于正常的细胞来说，由于分裂次数是有限的，因此细胞周期进行的越快，则相同时间内完成的周期数便越多，这是否意味着这些细胞更早迈向衰亡呢？随后的分析清晰表明，在肥胖者的脂肪细胞内，多项衰老标志物如 β-半乳糖苷酶活性、p16 表达水平等水平的飙升，提示这些人的确衰老更快。此前已有研究发现，肥胖会损耗细胞端粒的长度，逼迫细胞进入衰老状态，而这些衰老的细胞同时也会反过来加重代谢的问题，引发肥胖。

10.3　细胞死亡

多细胞生物的发育和机体的稳定，不仅取决于细胞的生长和分裂，也涉及细胞死亡。细胞死亡对维持个体的正常生长发育及生命活动是必需的，其重要性不亚于细胞增殖。例如，在动物发育过程中，在细胞增殖和分化的同时，一些细胞被选择性地清除，从而形成组织、器官和四肢。在整个生命进程中，细胞死亡与细胞增殖之间维持着动态平衡。细胞死亡调控异常与多种疾病的发生发展相关，包括自身免疫性疾病、癌症等。植物的生长发育、衰老的过程同样伴随细胞死亡，细胞死亡是生物体的重要生命活动之一。

引起细胞死亡的因素很多，内因主要是发育或者衰老所致，外因则是物理、化学、生物等因子的作用超过了细胞所能承受的限度，导致细胞死亡。目前将细胞死亡划分为**细胞凋亡**（**apoptosis**）、**细胞坏死**（**necrosis**）和**细胞自噬**（**autophagy**）三种类型，分别具有不同的形态特征及分子机制，但是细胞死亡方式不是固定不变的，换言之，细胞采取何种死亡方式与环境因子的强度、作用时间、作用方式及细胞对环境因子的应答等多种因素相关。

10.3.1 细胞凋亡

10.3.1.1 动物细胞的凋亡

（1）细胞凋亡的概念和特征　J.F.R.Kerr 于 1965 年最早发现了细胞凋亡现象，他观察到在局部缺血的情况下，大鼠肝细胞连续不断地转化为小的、圆形的细胞质团，这些细胞质团由质膜包裹细胞碎片（包括细胞器和染色质）形成。起初，他称这种现象为“皱缩型坏死”，后来发现这一现象与坏死有着本质区别。1972 年，Kerr 将这一现象命名为细胞凋亡。细胞凋亡——“apoptosis”源自古希腊语，意指花瓣或树叶的脱落、凋零，其生物学意义在于强调这种细胞死亡方式是自然的生理学过程，是受基因调控的、主动的、生理性细胞自杀行为。动物细胞凋亡的过程，在形态学上可分为 3 个阶段（图 10-7）。

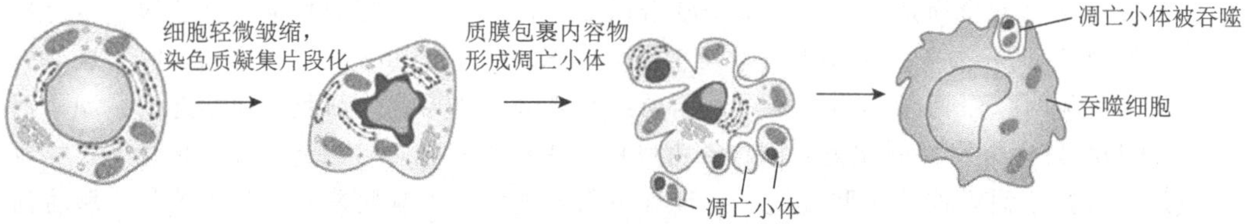

图 10-7　动物细胞凋亡过程模式图（引自 Lodish et al.，2004）

1）凋亡的起始。表现为细胞表面的特化结构（如微绒毛）消失，细胞之间的接触消失，形成细胞光滑的轮廓，从周围活细胞中分离出来，但细胞膜保持完整，质膜未失去选择通透性。在细胞质中，线粒体大体完整，但核糖体逐渐与内质网脱离，内质网腔膨胀并逐渐与质膜融合。细胞核内染色质凝集，形成新月形帽状结构，沿着核膜分布（图 10-8）。这一阶段一般历时数分钟。

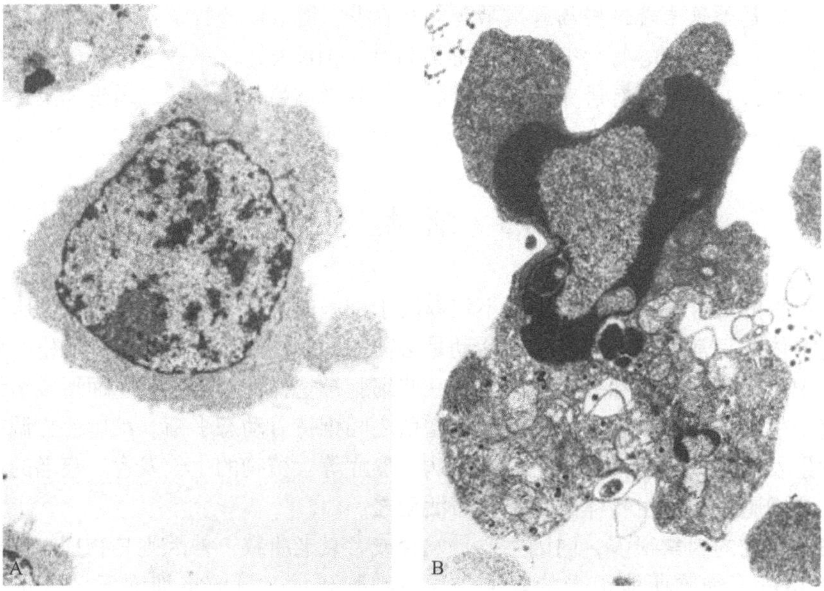

图 10-8　正常细胞（A）和凋亡细胞（B）的透射电镜照片

2）**凋亡小体（apoptotic body）**的形成。核染色质断裂为大小不等的片段，与某些细胞器（如线粒体等）聚集在一起，被反折的细胞膜包围，形成凋亡小体。从外观上看，细胞表面产生许多泡状或芽状突起，随后逐渐与细胞分隔，形成一个个凋亡小体。

3）凋亡小体被吞噬。凋亡小体逐渐被具有吞噬功能的细胞如巨噬细胞、上皮细胞等吞噬、降解。

从细胞凋亡起始到凋亡小体的出现不过数分钟，而整个细胞凋亡过程可能延续 4～9 h。凋亡通常是生理性变化，需要 ATP 提供能量，因此是一个耗能的过程。动物细胞凋亡最重要的特征是整个过程中细胞膜始终保持完整，细胞内含物不发生外泄，因此不引发机体的炎症反应。

细胞凋亡时，发生一系列生化改变，主要表现为以下几方面。

1）核酸内切酶的活化，导致染色质 DNA 在核小体连接部位断裂，形成约 200bp 整数倍的核酸片段，凝胶电泳图谱呈梯状。

2）凋亡细胞中仍需要合成一些蛋白质。

3）正常细胞中，磷脂酰丝氨酸（PS）主要分布在质膜的胞内侧，进入凋亡的早期，PS 由胞内侧外翻到胞外侧，成为早期凋亡细胞的特殊标志。

4）凋亡细胞中，线粒体外膜的通透性增加，电化学梯度丧失。

5）凋亡细胞中，特定的蛋白酶级联反应被活化，进而使靶蛋白激活或者失活。

（2）细胞凋亡的生理意义　细胞凋亡对动物体的正常发育、自稳态的维持、免疫耐受的形成、肿瘤监控等多种生理及病理过程具有重要意义。例如，发育过程中幼体器官的缩小和退化（如蝌蚪尾的消失等）是通过细胞凋亡来实现的；在动物胚胎发育中，胚胎期指／趾之间的细胞发生凋亡，最后才逐渐发育为成形的手和足（图 10-9）。

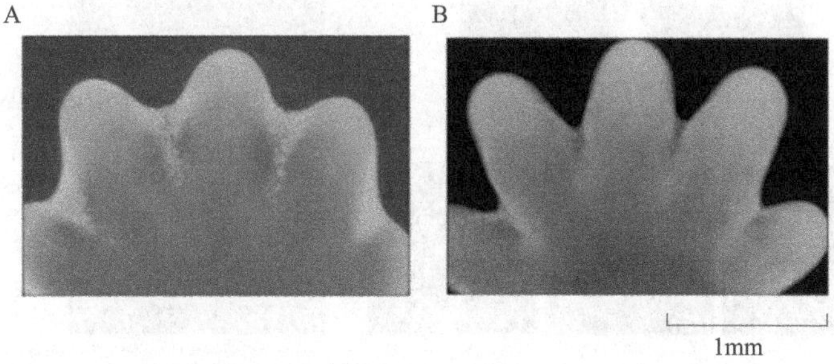

图 10-9　小鼠趾发育过程中的细胞凋亡（引自 Alberts et al.，2014）

A. 胎鼠的趾，图中趾间被染料特异性标记的为凋亡细胞；B. 发育后期的胎鼠趾，凋亡细胞被吞噬后形成趾间隔

细胞凋亡还是一种生理性保护机制，能够清除体内多余的、受损的或危险的细胞，避免对周围的细胞或组织造成损害。例如，脊椎动物神经系统发育过程中，约 50%的神经元发生凋亡。存活的神经元都与靶细胞建立了连接，而没有建立连接的神经元则发生凋亡。

有机体通过这种方式来调节神经元的数量，建立正确的神经网络联系，并使其与需要神经支配的靶细胞的数量相适应（图 10-10）。成熟的动物体通过调节细胞凋亡和细胞增殖的速率，维持组织器官中细胞数量的稳定，同时，成体细胞的自然更新、被病原体感染细胞的清除也是通过细胞凋亡来完成的。

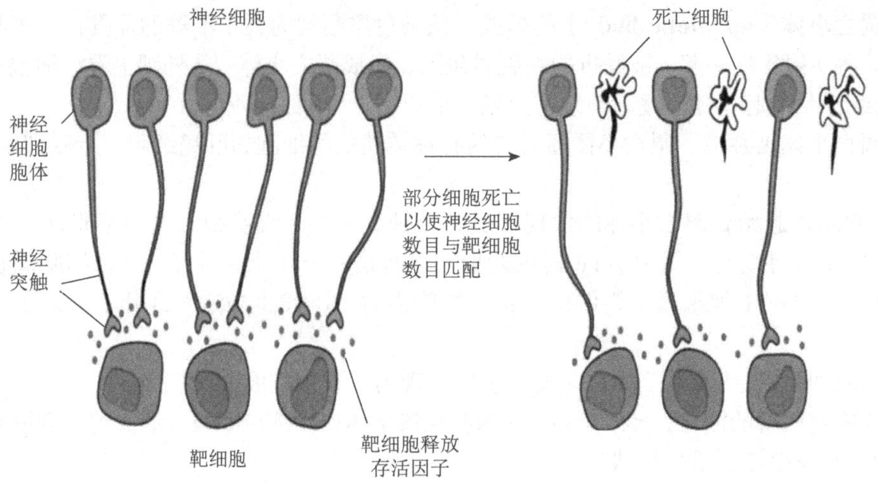

图 10-10　细胞凋亡使神经元与靶细胞的数量相匹配（引自 Alberts et al.，2014）

（3）细胞凋亡的检测方法

1）基于细胞形态学的检测。凋亡细胞的一个形态学特征是染色质浓缩，所以观察细胞核形态、染色质状态是较为直接的检测方法。观察核形态时，常采用 DAPI 和 Hoechst 系列荧光染料染色。在凋亡过程中，经染色观察染色质的形态学变化，分为 3 个时期：Ⅰ期是细胞核呈波纹状或者折缝状，部分染色质出现浓缩状态；Ⅱa 期细胞核的染色质高度凝聚、边缘化；Ⅱb 期的细胞核裂解为碎块，产生凋亡小体（图 10-11 A）。

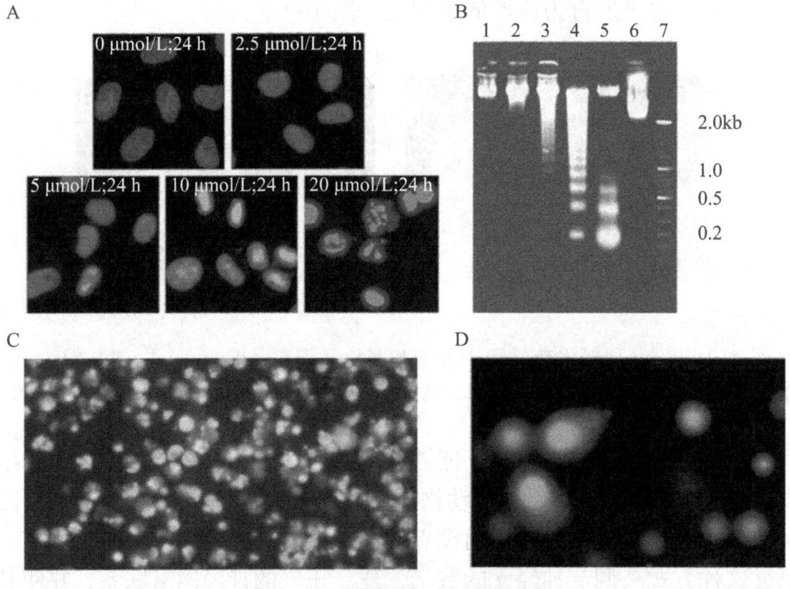

图 10-11　细胞凋亡的检测方法

A. 伊维菌素处理诱导 HeLa 细胞凋亡的形态学特征（引自 Zhang et al.，2019）；B. 细胞色素 c 诱导的凋亡细胞的 DNA 电泳图（泳道 1. 处理前；泳道 2～5. 分别诱导 1～4h；泳道 6. 对照；泳道 7. DNA 分子质量标准）；C. TUNEL 检测测定凋亡细胞中 DNA 的断裂；D. 彗星电泳法检测植物提取物诱导乳腺癌细胞的凋亡（引自 Gupta et al.，2024）

2）基于细胞功能的检测。线粒体膜电位变化的检测：线粒体跨膜电位的下降，被认为是细胞凋亡过程中最早发生的事件，早于细胞核出现凋亡特征，所以可以采用一些与线粒体基质结合的亲脂性的荧光染料对线粒体染色，根据荧光的强弱，了解膜电位的变化。

磷脂酰丝氨酸（PS）外翻的检测：在正常细胞中，质膜上的 PS 主要分布在胞质一侧。在细胞凋亡的中期，PS 外翻至质膜的外表面。Annexin V 是对 PS 具有高度亲和力的磷脂结合蛋白，将其以荧光素标记后，同时结合使用碘化丙啶（PI）对凋亡细胞进行双染，然后通过流式细胞仪检测凋亡细胞。正常活细胞 Annexin V 和 PI 均低染，凋亡细胞 Annexin V 高染、PI 低染，坏死细胞 Annexin V 和 PI 均高染。

3）基于 DNA 断裂的检测。DNA 电泳法检测：细胞凋亡时，细胞内的核酸内切酶活化，染色质 DNA 在核小体连接区的部分被切割，DNA 降解成 180～200bp 或其整数倍片段。因此，从凋亡细胞中提取 DNA 进行常规的琼脂糖凝胶电泳，这些大小不同的 DNA 片段就呈现出梯状条带（DNA ladder）（图 10-11B）。

DNA 断裂的原位末端标记检测：即 TUNEL 检测[terminal deoxynucleotidyl transferase-mediated dUTP-biotin nick end labeling assay，TUNEL assay]，该方法能对 DNA 分子断裂缺口中的 3′-OH 进行原位标记。借助一种可观测的标记物（如荧光素等）就能对凋亡细胞核 DNA 中产生的 3′-OH 端进行原位标记，通过荧光显微镜即可进行观察（图 10-11C）。

彗星试验（comet assay）：原理是将单个细胞悬浮于琼脂糖凝胶中，对细胞核进行裂解处理后，在电场中进行短时间的电泳，并用荧光染料染色。凋亡细胞由于 DNA 降解，产生的 DNA 片段相对分子质量小，在电场中泳动速度较快，使细胞核呈现出一种彗星式的图案，而正常细胞无 DNA 断裂，细胞核在电泳时保持圆球形（图 10-11D）。

（4）细胞凋亡的分子机制　诱导细胞凋亡的因子主要包括物理因子、化学因子和生物因子，如射线、温度变化、ROS、细胞毒素、激素、细胞生长因子及凋亡因子等。

所有动物细胞具有类似的凋亡机制，其中**胱天蛋白酶（caspase 或 cysteine aspartic acid specific protease）**家族在凋亡中发挥重要作用。caspase 是一组存在于细胞质中、具有类似结构的蛋白酶，它们的活性位点均包含半胱氨酸残基，能够特异地切割靶蛋白序列中天冬氨酸残基后的肽键。因此，caspase 全称为天冬氨酸特异性的半胱氨酸蛋白水解酶。caspase 负责选择性地切割某些蛋白质，切割的结果是使靶蛋白活化或失活，而非完全降解。

caspase 的发现源于对模式生物——秀丽隐杆线虫（*C. elegans*）细胞凋亡的研究。1986 年，H. Robert Horvitz 发现 *ced3* 和 *ced4* 是线虫发育过程中细胞凋亡的必需基因，*ced 9* 的功能则是抑制细胞凋亡。2002 年，他与另外两位线虫研究模型的建立者——Sydney Brenner 和 John E. Sulston 共同获得了诺贝尔生理学或医学奖。

线虫凋亡基因的发现促进了其他动物，特别是哺乳类动物细胞凋亡机制的研究。Ced3 在哺乳动物细胞中的同源蛋白是白细胞介素-1β 转化酶（interleukin-1β converting enzyme，ICE）。ICE 后被命名为 caspase-1，作用是催化白介素-1β 前体的剪切成熟过程。已知的哺乳动物细胞 caspase 家族成员共有 15 种。除 caspase-1 和 caspase-11（可能还有 caspase-4）不直接参与凋亡信号的传递外，其余的 caspase 根据在细胞凋亡过程中发挥的功能不同可分为两类：一类是凋亡起始者（apoptotic initiator），包括 caspase-2、caspase-8、caspase-9、caspase-10、caspase-11；另一类是凋亡执行者（apoptotic executioner），包括 caspase-3、caspase-6、caspase-7。

细胞凋亡过程可分为激活期（activation phasc）和执行期（cxecution phase）两个阶段。激活期是细胞应答死亡信号，起始 caspase 活化，而执行期则涉及 caspase 的活化，以及细胞死亡程序的进行。起始 caspase 负责对执行 caspase 的前体进行切割，从而产生有活性的执行 caspase；执行 caspase 负责切割细胞核内、细胞质中的结构蛋白和调节蛋白。起始 caspase 和执行 caspase 组成了细胞内凋亡信号的级联分子网络，凋亡程序一旦启动，级联网络“顶端”

的起始 caspase 首先活化，切割下游 caspase 酶原，使得凋亡信号在短时间内迅速放大并传递到整个细胞，产生凋亡效应。

不论是起始 caspase 还是执行 caspase，在正常细胞中通常均以无活性的酶原形式分布于胞质中。当细胞接受凋亡信号刺激后，酶原分子在特异的天冬氨酸残基位点被切割，不仅将位于 N 端的前结构域（predomain）去除，而且形成了大小两个亚基组成的异二聚体，两个酶原的切割产物组成的四聚体即为具有活性的 caspase。

起始 caspase 的活化属于同源活化（homo-activation），即同一种酶原分子彼此结合，与衔接蛋白结合形成复合物，在复合物中构象改变而活化，进而彼此切割产生有活性的二聚体（图 10-12）。起始 caspase 的主要功能是激活执行 caspase。

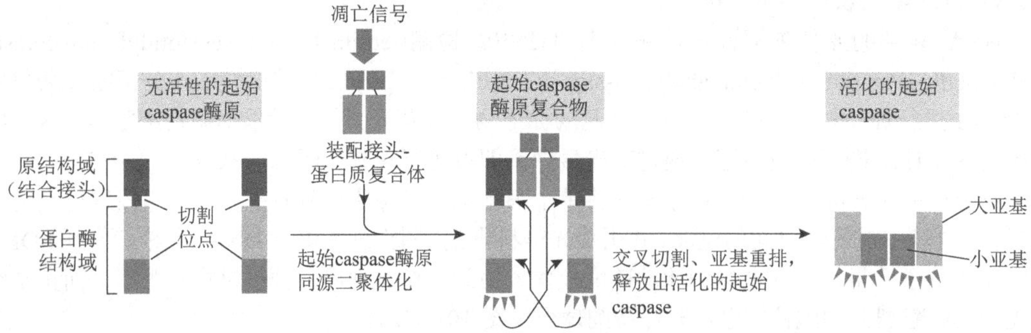

图 10-12 细胞凋亡过程中起始 caspase 的激活

与起始 caspase 不同，执行 caspase 通常以非活性可溶性二聚体的形式存在，执行 caspase 的活化属于异源活化（hetero-activation），是通过已活化的起始 caspase 招募执行 caspase 酶原分子，并对其进行切割，产生具有活性的执行 caspase，进而切割细胞内重要的结构和功能蛋白（图 10-13），执行 caspase 在细胞凋亡过程中裂解数百种不同的细胞蛋白。每种起始 caspase 都可以激活一种或多种执行 caspase 的多个分子，从而产生 caspase 的级联放大作用。

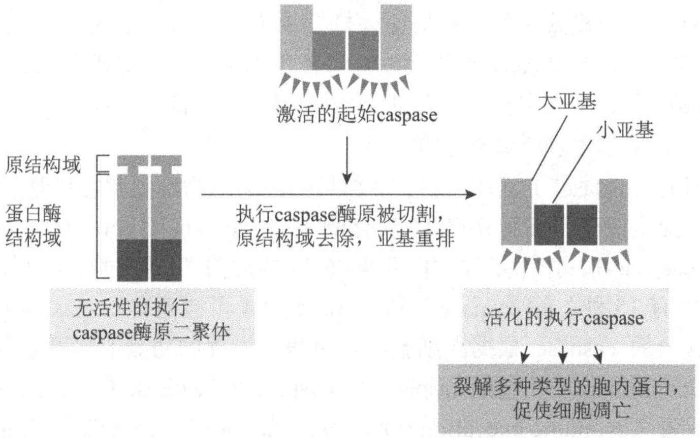

图 10-13 凋亡过程中执行 caspase 的激活

目前常将凋亡途径分为两种类型：caspase 依赖性的细胞凋亡（caspase dependent apoptosis）途径和**不依赖 caspase 的细胞凋亡（caspase independent apoptosis）**途径。

1）caspase 依赖性的细胞凋亡。在哺乳动物细胞中，caspase 依赖性的细胞凋亡主要通过两条途径引发：由**死亡受体（death receptor）**起始的外源途径和由线粒体起始的内源途径。

在外源途径中，死亡受体介导的细胞凋亡起始于死亡信号分子与受体的结合，死亡信号分子主要是肿瘤坏死因子（tumor necrosis factor，TNF）家族的成员，如 Fas 配体，当与靶细胞质膜上的死亡受体如 Fas 蛋白结合后，受体活化，然后通过衔接蛋白的 Fas 相关死亡结构域（Fas-associated death domain，FADD）将 caspase-8 酶原招募到细胞膜上，形成**死亡诱导信号复合体（death-inducing signaling complex，DISC）**，caspase-8 酶原在这个复合物中构象发生变化，caspase-8 酶原经过自身切割而活化，进而激活 caspase-3，启动下游的 caspase 级联反应，导致细胞凋亡（图 10-14）。

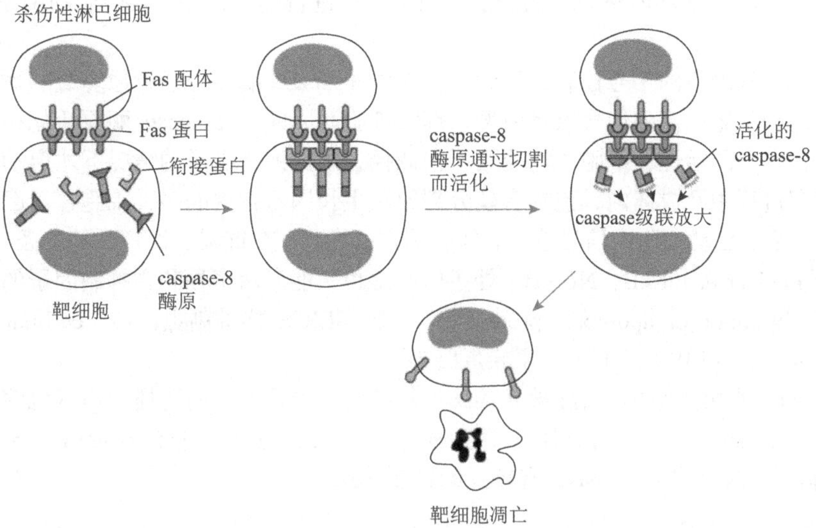

图 10-14　细胞凋亡的外源信号途径

线粒体在内源途径中处于中心地位。当细胞受到内部（如 DNA 损伤）或外部凋亡信号（如紫外线、γ 射线、药物、一氧化氮、活性氧等）刺激时，线粒体的外膜通透性会发生改变，通过向胞质释放凋亡相关因子，引发细胞凋亡（图 10-15）。线粒体释放到胞质中的凋亡因子有多种，其中最著名的是细胞色素 c。在内源途径中，最为关键的步骤是凋亡因子从线粒体释放到胞质中。

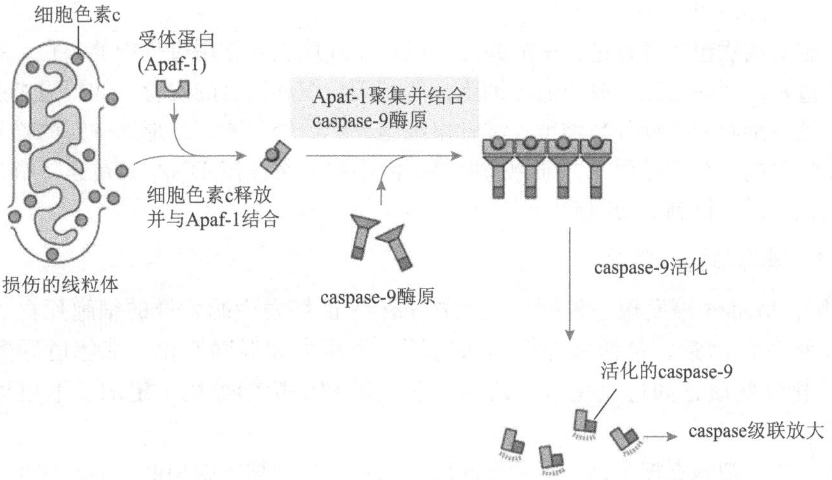

图 10-15　细胞凋亡内源信号途径

在哺乳动物细胞中，线粒体外膜通透性的改变主要受到 **Bcl2（B-cell lymphoma 2）**蛋白家族的调控。另外两个凋亡的必需因子为 Apaf-1（apoptosis protease activating factor）和 caspase-9。Apaf-l 是线虫凋亡分子 Ced4 在哺乳动物细胞中的同源蛋白，N 端含有 caspase 募集结构域（CARD），它与细胞色素 c 结合后发生自身聚合，并进一步通过 CARD 结构域招募胞质中的 caspase-9 酶原，形成一个很大的凋亡体（apoptosome），首先活化 caspase-9，进而激活 caspase-3，启动下游的 caspase 级联反应。

2）不依赖 caspase 的细胞凋亡。在不依赖 caspase 的细胞凋亡途径中，线粒体释放凋亡因子，如内切核酸酶 G（endonuclease G，Endo G）、凋亡诱导因子（apoptosis-inducing factor，AIF）等。Endo G 入核发挥核酸酶的功能，对 DNA 进行切割；AIF 入核后则引发 DNA 的凝集和断裂。

细胞凋亡受到严格的信号控制，细胞中存在的 caspase 酶原分子就像埋藏的炸弹，随时准备被来自外界和细胞内部的信号点燃引发，摧毁细胞。因此与 caspase 酶原活化相关的信号分子及 caspase 本身的活性在细胞中均受到严格调控，以保证在必需的情况下才启动凋亡程序。在动物的发育过程中及成体内，包括有丝分裂原和生长因子在内的多种细胞存活因子与细胞表面的受体结合后，启动细胞内信号途径，抑制凋亡的发生。在抗凋亡促存活的多条信号通路中，核因子 κB（nuclear factor κB，NF-κB）处于中心地位，能激活多种凋亡抑制因子的表达，主要包括 c-IAP（inhibitor of apoptosis protein）、细胞 FLICE 样抑制蛋白质（cellular FLICE-like inhibitory protein，cFLIP）及 Bcl-2 家族蛋白等。

生物体可以利用细胞凋亡清除被病毒感染的细胞，防止病毒的传播。病毒也演化出相应的对抗机制来抑制 caspase 的活性，阻止宿主细胞发生凋亡。例如，杆病毒蛋白 p35 就是天然的 caspase 抑制剂，对大多数 caspase 有较强的抑制作用。

10.3.1.2　植物细胞的凋亡

对植物细胞凋亡的研究起步较晚，现有的研究表明，在植物细胞与动物细胞凋亡过程中都出现核 DNA 的片段化，凋亡分子机制存在同源性。与动物细胞不同的是，凋亡植物细胞的残余物被细胞壁固定在原位，不是被周围细胞吞噬，而是被自身液泡中的水解酶消化。此外，植物细胞凋亡还具有重要的防御功能，可避免病原体入侵。在过敏反应中，可观察到染色质凝聚，DNA 降解为 50kb 的片段，细胞质膜及液泡膜皱缩破裂，质壁分离，以及末期细胞内含物泄漏到质外体（apoplast）中。

植物细胞的凋亡包括发育过程中的凋亡，以及与环境相互作用过程中的凋亡。在根的发育过程中，通过及时消除已经完成使命的细胞，有利于组织和器官的发育，如根冠细胞的凋亡保护着根尖，维持细胞的持续分裂增殖；维管束细胞成熟后经历凋亡，形成中空的输导组织，执行物质运输的功能，在该过程中，细胞壁增厚，液泡膜破裂，核 DNA 被迅速降解，细胞内含物被水解消化，最后仅剩下细胞壁。

10.3.1.3　酵母细胞的凋亡

1997 年，Madeo 等发现一种酵母突变株 *cdc48* 能够发生凋亡样的细胞死亡。此后的研究发现，多种外源因素，包括紫外线、渗透压、氧压力和温度变化等能够诱导酵母凋亡。一些常见的化学物质，如过氧化氢、乙酸、氯化钠和葡萄糖等在一定剂量下也可以诱导酵母细胞凋亡。

尽管酵母是单细胞真核生物，但酵母的凋亡却具有与动物细胞相似的形态和生化特征，包括细胞膜完整但 PS 外翻、线粒体膜电位下降、细胞色素 c 释放和 DNA 片段化等。同时，凋亡的核心调控因子也相似，如酵母 Ycal 是哺乳动物 caspase 的同源物，在酵母凋亡中具有核心作用，Ycal 缺失的酵母细胞对凋亡诱导因子的敏感性降低。

10.3.2　细胞坏死

细胞坏死是不同于细胞凋亡的另一种典型细胞死亡方式（图 10-16）。当细胞凋亡不能正常发生，而细胞必须死亡时，坏死作为凋亡的“替补”方式被激活。细胞坏死往往是细胞受到化学因素（如强酸、强碱、有毒物质）、物理因素（如热、辐射）和生物因素（如病原体）等环境因素的伤害，引起细胞死亡的现象，所以细胞坏死是病理性变化。

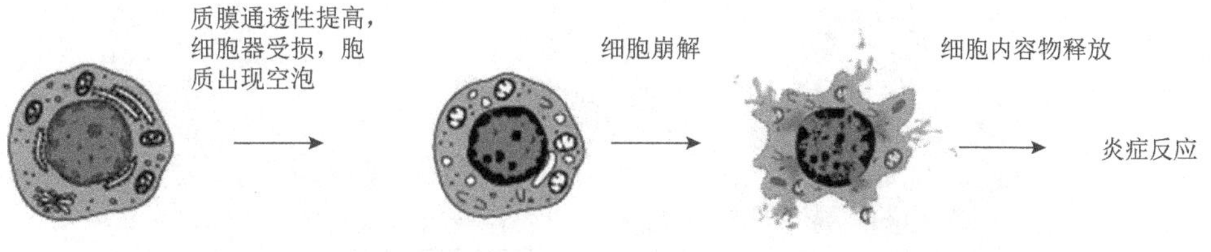

图 10-16　细胞坏死过程示意图

在坏死细胞中，ATP 和蛋白质合成受阻或终止，细胞质出现空泡，质膜破损，细胞内含物（包括膨大、破碎的细胞器及染色质片段）释放到胞外，引起周围组织的炎症反应。与细胞凋亡不同，细胞坏死过程中染色质不发生凝集，也不产生有规律的 200bp 倍数的 DNA 降解片段，而是被随机降解，琼脂糖凝胶电泳时呈现弥散性分布。

近年来，越来越多的研究表明，细胞坏死也是一种受调控的细胞死亡途径，可以划分为**细胞败亡（necroptosis）**、**细胞焦亡（pyroptosis）**、细胞铁死亡（ferroptosis）及依赖于线粒体通透性转换（mitochondria permeability transition，MPT）的坏死等途径。目前在程序性细胞坏死和细胞焦亡途径的研究上已取得重要进展。

10.3.2.1　程序性细胞坏死

程序性细胞坏死主要由 TNF-α、Fas/CD95 等 TNF 家族细胞因子引发，与其结合的受体种类较多，包括肿瘤坏死因子受体（tumor necrosis factor receptor，TNFR）家族、Toll 样受体（Toll-like receptor，TLR）家族。当信号分子与受体结合后，进一步通过和受体蛋白结合的两个蛋白激酶——RIP1（receptor interacting protein kinase 1）和 RIP3（receptor interacting protein kinase 3）向下游传递死亡信号，募集并磷酸化 MLKL 蛋白（mixed lineage kinase domain-like protein）执行细胞死亡程序，但是具体机制尚不清楚。坏死的细胞会向周围释放其内容物，这些内容物作为 DAMP（damage associated molecular pattern molecules）可刺激周围细胞发生炎症反应，激活机体的免疫应答（图 10-17）。

TNF 家族的成员具有多种生物学效应，在由感染或组织损伤引发的炎症反应中起关键作用。研究表明，TNF 既可以激活坏死途径，也可以通过激活 NF-κB 诱导细胞生存途径，还可以通过 RIP1 诱导 caspases 依赖性的细胞凋亡。程序性细胞坏死可能涉及一系列针对细胞内感染的防御过程。相关研究显示，程序性细胞坏死在多种人类疾病中发挥重要作用，如心肌梗死、中风、动脉硬化等。

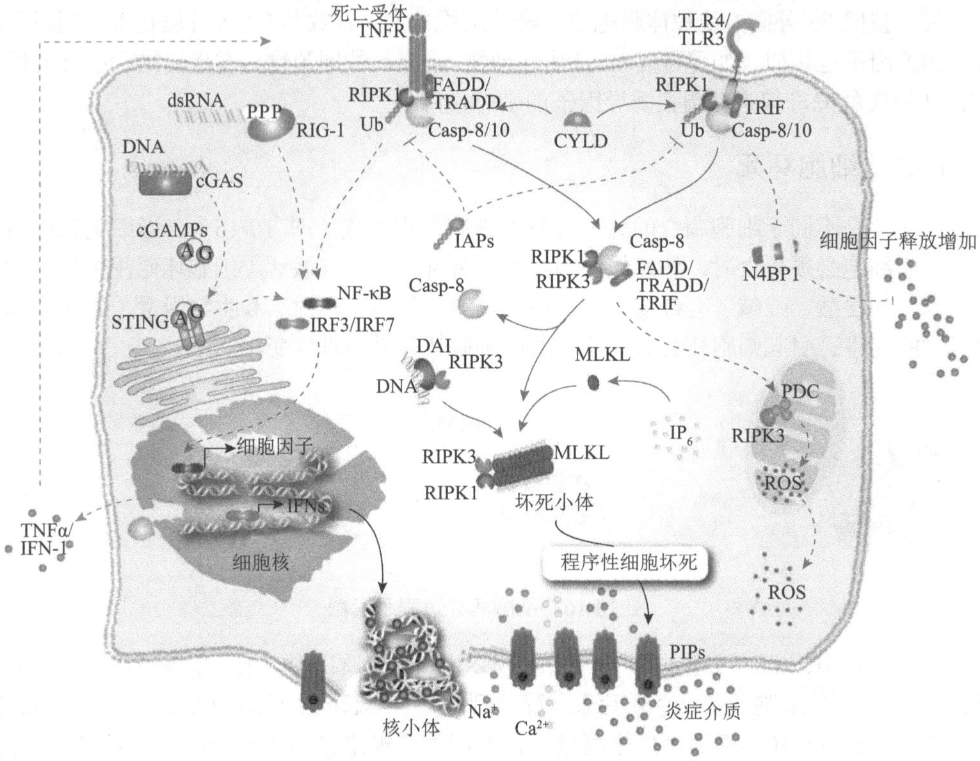

图 10-17　程序性细胞坏死过程示意图（引自 Natália Ketelut-Carneiro et al.，2021）

10.3.2.2　细胞焦亡

细胞焦亡是近年来发现的一种伴随着炎症反应的细胞程序性死亡。2001 年，Cookson 等发现巨噬细胞被沙门菌感染后，不直接参与凋亡信号的 caspase-1 被激活，诱导细胞死亡，这一现象被命名为细胞焦亡。

细胞焦亡在形态学上同时具有坏死和凋亡的特征。与细胞凋亡相似的是，发生焦亡的细胞同样会出现染色质浓缩、DNA 断裂和 TUNEL 染色阳性等现象。但与凋亡不同的是，当细胞发生焦亡时，细胞膜上形成众多内径为 12～14nm 的孔道，打破了渗透平衡，导致细胞膨胀，并通过质膜包裹形成大的泡状结构，将细胞内容物释放到胞外，同时诱发炎症反应。

现有的研究认为，细胞焦亡的途径分为依赖 caspase-1 激活的细胞焦亡，称为**经典途径的细胞焦亡（canonical pyroptosis pathway）**，以及依赖小鼠 caspase-11 和它的人类同源蛋白 caspase-4/5 激活的细胞焦亡，称为**非经典途径的细胞焦亡（non-canonical pyroptosis pathway）**（图 10-18）。

GSDMD（Gasdermin D）对细胞焦亡的发生至关重要，是经典途径细胞焦亡和非经典途径细胞焦亡的共同效应分子。GSDMD 属于 Gasdermin 蛋白家族，研究显示，Gasdermin 家族成员的序列高度同源，均能被裂解为 N 端结构域和 C 端结构域。在稳定的细胞内环境中，GSDMD 蛋白存在于细胞质中；当炎性 casapases 被激活后，GSDMD 在特定位点被 caspase-1 或 caspase-4/5/11 切割，裂解成亲脂性的 GSDMD-N 端结构域和亲水性的 GSDMD-C 端结构域。GSDMD-N 端结构域能够特异性地结合细胞膜胞质侧的磷酸肌醇等膜脂，并进一步聚合为中空的环状低聚物，形成非选择性的孔道，导致细胞内外离子浓度梯度消失、水分子入侵，最终导致细胞焦亡。同时，GSDMD 孔道也是成熟后的白介素（IL-1β 和 IL-18）释放到细胞外的通道。IL-1β 和 IL-18 通过募集更多的炎症细胞，放大局部或全身炎症反应，在免疫应答中具有重要作用。

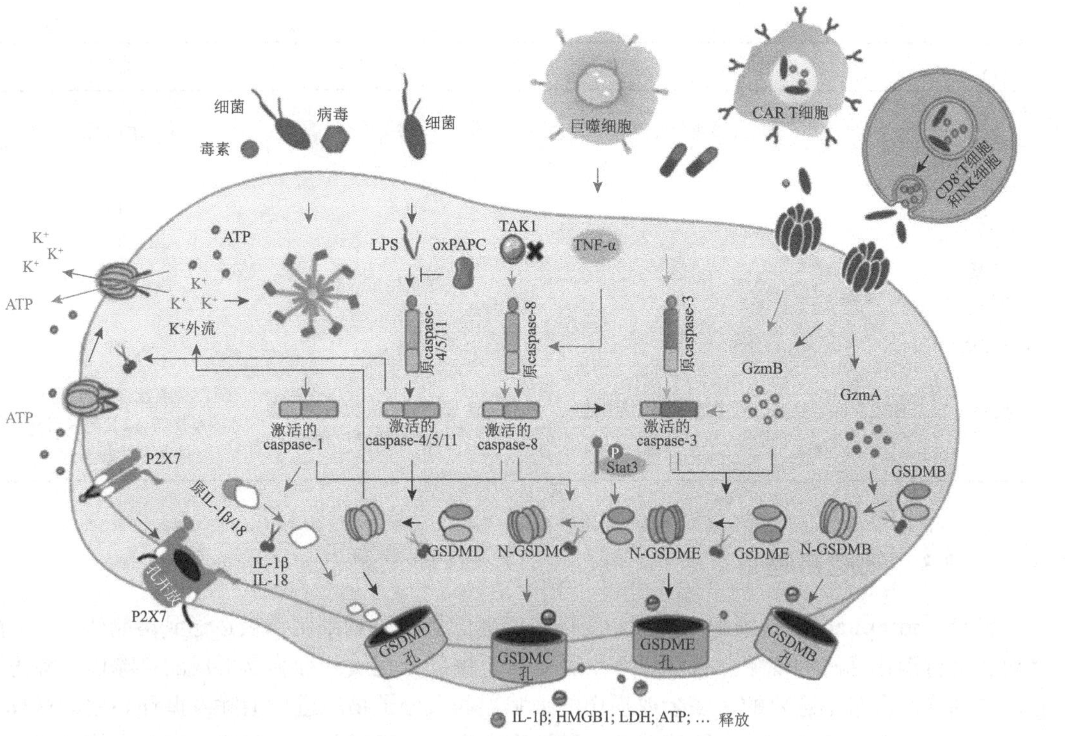

图 10-18　细胞焦亡的分子机制示意图（引自 Yu et al.，2021）

作为一种程序性细胞死亡方式，细胞焦亡的诱发来源包括微生物感染、内源性的损伤等信号，广泛参与了感染性疾病、自发炎症性疾病、自身免疫病、神经系统相关疾病和动脉粥样硬化性疾病等细胞焦亡相关疾病的发生发展。

细胞具有多种死亡方式是有其进化必然性的。多细胞生物体内会有大量“多余”和“异常”的细胞进入死亡程序，细胞凋亡、程序性细胞坏死和细胞焦亡具有不同的形态学特征、发生和调控机制，所涉及的生物学过程也各有特点（表 10-3）。

表 10-3　细胞凋亡、程序性细胞坏死和细胞焦亡的比较

特征	细胞凋亡	程序性细胞坏死	细胞焦亡
细胞大小	细胞收缩	细胞体积增大	细胞体积增大
细胞膜	完整	断裂	断裂
形态学	染色质凝集、核 DNA 片段化；细胞体积变小，质膜起泡；线粒体外膜通透性改变，细胞色素 c 等释放；形成凋亡小体	无染色质凝集、一般无 DNA 片段化；细胞器肿胀，内容物释放；线粒体能量代谢障碍，ATP 水平降低	细胞肿胀，细胞质膜起泡；内容物外漏；形成焦亡小体
机制及关键因子	内源性途径（caspase-3，caspase-9，Bcl-2，Apaf-1，CytC）； 外源性途径（caspase-3，caspase-8，RIP1，RIP3，FADD，Fas 受体）； 不依赖 caspase 的途径（Endo G，AIF 等）	RIP1，RIP3，MLKL	经典途径（caspase-1）； 非经典途径（caspase-4/5/11）
免疫特征	一般无免疫反应	激活免疫反应	免疫依赖

续表

特征	细胞凋亡	程序性细胞坏死	细胞焦亡
活化分子的本质	蛋白酶，核酸酶	激酶	蛋白酶
与线粒体的关系	有关	有关	有关
活性氧（ROS）	生成	过量生成	焦亡晚期生成
炎症反应	无	有	有
与生理的相关性	胚胎发育和自稳态过程中对细胞数量的控制，免疫调节，机体防御	机体的生理调节，机械和物理损伤，炎症等病理过程	凋亡受限且细胞出现严重的DNA 损伤，以及感染性疾病、神经系统相关疾病

10.3.3　细胞自噬

自噬（autophagy）是细胞内受损、变性或衰老的蛋白质和细胞器被运送到溶酶体，由溶酶体对其进行消化降解的现象。自噬以双层膜结构包裹部分胞质和细胞器形成的自噬体为标志。自噬是细胞对自身不重要的、多余或损伤的细胞器和大分子物质进行清除及循环利用的过程，是细胞应对营养缺乏等非致命胁迫时的一种适应性反应，通过分解自身物质来提供能量和代谢产物。在动物胚胎和个体发育中，自噬可以清除多余的细胞和组织，以保证发育的正常进行（见第 6 章 6.2.3 溶酶体）。

自噬作为细胞死亡的方式之一，以自噬体的出现为典型特征，与凋亡相比，无论在生化代谢途径还是形态学方面都存在显著差异。但是二者在功能上存在联系：在诱导细胞死亡的过程中，凋亡和自噬常保持动态平衡，即自噬可能为凋亡所需，自噬常先于凋亡，进而启动凋亡；自噬也可能抑制凋亡，保护细胞免于凋亡和坏死；自噬还可能向凋亡转化，共同促进细胞死亡。

根据底物运送到溶酶体方式的差异，可将哺乳动物细胞的自噬分为 3 种类型：巨自噬（macroautophagy）、微自噬（microautophagy）和分子伴侣介导的自噬（chaperone-mediated autophagy，CMA）。通常说的自噬泛指巨自噬，是自噬最主要的形式。在巨自噬中，由内质网来源的膜包裹被降解物，形成具有双层膜包被、体积较大的**自噬体（autophagosome）**，然后自噬体与溶酶体融合，并降解其内容物（图 6-18）。巨自噬的过程分为 4 个阶段。

1）自噬诱导信号被细胞接收，在胞质中形成类“脂质体”的碗状结构，被称为自噬前体（phagophore），自噬前体的出现是电镜检测细胞将进行自噬的标志之一。

2）自噬前体不断延伸，将胞质中的一些成分（包括蛋白质、细胞器等）裹挟，形成封闭的自噬体。自噬体有两个基本特征：①双层膜；②内含线粒体和内质网等碎片。

3）自噬体形成后，可能与吞噬泡、胞饮泡、胞内体融合，该阶段为非必需步骤。

4）自噬体与溶酶体发生融合，形成自噬溶酶体。溶酶体酶降解自噬体内膜，使两者的内容物合为一体，然后内容物被降解，分解产物转运到胞质中被重新利用。

在微自噬中，溶酶体直接内陷包裹蛋白质，在溶酶体中进行降解，没有形成自噬体的过程。分子伴侣介导的自噬针对的是可溶性胞质蛋白，这些蛋白质先结合到分子伴侣上，然后被转运到溶酶体内降解，所以分子伴侣介导的自噬在清除蛋白质时具有选择性，底物是可溶性蛋白质，而巨自噬和微自噬所涉及的降解底物没有明显的选择性。

自噬在机体的免疫、感染、炎症、肿瘤、心血管病、神经退行性病的发病过程中具有十分重要的作用。自噬在肿瘤发生、发展的过程中发挥着“双刃剑”的作用。现有研究显示，肿瘤发生与自噬缺陷有关，基础性的自噬对于癌症发生的早期阶段起积极的对抗作用。但是当肿瘤已经发生，在肿瘤细胞中出现严重的代谢压力造成自噬时，肿瘤细胞的数量会不断增加，因为自噬为肿瘤细胞对抗低氧、低养分的微环境提供了有效的供给途径，因此自噬对于肿瘤的影响是分阶段和有针对性的。自噬可能是一种有效的癌症逃逸机制，并且与多种癌症的耐药性有关，在肿瘤耐药过程中，肿瘤细胞可能会通过介导自噬来获得耐药性。

细胞自噬的研究历史

Autophagy（自噬）一词来自希腊语，“auto”意思是“自己的”，“phagein”意思是“吞食”。20 世纪 50 年代，比利时科学家 Christian de Duve 通过电镜观察到自噬体的结构，并于 20 世纪 60 年代提出“autophagy”这一概念，因而 Christian de Duve 被公认为自噬研究的鼻祖。1974 年，Albert Claude、Christian de Duve 和 George Palade 因真核细胞内膜系统结构和功能的发现，共同获得诺贝尔生理学或医学奖。

20 世纪 90 年代早期，日本科学家大隅良典（Yoshinori Ohsumi）利用芽殖酵母开展了一系列精妙的实验，获得了细胞自噬的关键基因。由于酵母细胞非常小，内部结构不容易被区分，当时也不确定在酵母细胞中是否存在自噬（酵母细胞中没有溶酶体，降解是在液泡中进行的）。他设想如果在酵母保持活跃自噬的时候，干扰液泡的降解过程，那么如果有自噬体，其将会在液泡中积累，这样就方便在电镜下观察。随后，大隅良典利用了缺失液泡降解酶类的酵母突变体，同时通过饥饿处理激发酵母细胞的自噬，观察酵母细胞结构的变化，发现随着饥饿处理时间的延长，液泡中慢慢充满了小型的囊泡结构（自噬体），而且这些囊泡结构不会被降解（因为酵母突变体没有液泡降解酶），从而证明酵母细胞中存在自噬过程。随后，大隅良典进一步研究了酵母细胞的自噬机制，自 1997 年起相继发现了 15 种酵母自噬基因 *Atg* 基因，进一步的遗传分析发现，Atg1 是蛋白激酶，Atg8 和 Atg12 是类似泛素的蛋白质，其中 Atg12 与 Atg5 偶联在一起。Atg7 是一种 E1 酶，Atg10 是一种 E2 酶。这些结果显示，自噬过程是由大量蛋白质及蛋白质复合物控制的。每种蛋白质负责调控自噬体启动、形成的不同阶段。但是目前还不明确它们如何促进自噬体形成，新的自噬体膜如何出现、延伸和封闭，对 Atg 蛋白的研究有待进一步深入。

2016 年诺贝尔生理学或医学奖授予了大隅良典，以表彰他在细胞自噬机制研究中取得的突出成就。大隅良典的研究还证明人类细胞也遵循类似的细胞自噬机制，这些研究成果有助于人类更好地了解细胞如何实现自身物质的循环利用。在适应饥饿或应对感染等许多生理进程中，细胞自噬机制都有重要意义。此外，细胞自噬基因的突变会引发疾病，自噬的异常与多种病症有关联，包括癌症、帕金森综合征、糖尿病等，因此干扰自噬过程可以用于癌症和神经系统疾病等的治疗。

10.4　干　细　胞

干细胞（stem cell）是一类具有自我更新能力（self-renewing）及多向分化潜能的细胞，本身不执行具体生理功能，分化程度较低，是形成各种组织、器官的原始细胞。干细胞不仅用于胚胎和个体发育时期组织和器官的构建，也用于修复和补充各种衰老、受损或者丢失的细胞和组织。医学界称干细胞为“万用细胞”，在一定条件下，它可以分化成多种功能细胞，形成人体的各种组织和器官。

干细胞具有共性，通常呈圆形或椭圆形，细胞体积小，核相对较大，细胞核内多为常染色质，并具有较高的端粒酶活性。干细胞与其他机体细胞不同，无论任何来源，它们都具有 3 种基本特性：处于未分化的状态、可以长期自我分化和自我更新、可以产生特定的细胞类型。

10.4.1　干细胞的类型和特征

干细胞有多种分类方式，常根据干细胞所处的发育阶段、干细胞的分化潜能进行划分。

10.4.1.1　按照干细胞所处的发育阶段分类

根据干细胞来源组织所处发育阶段的不同，通常分为**胚胎干细胞（embryonic stem cell，ESC）**和**成体干细胞（adult stem cell，ASC）**。

1）胚胎干细胞。胚胎干细胞是指来源于哺乳动物囊胚内细胞团的细胞，有人也将原始生殖细胞体外培养形成的干细胞称为胚胎干细胞。胚胎干细胞既是胚胎发育的基础，又是机体各种细胞最早的祖先。胚胎干细胞具有与早期胚胎细胞相似的结构特征，有较高的核质比和正常的整倍体核型。

受精卵通过卵裂至 4～5d 时，该时期的胚胎是一个中空的细胞团，称为囊胚，由 3 层构成，分别是滋养层（trophoblast）、囊胚腔（blastocoel）及内细胞团（inner cell mass），内细胞团由大约 30 个细胞组成，位于囊胚腔的一端。将内细胞团取出体外培养，就可以获得胚胎干细胞。体外培养胚胎干细胞时，培养器皿的内表面需要铺一层小鼠成纤维细胞作为饲养细胞层，其作用是为胚胎干细胞提供一个可以贴附的表面，同时饲养层细胞还会向培养基中释放营养物质，促进培养细胞的生长并抑制其分化。

胚胎细胞在发育的不同阶段，其细胞表面呈现不同的抗原，如未分化的人 ESC 细胞表面 SSEA3、SSEA4、TI160 和 TRA181 等抗原呈阳性。这些胚胎干细胞的表面抗原在胚胎干细胞未分化状态下高度表达，一旦分化，基因表达迅速下调甚至关闭。这些抗原及干细胞内碱性磷酸酶、端粒酶特异性高表达的特征，成为鉴定胚胎干细胞的主要依据。只要为培养中的胚胎干细胞提供相应的培养条件，即可使其维持不分化的状态。而一旦细胞黏附在一起形成类胚体（embryoid body），便立即开始自主分化生长，这些细胞可以分化为肌肉细胞、神经细胞等多种类型的细胞。

为了得到特定分化类型的细胞，目前可通过改变培养基的化学成分组成和培养皿表面状态，或向细胞导入外源基因进行修饰等手段，来研究胚胎干细胞的定向分化。胚胎干细胞具有产生几乎任何分化细胞类型的潜力，为建立哺乳动物的发育模型、再生医学创造新的细胞来源提供了可能。为了有效利用胚胎干细胞这一分化潜力，需要体外控制 ESC 的分化，并使其沿着特定的途径进行增殖和分化。现有的研究基本阐明了 ESC 分化调控的关键途径，在体外培养条件下，能够模拟原肠胚形成，还可有效诱导出内胚层、中胚层和外胚层及它们下游多种类型的分化细胞（图 10-19）。

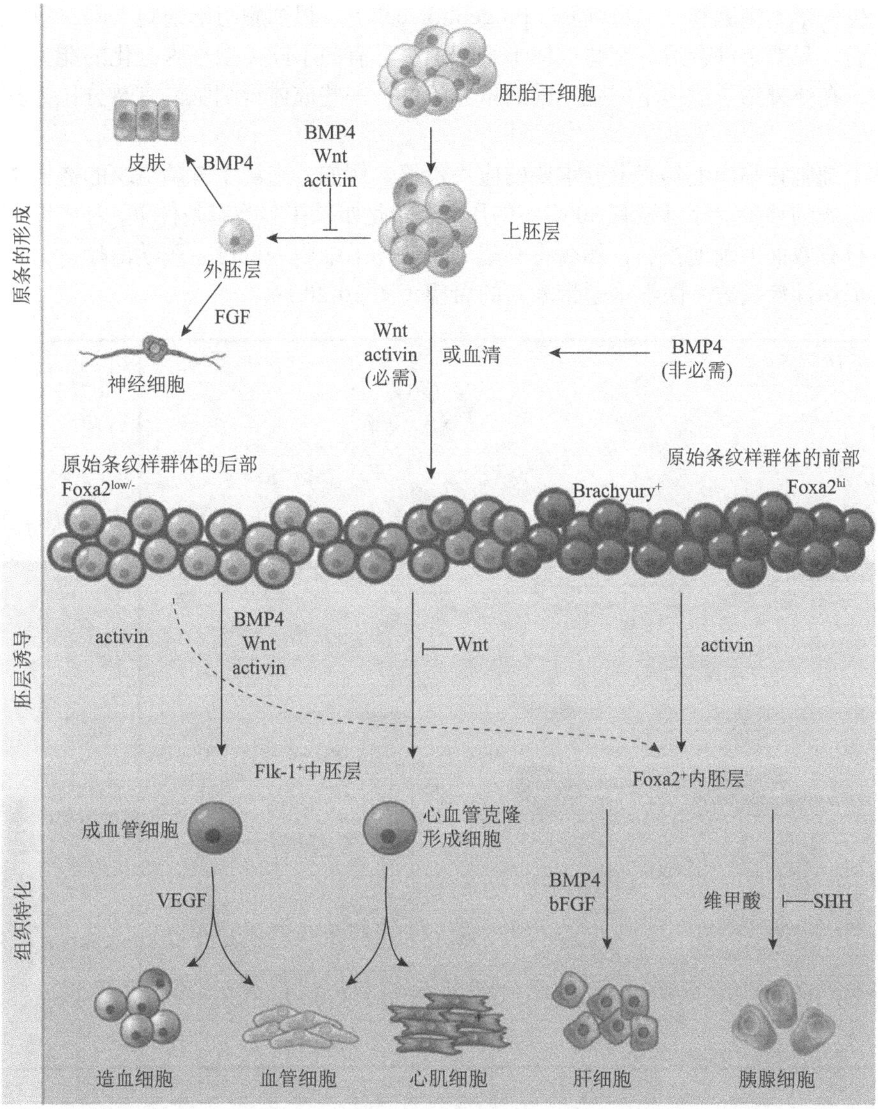

图 10-19　胚胎干细胞的体外分化（引自 Murry and Keller，2008）

胚胎分化过程中的第一步便是外胚层的形成，当用 Wnt、激活素（activin）、BMP4 或血清诱导时，将产生原始条纹样群体（primitive streak，PS），如果这些通路没有被激活，表皮母细胞群体将分化为外胚层谱系。外胚层分化可被 BMP、Wnt 和 activin 信号转导阻断。对于 PS 细胞的诱导分化，后部细胞（左侧黄色）将特化为 Flk-1 阳性的中胚层，而前部细胞（右侧深橙色）将产生 Foxa2 阳性的内胚层。在这些分化过程中，这些细胞的命运并没有完全固定下来，激活素可以把后部 PS 样细胞诱导成内胚层，特定的信号途径可以使 Flk-1 阳性中胚层细胞分化为造血谱系细胞或使 Foxa2 阳性内胚层分化为肝细胞或胰腺的细胞

2）成体干细胞。成体干细胞是广泛存在于不同成体组织器官中、具有高度自我更新和增殖潜能的未分化细胞，可以分化成为构建该组织或器官的特定细胞类型。成体干细胞对于补充各种功能细胞的损失、修复组织器官损伤、维持器官稳态具有非常重要的作用。

成体干细胞也称为组织干细胞，存在于成体的特定组织中，细胞数量较少，这类细胞可以在数年内都处于静止休眠状态（保持不分裂的状态），直到组织受到损伤或发生疾病时才被激活，启动细胞分裂，但通常细胞分裂很慢。成体干细胞既可以进行均等分裂，也可以通过不均

等分裂产生一个干细胞和一个祖细胞（progenitor cell），祖细胞与干细胞不同，只能进行有限次数的分裂。只要条件合适，有些成体干细胞似乎具有向不同类型细胞分化的能力。近年来的研究显示，在体外给予成体干细胞不同的培养条件，一些成体干细胞具有转分化为其他类型细胞的能力。

成体干细胞在临床上具有十分重要的应用价值。例如，来源于骨髓组织的造血干细胞用于白血病等疾病的移植治疗已经有 30 多年的历史。因此如果在实验室条件下，对成体干细胞的多向分化进行有效而准确地控制，那么将有望利用成体干细胞进行再生医学治疗，为攻克严重的组织器官损伤性疾病这一医学难题带来新的希望（图 10-20）。

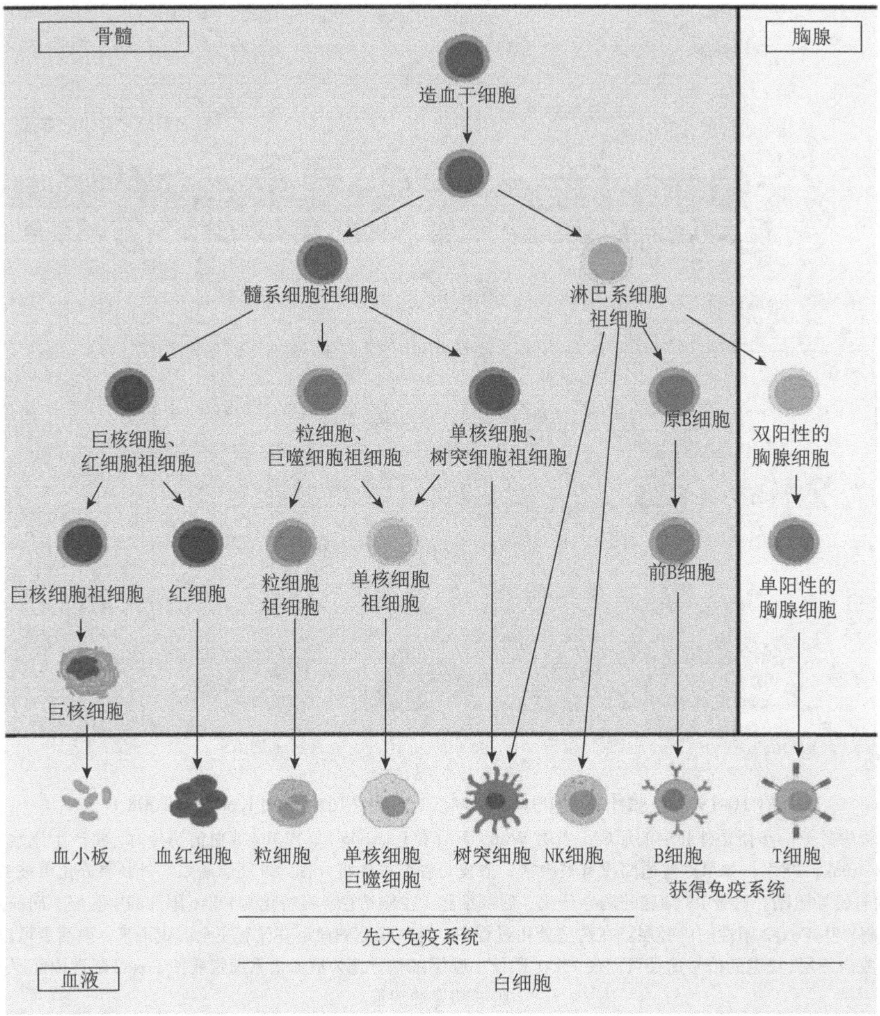

图 10-20　人成体造血干细胞的分化示意图（引自 Comazzetto et al.，2021）

10.4.1.2　按照干细胞分化潜能分类

按照干细胞的分化潜能，可将干细胞分为**全能干细胞（totipotent stem cell）**、**多能干细胞（pluripotent stem cell）**和**单能干细胞（unipotent stem cell）**。

1）全能干细胞是指具有分化形成完整个体的潜能或特性的细胞，全能干细胞的分化潜能最高、分化程度最低。对哺乳动物而言，真正意义的全能干细胞只有受精卵和卵裂早期细胞（一般认为在不超过 16 个细胞的桑葚胚阶段之前），具有分化为个体所有细胞类型的潜能，其中的任何细胞都可以独立发育成一个完整个体。

2）多能干细胞是指具有分化形成多种细胞潜能的细胞，这类细胞不能发育成完整的个体，如多能造血干细胞、神经干细胞、表皮干细胞等。人的多能干细胞只存在于胚胎早期发育过程中。

3）单能干细胞只具有分化为一种或两种密切相关的细胞类型的潜能，如上皮组织基底层的干细胞、肌肉中的成肌细胞等。

10.4.2　体细胞重编程技术

多细胞生物的个体发育始于一个受精卵，经历一系列精细而复杂的调控，最终形成完整的个体。一般来说，已分化的细胞丧失了转变为其他细胞类型的能力，即随着发育进程，细胞的分化潜能不断丧失，由全能性到多能性，再到单能性，直至形成特定的终端分化细胞。

体细胞重编程（somatic reprogramming）是通过体细胞核移植或转录因子诱导等手段，使已分化的体细胞重建其表观遗传标记，恢复胚胎期多能性或全能性状态的过程。1952 年，体细胞核移植技术的建立使体细胞重编程的发展成为可能（图 10-21）。

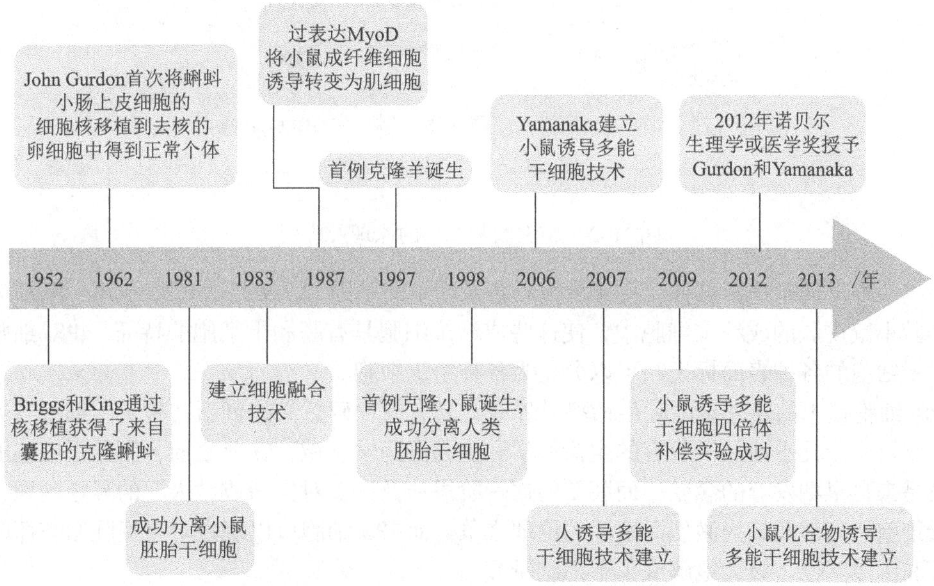

图 10-21　体细胞重编程发展历程（引自陈晔光等，2019）

早在 1962 年，英国发育生物学家戈登（John Gurdon）就将蝌蚪分化细胞的细胞核移植到卵母细胞的细胞质中，培育出成体，首次证实分化了的细胞基因组是可以逆转的，为体细胞克隆动物的研究奠定了重要基础。到 20 世纪末，核移植技术成功地从最早的两栖类扩展到哺乳动物，1997 年，威尔穆特（Ian Wilmut）团队利用该技术制备了克隆羊"多莉"。体细胞克隆动物的成功，不仅显示出细胞核的全能性、细胞分化的复杂性，而且也显示卵细胞的细胞质对细胞分化的重要性，提示改变细胞质成分，或特异性地改变某些基因的表达，就可以实现细胞在某种程度上的重编程和去分化，并再分化成所需的体细胞。

2006 年 8 月，日本科学家山中伸弥（Shinya Yamanaka）等基于前人的研究成果，提出体细胞重编程技术，他们通过一系列的实验成功地将 Oct-3/4、Sox2、c-Myc 和 Klf4 等 4 种转录因子导入到成年小鼠的成纤维细胞中，将其少部分转化为在形态、增殖和畸胎瘤形成方面与胚胎干细胞类似的细胞，称为诱导多能干细胞（iPS cell），并因此轰动了全球学术界。2007 年 7 月，在小鼠的 iPS 细胞中，他们采用了 Nanog（一种阻碍分化的转录因子，在早期将要分化成胚胎干细胞的胚胎中表达）作为分子标记，筛选获得的细胞全能性更接近胚胎干细胞。经表观遗传学分析证明，在 DNA 甲基化，H3K4、H3K27 甲基化，X 染色体失活等方面都接近正常的胚胎干细胞，而且这些 iPS 细胞植入生殖系统后可以正常发育。2007 年 11 月，山中伸弥等继续以成人成纤维细胞为研究对象，通过逆转录病毒载体导入 *Oct-3/4*、*Sox2*、*c-Myc* 和 *Klf4* 等 4 个基因，也成功得到了人类的 iPS 细胞，同时，他们还成功地将这些 iPS 细胞诱导成神经细胞、心肌细胞（图 10-22）。体细胞重编程技术是干细胞和再生医学领域的重大突破。2012 年，戈登和山中伸弥因在体细胞重编程领域的杰出贡献共同获得诺贝尔生理学或医学奖。

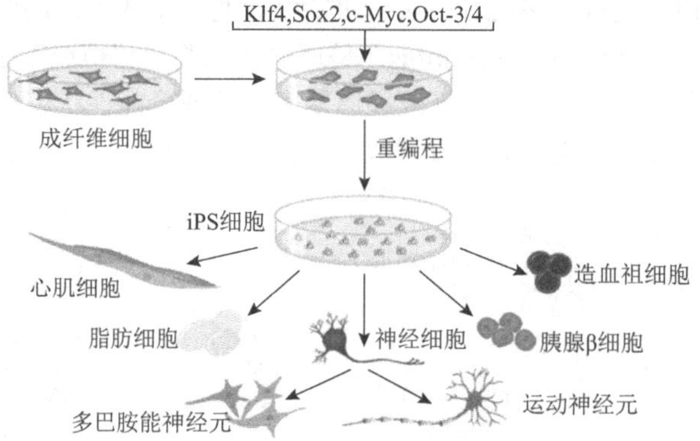

图 10-22　iPS 细胞产生的原理及应用

通过一种反转录病毒载体，将 4 种编码转录因子的基因 *Oct-3/4*、*Sox2*、*c-Myc* 和 *Klf4* 导入不同年龄小鼠皮肤的成纤维细胞中，使这些成纤维细胞具有胚胎干细胞的特征，iPS 细胞能表达胚胎干细胞的各种表面标记，可以分化为各种组织细胞。

iPS 细胞技术的建立被国际生命科学界誉为具有里程碑意义的创新之举。干细胞与克隆技术的研究及应用几乎涉及了所有的生命科学和生物医药学领域，在此之前，胚胎干细胞的获取主要还是来自早期发育的囊胚，而胚胎的这一阶段涉及许多对生命或“人”的界定问题，因此胚胎干细胞研究涉及最为激烈而敏感的伦理之争。而 iPS 细胞可以绕过对自然胚胎破坏所面临的伦理和法律问题，极大地解放了干细胞研究。

在很多疾病治疗中，器官移植是不得不面临的唯一选择，但人体器官移植经常由于移植后产生的严重排异反应而死亡。如果能利用患者本身的体细胞逆转为 iPS 细胞再培育成为所需要的组织，那移植器官的免疫排斥问题就会迎刃而解了。但 iPS 细胞还存在不少问题，如 iPS 细胞的转录组跟其他类型的干细胞存在明显差异；*Myc* 等基因的使用使 iPS 细胞有一定的致癌作用，iPS 细胞植入的小鼠在近 1 年的时间内 20%出现了肿瘤。此外，诱导重编程中使用的病毒载体也带来一些安全性问题。

中国科学家与 iPS 研究

iPS 细胞问世后，再生医学取得突破性进展，人类解锁了理论上可以再造身体组织乃至器官的新技能。但这项技术仍有两大难关需要跨越：第一，人类的器官拥有极度复杂的结构和组成，人工体外培养目前仅仅能够达到组织级别，远不到器官的水平；第二，即便在体外利用 iPS 细胞培育少量人体组织，成本都是极为惊人的，因此全球到目前为止进行的 iPS 细胞临床试验都屈指可数。

在全世界被广泛应用的 iPS 细胞制备技术是采用转录因子诱导的“山中伸弥方法”，尽管这一方法免除了使用人体胚胎提取干细胞的伦理道德制约，但还是存在缺陷。由于该技术是利用病毒载体进行基因运送的，因此具有致癌隐患，在临床应用上存在较大风险。后来，科学家利用化学小分子替代转录因子诱导出了 iPS 细胞，但存在步骤多、时间长、效率低、机制不清楚等缺点。2007 年，中国科学家裴端卿团队经过 5 年攻关，揭示了化学方法制备干细胞的原理，为 iPS 细胞制备的优化提供了全新的科学视角和解决方案。

2009 年，中国科学家周琪团队首次将 iPS 细胞注射到小鼠四倍体囊胚中，最终获得由 iPS 细胞发育而成的具有繁殖能力的小鼠，将 iPS 细胞研究推进到了一个新的高度，在世界上第一次证明了 iPS 细胞的全能性，结束了科学家关于 iPS 细胞是否能够替代胚胎干细胞的争论，这一成果被评为“iPS 研究领域里的重大突破”。2013 年，中国科学家邓宏魁团队开发了仅使用外源化学小分子就可以逆转细胞命运的技术，并详细阐明了化学重编程独特的分子机制，进一步对小鼠化学重编程体系进行了大幅优化；2022 年，又首次在国际上报道了使用化学小分子诱导人成体细胞转变为多潜能干细胞即 CiPS 细胞（chemically induced pluripotent stem cell）这一突破性研究成果，运用化学小分子重编程细胞命运（化学重编程），是继“细胞核移植”和“转录因子表达”之后的新一代的、由我国自主研发的人多潜能干细胞制备技术，为我国干细胞和再生医学的发展解决了底层技术上的“瓶颈”问题。

10.5 癌 细 胞

癌细胞（cancer cell）即恶性肿瘤细胞，是变异细胞，是产生癌症（恶性肿瘤）的根源。癌细胞与正常细胞的显著差异主要体现在两个方面：①癌细胞的生长和分裂失控；②癌细胞可以破坏和侵入周围正常组织，甚至经由血液循环或淋巴系统转移到身体其他部分，并在那里定驻和增殖。关于癌细胞的起源有两种观点：一种认为其来源于去分化的体细胞；另一种认为其来源于干细胞。

10.5.1 癌细胞的基本特征

大多数癌细胞仍保留起源组织的部分特征，如上皮癌细胞通常仍继续合成角蛋白、源于皮肤色素细胞的黑色素瘤常常产生色素颗粒。癌细胞与正常细胞在结构、化学性质上存在显著差异，不同类型的癌细胞也有较大差异。一般来说，癌细胞具有一些基本特征。

（1）无限增殖　癌细胞具有和胚胎细胞相似的生物学特性，不仅具有来源细胞的部分特性，还表现出低分化、高增殖能力等特征。在成体的一些组织中，会有部分细胞衰老死亡，同时又有新生细胞增殖和补充，它们处于一种受到严格调控的动态平衡之中，从而维持组织与器官的稳定。而在适宜条件下，癌细胞的生长与分裂失去控制，衰老细胞与新生细胞之间的动态平衡被打破，细胞成为“不死”的永生细胞，失去了最高分裂次数限制。体外培养时，癌细胞对生长因子需要量大大降低。

（2）接触抑制现象丧失　体外培养动物细胞时，大部分贴壁生长的正常动物细胞相互接触后，其运动和分裂活动都要停顿下来，这称为接触抑制。癌细胞则不同，其分裂并不因细胞相互接触而终止，其丧失了接触抑制。癌细胞不仅可以在半固体琼脂中悬浮生长，而且在培养皿的底面长满后可以持续分裂，达到很高密度进而出现堆积生长（图 10-23）。

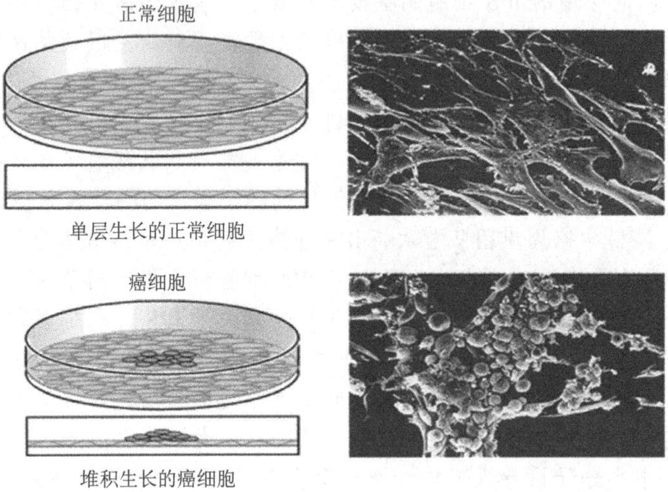

图 10-23　正常细胞和癌细胞在培养皿中生长的比较（引自 Karp，2010）

（3）*具有浸润性和扩散性*　动物体内特别是衰老的动物体内常出现肿瘤，有些肿瘤细胞仅位于某些组织特定部位，周围通常有完整的结缔组织膜将其包裹，称其为**良性肿瘤**（**benign tumor**），如息肉等。如果肿瘤细胞具有浸润性和扩散性的特点，则称其为**恶性肿瘤**（**malignant tumor**），即癌（图 10-24）。

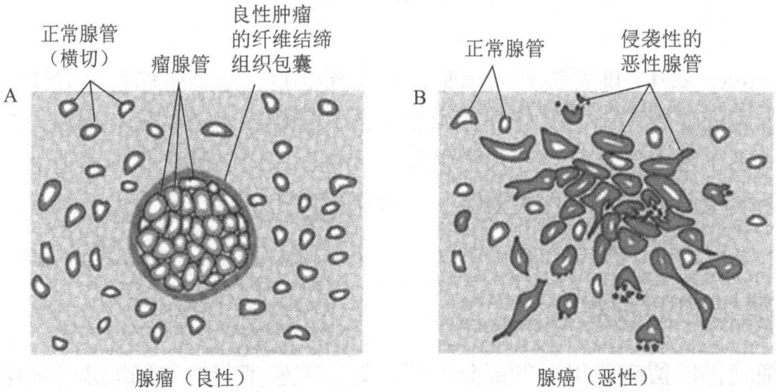

图 10-24　良性肿瘤（A）和恶性肿瘤（B）示意图

与良性肿瘤不同的是，在恶性肿瘤中，癌细胞之间的黏着性下降，其具有浸润性和扩散性，易于浸润周围健康组织，或通过血液循环或淋巴途径转移，并在其他部位黏着和增殖。肿瘤细胞转移并在身体其他部位增殖产生的次级肿瘤称为转移瘤（metastasis）（图 10-25）。

（4）*细胞表面特性发生改变*　癌细胞表面膜蛋白发生改变，产生了新的膜抗原，引起细胞间相互作用发生变化，包括黏附性改变、易于附着生长、逃避免疫系统的监视和杀伤等。癌细胞膜的通透性表现异常，相比于正常细胞来说，癌细胞对某些糖类及氨基酸的转运能力快得多，为癌细胞失去控制的快速生长创造条件。

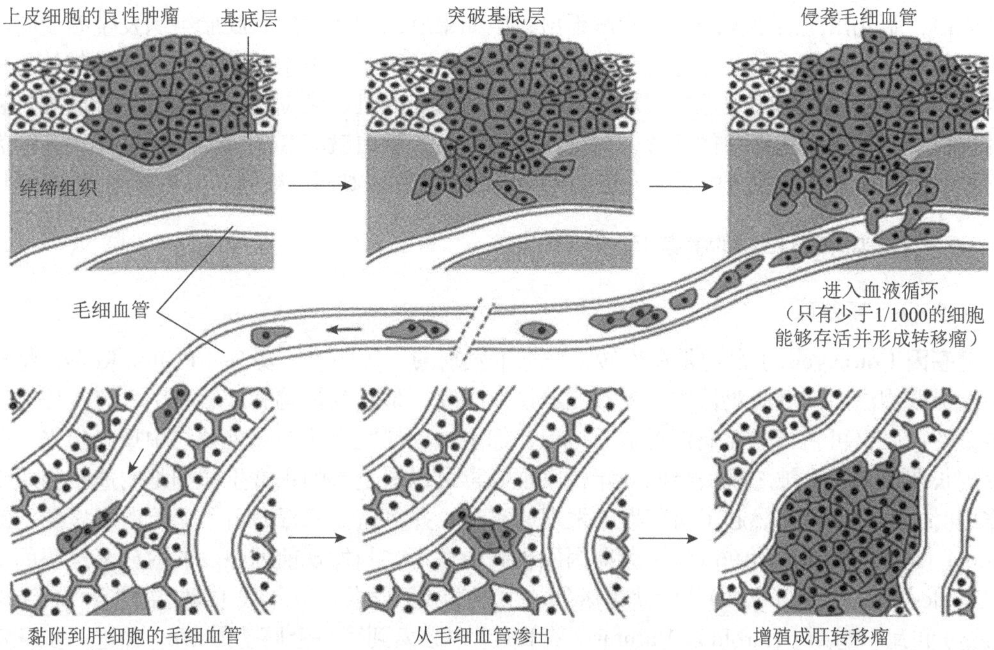

图 10-25　恶性肿瘤的转移示意图（引自 Alberts et al.，2014）

正常哺乳动物的组织，特别是上皮细胞彼此间有很强的黏着力。癌细胞膜表面的黏着力显著降低，其机械黏着力只有正常上皮细胞的 1/5～1/3，因此癌细胞容易从原发部位脱离而发生侵袭和转移，如存在于癌细胞质膜上的肿瘤纤溶酶，能使血纤溶酶原转变为血纤溶酶，使纤维蛋白分解，纤溶酶可降解细胞间的基质，从而有助于癌细胞向周围组织侵犯。正常细胞中无肿瘤纤溶酶，但将正常细胞加入具有肿瘤纤溶酶体系的培养液中，可发生类似肿瘤的形态改变，这可能是该酶作用于正常细胞的质膜，使其结构发生改变所致。此外，癌细胞之间的间隙连接减少。例如，将荧光染料注射到正常细胞中，染料通过间隙连接快速地向周围细胞扩散，但是如果将染料注射到癌细胞中，最终染料仅停留在被注射的癌细胞中。

（5）细胞形态结构发生变化　癌细胞的典型特征包括细胞核体积增大，核质比增加（图 10-26）；染色体发生缺失或者增加，出现非整倍性（aneuploidy）。胞质中有丰富的核糖体、发达的内质网和高尔基体。癌细胞细胞骨架的有序性降低，导致细胞形态发生改变。例如，体外培养的成纤维细胞呈扁平梭形，如果转化为癌细胞后，则变成球形。

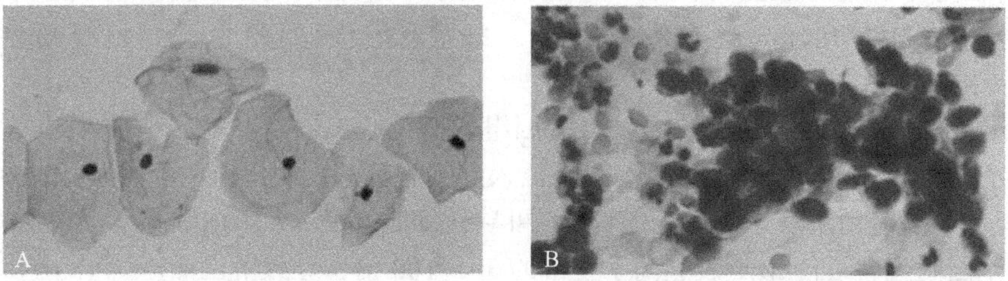

图 10-26　光学显微镜下的正常细胞（A）和癌细胞（B）（引自 Karp，2010）

（6）表达谱改变或蛋白质活性改变　癌细胞内部基因表达及调控方式发生很大的改变，这是赋予癌细胞各种生物学特性的主要原因。由于癌细胞的分化程度很低，因此在癌细胞的蛋白质表达谱中往往出现一些在胚胎细胞中表达的蛋白质。例如，甲胎蛋白是胎儿体内合成的一种糖蛋白，胎儿出生后逐渐降低至检测不出，但如果肝细胞或生殖腺胚胎组织发生癌变时，甲胎蛋白的合成会增加，因此通过检测血清中甲胎蛋白的水平，可用于原发性肝癌及其他恶性肿瘤的辅助诊断。多数癌细胞还具有较高的端粒酶活性。并且与癌细胞恶性增殖、扩散等过程相关的蛋白质成分的表达也往往异常，如纤连蛋白减少，蛋白激酶 Src、转录因子 Myc 等的表达量增加，这些异常表达的蛋白质涉及细胞周期调控、凋亡、黏附、细胞扩散和迁移等多种过程。

10.5.2 癌基因与抑癌基因

10.5.2.1 癌基因

癌基因（oncogene）最初是在反转录病毒中发现的。1910 年，劳斯（Peyton Rous）将母鸡的肿瘤提取物注射到健康鸡体内，发现能够诱发癌症，他认为母鸡肿瘤细胞中含有能传播癌症的传染性物质，可惜当时对病毒还缺乏认识，加上这项研究无法在哺乳动物中重复出来，劳斯的发现长期以来一直被忽视。直到 50 年代发现病毒可以通过影响正常生殖细胞的遗传物质来发挥作用时，人们才重新燃起了对劳斯的发现的兴趣，并将这一病毒命名为劳氏肉瘤病毒（Rous sarcoma virus，RSV）。1966 年，劳斯因发现肿瘤病毒，与发现前列腺癌的内分泌疗法的哈金斯（Charles Brenton Huggins）共同获得诺贝尔生理学或医学奖。70 年代中期，毕晓普（J. Michael Bishop）和瓦尔姆斯（Harold E. Varmus）从 RSV 中分离到第一个癌基因 *Src*，并进一步证实病毒中的癌基因起源于细胞，且普遍存在于许多生物的基因组中，1989 年两位科学家共同获得诺贝尔生理学或医学奖。

（1）癌基因的分类　癌基因分为**病毒癌基因（viral oncogene，*v-onc*）**和**细胞癌基因（cellular oncogene，*c-onc*）**两类，其中病毒癌基因是指存在于肿瘤病毒（大多数是反转录病毒）中、能使靶细胞发生恶性转化的基因；细胞癌基因也称为**原癌基因（proto-oncogene，*pro-onc*）**，是控制细胞生长和分裂的一类正常基因，在突变或异常表达时可引起细胞癌变。细胞癌基因含有病毒癌基因的同源序列，但是在结构上具有外显子和内含子结构；而病毒癌基因的编码序列是连续的，没有内含子，所以一般认为病毒癌基因起源于细胞癌基因。

（2）细胞癌基因的特点　细胞癌基因广泛存在于生物界，从酵母到人的细胞中普遍存在，序列高度保守，是维持细胞正常生理功能、调控细胞生长和分化所必需的一类基因。在特定因素（包括物理、化学和生物因素）作用下，正常细胞基因组中的原癌基因可被激活，发生拷贝数、结构或者活性上的变化，导致正常细胞转化为肿瘤细胞。目前已经发现的原癌基因有 100 多种，所编码的蛋白质种类繁多，主要包括生长因子、生长因子受体、信号通路中的分子、基因转录调节因子、细胞凋亡蛋白、DNA 修复相关蛋白和细胞周期调控蛋白等（图 10-27）。

（3）细胞癌基因的激活　在某些条件下，细胞癌基因一旦激活，就具有致癌性，引起细胞的恶性转化。激活方式主要有以下几种。

1）获得启动子与增强子：反转录病毒基因组所携带的长末端重复序列（LTR）含较强的启动子和增强子，当它感染细胞后，如果 LTR 插入到细胞癌基因附近或内部，则可能导致细胞癌基因过度表达，或者由不表达变为表达状态，可导致细胞癌变，如鸡白细胞增生病毒的 LTR 插入到 *Myc* 基因附近，可使 *Myc* 表达高于正常的 30～100 倍，导致淋巴瘤。

2）基因易位：染色体易位导致某些基因的易位和重排，使原本表达水平较低的细胞癌基因由于转至某些强的启动子或增强子附近而被过度活化，使细胞癌基因表达水平显著提高，导致肿瘤发生，如人 Burkitt 淋巴瘤细胞中，位于 8 号染色体上的 *Myc* 移位到 14 号染色体免疫球蛋白重链基因的调节区附近，受控于活性很高的启动子而被激活。

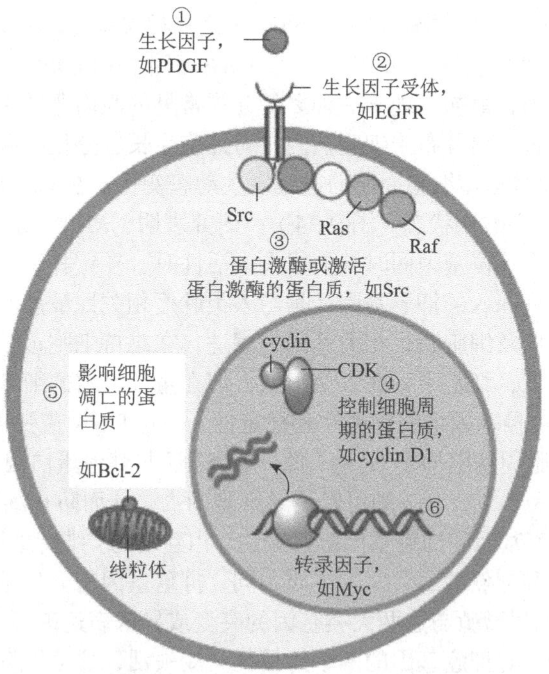

图 10-27　原癌基因的编码蛋白质（引自 Karp，2010）

原癌基因编码产物包括生长因子等胞外信号分子（如 PDGF），以及将胞外信号传递到胞内的信号分子受体（如 EGF 的受体 EGFR）、胞内信号传递蛋白（包括蛋白激酶 Src 和 Raf、小 G 蛋白 Ras 等）和转录因子（如 Myc 等），还有些涉及细胞周期调控（如周期蛋白 D1 等）和细胞凋亡（如 Bcl-2 等）

3）基因扩增：细胞癌基因拷贝数增加或表达活性增强，产生过量蛋白，导致肿瘤发生，如 *Ras* 、*Myc* 在某些肿瘤中的表达量常升高几十至上千倍不等。

4）点突变：在射线或化学致癌剂等作用下，细胞癌基因可能发生基因突变，从而改变所表达蛋白质的结构。典型例子是各种因素引起的 *Ras* 基因点突变导致 *Ras* 基因被激活。*Ras* 基因的表达产物 Ras 是一种小 G 蛋白，在信号转导中起重要作用。激活 Ras 的突变致使增殖信号持续传递，导致细胞发生恶性转化。

5）表观遗传修饰：对人类癌基因组的综合分析显示，在许多癌症中参与基因表达、DNA 修复和 DNA 复制的表观遗传调控蛋白都出现了突变，表观遗传调节失控在癌症的发生和进展中起了关键作用。例如，一些致癌因素会降低甲基化酶的活性，使细胞癌基因低甲基化，导致其过量表达。

10.5.2.2　抑癌基因

抑癌基因（anti oncogene）也称**肿瘤抑制基因（tumor suppressor gene）**，最初是根据某些肿瘤细胞染色体特定部位的缺失，推测这类基因的存在。20 世纪 60 年代，通过正常细胞与肿瘤细胞的融合实验及表型分析，推测正常细胞基因组中可能存在某些抑制肿瘤发生的基因，从而阻止融合细胞发生恶变。当这些基因缺失、突变或失去功能时，其抑癌功能丧失而致癌。

抑癌基因是指一类在细胞中正常表达时可抑制细胞过度生长增殖、促进细胞分化和抑制细胞迁移的基因，在实验条件下，若将其导入肿瘤细胞则可抑制肿瘤细胞的恶性表型。抑癌基因编码的产物主要有：①转录因子和转录辅抑制因子，如 p53、Rb；②蛋白激酶，如 DNA 损伤感受器 ATM、CHK2 等；③CDK 负调控蛋白，如 p15、p16、p21；④信号通路的抑制因子，如

Ras 活性负调控蛋白 NF-1、磷酸酶 PTEN；⑤DNA 修复相关蛋白，如 BRCA1、BRCA2 等。

目前已明确的人类抑癌基因有 10 多种。其中 ***Rb* 基因（retinoblastoma gene，*Rb* gene）**是第一个被克隆的抑癌基因，最初发现于一种婴幼儿最常见的眼内恶性肿瘤——视网膜母细胞瘤（retinoblastoma）中。Rb 蛋白分布于细胞核内，对细胞生长、分化的调控主要由其磷酸化状态控制，Rb 蛋白的磷酸化状态随细胞周期的进程发生动态变化，在 G_0 和 G_1 期表现为去磷酸化，在 G_2、S 和 M 期则处于磷酸化状态（图 9-34）。研究表明，*Rb* 基因的缺失或失活是导致肿瘤发生的主要原因，当两个等位基因同时缺失或失去活性时，导致肿瘤的发生。

p53 基因是研究最为深入的抑癌基因，是与人类肿瘤相关性最高的基因，编码转录激活因子，控制着多种细胞周期及细胞凋亡相关基因的表达，在维持细胞正常生长、抑制恶性增殖中起重要作用。正常情况下，细胞中 p53 含量很低，但在生长增殖的细胞中，可升高 5～100 倍。p53 的功能之一是时刻监控基因组的完整性和稳定性，一旦 DNA 遭受损伤，p53 可通过活化靶基因 *p21* 的转录，使细胞周期阻抑于 G_1 期；此外，p53 还与其他蛋白因子结合，参与调控 DNA 的复制与修复；如果修复失败，p53 则可以诱导细胞凋亡，从而防止细胞恶变。

在正常细胞中，原癌基因和抑癌基因协调表达，相互制约，维持着细胞的正常生长和增殖。所不同的是，原癌基因和抑癌基因突变的本质不同，抑癌基因的突变是隐性的，原癌基因的突变是显性的。癌细胞的无限增殖与这两大类基因的突变或异常表达破坏了增殖的调控机制相关。在人的二倍体细胞中，只有抑癌基因的两个拷贝都突变失活，才会引发恶性肿瘤；而原癌基因只要有一个拷贝发生突变，就能引起细胞增殖失控（图 10-28）。

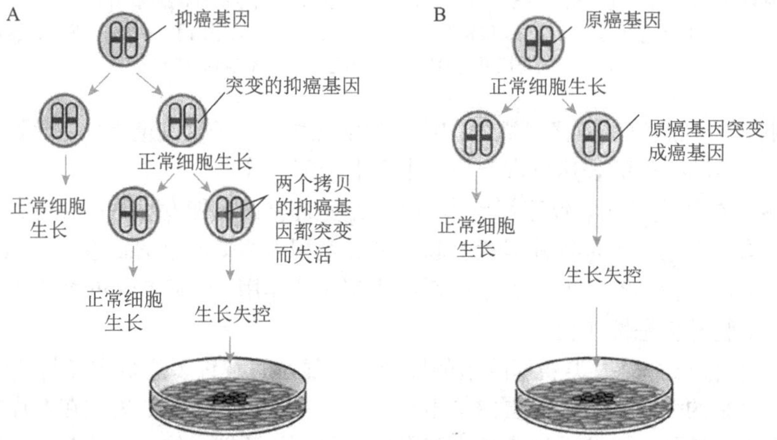

图 10-28　抑癌基因（A）和原癌基因（B）突变与肿瘤发生（引自 Karp，2010）

10.5.3　肿瘤的发生机制

肿瘤的病因十分复杂，同一类肿瘤可由不同因素或几种因素共同引起，而同一致癌因素可通过不同途径引起不同的肿瘤。此外，即使人们在同一环境接受同样致癌因素的作用，并非人人都患恶性肿瘤，这说明癌症的发生既有外因的作用，机体内在因素也起着重要作用。

人类肿瘤约 80%是由于与外界致癌物质接触而引起的，根据致癌物的性质可将其分为化学、物理和生物致癌因素三大类。已证实有致癌作用的物理因素有电离辐射和紫外线等。例如，γ 射线能使细胞核内 DNA 结构改变而使细胞内的基因发生突变，故能诱发多种肿瘤，长期接触 X 射线，如果没有必要的防护措施，常引起放射性皮炎，并可进一步发展为皮肤癌和白血病等。另外，长期暴露于日光下，紫外线过量照射也可诱发皮肤癌和黑色素瘤等。

被发现有致癌作用的生物因素有数十种。霉菌毒素有致癌性，其中黄曲霉毒素 B1 是已知最强的化学致癌物之一，可引起肝癌。黄曲霉菌广泛存在于污染的食品中，尤以霉变的花生、玉米及谷类中含量最多。某些肿瘤的发生与病毒有关，已证明有 30 多种动物的自发性肿瘤由病毒引起。人类 Burkitt 淋巴瘤、白血病、鼻咽癌和宫颈癌等都与病毒有密切联系，如鼻咽癌患者血清中的抗病毒抗体的检出率很高，通过电子显微镜观察可见宫颈癌细胞中的病毒或病毒样颗粒。近年从人类 T 细胞白血病/淋巴瘤中分离出 RNA 病毒，进一步推动了人们对肿瘤病毒致病机制的研究。另外，某些寄生虫与肿瘤发生也有关系，如日本血吸虫病可并发结肠癌，华支睾吸虫在肝小胆管内寄生可并发胆管癌，但寄生虫与肿瘤发生的确切关系还有待进一步研究。

肿瘤的发生和环境因素也有很大关联。移民群体中癌的发生率接近居住国的平均水平，而不是其本民族的水平，暗示癌症发生中，环境因素的作用大于遗传因素。

肿瘤的发生不是单一基因的突变，至少在一个正常细胞中发生 5～6 个基因的突变才能赋予其癌细胞的所有特点，因此肿瘤的发生是在内外因素的共同作用下，一系列基因突变逐渐积累的结果。基因组中与肿瘤发生相关的某一原癌基因的突变，一般并不能马上使细胞转变成癌细胞，也就是说并非基因组的每一次突变都被积累下来，细胞中有 DNA 损伤修复机制和复制纠错机制，以阻止突变细胞继续分裂。当细胞逃脱了纠错机制的监控进入分裂，就有可能转变为癌细胞；而癌细胞的快速增殖助长了有害突变的积累（图 10-29A）。许多证据表明，癌症的发展通常需要大量独立的、罕见的遗传和表观遗传事故发生在来自单个细胞的谱系中。其中一个迹象来自癌症发病率随年龄变化的流行病学研究。如果单个突变是导致癌症的原因，每年发生的概率是固定的，在生命的任何一年里患癌症的概率应该与年龄无关。事实上，对于大多数类型的癌症，发病率随着年龄的增长而急剧上升（图 10-29B）。例如直肠癌的形成过程中，最开始的突变仅在肠壁形成若干良性肿瘤（息肉），进一步突变才发展为恶性肿瘤（癌），全部过程一般需要 10～20 年或更长的时间，因此从这一点上说，大部分癌症是一种典型的老年性疾病，它涉及一系列原癌基因与抑癌基因致癌突变的积累。不同的基因趋于在癌症发生的不同阶段突变，在结肠癌发生的遗传进程中，60%的结肠最小良性腺瘤中 *APC* 基因突变，表明该基因的突变是结肠癌形成的第一步，而 *p53* 基因倾向于只在沿此路径较晚的阶段发生（图 10-29C），所以肿瘤的发生是基因突变逐渐积累的结果。

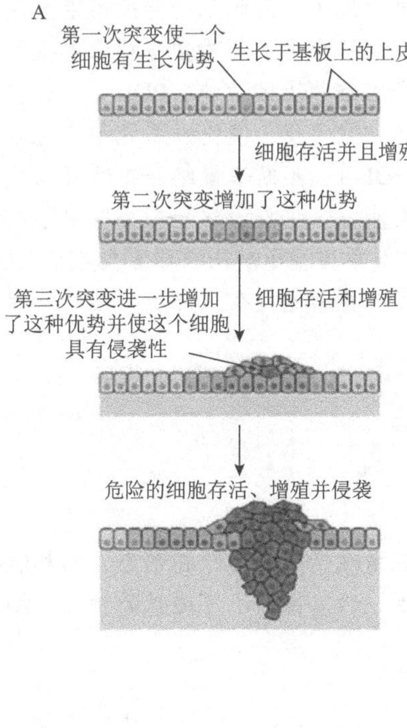

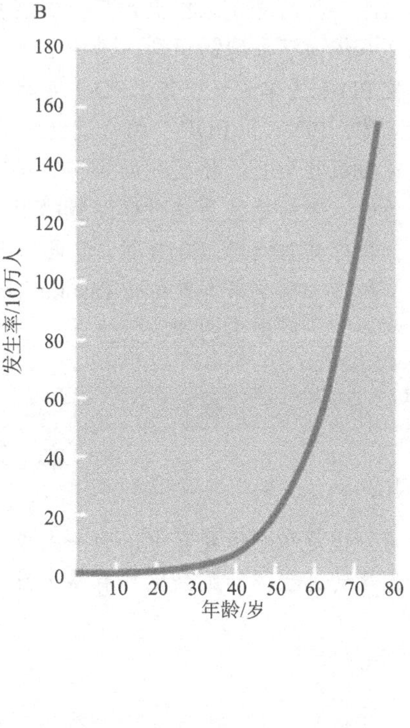

C

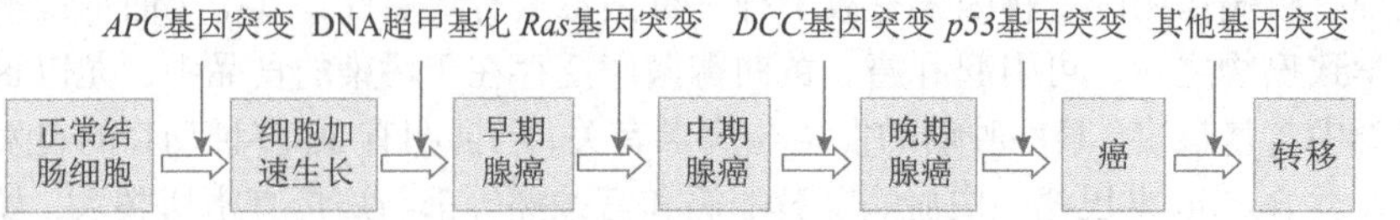

图 10-29　癌症的发展过程

A. 肿瘤通过重复突变和恶性增殖的循环而进化（引自 Alberts et al., 2019）；B. 年龄和癌症发病率的函数（引自 Alberts et al., 2019）；C. 结肠癌发生过程中可能的基因突变顺序

癌症治疗的历史与革命

手术治疗、放疗和化疗是癌症治疗的传统方法。手术治疗通常作为大多数肿瘤的首选治疗方法；放疗是利用快速生长的癌细胞对 DNA 损伤敏感的特点，通过射线照射激发自由基产生，通过损伤癌细胞 DNA，进而诱导癌细胞的死亡。20 世纪 40 年代出现的化疗是抗癌药物的第一次革命，通过细胞毒性化疗药物干扰 DNA 复制或破坏有丝分裂以达到治疗目的。但是放疗和化疗的缺点是不具有特异性和靶向性，在杀死癌细胞的同时也会损伤人体正常细胞，给人体带来的副作用和损伤较大。

抗癌药物发展的第二次革命是“靶向治疗”，是采用对癌细胞特异性强的化疗药物进行的治疗，基于癌细胞上特定的靶点进行药物设计，因此靶向治疗的前提是找到癌细胞的靶点。2001 年第一个真正意义的特异靶向药物格列卫（Gleevec，imatinib）上市，用于治疗慢性骨髓性白血病（与其他癌症不同，有着单一的病因）。格列卫本质是一种多靶点酪氨酸蛋白激酶抑制剂，能够与细胞内的受体结合，并且可以阻断信号转导通路，从而使癌细胞失去增殖的能力，同时还可以诱导凋亡。格列卫的横空出世，让慢性骨髓性白血病患者 5 年存活率从 30%一跃到了 89%，且在 5 年后，依旧有 98%的患者取得了血液学上的完全缓解。为此，格列卫也被列入了世界卫生组织的基本药物标准清单，被认为是医疗系统中“最为有效、最为安全，满足最重大需求”的基本药物之一。

第三次革命是“免疫疗法”，本质是激活、调动人体自身的免疫系统来攻击癌细胞。由于癌细胞会不断进化且作出伪装，逃避免疫系统的追杀，因此免疫治疗的重点就是重新加强免疫系统对癌细胞的识别，进而杀死癌细胞。以目前主流药物帕博利珠单抗为例，它是一种抗 PD-1 的单克隆抗体。PD-1 是存在于免疫 T 细胞上的受体，PDL-1 是存在于癌细胞上的配体，PD-1 和 PDL-1 结合就会抑制 T 淋巴细胞免疫，使免疫系统不能正常工作，癌细胞就会疯狂生长。相反，如果抑制 PD-1 或 PDL-1，阻断二者结合，就可以恢复免疫系统的功能，激活免疫系统对癌细胞的识别和杀伤能力。免疫治疗药物可以单独使用，也可以联合化疗药物使用。2018 年，诺贝尔生理学或医学奖授予美国科学家艾利森（James P. Allison）和日本科学家本庶佑（Tasuku Honjo），以表彰他们在“发现负性免疫调节治疗癌症的疗法”上所做出的开拓性贡献。

知识点小测试

本 章 小 结

细胞的分化是在个体发育中，由一个或一种细胞增殖产生的后代在形态、结构和功能上发生稳定性差异的过程。细胞分化具有持久性、普遍性、稳定性和不可逆性的特点。细胞分化是基因选择性表达的结果，是生物个体发育的基础。已经分化的细胞仍然具有发育成完整个体的潜能。植物细胞具有全能性，动物细胞的细胞核具有全能性。

细胞衰老是指细胞生理功能的衰减，包括增殖能力下降、细胞周期停滞、对促凋亡应激原不敏感、衰老相关基因和蛋白质表达增加，并伴有形态学的衰老改变，且渐趋于死亡的现象。现有的研究认为细胞衰老的原因是多方面的，包括基因组的损伤、端粒的缩短及染色质结构的变化等。

细胞死亡是受调控的，已明确的方式包括细胞凋亡、程序性细胞坏死、细胞焦亡、细胞自噬等。不同的细胞死亡方式具有特定的形态学特征，所涉及的分子机制也各不相同，但是细胞死亡途径不是孤立的，不同的死亡途径通过一些关键的分子建立联系。

干细胞依据分化能力可分为多种类型：全能干细胞具有发展成独立个体的能力；多能干细胞是全能干细胞的后裔，无法发育成一个个体，但可以发育成多种组织；专能干细胞只能分化成特定组织或器官等特定的细胞类群，单能/ 专一性干细胞只能分化成一种细胞类型或密切相关的两种特定的细胞类型。

癌细胞具有无限增殖能力，具有浸润性和扩散性，细胞间相互作用改变，mRNA 和蛋白质的表达谱或蛋白质活性改变，染色体为非整倍性等。癌基因是控制细胞生长和分裂的原癌基因的一种突变形式，存在于细胞基因组中，编码多种类型的蛋白质，能引起正常的细胞癌变。抑癌基因是正常细胞增殖过程中的负调控因子，抑癌基因编码的蛋白质抑制细胞增殖，促进细胞分化或衰老。

复习题

一、基础检测题

1. 举例说明影响细胞分化的主要因素。
2. 试述细胞凋亡的基本分子机制及鉴定方法。
3. 区分干细胞与其他细胞的主要依据是什么?
4.什么是诱导多能干细胞? 试论述其在理论与医学实践中的重要意义。
5. 简述细胞凋亡的特征及意义。
6. 简述细胞衰老的特征与机制。
7. 概述细胞自噬的特征及过程。
8. 请简要叙述肿瘤细胞相对于正常细胞而言，在细胞水平上所特有的基本特征。
9. 原癌基因激活的机制有哪些?
10. 比较细胞凋亡和细胞坏死的特征。

二、归纳拓展题

1. 2012 年诺贝尔生理学或医学奖授予英国发育生物学家约翰·戈登（John Gurdon）与日本京都大学教授山中伸弥(Shinya Yamanaka)。两位科学家取得的成果与**诱导多能干细胞(induced pluripotent stem cell，iPS cell)**相关。试论述 iPS 细胞在生物医学科学领域中的理论与实践意义。

2. iPS 细胞技术的建立是生物学研究领域的里程碑。请问首次成功获得的 iPS 细胞是如何建立的?用什么实验可以证明 iPS 细胞具有与胚胎干细胞类似的多能性。

3. 多细胞生物体内细胞的基因组一般是相同的，但却可以产生多种多样的细胞类型。请问产生这种现象的原因是什么?并设计实验进行证明。

4. 近年来，干细胞的研究一直处于生物学热门领域的前沿，国际顶级刊物也相继刊登全球生物科学家关于干细胞的研究进展及成果。iPS、TSC 等概念相继登上热门关键词榜首。①简述干细胞的生物学特点；②以所知的分类依据对其进行分类；③试述 iPS 细胞（诱导多能干细胞）或 TSC（肿瘤干细胞）的概念（两种干细胞选答一种即可）。

5. 什么是诱导多能干细胞（iPS 细胞）？举例说明以其为细胞模型研究致病机制的策略、优势。

6. 癌细胞有哪些特征？如何根据癌细胞的特征开展分子靶向治疗？

7. 请描述细胞自噬、细胞凋亡及细胞坏死的主要特征，并针对每一种细胞死亡，列出两种鉴定的方法并简述所用方法的基本原理。

8. 某些动物的部分器官切除后可再生，如蝾螈的前肢。再生的过程中包含了哪些细胞生物学事件？

9. 为什么癌症的发生是突变的结果？癌细胞有什么特征？目前癌症的治疗方法有哪些？

（本章作者　王改平，李永海）

第11章　细胞通信与信号转导

有机体正常的生命活动，除了存在物质交换与能量交换之外，还需要信息交流来调控物质交换和能量交换的有序进行。单个细胞的代谢、增殖、分化、死亡及一些特化的行为（如分泌、收缩和游走等）都是细胞与各种环境刺激直接交换信息所引发的反应。对多细胞生物体来说，一个显著特点是细胞与细胞之间，以及细胞内外环境之间存在着相互沟通、相互作用和相互依赖的关系。在多细胞生物的细胞社会中，存在着细胞间或细胞内高度精确、高效发送与接收信息的通信机制，并通过放大机制引起快速的细胞生理反应，称为**细胞通信（cell communication）**。来自外界的刺激或信号与受体相互作用，将信号导入细胞内并进行传递，引发细胞内特异生物学效应的过程称为**细胞信号转导（cell signal transduction 或 cell signaling）**。目前已知细胞内存在多种信号转导方式和途径，它们在多个层次上进行信息交互，形成一个复杂的网络系统。细胞通信和信号转导过程是高等生物生命活动的基本机制，其最终目的是使机体在整体上对外界环境的变化做出最为适应的反应。阐明细胞信号转导机制对于认识生命活动的本质具有重要的理论意义，同时也为医学、药学和农学的发展带来了新的机遇和挑战。

学习目标　知识结构图　彩图　视频

11.1　细胞通信的类型

11.1.1　依据信号发放细胞与靶细胞之间的相互作用方式分类

依据信号发放细胞与靶细胞之间的相互作用方式，大致可将细胞通信分为以下3种类型。①通过分泌化学信号建立细胞间通信，这是多细胞生物最普遍采用的方式。②接触依赖性的通信，指细胞间直接接触，通过一个细胞膜上的信号分子和相邻靶细胞膜上的受体相互结合建立的通信，主要涉及细胞黏着、细胞与胞外基质间的相互作用。接触依赖性的通信在受精、胚胎发育等过程中具有重要作用。③通信连接，指通过动物细胞间的间隙连接、植物细胞间的胞间连丝及可兴奋细胞之间的化学突触所建立的细胞通信方式（详见本书第3章）。

11.1.2　依据信号分子作用的性质及作用方式分类

信号细胞通过分泌或者跨膜扩散（如气体信号分子）释放出的信号分子，有些可对远距离的靶细胞发生作用，有些在释放后仍结合在信号细胞的表面上，只能影响与其接触的细胞，甚至信号细胞本身。此外，动物将外激素（pheromone）分泌到体外，作用于同种属的其他动物个体，也属于通过化学信号进行的细胞通信的范畴。

按信号分子作用的性质及作用方式，可将细胞通信分为以下几种类型。

1）近分泌（juxtacrine）：通过膜结合型或基质结合型的细胞因子直接与相邻细胞膜上的受体结合建立通信。信号分子与受体都是跨膜蛋白，受体对信号分子的感知依赖于细胞之间或细胞与胞外基质之间的直接接触，从而介导细胞间的通信（图 11-1A），也称为接触依赖性通信。该方式在胚胎发育、免疫反应和造血调控中具有重要意义。

2）**内分泌（endocrine）**：这类通信中，内分泌细胞分泌的激素进入血液，通过血液循环送到体内各个部位，作用于特定的靶细胞（图 11-1B），介导全身性反应，生成信号分子的细胞和感受信号的细胞常常距离很远。

3）**旁分泌（paracrine）**：有些细胞产生的细胞因子等信号分子，通过局部扩散作用于周边的靶细胞，进行细胞间通信（图 11-1C）。旁分泌的有效作用范围较小，但旁分泌对创伤或感染组织刺激细胞增殖，恢复功能具有重要意义。

4）**化学突触（chemical synapse）**：这是可兴奋细胞之间的一种通信连接，位于突触前膜的细胞释放神经递质（neurotransmitter）到突触间隙，作用于突触后膜上的受体，并引发信号转导，改变突触后膜细胞的功能（图 11-1 D）。

5）**自分泌（autocrine）**：即信号分子释放后，与自身及同类细胞的受体结合，因此释放信号分子的细胞同时也是产生应答的细胞（图 11-1E），如胰腺 β 细胞释放的胰岛素能抑制同一细胞进一步释放胰岛素。此外，自分泌常存在于病理条件下，如肿瘤细胞合成并释放生长因子刺激自身的受体，导致肿瘤细胞持续增殖。

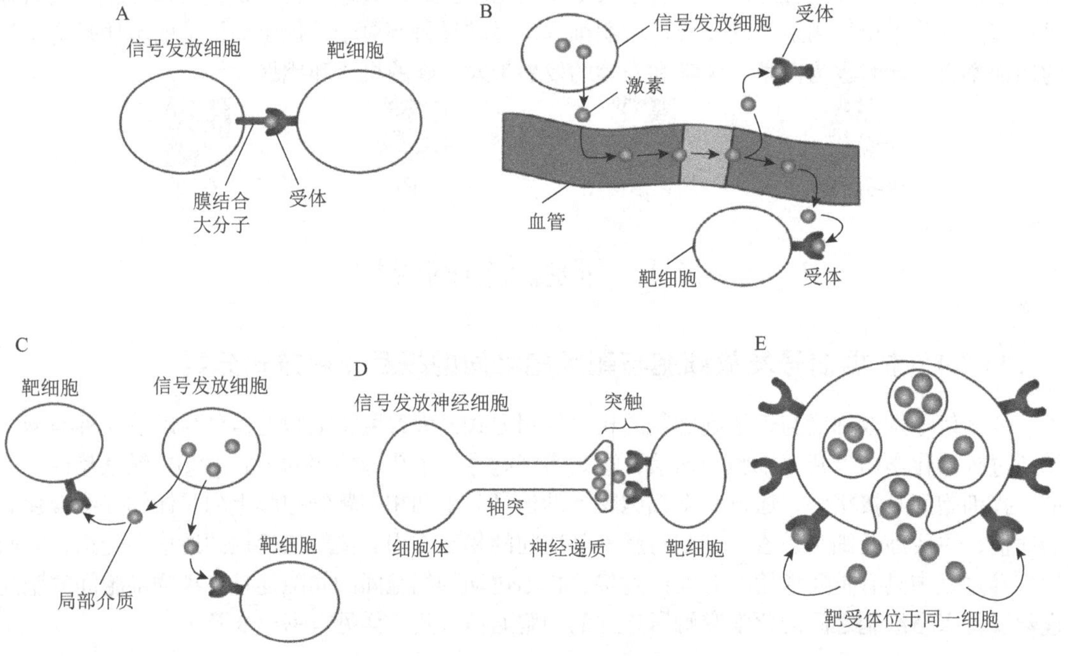

图 11-1 细胞通信的不同方式

A. 近分泌（接触依赖性通信）；B. 内分泌；C. 旁分泌；D. 化学突触；E. 自分泌

11.2 信号转导系统的组成和特征

细胞信号转导是目前生命科学研究的一个重要内容，有关细胞信号转导的研究至今已获得 10 多次诺贝尔奖（表 11-1）。

表 11-1　获得诺贝尔奖的细胞信号转导研究者及主要贡献

年度	诺贝尔奖获得者	重要发现
1923	F.G. Banting，J.J.R. Macleod	胰岛素
1936	H.H. Dale，O. Loewi	神经冲动的化学传递
1950	E.C. Kendall，P.S. Hench，T. Reichstein	肾上腺皮质激素
1970	Sir B. Katz，U. von Euler，J. Axelrod	神经末梢神经递质合成、释放及灭活
1971	E.W. Sutherland	激素作用的第二信使机制
1982	S.K. Bergström，B.I. Samuelsson，J.R. Vane	前列腺素及相关的生物活性物质
1986	S. Cohen，R. Levi-Montalcini	生长因子
1992	E.H. Fischer，E.G. Krebs	蛋白质可逆磷酸化调节
1994	A. Gilman，M. Rodbell	G 蛋白及在信号转导中作用
1998	R.F. Furchgott，L.J. Ignarro，F. Murad	NO 是心血管系统信号分子
2000	A. Carlsson，P.Greengard，E.R. Kandel	神经细胞间特殊的信号转导形式
2004	R. Axel，L.B. Buck	嗅受体及其作用机制
2012	V. Ramakrishnan，T.A. Steitz，A.E. Yonath	G 蛋白偶联受体
2019	W.G. Kaelin，P.J. Ratcliffe，G.L. Semenza	细胞如何感知和适应氧气供应
2021	D. Julius，A. Patapoutian	发现温度和触觉感受器

通过胞外信号分子介导的细胞通信一般包括如下步骤。①信号细胞合成并释放信号分子。②信号分子被运送至靶细胞。③信号分子与靶细胞受体特异性结合，并导致受体激活。④活化的受体启动胞内一种或多种信号转导途径。⑤靶细胞的功能、代谢或发育改变。⑥信号的解除及细胞反应终止（图 11-2）。

11.2.1　信号分子

细胞所接收的信号多种多样，按信号的性质可分为物理信号（如光、电和机械信号等）和化学信号两类。多细胞生物细胞之间的信号转导主要是通过细胞分泌各种化学信号物质，调节自身和其他细胞的代谢和功能。这些调节细胞生命活动的化学物质称为**信号分子（signal molecule）**，又称为**配体（ligand）**，包括体液因子、气味分子、细胞的代谢产物、进入体内的药物、细菌毒素在内的毒物等。信号分子的特点是具有特异性、高效性且可被灭活，但不具备酶活性。信号分子的唯一的功能是与靶细胞的受体结合，通过信号转换机制把细胞外信号转变为细胞内信号。

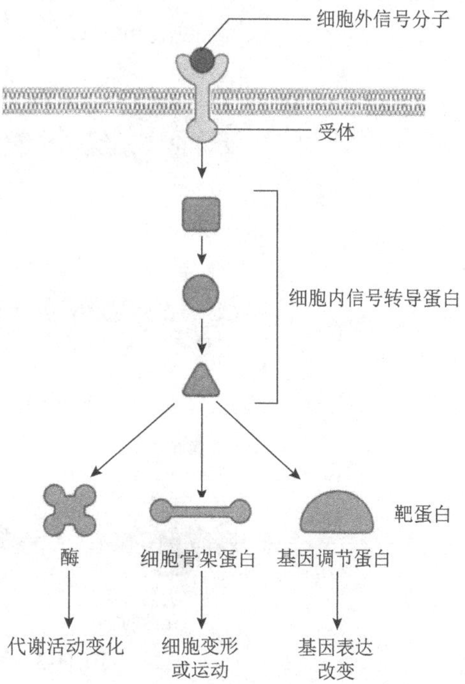

图 11-2　细胞信号转导基本模式图

化学信号分子一般是指细胞间（或胞外）的信

号分子，按照分子的化学本质，可以分为水溶性信号分子、脂溶性信号分子和气体信号分子三类。

1）水溶性信号分子：包括神经递质、局部介质（如细胞因子）和水溶性激素等。又可分为：①蛋白质和肽类，如蛋白质类的胰岛素和生长激素等，小肽类的促甲状腺素释放因子和促乳素等，糖蛋白类的促黄体激素等；②氨基酸及其衍生物，如肾上腺素和甘氨酸等。

2）脂溶性信号分子：①类固醇激素，如糖皮质激素和类固醇激素等；②氨基酸衍生物，如甲状腺素等；③脂酸衍生物，如前列腺素；④维生素类，如维生素 A 及其代谢衍生物视黄醇等。

3）气体信号分子：目前认为一氧化氮（NO）、一氧化碳（CO）、硫化氢（H_2S）、乙烯是信号分子。

11.2.2　受体

受体（receptor）是一类存在于靶细胞膜或细胞内，能与特定信号分子发生特异性结合，并诱发特定生物学效应的分子。绝大多数受体为糖蛋白，少数为糖脂。根据受体在细胞中的位置，可分为**细胞表面受体（cell surface receptor）**和**细胞内受体（intracellular receptor）**。

11.2.2.1　细胞表面受体

细胞表面受体又称膜受体（membrane receptor），是位于细胞膜上的、能与细胞外信号分子识别结合，将外部信号转换成内部信号的受体。当胞外信号分子与膜受体结合后，往往引起细胞膜结构和功能的改变，导致细胞内某种化学物质浓度的改变，由此触发一系列的化学和生理变化。根据受体结构、接收信号的种类和转换信号方式的特点，膜受体可分为以下 3 种类型。

1）**离子通道偶联受体（ion channel-linked receptor）**：是一种离子通道或与离子通道偶联的受体（图 11-3A），通过与神经递质结合，改变通道蛋白的构象，导致离子通道开启或关闭，从而改变膜对某种离子的通透性，把胞外化学信号转换为电信号。

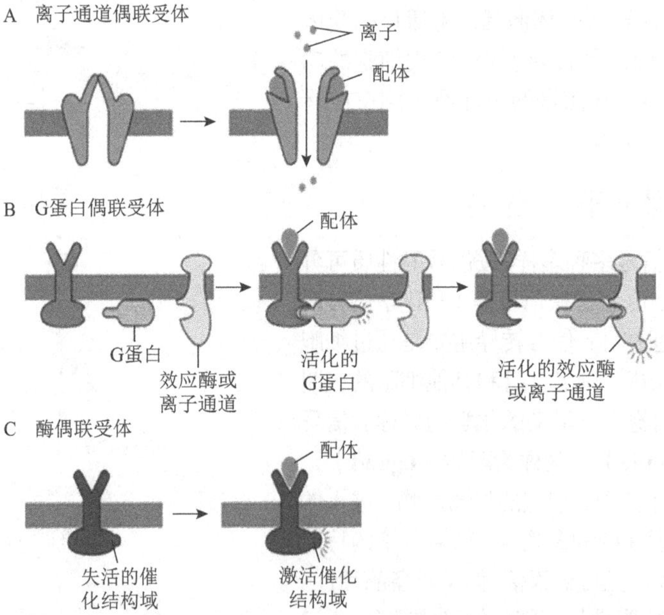

图 11-3　细胞表面受体的主要类型

2）**G 蛋白偶联受体（G protein-coupled receptor，GPCR）**：是位于质膜上的 7 次跨膜糖蛋白，其肽链可分为胞外区、跨膜区和胞内区 3 个区。GPCR 的胞外结构域负责识别结合胞外信号分子，胞内结构域负责与 G 蛋白结合（偶联）（图 11-3B）。不同的 GPCR 偶联不同的 G 蛋白，活化的 G 蛋白有些通过改变**腺苷酸环化酶（adenylate cyclase，AC）**、磷脂酶 C 等代谢酶的活性，从而使生成的第二信使的水平发生变化；有些活化的 G 蛋白可以调控离子通道的开闭，改变特定离子的胞内浓度，从而将细胞外信号跨膜传递到细胞内。

GPCR 是最大的一类细胞表面受体，也是信号传递最复杂的一类受体。在人类基因组中，有上千个 GPCR 基因，以超家族的形式存在。不同的 GPCR 有不同的糖基化模式。GPCR 感受的胞外信号种类繁多，包括光子、气味分子、糖蛋白、肽类、脂质、核苷酸、离子等。

3）**酶偶联受体（enzyme-linked receptor）**：是一类胞内结构域具有潜在的酶活性或胞内段与酶相联系的受体，可分为酪氨酸蛋白激酶受体和非酪氨酸蛋白激酶受体两大类。

A. 酪氨酸蛋白激酶受体也称**受体型酪氨酸激酶（receptor tyrosine kinase，RTK）**，是单次跨膜蛋白，其 N 端位于胞外区，为配体结合区；C 端位于胞质内，具有酪氨酸激酶功能区。未结合配体时，其酪氨酸激酶的活性很低。当配体与受体结合后，受体胞外结构域构象的改变引起胞内结构域构象发生变化，进而引起受体二聚体化，激活胞内侧的酪氨酸激酶活性，使二聚体化受体的酪氨酸残基发生自我磷酸化，从而把胞外信号转导到细胞内（图 11-3C）。

B. 非酪氨酸蛋白激酶受体包括酪氨酸激酶偶联受体（配体多为细胞因子）、受体丝氨酸/苏氨酸激酶、组氨酸激酶偶联受体、受体鸟苷酸环化酶和类受体酪氨酸去磷酸酶 5 类。其中，酪氨酸激酶偶联受体本身虽然没有酶活性，但当其与配体结合后，可结合胞内酪氨酸激酶并使其活化，通过使靶蛋白质磷酸化，引起细胞反应。

11.2.2.2　细胞内受体

细胞内受体是位于细胞质或细胞核中的受体，由于细胞质受体与相应配体结合后，也会转位进入细胞核，因此细胞内受体统称为**核受体（nuclear receptor，NR）**。一般将细胞质中的受体称为 Ⅰ 型核受体（NR-Ⅰ），将细胞核中的受体称为Ⅱ型核受体（NR-Ⅱ）。

受体与配体结合有以下几个特点。

1）高度专一性：受体与配体结合具有专一性，受体分子的立体构型是决定这一特点的关键。通常一种受体仅识别并结合一种配体，它们通过分子结构空间构象的互补相结合。

2）高度亲和力：受体与配体的结合力很强，极低浓度（通常≤10^{-8}mol/L）的配体即可与受体结合，并引起明显的生物效应。

3）可饱和性：受体与配体的结合有一个饱和度，通常情况下，低浓度的配体与受体结合，就可使受体处于饱和状态，过高的配体浓度并不能增加其结合量。

4）可逆性：受体与配体是非共价的可逆性结合。当结合引起生物效应后，受体与配体复合物就解离。受体重新恢复到原始状态，才能再与配体结合。

5）特定的作用模式：受体在细胞膜上或细胞内的分布，从数量到种类均有组织特异性，并表现出特定的作用模式，提示某些受体与配体结合后，能引起某种特定的生物学效应。不同类型的细胞对同一信号的反应不尽相同，这是由于细胞具有的受体蛋白存在差异，或者所触发的信号转导通路不同。

在多细胞生物体内，一个细胞实际上可能同时处于数百种信号的“轰炸”之下，这些信号可以形成数百万种不同的组合，不同类型的细胞所需求的生存信号组合是不同的。

11.2.3　第二信使

大多数肽类激素、神经递质和生长因子等水溶性信号分子，不能通过细胞膜直接进入细胞内，称为**第一信使（first messenger）**。这些水溶性的信号分子一般是通过与靶细胞的膜受体结合，经历信号转换机制，把胞外信号转变为细胞内的**第二信使（second messenger）**，从而诱发细胞对外界信号作出相应反应。第二信使是指第一信使和受体结合后，在胞内形成或向胞质释放的非蛋白质类的小分子物质，通过其浓度的升高或者降低应答胞外信号。在信号传递中，第二信使通过作用于靶酶、非酶类靶蛋白或胞内受体，将信号进一步放大，向下游传递。

第二信使大致可分为 3 类：①环核苷酸：主要有环腺苷酸（cAMP）和环磷酸鸟苷（cGMP）两种。②脂类衍生物：主要包括二酰甘油（DAG）、1，4，5-三磷酸肌醇（IP_3）、神经酰胺和花生四烯酸等。③无机物：主要是离子和气体，包括 Ca^{2+}、NO、CO 和 H_2S 等。

第二信使的共性特征有：①在细胞中的浓度或分布可以迅速改变，既可以在短时间内迅速生成或者被释放，也可以在短时间内迅速灭活或者被贮存；②不位于能量代谢途径的中心；③阻断第二信使浓度的变化，可以阻断细胞对胞外信号的应答；④没有催化活性，作为变构效应剂与细胞内相应的靶蛋白结合。

对于通过细胞表面受体所介导的信号通路而言，除离子通道偶联受体本身作为离子通道而起效应器作用的情况之外，其他的信号通路首先要完成受体与配体结合后所诱发的信号跨膜转导，生成第二信使，再通过第二信使向下游传递信号，引发细胞的应答。

11.2.4　分子开关

在细胞信号转导过程中，通过激活机制或失活机制，精确控制细胞内一系列信号传递级联反应的蛋白质叫作**分子开关（molecular switch）**。分子开关分为两类：一类是开关蛋白（switch protein），其活性由蛋白激酶使其磷酸化而开启，由蛋白磷酸酶使其去磷酸化而关闭。许多由可逆磷酸化控制的开关蛋白自身具有蛋白激酶活性，在细胞内构成信号传递的磷酸化级联反应，通过改变靶蛋白的磷酸化状态，进而影响其活性（图 11-4A）；另一类是 GTP 结合蛋白（GTP-binding protein），分为异源三聚体 G 蛋白和单体 G 蛋白两大类，通常将异源三聚体 G 蛋白称为 **G 蛋白（G protein）**，将单体 G 蛋白称为小 G 蛋白（small G protein）。G 蛋白结合 GTP 时活化，能够向下游传递信号，当结合 GDP 则失活，关闭信号传递功能（图 11-4B）。G 蛋白 GTP/GDP 结合状态的调节受到包括鸟苷酸交换因子（guanine nucleotide exchange factor，GEF）、GTP 酶激活蛋白（GTPase activating protein，GAP）、鸟苷酸解离抑制蛋白（guanine nucleotide dissociation inhibitor，GDI）等多种蛋白质的调控。

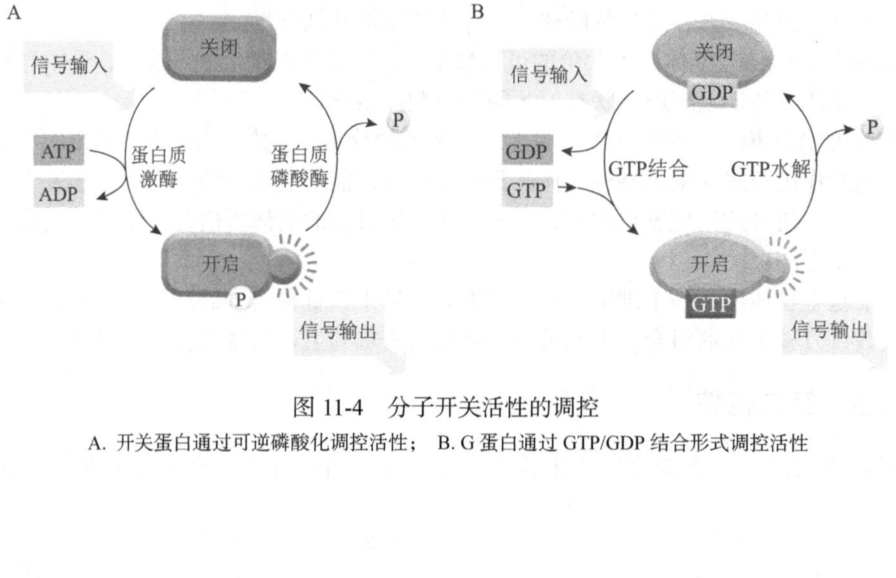

图 11-4　分子开关活性的调控

A. 开关蛋白通过可逆磷酸化调控活性；B. G 蛋白通过 GTP/GDP 结合形式调控活性

11.2.5　胞内信号转导分子的主要类型及其关系

根据功能的不同，胞内信号转导蛋白主要分为以下几种类型（图 11-5）。

（1）传承蛋白　负责把信号传递给信号传递链上相邻的下游信号蛋白，如 G 蛋白等。

（2）信使蛋白　把信号从细胞内的一个亚区传递到另一个亚区，如蛋白激酶 A（protein kinase A，PKA）可将信号从细胞质传递到细胞核。

（3）衔接蛋白　自身没有酶活性，但可以同时结合信号传递链中的上、下游信号蛋白，通过变构效应激活下游分子。衔接蛋白的结构基础是含有蛋白质相互作用结构域，功能是募集和组织信号传递复合物。大部分衔接蛋白含有 2 个或 2 个以上的蛋白质相互作用结构域，因此可以同时与 2 种以上的信号蛋白结合。目前已知的介导蛋白质相互作用的结构域已有近 50 种，以下仅举数例。

1）**SH2 结构域（Src homology 2 domain）**：由约 100 个氨基酸残基组成，特异性地识别 RTK 磷酸化的酪氨酸残基，以及 C 端的 3～5 个氨基酸残基（此位点的序列通常为 pYxxγ，其中 pY 代表磷酸化酪氨酸，x 代表任意氨基酸，γ 代表疏水氨基酸）。在人基因组中有上百个 SH2 结构域蛋白，它们具有相似的三维结构。如转录因子 STAT 含有 SH2 结构域。

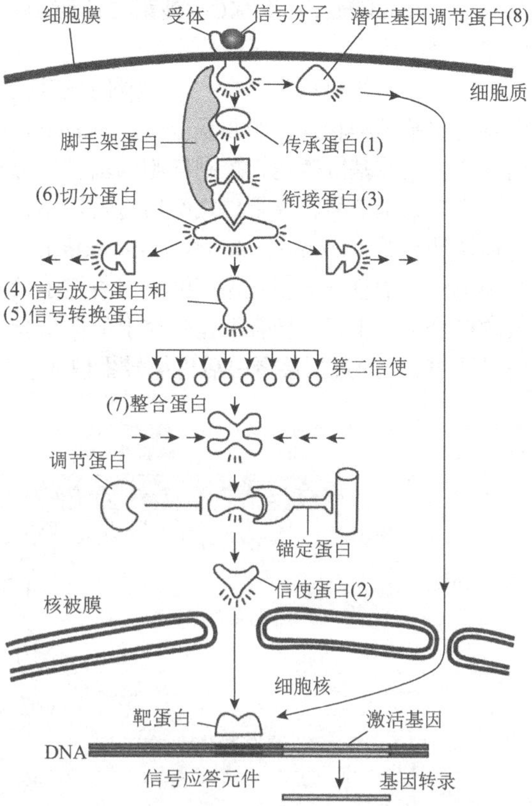

图 11-5　信号传递过程中各组分之间的关系

2）**SH3 结构域（Src homology 3 domain）**：由 50 个氨基酸残基组成，能识别和结合蛋白质中富含脯氨酸的序列（R/KxxPxxP 或 PxxPxR/K），如衔接蛋白 Grb2 含有 2 个 SH3 结构域和 1 个 SH2 结构域。

3）PH 结构域（pleckstrin homoloey 3 domain）：由 120 个氨基酸残基组成，可以与磷脂酰肌醇衍生物（PIP_2 或 IP_3）、PKC 及 G 蛋白的 βγ 亚基等结合，如蛋白激酶 BTK 同时含有 PH 结构域、SH2 结构域和 SH3 结构域。

4）PTB 结构域（phosphotyrosine binding domain）：由 120 个氨基酸残基组成，与 SH2 结构域功能类似的是，其也可以识别一些含磷酸化酪氨酸的位点，如细胞骨架蛋白 tensin 含有 PTB 结构域和 SH2 结构域。

（4）信号放大蛋白　通常是酶或离子通道，功能是放大所接收的信号，生成大量的第二信使或激活大量下游的信号转导蛋白，介导产生信号级联反应（cascade），如腺苷酸环化酶（AC）和**鸟苷酸环化酶（guanylate cyclase，GC）**。

（5）信号转换蛋白　作用是把一种信号转换成另一种形式的信号。有时信号转换和放大可由同一蛋白完成，如 AC 可催化 cAMP 的生成，在完成信号转换的同时，cAMP 的大量生成也实现了信号的放大。

（6）切分蛋白　将信号从一条信号通路传播到多条信号通路，如磷脂酶 Cβ（phospholipase Cβ，PLCβ）活化后，催化生成 2 种第二信使，使信号分别向下游传递。

（7）整合蛋白　接收两条或多条信号通路的信号，合并输出为一条信号通路，如蛋白激酶 C（protein kinase C，PKC）被第二信使 DAG 和 Ca^{2+}浓度增加的信号激活后，磷酸化靶蛋白传递信号。

（8）潜在基因调节蛋白　当细胞表面受体被激活后，这类蛋白质直接迁移至细胞核内，引发特定基因的转录，如 β 联蛋白（β-catenin）是钙黏蛋白复合物的亚基，不仅参与细胞黏着，而且通过调节基因表达，控制细胞的增殖、分化和凋亡等过程。

许多细胞信号转导蛋白之间通过特定结构域相互作用，这些结构域在进化上高度保守，称为**模块结合域（modular binding domain）**。通过模块结合域之间特异地识别结合，信号蛋白之间形成一个复杂的相互作用网络，决定了信号传递的途径。如图 11-6 所示，含有 SH2 结构域的信号蛋白 1 识别结合活化受体上的磷酸化的酪氨酸残基，被激活后，进一步将信号传递给信号蛋白 2，通过衔接蛋白活化信号蛋白 3，进一步将信号向下游传递。

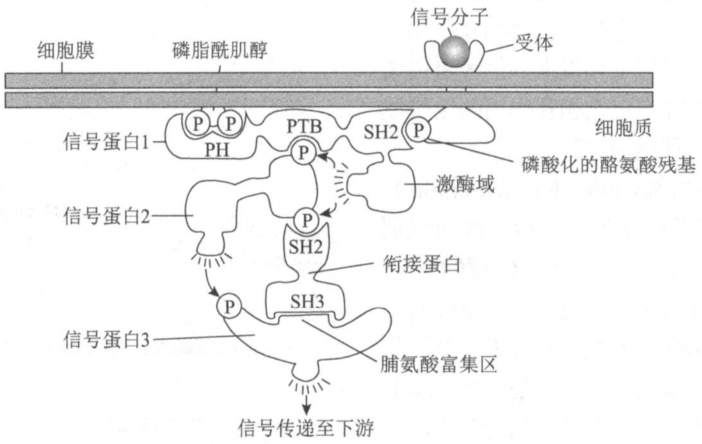

图 11-6　模块结合域在信号传递中的作用方式

11.3　细胞内受体介导的信号通路

细胞内受体多为转录因子，在与相应配体结合后活化，进而与靶基因启动区上的顺式作用元件结合，在转录水平调节靶基因的表达，实现对配体信号的应答。细胞内受体一般都含有 3 个功能结构域：配体结合域、DNA 结合域或抑制蛋白结合位点、转录激活域（图 11-7A）。

细胞内受体的配体通常是脂溶性小分子，在没有信号分子的情况下，细胞内受体往往与有抑制作用的蛋白质（如热激蛋白）结合，阻止受体与 DNA 的结合。当脂溶性的信号分子如类固醇激素、甲状腺素、视黄酸和维生素 D 等，自由透过细胞膜进入细胞内，与位于细胞质或者细胞核内的特定受体识别结合，形成激素-受体复合物，受体被活化，进而结合于特定的 DNA 元件，调控靶基因的表达，从而改变细胞的代谢和生理活动（图 11-7B）。细胞内受体通常以单体或者同源、异源二聚体的形式与 DNA 元件结合。另有一些细胞内受体可结合胞内产生的信号分子（如细胞应激反应中产生的胞内信号分子），直接激活效应分子或通过一定的信号转导途径激活效应分子。

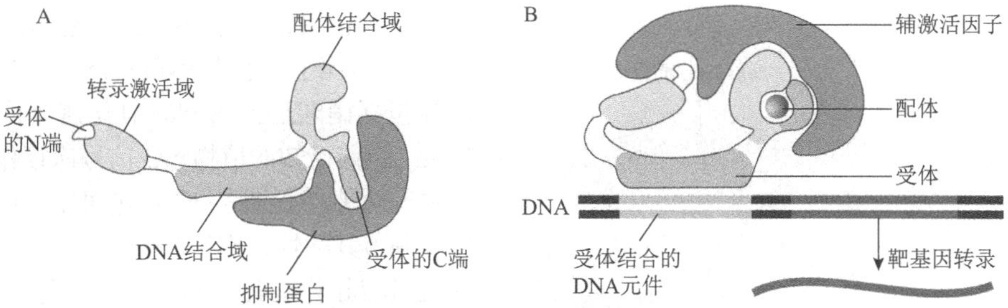

图 11-7　核受体及其作用模型（引自翟中和等，2011）
A. 失活的核受体；B. 活化的核受体

细胞内受体调节靶基因转录有 4 种不同的基本作用模式：①脂溶性信号分子结合于核受体及其辅激活因子，所形成的复合物活化，经核孔转移到细胞核，复合物结合至靶基因启动子上的 DNA 元件，调节靶基因的转录；②受体结合配体激活后，进一步招募其他转录因子，通过其他转录因子与靶基因上游调控区上的 DNA 元件结合，调节转录；③受体也可以因细胞表面受体活化后或被 Cdk 蛋白激酶等激活，调节靶基因的转录；④活化的受体以单体的形式结合到特定的 DNA 元件上，调节靶基因的转录。

细胞内受体介导的信号转导不仅通过调节靶基因的表达，控制细胞增殖、生长和分化、个体发育、代谢等多种生物学过程，而且与糖尿病、脂肪肝等疾病的发生发展密切相关。

11.4　气体信号分子 NO 介导的信号通路

一氧化氮（NO）是第一个被发现的气体信号分子，它的独特之处在于既可以作为胞外信号，介导细胞间的通信，又可以作为第二信使在细胞内发挥作用。NO 是一种具有自由基性质的分子，可以通过细胞膜快速扩散进入相邻的靶细胞。NO 的半衰期很短，仅 2～30s，只能在组织中局部扩散，被氧化为硝酸根或者亚硝酸根而清除。Furchgott、Ignarro 及 Murad 证实 NO 作为信号分子可以引起血管平滑肌舒张，由于这项研究他们获得了 1998 年诺贝尔生理学或医学奖。

在动物体中，NO 的生成细胞包括血管内皮细胞和神经细胞，由一氧化氮合酶（NO synthase，NOS）催化精氨酸分解生成。

在血管内皮细胞中，当乙酰胆碱（ACh）、缓激肽等信号分子与细胞表面受体结合后，引起胞质中 Ca^{2+}浓度的短暂升高，激活了多种酶，其中包括 NOS。NOS 催化精氨酸分解为瓜氨酸和 NO。作为气体分子，NO 从内皮细胞扩散进入邻近的平滑肌细胞，通过与平滑肌细胞内的**鸟苷酸环化酶（guanylate cyclase，GC）**活性中心的 Fe^{2+}结合，激活 GC。活化的 GC 催化 GTP 生成第二信使 cGMP。平滑肌细胞中 cGMP 水平升高，进一步激活蛋白激酶 G（protein kinase G，PKG），通过 PKG 磷酸化特定的蛋白，引起血管平滑肌的舒张和血管扩张（图 11-8）。

临床上，硝酸甘油常用于冠心病、心绞痛的治疗，一般 2～3 min 就能发挥作用。这是由于硝酸甘油在体内可快速产生 NO，启动 NO 信号通路，激活平滑肌和其他组织的鸟苷酸环化酶，增加第二信使 cGMP 的合成，进而激活 PKG，通过对不同蛋白磷酸化的调节，扩张血管，缓解心肌缺血、缺氧的症状。此外，由神经细胞产生的 NO 在参与大脑的学习记忆生理过程中也有重要作用。

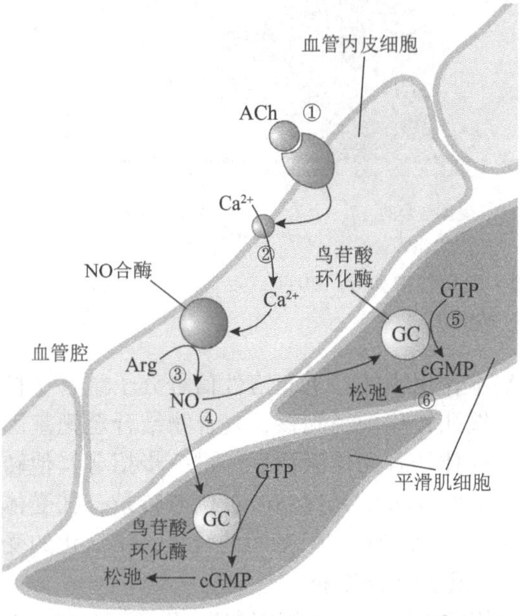

图 11-8　NO 引发血管平滑肌舒张的作用机制
（引自 Karp，2010）

①细胞表面受体被激活；②Ca^{2+}内流；③NOS 合成释放 NO；④NO 从内皮细胞扩散入相邻的平滑肌细胞；⑤GC 被 NO 激活，催化产生 cGMP；⑥cGMP 水平提高，平滑肌细胞中 Ca^{2+} 下调，引起平滑肌舒张，血管扩张

植物也可以产生 NO，但是与动物产生 NO 的途径不同。植物体负责产生 NO 的酶促途径包括硝酸还原酶和一氧化氮合成酶两条途径。目前已知的植物 NO 信号途径作用方式主要有两种：一种是 NO 通过对靶蛋白亚硝基化以调节其活性，靶蛋白包括 Metacaspase 9、甲硫氨酸腺苷基转移酶 1、细胞色素 c 氧化酶等多种酶；另一种是 NO 通过激活内质网膜、线粒体膜上的 Ca^{2+}通道，提高胞质中 Ca^{2+} 浓度，进而激活 Ca^{2+}的应答蛋白，如 Ca^{2+}依赖性的蛋白激酶（CDPK）、**丝裂原激活蛋白激酶（mitogen activation protein kinase，MAPK）**、Ca^{2+}敏感的 Cl^-、K^+通道等，从而引发相应的生物学效应（图 11-9）。

NO 信号转导途径也可通过负反馈调节被关闭，包括血红蛋白（Hb）、亚硝基谷胱甘肽还原酶（GSNOR）对 NO 的清除，以及刺激 NO 合成的胞外 Ca^{2+}流入量的减少。自从 1998 年首次证实 NO 参与植物的抗病作用以来，已有研究证明 NO 作为信号分子参与种子萌发、开花、衰老等生长发育过程，以及生物与非生物胁迫应答等过程。

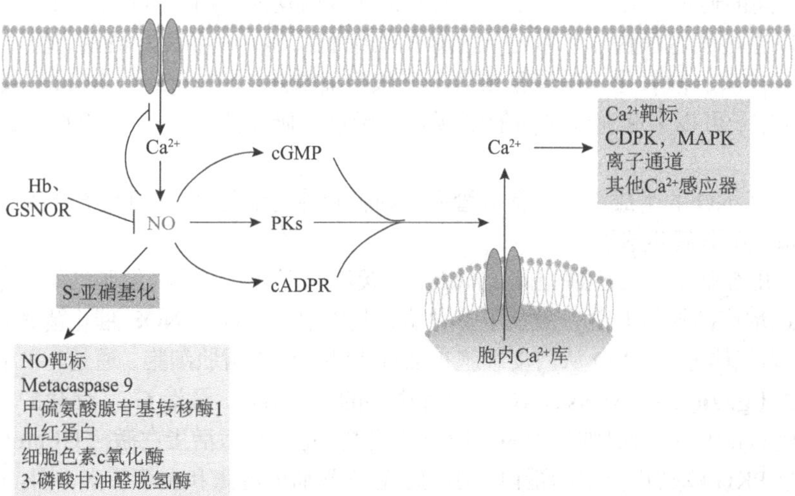

图 11-9　植物中 NO 信号转导途径示意图（引自 Besson-Bard et al.，2008）

NO 信号通路在药物研发中的应用

心力衰竭（heart failure，HF）也称为心衰，是指因心脏负荷过重或心肌受损等导致心脏泵血量不能满足全身组织基本代谢需要的综合征，主要表现为呼吸困难、疲劳乏力、活

动受限、下肢水肿等，并面临着随时可能出现死亡或住院的风险。心衰是各种心脏疾病的终末阶段。根据 2019 年中国心力衰竭蓝皮书报告，推算心衰患者高达 650 万～875 万。

NO-sGC-cGMP 途径是内皮功能和心肌能量代谢的主要调节机制，具有抗纤维化、扩张血管、抗心肌肥厚、抑制血小板聚集、维持内皮细胞功能等作用。但是在心衰病理生理条件下，患者体内的氧化应激和内皮功能障碍降低了 NO 的生物有效性和 sGC 活性，cGMP 的合成减少，使 NO-sGC-cGMP 信号通路受损，导致患者发生心肌功能障碍和心肌重构，并形成恶性循环，致使心衰进展及加重。

2022 年 5 月，维立西呱（Vericiguat）获我国药监部门批准上市，为心衰治疗提供了新的选择。维利西呱是可溶性鸟苷酸环化酶 sGC（soluble guanylate cyclase）的激动剂，作用机制是通过活化 NO-sGC-cGMP 通路，提高第二信使 cGMP 的水平，从而松弛平滑肌、扩张血管，改善心肌和血管功能，使功能减退的心肌再次恢复强有力的泵血能力，并通过全身和肺血管舒张减少心脏负荷，达到“强心”和治疗心衰的效果。该药物可预防甚至可逆转左心室肥厚和纤维化（图 11-10）。维利西呱的研发历经了 30 年的探索，这也是第一个干预 NO-sGC-cGMP 信号通路研发的心衰治疗药物，有可能在多机制共同治疗或突破心衰治疗瓶颈中发挥重要作用，从而改变心衰治疗的格局。

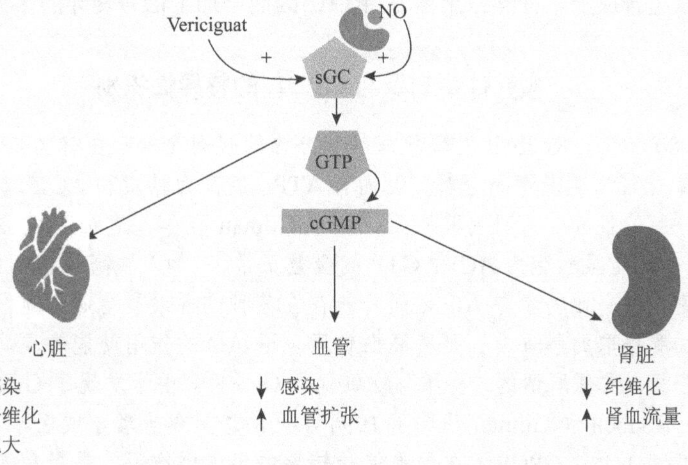

图 11-10　Vericiguat 对人体心血管和肾的影响

11.5　细胞表面受体介导的信号通路

大多数细胞信号转导途径都是从细胞外信号分子与细胞表面受体的相互作用开始的，这样的受体有多种类型，同一类型受体所介导的信号转导途径有许多共同之处。

11.5.1　G 蛋白偶联受体信号转导通路

11.5.1.1　G 蛋白偶联受体和 G 蛋白

几乎所有的 GPCR 在结构上都含有 7 个 α 螺旋疏水区段形成的跨膜区，其中的第 5 和第 6 个跨膜螺旋之间形成的胞内环含有 G 蛋白的结合位点。当来自胞外的配体结合到 GPCR 的配体结合位点上时，引发 GPCR 胞内段构象改变，进而结合并活化 G 蛋白，然后再通过 G 蛋白来激活下游的信号分子或者效应酶，引起细胞生物学功能的改变。

在G蛋白偶联受体信号转导通路中，与GPCR偶联的G蛋白是分子质量约为100 kDa的异三聚体，由α、β、γ三种亚基组成。G蛋白的α亚基（简称G_α）分子质量为39～46 kDa，在各种G蛋白的亚基中，α亚基差别最大，因此G_α就被用作G蛋白的分类依据。G_α结构的共同特点是都有7个特化位点，包括：受体结合活化的位点、βγ亚基结合的位点、靶蛋白结合位点、GDP/GTP结合位点、GTP酶的活性位点、ADP糖基化位点和毒素修饰位点等。在胞内，β和γ亚基总是结合在一起。在细胞处于静息状态下时，与α亚基结合形成三聚体，定位于细胞膜内侧；当细胞应答胞外信号，G蛋白被活化后（由GDP结合形式转变为GTP结合形式），随即解离成两部分：游离的G_α和$G_{\beta\gamma}$（βγ二聚体），分别与下游的信号蛋白发生相互作用，传递信号。以往认为组成G蛋白的βγ亚基在信号转导过程中的重要性不及α亚基，但越来越多的证据显示，βγ亚基不仅是G蛋白实现功能所必不可少的，而且对于调节G蛋白的活性具有重要意义，G蛋白激活后，游离出来的βγ亚基也可直接激活细胞膜上的离子通道或胞内的效应酶。

对G蛋白分类主要依据它们的效应分子或对细菌毒素的敏感性，例如将能激活AC的G蛋白称为G_s，将对AC有抑制作用的G蛋白称为G_i，此外，还有G_o、G_t、G_q和G_{olf}等类型。目前已分离鉴定了20多种α亚基，β和γ亚基亦有数种（$\beta_{1\sim4}$等4个亚基和$\gamma_{1\sim5}$、γ_7等6个亚基），理论上它们可以组合成上千种异三聚体G蛋白，因而增加了信号转导的多样性。

G蛋白及与GPCR的特异性识别

20世纪80年代，Rodbell发现胰岛细胞分泌的胰高血糖素在有ATP参与下，能通过腺苷酸环化酶（AC）刺激糖原分解，但拥有ATP、胰高血糖素和AC三要素并不一定能达到刺激糖原分解的目的。为研究其原因，他与Gilman合作，建立了G蛋白突变细胞系。结果发现，突变细胞虽然胞内AC和GTP的含量正常，但加入胰高血糖素仍不能激活AC。据此他们推测在胰高血糖素与AC之间可能存在某种“桥梁”物质。他们在突变细胞中加入来自正常细胞提取的膜蛋白，则胰高血糖素刺激AC的作用就能表现。经过对加入的膜蛋白的纯化分析，发现所谓的“桥梁”物质就是G蛋白。由于发现了G蛋白在细胞信号转导中的作用，Rodbell和Gilman获得了1994年度的诺贝尔生理学或医学奖。

G蛋白偶联受体（GPCR）在细胞信号转导中起重要作用，是多种疾病的重要治疗靶标。与细胞外不同的信号结合后，GPCR通过招募不同的G蛋白，构成多种信号通路，介导对胞外信号的应答，因此GPCR和特定G蛋白之间的选择性偶联，对于其生物学作用至关重要。那么，单个GPCR是如何识别不同G蛋白亚型的呢？

为了解决这个问题，2020年中国科学院上海药物研究所、复旦大学和上海科技大学等研究机构的研究人员利用冷冻电镜（cryo-EM）技术解析出人胰高血糖素受体（GCGR）与它的同源激动剂和不同类型的G蛋白（G_s或G_i）结合在一起时的三维结构。研究结果表明，GCGR中的细胞内环和残基侧链的构象差异决定了对G蛋白的选择性。GCGR的第二个细胞内环（ICL2）和螺旋Ⅶ/Ⅷ接头促成的相互作用在G_s偶联中起关键作用，而GCGR的其他两个细胞内环（ICL1和ICL3）及其疏水性细胞内结合腔对于G_i识别更为重要。这一研究首次提供了GPCR与不同G蛋白亚型之间相互作用模式的详细分子图，并且揭示了许多调控G蛋白特异性的分子特征，从而极大地加深了对GPCR信号转导机制的理解，也为药物发现提供了新的机会。

11.5.1.2　G 蛋白偶联受体信号转导的基本过程

G 蛋白偶联受体（GPCR）介导的信号转导可通过不同的途径，产生不同的生物学效应，基本过程大致包括以下几个阶段。

1）配体结合并激活受体：配体与 GPCR 结合，导致受体构象改变而激活。但是当胞外配体的浓度降至一定水平，配体即与受体解离，受体回复到无活性状态，停止信号传递。

2）G 蛋白活化及 G 蛋白循环：通过一定的机制，G 蛋白在活性和非活性状态之间连续转换，称为 G 蛋白循环，主要有以下几个步骤（图 11-11）。

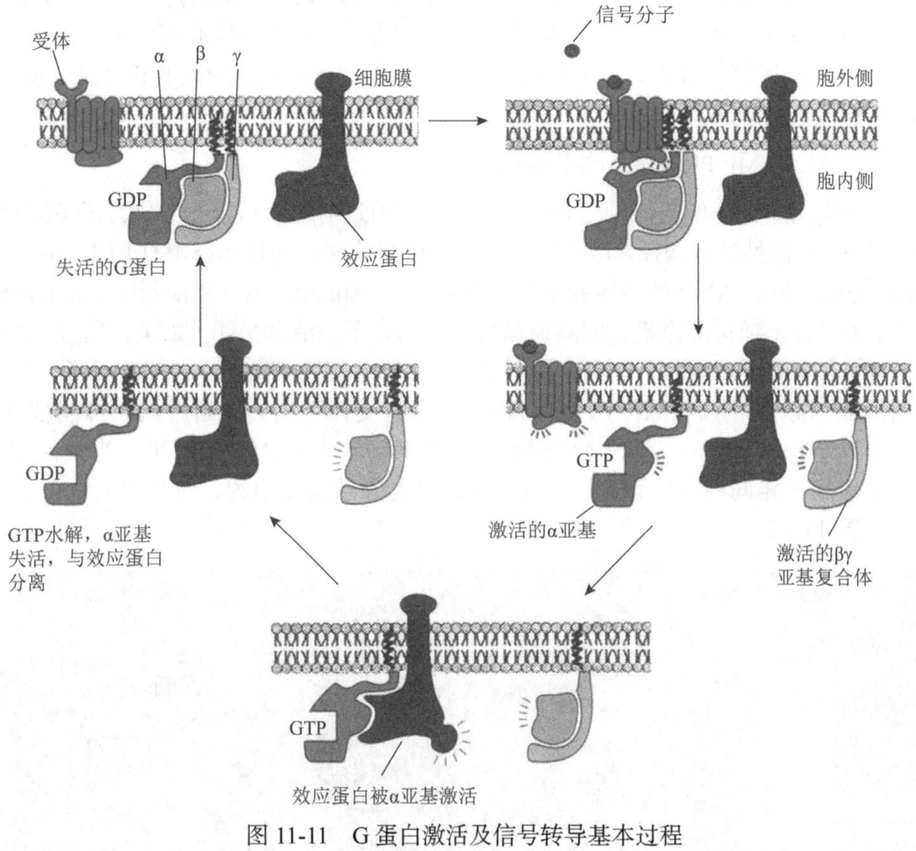

图 11-11　G 蛋白激活及信号转导基本过程

受体-配体结合激活 G 蛋白：GPCR 激活后，暴露出与 $G_α$ 结合的位点，使激素-受体复合物与 G 蛋白结合，$G_α$ 上结合的 GDP 被 GTP 取代，G 蛋白被活化。G 蛋白活化信号的传递：活化的 G 蛋白解离出结合 GTP 的 α 亚基（$G_α$-GTP）及 βγ 二聚体，分别作用于各自的下游信号分子，传递信号。G 蛋白的失活：G 蛋白激活状态维持时间很短，只有十多秒。当受体与配体的信号解除时，$G_α$-GTP 复合物中的 GTP 迅速水解为 GDP，结合 GDP 的 α 亚基（$G_α$-GDP）失活，重新与 βγ 二聚体结合，形成处于 GDP 结合状态的、无活性的异源三聚体 G 蛋白

3）G 蛋白激活下游效应分子：活化的 G 蛋白激活的下游信号分子（效应蛋白）包括酶和离子通道，通过改变效应蛋白的构象，激活或者抑制其活性。不同的 α 亚基活化后作用于不同的效应分子（通常是酶），如腺苷酸环化酶（AC）、磷脂酶 Cβ（PLCβ）。βγ 二聚体也能激活一些效应蛋白（通常是离子通道），如激活 K^+通道。

4）第二信使的产生及分布变化：被 G 蛋白激活的效应蛋白，如效应酶可以催化产生第二信使。如果激活的 $G_{αs}$ 与效应酶 AC 结合，AC 被激活，从而催化 ATP 生成 cAMP，使胞内 cAMP 水平升高；如果活化的效应酶是 PLCβ，则催化产生两种第二信使分子：IP_3 和 DAG。

5）第二信使激活蛋白激酶，磷酸化底物蛋白：第二信使作用于相应的蛋白激酶，使蛋白激酶构象发生改变而活化。蛋白激酶通过对特定蛋白质（靶蛋白）的磷酸化，改变其生物学活性和功能，这些特定蛋白质包括一些与代谢相关的酶、与特定基因表达相关的转录因子和细胞骨架蛋白等，通过这些蛋白质活性、功能的改变产生特定的生物学效应。此外，有的第二信使则涉及调节离子通道的开闭，控制离子浓度。例如，内质网膜上 IP_3 门的 Ca^{2+} 通道开启，导致胞内 Ca^{2+} 水平迅速提高。

根据信号转导中产生的第二信使和效应蛋白的不同，可将 G 蛋白偶联受体活化后的效应分为 3 类：①激活离子通道，如心肌细胞上 M 型乙酰胆碱受体活化后，激活 G 蛋白，从而开启 K^+ 通道。②激活或抑制 AC，改变第二信使 cAMP 的水平。③激活磷脂酶 Cβ（PLCβ），同时生成 IP_3 和 DAG 两种第二信使。下文分别以 AC-cAMP-PKA 途径和 PLCβ-IP_3/DAG 途径为例，介绍 GPCR 信号转导通路。

11.5.1.3　AC-cAMP-PKA 信号转导途径

在以 cAMP 为第二信使的信号转导途径中，受体通过与配体结合被活化，再激活 G 蛋白，进而对效应酶 AC 活性进行调控，改变细胞内 cAMP 的水平，通过 cAMP 作用于下游的效应蛋白，引起细胞的应答。cAMP 信号转导途径分为激活型（stimulatory）和抑制型（inhibitory）两种，激活型信号分子如肾上腺素、胰高血糖素等，结合于激活型受体（R_s），通过偶联激活型 G 蛋白（stimulatory G-Protein，G_s），激活 AC 的活性，提高细胞中 cAMP 的水平；抑制型信号分子例如前列腺素 E1、腺苷等，则结合于抑制型受体（R_i），通过偶联抑制性 G 蛋白（inhibitory G-protein，G_i），抑制 AC 的活性，降低细胞中 cAMP 的水平。当激活型信号和抑制型信号作用于相同的效应蛋白——AC 时，两类信号相互制约，使胞内 cAMP 水平保持动态平稳（图 11-12）。

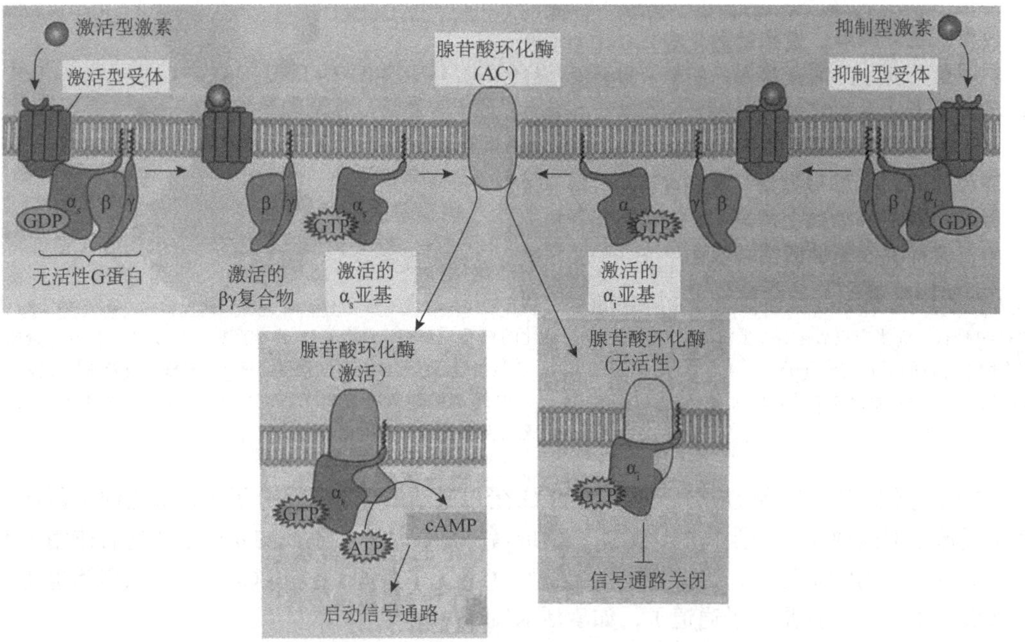

图 11-12　激素诱导的腺苷酸环化酶的激活与抑制示意图

AC 是 cAMP 信号转导途径的效应酶，是位于细胞膜上的 12 次跨膜蛋白，目前已发现 6 种亚型。在静息状态下，胞内 cAMP 浓度很低（≤5×10^{-8} mol/L），但当细胞应答信号，G_α激活后，cAMP 含量迅速升高，可达 10^{-6}mol/L。细胞中 cAMP 的清除是通过多种磷酸二酯酶（phosphodiesterase，PDE）的催化，将其水解为 5′-AMP 完成的。

在绝大多数真核细胞中，cAMP 的作用都是通过活化 cAMP 依赖性蛋白激酶 A（protein kinase A，PKA），进而磷酸化底物蛋白，改变细胞的生物学效应。无活性的 PKA 由 4 个亚基组成，包括 2 个调节亚基和 2 个催化亚基。当 cAMP 与 PKA 的调节亚基结合后，导致调节亚基与催化亚基分离，游离的 PKA 催化亚基表现出激酶活性，对靶蛋白中的丝氨酸/苏氨酸残基进行磷酸化修饰。PKA 的靶蛋白非常广泛，被磷酸化后不仅引起细胞代谢迅速的变化，而且涉及基因表达的调控。例如，细胞质中糖原磷酸化酶激酶被 PKA 活化后，调节糖原的分解；激活的 PKA 还可以进入细胞核，对 cAMP 应答元件结合蛋白（cAMP response element binding protein，CREB）等转录因子进行磷酸化，并使之活化，从而启动特定基因的表达（图 11-13）。在不同的组织中，由于 PKA 的底物大不相同，因此 cAMP 的作用因细胞类型而异，主要涉及糖原的合成或分解、蛋白质的合成或分解、脂肪酸氧化、染色质的凝集、细胞的分泌反应等。

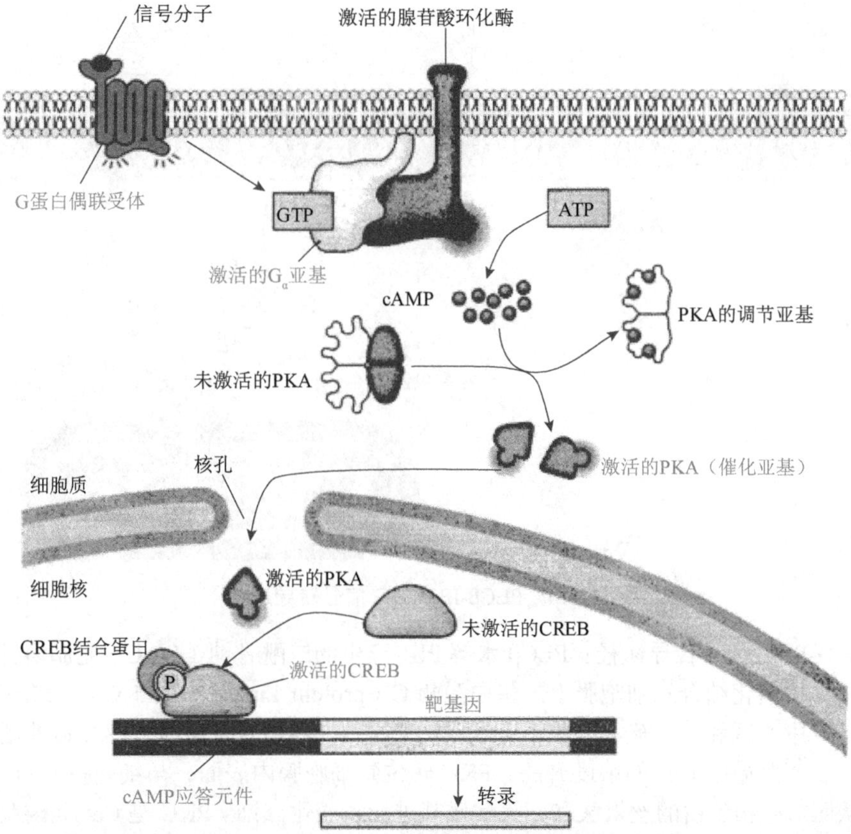

图 11-13　cAMP 水平升高引起的基因转录过程示意图

以肾上腺素作用于骨骼肌细胞为例，当骨骼肌细胞内 cAMP 水平升高时，激活了 PKA。在胞质中，PKA 磷酸化胞质中糖原磷酸化酶激酶，从而促进糖原分解，PKA 还能磷酸化糖原合成酶，抑制葡萄糖合成糖原，最终导致血糖升高。活化的 PKA 可以入核，调控糖异生相关酶编码基因的表达，促进葡萄糖的合成。

在信号转导中，蛋白质的磷酸化和去磷酸化是最简便又十分快捷的反应方式，激素结合在受体上仅几秒钟后就会发生。在人类基因组中，编码蛋白激酶和蛋白磷酸酶（磷酸水解酶）的基因都有上千种之多，约有 1/3 信号分子的活化形式是蛋白质磷酸化。相比之下，通过第二信使调节基因表达则是一个缓慢过程，这一过程常需几分钟甚至几小时。

11.5.1.4　PLCβ-IP_3/DAG 信号转导途径

有些来自胞外的信号分子，如神经递质（如毒蕈碱型乙酰胆碱）、多肽激素（如促甲状腺素释放素）、生长因子（如血小板生长因子）与 GPCR 结合之后，通过 G 蛋白的偶联，活化的效应酶是磷脂酶 Cβ（PLCβ），该酶催化细胞膜上的磷脂酰肌醇-4，5-二磷酸（phosphatidylinositol-4，5-biphosphate，PIP_2）水解生成**二酰甘油（diacylglycerol，DAG）**和肌醇-1，4，5-三磷酸（inositol 1，4，5-triphosphate，IP_3）两个重要的第二信使，分别激发两个既独立又互相协调的信号转导途径，即 DAG-PKC 和 IP_3-Ca^{2+}信号转导途径，这一信号系统也称为磷脂酰肌醇信号转导途径或“双信使系统（double messenger system）”（图 11-14）。

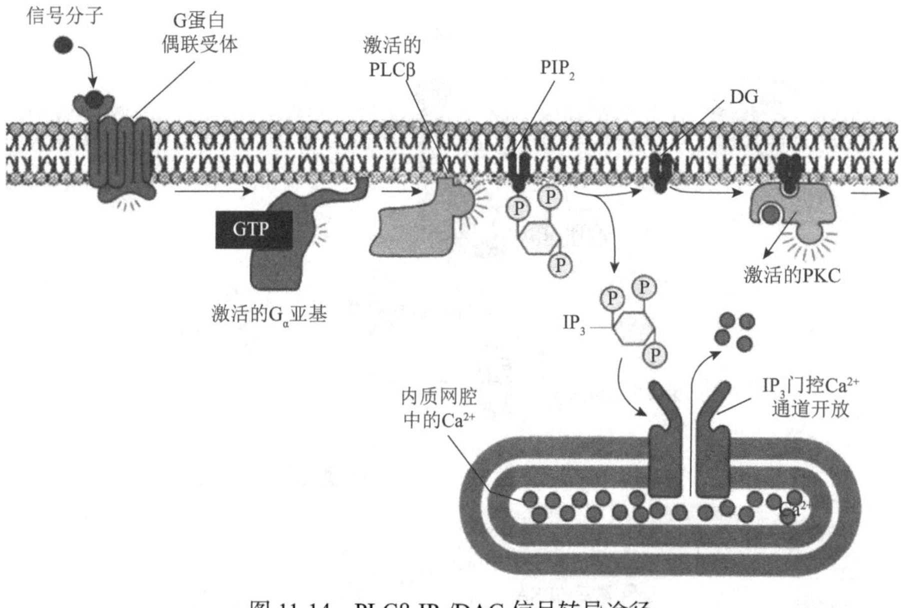

图 11-14　PLCβ-IP_3/DAG 信号转导途径

1）DAG-PKC 信号转导途径：PLCβ 水解 PIP_2 产生的二酰甘油（DAG）是脂溶性的，结合于细胞膜上，可活化结合到细胞膜上的蛋白激酶 C（protein kinase C，PKC）。PKC 有一个亲水的催化活性中心区和一个疏水的膜结合区。在未受到外界信号刺激时，PKC 以非活性形式存在于胞质中，当胞质中 Ca^{2+}的浓度升高，PKC 转位到细胞膜内表面，与细胞膜上 DAG 结合并被活化，从而对底物蛋白的丝氨酸和苏氨酸残基进行磷酸化修饰。PKC 是 Ca^{2+}和磷脂酰丝氨酸依赖性酶，具有广泛的作用底物（如膜蛋白和多种酶），参与众多生理过程，既包括许多细胞“短期生理效应”，如肌肉收缩、细胞分泌等，又涉及调节细胞增殖与分化等“长期生理效应”。在许多细胞中，PKC 的活化可增强特定基因的转录。已知至少有两条途径：①PKC 活化 MAPK 蛋白激酶级联反应，MAPK 磷酸化并活化基因调控蛋白 Elk1，与 SRF 共同结合在血清应答元件 SRE 上，增强特定基因的转录；②PKC 的活化导致转录因子抑制蛋白如 I-κB 的磷酸化，从而释放出被抑制的转录因子 NF-κB。NF-κB 入核后，与相应的基因调控序列结合，激活特定基因的转录（图 11-15）。

2）IP_3- Ca^{2+}信号转导途径：IP_3生成后，迅速扩散到胞质中，与内质网上的 IP_3 门控 Ca^{2+}通道结合，开启 Ca^{2+}通道，将储存在内质网腔内的 Ca^{2+}迅速释放到胞质中，使胞质中游离 Ca^{2+}的浓度瞬时提高，不仅激活以钙调蛋白（calmodulin，CaM）为代表的 Ca^{2+}应答蛋白，而且可与 DAG 协同激活 PKC，从而引起细胞广泛的应答。

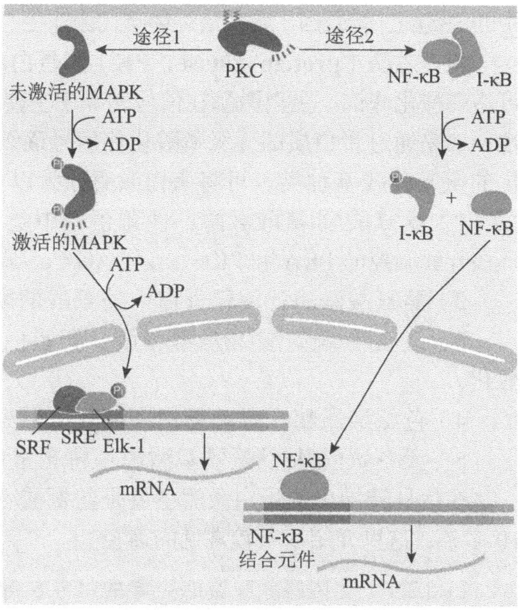

图 11-15　活化的 PKC 激活基因转录的两条信号转导途径（引自翟中和等，2011）

细胞质中 Ca^{2+}浓度的升高可由多种不同信号引发，以 GPCR 为例，至少有 3 种途径引起细胞内 Ca^{2+}浓度升高：①某些 G 蛋白活化后，可以直接激活细胞膜上的 Ca^{2+}通道，引起 Ca^{2+}内流；②在 cAMP-PKA 途经中，PKA 通过磷酸化作用激活 Ca^{2+}通道，促使 Ca^{2+}流入细胞质；③IP_3/DAG-PKC 途经中，IP_3 和 PKC 都可以促使细胞质内 Ca^{2+}浓度升高。胞质 Ca^{2+}浓度升高，最终都能活化 Ca^{2+}/CaM 依赖的蛋白激酶途径这一特定的信号通路。

一般情况下，Ca^{2+}不能直接作用于靶蛋白，而是通过 Ca^{2+}应答蛋白间接发挥作用。真核细胞中普遍存在的 Ca^{2+}应答蛋白是钙调蛋白（CaM），CaM 含有 4 个 Ca^{2+}结合结构域，每个结构域可以结合 1 个 Ca^{2+}。当胞质内 Ca^{2+}浓度低时，CaM 不易结合 Ca^{2+}，此时 CaM 无活性；随胞内 Ca^{2+}浓度升高，CaM 可结合不同数目 Ca^{2+}，形成 Ca^{2+}/CaM 复合物而被活化，进而激活多种 Ca^{2+}/CaM 依赖的蛋白激酶，例如糖原磷酸化酶激酶、钙调素依赖性激酶（Cal-PK）Ⅰ～Ⅲ等。这些活化的蛋白激酶磷酸化各自的底物蛋白，改变细胞的生理活动，主要涉及物质代谢、肌肉收缩、神经递质的合成与释放、细胞分泌、细胞分裂等过程。

在细胞内，由 Ca^{2+}探针检测到的 Ca^{2+}通道快速释放 Ca^{2+}时，探针的荧光瞬间产生而又消失的区域被称作**钙火花（calcium spark）**。钙火花是细胞钙信号转导的一个基本单位，当内质网“钙释放单位”（含 50～300 个簇状排列的 Ca^{2+}通道）激活时，细胞质游离 Ca^{2+}浓度局部瞬间增高，产生钙火花。钙火花的直径约 2μm，体积 8×10^{-15}L。在短短的 10ms 内，细胞中某一微区 Ca^{2+}探针 Fluo-3 的荧光强度骤升一倍，随后又在 20ms 内消失。对钙信号基本单元钙火花的研究，将钙信号作用原理的单一性与其调控和功能的复杂性统一了起来。快速变化的钙信号与肌肉收缩、神经递质传递、激素分泌等生理过程直接相关，而不同的钙信号组合在基因表达、细胞凋亡及受精作用等长时程的生物学过程中，都发挥着重要作用。对钙火花激活、协同和终止机制等方面的研究具有非常重要的生理学与病理学意义。

11.5.2　酶偶联受体信号转导途径

酶偶联受体与配体结合后，可激发受体本身的酶活性或者激发受体偶联酶的活性，使信号继续向下游传递。与 G 蛋白偶联受体信号转导途径不同，酶偶联受体胞内信号转导的主要特征是磷酸化级联反应（phosphorylation cascade），通过激活胞内蛋白激酶，进而以磷酸化方式活化代谢途径中的关键酶、转录因子等，最终影响代谢途径、细胞运动，调节基因表达、细胞增殖和分化等。

蛋白激酶（protein kinase，PK）和蛋白磷酸酶（protein phosphatase，PP）催化蛋白质的可逆磷酸化修饰。蛋白激酶在信号转导中主要作用有两个方面：一是通过磷酸化调节蛋白质活性；二是通过蛋白质的逐级磷酸化使信号逐级放大，引起细胞反应。根据其底物蛋白被磷酸化的氨基酸残基种类，可将蛋白激酶分为以下 5 类。

1）丝氨酸/苏氨酸激酶：使靶蛋白中丝氨酸/苏氨酸的羟基被磷酸化。这类激酶包括受环核苷酸调控的 PKA 和 PKG，受 DAG/Ca^{2+}调控的 PKC 及 MAPK 等。

2）酪氨酸激酶：使靶蛋白中酪氨酸的酚羟基被磷酸化。

3）组氨酸/赖氨酸/精氨酸激酶：靶蛋白中的组氨酸、赖氨酸或精氨酸的碱性基团被磷酸化。

4）色氨酸激酶：以靶蛋白中的色氨酸残基作为磷受体。

5）天冬氨酰基/谷氨酰基激酶：将靶蛋白中特定的酰基做为磷受体。

在信号转导中的蛋白激酶主要是丝氨酸/苏氨酸激酶和酪氨酸激酶，所涉及的信号通路有 10 多条，这里介绍 3 条较常见的途径。

11.5.2.1　受体酪氨酸激酶介导的信号转导途径

受体酪氨酸激酶（RTK）又称酪氨酸蛋白激酶受体，是最大的一类酶偶联受体，主要存在于动物细胞中。与 RTK 结合的配体主要有多种生长因子、胰岛素等。

（1）RTK 的结构与活化

1）RTK 的结构：已发现的 RTK 超过 50 种，主要包括表皮生长因子受体家族、血小板衍生生长因子受体家族、胰岛素受体家族等 7 个亚族（图 11-16）。这类受体大多为单次跨膜糖蛋白，N 端位于胞外，为配体结合部位，含有免疫球蛋白样的结构或者富含 Cys 结构域；C 端位于胞内，具有酪氨酸激酶结构域，并具有自我磷酸化的位点。

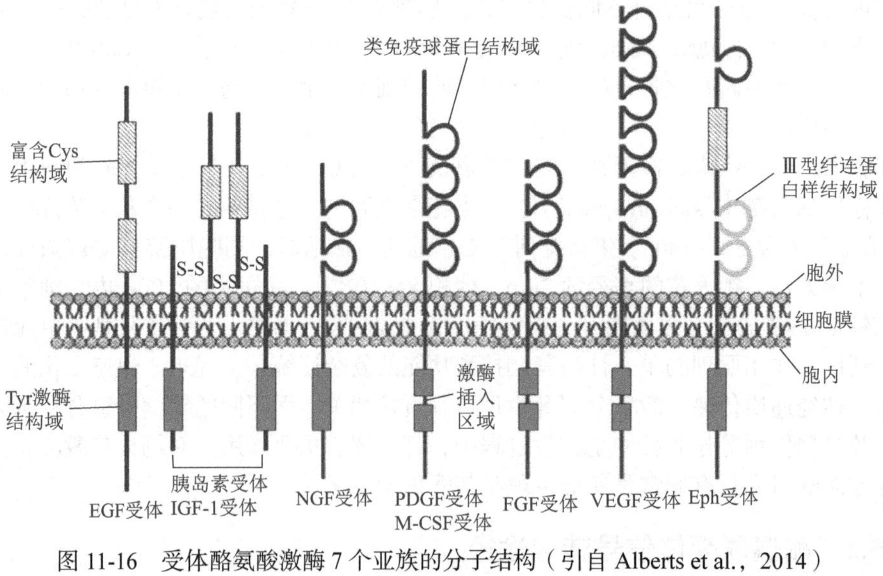

图 11-16　受体酪氨酸激酶 7 个亚族的分子结构（引自 Alberts et al.，2014）

EGF. 表皮生长因子（epidermal growth factor）；IGF-1. 胰岛素样生长因子 1（insulin-like growth factor1）；NGF. 神经生长因子（nerve growth factor）；PDGF. 血小板衍生生长因子（platelet-derived growth factor）；M-CSF：巨噬细胞集落刺激因子（macrophage colony-stimulating factor）；FGF. 成纤维细胞生长因子（fibroblast growth factor）；VEGF. 血管内皮细胞生长因子（vascular endothelial growth factor）；Eph. 肝配蛋白（ephrin）

2）RTK 的活化：RTK 为催化型受体，当配体与受体胞外部分结合后，相邻两个受体会迅速靠近，形成二聚体，有些受体则可以形成多聚体（如胰岛素受体家族为四聚化）。二聚体化的受体其胞内部分发生构象变化，激活自身的酪氨酸激酶活性，导致 RTK 胞内结构域的酪氨酸残基发生自我磷酸化，或者二聚体相互磷酸化，以及对底物蛋白磷酸化。但是当配体和 RTK 分离后，受体又重新恢复到无活性的单体状态。

RTK 的靶蛋白很多，其中一些是酶，还有些则是衔接蛋白，如生长因子受体结合蛋白 2（Grb2），作用是将活化的 RTK 与信号通路中其他的信号分子联系起来。这些 RTK 的靶蛋白在结构上都有 SH2 结构域，可以和 RTK 磷酸化的酪氨酸位点结合（图 11-17）。

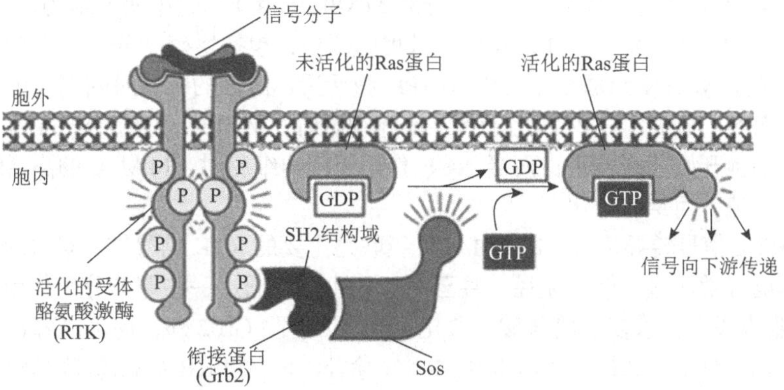

图 11-17　激活的 RTK 与衔接蛋白、Ras 在信号转导中的联系

（2）RTK 信号转导途径　与 RTK 结合的信号蛋白有些是作为 RTK 的底物被磷酸化而激活，有些则是衔接蛋白，分别启动不同的信号途径，其中了解最多的是 RTK-Ras-MAPK 级联反应信号转导途径。

1）RTK-Ras-MAPK 级联反应信号转导途径：在不同的细胞中，促分裂原活化的蛋白激酶（mitogen-activated protein kinase，MAPK）途径的信号通路的组分以及诱导的细胞应答有所不同，其中了解最清楚的是 Ras-MAPK 途径（图 11-18），可介导多种生长因子、细胞因子、淋巴细胞抗原受体和整合素等信号。当 RTK 与配体结合，形成二聚体并进一步活化形成的 RTK 磷酸化的酪氨酸位点，可以被含有 SH2 结构域的蛋白，诸如 Grb2 等识别结合。Grb2 还具有两个 SH3 结构，该结构域可以结合 Sos 分子中的富含脯氨酸的序列，因而 Grb2 进一步将 Sos 活化。Sos 是一种鸟苷酸交换因子（guanine nucleotide exchange factor，GEF），当 Sos 活化后，可以结合并激活信号通路中开关分子 Ras，促进

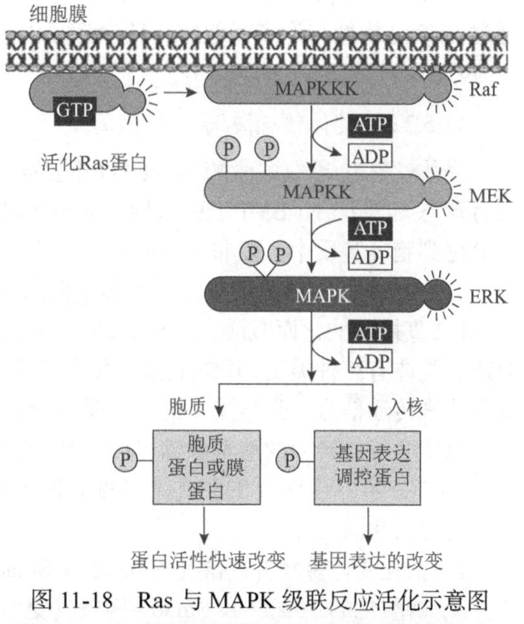

图 11-18　Ras 与 MAPK 级联反应活化示意图

RTK-Ras-MAPK 级联途径可概括为如下模式：胞外信号→RTK 二聚体化和自身磷酸化→ Grb2→Sos→ Ras 与 GTP 结合并活化 →MAPKKK（Raf）活化→MAPKK（MEK）被磷酸化并活化→MAPK（ERK）被磷酸化并活化→进入细胞核→其他激酶或基因调控蛋白（转录因子）被磷酸化并活化 → 相关基因转录→产生多种效应

其释放 GDP，转变为结合 GTP 的活性形式，向下游传递信号（图 11-17）。

Ras 活化后，其下游的信号蛋白丝氨酸／苏氨酸特异性蛋白激酶 Raf 被活化。Raf 是 MAPK 信号途径的最上游组分，活化后可引发蛋白质磷酸化级联反应。MAPK 信号途径包括 MAPKKK（MAPKK 激酶）、MAPKK（MAPK 激酶）、MAPK（丝裂原激活蛋白激酶）。这是一组酶兼底物的蛋白质分子，通过逐级磷酸化，活化的 MAPK 可以在细胞质或转位至细胞核内，激活多种效应蛋白，参与调控细胞的生长、发育、分化、凋亡等过程（图 11-18）。

MAPK 级联是由高度保守的蛋白激酶家族组成的。在哺乳动物中，迄今已发现的 MAPKKK 至少有 20 种（如 Raf、MEKK 家族、MLK 家族），MAPKK 有 7 种（如 MEK 家族、MKK 家族），MAPK 至少有 11 种（如 ERK 家族、p38 MAPK 家族）。其中研究最为深入的 MAPK 级联是 Raf-MEK-ERK，涉及对多种重要生理过程的调控，包括增殖、分化、发育、细胞周期、细胞凋亡等。位于 MAPK 级联最下游的 MAPK 激活后，活性的维持时间以及细胞应答的特点因配体的差异而异。例如，EGF 作用于神经前体细胞时，MAPK 活性在 5min 就达到峰值，随后迅速下降，细胞开始分裂增殖；而当 NGF 作用于同样细胞时，MAPK 的高活性可维持数小时，细胞停止增殖，而走向分化。

2）其他 RTK 信号转导途径：Ras-MAPK 级联是主要的 RTK 信号转导途径之一。此外，许多单跨膜受体也可激活这一信号途径，甚至 GPCR 也可以通过一些调节分子作用于这一途径。由于 RTK 的胞内段存在着多个酪氨酸磷酸化位点，因此除 Grb2 外，还可以募集其他含有 SH2 结构域的信号转导分子，如形成 PLCβ-IP_3-DAG 途径、PI3K-PKB（Akt）等其他信号途径。在由磷脂酰肌醇-3-激酶（PI3K）和蛋白激酶 B（PKB）共同构成的信号途径中，PKB 的活化，可磷酸化多种靶蛋白，产生广泛效应，如改变细胞代谢、细胞骨架重组、促进细胞存活等，还可通过 SH2 结构域与许多其他信号转导途径中的蛋白质相互作用，形成多种信号通路之间的串话（cross-talk）。

11.5.2.2　受体丝氨酸/苏氨酸激酶介导的信号转导途径

受体丝氨酸/苏氨酸激酶感受的胞外信号是转化生长因子 β（TGF-β），TGF-β 家族分为 TGF-β 和骨形态发生蛋白（BMP）亚家族，人类中被鉴定的成员接近 40 个。TGF-β 由动物细胞合成并分泌到胞外基质中，以非活性的形式储存。

TGF-β 受体介导的信号转导中最重要的下游信号分子是转录因子 Smad，当受体活化后，Smad 被直接磷酸化而激活，入核后调节基因表达，因而此途径也称为 TGF-β-Smad 信号通路。TGF-β 受体有三种类型，其中Ⅰ型和Ⅱ型激活后都具有丝氨酸/苏氨酸蛋白激酶活性，可将 Smad 磷酸化来传递信号，Ⅲ型受体的功能是结合富集成熟的 TGF-β，促进信号传递。

TGF-β 信号转导的基本步骤可以归纳为以下几点（图 11-19）。

1）TGF-β 结合两个Ⅰ型受体和两个Ⅱ型受体，形成异源复合物，受体构象改变，完成自我磷酸化并活化。

2）活化受体募集并磷酸化 Smad2 或 Smad3。

3）磷酸化的 Smad2 和 Smad3 构象改变，与 Smad4 结合形成三聚体，暴露出 Smad 上的核定位信号，从而被识别转运至细胞核内。

4）Smad 复合物与其他的基因调节蛋白结合，作用于靶基因启动区上的 TGF-β 应答元件，调控器官发育和组织分化等基因的转录。

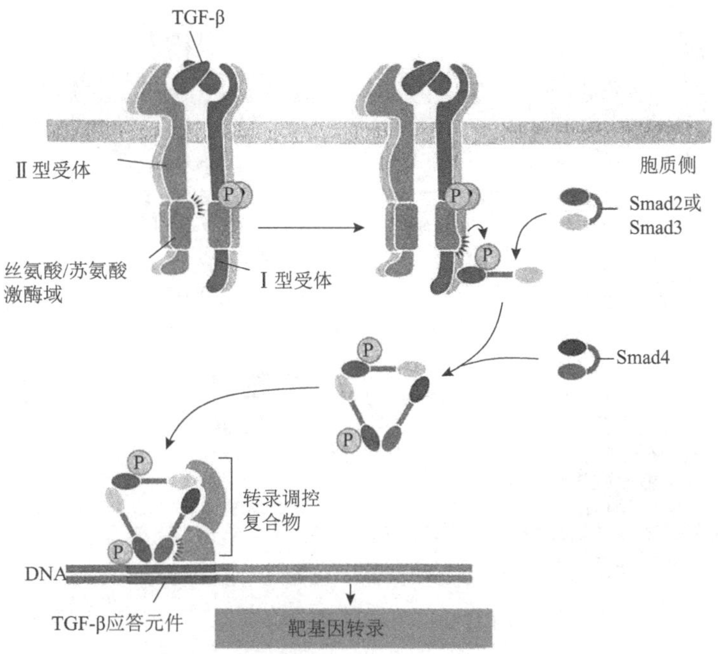

图 11-19 TGF-β 激活受体丝氨酸/苏氨酸激酶介导的信号转导途径（引自 Albets et al.，2014）

TGF-β-Smad 信号通路影响免疫系统的多种细胞，对机体的细胞免疫和体液免疫具有广泛作用。不仅在发育过程中调节细胞的增殖、分化及凋亡，而且在创伤愈合、细胞外基质的形成、骨重建、免疫调节中有重要作用。该信号通路的异常与人类的胚胎发育异常、免疫性疾病、心血管疾病、组织纤维化和肿瘤等有关。

11.5.2.3 酪氨酸激酶偶联受体介导的信号转导途径

酪氨酸激酶偶联受体（tyrosine kinase-linked receptor）感受的胞外信号大多为细胞因子，如白细胞介素（interleukin，IL）、干扰素（interferon，IFN）等，所以这类受体又称为细胞因子受体（cytokine receptor）。这类受体的结构和活化机制类似 RTK，但这类受体本身没有酶活性，在与配体结合后，受体经二聚体化，需要与胞质中的非受体酪氨酸激酶，如各种 Src 家族激酶和 janus 激酶（janus kinase，Jak）相偶联，才能进行后续的受体活化。

当细胞因子结合于酪氨酸激酶偶联受体后，受体二聚化，导致受体胞内段富含脯氨酸的基序与 Jak 结合，Jak 结合到配体-受体复合物上之后，相邻受体偶联的 Jak 可以互为底物，将对方的酪氨酸残基磷酸化，Jak 因此被活化，进而引起受体自身离细胞膜较远区域的酪氨酸残基磷酸化。这些酪氨酸磷酸化的位点可作为与其他含有 SH2 结构域的下游信号蛋白的识别和锚定位点，其中最重要的一类下游信号蛋白是信号转导及转录活化因子（signal transducer and activator of transcription，STAT），Jak-STAT 途径是细胞因子信息在胞内传递的最重要的一条途径。

不同的酪氨酸激酶偶联受体关联不同的 Jak 和 STAT 分子，以干扰素-α（IFN-α）为例，所激活 Jak-STAT 途径的主要步骤为以下几点（图 11-20）。

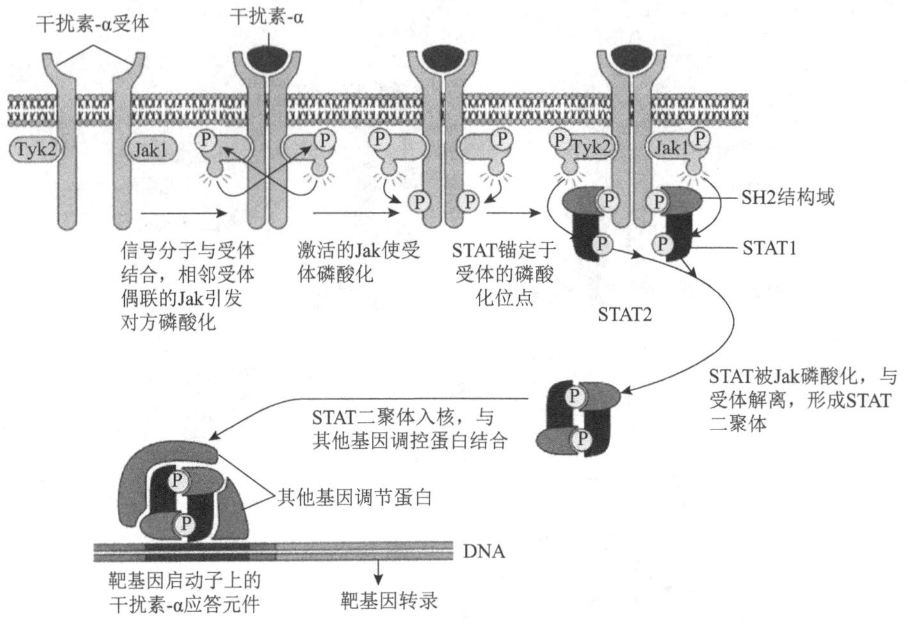

图 11-20　Jak-STAT 信号通路

1）IFN-α 结合受体，并诱导受体形成同源二聚体。

2）二聚体化的受体与 Jak 结合，Jak1 和 Tyk2（一种 Jak）成为相邻蛋白，从而相互磷酸化，使 Jak 活化，并将受体自身离质膜较远区域的酪氨酸残基磷酸化，受体被激活，招募 STAT1 和 STAT2 与其结合。

3）Jak 将 STAT 磷酸化，磷酸化的 STAT 分子从受体复合物中解离。

4）磷酸化的 STAT 依靠 SH2 结构域结合形成同源二聚体，转移到核内，与其他基因调控蛋白结合到靶基因启动区上 IFN-α 应答元件上，调控靶基因的转录。

Jak-STAT 信号通路对细胞的增殖、分化、迁移、凋亡有重要的调节作用，该信号通路的异常，与人类免疫亢进或低下相关疾病、糖尿病等慢性炎症、各种肿瘤的发生有关。

11.5.3　依赖于受控蛋白水解的信号转导途径

细胞上还存在一类既不偶联 G 蛋白或酶，本身也无酶活性的信号转导途径，其信号转导的特点是在外来信号分子作用下，引起某个潜在基因调控蛋白（latent gene regulatory protein）的受控蛋白水解（regulated proteolysis），从而调节靶基因的表达。这类信号途径包括 Wnt、NF-κB、Notch 和 Hedgehog 等，它们在胚胎发育中扮演着极为重要的角色，敲除任何一种此类基因的小鼠，均会在胚胎期或出生时死亡。下面简要介绍两种常见的此类信号转导途径。

11.5.3.1　Wnt 信号转导途径

Wnt 是一组富含半胱氨酸的分泌性糖蛋白，可作为局部信号分子。Wnt 的膜受体是卷曲蛋白（frizzled，Fz），是与 GPCR 相似的 7 次跨膜蛋白，Fz 通过胞外 N 端富含半胱氨酸的结构域直接与 Wnt 结合，与另一个辅助性受体 LRP（LDL receptor-related protein，LRP）共同形成复合物。

当没有 Wnt 信号时（图 11-21A），β 联蛋白在支架蛋白 Axin 介导下与酪蛋白激酶 1（casein kinase 1，CK1）和糖原合成酶激酶 3（glycogen synthase kinase 3，GSK3）形成胞质复合物，并

先后被复合物中的 CK1 和 GSK3 磷酸化，磷酸化的 β 联蛋白受到泛素化修饰，被蛋白酶体识别和降解，造成胞内 β 联蛋白的缺乏，使得 Wnt 调控靶基因不能表达；当胞外存在较高水平的 Wnt 信号时（图 11-21B），Wnt 与 Fz、LRP 结合后，激活一种被称为 dishevelled 的蛋白质，进而促使含有 GSK3 和 β 联蛋白的胞质蛋白复合物解离，从而使未磷酸化的 β 联蛋白在胞质中积累，游离的 β 联蛋白转位到细胞核内，取代转录抑制因子 Groucho，并与具有双向调节作用的 T 细胞转录因子（T cell factor，TCF）结合，调节特殊靶基因的表达。

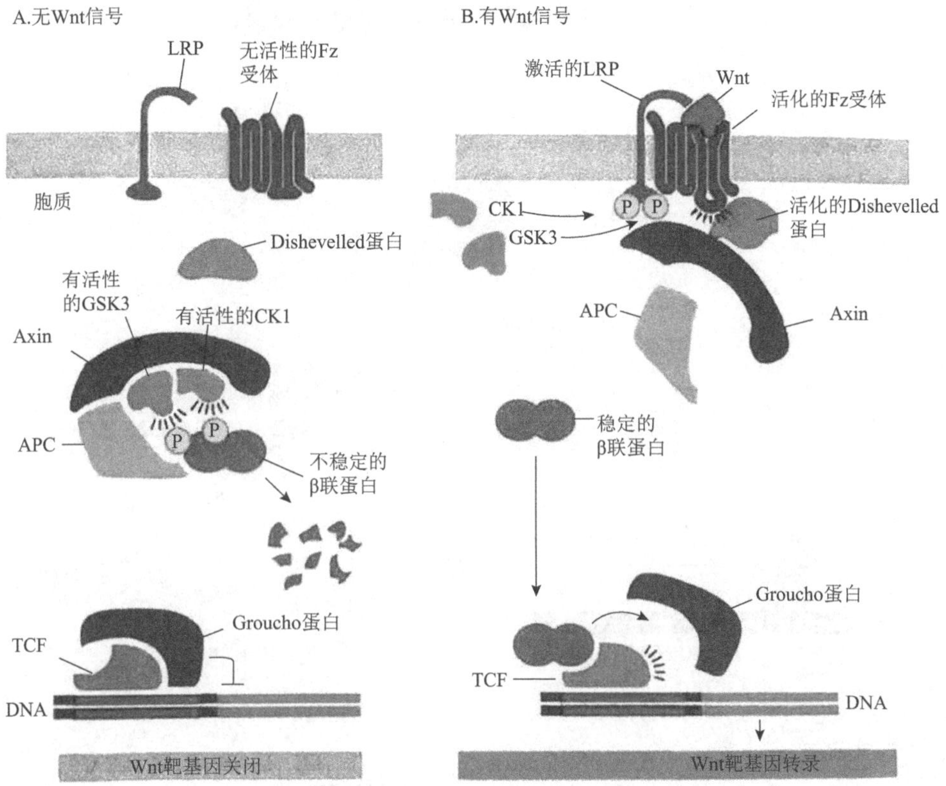

图 11-21　Wnt 信号通路

Wnt 信号途径对于多细胞动物的胚胎分化、胚胎轴向确立、组织器官形成与平衡、干细胞更新与分化至关重要，人类该信号转导途径的失调常与肿瘤发生、神经系统退行性疾病、骨质疏松、心血管疾病的发生发展有关。

11.5.3.2　NF-κB 信号转导途径

NF-κB 是最早在 B 细胞中发现的一种转录因子，因能够与免疫球蛋白 κ 轻链基因的上游增强子序列特异性结合而得名，所调控的靶基因众多。例如，在多种免疫系统细胞中，受 NF-κB 激活转录的基因有 150 多种，主要是参与炎症反应的细胞因子、趋化因子。

在静息细胞中，NF-κB 与抑制性蛋白 I-κB（inhibitory kappa B，I-κB）结合，NF-κB 的核定位信号被 I-κB 掩盖，因而被封闭在胞质中。当细胞应答胞外信号，如肿瘤坏死因子 TNFα 与质膜上的受体结合后，引起受体胞质侧尾端结构域的重排，从而招募不同的衔接蛋白，激活蛋白激酶级联，引起后续蛋白激酶的依次磷酸化，其中包括 I-κB 激酶（I-κB kinase，IKK）。IKK

在结构上包括 1 个调节亚基 NEMO 和 2 个催化亚基 IKKα 和 IKKβ。IKK 活化后，进一步磷酸化 I-κB。磷酸化的 I-κB 通过泛素化途径降解，释放出的 NF-κB 暴露出核定位信号，转位进入细胞核内，与其他的辅激活蛋白共同调节靶基因的转录（图 11-22）。

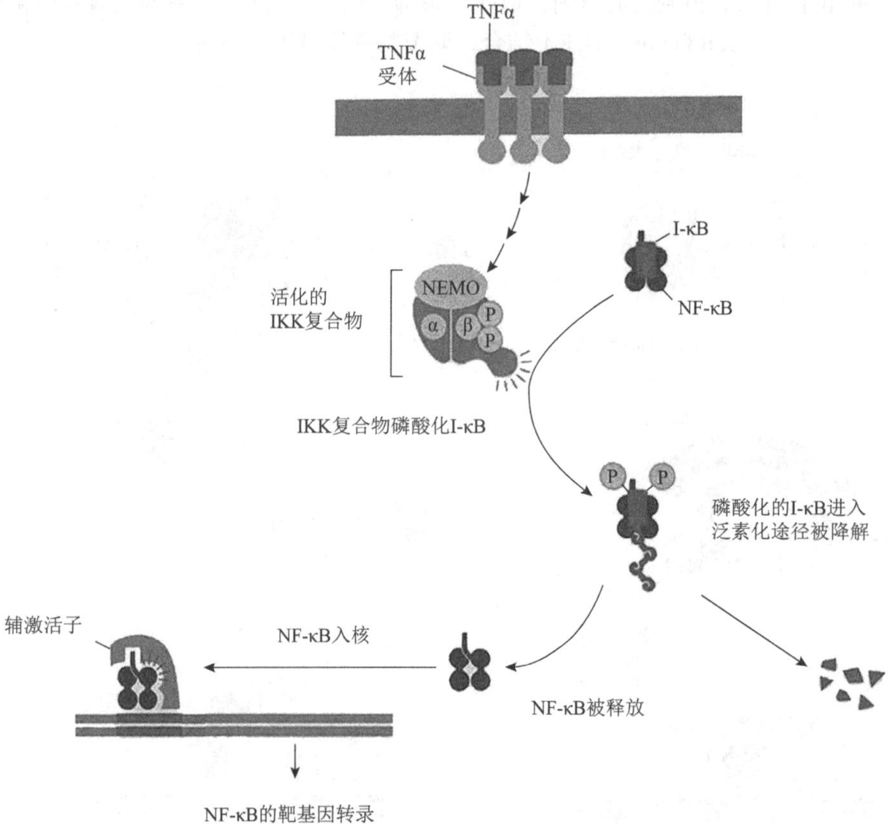

图 11-22　NF-κB 信号转导通路

经典的 NF-κB 在免疫反应中起着至关重要的作用，不仅可以调控免疫细胞的激活、T 淋巴细胞和 B 淋巴细胞的发育，还广泛参与机体的应激反应、炎症反应，并与细胞的增殖、分化和凋亡有密切关系。NF-κB 和细胞衰老、组织再生和修复，以及癌症干细胞及细胞代谢都有十分密切的关系。

11.6　植物细胞中的信号转导

植物体在整个生长发育过程中，要不断接受外界环境以及体内的各种信号，如光、温度、机械与伤害、病原侵染、内源激素等，这就需要植物体正确地识别各种信息，引发一系列的信号转导，并做出相应的反应，以确保正常的生长和发育。此外，植物的不可移动性使它难以逃避或改变环境。因此，通过接受环境变化信息，及时作出反应，调节植物自身适应环境才是其维持生存的唯一出路。

动物和植物之间的信号传递机制既具有相似性又有差别。已发现植物细胞表面受体也包括离子通道偶联受体、酶偶联受体和 G 蛋白偶联受体，其中与动物受体蛋白激酶同源的类受体蛋白激酶（receptor-like protein kinase，RLK）是目前在植物中发现的主要的、数量最大的一类。关于植物信号传递的分子机制多数来自对拟南芥的研究。已知拟南芥中没有 Wnt、Hedgehog、Notch、Jak/STAT、TGF-β、Ras 及核受体家族的同源物。cAMP 不参与植物中胞内信号传递，但 cGMP 参与。尽管植物细胞通信中所用的特异分子经常不同于动物中所用的分子，但普遍原则通常相似。

11.6.1　植物激素信号转导通路

植物激素作为植物体内的痕量信号分子，可以自由扩散通过细胞壁，局部发挥作用，也可以通过汁液运输以影响更远的细胞。植物激素对于调节植物的各种生长发育过程和环境的应答具有十分重要的意义。在植物激素信号转导研究方面，激素受体的鉴定与功能研究是近年来的热点，生长素（auxin）、细胞分裂素（cytokinin）、赤霉素（gibberellin，GA）、脱落酸（abscisic acid，ABA）和乙烯（ethylene）五大经典植物激素的受体均已陆续发现，近年来对油菜素甾醇（brassinosteroid，BR）、茉莉酸（jasmonic acid，JA）、水杨酸（salicylic acid，SA）、独脚金内酯（strigolactone，SL）等植物激素家族新成员及其功能的研究也在不断深入。

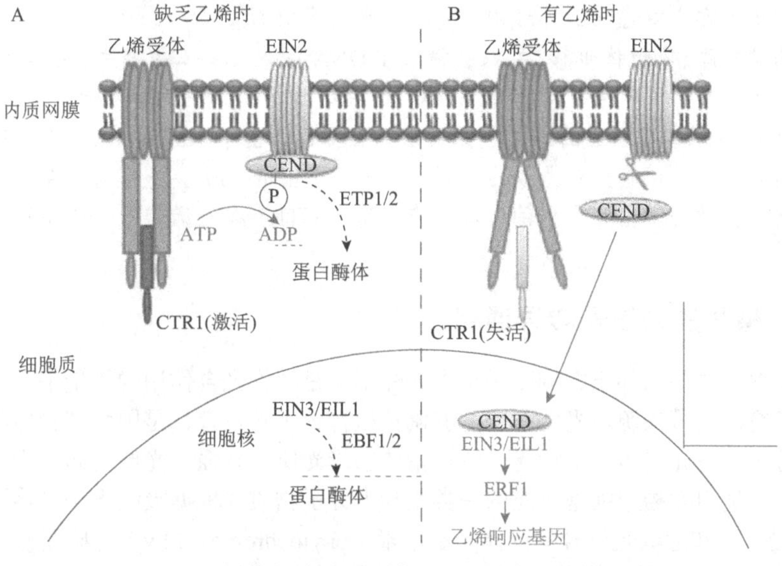

图 11-23　乙烯信号转导途径模式图（引自赵赫等，2016）

A. 缺乏乙烯时；B. 有乙烯时.

以乙烯信号通路为例，乙烯作为气体小分子能以多种方式影响植物生长发育及胁迫反应。植物有多种乙烯受体，常定位于内质网膜上，具有组氨酸激酶活性。通过对拟南芥突变体的研究，目前已经建立了以 EIN2 为核心的乙烯信号转导模型（图 11-23）。EIN2 是乙烯信号转导中的关键组分。该模型中，乙烯受体（ETR1、ERS、ETR2、EIN4 和 ERS2）位于内质网膜上，在没有乙烯的情况下，乙烯受体处于活化状态，可以激活 Raf 类激酶 CTR1。CTR1 是乙烯信号途径中的抑制因子，可以磷酸化位于内质网膜上的 EIN2 的 C 端结构域（C-terminal end of EIN2，CEND），然后 CEND 被 ETP1/2 识别，并送至蛋白酶体降解。因此，在没有乙烯的时候，CTR1 通过抑制 EIN2 使乙烯信号通路处于关闭状态。当存在乙烯时，乙烯与受体结合，使受体和 CTR1 失活，CTR1 对 EIN2 的磷酸化被抑制。EIN2 的 CEND 通过剪切从内质网膜脱落，一部分 CEND 进入细胞核，通过稳定 EIN3/EIL1 蛋白，进而活化 ERF 转录因子的表达，调控乙烯响应基因的表达。

乙烯信号转导中的“大反派”——CTR1

乙烯具有抑制茎的伸长生长、促进茎或根的增粗、引起叶柄和胚轴偏上生长的三重效应，参与了植物种子萌发、叶片衰老、果实成熟等生长发育过程。和大多数激素受体在信号转导通路中主要起正调控作用不同，乙烯受体家族实实在在地扮演了一回“大白脸”，它们的存在，抑制了乙烯的信号转导。在乙烯信号转导过程中还存在着和乙烯受体家族“狼狈为奸”的“大反派”CTR1。

通过对乙烯应答突变体的筛选，获得一种组成型乙烯功能缺失型突变体 *ctr1* 在空气中即可表现出明显的乙烯三重反应表型。分析表型的变化原因，可能是乙烯合成途径的基因突变，致使乙烯合成量增加，或者是乙烯信号转导通路中的基因突变，导致乙烯信号转导通路被激活。但是通过检测发现 *ctr1* 突变体的乙烯合成量和野生型相似，说明是信号通路异常引起的。对 *ctr1* 突变体各时期的生长状况统计后发现，突变体各个生长时期都表现出严重的组成型乙烯反应表型，如在空气中 *ctr1* 黄化苗即可表现出三重反应等；而当野生型拟南芥持续生长在含有乙烯的环境中，也会表现出类似的表型。

通过图位克隆、染色体步移，并结合筛选 T-DNA 插入突变体的方法，最终克隆了 *CTR1* 基因。对 CTR1 蛋白序列的分析表明，CTR1 蛋白 C 端具有保守的蛋白激酶结构域，与 Raf 家族的丝氨酸/苏氨酸蛋白激酶具有较高的序列相似性。由于 Raf 是 MAPK 级联的最上游激酶，推测 CTR1 也可能具有类似的机制。由于筛选出的 *ctr1* 突变体为单基因控制的隐性突变，且突变体又表现出组成型的乙烯反应，说明 CTR1 在乙烯信号通路中也发挥负调控的作用。

11.6.2 植物的光信号转导通路

对植物发育最重要的环境影响因子是光，光不仅是植物光合作用的能量来源，同时也是调控植物生长发育的信号来源。光之所以能够调控植物的生长发育，是因为植物体内存在感应光信号的信号分子——光受体。植物光受体是指能感受光质、光强、光照时间、光照方向和光周期等光信号，并能引发相应细胞反应的一类生物大分子物质。根据吸收光谱可将植物光受体分为 3 类：感受红光和远红光信号的受体光敏色素（phytochrome，Phy）；感受蓝光和紫外光信号的蓝光受体，包括隐花色素（cryptochrome，CRY）和向光素（phototropin，PHOT）；感受紫外光 B（280～320nm）光信号的紫外光 B 受体。从已知的光受体来看，它们都是色素蛋白复合体，结构上包括两部分：一是色素（生色团），接在脱辅基蛋白的 N 端，用此感受光信号；二是脱辅基蛋白，由它应答生色团感受的光信号，能进行自身磷酸化作用，并将应答信号转导给受体下游的信号传递体，引发某种生理反应。

光信号对植物生长发育的调控是通过光受体介导的信号转导途径来实现的，其基本的信号转导机制涉及光受体与下游信号组分的蛋白质相互作用，从而调控光形态建成的负调控因子（COP1、PIF 等）和光控发育的正调控因子（HY5、HFR1、PIL1 和 CO 等转录调控因子），促进光调节基因的表达，最终调控光形态建成、叶绿体发育、生物节律和开花时间等重要光控发育生理过程（图 11-24）。

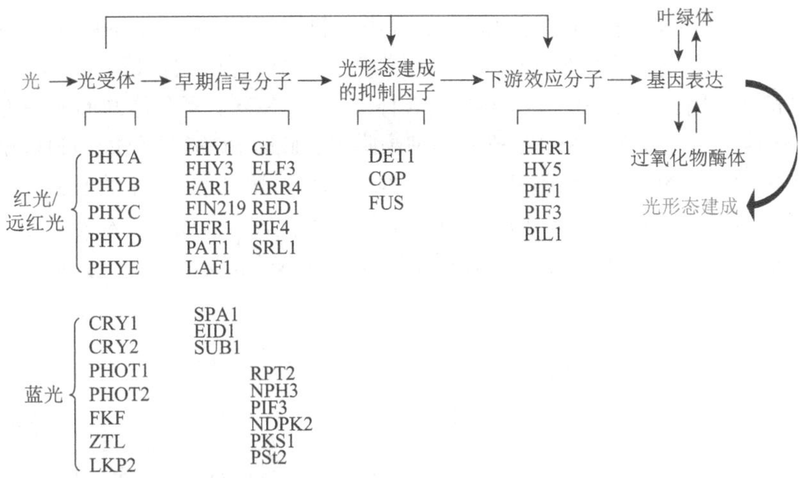

图 11-24　植物光信号转导途径的示意图

目前对光敏色素的研究较为深入，光敏色素是胞质丝氨酸/苏氨酸激酶二聚体，对红光和远红光的反应是不同的和可逆的，红光通常激活光敏色素的激酶活性，而远红光失活光敏色素。当被红光激活后，二聚体的光敏色素先磷酸化其自身，然后磷酸化细胞中一个或多个其他不同的底物蛋白质，从而完成其信号转导过程。到目前为止，至少发现有两种底物被光敏色素磷酸化：一是光敏色素激酶底物 1（phytochrome kinase substrate 1，PKS1）；二是核苷二磷酸激酶 2（nucleoside diphosphate kinase 2，NDPK2）。在某些光反应中，激活的光敏色素迁移到细胞核中，在细胞核激活基因调控蛋白，从而激活特异基因的转录。在有些情况下，活化的光敏色素激活胞质中的基因调控蛋白，该调控蛋白再迁移到细胞核调控基因转录。在另一些情况下，光受体诱发胞质中的信号转导途径，该途径可在不涉及细胞核的情况下改变细胞的行为。

11.6.3　植物盐胁迫下的 SOS 信号转导途径

植物的抗逆性是一个受多基因调控的复杂性状，涉及多种蛋白质的协同作用。植物感受环境胁迫并作出反应的过程是通过一系列复杂的信号识别与转导机制来完成，涉及许多基因的表达水平的改变。目前，植物盐胁迫下的信号转导途径主要有：SOS（salt overly sensitive）信号转导途径、ABA 依赖的信号途径、Ca^{2+}信号转导途径、MAPK 级联反应途径等。各种胁迫诱导信号转导途径彼此交叉，构成复杂的调控网络，共同调控植物的盐胁迫抗性。其中，SOS 信号转导途径是迄今研究的最为清楚的一条。

植物细胞质中维持较高的 K^+/Na^+比率是细胞行使正常功能所必需的。因此，某些植物适应盐胁迫环境时，形成了对 Na^+的外排和 Na^+区隔化的调节机制，使细胞质内保持较低的 Na^+浓度，从而维持较高水平的 K^+/Na^+值。SOS 途径的重要生理功能就是在盐胁迫下对细胞内离子动态平衡进行稳态调节，从而提高植物耐盐性。SOS 途径中主要包括 *SOS1*、*SOS2* 和 *SOS3* 等关键基因。*SOS1* 编码一个定位于质膜上的 Na^+/H^+反向转运蛋白，能将 Na^+排出细胞，但是在正常情况下，SOS1 蛋白会发生自身抑制作用，使其 Na^+/H^+反向转运体活性丧失。*SOS2* 编码一个苏氨酸/丝氨酸蛋白激酶，底物是 SOS1。当 SOS1 蛋白被 SOS2 磷酸化激活时，解除了自抑制作用，执行 Na^+/H^+反向转运的功能。SOS3 是一种钙离子结合蛋白，能够感应胞质中 Ca^{2+}浓度的变化，此外，SOS3 还可以与 SOS2 相互作用。因此，SOS1 的 Na^+/H^+反向转运活性受到 SOS2 和 SOS3 共同的调控。

SOS 信号转导途径参与植物盐胁迫调控的作用机制是：在盐胁迫下细胞质中的 Ca^{2+}浓度瞬间增高，位于信号途径最上游的 SOS3 蛋白感知钙信号并与其结合被活化，从而与蛋白激酶 SOS2 结合并相互作用，形成 SOS3-SOS2 复合体。SOS3-SOS2 复合体的形成一方面可以激活 SOS2 的激酶活性，另一方面将 SOS2 招募到细胞膜上，此时 SOS2 不仅能通过磷酸化 SOS1 将其激活，从而将过多的 Na^+排出细胞外，维持胞内 Na^+的平衡，同时活化的 SOS2 还能激活位于液泡膜上的质子泵和 Na^+/H^+反向转运体（NHX）的活性，从而形成 Na^+的液泡分室效应，即将细胞质中的 Na^+转入到液泡中储存起来，降低细胞质中的 Na^+浓度，达到解毒的目的（图 11-25）。

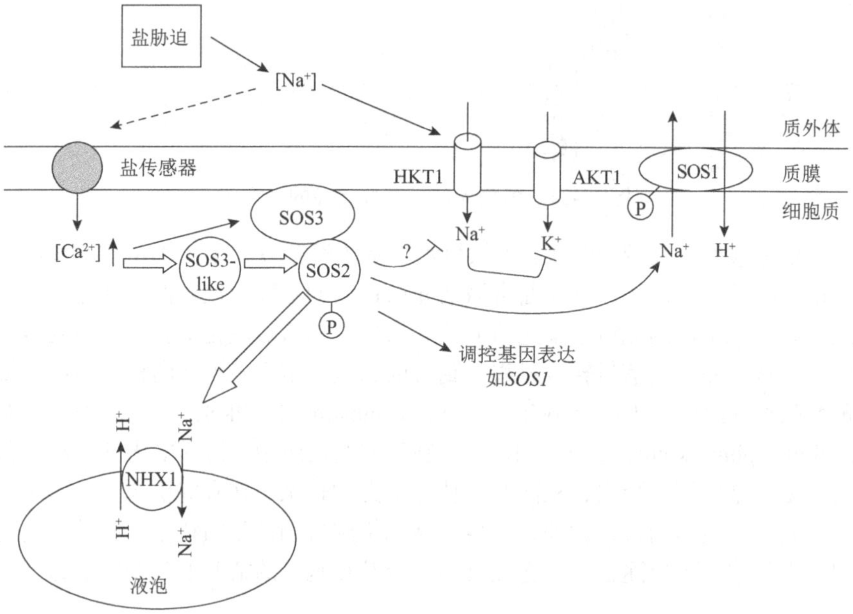

图 11-25　植物盐胁迫下 SOS 信号转导途径示意图（引自 Zhu，2003）

植物细胞 Ca^{2+}信号的研究热点

动植物细胞都可以利用胞内的 Ca^{2+}作为第二信使，响应外界环境的变化。在植物细胞中，Ca^{2+}几乎参与了所有的信号传递过程，进而启动下游各种生理反应来应对环境变化。作为研究热点，近年来植物 Ca^{2+}信号通路的研究主要在以下几个方面取得了重要的进展。

（1）植物细胞生长发育过程中的周期性钙振荡。植物的花粉管和根毛是研究植物生长发育过程中 Ca^{2+}动力学和作用机制的常用模式系统，这些极性细胞的正常生长需要胞内 Ca^{2+}形成梯度分布，顶端浓度较高，并按一定幅度和频率周期性变化（钙振荡）。研究发现，花粉管的生长和导向需要核苷酸门控通道家族成员 CNGCs 和谷氨酸受体样家族成员 GLR 共同参与，调节花粉管胞质 Ca^{2+}的动态变化。同样地，根毛的极性生长也需要多个 CNGC 通道的参与。但是 CNGC 和 GLR 如何协同作用，精准调控极性细胞中的 Ca^{2+}动力学仍有待后续的深入研究。

（2）植物-微生物互作过程中的钙振荡。动植物在进化中都形成了复杂的防御机制来对抗有害的病原体。尽管植物不像动物那样具有特异性免疫细胞，但也能够产生针对所有类型病原体的免疫反应。当植物受到病原微生物侵染时，首先通过细胞表面的受体复合物识别病原体相关分子模式（PAMP），然后引起胞内 Ca^{2+}、ROS 等的升高，激活模式触发的免疫反应（PTI）。尽管有些微生物对植物有害，但是也有很多是益生菌，与宿主植物形成互利互惠的共生关系，植物为这些微生物提供碳源，微生物为植物提供磷和氮营养。研究发现，在共生关系建立的起始阶段，植物细胞核内也出现钙振荡。振荡的Ca^{2+}信号被细胞核定位的钙离子/钙调蛋白依赖的蛋白激酶 CCaMK 识别，通过磷酸化激活下游转录因子，启动早期共生信号。

（3）损伤诱导的长距离钙波。动物具有发达的神经系统，可以将局部感知的信号通过动作电位的形式传递到身体其他器官。植物虽然没有神经系统，却可以把局部刺激信号传递到邻近的器官甚至整个植株。那么植物是怎样实现长距离信号传递的呢？近来对拟南芥的研究发现，Ca^{2+}波和慢波电位（slow wave potential）可以作为长距离信号的"载体"，驱动植物系统性的信号传递。质膜上的Ca^{2+}通道 GLR 等膜转运蛋白可能参与了植物长距离钙波和慢波动电位的产生和传递。GLR 不仅是Ca^{2+}通道，也是谷氨酸受体。当植物被昆虫等啃食或者机械损伤后，数秒就能引起局部Ca^{2+}水平的升高，这是维管束内大量的谷氨酸被释放到细胞外，结合并激活Ca^{2+}通道 GLR，引起Ca^{2+}内流造成的。Ca^{2+}等一些离子的进出引起细胞膜电位变化，触发可长距离传播的Ca^{2+}波，形成了在器官水平可测的慢波电位。在Ca^{2+}波之后，是以创伤诱导的激素茉莉酸（JA）积累形式的整体防御反应，因此Ca^{2+}信号将局部信号传输并转化为整个植物的系统防御程序。

11.7　细胞信号通路的特征和调控

11.7.1　信号转导的一般特征

（1）信号转导一过性和记忆性的统一

1）信号转导的一过性　连续不断的配体刺激可产生连续的信号转导，在信号转导链的每一个节点上，在接收上游一次信号并把信号传递至下游后，该节点的信号会及时终止，并恢复到未接收信号的初始状态，以便接收下一次信号，这一特征称为一过性（transient）。一过性的意义在于既能保证对连续多次信号的灵敏应答，而且能够限制信号在某一节点的持续时间，保证信号强度的适度。如果信号转导的一过性受到干扰，会产生严重的不良后果。例如，霍乱菌产生的霍乱毒素对G_s的 α 亚基进行修饰，使 α 亚基保持持续活化状态，持续激活效应酶 AC，导致胞质中 cAMP 的浓度在短时间内增加上百倍，引起Na^+通道持续开放，大量水分进入肠腔，造成严重腹泻。

2）信号转导的记忆性　某些情况下，在上游信号已经终止后，某些信号传递蛋白仍能维持一定时间的活化状态，表现出记忆性。例如，在Ca^{2+}水平升高后可激活 CaM 激酶Ⅱ，CaM 激酶Ⅱ对Ca^{2+}信号具有一定的记忆性，直到蛋白磷酸酶彻底使该激酶去磷酸化而失活。

（2）信号转导分子存在的暂时性　许多信号传递蛋白的半衰期都很短，快速生成、快速灭活，这样才能使细胞得以不断接受新的信号刺激，如编码转录因子的原癌基因的诱导表达只需要几分钟到几十分钟。

（3）信号转导分子活性的可逆性变化　信号转导分子不会总处在兴奋状态。被激活的各种信号转导分子在完成任务后又恢复钝化状态，准备接受下一次的刺激，如激酶的磷酸化与去磷酸化修饰这一可逆过程，调控激酶的活性。

（4）信号转导分子激活机制的类同性　磷酸化和去磷酸化是绝大多数信号分子可逆地激

活的共同机制。例如，Jaks 的激活需要其酪氨酸被磷酸化，在将信号传递到下游后，又都要去磷酸化。

（5）信号转导通路的连贯性　信号转导通路上的各个反应相互衔接，有序地依次进行，形成一个级联反应过程。任何步骤的中断或错误，都将给细胞乃至机体带来灾难性后果。

（6）网络化　细胞内存在有一个很大的、由多个信号转导途径组成的网络，在这一网络中，各条通路相互沟通、串联、影响、制约、协调和作用。这样，细胞才能够对各种刺激做出迅速而准确的响应，才能顺应环境的变化。

（7）专一性　信号传递的专一性主要由配体与受体识别结合的专一性、细胞内信号转导链的专一性，以及不同细胞中基因转录的专一性等因素来决定。

11.7.2 信号转导效应的调控

细胞的信号传递是多通路、多环节、多层次和高度复杂的可控过程。细胞的适当反应取决于接收信号的靶细胞对多种信号的整合能力以及对信号有效性的控制。

11.7.2.1 细胞对信号的整合

（1）细胞对信号的反应　对特定胞外信号产生多样性细胞反应的机制通常有 3 种：①不同细胞中有不同的信号组分，所以即便活化同样的受体，所引发的下游通路也可能不同；②胞外信号的强度或持续时间不同；③信号传递过程中的整合作用，能够修正细胞对信号的反应，使应答更为精准。

细胞在对胞外信号进行转换和传递的过程中，大多具有发散（divergence）和收敛（convergence）的特征，发散指同一个上游信号作用于不同的下游底物的现象（图 11-14），收敛指不同上游信号共同作用于同一下游底物的现象（图 11-26）。

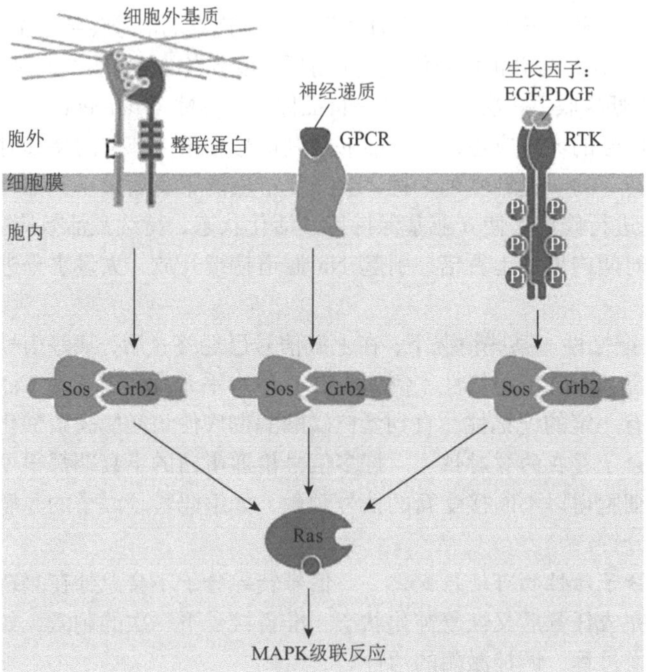

图 11-26　细胞表面受体介导的信号通路在细胞内的收敛性（引自翟中和等，2011）

此外，不同信号转导途径之间还存在交互关系，被形象地称为串话（cross talk）或者交谈，表现为部分信号转导链的共享（图 11-27）。尽管细胞中不同的信号通路表现出线性特征，但是细胞信号网络具有高度的非线性特点。图 11-27 显示了 GPCR 和 RTK 所涉及的 cAMP/PKA、IP_3/Ca^{2+}、DAG/PKC、Ras/MAPK 和 PI3K/PKB 等 5 条信号转导途径之间的"交谈"。磷脂酶 C 既是 GPCR 途径的效应酶，又是 RTK 途径的效应酶。5 条信号途径的下游都要激活相应的蛋白激酶。实际上，蛋白质的磷酸化和去磷酸化，是绝大多数信号分子可逆激活的共同机制。这种由蛋白质的磷酸化和去磷酸化引起的级联反应，一方面使细胞仅通过单一种类的化学分子，就可以有效调节细胞中的酶促反应；另一方面使信号在传递中逐渐放大。由蛋白激酶形成的信息整合网络，既可以改变胞质蛋白的功能与活性，也可以通过基因调节蛋白控制特定基因的表达，从而调控细胞的生理、代谢、生长、分裂、分化、衰老与死亡等过程。

研究表明，活化的 GPCR 可通过 G 蛋白的βγ亚基直接或间接活化 Src 样激酶，激活的 Src 样激酶进一步使 RTK 的胞内域酪氨酸残基磷酸化，从而使 RTK 在无细胞外配体的情况下被活化。GPCR 还可以通过某些信号转导蛋白激活 Ras-MAPK 途径，Ras-MAPK 可能是 GPCR 和 RTK 共享的信号途径。例如，Src 样激酶可磷酸化 RTK 的衔接蛋白 Grb2 和 SHC，并进一步活化 Ras；GPCR 可以激活 Gq，进而激活 PLCβ，PLCβ又通过 IP_3 和 DAG 激活 PKC，而 PKC 可以激活 MAPKKK；cAMP-PKA 也可以激活某种 MAPKK；Ca^{2+}则可通过鸟苷酸释放因子 GRF 与 PKC 等调节 Ras 途径的多种上下游组分。

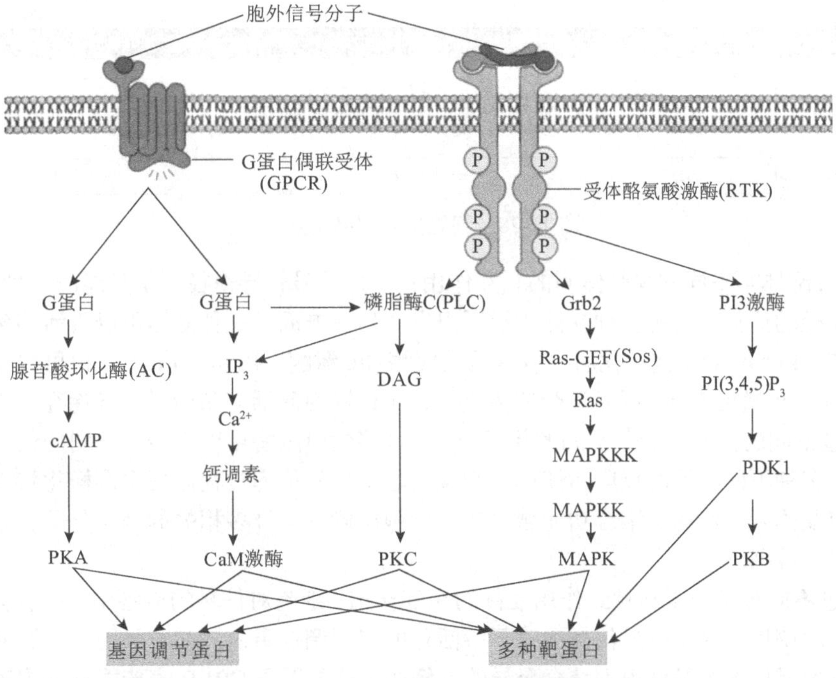

图 11-27　GPCR 和 RTK 所涉及的几条信号途径间的串话

发散、收敛和串话现象的存在，保证了细胞在信号传递中具有一定的自我修正和补偿能力。

（2）蛋白激酶的网络整合　　在信号通路中，从配体到受体及各种信号转导分子和效应蛋白并不是各自独立存在、以一成不变的固定组合构成信号转导途径，一条信号转导途径中的信号传递分子常常可影响和调节其他途径，不同信号途径之间存在着复杂的相互作用，从而在细胞中形成了一个复杂的信号网络（signaling network）（图 11-28）。通过这个网络，细胞对不同信号途径的信号进行发散、收敛和整合，最后引发特定的细胞反应。细胞信号网络的形成涉及以下几个层次。

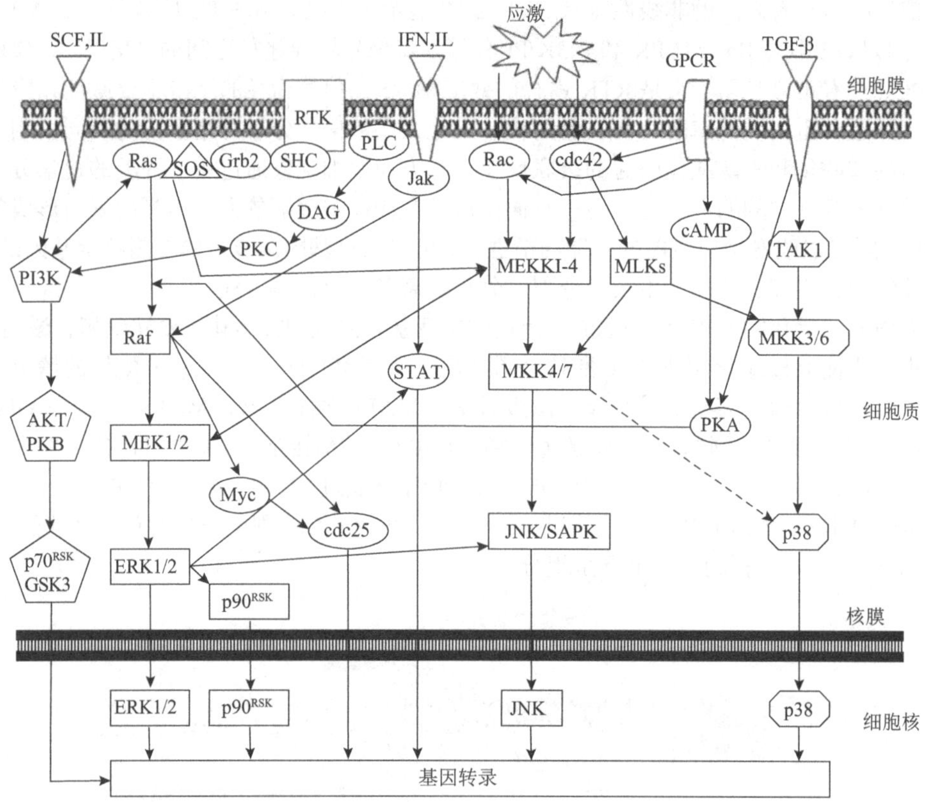

图 11-28　细胞信号网络示意图

1）通过配体与不同的膜受体间的相互作用：一条信号转导途径不是只能由一种受体激活，如 PI3K 途径的活化，可由多种受体激活所引发。另一方面，一种受体可以激活多条信号转导途径。例如，PDGF 的受体活化后，可激活效应酶 Src 激酶、PI3K、PLCγ，也可以结合衔接蛋白 Grb2，进一步激活 Ras，因而该受体活化后，可以同时激活多条信号转导途径。

2）通过不同的信号转导分子间的相互作用：许多蛋白激酶可以磷酸化不同的信号转导蛋白底物，产生多种不同的下游反应，使单一刺激引起的信号传递过程体现出多样化特点。某一受体结合相应配体后，依赖其结合功能域，在受体胞质侧募集许多相关的信号分子，经过整合、串话，形成信号网络。

3）通过不同转录因子与顺式作用元件的相互作用：细胞对信号的应答中，一般会涉及对特定基因表达的调控，这是通过信号通路下游活化的基因调控蛋白，如转录因子与靶基因启动区上的顺式作用元件的特异性识别结合介导的。例如，转录因子 CREB 家族能够被多种激酶磷酸化而激活，入核后通过其亮氨酸拉链基序识别结合 CRE 元件，最终激活靶基因转录表达。

形成信号网络的信号传递分子复合物具有可塑性。在静息状态下，这些信号传递分子散在胞质的不同部位。在外来信号刺激下，这些信号传递分子重新定位，以信号转导复合物等形式有序地组织起来，形成多个特定的信号模块，可在某些特定节点交叉，并最终形成一条独立于其他信号途径的、专一性的信号转导途径。细胞信号网络提高了信号转导的速度、效率和特异性。

11.7.2.2　细胞对信号的控制机制

细胞信号转导能力的强弱取决于信号分子的合成与分泌，以及受体与配体的相互识别和结合。在多细胞生物体中的细胞，其周围环境中常有多达几百种的化学信号分子，而靶细胞针对某种特定配体的细胞表面受体是有限的，同时，对信号分子的最大细胞反应通常不需要所有的受体都被激活。

细胞对外界信号作出的适度反应既涉及信号的有效刺激和启动，也依赖于信号的解除和细胞反应的终止。信号的刺激与启动和信号的解除与终止，两者对于靶细胞对信号的适应反应都具有重要的作用。细胞对信号的响应能力很大程度上取决于受体与配体结合的能力。当受体长时间的暴露于配体的刺激下时，大多数受体会失去反应性，产生脱敏（desensitization）现象，或称为适应（adaptation）。脱敏作为一种负反馈调控，是保护细胞防止其过度激化的重要机制之一。例如，很多细胞在 β 肾上腺素作用下，胞内 cAMP 水平会迅速显著增高，但随着作用时间的持续，细胞的反应明显减弱甚至消失。这种脱敏使细胞对水平持续不变的外源信号失去反应性，但是可对外源信号水平的突然变化作出及时反应。一般情况下，胞外信号分子的总量远大于细胞信号系统的负载能力，脱敏保证了细胞信号系统对外源信号水平的变化能作出及时的反应。由于细胞可以校正对信号的敏感性，因此细胞可以适应刺激强度或刺激时间的变化。

概括起来，靶细胞对信号分子的脱敏机制有以下 5 种方式（图 11-29）。

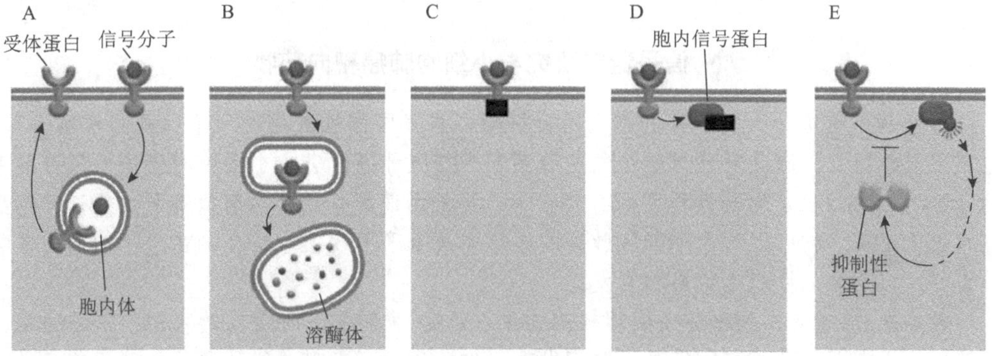

图 11-29　靶细胞对信号分子脱敏的 5 种方式（引自 Alberts et al.，2019）

A. 受体没收；B. 受体下调；C. 受体失活；D. 信号蛋白失活；E. 抑制性蛋白产生

（1）受体没收（receptor sequestration）　细胞对肽类激素的脱敏是通过受体介导的胞吞作用，将受体-配体复合物摄入胞内，称为受体没收。受体-配体复合物在胞质中解离后，受体可通过再循环重返细胞膜上，恢复细胞对配体的敏感性。有时候受体尽管未结合配体，但是可以通过批量膜流（bulk membrane）将细胞表面的受体以较低的速率内化，然后循环到质膜上被再利用，以此减少细胞表面受体的数量。

（2）**受体下调（receptor down-regulation）**　是通过受体介导的内吞作用，将受体-配体复合物转运到溶酶体降解，减少细胞表面受体的数量，使细胞对配体的敏感性降低。与受体没收不同的是，受体因降解无法循环被利用。

（3）受体失活（receptor inactivation）　G 蛋白偶联受体激酶（GRK）可以磷酸化 G 蛋白偶联受体（GPCR），磷酸化的 GPCR 结合抑制蛋白 β-arrestin 后，就可以阻断 GPCR 与 G 蛋白的偶联，从而阻断信号向下游的传递（图 11-30），这是一种在高配体水平条件下使受体快速脱敏的普遍机制。

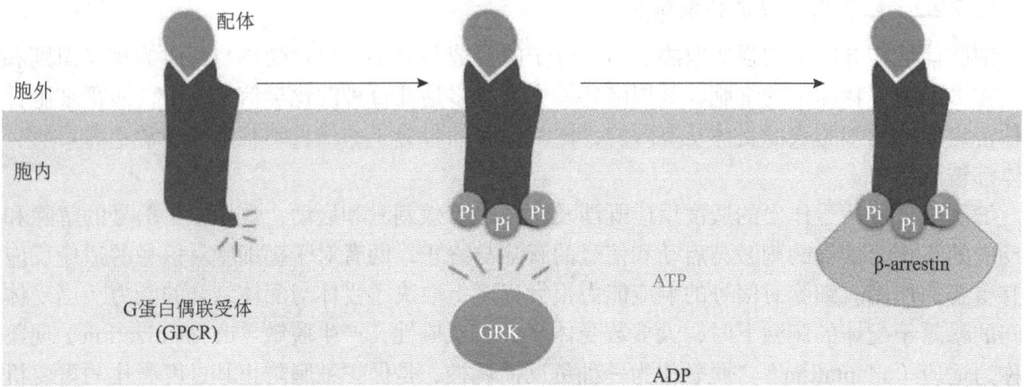

图 11-30　G 蛋白偶联受体失活的示意图

（4）信号蛋白失活（inactivation of signaling protein）　这种脱敏是由于细胞内的信号蛋白发生改变引起的，一旦信号蛋白发生改变，细胞内的信号级联反应被阻断，无法诱导正常的细胞反应。

（5）抑制性蛋白产生（production of inhibitory protein）　受体结合配体被激活后，产生抑制性蛋白，在信号通路的下游形成负反馈环，从而降低或阻断信号转导途径。

信号通路研究与小细胞肺癌靶向药物

肺癌是严重威胁人类健康的常见恶性肿瘤，居我国恶性肿瘤发病率和死亡率第一位。按照组织学特点，肺癌可分为非小细胞肺癌和小细胞肺癌两类。小细胞肺癌虽然只占肺癌的 10%～20%，但却有恶性程度高、转移早、生长迅速等特点，具有极高死亡率，5 年生存率仅为 6%。临床上治疗小细胞肺癌的传统方法是采用放化疗结合，在治疗初期通常响应良好，但患者很快产生耐药和复发。

近年来，随着对小细胞肺癌病理机制的深入研究，发现了 6 种潜在的可治疗信号通路，涉及细胞周期调控及 DNA 修复、肿瘤发育、细胞代谢、表观遗传学调节、肿瘤免疫和血管生成等，如调控癌细胞增殖、迁移和生存的 PI3K/AKT/mTOR（PAM）信号通路、调控肿瘤干细胞发育的 Notch 信号和 Hedgehog 信号通路、调控肿瘤免疫相关的 PD-1/PD-L1 信号通路等，在此基础上开发了多种针对小细胞肺癌遗传变异的靶向药物，如激酶抑制剂、血管生成抑制剂、凋亡通路抑制剂、蛋白酶体抑制剂、表观遗传抑制剂、免疫检验点抑制剂等，部分靶向治疗正在进行临床试验。例如，依维莫司（everolimus）是一种 mTOR 抑制剂，在小细胞肺癌的临床试验中效果一般，但随后开发的 PI3K 和 mTOR 双靶点抑制剂 BEZ235 在临床前实验中效果明显提高 。研究还发现，多通路的组合抑制也可以有效提高抗肿瘤作用，依维莫司对 PAM 通路激活的小细胞肺癌有很好的抑制效果，但抗凋亡蛋白 Bcl-2 高表达则抑制依维莫司的疗效，将依维莫司和 Bcl-2 抑制剂 ABT-737 联合使用，则可以有效抑制小细胞肺癌。由我国科学家和肿瘤临床专家历经 8 年自主原创研发的靶向抗癌药—盐酸埃克替尼是一种高效特异性的表皮生长因子受体酪氨酸激酶抑制剂，2011 年获国药批准文号，适应证是晚期非小细胞肺癌，该药疗效不逊于国际专利品牌药物吉非替尼，且在安全性上有明显优势。

近来靶向免疫治疗在多种肿瘤中表现出优异的抗癌效果，研究发现靶向药物具有激活免疫反应的作用，靶向治疗结合免疫治疗可以有效缩短免疫治疗响应周期，而免疫治疗提高了机体内的抗肿瘤免疫反应，也有利于靶向药物发挥作用，如此强强联合也许可以更好地治疗小细胞肺癌。

知识点小测试

本 章 小 结

在多细胞生物体中，不仅有物质、能量的传递和转换，也有复杂的信息交流。细胞通过胞膜或胞内受体感受信息分子的刺激，经细胞内信号转导系统转换，从而影响细胞的生物学功能的过程。细胞之间可通过分泌信号分子与受体作用而发生联系，信号也可通过细胞与细胞间的直接接触、细胞与细胞外基质间的相互作用来产生。这种细胞之间通过分泌信号分子或直接接触而发生的联系，称为细胞通信。

细胞信号转导途径的相关分子包括信号分子、受体和胞内信号转导分子等。各种信号转导分子的特定组合及有序的相互作用，构成了不同的信号转导途径，并存在着各自的特点。信号转导分子通过引起下游分子的数量、分布或活性状态变化而传递信号。

根据化学本质，信号分子可分为水溶性信号分子、脂溶性信号分子和气体信号分子三类。根据受体在细胞的位置分为细胞表面受体和细胞内受体。细胞信号转导途径的主要类型有：气体信号分子介导的信号转导、细胞表面受体介导的信号转导（包括离子通道偶联受体介导的信号转导、G 蛋白偶联受体介导的信号转导、酶偶联受体介导的信号转导）、细胞内受体介导的信号途径。

气体分子介导的信号转导途径中，目前最清楚的是 NO 信号通路，该信号通路在动物体中主要通过改变蛋白质的磷酸化状态来调节血管平滑肌的舒张；在植物体中则涉及生长发育、抗逆等多种过程。

细胞表面受体介导的信号转导种类繁多，从应答结果上看可以分为两个阶段：一是快速应答，主要通过细胞中已有蛋白质活性的变化（常常是磷酸化状态的改变）完成，二是缓慢应答，主要涉及基因表达的改变，在信号通路中的一些蛋白质被活化后，能够入核激活或者关闭靶基因的表达，通过改变细胞内蛋白质的构成改变细胞的生命活动特征，使其符合信号的要求。

细胞内受体介导的信号途径侧重于改变基因的表达模式，由于细胞内受体一般是未活化的转录因子，所以当来自胞外的亲脂性信号分子进入细胞内，并结合胞内受体后，受体的构象发生变化而活化，从而体现其转录因子的基本功能，结合到靶基因的调控区，激活其转录，通过新蛋白质的生成产生相应的效应。

植物细胞的信号转导既有与动物细胞类似之处，也有一些特殊的信号通路，如植物细胞中数量庞大的受体丝氨酸/苏氨酸激酶类型的酶偶联受体介导的信号通路。植物激素传送方式与动物不同，既可以自由扩散通过细胞壁，在局部发挥作用，也可以通过汁液运输影响更远的细胞。植物激素对于调节植物的各种生长发育过程和环境的应答具有十分重要的意义。光不仅是植物光合作用的能量来源，同时也是调控植物生长发育的信号来源。植物的光受体的种类多样，主要包括光敏色素、隐花色素、趋光素、紫外光 B 受体等。此外，植物感受环境胁迫并作出反应的过程也是通过一系列复杂的信号识别与转导机制来完成，涉及许多基因的表达水平的改变。

细胞的信号传递是多通路、多环节、多层次和高度复杂的可控过程，具有一过性、记忆性、专一性等特点。细胞信号通路既具有发散与收敛的特征，各个信号通路间又具有“交叉对话”的相互关系。在细胞对信号的控制过程中，以不同的机制使靶细胞对信号分子的脱敏，确保靶细胞对信号的适度反应。

复习题

一、基础检测题

1. 细胞通信有哪3种方式？信号分子在合成的细胞和靶细胞间的传递有哪些方式和特点？

2. 简述细胞外信号分子及其受体种类。

3. G蛋白偶联受体信号转导的主要特点是什么？

4. 细胞是如何对信号进行整合和控制的？

5. 试说明信号分子作用在酶偶联受体上后，引发基因转录的分子顺序。

6. 说明细胞识别与通讯中的“第一信使”“第二信使”“第三信使”的含义、作用及意义。

7. 请从效应蛋白、第二信使、生物学功能等方面，比较cAMP信号转导通路和磷脂酰肌醇信号通路的相同点和不同点。

8. 信号分子与受体结合的主要特点有哪些？

9. 细胞质基质中Ca^{2+}浓度低的原因是什么？

10. 试论述蛋白磷酸化在信号传递中的作用。

二、归纳拓展题

1. 败血病休克是某种革兰氏阳性细菌感染诱发体内巨噬细胞全身释放NO引起血管舒张，血压降低引起的，试问NO如何引起血管舒张，运用所学知识，阐述败血病休克的治疗措施。

2. 受体酪氨酸激酶(RTK)介导的RTK-Ras信号通路与细胞增殖密切相关，请叙述RTK-Ras信号通路的基本组成及受体激活过程。若Ras基因发生点突变。其编码蛋白质第12位甘氨酸被缬氨酸替代，结果降低了该蛋白质的GTP水解酶活性，并导致正常细胞转化为癌细胞。请对此作出解释。

3. 何谓小G蛋白？各举一例说明小G蛋白在信号转导、核蛋白转运、膜泡运输中的作用。

4.为什么硝酸甘油能够治疗冠心病，简述其信号传递途径。

5. 为什么说蛋白质酪氨酸激酶最能体现多细胞动物细胞间的社会性相互作用？

6. 实验发现，狗肝匀浆液中加入肾上腺素能使肝细胞中cAMP含量升高能刺激糖原分解；鼠肝匀浆液中加入肾上腺素后，肝细胞中cAMP含量并不升高，但也能造成糖原分解。试解释此现象。

7. 胞内Ca^{2+}瞬间升高可以启动动物受精卵细胞的发育过程，可以刺激肌细胞收缩，也可以刺激腺细胞及神经细胞分泌等，试归纳Ca^{2+}作为一种细胞内信号转导分子，是怎样发挥其生物学作用的。

8. 一种生长因子受体PDGFR的胞质段上有多个的酪氨酸位点，可分别专一性连接含有SH2域的衔接蛋白分子，效应分子和转录因子（STAT），再经过多处正负交会，由单一受体诱导可形成的由多条信号途径组成的信号传递网络，概述PDGFR介导的信号转导有哪几条重要的信号途径及其反应过程。

9. 不同的MAPK级联反应构成的信号转导网络可对来自多条途径的信号进行整合，最后引发一组特定基因的转录。试从信号转导网络角度，讨论多靶点抗肿瘤药物设计的新的思路和方向。

（本章作者　杨保胜，王华华，陶娟）

主要参考文献

安威, 周天华. 2021. 医学细胞生物学. 4 版. 北京: 人民卫生出版社.
陈晔光. 2020. 分子细胞生物学. 3 版. 北京: 高等教育出版社.
陈晔光, 张传茂, 陈佺. 2011. 分子细胞生物学. 2 版. 北京: 清华大学出版社.
陈晔光, 张传茂, 陈佺. 2019. 分子细胞生物学. 3 版. 北京: 高等教育出版社.
陈誉华, 陈志南. 2018. 医学细胞生物学. 6 版. 北京: 人民卫生出版社.
丁明孝, 王喜忠, 张传茂, 等. 2020. 细胞生物学. 5 版. 北京: 高等教育出版社.
韩榕. 2011. 细胞生物学. 北京: 科学出版社.
韩贻仁. 2007. 分子细胞生物学. 3 版. 北京: 科学出版社.
韩贻仁. 2016. 分子细胞生物学. 4 版. 北京: 科学出版社.
韩贻仁, 樊廷俊, 杨晓梅, 等. 2007. 分子细胞生物学. 3 版. 北京: 高等教育出版社.
胡火珍, 税青林. 2015. 医学细胞生物学. 7 版. 北京: 科学出版社.
胡以平. 2014. 医学细胞生物学. 3 版. 北京: 高等教育出版社.
李瑶. 2011. 细胞生物学. 北京: 化学工业出版社.
李志勇. 2008. 细胞工程学. 北京: 高等教育出版社.
刘凌云, 薛绍白, 柳惠图. 2002. 细胞生物学. 北京: 高等教育出版社.
刘义蓉, 李明桃, 尤晓玉, 等. 2022. Exocyst 复合体的结构与功能研究进展. 中国科学, 52(1): 95-106.
柳惠图, 王永潮, 桑建利. 2013. 分子细胞生物学. 北京: 高等教育出版社.
吕杜民, 边惠洁, 左伋. 2021. 人体分子与细胞. 2 版. 北京: 人民卫生出版社.
秦正红. 2015. 自噬: 生物学与疾病·基础篇. 2 版. 北京: 科学出版社.
桑建利. 2016. 细胞生物学. 北京: 科学出版社.
汤洁, 刘仁发, 戴志飞. 2018. 多功能脂质体递药系统. 化学进展, 30(11): 12.
汪堃仁, 薛绍白, 柳惠图. 1998. 细胞生物学. 2 版. 北京: 北京师范大学出版社.
王金发. 2003. 细胞生物学. 北京: 科学出版社.
王金发. 2020. 细胞生物学. 2 版. 北京: 科学出版社.
王宗霞, 杨保胜. 2018. 医学细胞生物与遗传学. 北京: 高等教育出版社.
吴乃虎. 2001. 基因工程原理. 2 版. 北京: 科学出版社.
杨保胜, 丰慧根. 2012. 医学细胞生物学. 北京: 科学出版社.
杨恬. 2014. 细胞生物学. 3 版. 北京: 人民卫生出版社.
杨维才, 贾鹏飞, 郑国锠. 2015. 郑国锠细胞生物学. 北京: 科学出版社.
杨永敏, 郭建, 李玉宏, 等. 2019. Rab 蛋白在囊泡转运中的作用及影响. 中国科学, 49 (7): 788-797.
易静, 汤雪明. 2009. 医学细胞生物学. 上海. 上海科学技术出版社.
翟中和, 王喜忠, 丁明孝. 2004. 细胞生物学. 2 版. 北京: 高等教育出版社.
翟中和, 王喜忠, 丁明孝. 2007. 细胞生物学. 3 版. 北京: 高等教育出版社.
翟中和, 王喜忠, 丁明孝. 2011. 细胞生物学. 4 版. 北京: 高等教育出版社.
张景海, 杨保胜, 王泽波. 2016. 药学分子生物学. 5 版. 北京: 人民卫生出版社.
左伋, 刘艳平. 2015. 细胞生物学. 3 版. 北京: 人民卫生出版社.
Adams G B, Alley I R, Chung U, et al. 2009. Haematopoietic stem cells depend on G-alphaS-mediated signalling to engraft bone marrow. Nature, 459: 103-107.

Aebi U, Cohn J, Buhle L, et al. 1986. The nuclear lamina is a meshwork of intermediate-type filaments. Nature , 323(6088): 560-564.

Akhmanova A, Steinmetz M O. 2015. Control of microtubule organization and dynamics: two ends in the limelight. Nat Rev Mol Cell Biol, 16(12): 711-726.

Alam A, Locher K P. 2023. Structure and Mechanism of Human ABC Transporters. Annu Rev Biophys, 52: 275-300.

Albert B. 1998. Essential Cell Biology. New York and London: Garland Publishing

Albert B, Johnson A, Lewis J, et al. 2008. Molecular Biology of the Cell. 5th ed. New York: Garland Publishin

Alberts B, Bray D, Lewis J, et al. 1994. Molecular Biology of the cell. 3rd ed. New York: Garland Publishing, Inc.

Alberts B, Hopkin K, Johnson A, et al. 2019. Essential Cell Biology. 5th ed. New York: W. W. Norton & Company.

Alberts B, Johnson A, Lewis J, et al. 2002. Molecular Biology of the Cell. 4th ed. New York: Garland Publishing, Inc.

Alberts B, Johnson A, Lewis J, et al. 2014. Molecular Biology of the Cell. 6th ed. New York: Garland Science.

Allis C D, Jenuwein T, Reinberg D, et al. 2009.表观遗传学. 朱冰, 孙方霖，译. 北京: 科学出版社.

Allison L A. 2008. 基础分子生物学（影印版）. 北京: 高等教育出版社.

Amos P J, Cagavi B E, Qyang Y. 2011. Methods of cell purification: A critical juncture for laboratory research and translational science. Cells Tissues Organs, 195: 26-40.

Attaix D, Combaret L, Pouch M N, et al. 2002. Cellular control of ubiquitin-proteasome-dependent proteolysis. J Anim Sci, 80 (2): E56-E63.

Avidor-Reiss T, Gopalakrishnan J. 2013. Building a centriole. Curr Opin Cell Biol, 25(1): 72-77.

Ban N, Freeborn B, Nissen P, et al. 1998. A 9Å resolution X-ray crystallographic map of the large ribosomal subunit. Cell, 93: 1105-1115.

Ban N, Nissen P, Hansen J, et al. 1999. Placement of protein and RNA structures into a 5 Å -resolution map of the 50S ribosomal subunit. Nature, 400: 841-847.

Ban N, Nissen P, Hansen J, et al. 2000. The complete atomatic structure of the large ribosomal subunit at 2.4 Å resolution. Science, 289: 905-920.

Bashir S, Banday M, Qadri O, et al. 2020. The molecular mechanism and functional diversity of UPR signaling sensor IRE1. Life Sciences, 265: 118740.

Bassler J, Hurt E. 2019. Eukaryotic ribosome assembly. Annu Rev Biochem, 88: 281-306.

Basu S, Campbell H M, Dittel B N, et al. 2010. Purification of specific cell population by fluorescence activated cell sorting (FACS). J Vis Exp, (41): 1546.

Bau J, Gutensohn K, Kuck K H, et al. 2000. Flow-cytometric analysis of platelet activation during rotablation. Z Kar Biol, 89(1): 15-20.

Bedford L, Paine S, Sheppard P W, et al. 2010. Assembly, structure and function of the 26S proteasome. Trends Cell Biol, 20(7): 391-401.

Bertheloot D, Latz E, Franklin B S. 2021. Necroptosis, pyroptosis and apoptosis: an intricate game of cell death. Cell Mol Immunol, 18(5): 1106-1121.

Besson-Bard A, Pugin A, Wendehenne D. 2008. New insights into nitric oxide signaling in plants. Annu Rev Plant Biol, 59: 21-39.

Biberfeld G, Biberfeld P. 1970. Ultrastructural features of mycoplasma pneumoniae. J Bacteriol, 102(3): 855-861.

Biton M, Haber A L, Rogel N, et al. 2018. T helper cell cytokines modulate intestinal stem cell renewal and differentiation. Cell, 175(5): 1307-1320. e22.

Bocci F, Gearhart-Serna L, Boareto M, et al. 2019.Toward understanding cancer stem cell heterogeneity in the tumor microenvironment, Proc Natl Acad Sci USA, 116(1): 148-157.

Bodakuntla S, Jijumon A S, Villablanca C, et al. 2019. Microtubule-associated proteins: structuring the cytoskeleton.

Boettcher M, McManus M T. 2015. Choosing the right tool for the job: RNAi, TALEN, or CRISPR. Mol Cell, 58(4): 575-585.

Bornheim R, Müller M, Reuter U, et al. 2008. A dominant vimentin mutant upregulates Hsp70 and the activity of the ubiquitin-proteasome system, and causes posterior cataracts in transgenic mice. J Cell Sci. 15: 3737-3746.

Boyer P D. 1997. The ATP synthase-a splendid molecular machine. Annu Rev Biochem, 66: 717-749.

Bridger J M, Foeger N, Kill I R, et al. 2007. The nuclear lamina. Both a structural framework and a platform for genome organization. FEBS J, 274(6): 1354-1361.

Briggs R, King T J. 1952. Transplantation of living nuclei from blastula cells into enucleated frogs' eggs. Proc Natl Acad Sci U S A, 38: 455-463.

Buchanan B B, Gruissem W, Jones R L, et al. 2000. Biochemistry & molecular biology of plants. Rockville Maryland: The America Society of Plant Physiologists.

Bugyi B, Carlier M F. 2010. Control of actin filament treadmilling in cell motility. Annu Rev Biophys,39: 449-470.

Calfon M, Zeng H, Urano F, et al. 2002. IRE1 couples endoplasmic reticulum load to secretory capacity by processing the XBP-1 mRNA. Nature, 415(6867): 92-96.

Can X, Nicolas M, Mei L, et al. 2022. Living material assembly of bacteriogenic protocells. Nature, 609(7929): 1029-1037.

Canon J, Rex K, Saiki A Y, et al. 2019. The clinical KRAS(G12C) inhibitor AMG 510 drives anti-tumour immunity. Nature 575: 217-223.

Carter J, Wiedenheft B. 2015. SnapShot: CRISPR-RNA-guided adaptive immune systems. Cell, 163(1): 260-260

Cha J K, Jeong M H, Jang J Y, et al. 2003. Serial measurement of surface expressions of CD63, P-selectin and CD40 ligand on platelets in atherosclerotic ischemic stroke. Cerebrovasc Dis, 16(4): 376-382.

Chan D C. 2006. Mitochondrial fusion and fission in mammals. Annu Rev Cell Dev Biol, 22: 79-99.

Chan L N, Murakami M A, Robinson M E, et al. 2020. Signalling input from divergent pathways subverts B cell transformation. Nature, 583: 845-851.

Chang L, Goldman R D. 2004. Intermediate filaments mediate cytoskeletal crosstalk. Nat Rev Mol Cell Biol, 5(8): 601-613.

Chaudhuri T K, Verma V K, Maheshwari A. 2008. GroEL assisted folding of large polypeptide substrates in Escherichia coli: Present scenario andassignments for the future. Prog Biophys Mol Biol, 99(1): 42-50.

Chojnowski A, Ong P F, Dreesen O. 2015. Nuclear lamina remodelling and its implications for human disease. Cell Tissue Res, 360(3): 621-631.

Chory J. 2010. Light signal transduction: an infinite spectrum of possibilities. Plant J, 61: 982-991.

Choy M S, Yusoff P, Lee I C, et al. 2015. Structural and functional analysis of the GADD34: PP1 eIF2α phosphatase. Cell Reports, 11(12): 1885-1891.

Chung K Y, Rasmussen S G F, Liu T, et al. 2011. Conformational changes in the G protein Gs induced by the beta-2 adrenergic receptor. Nature, 477: 611-615.

Comazzetto S, Shen B, Morrison S J. 2021.Niches that regulate stem cells and hematopoiesis in adult bone marrow. Dev Cell, 56(13): 1848-1860.

Cooper G M. 2000. The Cell: A Molecular Approach. 2th. Sunderland (MA): Sinauer Associates Inc.

Cooper G M, Hausman R E. 2004.The Cell: A Molecular Approach. 3rd ed. Washington DC: ASM Press.

Cross R A, Carter N. 2000. Molecular motors. Curr Biol, 10: R177-179.

Daniell H, Jin S, Zhu X G, et al. 2021. Green giant—a tiny chloroplast genome with mighty power to produce high-value proteins: history and phylogeny. Plant Biotechnol J, 19: 430-447.

Darnell J, Lodish H, Baltimore D, et al. 1986. Molecular Cell Biology. New York: Scientific American Books.

De Robertis.1980. Cell and Molecular Biology. 7th ed. Commonwealth of Pennsylvania: Philadelphia Sacenders College.

Delledonne M, Xia Y, Dixon R A, et al. 1998. Nitric oxide functions as a signal in plant disease resistance. Nature, 394: 585-588.

Deng D, Xu C, Sun P, et al.2014. Crystal structure of the human glucose transporter GLUT1. Nature, 510(7530): 121-125.

Desmond C, Fitzgerald G F, Stanton C, et al. 2004. Improved stress tolerance of GroESL-overproducing *Lactococcus lactis* and probiotic *Lactobacillus paracasei* NFBC 338. Applied and Environmental Microbiology, 70(10): 5929-5936.

Diana G, Artur C, Eugénia N. 2021. Design of liposomes as drug delivery system for therapeutic applications. International Journal of Pharmaceutics, 601: 120571.

Diener T O, Smith D R. 1971. Potato spindle tuber viroid. Ⅵ. Monodisperse distribution after electrophoresis in 20 percent polyacrylamide gels. Virology, 46(2): 498-499.

Di Micco R, Krizhanovsky V, Baker D, et al. 2021. Cellular senescence in ageing: from mechanisms to therapeutic opportunities. Nat Rev Mol Cell Biol,22(2): 75-95.

Doğanlar Z B, Doğanlar O, Kurtdere K, et al. 2021. Melatonin prevents blood-retinal barrier breakdown and mitochondrial dysfunction in high glucose and hypoxia-induced in vitro diabetic macular edema model. Toxicol In Vitro, 75: 105191.

Dominguez R, Holmes K C. 2011. Actin structure and function. Annu Rev Biophys, 40: 169-186.

Dorigo B, Schalch T, Kulangara A, et al. 2004. Nucleosome arrays reveal the two-start organization of the chromatin fiber. Science, 306: 1571-1573.

Dou Z, Liu R, Zang J Y, et al. 2023. The function, structure and dynamic organization of centromeres and kinetochores. JUSTC, 53(9): 0901.

Dwight T, Twigg S, Delbridge L, et al. 2000. Loss of heterozygosity in sporadic parathyroid tumours: involvement of chromosome 1 and the MEN1 gene locus in 11q13. Clin Endocrinol Oxf, 53(1): 85-92.

Eble J A, Niland S. 2019. The extracellular matrix in tumor progression and metastasis. Clinical & Experimental Metastasis, 36(3): 171-198.

Edwards G, Perkins G A, Kim K Y, et al. 2020. Loss of AKAP1 triggers Drp1 dephosphorylation-mediated mitochondrial fission and loss in retinal ganglion cells. Cell Death Dis, 11(4): 254.

Eisenberg E, Levanon E Y. 2013. Human housekeeping genes, revisited. Trends Genet,29(10): 569-574.

Ellenrieder L, Rampelt H, Becker T. 2017. Connection of protein transport and organelle contact sites in mitochondria. J Mol Biol, 429: 2148-2160.

Emr S, Glick B S, Linstedt A D, et al. 2009. Journeyd through the Golgi-taking stock in a new era. 187(4): 449-453.

Engin A B, Nikitovic D, Neagu M, et al. 2017. Mechanistic understanding of nanoparticls' interactions with extracellular matrix: the cell and immune system. Particle and Fibre Toxicology, 14(1): 22.

Green F, Hanson R P. 1973. Ultrastructure and capsule of *Mycoplasma meleagridis*. J Bacteriol, 116(2): 1011-1018.

Fernández-Fernández M R, Gragera M, Ochoa-Ibarrola L, et al. 2017. Hsp70: a master regulator in protein degradation. FEBS Lett, 591(17): 2648-2660.

Ferreira D C, Oliveira C, Foresti F. 2011. A new dispersed element in the genome of the catfish Hisonotus

leucofrenatus (Teleostei: Siluriformes: Hypoptopomatinae). Mob Genet Elements, 1(2): 103-106.
Finney A C, Stokes K Y, Pattillo C B, et al. 2017. Integrin signaling in atherosclerosis. Cell Mol Life Sci, 74(12): 1-20.
Fire A, Xu S, Montgomery M K. 1998. Potent and specific genetic interference by double-stranded RNA in *Caenorhabditis elegans*. Nature, 391: 806-811.
Fischle W, Tseng B S, Dormann H L, et al. 2005. Regulation of HP1-chromatin binding by histone H3 methylation and phosphorylation. Nature, 438: 1116-1122.
Foe V, Wilkinson L E, Larid C D. 1976. Comparative organization of active foranscription units in Oncopeltus fasciatus. Cell, 9(1): 131-146.
Ftcher D A, Mullins R D. 2010. Cell mechanic and the cytoskeleton. Nature, 463: 485-493.
Fuchs E, Coulombe P A. 1992. Of mice and men: genetic skin diseases of keratin. Cell, 69(6): 899-902.
Gadadhar S, Alvarez Viar G, Hansen J N, et al. 2021. Tubulin glycylation controls axonemal dynein activity, flagellar beat, and male fertility. Science,371(6525): 4914.
Gambaryan S. 2022. The role of NO/sGC/cGMP/PKG signaling pathway in regulation of platelet function. Cells, 11(22): 3704
Gao Q F, Wang C, Xi Y S, et al. 2022. A receptor-channel trio conducts Ca^{2+} signalling for pollen tube reception. Nature, 607: 534-539.
Gao S, Yao X, Chen J, et al. 2023. Structural basis for human Cav1. 2 inhibition by multiple drugs and the neurotoxin calciseptine. Cell, 186(24): 5363-5374.
Gao S, Yao X, Yan N. 2021. Structure of human Cav2. 2 channel blocked by the painkiller ziconotide. Nature, 596(7870): 143-147.
Gardiner J. 2013. The evolution and diversification of plant microtubule-associated proteins. Plant J,2: 219-229.
Gibson D G, Glass J I, Lartigue C, et al. 2010. Creation of a bacterial cell controlled by a chemically synthesized genome. Science, 329(5987): 52-56.
Gilberto S, Peter M. 2017. Dynamic ubiquitin signaling in cell cycle regulation. J Cell Biol, 216(8): 2259-2271.
Glynn S E. 2017. Multifunctional mitochondrial AAA proteases. Front Mol Biosci, 4: 34.
Goldman S J, Taylor R, Zhang Y, et al. 2010. Autophagy and the degradation of mitochondria. Mitochondrion, 10: 309-315.
Gönczy P. 2012. Towards a molecular architecture of centriole assembly. Nat Rev Mol Cell Biol, 13(7): 425-435.
Goodman S R. 2008. Medical Cell Biology. 3rd ed. Burlington: Acadmic Press.
Goodman S R. 2020. Goodman's Medical Cell Biology. 4th ed. Burlington: Elsevier Inc.
Gouin E, Welch M D, Cossart P. 2005. Actin-based motility of intracellular pathogens. Curr Opin Microbiol, 8(1): 35-45.
Griffiths G, Hoflack B, Simons K, et al. 1988. The mannose 6-phosphate receptor and the biogenesis of lysosomes. Cell, 52(3): 329-341.
Gu Y, Zhu J B, Xue C B, et al. 2014. Chitosan/silk fibroin -based, Schwann cell-derived extracellular matrix-modified scaffolds for bridging rat sciatic nerve gaps. Biomaterials, 35(7): 2253-2263.
Guna A, Stevens T A, Inglis AJ, et al. 2022. MTCH2 is a mitochondrial outer membrane protein insertase. Science, 378: 317-322.
Gupta S, Prem R, Sethy C, et al. 2024. Exploring anticancer properties of medicinal plants against breast cancer by downregulating human epidermal growth factor receptor 2. J Agric Food Chem, 72(17): 9717-9734.
Gurdon J B. 1962. The transplantation of nuclei between two species of Xenopus. Dev Biol, 5: 68-83.
Hagihara T, Mano H, Miura T, et al. 2022. Calcium-mediated rapid movements defend against herbivorous insects in Mimosa pudica. Nat Commun, 13(1): 6412.
Haines R L, Lane E B. 2012. Keratins and disease at a glance. J Cell Sci,125(17): 3923-3928.

Hamdi O A A, Syed Abdul Rahman S N, Awang K, et al. 2014. Cytotoxic constituents from the rhizomes of *Curcuma zedoaria*. Sci World J, 1-11.

Hamkalo B A, Farnham P J, Johnston R, et al. 1985. Ultrastructural features of minute chromosomes in a methlo trexate-resistant mause 3T3 cell line. PANS, 82(4): 1126-1130.

Hanna R A, Quinsay M N, Orogo A M, et al. 2012. Microtubule-associated protein 1 light chain 3 (LC3) interacts with Bnip3 protein to selectively remove endoplasmic reticulum and mitochondria via autophagy. J Biol Chem, 287: 19094-19104.

Hayflick L, Moorhead P S. 1961. The serial cultivation of human diploid cell strains. Exp Cell Res, 25: 585-621.

Herrmann H, Bär H, Kreplak L, et al. 2007. Intermediate filaments: from cell architecture to nanomechanics. Nat Rev Mol Cell Biol, 8(7): 562-573.

Ho C M, Lee Y R, Kiyama L D, et al. 2012. Arabidopsis microtubule-associated protein MAP65-3 cross-links antiparallel microtubules toward their plus ends in the phragmoplast via its distinct C-terminal microtubule binding domain. Plant Cell, 5: 2071-2085.

Hou Z, Nightingale F, Zhu Y, et al. 2023.Structure of native chromatin fibres revealed by Cryo-ET in situ. Nat Commun,14(1): 6324.

Huang G, Huang S, Yan X, et al. 2014. Two apextrin-like proteins mediate extracellular and intracellular bacterial recognition in amphioxus. Proc Natl Acad Sci USA, 111(37): 13469-13474.

Huang S, Jin L, Du J, et al. 2007. SB401, a pollen-specific protein from Solanum berthaultii, binds to and bundles microtubules and F-actin. Plant J, 51: 406-418.

Hughes D, Mallucci G R. 2019. The unfolded protein response in neurodegenerative disorders-therapeutic modulation of the PERK pathway. The FEBS Journal, 286(2): 342-355.

Hukezalie K R, Wong J M. 2013. Structure-function relationship and biogenesis regulation of the human telomerase holoenzyme. FEBS J, 280(14): 3194-3204.

Hulett H R, Bonner W A, Sweet R G, et al. 1973. Development and application of a rapid cell sorter. Clin Chem, 19: 813-816.

Hutchison C A, Chuang R Y, Noskov V N, et al. 2016. Design and synthesis of a minimal bacterial genome. Science, 351(6280): aad6253.

Hutson K H, Willis K, Nwokwu C D, et al. 2020. Photon versus proton neurotoxicity: Impact on mitochondrial function and 8-OHdG base-excision repair mechanism in human astrocytes. Neurotoxicology, 82: 158-166.

Ivaska J. 2011. Vimentin: Central hub in EMT induction? Small GTPases, 2(1): 51-53.

Jackson M P , Hewitt E W. 2016. Cellular proteostasis: degradation of misfolded proteins by lysosomes. Essays in Biochemistry, 60(2): 173-180.

James F P, Lijie S, Kim S W, et al. 2021. Genetic requirements for cell division in a genomically minimal cell. Cell, 184(9): 2430-2440.

James V. 2011. The molecular architecture for the intermediate filaments of hard α-Keratin based on the superlattice data obtained from a study of mammals using synchrotron fibre diffraction. Biochem Res Int, 2011: 198325.

Janne P A, Riely G J, Gadgeel S M, et al. 2022. Adagrasib in non-small-cell lung cancer harboring a KRASG12C mutation. New Eng. J. Med, 387: 120-131.

Jiang X, Li W, Ge L, et al. 2023. Mesenchymal stem cell senescence during aging: from mechanisms to rejuvenation strategies. Aging Dis, 1-26.

Kanai R, Ogawa H, Vilsen B, et al. 2013.Crystal structure of a Na+-bound Na+, K+-ATPase preceding the E1P state. Nature, 502: 201-206.

Karbowski M, Youle R J. 2005. Mitochondrial fission in apoptosis. Nature Reviews Molecular Cell Biology, 6: 657-663

Karp G. 2005. Cell and Molecular Biology: Concept and Experiments. 4th ed. New York: John Wiley & Sons, Inc.

Karp G. 2010. Cell and Molecular Biology: Concept and Experiments. 6th ed. New York: John Wiley & Sons, Inc.

Ketelut-Carneiro N, Fitzgerald K A. 2022.Apoptosis, pyroptosis, and necroptosis-oh My! the many ways a cell can die. J Mol Biol, 434(4): 167378.

Kidoya H, Muramatsu F, Shimamura T, et al. 2019.Regnase-1-mediated post-transcriptional regulation is essential for hematopoietic stem and progenitor cell homeostasis. Nature Communications, Nat Commun, 10(1): 1072.

Kim C, Gao R, Sei E, et al. 2018. Cheoresistance evolution in triple-negative breast cancer delineated by single-cell sequencing. Cell, 173(4): 879-893. e13.

Kitagawa D, Vakonakis I, Olieric N, et al. 2011. Structural basis of the 9-fold symmetry of centrioles. Cell, 144(3): 364-375.

Kitagawa M, Kitagawa K, Kotake Y, et al. 2013. Cell cycle regulation by long non-coding RNAs. Cellular & Molecular Life Sciences, 70(24): 4785-4794.

Kleele T, Rey T, Winter J, et al. 2021. Distinct fission signatures predict mitochondrial degradation or biogenesis. Nature, 593: 435-439.

Kleinsmith L J, Kish V M. 1995. Principles of Cell and Molecular Biology. 2nd ed. New York: Harpercollins Publishers.

Klumperman J. 2000. Transport between ER and Golgi. Curr Opin Cell Biol, 12(4): 445-449.

Kops G J P L, Snel B, Tromer E C. 2020. Evolutionary dynamics of the spindle assembly checkpoint in eukaryotes. Curr Biol, 30(10): R589-R602.

Kornfeld R, Kornfeld S. 1985. Assembly of asparagine-linked oligosaccharides. Annu Rev Biochem, 54: 631-664.

Kroemer G, White E. 2010. Autophagy for the avoidance of degenerative, inflammatory, infectious, and neoplastic disease. Curr Opin Cell Biol, 22: 121-123

Kuchina A, Brettner L M, Paleologu L, et al. 2021. Microbial single-cell RNA sequencing by split-pool barcoding. Science, 371(6531): eaba5257.

Kurokawa K, Nakano A. 2019. The ER exit sites are specialized ER zones for the transport of cargo proteins from the ER to the Golgi apparatus. J Biochem, 165(2): 109-114.

Lavy M, Bracha-Drori K, Sternberg H, et al. 2002. A cell-specific, prenylation-independent mechanism regulates targeting of type Ⅱ RACs. Plant Cell, 14(10): 2431-2450.

Lawrence M, Daujat S, Schneider R. 2016. Lateral thinking: how histone modifications regulate gene expression. Trends Genet, 32: 42-56.

Leduc C, Padberg-Gehle K, Varga V, et al. 2012. Molecular crowding creates traffic jams of kinesin motors on microtubules. Proc Natl Acad Sci USA, 109(16): 6100-6105.

Lee DW, Lee J, Hwang I. 2017. Sorting of nuclear-encoded chloroplast membrane proteins. Curr Opin Plant Biol, 40: 1-7

Lewin B. 2004. Genes VIII. New York: Oxford University Press, Inc.

Lewis V M, Saunders L M, et al. 2019. Fate plasticity and reprogramming in genetically distinct populations of Danio leucophores. Proc Natl Acad Sci USA, 116(24): 11806-11811.

Li J, Yuan J, Li Y, et al. 2022. The CDC48 complex mediates ubiquitin-dependent degradation of intra-chloroplast proteins in plants. Cell Reports, 39: 110664.

Li S L, Yan R, Xu J L, et al. 2021. A new type of ERGIC-ERES membrane contact mediated by TMED9 and SEC12 is required for autophagosome biogenesis. Cell Research, 32: 119-138.

Li Y, Ma C, Liao S, et al. 2022. Combined proteomics and single cell RNA-sequencing analysis to identify biomarkers of disease diagnosis and disease exacerbation for systemic lupus erythematosus. Front Immunol, 13: 969509.

Li Y, Zhang H, Li X, et al. 2023. Cryo-ET study from in vitro to in vivo revealed a general folding mode of chromatin with two-start helical architecture. Cell Rep, 42(9): 113134.

Li Z, Cong Y, Wu T, et al. 2024. Structural basis for different ω-agatoxin IVA sensitivities of the P-type and Q-type Cav2. 1 channels. Cell Res,34:455-457.

Lim S H, Kaldis P. 2013. Cdks, cyclins and CKIs: roles beyond cell cycle regulation. Development, 140(15): 3079-3093.

Lin X, Li M, Wang N, et al. 2020. Structural basis of ligand recognition and self-activation of orphan GPR52. Nature, 579: 152−157.

Liu L, Feng D, Chen G, et al. 2012. Mitochondrial outer-membrane protein FUNDC1 mediates hypoxia-induced mitophagy in mammalian cells. Nat Cell Biol, 14: 177-185.

Liu S, Balasov M, Wang H, et al. 2011.Structural analysis of human Orc6 protein reveals a homology with transcription factor TFIIB. PNAS, 108(18): 7373-7378.

Locher K P. 2016. Mechanistic diversity in ATP-binding cassette (ABC) transporters. Nat Struct Mol Biol, 23(6): 487-493.

Lodish H, Berk A, Matsudaira P, et al. 1999.Molecular Cell Biology. 4th ed. New York: W. H. Freeman & Company.

Lodish H, Berk A, Matsudaira P, et al. 2003. Molecular cell biology. Vesicular traffic, secretion, and endocytosis. New York: W. H. Freeman & Company, 701-742.

Lodish H, Berk A, Matsudaira P, et al. 2004. Molecular Cell Biology. 5th ed. New York: W. H. Freeman & Company.

Lodish H, Nerk A, Kaiser C A, et al. 2016. Molecular Cell Biology. 8th ed. New York: W. H. Freeman & Company.

Lou Y, Oberpriller J C, Carlson E C. 1997. Effect of hypoxia on the proliferation of retinal microvessel endothelial cells in culture. Anat Rec, 1248(3): 366-373.

Luan S, Wang C. 2021. Calcium signaling mechanisms across kingdoms. Annu Rev Cell Dev Biol ,37: 311-340.

Luger K, Mader A W, Richmond R K, et al. 1997.Crystal structure of the nucleosome core particle at 2.8Å resolution. Nature, 389: 251-260.

Luo Q, Lian H L, He S B, et al. 2014. COP1 and phyB physically interact with PIL1 to regulate its stability and photomorphogenic development in Arabidopsis. Plant Cell, 26: 2441-2456.

Lyubchenko Y L, Shlyakhtenko L S, Aki T, et al. 1997. Atomic force microscopic demonstration of DNA looping by GalR and HU. Nucleic Acids Res, 25(4): 873-876.

Madeira A, Moura T F, Soveral G. 2016. Detecting Aquaporin Function and Regulation. Front Chem, 4: 3.

Maiani E, Milletti G, Nazio F, et al. 2021. AMBRA1 regulates cyclin D to guard S-phase entry and genomic integrity. Nature, 592(7856): 799-803.

Mannarapu M, Dariya B, Bandapalli O R. 2021. Application of single-cell sequencing technologies in pancreatic cancer. Mol Cell Biochem, 476(6): 2429-2437.

Mary A, Eysert F, Checler F, et al. 2022. Mitophagy in Alzheimer's disease: Molecular defects and therapeutic approaches. Mol Psychiatry, 28(1): 202-216.

McGavran P D, Moore L B, Brody A R. 1990. Inhalation of chrysotile asbestos induces rapid cellular proliferation in small pulmonary vessels of mice and rats. Am J Pathol, 36(3): 695-705.

McWilliams T G, Muqit M M. 2017. PINK1 and Parkin: emerging themes in mitochondrial homeostasis. Curr Opin Cell Biol, 45: 83-91.

Miller M B, Huang A Y, Kim J, et al. 2022. Somatic genomic changes in single Alzheimer's disease neurons. Nature, 604(7907): 714-722.

Miller P M, Folkmann A W, Maia A R, et al. 2009. Golgi-derived CLASP-dependent microtubules control Golgi organization and polarized trafficking in motile cells. Nat Cell Biol, 11(9): 1069-1080.

Milstein C, Brownlee G G, Harrison T M, et al. 1972. A possible precursor of immunoglobulin light chains. Nat New Biol, 239(91): 117-120.

Moon J, Parry G, Estelle M. 2004. The ubiquitin-proteasome pathway and plant development. The Plant Cell, 16: 3181-3195.

Moriscot C, Gribaldo S, Jault J M, et al. 2011. Crenarchaeal CdvA forms double-helical filaments containing DNA and interacts with ESCRT-Ⅲ-like CdvB. PLoS One, 6(7): 21921.

Morita N, Umemoto E, Fujita S, et al. 2019. GPR31-dependent dendrite protrusion of intestinal CX3CR1+ cells by bacterial metabolites. Nature,566: 110-114.

Mortensen M, Ferguson D J, Edelmann M, et al. 2010. Loss of autophagy in erythroid cells leads to defective removal of mitochondria and severe anemia *in vivo*. Proc Natl Acad Sci USA, 107: 832-837.

Motta M, Pannone L, Pantaleoni F, et al. 2020. Enhanced MAPK1 function causes a neurodevelopmental disorder within the RASopathy clinical spectrum. Am J Hum Genet, 107: 499-513.

Nakamura M, Ehrhardt D W, Hashimoto T. 2010. Microtubule and katanin-dependent dynamics of microtubule nucleation complexes in the acentrosomal Arabidopsis cortical array. Nat Cell Biol,11: 1064-1070.

Nakamura M, Hashimoto T. 2009. A mutation in the Arabidopsis gamma-tubulin-containing complex causes helical growth and abnormal microtubule branching. J Cell Sci, 122: 2208-2217.

Narendra D P, Jin S M, Tanaka A, et al. 2010. PINK1 is selectively stabilized on impaired mitochondria to activate Parkin. PLoS Biol, 8: e1000298.

Nehar-Belaid D, Hong S, Marches R, et al. 2020. Mapping systemic lupus erythematosus heterogeneity at the single-cell level. Nat Immunol, 21(9): 1094-1106.

Nickel W. 2010. Pathways of unconventional protein secretion. Curr Opin Biotechnol, 21(5): 621-626.

Nicolini C, Vernazza G, Chiabrera A, et al. 1984. Nuclear pores and interphase chromatin: high-resolution image analysis and freeze etching. J Cell Sci, 72: 75-87.

Nicolson G L. 2014. The Fluid-Mosaic Model of Membrane Structure: still relevant to understanding the structure, function and dynamics of biological membranes after more than 40 years. Biochim Biophys Acta, 1836(6): 1451-1466.

Nogales E, Wolf S G, Downing K H. 1998. Structure of alpha beta tubulin dimer by electroncrystakkography. Nature, 391(6663): 199-203.

Nurse P. 2017. A journey in science: cell-cycle control. Molecular Medicine, 23: 112-119.

Nystrom H. 2021. Extracellular matrix proteins in metastases to the liver - Composition, function and potential applications. Seminars in Cancer Biology, (71): 134-142.

Ogrodnik M. 2021. Cellular aging beyond cellular senescence: markers of senescence prior to cell cycle arrest in vitro and in vivo. Aging Cell, 20(4): e13338.

Ohshiro T, Maeda M. 2010. Single-molecule imaging of DNA duplexes immobilized on surfaces with a scanning tunneling microscope. Chem Commun (Camb), 46(15): 2581-2583.

O'Reilly F J, Xue L, Graziadei A, et al. 2020. In-cell architecture of an actively transcribing-translating expressome. Science, 369(6503): 554-557.

Oyadomari S, Mori M. 2004. Roles of CHOP/GADD153 in endoplasmic reticulum stress. Cell Death and Differentiation, 11(4): 381-389.

Painter T S. 1934. Salivary chromosomes and the attack on the gene. Journal of Heredity, 25(12): 465-476.

Palencia-Campos A, Aoto P C, Machal E M F, et al. 2020. Germline and mosaic variants in PRKACA and

PRKACB cause a multiple congenital malformation syndrome. Am J Hum Genet, 107: 977-988.
Palmiter R D, Brinster R L, Hammer R E, et al. 1982. Dramatic growth of mice that develop from eggs microinjected with metallothionein-growth hormone fusion genes. Nature, 300: 611-615.
Pardue M L, Gall J G. 1969. Molecular hybridization of radioactive DNA to the DNA of cytological preparations. Proc Natl Acad Sci U S A, 64: 600-604.
Park C J, Shin R. 2022. Calcium channels and transporters: Roles in response to biotic and abiotic stresses. Front Plant Sci, 13: 964059.
Perez R K, Gordon M G, Subramaniam M, et al. 2022. Single-cell RNA-seq reveals cell type-specific molecular and genetic associations to lupus. Science, 376(6589): eabf1970.
Pesenti M E, Raisch T, Conti D, et al. 2022. Structure of the human inner kinetochore CCAN complex and its significance for human centromere organization. Molecular Cell, 82: 2113-2131.
Picard M, Shirihai O S. 2022. Mitochondrial signal transduction. Cell Metab, 34(11): 1620-1653.
Pluta A J, Studniarek C, Murphy S, et al. 2024. Cyclin-dependent kinases: masters of the eukaryotic universe. Wiley Interdisciplinary Reviews-RNA, 15: e1816.
Pollard T D, Cooper J A. 2009. Actin, a central player in cell shape and movement. Science, 326: 1208-1212.
Pollard T D. 2016. Actin and Actin-Binding Proteins. Cold Spring Harb Perspect Biol, 8(8): a018226
Prusiner S B. 1982. Novel proteinaceous infectious particles cause scrapie. Science, 216(4542): 136-144.
Qiao A N, Han S, Li X M, et al. 2020. Structural basis of Gs and Gi recognition by the human glucagon receptor. Science,367: 1346-1352.
Radford S E. 2006. GroEL: More than Just a folding cage. Cell, 125(5): 831-833.
Radford S E. 2011. Protein folding: progress made and promises ahead. Trends Biochem Sci, 25(12): 611-618.
Rasmussen S G F, DeVree B T, Zou Y, et al. 2011. Crystal structure of the beta-2 adrenergic receptor-Gs protein complex. Nature, 477: 549-555.
Ren J, Bi Y, Sowers J R, et al. 2021. Endoplasmic reticulum stress and unfolded protein response in cardiovascular diseases. Nature Reviews Cardiology, 18: 499-521.
Ribeiro J C, Alves M G, Yeste M, et al. 2021. Aquaporins and (in)fertility: More than just water transport. Biochim Biophys Acta Mol Basis Dis,1867(3): 166039.
Rice A J, Park A, Pinkett H W. 2014. Diversity in ABC transporters: Type Ⅰ, Ⅱ and Ⅲ importers. Crit Rev Biochem Mol Biol, 49: 426-437
Ridgway P, Almouzni G. 2001. Chromatin assembly and organization. Journal of Cell Science, 114: 2711-2712.
Robinson K S, Toh G A, Rozario P, et al. 2022. ZAK-alpha-driven ribotoxic stress response activates the human NLRP1 inflammasome. Science ,377: 328-335.
Rodriguez-Enriquez S, Kim I, Currin R T. 2006. Tracker dyes to probe mitochondrial autophagy (mitophagy) in rat hepatocytes. Autophagy, 2: 39-46
Romani P, Brian I, Santinon G, et al. 2019. Extracellular matrix mechanical cues regulate lipid metabolism through Lipin-1 and SREBP. Nature Cell Biology, 21(3): 338-347.
Rozpedek W, Pytel D, Mucha B, et al. 2016. The role of the PERK/eIF2α/ATF4/CHOP signaling pathway in tumor progression during endoplasmic reticulum stress. Current Molecular Medicine, 16(6): 533-544.
Sachdeva R, Priyadarshini P, Gupta S. 2023. Aquaporins display a diversity in their substrates. J Membr Biol ,256(1): 1-23.
Samuel E, Lux I V. 2016. Anatomy of the red cell membrane skeleton: unanswered questions. Blood, 127(2): 187-199.
Saragosti S, Moyne G, Yaniv M. 1980. Absence of nucleosomes in a fraction of SV40 chromatin between the origin of replication and the region coding for the late leader RNA. Cell, 20(1): 65-73.
Saraste J, Marie M. 2018. Intermediate compartment (IC): from pre-Golgi vacuoles to a semi-autonomous

membrane system. Histochem Cell Biol, 150: 407-430.

Saraste J, Marie M. 2018. Intermediate compartment (IC): from pre-Golgi vacuoles to a semiautonomous membrane system. Histochemistry and Cell Biology, 150(5): 407-430.

Schernthaner-Reiter M H, Trivellin G, Stratakis C A. 2018. Interaction of AIP with protein kinase A (cAMP-dependent protein kinase). Hum Molec Genet, 27: 2604-2613.

Schreiber K H, Kennedy B K. 2013. When lamins go bad: nuclear structure and disease. Cell,152(6): 1365-1375.

Schwab B, Mathur J, Saedler R, et al. 2003. Regulation of cell expansion by the DISTORTED genes in Arabidopsis thaliana: actin controls the spatial organization of microtubules. Mol Genet Genomics, 269: 350-360.

Schweers R L, Zhang J, Randall M S, et al. 2007. NIX is required for programmed mitochondrial clearance during reticulocyte maturation. Proc Natl Acad Sci USA, 104: 19500-19505

Serna J B D L, Schütz G L, Eggeling C, et al. 2016. There is no simple model of the plasma membrane organization. Front Cell Dev Biol, 4:100.

Shaner N C, Steinbach P A, Tsien R Y. 2005. A guide to choosing fluorescent proteins. Nat Methods, 2(12): 905-909.

Shi J, Gao W, Shao F. 2017. Pyroptosis: gasdermin-mediated programmed necrotic cell death. Trends Biochem Sci, 42(4): 245-254.

Shimotohno A, Aki S S, Takahashi N, et al. 2021. Regulation of the plant cell cycle in response to hormones and the environment. Annu Rev Plant Biol, 72: 273-296.

Shribak M, LaFountain J, Biggs D, et al. 2008. Orientation-independent differential interference contrast microscopy and its combination with an orientation-independent polarization system. J Biomed Opt, 13(1): 014011.

Simoneschi D, Rona G, Zhou N, et al. 2021. CRL4 ^{AMBRA1} is a master regulator of D-type cyclins. Nature, 592(7856): 789-793.

Snider N T, Omary M B. 2014. Post-translational modifications of intermediate filament proteins: mechanisms and functions. Nat Rev Mol Cell Biol,15(3): 163-177.

Soman A, Wong S Y, Korolev N, et al. 2022. Columnar structure of human telomeric chromatin. Nature, 609(7929): 1048-1055.

Song F, Chen P, Sun D, et al. 2014. Cryo-EM study of the chromatin fiber reveals a double helix twisted by tetranucleosomal units. Science,344: 376-380.

Sorokin A V, Kim E R, Ovchinnikov L P. 2009. Proteasome system of protein degradation and processing. Biochemistry (Mosc), 74(13): 1411-1442.

Spinner L, Gadeyne A, Belcram K, et al. 2013. A protein phosphatase 2A complex spatially controls plant cell division. Nat Commun, 4: 1863.

Starai V J, Jun Y, Wichner W. 2007. Excess vacuolar SNAREs drive lysis and Rab bypass fusion. Proc Natl Acad Sci USA, 104(34): 13551-13558.

Steinborn K, Maulbetsch C, Priester B, et al. 2002. The Arabidopsis PILZ group genes encode tubulin-folding cofactor orthologs required for cell division but not cell growth. Genes Dev, 8: 959-971.

Stollar B D, Diener T O. 1971. Potato spindle tuber viroid. V. Failure of immunological tests to disclose double-stranded RNA or RNA-DNA hybrids. Virology , 46(1): 168-170.

Stolpe T, Süsslin C, Marrocco K, et al. 2005. In planta analysis of protein–protein interactions related to light signaling by bimolecular fluorescence complementation. Protoplasma, 226: 137-146.

Struk S, Dhonukshe P. 2014. MAPs: cellular navigators for microtubule array orientation in Arabidopsis. Plant Cell Rep, 33: 1-21.

Sun C, Wang Z, Yue L, et al. 2020. Supramolecular induction of mitochondrial aggregation and fusion. J Am

Chem Soc, 142(39): 16523-16527.

Sun R, Deng Z, Han X, et al. 2021. Porcine circovirus 2 manipulates the PERK-ERO1α axis of the endoplasmic reticulum to favor its replication by derepressing viral DNA from HMGB1 sequestration within nuclei. Journal of Virology, 95(19): e01009-01021.

Takeuchi T, Kameyama K, Miyauchi E, et al. 2023. Fatty acid overproduction by gut commensal microbiota exacerbates obesity. Cell Metab,35(2): 361-375. e9.

Tanaka B K. 2009. The proteasome: overview of structure and functions. Proc Natl Acad Sci USA, 85: 12-36.

Teunissen C E, Khalil M. 2012. Neurofilaments as biomarkers in multiple sclerosis. Mult Scler, 18(5): 552-556.

Theis F J, Lickert H. 2019.A map of β-cell differentiation pathways supports cell therapies for diabetes. Nature,569(7756): 342-343.

Thiele S, de Sanctis L, Werner R, et al. 2011. Functional characterization of GNAS mutations found in patients with pseudohypoparathyroidism type Ic defines a new subgroup of pseudohypoparathyroidism affecting selectively Gs-alpha-receptor interaction. Hum Mutat, 32: 653-660.

Thomas C, Tampé R. 2020. Structural and mechanistic principles of ABC transporters. Annu Rev Biochem, 89: 605-636.

Thomas D, William C, Jennifer L, et al. 2017. Cell Biology. 3th. New York: Elsevier, Inc.

Tian W, Wang C, Gao Q, et al. 2020. Calcium spikes, waves and oscillations in plant development and biotic interactions. Nat Plants, 6(7): 750-759.

Tran E J, Wente S R. 2006.Dynamic nuclear pore complexes: life on the edge. Cell, 125: 1041-1053.

Treleaven J G, Gibson F M, Ugelstad J, et al. 1984. Removal of neuroblastoma cells from bone marrow with monoclonal antibodies conjugated to magnetic microspheres. Lancet, 1: 70-73.

Tropea T, Wareing M, Greenwood S L, et al. 2018. Nitrite mediated vasorelaxation in human chorionic plate vessels is enhanced by hypoxia and dependent on the NO-sGC-cGMP pathway. Nitric Oxide, 80: 82-88.

Tsekrekou M, Stratigi K, Chatzinikolaou G. 2017. The nucleolus: in genome maintenance and repair. Int J Mol Sci,18(7): E1411.

Vashist S K, Tewari R, Bajpai R P, et al. 2006. Review of quantum dot technologies for cancer detection and treatment. AZojono Journal of Materials Online, 2: 1-14.

Wahlström G, Vartiainen M, Yamamoto L, et al. 2001. Twinfilin is required for actin-dependent developmental processes in Drosophila. J Cell Biol, 155(5): 787-796.

Walter F, O'brien A, Concannon C G, et al. 2018. ER stress signaling has an activating transcription factor 6α (ATF6)-dependent “off-switch”. Journal of Biological Chemistry, 293(47): 18270-18284.

Wang Y, Feigon J. 2017. Structural biology of telomerase and its interaction at telomeres. Curr Opin Struct Biol, 47: 77-87.

Wang Y, Pan Y, Price A, et al. 2011. Generation and characterization of transgenic mice expressing mitochondrial targeted red fluorescent protein selectively in neurons: modeling mitochondriopathy in excitotoxicity and amyotrophic lateral sclerosis. Mol Neurodegener, 6(1): 75.

Waterham H R, Ferdinandusse S, Wanders R J. 2016. Human disorders of peroxisome metabolism and biogenesis. Biochimica et Biophysica Acta, 1863(5): 922-933.

Watson J D, Baker T A, Bell S P, et al. 2014. Molecular Biology of the Gene. 7th ed. New York: Pearson Education.

Wen Q, Janmey P A. 2011. Polymer physics of the cytoskeleton. Curr Opin Solid State Mater Sci, 15(5): 177-182.

Wendrich J R, Yang B, Vandamme N, et al. 2020. Vascular transcription factors guide plant epidermal responses to limiting phosphate conditions. Science, 370(6518).

West A R, Tseng K Y. 2011. Nitric oxide-soluble guanylyl cyclase-cyclic GMP signaling in the striatum: new targets for the treatment of Parkinson's disease? Front Syst Neurosci, 5: 55.

Wicknelr W, Schekman R. 2005. Protein translocation across biological membranes. Science, 310: 1452-1456.

Willadsen S M. 1986. Nuclear transplantation in sheep embryos. Nature, 320: 63-65.

Woese C R, Fox G E. 1977. Phylogenetic structure of the prokaryotic domain: the primary kingdoms. Proc Natl Acad Sci U S A, 74(11): 5088-5090.

Wu J, Yan Z, Li Z, et al. 2015. Structure of the voltage-gated calcium channel Cav1.1 complex. Science, 350: 6267.

Wu J, Yan Z, Li Z, et al. 2016. Structure of the voltage-gated calcium channel Cav1.1 at 3.6Å resolution. Nature, 537:191-196.

Wu T, Dong J, Fu J ,et al. 2022. The mechanism of acentrosomal spindle assembly in human oocytes. Science,18:378.

Xiao X, Zhang Q. 2009. Iris hyperpigmentation in a Chinese family with ocular albinism and the GPR143 mutation. Am J Med Genet, 149A: 1786-1788.

Xiong T, Li L D, Xie W Q, et al. 2017. Research progress of ABC transporter mediated multidrug resistance mechanism. Journal of Clinical and Pathological Research, 37(1): 189-193.

Xu G, Moeder W, Yoshioka K, et al. 2022. A tale of many families: calcium channels in plant immunity. Plant Cell, 34(5): 1551-1567.

Yako T, Nakamura M, Nakamura S, et al. 2021. Pharmacological inhibition of mitochondrial fission attenuates oxidative stress-induced damage of retinal pigmented epithelial cells. J Pharmacol Sci, 146(3): 149-159.

Yan Z, Zhou Q, Wang L, et al. 2017. Structure of the Nav1. 4-β1 complex from electric eel. Cell, 170: 470-482, e11.

Yanagida T. 1990. Loose coupling between chemical and mechanical reactions in actomyosin energy transduction. Adv Biophys, 26: 75-95.

Yang C H, Cheng C H, Chen G D, et al. 2011, Zona pellucida domain-containing protein β-tectorin is crucial for zebrafish proper inner ear development. PLoS One, 6(8): e23078.

Yao X, Gao S, Wang J, et al. 2022. Structural basis for the severe adverse interaction of sofosbuvir and amiodarone on L-type Cav channels. Cell,185(25): 4801-4810, e13.

Yarnall M T N, Ioannidi E I, Schmitt-Ulms C, et al. 2022. Programmable deletion, replacement, integration and inversion of large DNA sequences with twin prime editing. Nat Biotechnol, 40(5): 731-740.

Yoshida Y, Kuroiwa H, Misumi O, et al. 2006. Isolated chloroplast division machinery can actively constrict after stretching. Science, 313: 1435-1438.

Youle R J. Narendra D P. 2011. Mechanisms of mitophagy. Nat Rev Mol Cell Biol, 12: 9-14.

Yu P, Zhang X, Liu N, et al. 2021.Pyroptosis: mechanisms and diseases. Signal Transduct Target Ther, 6(1): 128.

Yuan X, Braun T. 2017. Multimodal regulation of cardiac myocyte proliferation. Circ Res,121(3): 293-309.

Zeiger F, Stephan S, Hoheisel G, et al. 2000. P-selectin expression, platelet aggregates, and platelet-derived microparticle formation are increased in peripheral arterial disease. Blood Coagul Fibrinolysis, 11(8): 723-728.

Zhang P, Zhang Y , Liu K, et al. 2019. Ivermectin induces cell cycle arrest and apoptosis of HeLa cells via mitochondrial pathway. Cell Prolif, 52(2): e12543.

Zhang S, Xie D, Ma C ,et al. 2022. Aquaporins: Important players in the cardiovascular pathophysiology. Pharmacol Res, 183: 106363.

Zhang X, Ren W, DeCaen P,et al. 2012. Crystal structure of an orthologue of the NaChBac voltage-gated sodium channel. Nature, 486: 130-134.

Zhao H K, Ji Q Z, Wu Z M, et al. 2022.Destabilizing heterochromatin by APOE mediates senescence. Nature Aging, 2: 303-316.

Zhao X Y, Li W, Lv Z, et al. 2009. iPS cells produce viable mice through tetraploid complementation. Nature,461(7260): 86-90.

Zhe X, Theodore H, William T M I ,et al. 2021. Transmembrane transport in inorganic colloidal cell-mimics. Nature, 597(7875): 220-224.

Zhou C, Wu Z, Du W, et al. 2022. Recycling of autophagosomal components from autolysosomes by the recycler complex. Nat Cell Biol, 24(4): 497-512.

Zhu J K. 2003. Regulation of ion homeostasis under salt stress. Curr Opin Plant Biol, 6: 441-445.

Zhu L, Zhang Y, Kang E, et al. 2013. MAP18 regulates the direction of pollen tube growth in *Arabidopsis* by modulating F-actin organization. Plant Cell, 25: 851-867.

Zhu W D, Xu Y M, Feng C, et al. 2011. Different bladder defects reconstructed with bladder acellular matrix grafts in a rabbit model. Der Urologe, 50(11): 1420-1425.

Zhu X, Kaverina I. 2013. Golgi as an MTOC: making microtubules for its own good. Histochem Cell Biol,140(3): 361-367.

Zielke N, Kim K J, Tran V, et al. 2011.Control of *Drosophila* endocycles by E2F and $CRL4^{CDT2}$. Nature, 480: 123-127.

主要术语索引

D

E

F

G

H

J

K

L

M

N

O

P

Q

T

W

X

Y

Z

其他